怪诞心理学
大全

白雯婷 编著

中國華僑出版社
北 京

图书在版编目(CIP)数据

怪诞心理学大全 / 白雯婷编著 . -- 北京 : 中国华侨出版社 , 2018.3

ISBN 978-7-5113-7377-9

Ⅰ . ①怪… Ⅱ . ①白… Ⅲ . ①心理学 – 通俗读物 Ⅳ . ① B84-49

中国版本图书馆 CIP 数据核字(2018)第 015522 号

怪诞心理学大全

编　　著：白雯婷
出 版 人：刘凤珍
责任编辑：千　寻
封面设计：李艾红
版式设计：王明贵
文字编辑：孟英武
美术编辑：李丹丹
经　　销：新华书店
开　　本：889mm × 1194mm　1/32　印张：21.5　字数：520 千字
印　　刷：北京市松源印刷有限公司
版　　次：2018 年 3 月第 1 版　2018 年 3 月第 1 次印刷
书　　号：ISBN 978-7-5113-7377-9
定　　价：39.80 元

中国华侨出版社　北京市朝阳区静安里 26 号通成达大厦 3 层
邮　　编：100028
法律顾问：陈鹰律师事务所
发 行 部：(010)58815874　　传真：(010)58815857
网　　址：www.oveaschin.com
E-mail：oveaschin@sina.com

前言

当有人提起“心理学”三个字的时候，会有人觉得这是一个有些玄乎微妙并若即若离的字眼。其实，事情的真相不是如此——心理学离我们并不遥远。接下来，我们可以做一个实验来证明这一点。

我们可以尝试一下这样的场景：你闭上双眼，伸出两手呈平行状，掌心向上摊平。然后，你被告知，你的左手放了一个铁球，右手牵着一个气球，铁球越来越重，气球越来越轻。在这样的语言引导下，你睁开眼睛后，会惊奇地发现本来持平的双手已经发生了变化——左手明显比右手低。

原来，我们在不知不觉中已经被“沉重的铁球”和“轻盈的气球”所影响了。那么，这又是为什么呢？

因为当我们被语言告知左右手承受不同重量物件的时候，就已经被别人做了心理暗示。我们的大脑是有记忆的，它回忆起我们的身体承受“铁球”和“气球”的不同质感，并向其发送了相应的信息——铁球重，我们的手会被压下沉；气球轻飘，手应该向上浮。

这样，我们就在别人的“诱导”下，成为了“被操纵的对象”。

当然，这种“被操纵”的心理暗示只是心理学的一个现象，其实，在我们的日常生活中还有更多匪夷所思的事情发生，只是我们都缺乏探测和发现的雷达，以至忽略了自身和生活中的许多有趣之处。

比如，为什么长发飘飘的女性更有吸引力呢？为什么意外之财花得更快？为什么人多不一定力量就大？为什么宣传单普遍要把重点内容放在左上角？为什么假装快乐你或许能真的快乐起来？为什么人在夜晚的时候感情最丰富？

这些怪诞心理都是我们容易忽略甚至不曾发现过的现象，这时，我们就需要一个真正能引导我们进行心理探索的良师益友。而这本《怪诞心理学大全》就旨在探讨看似怪诞的奇异现象背后隐藏的人类心理秘密和关于日常生活的心理学，带领大家走进一个奇异的心理世界，揭示心理学家们用独特的研究方式对人类大脑、意念和行为等做出的有趣见解。所以，翻开此书的同时，也就等同于踏上了一个互动的心理旅程，我们不仅可以涉足一个有趣的科学领域，更能将其运用到实际生活中，愈加清楚地去探索和发现生活、生命的本质！

目录

第一篇

大脑就爱找借口

第三篇

给自己上一个阀门

第五篇

拯救伪快乐

第二章 九型人格：我们天生就是内向或外向的人吗

第三章 永不放手：为什么人会有过度执着和疯狂的时候

第四章 异度空间：为什么有人会相信超能力存在

第五章 飞跃疯人院：为什么人们会出现各种心理疾病

第七篇

外在的非理性也是可以预测的

第八篇

摇摆源于拒绝不了的诱惑

第九篇

生活为什么这么无奈

第十篇

世界充满危机，你要内心强大

第一章　环境“污染”：为什么在酒吧更有暧昧氛围

第二章　办公桌关系：为什么职场不能走直线

第三章　决策影响：为什么两个头脑不如一个头脑

第一篇

大脑就爱找借口

第一章

潜意识力量：你相信什么，什么就会成真

把自己想象成什么人，你就会成为什么人

你把自己想象成什么人，你就会按照那种人的行为方式行事，而且，即使你做了一切有意识的努力，即便你具有很强大的意志力，你也不会有别的不合这种意识的行为。如果自己把自己想象成失败的人，那无论怎样想尽办法避免失败，也必定会失败。这就是“自我意向”心理在发挥作用。一个人的“自我意向”一旦形成，就会变成事实。

心理学家马尔慈说，人的潜意识就是一部“服务机制”——一个有目标的电脑系统。而人的自我意向犹如电脑程序，直接影响这一机制运作的结果。如果你的自我意向是一个失败的人，你就会不断地在自己内心的“荧光幕”上看到一个垂头丧气、难担大任的自我，听到“我是没出息、没有长进”之类的负面信息，然后感受到沮丧、自卑、无奈与无能，而你在现实生活中便“注定”会失败。但是，如果你的自我意向是一个成功人士，你会不断地在你内心的“荧光幕”见到一个意气风发、不断进取、敢于经受挫折和承受强大压力的自我，听到“我做得很好，我以后还会做得更好”之类的鼓舞信息，然后感受到喜悦、快慰与卓越，你在现实生活中便“注定”会成功。因而，个人自我意向的确是十分重要的，其正或负的倾向是我们的生命走向成功或失败的方向盘、指南针。

一个人若想取得成功，并全面地完善自己的意识，就必须有一个适当的现实的自我意向伴随着自己；就必须能接受自己，并有健全的自尊心。你必须信任自己，必须不断地强化和肯定自我价值，必须有创造性的表现自我，而不是把自我隐藏或遮掩起来。你必须有与现实相适应的自我，以便在一个现实的世界中有效地发挥作用。此外，你还必须认识自己的长处和弱点，并且诚实地对待这些长处和弱点。当这个自我意向完整而稳定的时候，你会有“良好”的感觉，并且会感到自信，会自由地作为“我自己”而存在，自发地表现自己。如果它成为逃避、否定的对象，个体就会把它隐藏起来，不让它有所表现，创造性的表现也就因此受到阻碍，你的内心会产生强烈的压抑机制，且无法与人相处。一个人难以改变他的习惯、个性或者生活方式，似乎有这样一个原因：几乎所有试图改变的努力都集中在所谓自我的圆周上，而不是圆心上。他们所尝试改变的都是环境而非心理。但是，自我心理暗示是十分重要的，它可以左右你的一切行为，所以你必须重视自我意向，这样才能通过不断努力，走向成功的人生。

为何有人对自己的行为完全没有控制力

现实生活中，有很多孩子无法控制自己的行为和情绪，越是不让做的事情，越是要去尝试，这种现象被称为“注意力缺失”。它大多发生在被父母抛弃，或是父母被剥夺抚养权的孩子身上。

泰瑞莎和马特是一对不孕的夫妻。泰瑞莎是小儿科护士，她在医院认识了大卫和丹尼这对双胞胎兄弟。“在急诊室就看得出来他们的母亲无法照顾他们。当我去看他们的时候，他们会兴奋地爬到我身上。于是我收养了他们。”

泰瑞莎说：“他们精力充沛、冲动、不肯睡午觉，随意拿他们想要的东西。他们要做什么就做什么，如果他们在外面想爬到两米高的杆子并从上跳下来，虽然他们才四岁，但他们绝不会犹豫。他们对自己的行为完全没有任何控制力。

“大卫和丹尼就是那种不肯控制自己的孩子。大人越是这样限制他们，大卫和丹尼就越反抗。他们回家会说今天谁又流鼻血了，因为老师抓住他的时候，他的脸撞到地上。大卫和丹尼常常被抓住压在地上，我们一个人抓手，一个人抓脚。一年之后，他们比我还清楚怎样抓住一个失控的人。

“这两个孩子……如果一开始我们就知道怎么帮助他们，说不定他们早就是小天才了。而那些人让我们相信这两个孩子心理异常，当时他们是这么告诉我们的。我们心想，天啊，我们惹上了什么麻烦？我们得一直养着这两个孩子！我们现在相信，这两个孩子希望无穷，只要他们有兴趣，他们可以做任何事。”

大卫和丹尼的故事给我们很多启示，如果这两兄弟的问题始终没弄清楚，后果难以想象。作为父母的泰瑞莎和马特极为坚强、肯付出，虽然孩子们的注意力缺失症得到诊断且开始治疗，但问题并不会全部消失。

注意力缺失症不是任何人的错，对此我们一定要有正确的认识。不当的教育方式会使注意力缺失症的状况更糟，但并不是成因。当一个孩子很聪明、成绩又很好时，我们比较不会想到他可能有注意力缺失症，但恰恰相反，许多聪明的孩子都有注意力缺失症，这些孩子如果没有被诊断出来，他们的聪明会使他们惹上更多麻烦。

注意力缺失症患者常有一种心态，就是觉得自己有缺陷，因此老师和家长必须给孩子做好心理建设，只要治疗得当，他们可以充分发挥他们的长处和潜力。注意力缺失原发性症状：分心、冲动、静不下来。许多成人有注意力缺失症却不自知，可能很没耐性、静不下来、易冲动、直觉强、有始无终及无法维持长久的亲密关系等。注意力缺失症的症状不会一直保持不变，虽然我们多数时候都在谈注意力缺失症对学习的影响，但是它对人际关系的影响也不容忽视，患者比较不会注意到别人的细微表情或暗示，因此不容易与人相处。

为什么会出现“心猿意马”的情况

上课不注意听讲，做事心猿意马，对待人和事都不能专注……分心，是环境的错，还是你自己的问题？

46岁的伊利莎白从小就有阅读障碍。直到最近，她才知道自己也有注意力缺失症。“我一直知道自己无法阅读，我不是完全不会读，只是读得不好。我不懂为什么我的生活总是一团糟。我认为自己很没用。后来我去参加妇女成长团体，知道注意力缺失症是怎么回事，一切才忽然清楚了。我了解自己为什么会拖延，为什么没信心，为什么讲话讲到一半就分心了，为什么总是一团糟。我只希望自己早一点了解原因。”

这证明在分心的情况下，人应该投入更多的意志来克服分心。

杰克是杂志编辑。他做得很好，但是大家觉得他很粗鲁。他会不打声招呼就突然离开会议、不回电话、不自觉地得罪作者、毫不遮掩他的无聊感觉、讲到一半会突然改变话题或者缺乏人际相处的技巧。一位同事说：“他很聪明，但你很难预料他会做出什么。你可能正在和他说话，当你看一看别处，回过头来，他已经不见了。这实在是非常惹人厌。而有时他又很好，因为他总是有很多主意和用不完的活力。”

疲劳、身体不适和不稳定的情绪等也可引起分心。分心可以通过意志努力排除干扰加以克服，分以下多种情况：

不论成就大小，觉得自己尚未发挥潜力：生活中，我们最常听到的是，“我就是没办法完成任何事”。客观来看，这个人可能已经取得成就，也可能生活与工作一团糟，无法发挥自己的潜力。

很难有组织性：没有父母的督促，注意力缺失症成人在日常生活中无法保持规律性。长期拖延，很难开始做一件事，开始做一件事的焦虑感特别强，因为他们害怕自己会做不好，于是他们一拖再拖，焦虑感越来越强烈。同时做很多件事，很难有始有终。

想到什么就说什么，不会考虑时机或场合是否合宜：心里一有想法，他们会马上就忍不住说出来，也不管时机是否合宜。

经常追求刺激：永远在追求刺激的新经历。

不能忍受无聊：注意力缺失症患者从来不会无聊。只要他们觉得无聊，就会找件新鲜事做。

另外，很多成年人在做事的时候容易分心，无法专注，话说到一半或者书读到一半就会发呆或跑神，但是又能够在某些时候比一般人更专注。他们往往具有创造力，直觉强，非常聪明，在缺乏组织和无法专注的一片混乱之中，常常冒出惊人的创造力。一般人以为他们对权威有反抗心理，其实这是他们对无聊及挫折的反抗。对他们而言，遵照规则行事代表无聊，而新的行事方式则代表兴奋，不能按照他们自己的意思做事则会产生挫折感，且他们很难忍受挫折，任何一次挫折都会让他们想起自己所有的失败经历。他们言行冲动，比如爱乱花钱、经常改变计划等。同时，不论生活多么稳定，许多成年患者长年觉得没有安全感。他们往往觉得自己的世界随时会崩溃。他们情绪不稳，尤其是和人分别时。可能对药物或酒精有依赖感，也可能对一种活动成瘾，比如赌博。

生活中，有很多人，尤其是女人，具有典型的注意力缺失症症状。分心并不是谁的错，每个人多少都会存有一定的分心症状，只要及时发现及时治疗，分心不会影响你的工作和生活。

为什么我们容易在脏的地方乱扔垃圾

不知道大家有没有观察过，如果一个房子的一扇窗户破了，隔不了多久，其他的窗户也会莫名其妙地被人打破。这是为什么呢？从心理学角度来说，这就是“破窗效应”。仔细回想一下我们的经历，不难发现，破窗效应普遍存在于我们生活中的各个方面：如果一面墙出现一些涂鸦，很快地，墙上就布满了乱七八糟、不堪入目的东西。如果一片干净的地面上有人扔纸团，没有被禁止，很快就有其他人把纸团扔在地上了。人们总是以为：“别人这样扔东西没有责任，自然我也就没有责任了。”所以，当秩序被打破之后，没有了责任意识的人们很快就让这片干净的墙面或地面脏乱不堪了。

为什么会出现这种“怪现象”呢？我们不妨先来看看心理学家詹巴斗的汽车实验。

1969 年，美国斯坦福大学的心理学家詹巴斗把两辆相同的小汽车分别放在两个地方，一辆放在帕罗阿尔托的中产阶级小区，第二辆放在脏乱的布朗克斯街区，并取走了第二辆汽车的车牌。结果，第一辆车停了很长时间也“无人问津”，而第二辆车不到一天就被偷了。詹巴斗又用锤子把第一辆车的车窗敲了个大洞。这次，几个小时之后，第一辆车也不翼而飞。

对于第二辆车的被偷，我们大概没有什么疑问，毕竟这辆车停在脏乱的地区。但是对于第一辆车的被偷，我们多多少少都会感到不解：为什么在那个中产阶级的小区停了一个星期都没事，但是车窗被打破之后，几个小时之内就被偷走了呢？

对此，犯罪学家凯琳和政治学家威尔逊是这样解释的：一辆完整的车因为没有漏洞，所以很难引起人偷的欲望。但是当它的车窗被打破之后，就给别人这样的暗示：这辆车被打破玻璃也没有关系。因为一个车窗的打破，本身就透露了“秩序并不像我们想象的那样完美”，也没有引起我们想象的后果——抓住打破玻璃的家伙。这就勾起了人们打破其他玻璃将其偷走的欲望。

当然，破窗效应并不总是让事情变得越来越糟糕，当我们反其道而行之，它也能巧妙地发挥其积极作用。下面这个例子就是一个很好的“榜样”。

20 世纪 80 年代，纽约市的城市环境和治安状况相当不好，地铁车厢十分脏乱。为了解决这种混乱、肮脏的状况，纽约市政府从整洁车厢、查询车票做起。虽然当时的人都不以为然，认为这是“船都要沉了还在洗甲板”的行为，根本没有什么作用。但是，这个方法实行不久以后，就出现了奇迹：随着城市整体面貌的干净整洁，人们犯罪的欲望大大降低了；警察在查票时，检查人们随身携带武器的情况，发现带武器的人少了……最后纽约的治安和环境都得到了很大的改善。

为什么地铁车厢保持整洁和警察大力查票会让纽约焕然一新了。很简单，因为“窗子”被打破了，人们发现原来脏乱的秩序是可以被打破的，而且正在被强迫地打破，渐渐地，这就唤醒了人们爱护环境和维护安全的意识。当这种意识渗透到生活的其他方面时，恶性循环被打破了，引发了一系列的变化，纽约也就变成了另外一个纽约。

懂得了破窗效应的原理，我们不妨把它运用到我们的工作和生活中，打破恶性循环，让工作和生活有一个良性的发展。

假如我们是领导者，当我们的员工出现了一个小问题，千万不要等闲视之。因为一次小的忽视，看起来是很轻微的、个别的，但是之后很可能带来大的隐患。比如，某个员工因为心情不好而对工作大意，这种不佳的状态很快就会蔓延。所以，一旦发现这个问题，我们就要尽快与这位员工沟通。尤其是那些触及公司利益的错误，更要及时处理，以免引起不良后果。

同样，在生活中，假如我们有很多不健康的生活习惯，觉得一下子要改正过来很艰难，那么，可以试着先改变某一个习惯，比如不吃早饭、总是熬夜、不做运动中的一项。当我们体验到坏习惯的秩序被打破之后，自然就会慢慢地去打破其他坏习惯的“窗子”。当然，如果把自己原来某个好习惯改变了，很快我们其他的好习惯也会被改变。所以，无论是工作还是生活，千万不要忽视破窗效应的作用，小细节也要做好，才能保持自己工作和生活的良好秩序。

如何找回真实的自我

今天，你摸过了你的袜子、鞋子、上衣、裤子……这些东西，在你日常生活感受到的事物里，只不过是一小部分。然而你每天接收了上百种感觉，真正觉察到的有多少呢？

法兰西斯在报告“运用觉察身份认同系统以成为更有效的父母”时，说了这样一件事：她的儿子有严重的多动症，当她儿子开始躁动不安的时候，唯一能让他安静下来的，只有用手指在他的身体上行进。她大声说道：“其实我一直在停止他的身份认同系统，但我一点儿也没有发觉！”

身份认同系统会过度缩减一个人的觉察，渐渐导致你脱离现实，也就是扼杀你的感官活力。我们太习惯于陷入自己的想法，付出的代价就是自己的身体和周围的现实脱离。一旦你放开身体里有关受损自我的“内在信念”，让其进入你的感官，一些常见的小病痛都会消失。你在感到心神不宁或无法入睡的时候，都可以利用这个好方法——简单地用手指揉揉太阳穴。重回你的感官世界，能使你镇定并让你心神安宁。

将你的觉察集中在触觉，是种很重要的搭桥练习。在每天忙碌的生活中，你有很多机会可以进行搭桥练习。当你洗澡的时候，不要忽视这样的美妙感受：水珠在身上跳舞、手指轻轻地按摩头皮、流水汩汩地灌入排水孔。欣赏这些感受和声音，能让你对洗澡以及未来生活的每件事物都有新的体验。

你在卖场排队的时候，不要只是对于缓慢移动的长长队伍感到不耐烦，甚至还由此增强受损的自我。你可以听听周围环境的声音——店里的广播声、母亲逗弄小孩的欢笑声及每刷过一样东西时发出的嘀嘀声，仔细觉察你的身份认同系统以何种方法试图将你带离此地。

在治疗无法控制饮食习惯的人身上，搭桥也有很好的成效。一旦你学会搭桥通往觉察的练习，你就更能了解身体的渴望，更清楚饥饿的感觉。闻一闻食物的香气，感受它在你的叉子上或手中的重量，看看它的外表，并且在吃每一口的时候品尝它的味道。

37岁的两个小孩的母亲——罗冰，在她成年后的记忆里，体重一直都是多了二十几公斤。尽管罗冰非常了解营养学，不过她从来没有找到一个成功的饮食控制方法。在她的头号问题——

体重控制身心导图里，满满都是压制手和修复手的想法。她的压制手告诉她，“我很肥而且很讨人厌”“我就是做不到”“我天生就胖”“我没有自制力”“我试过一百种节食方式，但没有一种成功”。她的修复手则试图用这样的想法使她振作，“其他的每件事我都做得很好，所以我会成功的”“我只要每天摄取1400以下的卡路里，而且天天骑脚踏车运动，就可以达成目标”“我不会轻易放弃”。在她体重控制身心导图里出现的身体感觉，包括肩膀紧绷和背痛。

不要低估你自然、自由运作自我的宽阔感带给你的持久不变力量。要记住，身份认同系统的目标是分离，要随时随地排除这种不自然的分离，持续不断返回此时此刻正在进行的事物。你不必费力达到平静或放松的状态，通过搭桥，你会进入当下的情境，无论在什么环境都是如此。如果你很紧张，不必对抗，只要觉察它的存在。如果你的呼吸很短浅，也只要知道这件事就可以。你不需要修复任何东西、任何事情。

有了搭桥，你会因为真实自我有空间可以喘息而感到更愉快，你也会从身份认同系统的掌控中解放出来。这些练习都有疗愈的效果，因为它们可以降低恐惧、焦虑和紧张，让你回归自然。

第二章

黑就是白：为什么错觉让我们视而不见或信以为真

为什么快乐的时光总是短暂的

我们常说："快乐的时光总是很短暂，痛苦的时光则总是很漫长。"也就是说，人们对时间的估计与这段时间的活动内容和心情有关，假如内容有趣、心情愉快，当时会觉得时间过得很快，而事后回忆时却会觉得很长；假如内容无聊、心情很坏，那么当时会觉得时间过得很慢，事后回忆时会觉得很短。所以，热恋时情人间的幽会，总有"一日不见，如隔三秋"之感。为什么会出现这种情况呢？其实，这是一种错觉，是情绪欺骗了我们的大脑，让它产生了与客观实际不符合的感受。

什么是错觉？错觉是人们观察物体时，由于物体受到周围环境干扰，或自身的生理、心理等原因，而产生的与实际不符的判断性的感觉误差。错觉普遍存在于我们的日常生活中。

在火车站站台上，当和我们所坐的列车并排停靠的另一辆列车启动时，我们会以为是自己所坐的列车启动了。在列车上，当我们翘首窗外时，窗外的田野、森林如快马般向后飞驰，这是运动错觉。假如问一个孩子，是一斤棉花重呢还是一斤铜、铁重？孩子会脱口而出，是铜铁更重，这就是所谓的大小－重量错觉。对于热恋中的男女，通常会觉得自己的情侣最美丽最可爱，正所谓“情人眼里出西施”。同样，几乎所有的小孩，都会认为自己的母亲要比别人的母亲漂亮。这些是爱的错觉。

类似的例子还有很多，比如，有宽大玻璃窗的房间要比它的实际面积显得大一些，这是整体—部分错觉；穿横条纹的衣服要比穿竖条纹的衣服显得人胖，这是几何图形错觉；同一个姑娘，穿一身黑衣服要比穿一身其他颜色的衣服显得苗条，这是色彩错觉；人在夜晚行走时，天上的月亮总像是在跟着自己走，这是心理错觉。

从以上这些例子可以看到，错觉的产生是普遍存在的“正常现象”：一方面，只要产生错觉的条件具备，同一个人在任何情况下都会产生同样的错觉；另一方面，在一定的条件下，错觉的产生对任何人来说都是一视同仁的。对一个人来说，在一定的条件下，产生错觉是一种正常的知觉，在这个条件下不产生错觉反而是不正常的。

那么，是什么因素导致了错觉的产生呢？原因比较复杂，通常有以下几个方面：

首先，生活环境和条件会影响我们对同一事物的感觉。同样一餐饭，分别让一个来自贫困家庭的儿童和一个来自富裕家庭的儿童来吃，会吃出不同的感觉：在多数情况下，前者会觉得味道更好，而后者对这个味道的评价则会差许多。同样这俩儿童，因学习成绩较好分别获得 100 元的奖金时，前者会比后者感觉得到的更多。

其次，错觉的产生，与我们的生理构造息息相关。某些几何图形错觉，可能是视觉分析器内部的兴奋和抑制的诱导关系造成的。这种关系可能会造成视觉的某些错位现象。

最后，过去的经历，也会导致我们对当下的处境产生错觉。人们对事物的知觉是在自己过去经验的基础上形成的，当目前发生的情境与过去的经验相矛盾时，如果仍然按照经验习惯去知觉当前的事物，那么就容易发生错觉。

虽然，错觉的产生是不可避免的，但并不等于说人不能正确地认识客观事物，相反，利用错觉能够帮助我们更好地认识周围的世界。近年来，人们在对错觉现象进行理论研究的基础上，已经将视野转到利用错觉理论进行产品的研究开发上。目前，错觉已经在电影电视、广告制作、服装设计、商品装潢、军事工程等实际生活的各个领域得到了广泛应用。这些都将利用错觉的原理，为我们呈现一个更契合我们感官体验的世界。

我们拥有预知别人下一步行动的能力

所谓的第六感，就是除了视觉、听觉、嗅觉、触觉、味觉之外的第六感“心觉”。通常我们都是通过感官（五感）——眼（视觉）、耳（听觉）、鼻（嗅觉）、舌（味觉）、肌肤（触觉）来感知外在的世界。但也有一些人提到，我们拥有第六感，能够超感官地感知周围事物。

仔细留意一下我们的生活中，第六感或说是超能力是普遍存在的。比如，我们走进一个房间，会自觉地感受到哪些地方有问题，有差异，并且从细小的地方，我们就可以感受到一些东西，并能得到一个整体的印象，虽然我们并不能用语言表达出来。或者，我们准备做什么事情的时候，会预料到有什么事情发生，而在我们进行的时候，真的发生了！

许多人都认为这就是第六感或直觉，它超出了一般的视觉、听觉、触觉等的范围，是神秘的、无法解释的。事实上，直觉和第六感背后是有原因的。

首先，相对理性来说，我们身体的感性要敏锐得多。

其次，我们的潜意识时刻在帮我们搜集信息，可能在我们还没有察觉的时候，潜意识已经通过这些信息得出结论，并谨记在心。

但是，无论如何，在这些事情的背后，都有大脑无形的运作。我们得到的直觉，更多的是大脑从生活中进行推演的结果，这个过程是在大脑感知区域进行的，而不是认知区域，所以我们并不能理解为什么是这样，但我们却实实在在地觉得会是这样。

关于这个问题，17 世纪的哲学家兼数学家帕斯卡说过这样一句话:“心灵活动有其自身的原因，而理性却无从知晓。”经过4个世纪，这一观点得到了证实，并且得到了进一步的确认。要知道，在我们的思维中，自动的那部分要比主动的部分多很多，我们是难以把握这些自动的思维的。而这些自动思维的外显，便构成了生活中的直觉。

同时，生活也为直觉提供了“土壤”。当我们面对一些危险事情的时候，大脑就会从那些已经得到的“生活”中给我们一些警告。比如，当我们害怕某个人的时候，身体就会在大脑的支配下，出现一系列不舒适的信号：起鸡皮疙瘩、手心出汗、胸口发冷、恶心等。相反，如果我们面对某个安全人物的时候，身体就表现得比较舒适，比如身体感到温暖、肩膀放松，整个身心都会比较轻松舒服。

由此看来，直觉并不是可以呼之即来，可以随时帮我们做出判断的。直觉需要我们积累一定的生活经验，才能对新情况迅速做出反应。毕竟所有的直觉都不是偶然获得的，是我们长期积累的结果。这就是为什么象棋大师一眼就可以看到什么是关键的棋子，而新手却要经过很长时间的磨炼，才会有这样的直觉。在这里心理学家给我们提供了一些锻炼和启发直觉的小窍门：

质疑日常的思维方式和对传统问题的处理方法。

回忆自己的经验。

有勇气去冒险。

随身携带一个小本子，捕捉自己瞬间的猜测，记下来。

让思维紧张。

与其他人交流。

详细地陈述问题。

总之，第六感或直觉也是感官功能的一种，如果我们能科学对待，努力训练，让自己的感知能力更全面、更敏锐，那么当我们处于两难之中，用知性和理智难以解决问题的时候，也许直觉可以派上用场，帮我们做出一个真正符合自己心理需求的选择。

为什么她老觉得自己的眼睛一大一小

有时候，人会把自身的一个小缺点无限夸大，并为此烦恼不已，严重影响自己的正常生活和工作。其实，很多时候，这些缺陷都只是我们的一种错觉，是某种心理因素在作祟，是我们的心理作用让事情不断恶化。

于小姐，相貌虽然说不上百里挑一，但是也很不错了。江南女孩子的苗条秀美，白领整齐端庄的服饰，五官端正……不过她总觉得自己的眼睛一大一小，并为此烦恼了很多年。若仔细看她的两只眼睛，的确大小稍稍有异，不过差别很小。实际上，如果仔细看，大多数人的眼睛都有一点点差异，所以她的眼睛应该说完全正常。

可是，她总是担心眼睛大小的差异会影响视力，在看书或其他用眼的时候，她就会注意感觉“这两个眼睛的感觉”，看两个眼睛的感觉“是不是相同”。这样，她看书的效率大幅度下降，看一页杂志对她来说都是一件很困难的事情。

她曾经找过眼科医生，医生反复向她保证她的眼睛完全正常，为了让她放心，还对她的眼睛做了详细的检查。她也知道按道理应该没有问题，可她还是没有办法抛弃“眼睛大小不同会影响视力”这个想法。而且她感觉症状越来越明显，最后甚至连东西都看不清了。

为什么会出现这么奇怪的症状呢？于小姐和家里人都感到不解，最后于小姐走进了心理咨询室，才找到了问题的根源。

其实，很多人的烦恼都来自于内心的某种焦躁或者忧虑的情绪，并且一些怪异的行为都指向一个确实存在但不为当事人所知的目的。带着这种观点，心理医师试着了解于小姐的生活和最近的心理状态。

医师发现，她对一切的期望值都很高：本希望自己考上好大学，结果没有考上大学只读了一个大专；本希望找一个高学历的丈夫来补偿自己的不足，但是丈夫的学历比自己还低，而且在其他方面也不能令自己满意；此外，在近期，她和丈夫产生了很多矛盾，她比较任性，丈夫在婚前对她百依百顺，但是在婚后就不同了，她感到丈夫对她态度越来越不好；在工作中，她也面临着许多压力。比如她正在准备一个很重要的考试，有些书需要读，可是偏偏在这个时候，她又开始想眼睛大小的问题了，以至无法专心读书。

总之，从于小姐的描述中，可以看到她的生活充满各种压力，压得她喘不过气来，而她又总是无法放弃对自己对别人的高要求。于是，现实让她感到不满，因此她也无比烦恼。

她不愿意面对自己的婚姻正濒临破裂的事实，也不愿意面对自己在工作中不可能达到自己希望的样子这个事实。所以，她的眼睛问题实际上是她无意识中找到的一种回避这些问题的手段。一天到晚纠缠在眼睛的大小上，她就没有时间去想学历、婚姻和工作压力。这是一种逃避。她不敢抛弃这个痛苦的烦恼，因为眼睛的痛苦烦恼是回避更大的痛苦烦恼的唯一方法。

一旦消除了关于眼睛问题的烦恼，不需要再想眼睛问题，她就不得不面对这些比眼睛的问题更让人难以承受的现实。但是，要知道回避问题虽然可以一时减少心理压力和焦虑，但是问题依旧存在，它带来的压力也依旧存在。

这种情况下，要让症状有所缓解，一方面，要鼓励她抛开眼睛的问题，支持她直面生活中真正的难题并找到解决方法。一旦解决了这个难题，眼睛问题就可以不药而愈了。另一方面，要帮助她重新找到属于自己的骄傲，做一个自信的女人。很多女性之所以会对外貌感到烦恼，很大原因是因为缺乏自信和安全感，担心自己不漂亮会被世界所遗弃。其实这都是不必要的忧虑，对女性的身心健康毫无益处。

为什么手机没动，我们却常感觉它在振动

在手机没有设置振动功能的情况下，你能感受到你的手机在振动吗？那种“吱吱”的吵闹声，像虫子在叫一样，甚至你的身体也感受到了一种持续的轻微的震颤。正常人很难有这种体验，

可是在心理咨询与治疗室，这样的诉说并不是稀罕事。

小张在半年前听力出现一些异常：有时明显听见手机在振动，拿起来一看，却什么也没有；有时埋头工作，突然听见旁边有人叫她，猛地一抬起头，却谁也没有。小张心想，可能是工作太繁忙，压力太大，才会出现这种情况，所以，也没有特别重视。谁知道，半年过去，这种幻听却变本加厉，最近，她常常听到一个人在肚子里骂她，这不仅引起小张心理的恐惧感，也让小张变得心神不宁，难以集中精神做其他事情。

是小张的耳朵出问题了，还是她身体的其他部分有毛病？我们先来了解一下幻听。

幻听就是现实环境中根本就没有这种声源，但患者却实实在在地感受到了某些声响，一般的幻听患者听到的声音主要是人的说话声。另外，幻听还伴随着身体其他的幻觉，比如该患者经常听到有人在旁边喊他的名字。通常，在过度疲劳、精神极度紧张和惶恐等情况下，容易出现幻听。

当然，以上提到的怪现象只是幻听的部分症状。心理学家经过大量心理学和医学上的临床资料观察，总结出了幻听病人的一些症状：早期，幻听出现次数较少，幻听的虚幻程度较接近真实世界；随着病情的发展，幻听频率上升，内容也变得离奇古怪。在这种大量的虚幻刺激下，患者的精神能量逐渐耗竭，他们再也没有能力分辨出自己到底生活在一个什么样的世界了，感觉自己就像生活在一个梦幻的世界里。一般幻听病人听到的语言多是针对他们自己的，大部分是对他们的议论、批评、命令、攻击等。患者在这些声音的主导下可能去伤害别人或自己。这个时候，患者对于社会来说就成了危险人物，需要接受治疗才行。

幻听深入发展，还伴随着患者和虚幻中的声音的争吵，但在我们看来，他是在自言自语，并伴有脸部肌肉痉挛、精神起伏剧烈的症状。精神分裂症的幻听，往往是随疾病发展而发展，不经治疗很少能自动消失。经过治疗后，幻听随病情好转而逐渐减少，患者对幻听的态度逐渐淡漠，最后幻听消失。幻听的重新出现，往往预示着病情的波动与复发。

此外，幻听的临床表现还分为假幻听和真幻听。通常假幻听患者认为声音不是来自外部，而是来自他的身体内部，比如他的腹部、头部等，他会指着自己的肚子说："你听，他们在开会，商量如何杀死我呢！"而真幻听患者听到的，声音是真实的，他会说："你听，就在门口，那个男人又开始骂我了。"门口确实有个男人在说话，但是并没有骂他。精神分裂症患者的幻听大多为真幻听，也有一些假幻听。

看到各种幻听的怪现象之后，我们不禁要问，幻听是怎样产生的呢？为什么会出现这些奇怪的声音，混淆我们的听觉呢？

心理学家认为，幻听是大脑听觉中枢对信号错误加工的结果。我们生活在一个满是声音刺激的世界，正常人对不同的声音都能给予合理的加工，而幻听患者却错误地加工和解释了这些声音。幻听者是对声音世界进行了主观改造与加工，是加工系统混乱造成的，比如声音刺激和过去的记忆会产生混淆，导致患者的时间感混乱，内外世界混乱，导致对声音来源的判断错误，从而表现出离奇的行为。

综上所述，如果我们常常感觉手机在振动，实际却什么也没发生时，可不要轻易一笑了之，而应慎重对待。如果还伴随有其他的幻听现象，应尽快去心理咨询中心或精神治疗场所进行诊断，将症状遏制在初始阶段，不要让事实上并不存在的声音打乱了我们原本正常的生活。

有人爱看色彩，有人爱看形状

我们在观察和认知事物的过程中，通常会受颜色和形状的影响。一般情况下，我们会凭直觉进行判断，选出自己中意的商品。不过，每个人的直觉"依据"都有所不同，有人受形状的影响比较大，有人则受颜色的影响比较大。前者被称为"形型人"，后者被称为“色型人”。

小洋洋四五岁的时候，对色彩特别敏感，母亲给他买了一整套的涂色画册和 24 色彩笔，他十分高兴。每天他都在画册上涂涂抹抹，乐此不疲，甚至连家里干干净净的墙面也成了他色彩涂鸦的广阔天地。

但奇怪的是，随着小洋洋的逐渐长大，他的喜好也有了一百八十度的转变。他对彩色图画的兴趣正在慢慢变淡，而开始喜好上素描、漫画，也不太追求五颜六色，一根铅笔他也能画得不亦乐乎，并且，在他的涂鸦作品中，也出现了各种多样的图案。

小洋洋为什么会出现这种“成长的变化”呢？其实，这是正常的知觉变化发展过程。

根据现有的研究结果可知，人类的大脑在发育过程中，对颜色的认知要早于对形状的认知。一般来说，九岁以下的儿童大部分都属于色型人，他们对色彩相对敏感，能迅速地记住各种颜色，并试图将其表现出来。色彩，是这个阶段的儿童认识外部世界的最直观途径。但到了九岁左右，大多数儿童会转变为形型人，他们开始被形状吸引。形状取代色彩，成为他们观察世界的重点。这种转变将一直保持到成年后，因此，大多数成年人都属于形型人。

当然很多时候，对色彩或形状的“偏爱”也会因人而异。比如，选择一件商品时，如果功能、品质、价格完全相同，我们会根据什么做出选择？是颜色，还是形状？答案并不总是偏向形状。

有心理学家对此做了相关的调查研究，结果表明，男性中形型人略多，而女性中色型人稍多。从年龄段上进行分析，二三十岁的女性中色型人居多，尤其是三十多岁的女性，色型人的比例达到 70%。可见，成年人中色型人的比例较高。对此，心理学家的解释是，日常所见的事物对大脑的发展会产生刺激，而现代社会中，色彩比以前要丰富得多。身处色彩缤纷的世界中，人对颜色也会变得敏感，色型人也因此增加。

在实验调查过程中，心理学家还发现了一个有趣的现象：假如一个人的主要工作是绘制色彩丰富的图案，那他与颜色相关的细胞一定相对发达。而长年看某种特定形状的人，对该形状产生反应的细胞自然发展迅速。

可见生活环境和自身经历，也会影响我们大脑对色彩和形状的敏感度。其实，对环境做出反应的这种大脑系统，并非人类的专利。有实验表明，在正常环境中喂养动物，动物对各种光的刺激做出反应的细胞均得到发展。在竖条纹的房间中喂养动物，动物只有对竖条纹做出反应的细胞得到发展，而对横条纹做出反应的细胞几乎不存在。

这就是为什么生活环境相同的人，比如夫妻、兄弟姐妹、朋友同事，多属于同一类型。因为生活环境相同的人，常常看到的都是一样的颜色和形状，对颜色和形状产生反应的细胞发达程度也大体相当，从而产生了对色彩或形状相类似的偏好。

那么，我们的成长经历和生活环境影响了我们对色彩和形状的感知，那么反过来，对色彩或形状的感知又会对我们自身的成长产生什么样的影响呢？色型人和形型人之间又有什么差别呢？很多心理学家进一步研究了这两类人的性格差异。

德国精神病理学家恩斯特·克雷奇默在性格分析研究领域颇有建树，而他的学生们则对色型人和形型人的性格差异进行了研究，并搜集到大量有价值的数据。根据他们的研究成果可知，容易受形状影响的人不善言谈，社交是他们的弱项；而容易受颜色影响的人，性格开朗，善于交际。

但是，也有持相反意见的，认为色型人趋向内向，神经敏感，形型人则性格爽朗。对于这些认识上的差异，我们不必要深究。重要的是，了解其中的原理，并能在平时的生活中，有意义地去提高对色彩和形状的感知，尤其是在幼儿的培养和智力的开发过程中，多让孩子接触五颜六色的东西，多给孩子玩不同形状的玩具，这些都有利于刺激他们大脑对色彩和形状的感知，促进其智力的发育。

为何我们会有似曾相识的感觉

在我们的生活中，不管是看人、看事还是看景，经常会有“似曾相识”的感觉。也就是说，在现实环境中（相对于梦境），我们会突然感到自己曾经亲身经历过某种画面或某些事情。在心理学上，这种体验被称为“既视感”。

看过《红楼梦》的人，应该都记得宝玉与黛玉第一次相见的场景：

宝玉看罢，笑道：“这个妹妹我曾见过的。”

贾母笑道：“可又是胡说，你又何曾见过他？”

宝玉笑道：“虽然未曾见过他，然我看着面善，心里就算是旧相识，今日只作远别重逢，未为不可。”

宝玉在黛玉身上找到似曾相识的感觉，这种经历其实几乎在我们每个人身上都发生过。有些人即使第一次见面，却莫名地觉得亲切和熟悉，仿佛已经认识很久了。为什么会出现这种情况呢？是不是真如一些人所说的存在前生往世呢？

关于这种体验出现的原因，前生往世我们无法做考究，倒是医学家和心理学家们做出了下面一些解释。

首先，似曾相识源自大脑的错误储存。医学上对“似曾相识”有这样一种解释：每个人的大脑都会有一个记忆缓存区域，当你看到一些事情的时候，会把这些记忆先放到缓存区里面。但有的时候，大脑会把这些记忆储存到错误的地方——历史记忆区。于是当我们看着眼前的事情，就会感觉自己好像看到过一样。尤其当我们疲劳的时候，这种现象更容易发生。

其次，似曾相识是过去的记忆惹的祸。心理学家认为，似曾相识感的出现可能是因为我们接收到了太多的信息而没有注意到信息的来源。生活中，我们所经历的事情很多很多，有的我们会刻意记下来，但有的我们却不会在意，这些记忆就变成了无意识的记忆。而当我们面对新的事物和情景的时候，这些事物会刺激我们储藏在大脑里的一些记忆，让我们曾经经历的记忆与现状进行匹配，于是似曾相识的感觉便产生了。

最后，似曾相识是现实与虚拟信息的产物。有一些心理学家也认为，我们未必都真的经历过那些“相匹配”的事情。但是，我们做过相匹配的梦，看过相匹配的小说、电视、电影，它们通过各种虚拟的场景，给我们提供“相匹配”的信息。于是，当我们在面对一些与这些虚拟信息相符合的场景的时候，便会突然想起我们忘记的梦，或者是忘记的小说、电视、电影的情节。这样，便产生了似曾相识的错觉。

这也就是为什么那些经常在外旅游的人、喜欢电影小说的人和想象力丰富的人，似曾相识的感觉在生活中会来得更加频繁。因为他们的信息来源要远比其他人多。

除了以上这些人容易产生似曾相识的感觉，有关研究结果还发现有以下特点的人，比其他人更容易出现似曾相识的情况。

一方面，情绪不稳定的人更容易出现似曾相识的现象。这是因为与情绪相关的记忆我们会更容易记住。所以，曾经的恋人在很多年后，还记得分手前说过的话、经历的事，甚至连一个动作也那么历历在目。

另一方面，青年人和更年期的人，相对于年幼和年老的人，更容易出现“似曾相识”的感觉。这和人体的内在状况有很大关系，由于内分泌剧烈变化，情绪不大稳定，记忆也就变得活跃起来，那些无意识的记忆，不需要去想，就可以深刻地映现在我们的大脑里。

但值得注意的是，过于强烈、过于频繁的“似曾相识”并不好，它意味着储存记忆的脑细胞正遭受着强烈刺激，而这很可能是癫痫的前期症状。所以，在我们的生活中，要细心体察自己的情绪和感觉，学习相关的心理学知识，当出现奇怪的感觉时，可以科学地给自己一个解释。就像对待似曾相识的感觉，既不要将其说得玄乎其玄，也不要忽略其存在，如果频繁出现这种感觉，及时地咨询有关心理专家是最安全的做法。

为什么说视觉并不可靠

俗语说“耳听为虚，眼见为实”，这句话意在告诫人们道听途说的不要相信，很可能是虚假的；只有自己亲眼所见才是真实可信的。不可否认，眼睛是人的感觉器官中最直接、最能反映事物原貌的。但眼睛看见的是否真的就是真实可信的呢？

视觉是一个生理学词汇。光作用于视觉器官，使其感受细胞兴奋，其信息经视觉神经系统加工后便产生视觉。人们感知到的很多信息都是通过视觉获得的，而人的心理通常会干扰视觉的正常工作。据统计，在五官中，视觉获得的信息占80%以上。视觉获得的信息并不可靠。

例如，警察在进行犯罪调查需要询问目击者时，目击者的叙述有时会受到先入为主的观念的影响。有人认为自己看到的人与凶犯非常相似，也许他并没有看清那个人手里拿着什么，却会认定他手里拿的是凶器。因此，有些证人的证词反而会将案件调查引入歧途，这也说明人是可以通过想象来制造印象的。

在实际生活中，人的视觉往往产生错觉。产生错觉的原因，除来自客观刺激本身特点的影响外，还有观察者生理上和心理上的原因。来自生理方面的原因是与我们感觉器官的机构和特性有关；来自心理方面的原因是和我们生存的条件及生活的经验有关。

自古以来，人类就有很多错觉，如不用理智来精细推测，往往会被表面现象迷惑，甚至哲学家也不例外。亚里士多德就曾经认为重的物体比轻的物体落地快，可是后来伽利略的斜塔实验证明他是错的。

我们往往说“一见钟情”，这说明我们对于事物的认识其实是十分模糊的。我们对于一件事物的认识，一般一开始只是对视觉信号进行模糊处理，即只对信号进行轮廓辨认和处理，也即只辨认主要特征。我们只有在多次接触的时候才会注意到更多的细节。这就造成我们被第一印象所欺骗的情况。

“度日如年”中的时间错觉

不知道你是否留意过，当做喜欢的事情时，你就觉得时间过得很快；当做一件不喜欢的事情时，你便如坐针毡，觉得时间过得很慢，似乎都过了1小时了，可实际上才过了10分钟。这是因为你对时间的知觉出现了错误。我们对时间长短的感觉，会因在这个时间内所做的事而产生不同的错觉。

时间错觉是指对时间的不正确的知觉。由于受各种因素的影响，人们对时间的估计有时会不符合实际情况——有时估计得过长，有时估计得过短。

一般来说，当活动内容丰富、引起我们的兴趣时，对时间估计容易偏短；当活动内容单调、令人厌倦时，对时间的估计容易偏长。

当情绪愉快时，对时间的估计容易偏短；情绪不佳时，对时间的估计容易偏长。当期待愉快的事情时，往往觉得时间过得慢，时间估计偏长；当害怕不愉快的事情来临时，又觉得时间过得太快，时间估计偏短。此外，人们的时间知觉还具有个体差异性，最容易发生时间错觉现象的是儿童。

人们对时间的错觉容易使人想起爱因斯坦的《相对论》。关于《相对论》，爱因斯坦有一个精妙的比喻：“当你和一个美丽的姑娘坐上2小时，你会觉得好像只坐了1分钟；但是在炎炎夏日，如果让你坐在炽热的火炉旁，哪怕只坐上1分钟，你都会感觉好像是坐了2小时。这就是相对论。”

和美丽的姑娘聊天，当然是甜蜜的体验，人人都希望它能长时间持续下去；相反，炎炎夏日，在炽热的火炉边烤着，分分秒秒都是煎熬，自然希望它赶快结束。也许正是因为自己的主观愿望和实际情况的比较，使我们产生了这两种截然相反的时间错觉。我们平时所说的“欢乐嫌时短”“寂寞恨更长”“光阴似箭”“度日如年”，也是这种情况的体现。

在一个时间周期内，人们往往感觉到前慢后快。比如，一个星期，前几天相对于后几天感觉慢，过了星期三，一晃便到了星期天。一段假期，前半段时间相对后半段显得慢，当过了一半时间，便觉得越来越快。所以有人说："年怕中秋日怕午，星期就怕礼拜三。"出现这种现象的原因是：在一段时间的前期，你觉得后面的时间还很多，不着急，就感到时间慢；越到后来，你越感到时间所剩不多就越感到着急，也就觉得时间过得快。

人生也有这个规律，人在童年时代感到时间过得慢，就像歌里唱的，"那时候天总是很蓝，日子总过得太慢"，因为你觉得以后时间还有的是。等年龄渐长，尤其过了三十岁，就感到时间不那么多了，于是开始着急，也就觉得时间过得快了。

为什么蒸馏水会变得有气味

在意大利的一个小镇上，一栋看起来不起眼的二层楼住宅，下面有个毫不起眼的阳台，一扇毫不起眼的木门，旁边有一个毫不起眼的钟亭，却常常挤满了慕名而来的游客。每个人都要在阳台上摄影留念，年轻的恋人们还不忘在留言簿上写下海誓山盟，因为这是莎士比亚笔下经典爱情故事女主角朱丽叶原型的家。

这则故事反映了一种特殊的社会效应——名人效应。名人效应是指名人的出现所达成的引人注意、强化事物、扩大影响的效应，或人们模仿名人的心理现象。

名人的力量是非常强大的。美国心理学家曾做过这样一个有趣的实验：

在给大学心理系学生讲课时，心理学家向学生介绍说聘请到举世闻名的化学家。这位化学家来到课堂上，手里拿着一个瓶子，他向学生介绍说自己发现了一种新的化学物质，这种物质具有强烈的气味，但对人体无害。然后，化学家说他想在这堂课上测试一下大家的嗅觉。接着他打开瓶盖，让瓶子里的液体慢慢挥发。过了一会儿，他要求闻到气味的同学举手，不少同学举了手。其实这只瓶子里装的是蒸馏水，“化学家”是从外校请来的德语教师。

教室里并没有特殊的气味，但在“化学家”的心理暗示下，加之对“举世闻名的化学家”的崇拜，让学生们的鼻子不得不屈从于心理。如果不举手的话，就表示他们的嗅觉有问题，学生们不想让别人看自己的笑话，纷纷举手表示闻到了气味。

名人效应是一种非常有利用价值的社会效应。名人是人们心目中的偶像，他们是人们生活中接触比较多、比较熟悉的群体。名人的影响力有着一呼百应的作用。

名人效应在社会中的应用是很普遍的。在广告方面，一打开电视机，铺天盖地的广告迎面而来，几乎大部分的广告都在利用名人效应，因为受众对名人的喜欢、信任甚至模仿，能够转移到对产品的喜欢和购买上，这有利于商品的销售。在电影和电视剧市场，名人效应也是广泛存在的，借助名人的影响力提高影片的知名度，同时利用名人的个人魅力提升影片的观赏性，这些都是名人效应的应用。

许多企事业单位及商场、酒店、学校、娱乐场所，大都愿意请名人雅士赠字；一些商品的宣传资料上，常常见到政界高级官员的题词和接见董事长、总裁的照片，就是因为人们更容易买名人的账。

还有许多人初次见面，总爱向对方夸耀自己认识某某大人物，一提到那些官居要职的人，即便攀不上亲戚，也一定要说成是自己的熟人或曰“朋友”，或“朋友的朋友”。这些人无非是想借名人的光环来扩大自己的影响力。

在商品销售中，借助人们对名人的仰慕心理是十分重要的。翻开众多销售成功的案例，名人效应屡试不爽。在化妆品、香皂等广告宣传中，利用名人效应，选择大明星、歌星做广告，效果就很好。现在，许多体育用品厂商利用世界级著名运动员大做广告，通过赞助比赛、提供比赛服装和用品的形式让著名运动员为其产品扩大影响力，这样的销售方式风行于全世界。

常见的利用名人效应销售商品的方法有以下几种：

第一，在书店里请著名作家与顾客见面，对所购书籍签名留念，一般销售情况都比较好。消费者买书是为了收藏自己所喜爱作家的作品，而作家签名的书籍无疑更有纪念价值。

第二，在商场中请著名演员献艺，可以吸引大量顾客，生意自然兴旺。大多数人都有凑热闹的心理，请著名演员献艺，既可以使顾客看到喜欢的演员，又能在商场引起轰动效应，增加客流量。

第三，在商品及包装上请名人写字作画。如布娃娃在美国原售价每个 20 美元，而“椰菜娃娃”设计者亲手签名的布娃娃售价曾高达 300 美元，这种“椰菜娃娃”在美国曾一度供不应求。但是在邀请名人签字时也不宜过多过滥。有的书法家到处为店铺题名，无疑会在某种程度上失去名人签字的吸引力。

第四，请有关领导到商场，可吸引大批群众进店。领导的权威性无疑是巨大的，在很多百姓心里，领导认可的东西必定是货真价实的东西。

第五，在广告中邀请名人宣讲或表演，广告效果特别佳。名人一般都具有较高的知名度、相当的美誉度及特定的人格魅力，邀其参与广告活动特别是直接代言产品，与其他广告形式相比，更具有吸引力、感染力、说服力、可信度，有助于引发受众的注意、兴趣和购买欲。

在选择名人进行宣传的时候，不能盲目地追求大牌明星，一定要选择与宣传内容相符的明星，因为名人的类型与所带来的名人效应有着莫大的关联。譬如，让一位歌星去学校代言，起初可能会有不少人慕名而去，但时间一长，名人效应就会慢慢减弱。如果由一位在教育界非常有名气的学者来为学校做宣传，带来的名人效应会长久存在。

第三章

“盗梦空间”：未来是如何潜入你的梦中的

为什么有些梦境会在现实生活中再现

很多人偶尔都有过这样一种感觉，即面对第一次发生的事件，他会觉得好像在以前的梦里曾经出现过。

做梦是人的一种本能，是在人的睡眠中尤其是在快速眼动睡眠时期神经活动的结果。梦也是一种心理活动，是意识的一个层面活动的结果。

梦境是在大脑皮层少数细胞活动的情况下发生的。如果少数细胞的活动失去了觉醒状态时的整个大脑皮层的控制和调节，记忆中某些片段就不受约束地复活，那么人就会产生千奇百怪的梦。如果在睡眠中少数处于兴奋状态的细胞是大脑皮层某些与语言或运动有关的神经细胞，那么，就会出现说梦话、梦游等现象。

从心理学角度来说，梦是睡眠期中某一阶段的意识状态下所产生的一种自发性的心理活动。梦在一定程度上具有预示未来的作用，此外还有守护睡眠、调节心理、启迪灵感、增强记忆等作用。

1988 年 8 月 28 日，萨姆森在波士顿一家报社值班，当晚他做了一个梦，梦见南洋爪哇岛附近的一个小岛火山爆发，当地居民被熔岩埋没，接着又发生了海啸，好几艘巨轮颠覆沉没。萨姆森醒来，回想刚才的梦境，觉得这是一个很有趣的题材，便把梦中见到的一切写成了文章。

早上，他把稿子放在办公桌上就回家休息了。不一会儿，主编来上班，一眼瞧见萨姆森办公室桌上的稿子，误以为是昨夜发生的重大事件的新闻稿，匆匆拿去发稿了，事后才知道，这篇稿子是萨姆森根据自己梦见的内容写出的趣味读物。

但是，为时已晚，报纸已经发到市民手中了，社会上引起一场轩然大波。报社社长赶紧召集各部门负责人举行碰头会，磋商善后事宜，决定在报纸上就此事公开道歉。

恰在此时，消息传来，爪哇岛附近的小岛火山爆发，情形与萨姆森所梦见的完全相同。与此同时，位于爪哇岛和苏门答腊岛之间的克拉卡托岛的火山也爆发了，并引发了海啸，给当地居民带来了严重的灾难。

类似这样的事情，在我们的生活中也时有发生。最初这种尚未得到解释的熟悉感被称为记忆错觉，并成为心理学家和精神病学家们热烈争论的一个话题。其中有一种理论认为，记忆错觉反映了某一片段的影响，而这一片段虽然因当前情境的作用而被激活，却不能加以外显的回忆。

假设我们在和某一同事的谈话过程中，突然觉得以前曾和某人谈过这一话题，但又想不起来那次谈话的情景，那么这很可能是因为谈话过程中的某一术语或观念，激活了你对前一次谈话的某些方面的内隐记忆。

所谓的内隐记忆是指当人们受到某一过去经验的影响时，未完全意识到他们是在进行回忆。内隐记忆在我们日常生活中所起的作用可能比我们任何人想象的都大得多。

心理学家们在许多条件下，使用不同的材料和方法，对正常人进行了大量的实验研究。研究者们发现，人们有时候没有意识到自己某方面的记忆，却表现出了记忆效果。这不是大脑有意识参与的记忆，而人们没有觉察到自己拥有这种记忆，也没有下意识地提取这种记忆，但它却在特定任务的操作中表现出来，这就是内隐记忆。

人们之所以觉得眼前的场面曾在梦里出现过，是因为内隐记忆在人的睡眠中发生了作用。当人在睡眠时大脑神经细胞受到广泛抑制，然而这个抑制过程有时完全，有时不完全。不完全过程中，大脑皮层的某些神经还处于兴奋状态，从而产生梦。

为什么会出现灵异之梦和预知之梦

相信在生活当中许多人都遇到过类似的经历，也曾听许许多多的朋友谈起过类似的经历，也许是个梦，也许是一种感应。古代奇闻逸事中，刘邦的母亲怀孕的时候梦见飞龙入怀，岳飞的母亲生产时梦见大鹏展翅，这样的梦境都预示着其子今后将大有作为。为什么梦中能预知未来发生的事情？

李牧有一位朋友，没有工作，经常打麻将，且赢多输少。

2001年春节刚过，李牧从家回到上班所在地，有天晚上做了一个梦，正是关于朋友打麻将的事。梦的情节很简单，朋友正在打麻将，旁边有一个声音说：1.7万！ 1.7万！第二天一大早，李牧就给朋友打电话说："你注意！两个月之内，你会在麻将桌上一次赢一万七千元左右，到时候可要请我吃饭啊！"

但李牧并没有特别在意，过一段时间也就把这事忘记了。因为李牧知道，这位朋友虽然经常打麻将，但赌头都很小，一次赢上万的可能并不大。

大约是四月底的样子，突然有一天下午，朋友打来电话，兴高采烈地要请李牧吃饭。一问方知，她在几个小时之内真的赢了1.8万元。

一般来说，睡梦中的人处于轻微催眠状态，此时的心灵是放松的、精神集中的，更容易接受潜意识的直观指引。

自从佛罗里达州开始发行六个数字的彩券后，一个特别的灵异之梦让新泽西州的男士赢得了1050万元奖金。根据佛罗里达当地报纸的专访，中奖的男士说，女儿去世将近一个月后出现在他梦中，敦促他买彩券。

"我女儿说：'为什么不玩玩我的号码？'她说：'我很想带给

你一点快乐！’”

这位父亲是名61岁的房地产经纪人，曾带着家人到佛罗里达度假，希望冲淡女儿意外死亡的悲伤。他23岁的女儿，几星期前从200英尺高的悬崖上摔死。父亲从逼真的梦中醒来后想起女儿车上有张新泽西州的彩券，上面圈有号码。他觉得整个梦颇怪异，但仍打电话回家，问出彩券号码是2、6、11、14、31、34。开奖那天晚上，全家人前去签注，结果真的赢得大奖。

一个月之后，58岁的扳金技工，也从彩奖赢得1120万元。他是古巴人，一辈子从未买过彩券。开奖的前4天晚上，去世的母亲来到梦境，告诉他该买张彩券。第二天他在附近的超市买了10张，结果其中一张中了大奖。

灵异之梦与预知之梦不但经常出现，而且还非常真实。预知之梦和后来的事在细节上也会有些差异，有些差异可以找到动机，也许是梦者的潜意识有意歪曲。我们常常分不清一个梦是心灵感应梦还是预言性的梦。唯一的判别方法是看时间：如果梦和事件同时发生，那么是心灵感应梦；如果梦比事件先出现，则是预言梦。

梦中有些现象是现代科学难以解释的。即使是最严谨的科学家也不得不承认，有时梦似乎真的能预言未来事件。虽然这种梦很少，有些梦表面上看是预言性梦，实际上只是巧合或者是其他原因。但是，不能用其他原因解释、也很难说成是巧合的预言性梦也的确偶尔出现。在梦的研究者中，某些科学家倾向于相信此现象存在，但是仍不愿轻易下结论。有些科学家却宁可不愿相信这种现象存在。

做梦其实是灵魂在旅行吗

梦，千奇百怪，令人困惑。梦又是人人都熟悉，都曾经历过的一种现象，许多人对梦境的扑朔迷离、千变万化感到莫名其妙。在这里，我们可以看看现代心理学是如何对千奇百怪的梦做出解释的。

一提起梦，人们自然会联想到睡眠。要想阐释梦境的起因，也必须先从睡眠说起。我们知道，人人都需要睡眠，从某种意义上说，睡眠比吃饭更重要。生理实验证明，如果不让狗吃东西，它还能活一个月左右；如果不让它睡眠，它则最多只能活 10 ~ 12 天。

睡眠之所以重要，是因为睡眠是人体借以维持正常生命活动的自然休息。睡眠能使大脑皮层的细胞免于衰竭和破坏，使神经组织在觉醒时的消耗得到恢复和休整。

提起睡眠，人们自然会想到梦，人在睡眼中常常会做梦。世界上没有不做梦的人，而且每个人做梦的时间还很长，成年人做梦的时间要占整个睡眠时间的 1/4，婴儿可达 1/2。人在梦中会碰到许多奇怪的景象，因而使梦染上了十分神秘的色彩。有的人认为梦是“灵魂”的旅行，“灵魂”回来时若迷了路，人就会因此死去。

科学研究指出，人在睡眠时，大脑皮层产生一种弥漫性抑制，如果抑制扩散到大脑两半球皮层各个区域，人就处于熟睡状态；如果抑制不平衡，皮层上有些区点的神经细胞抑制不深或没有抑制而处于微弱的兴奋状态，这些兴奋点的奇特组合就会导致梦的产生。

一般，正常的梦不仅不会影响人的睡眠，还能维持人的所必需的正常心理活动。如果剥夺个人的快速眼动睡眠（亦即做梦），就是说每当出现快速眼动时就叫醒他的话，那就会出现睡眠不足和要求补偿的现象，甚至还会直接影响记忆。这一事实充分说明，快速眼动睡眠是人的生理及心理需要。有些人总以为做梦会影响脑的休息，其实事实并非如此。

都说，日有所思，夜有所梦。白天反复思索的问题，夜里做梦时便很有可能梦到。另外，睡眠时机体所受的内外刺激也有可能成为致梦原因。如在冷屋里睡觉的人，偶然双脚外露，会梦见自已在刺骨的冰水中行走；空腹睡觉的人会梦见自己到处找东西吃；双手放在胸口时，会梦见打架时被别人压住身体不能动弹，等等。

有些梦看上去似乎有预言的含义，事实上，这些梦仍然是人脑对客观现实的反映，只不过这种反映是在睡眠中进行而已。人的某些生理变化或心理变化，在人觉醒时，往往被其他强烈的刺激所掩盖，而在睡眠时，这些变化可能显现出来，构成人的梦境。

另外，对于某些外界信息，人在觉醒时可能不大在意，夜晚时，这些信息便很可能进入人的梦中。比如白天看到几个不三不四的人在自己家周围转悠，并未在意。夜晚做梦时便可能会梦见自家被盗：果不其然，过了几天自家便被洗劫一空。自然，这也不是什么预兆。只不过事情过后，人们记忆起致梦的原因，只记住了梦的内容，反而觉得梦成了预兆。所以从根本上说，虚无缥缈的预言梦是不存在的。

总之，人需要睡眠，也需要做梦，梦和睡眠对人都是必不可少的。

为什么有些梦很清晰，有些梦醒了就忘记

梦对人们来说，总是奇妙而让人摸不着头脑的。有时早上醒来，你会伸个懒腰说：“啊，昨晚又做梦了。”有时，你也会说：“昨晚一个梦也没做。”如果做梦了，梦里的内容肯定是丰富多彩的。有时，梦中的情节会有个完整的结局，有时却会梦到莫名其妙、难以理解的现象或事情。有时，多年不见的朋友会突然出现在梦中。当我们醒来时，有些梦我们记得很清楚，甚至连细节都能回忆起来，而有的梦只剩下支离破碎的片段，甚至完全模糊不清。为什么会出现这些情况呢？

梦者觉得梦见许多事情，却记得很少，这可能具有其他的意义。譬如，梦的运作一整晚都在工作，但只留下了一个短梦。无疑地，时间愈久，我们忘掉的梦内容也就更多；有时虽然费尽心思也无法将它们记起来。

精神分析学家弗洛伊德认为，人会把愿望埋藏在内心深处。处于清醒状态时，意识会抑制愿望。而当人入睡后，意识的控制就放松了，内心深处的愿望会影像化，于是便形成了梦。人进入睡眠状态后，虽然意识的控制放松了，但并非完全失去控制。当梦中的内容过度刺激意识时，这些内容会被埋藏进内心深处。这就是我们醒来后回忆不起来的梦。实际上，我们每天都会做梦。说没有做梦，其实是想不起来了。一个人平均每天要做4 ~ 5个梦，照这么计算每年大约要做1300个梦，而一辈子大约要做10万个梦。

一般情况下，人在睡眠中大脑的语言中枢和运动中枢处于抑制状态。如果在睡眠中脑皮质的语言中枢兴奋，就会在梦中出现各种无意识的动作，人的大脑好像一台十分精密的计算机，一瞬间可运算上千万次，这就是在较短时间里能做内容很长的梦的原因。做梦的快波睡眠又称“有梦睡眠”，平均一次持续20分钟左右；不做梦的慢波睡眠，又叫“无梦睡眠”，大约持续90分钟。这两种睡眠状态在一夜之中交替出现5 ~ 6次，所以人一天最多只能做5 ~ 6次的梦，总的做梦时间不会超过2小时，而且每个梦的持续时间不会很长。当人们醒来时，所能回忆起来的梦，只不过是最后一次“有梦睡眠”中的部分内容。一个很长的梦，实际上所花的时间很短。科学家总的认为，梦的内容是受个人动机、思维、记忆和性格的影响，它与人的性别、年龄、心理活动、工作和生活经历、身体状况及自然环境等因素有关。人在睡眠时，有两种状态交替出现，一种是脑和身体都休息的状态，另外一种是脑清醒但身体休息的状态。人主要在脑清醒的睡眠状态下做梦（但最近的科学研究发现，在脑休息的状态下，人也会做梦）。人是非常贪图安逸的，那些对自己不好的事情，我们会主动忘记。这叫作自我保护。也就是说，从不做梦的人，也可以说他们天天都在做噩梦，只是醒来后都不记得罢了。

晚上睡觉时，如果做了梦，一般当时都觉察不到。只有到第二天早上醒来时，才会意识到。不过，有时我们在做梦时也能意识到自己是在做梦，这就叫作“清晰梦”。为什么会出现这种现象呢？科学家称，人在睡眠时，如果大脑中掌管语言和运动的部分处于半清醒的状态，就会做“清晰梦”。科学家还说，经常做“清晰梦”的人非常少。不过，如果普通人进行正确的训练，也能做“清晰梦”。

“清晰梦”有一个很厉害的地方，那就是人在梦中可以控制故事情节的发展，可以做自己喜欢做的事，可以满足现实中无法实现的愿望。如果真是这样，我们可以通过做“清晰梦”将表层意识中一直惦记的愿望在梦中实现。有研究人员采访了很多做过“清晰梦”的人，他们都感觉在梦中实现愿望可以得到幸福感和满足感。

那么，如何训练才能做“清晰梦”呢？首先，平时多给自己做心理暗示，对自己说：“做梦时，能意识到自己在做梦。”其次，像写日记一样，把梦的内容记下来。梦的神奇不是简单可以解释的，所以可以参考一些分析梦的书籍来剖析一下自己的梦境，这其中的乐趣也是无穷的。

人们为什么喜欢做白日梦

在经济状况紧张的时候，看到别人买爱马仕，你也想跟着买，周围的朋友会说你在“做白日梦”！现实生活中，大白天的，有些人往往会想些异想天开的美事儿，还忍不住在自个儿心里偷着乐，我们把这种没有依据的、一厢情愿的行为叫作“做白日梦”。但大白天里想想美事，总会让人其乐无穷。比如，你刚发表完一个演讲，正陶醉在暴风雨般的掌声中；或者，你和前夫共进晚餐，许多年前，他抛弃了你，现在却失魂落魄，祈求你与他复合……

这种情景在生活中司空见惯：清醒，却又心不在焉，因为你正在做着白日梦。

有一位律师，在参加律师资格考试的前一天中午去超市购物。

因为没有零钱，收银员就找给他两张当天晚上出号的足彩奖券。他把奖券随手塞进口袋里，回到办公室却无法像往常一样工作。他的眼睛盯在文件上，脑子里却是另一番景象：自己真的中了大奖，并筹划着使用这笔巨款的每一个步骤，内心充满了欣喜与激动……这种景象反复出现，甚至让他怀疑，还有没有必要为第二天的考试做准备。

白日梦既可以让人心情变得愉悦，也会让人变得沮丧或感到恐惧。这取决于我们的情绪和环境。据估计，只有3%的白日梦会令人焦虑不安，比如遭遇一场恐怖袭击，或是丢掉工作。但是，更多的时候，人们的白日梦往往想的都是好事。

通常，人们都认为做白日梦是痴心妄想，是浪费时间，而心理学家却并不这样认为。研究发现，白日梦是一扇通向创造力的大门，能帮助我们解决难题，甚至帮助我们开发潜能。

日本著名心理学家河合隼雄曾说："正是有些人不能再讲故事，所以他们就有了心理问题。"故事的本质就是某种白日梦。白日梦是一个非常重要的临床心理治疗主题，也是心理健康的一个重要基础。白日梦包含了一个人对于生命和生活的幻想，虽然不现实，却提供了许多可能性。所以，不要对自己的白日梦感到过多不安。在阳光明媚的街头小店，喝着咖啡，任由心灵在幻想的天空无拘无束地翱翔，不但有趣，而且有益身心健康。

白日梦可以帮助我们提前规划生活，提醒我们将要发生的事，帮助我们熟悉新的环境，给未来做计划，审视过去的经验，让人们从中学到有益的东西。即使是负面的事件，也不会产生太大的消极影响。

英国心理学教授克利夫·阿纳尔说："白日梦中经历的虚构的负面事件，并不会让我们产生忧虑，反而可以帮我们渡过难关，检验一下如何能做得更好，带来更多的可能性。"

当然，白日梦其实是一种自我的体验和满足，是对自我心理的一种宣泄和解脱。它可以帮我们缓解紧张的情绪，让自己的思想放松下来，因此，它可以说是我们自身的一种心理防御机能。有时候，白日梦本身就会产生治疗的效果。做梦者可以通过想象改变自己的心情，让自己开心。重温那些能给我们带来安全感和愉悦感的白日梦，可以帮助我们应付现实生活中难以克服的局面。但是如果过于沉迷在消极的白日梦中，对解决情绪问题反而更加不利。

在面对压力、挫败时，我们会做逃避式的白日梦，它能让我们转向另一个世界，一个理想化的情境，使自己得到些许的满足和安慰。因此，它也是一种有益的自我交流方式，有利于化解不良情绪，促进心理健康，而且在一定程度上还可以激发创造力，帮助我们解决难题。

白日梦原来有这么大作用，那真应该多做做白日梦。其实白日梦是可以训练的，你可以试试下面的方法：

顺畅地呼吸，不必刻意地去想或者不去想，此时脑中出现的任何想象、念头，都让它像一朵云那样自然地聚来与散去。

听一些节奏舒缓的轻音乐，或者干脆用耳塞轻轻堵住双耳，什么也不听。

轻轻按摩头部、面部，尤其是眼睛四周与太阳穴。

另外，如果通过想象一个积极的场面，我们还能够提升自信心，表现得更加优异；而通过仔细思量消极的事件，我们可以改变未来的行为。

在尽量减少外界刺激的情况下，任凭大脑做非主动的缓慢游思——在冥想中，到你想去的任何地方：沙滩、高山、草场……

为什么许多人会梦到自己考试

做梦考试，是很多学生都经历过的一件痛苦的事。这种情况，很多时候是由于我们在现实中碰到了考验，而这种考验唤起了我们内心深处的焦虑。

“最近，常常做一个噩梦。虽然醒来后知道这只是一场梦，但做梦时的痛苦感受还是清晰地留在记忆里。太难受了！”

一位大学生在论坛里发帖子，讲述他的遭遇。“梦中的情景，是大学时遇到的一个难关。当时对我来说，要解决几乎不可能，除非出现奇迹。但是如果不解决，我的大学就白读了，我就完蛋了。然而，经过两年多的努力，我成功地解决了这个问题，还创造了学校历史上一个经典的案例。虽然问题解决了，但它却经常出现在我的梦中，每次梦到这一情境，我都会重新体会到当时极其无助和惶恐的感受，于是每次都是一个噩梦。最近几年，不知道梦到了它多少次。”

在这位大学生的帖子后面，跟帖谈的都是自己高中时的考试焦虑。

考试梦一般有两层含义：“超我”的惩罚、“本我”的鼓励。有时还会有道德的考验。“超我”的惩罚：“超我”是规则层面的力量，“本我”渴望为所欲为，“超我”控制“本我”，“自我”协调“超我”和“本我”。不管什么原因，只要“超我”强大的人，就很容易在面临考验时感到焦虑。但是，这种焦虑并不仅是生存性的，也带有惩罚性。

小时候我们担心通不过父母要求的那一关，高中则变成担心通不过高考这一关。高考最重要，也最煎熬。尽管以后我们走入社会，面临着其他各种各样的考验，但高中的考试焦虑仍然是我们所体验过的最强烈的焦虑。由此，不难理解，当上述大学生说出自己的噩梦后，其他人回帖时，谈得最多的就是高中时的考试焦虑。

强大的“超我”所引起的焦虑和惩罚，是考试梦很明显的含义。不过，这还不是考试梦最关键的信息。最关键的信息其实是“本我”的鼓励，或者说是“本我”对“超我”的反抗。做考试梦的人，尽管在梦中没有通过考试，但现实生活中，他却已经通过了这些考试。也就是说，他经过艰苦努力后，是通过了考验的。所以，当再次面临考验时，我们也就会梦到曾经面临过的标志性的考试事件。

道德，是典型的“超我”层面的内容，而所谓的为所欲为，则是典型的“本我”层面的内容。道德感很强的人，也即“超我”很强的人，在渴望顺从源自“本我”的愿望时，势必会引发“超我”和“本我”之间的强烈冲突。“本我”的强大很重要，因为它是我们的人格力量的源泉。一个“超我”太过于强大的人，我们会觉得这个人没有魅力、没有意思，而一个“本我”强大的人，尽管他看上去可能令我们不快，但我们很容易被他吸引。

然而，如果我们强行走向与“超我”相反的方向，则势必会更强烈地引发“本我”和“超我”的激烈冲突。这样一来，考试梦可能会出现得更频繁。

梦中的记忆是可靠的吗

人们都可能有过这样的经历：梦到一组中奖彩票号码，立马按照记忆中的数字去买彩票，却没有中奖；碰到熟人忘记名字；忘记买东西就回家……

狄先生遇到过这样一件事情，他和妻子在描述共同目睹的事情时，发生了严重的分歧。那是一年夏天，狄先生和妻子从朋友家吃过晚饭后驾车回家。狄先生开着车，他的妻子坐在副驾驶的位置上。在一个十字路口，他们停下来等待绿灯。这时，狄先生的妻子看到右手边一个男人骑着自行车，前进方向与他们相同。这时，突然不知道从哪里蹿出另一个人，上前把骑自行车的男人从自行车上拽了下来，然后用一把小刀猛刺。狄先生的妻子听到了一声声惨叫，她马上拿起了自己的手机，拨通了110，但是电话占线，需要等待。

当110打通之后，已经是1分钟以后的事情了，凶手早已经逃之夭夭。这时，交通信号灯变成了绿灯，狄先生继续开车，他的妻子在电话里描述刚刚发生的一切。受害人是一个二三十岁的男人，他在遇袭时骑着自行车，凶手则穿着一条牛仔裤。然而，狄先生却与他的妻子发生了争执，因为他们对凶手的身高、衣服的样式等特征的描述产生了严重的分歧。很快，他们发现唯一能够统一的就是凶手是一个二十几岁的男人，作案凶器是一把小刀。其他方面，他们各执一词，使得警察感到有点儿无所适从。

两个人在同样的时间共同目睹了整件事情的发生，而后又经过同样的相隔时间来回忆，却有着不同的结果。

记忆真的没有想象的那么可靠。其实，我们对记忆的认识与记忆的真实工作情况存在巨大差别。实际上，人们的记忆信息并不是现实的复制品，每次回忆都是一个信息重新整合的过程，这个过程要受到个体主观意识的制约。

记忆信息可以永久地储存在人类的大脑中，而且这些信息是不会发生任何变化的。事实上，很多信息的确是被完好无损地储存在大脑内，但这并不能代表所有信息都以这种方式存储。人类大脑不会记录所有传入的视觉、听觉信息，这已经被很多心理学家所认可。他们认为至少有很多细节信息是没有经过大脑处理的，所以也就谈不上存储了。

同样，大脑中的潜意识会在人们睡眠的过程中，慢慢地释放出来。很多在清醒的时候被遗忘的事情，可能会出现在梦中。但是，潜意识中对某些事情的记忆可能只有部分，不能还原整个事件。因此，梦中的记忆更加不可靠。

在现实生活中，物体相对来说是比较固定的，不会连续地发生变化，人类大脑的认知系统不需要随时准备察觉这些变化。比变化视盲更糟的是错误的认识，人们认为自己可以发现所有的变化。

在日常生活中，认知系统不会给人们任何有关变化视盲的反馈信息，人们只能够意识到那些已经察觉到的变化，而对于没有察觉到的还是一无所知。这样，人们就逐渐形成了一种错误的认识：借助自己所拥有的敏锐观察力，除了那些微乎其微的变化，其他的变化都逃不出自己的双眼。

做梦也能让人产生巨大的恐惧吗

人类每天都要保证一定的睡眠，梦境可以改善睡眠和增进健康，但如果所做的梦正是导致失眠的原因，我们将如何对待？

噩梦通常发生在青春期前的儿童身上，当然，少数成人也经常做一些令人苦恼的梦。这种梦时间长、情节复杂，当事人通常被惊醒，噩梦还历历在目。

长期的压力、创伤及一些常见的冥思会引发噩梦。不过，更多时候，噩梦是由内心深藏的情感重负造成的。从这个角度来看，我们可以把梦理解为潜意识发出的催促，要我们注意内心的自我。虽然噩梦通常无害，但它们常把当事人吓醒。梦是人在睡眠过程中产生的一种正常现象。一般情况下，人在睡眠时大脑神经细胞都处于抑制状态，这个抑制过程有时比较完全，有时不够完全。如果没有完全处于抑制状态，大脑皮层还有少数区域的神经细胞处于兴奋状态，人就会出现梦境。由于少数细胞的活动失去了觉醒状态时的整个大脑皮层的控制和调节，记忆中某些片段不受约束地活跃起来，可能就表现出与正常心理活动不同的千奇百怪的梦。

要对抗噩梦里的恐惧，可以将梦展开，克服这种体验。要达到这一点，噩梦必须是“清晰的”。上床睡觉之前，静静地坐下，告诉自己你将全神贯注于你的梦。做梦时，尽量研究梦境里的物体、行为和场景。噩梦开始后，正视你的恐惧，问问你的恐惧为什么会出现在你的梦里。

冥想可以缓解做噩梦带来的后遗症，古代冥思中最重要的一点就是幻想术。在这一过程中，我们在心眼中看到的各种情景、物体、人或行为历历在目，幻想术就越是有效。幻想将我们的思想集中在具体的事物上而不是对睡眠的焦虑上。作为冥思的一种形式，幻想调节我们的呼吸，降低心率，促进放松。

幻想在改善睡眠中的最有效的功用是引发睡眠。如果我们在心中为自己创造了最佳的睡眠地方，当想入睡时，我们就会寻找这个地方。同样，当夜里醒来，我们再难入睡时，可以使用这一方法。

成功的睡前幻想在于提高你的观察力。吃饭时，既要饱口福又饱眼福，注意所有盘中食物的颜色，细细体味各种滋味；关注有趣的标志物。

与冥想有共同作用的催眠术是将病人置于一种深度放松状态下，各主要器官功能暂时关闭，催眠师将积极的暗示信息输入到病人的潜意识中，这些暗示在病人昏睡中和清醒后都对他们的感知和行为有一定影响。

为什么会让自己“故意地自作自受”

生活中，有些人总是在关键时刻“掉链子”，而且每次都能为自己找个很好的理由。比如，交作业的时候，突然电脑坏了。真的有这么巧吗？不过，生活中这样的人确实不少。

一位在金融公司工作的朋友，几年前准备考注册会计师，就早早买下一堆资料。你每次和她遇上，她都表现得很“有谱”的样子。可是临到考试，她突然发烧进了医院，结果错过考试，你觉得真是场意外。这是第一年。第二年，她继续备战，要命的是，就在考试当天，她骑自行车时被车剐了，考试又泡汤了，你觉得她命太不好了。第三年，你都可以预期倒霉的她是不是又有事了，果不其然，她妈报病危，她当即飞回老家，又错过了考试！

心理学上有一种现象叫作“故意地自作自受”：当人们预期到自己可能失败时，往往会做出一系列导向失败的行为。用意很简单，主要是为了在失败的时候，昭示大家：不是我能力缺乏，都是外界惹的祸。

很多人喜欢给自己设置障碍：该写稿子了，其实不想写，于是想要是突然有别的事就有借口了；该去见一个人，其实不想见，于是想要不然就装病吧；该面对的事情总想逃避，能不去就不去吧……当你这样想的时候，事情很可能会朝着你希望的方向发展。最后，你真的相信，是这些绊脚石阻碍了你前进的脚步。可事实上扔绊脚石的正是自己。这种巧合的背后，究竟藏了多少东西是你不愿面对的？你的逃避究竟有没有价值？错过一次还有第二次吗？其实，你这次没做，下次你可能得花更多的时间、精力去做。如果你工作总是出岔子，不管什么原因，你是不是离出局也不远了？你丢掉的不只是这次，还有下次、下下次，以及别人对你失败的预期。

你竭力维护那份自尊，你觉得只有你自己知道真相，你宁愿撒谎也不愿面对现实。但当你被看透的时候，你极力维护的自尊还剩下多少了？所以，当你发现身边人的借口总是如同及时雨一样从天而降的时候，千万别羡慕；当你觉得自己的借口编织得完美无缺的时候，也千万别侥幸。真正的麻烦，在后头。

当预期到自己可能失败时，人们往往会做出一系列导向失败的行为。你害怕结果，所以寻找理由；你期待理由实现，结果真的实现；你自认为躲过了最坏的那个结果，所以更相信那个理由。可是你有没有想过，机会是有限的，不是谁都有，错过了这次也许就没有下次，或许就此会错过了一次精彩的经历，你难道不惋惜吗？

第四章

禁果效应：为什么越是得不到，就越想得到

为什么越得不到的东西，就越想得到

无法知晓的事物，比能接触到的事物更有诱惑力，也更能强化人们渴望接近和了解的诉求，这是人们的好奇心和逆反心理在作怪。

古希腊神话中的普罗米修斯盗天火给人间后，主神宙斯为惩罚人类，想出了一个办法：他命令以美貌著称的火神赫菲斯托斯造了一个美丽的少女，让神使赫耳墨斯赠给她能够迷惑人心的语言技能，再让爱情女神赋予她无限的魅力。她被取名为潘多拉，在古希腊语中，“潘”是“一切”的意思，“多拉”是“礼物”的意思，她是一个被赐予一切礼物的女人。

宙斯把潘多拉许配给普罗米修斯的弟弟耶比米修斯为妻，并给潘多拉一个密封的盒子，并叮嘱她绝对不能打开。

然后，潘多拉来到人间。起初她还能记着宙斯的告诫，不打开盒子，但过了一段时间之后，潘多拉越发地想要知道盒子里面究竟装的是什么？在强烈的好奇心驱使下，她终于忍不住打开了那个盒子。于是，藏在里面的一大群灾害立刻飞了出来。从此，各种疾病和灾难就悄然降临世间。

宙斯用潘多拉无法压抑的好奇心成功地借潘多拉之手惩罚了

人类。这就是所谓的“潘多拉效应”，即指由于被禁止而激发起欲望，导致出现“小禁不为，愈禁愈为”的现象。通俗地说，就是对越是得不到的东西，就越想得到；越是不好接触的东西，就越觉得有诱惑力；越是不让知道的东西，就越想知道。

心理学家普遍认为，好奇心是求新求异的内部动因，它一方面来源于思维上的敏感，另一方面来源于对所从事事业的至爱和专注。而逆反心理是客观环境与主体需要不相符合时产生的一种心理活动。逆反心理具有强烈的情绪色彩。形成逆反心理的原因比较复杂，既有生理发展的内在因素，又有社会环境的外在因素。一般地说，产生逆反心理要具备强烈的好奇心、企图标新立异或有特异的生活经历等条件。

“潘多拉效应”在现实生活中是普遍存在的。例如，收音机里播放的评书节目，每次都在最扣人心弦的地方停下，留下悬念，以使听众在第二天继续收听。再如，电视连续剧往往在剧情的关键处突然插播广告，这种做法除了能提高广告的收视率，更能吊足观众的胃口。

知道了这点，我们就可以变得更“聪明”一些：如果有人故意吊我们的胃口，我们要保持冷静、不为所动，避免受“潘多拉效应”的影响。例如，捂紧钱包，不被商家的“饥饿营销法”蛊惑。但是，如果对方是善意的，故意卖关子是为了给你一个惊喜，那么，你就要积极“配合”，否则会很扫兴的。

其实，在日常生活和工作中，我们除了被动地受“潘多拉效应”的影响，还可以主动地运用“潘多拉效应”来达到自己的目的，或是避开“潘多拉效应”，以免出现事与愿违的结果。

日本小提琴教育家铃木曾经创造过一种名为“饥饿教育”的教学法。他禁止初次到自己这里学琴的儿童拉琴，只允许他们在旁边观看其他孩子演奏，把他们学琴的兴趣极力地调动起来后，铃木才允许他们拉一两次空弦。这种教学法使得孩子们学琴的热情高涨，努力程度大增，进步也就非常迅速。

“潘多拉效应”在我们的生活中普遍存在，了解其原理后，可以带给我们更多的启示。

购物动机来自内心满足感的获得

我们做任何事情都需要有一个动机，比如，吃饭可能是因为你有了饥饿感。我们真心想要做一件事情的时候，是不会没有任何理由的。

对于我们来说，购物行为是经常发生的。那么，我们是否有想过人们为什么会购买物品？通常来说，购物动机的类型一般有几种：

需要型。这是因需要产生的动机。人的需要有多个层次，可以从不同角度加以分类。

求实型。这类动机的特征是“实惠”“实用”。在选购商品时，这类顾客会特别注重商品的质量、性能等实用价值，不过分强调商品的款式、造型、颜色等，几乎不考虑商品的品牌等非实用价值的因素。

社会型。这是由人们所处的社会条件、经济条件和文化条件等因素而产生的动机。顾客的民族、职业、文化程度、支付能力等，都会引起其不同的购买动机。

惠顾型。这是基于情感或经验产生的动机。顾客对特定的服装及服务产生特殊的信任和爱好，使他们重复地、习惯地消费。

求美型。这是以追求美感为出发点的购买动机。这类顾客在选购商品时，首先注重的是款式、造型、颜色和外观美。

求廉型。这是注重价格的购买动机。

求名型。这类动机的特征是以品牌为出发点。这样的顾客在购买时几乎不考虑商品的价格、质量和售后服务，只是想通过购买名牌商品来显示自己的身份、地位，从中获得一种心理上的满足。

人们做某件事情或采取某种行动的最基本的内在动机，归根结底就是满足其内心的某种满足感。如果他所从事的这件事情，或者他采取的这种行动，不能给行动主体带来一定的满足感、愉悦感，就会使其感到厌烦、无聊，甚至觉得受到束缚，或感到痛苦。试想，有谁面对自己从内心就感到讨厌的事情，依然会充满激情地去做呢？无法获得内心的满足，就无法激发自身的动机，不想去做，或者即使做也是在敷衍、应付，这样怎么可能做好？

有一个烟瘾很大的人，一直都想戒烟，但是不管使用什么方法，都不能起到很好的效果。总是过一段时间以后，他就不能够控制，又开始吸。很多时候，当再想吸烟时，他就会给自己找出若干的理由，说服自己没有必要这么折磨自己。结果戒烟戒了一年多，却没有一点效果。他的亲戚朋友对他也是苦口婆心地劝说，但最终还是无可奈何。

最后在一位心理学家的帮助下，这个人居然把烟给戒了。这位心理学家到底使用了什么方法呢？其实方法很简单，心理学家只给他看了两张照片，一张是不吸烟的健康人的肺，一张是因为吸烟而患有肺癌的人的肺。看着被厚厚的焦油覆盖和损坏的肺，有严重烟瘾的人被震撼了，他什么也没有说就离开了。从此以后，他再也没有吸过烟。吸烟这种不健康的行为，让他发自内心地感到厌恶，于是产生了强烈的戒烟动机。

因此，我们可以通过改变某种行为本身的意义，达到改变人们行为方式的目的。从理论上说，这是行得通的。当某种原本令人厌恶的行为，会给人带来某种满意的体验时，人们就会接受它；当某种原本会给人带来快感的行为，会对人造成某种伤害时，人们就会摒弃它。这就是内心满足感对人们的行为动机的激发作用。

所以对于我们很多人，尤其是从事销售行业的人来说，想要调动顾客购买的积极性，就要想方设法引起他内心的满足感，让他从购买你的商品中获得实惠，获得利益，获得好处，从而产生强烈的购买动机，掏钱购买你的产品。总之，销售工作不是销售人员的独角戏，你不仅要有工作热情，还要善于引导顾客，让顾客产生强烈的购买动机，让顾客主动购买。否则不管你的商品有多好，你要是硬塞给顾客，顾客无论如何是不会接受的。

占便宜心理和无功不受禄心理

打折促销之所以具有巨大的杀伤力，就在于它满足了消费者的“占便宜”心理。推销人群中也流传着这样一句话：顾客要的不是便宜，而是要感到占了便宜。顾客有了占便宜的感觉，就容易接受你推销的产品。

消费者在购物过程中，对所需商品有不同的要求，会出现不同的心理活动。用尽可能少的经济付出求得尽可能多的回报，这种消费心理活动支配着大多数人的购买行为。而顾客占便宜的心理也给了商家可乘之机。

怎么做才能让顾客觉得占了便宜呢？你可以去看看商场中最畅销的产品，它们通常不是知名度最高的名牌，也不是价格最低的商品，而是那些促销“周周变、天天有”的商品。促销的本质就是让顾客有一种占便宜的感觉。一旦某种以前很贵的商品开始促销，人们就觉得买了实惠。虽然每个顾客都有占便宜的心理，但是又都有一种“无功不受禄”的心理，所以精明的销售人员总是能利用人们的这两种心理，在未做生意或者生意刚刚开始的时候拉拢一下顾客，如送顾客一些精致的礼物，以此来提高双方合作的可能性。

贪便宜是人们常见的一种心理。例如，某某超市打折了，某某厂家促销了，某某商店甩卖了，人们只要一听到这样的消息，就会争先恐后地向这些地方聚集，以便买到便宜的东西。

物美价廉永远是大多数顾客追求的目标，很少听见有人说“我就是喜欢花多倍的钱买同样的东西”，人们总是希望用最少的钱买最好的东西。这就是人们占便宜心理的一种表现。

另外，销售人员在推销自己产品的时候，可以利用顾客占便宜的心理，使用价格的悬殊对比来促进销售。其实在很多世界顶尖的销售人员的成功法则中，利用价格的悬殊对比来俘获顾客的心是常用的一种方法。你可以先在顾客的心里设置一个较高的价位，或者在对方心里设置一个价格悬念，然后再以一个比原来低得多的价格做比较，让顾客通过比较，感觉有便宜可占，于是做出购买决定。利用价格悬殊来诱导顾客购买产品时，要掌握好分寸，避免方式过激给顾客被骗的感觉。同时，优惠政策是你抓住顾客心理的一种有效推销方式。大多数顾客只看你给出的优惠是多少，然后和你的竞争对手做比较，如果你没有让顾客觉得得到优惠，顾客可能就会离你而去。所以你不仅要保证商品的质量，还要注意满足顾客这种想要优惠的心理需求。有些顾客在面对打折产品时，会因为产品对自己来说可有可无而犹豫不决，但顾客的贪便宜心理会告诉自己：机不可失，失不再来，过了期限、商品恢复原价后就买不到了。从心理学上讲，顾客会在这种外界压力下产生强烈的心理不平衡，同样的产品，我现在买就能省好多钱，以后再买多不值啊。于是在这种焦虑下，顾客就会积极行动，强迫自己在规定的时间内完成购买任务。所以说，商家所规定的优惠时限会给顾客制造一定的购买压力。

但是，优惠不过是一种手段，说到底是用一些小利益换来回报，不然商场里也不可能经常有“买就送”“大酬宾”等活动。当然，在优惠的同时，你还要传达给顾客一种信息：优惠并不是天天有，你很走运。这样，顾客才会更满足，才会更愿意与你合作。

即使你推销的产品在某方面有些不足，你也可以通过某些优惠让他们满意而归。如果顾客对你的产品提出意见，你千万不要直接否定顾客，要正视产品的缺点，然后用产品的优点来弥补这个缺点，这样顾客就会觉得心理平衡，同时加快自己的购买速度。比如顾客说：“你的产品质量不好。”作为销售人员的你可以这样告诉顾客：“产品确实有点小问题，所以我们才优惠处理。不过虽然是有问题，但我们可以确保产品不会影响使用效果，而且以这个价格买这种产品很实惠。”这样一来，你的保证和产品的价格优势就会促使顾客产生购买欲望。

总之，利用人们占便宜的心理，从中可以获得许多商机。

为什么会出现哄抢事件

在物质丰富的当今社会里，满足了温饱之后，有些地方依然会出现哄抢食盐、哄抢药材等现象。人们为什么要哄抢？哄抢中，人们的心理发生了怎样的变化？

哄抢者往往把自己的行为归结到社会和他人身上。

当哄抢者在分析参与哄抢的原因时，总是喜欢说“随大流”和“法不责众”。这个过程在心理学上叫作“归因”，即归结行为的原因，“我为什么要做这件事情”。归因不仅是一个心理过程，也是人类的一种普遍需要。因而每一个人都可以被看成业余心理学家，每个人都有一套从其本身经验归纳出来的行为原因与其行为之间的联系的看法和观念。

从哄抢者个人角度来说，社会中的孤独的个人为了求生存的需要，自然而然地会形成一种依赖群体的心理，在这种心理的影响下，就会产生一种被称为“群集欲”愿望。当个人具有严重不安感和挫折感时，更容易受到不良信息的暗示。因此，单个的个人不仅会以一种本能心态加入各种社会团体，而且很容易产生一种参加到聚集的群众中的意愿，与聚集的人群共同行动。

从众心理是人类的一个思维定式，是在群体压力下在认知、判断、信念与行为等方面与群体中多数人保持一致的现象。

从众行为有时虽然不是按照个体本意做出的，却是个体的自愿行为。内心具有安全感的个人一般不至于参加聚众而共同实施行为，只有那些具有严重不安感和挫折感的个人，才有这样的欲望，其目的就在于在聚集的人群中寻求某种安全感和发泄心中的挫折感。

由于多数个人在聚众之中产生交互作用的关系，聚众后所体验的不安感与挫折感比单独的个人所体验的要大得多。在这种情况下，当有人向这种具有严重不安感和挫折感的个人提出某种指示时，他们最容易接受，并且把这种指示变成自身的目标，表现出带有激进色彩的情绪波动。

哄抢事件其实还反映出更深刻的社会心理原因。

比如人们对生活的满意度与社会发展的现实并不一致，哄抢油的人并不缺油。整体说来，趋利避害是人类行为的基本原则，是人类普遍存在的心理。人们都本能地企图在交换中获取最大收益，减少代价，交换行为本身就变成了“得”与“失”的对照。如果收益与代价平衡，互动得以维持；相反，如二者不平衡则互动难以长期维持。

人们在衡量自身得与失之间的关系时，就形成了“满意度”。满意度的高低，跟现实中金钱名誉的得失并不一定是统一的，它更多的是一种自我体验。同样的处境，不同的人有不同的满意度。钱多的人不一定自我满意度高，穷人也有自己的幸福生活。也就是说，在日常生活中，人们并不是一直以物质作为交换的，也会顾及精神间的交换。

社会激烈变化和转型期间的特殊情况，对人们心理造成了巨大压力。当人们把所有问题的原因都归咎于社会和他人时，“趋利”心理就会让个体放大了不满意自我体验，感到自己获取利益少了，满意度开始下降。同时，个体在归因过程中，对有自我卷入的事情的解释，带有明显的自我价值保护倾向。“避害”心理让哄抢个体认为自己只是在捡洒落的人民币，对自己并不会有任何坏处。

因此，在明知一件事情是违法或犯罪的时候，一个人可能不会去做。但是如果一群人中有人已经做了，并且在当时只能看到获益而没有产生相应后果的时候，人们就会产生非理性思维，最终“捡拾个体”组成了“哄抢群体”，造成了社会的不和谐。

哄抢中，人群体现出来对物质的过度追求的忌妒、敌对心理，体现出个体缺乏自身修养的程度正在上升，这个状况是非常令人担忧的；哄抢后，人们对“法不责众”的自我保护心理，如果处理不当，会给其他人产生不良的模仿、暗示和社会感染，具有消极的意义。有专业人士指出，人们心理卫生健康状况是构建和谐社会的关键，哄抢事件引发的深思表明，对大众心理卫生健康辅导迫在眉睫。

“杀人游戏”背后的心理动机

“杀人游戏”（又称“警匪游戏”）是1999年由硅谷留学生带回中国的，先是在上海流行，然后传入北京、广州等地，短短的时间便在全国大中城市的年轻人中风靡。据业内人士推测，全国应有30～50万人接触过该游戏。有人称赞其为减压好手段，有人担忧游戏有暴力色彩。为什么会有那么多的年轻人沉迷其中？是满足征服欲、发泄破坏欲？是缓解心理压力？是考察判断力？也许都不尽然，隐藏在“杀人游戏”背后的，正是对人的行为模式与心理动机的测评。

杀人游戏的利弊如何换算，只怕没人能说清楚。对这个游戏不“感冒”的人，可以历数出它的种种弊端，而沉溺其中的人也可以一一反驳。

杀人游戏最饱受质疑的地方，就是谎言。想在游戏中获胜，关键是不管真话假话，都要说得“理直气壮”。你不能相信其他任何玩家，必须不断制造谎言或者戳穿谎言。玩家们在游戏中达成默契，结下友谊。这些互为“老朋友”的人，也许不会主动询问你的职业、你的手机号，甚至对你的姓名和年龄都一无所知，但是需要的时候，会给予热情的帮助。

湖南师范大学社会学教授陈成文指出，这类游戏属于心理暗示游戏，游戏者追求游戏的快感和刺激程度往往容易沉迷其中，这对培养一个健康的心态非常不利，过分沉迷此类游戏必将对身心带来损害。

“和朋友可以喝酒，可以旅行，可以逛街，可以结死党，可以相互吹吹牛、拍拍马……但就是不能一起玩‘杀人游戏’。因为，

‘杀人游戏’就是一个凶险江湖缩影，一不小心，就暴露了你隐藏很深的底牌，得不偿失。”这是很多人都信奉的一句话。

社会学家仇立平认为，在“杀人游戏”的过程中，玩家需要根据不同角色或自我辩白或诬陷他人，它让人们有机会在虚拟的游戏世界里扮演“杀手”，过上一把坏人的瘾。

游戏是一个客观的东西，关键在于游戏者的自控能力。“杀人”意味着剥夺人的性命，以此为游戏将模糊现实的犯罪与游戏的界限，造成犯罪游戏化，从而威胁到他人的生命安全；此外，“如何在犯罪后不被抓住”是这个游戏获胜的关键，人们在现实中真正犯罪后，很有可能会模拟游戏的情况，想尽一切办法逃避法律的制裁；而“杀人游戏”将最严重的犯罪当成游戏，玩家上瘾后，对“杀人”的敏感度也会不断降低，因此也有人担心“这样一来，在现实生活中一旦遇到棘手的问题无法解决，就很有可能真的杀人了”。

当然有人也认为，大部分爱玩杀人游戏的人都受到过良好的教育，有很强的逻辑推理能力和自控能力，对社会危害性并不大。但是也不能排除游戏过度会产生的心理问题，大脑长期处于兴奋状态，容易造成失衡。

“杀人游戏”的参与者面对的是一个信息残缺、虚实难辨的局面，敌友与将来都存在不可预知性，由此，参与者人性的本质和弱点也会不自觉地暴露出来。人的行为模式表现为金字塔形，而塔底则是主导行为的心理动机。据此我们可以把参与游戏者分为这几种类型：

权力型：力图保持权威，充当意见领袖者。

协作型：缺乏主见，追随意见领袖。

控制型：无论成功与否，只求游戏继续，乐于操盘。

成就型：把游戏当作工作，苛求成功，从中获得成就感。

当然还有一种，不善言辞，容易紧张，往往惨遭错杀者，我们称之“无辜型”。

所以，风靡大众的“杀人游戏”背后其实有着许多神秘的心理动机。

巧用“从众心理”，扩大影响范围

如果你是一个善于观察自己的人，你会发现自己的内心深处常会有如下活动：无论做什么事情，只要有很多人支持你，你会有种安全感，进而大胆地去做；无论你说的观点正确与否，只要多数人同意你的观点，你便有胆量大声地说出来；无论你多么讨厌的人，如果周围的人都喜欢她，你也不会轻易地说出讨厌她的想法……告诉你，这种心理活动不仅你有，周围的人也都曾有过。

安阳在一个酒吧里做侍者。刚做侍者的时候，尽管他做得很用心，但是从没人给他小费。每次看到其他人获得小费时他都羡慕不已。他用尽自己的心思，想通过热情的问候、周到的服务赢得小费，但没成功。

几个月后，安阳发现并不是他的服务不好，并发现了一个获得小费的秘密，即在每次酒吧正式开门营业之前，他先主动地在自己的托盘中放上几张钞票，这会让后面进来的顾客认为该钱是前面客人留给他的，还能使其认为，给小费是酒吧中应有的行为，这时每个他招待的顾客都会在结账时向盘子中放一些小费。

《影响力》一书中曾介绍过销售顾问卡福特·罗伯特说过的一句话：“由于只有 5% 的人是原创者，而其他 95% 的人都是模仿者，所以其他人的行为比人们提供的证据更具说服力。”的确如此，安阳能够有效地影响顾客，使其给自己小费，正是巧妙地利用了人们这种从众心理。因为在特定的条件下，当受众没有足够或者准确的信息时，他们常常会通过模仿他人的行为来选择策略。因为这种模仿似的从众行为可以有效地避免风险及意外，因此人们宁愿随大流。

中国有句俗话：“一人胆小如鼠，二人气壮如牛，三人胆大包天。”这句话形象地说明了人们的从众心理。生活中的任何事情都是这样，不论好坏，只要有人敢做，其他人便会蜂拥而至。因为很多时候，当众人都参与到其中的时候，便会被少数人理解为是合情合理的行为，进而引发更多的人参与其中。譬如随意跨栏，随意横穿马路，随意践踏草坪，等等。

心理学家指出，当人们看到一种行为有很多人进行时，心理总会自觉或者不自觉地以多数人的意见为准则，并做出判断，进而采取与其相符的同一种行为。因为在多数情况下，众人都去做的事情往往是正确的，人们参与到这样的行为中可以使其获得更好的评价以及利益，甚至少走弯路、少犯错误，所以人们习惯性地受周围人做法的影响，也便不足为怪了。

为什么我们“欲得寸”，就需要“先进尺”

心理学家认为，在提出自己真正的要求之前，先向对方提出一个大要求，遭到拒绝以后，再提出自己真正的要求，对方答应的可能性就会大大增加。这便是心理学上所说的“留面子效应”，又被称作“欲得寸先进尺”。

有两家卖粥的小店，每天的顾客相差不多。然而晚上结账的时候，左边的那家小店总比右边的那家多出两三百块钱，天天如此。细心的人发现，先进右边粥店时，服务小姐微笑着迎上前，盛了一碗粥，问道：“加不加鸡蛋？”客人说加，于是小姐就给客人加了一个鸡蛋。每进来一个人，服务小姐都要问一句：“加不加鸡蛋？”有说加的，也有说不加的，各占一半。走进左边粥店，服务小姐也是微笑着迎上前，盛上一碗粥，问道：“加一个鸡蛋还是两个鸡蛋？”客人笑着说：“加一个。”再进来一个顾客，服务小姐又问一句：“加一个还是两个鸡蛋？”爱吃鸡蛋的说加两个，不爱吃的就说加一个，也有要求不加的，但是很少。一天下来，左边这个小店就总比右边那个卖出更多的鸡蛋。

心理学家认为，“留面子效应”的产生源于人们内心深处的内疚感。人们在拒绝别人的大要求时，感到自己没有能够帮助别人，辜负了别人对自己的期望，损害了自己富有同情心、乐于助人的形象，会感到非常内疚。这时，如果对方再次提出一个较小的要求，人们为了恢复在别人心目中的良好形象，也达到一种心理上的平衡，便会欣然接受。

美国心理学家查尔迪尼曾经进行过一项“导致顺从的互让过程”的研究实验。他将一批参加实验的大学生分为两个小组，首先，对第一个小组的实验者说，要他们花两年时间担任一个少年管教所的义务辅导员。这是一件劳神费力的工作，而且没有任何回报。结果，大学生们都以各种理由断然拒绝了。随后，他提出了另一个要求，让这些大学生带领少年们去动物园玩一次，需要耗时两个小时。结果有 50% 的大学生很爽快地答应下来。接下来，他向第二组大学生提出同样的要求时，却只有 16.7% 的人同意去动物园。

生活中，我们细心留意也能发现很多“留面子效应”的现象：你想要父母为你买数码相机，可以先提出要买一台电脑，父母以家中暂时紧张为由，拒绝了你，这时你再提出要买照相机，父母往往会考虑一番后答应你的要求；自己有一件棘手的事情需要朋友帮忙，先向对方提出了一个更大的要求，遭到拒绝后，再将真实的要求提出来，对方往往比较容易接受；上司需要将一项复杂的工作交给下属完成，可以假装让员工完成另一件更为艰巨的工作，当他面露难色的时候，再将这件工作交付给他，他便会愉快地接受任务。

在人际交往中，恰当地运用“留面子效应”，能及时地消除对方的不满情绪。“留面子效应”也经常被一些精明的商人运用，他们把物品标出很高的价格，然后来个“大甩卖”，很多消费者都兴高采烈地购买该商品。在商场，时常有这样的情形。其实，精明的商家无论最后给出了多大的折扣，都暗暗地运用了“留面子效应”，让顾客心甘情愿地消费。

第二篇

遇见未知的自己

第一章

思路迷失：为什么我们能找到去月球的路，却迷失在大卖场

为什么目标细化后更易实现

著名数学家笛卡尔曾经说过：“在解决问题时，把我们所考虑的每个问题都尽可能地分成细小的部分。”他的话告诉我们，为了解决一些复杂的问题，我们不妨把一个难题分解成一些比较容易解决的小问题，然后依次解决这些小问题，最终达到解决整个问题的目的。这不仅适合数学的学习，也一样适用于我们的生活和人生发展。

1985 年，名不见经传的日本选手三田本一出人意料地在东京国际马拉松邀请赛脱颖而出，成为该比赛的冠军。两年后，他又在意大利国际马拉松邀请赛中获得世界冠军，他的胜利让很多人都感到匪夷所思，但没有人找到其中的答案。

10 年后，他在自己的自传中解答了这个问题：每次比赛开始之前，他都会乘车去仔细看一下比赛的线路，并且把比赛线路上醒目的标志画下来。比如第一个标志是一家银行，第二个标志是一棵大树，第三个标志是一个小房子，直到比赛的终点，40 公里的比赛被他分解为几个小的目标。比赛开始以后，他会用最快的速度冲向第一个目标，接着用最快的速度冲向第二个目标。就这样，他轻松地赢得了整个比赛。其实，他之所以这样做与他之前

的经历有很大的关系。起初，他并没有意识到这样做的好处，他把目标定在40公里外的重点上，结果没有跑到一半就已经疲惫不堪了。后来，他把目标定在赛道的一半的地方，但后来他发现这样做毫无用处。最后，他发现自己的小目标一定要是经过一定的努力就可以实现的，于是，他便重新规划了自己的比赛，这样，他在比赛中的表现开始有了翻天覆地的变化。

如果我们觉得自己的目标完成不了的时候，就需要把大目标分为若干个小目标，完成一个小目标之后再激励自己完成下一个小目标。最后，我们会发现离终点已经不远了。

所以，要想获得大的成功，就要修正自己的思维，学会分解目标，循序渐进。成功不是一蹴而就的事情，很多时候，我们都需要一个长远的目标来为自己指引方向，这样我们才能够在世事变化中始终坚持自己的方向，而不至于走弯路。

但是，相对而言，我们往往容易接受短期、具体的东西，而不容易接受那些远期模糊的东西。一个目标即使再远大，如果我们看不到摸不到，那么它于我们而言就只是一句空话。而且一个长远的目标的实现往往都需要花费较长的时间，而在短时间内努力的效果通常不是很明显，这样，人们的积极性就很容易受挫。

需要注意的是，如果我们想采用细化目标来解决问题，我们就要让分解的小目标既要有激励价值，又要现实可行。如果小目标依然很难实现，或者毫不费力就可以达到，那么这样的目标分解就毫无意义。在分解目标的时候一定要注意技巧。同时，将自己的每一步目标都控制在一个能预见和操纵的范围内，以便清晰明了地处理每一个问题。这样，上一个目标是下一个目标的前提，下一个目标将升华成上一个目标的结果，当我们实现了这一个个的小目标，大目标的实现将会是水到渠成的事情。

演绎思维让我们更了解事情真相

演绎推理是从一般规律出发，运用逻辑证明或数学运算得出特殊事实应遵循的规律，即从一般到特殊。在生活中，我们会发现很多事情与演绎思维紧密相连。

柯南·道尔的《血字的研究》中有这样一个情景：福尔摩斯和华生初次见面，彼此之间并无交流，但福尔摩斯一眼就断定了华生是从阿富汗来，并看穿了他的身份和经历。这是怎么做到的呢？我们不妨来看一下福尔摩斯的思维过程。

在福尔摩斯看来，华生具有医务工作者的风度，却有军人的气质。那么，很显然他是个军医，因为这是军医所具有的气质。

此外，他看到华生面色黝黑而手腕皮肤黑白分明，断定他原本是个皮肤白皙的人，只是最近经常暴晒，而当时英国的阳光不足以把他晒成这样，所以，福尔摩斯就断定华生刚从热带回来，而这也正是所有在热带待过的人的共同特征。

福尔摩斯看到他面容憔悴，左臂受过伤，现在动起来还有些僵硬不便，就断定他久病初愈而又历尽了艰苦。一个英国的军医在热带受过苦，受过伤，在当时的情况下，自然就只能是在阿富汗待过了。

很显然，在福尔摩斯的心里，对各地的气候、各种人的特征有一个大致了解，当他看到这样一个人的时候就会自然而然用这样的标准去判断对方的情况。而福尔摩斯的这个思维过程其实就是对演绎思维法的巧妙运用。

这样的思维过程在生活中是很常见的。比如，当一个孩子明白玻璃会被不易碎的东西打破的时候，如果他认定一个石头不易碎，他可能就会明白石头也会打破其他易碎的东西。这个思维的过程就是演绎思维的过程。虽然孩子本身可能没有意识到这个问题，但它是的的确确存在的。

了解了演绎思维的过程，有助于我们更快更准确地认识事物。而忽略演绎思维则容易让我们的判断出错，混淆真相。

曾经有这样一个谣言，有人说在百事可乐的罐子里发现了皮下注射器的注射针，美国二十几个州的媒体得知这个消息后都做了相关报道。传言说，百事可乐的股价在很短的时间里将大幅下跌，很多资深投资人也以赔本的价格抛售百事可乐的股票。

其实，只要运用一下演绎思维，我们就会发现，这样的谣言其实是不可信的。众所周知，任何突发事件的背后必然会有利益在驱动，而且，事态转变的方向也必然是朝着与利益方的利益相符合的方向，那些因为事态的转变而急于脱身的人很可能不会是最后的受益者。也就是说，当一个表现一直很好的事件突然发生转变的时候，对于手中正掌握着一定利益的人来说，来自对方的不利于自己的信息很有可能就是虚假的。同样地，在百事可乐的罐子里发现注射针这个消息对于那些手中拥有股票的人来说就是虚假的，而对于那些制造信息、企图低价趁机买进股票的人来说就是有益的，再加上百事可乐的发展状况一直很好。

这样想一下，我们就不难发现，这个具体的突发事件其实不过是某些人刻意制造出来的烟幕弹而已。事实也确实是如此，不久之后美国联邦药物管理局和联邦调查局就宣布这些报道完全是在恶作剧。

我们说具体问题要具体分析，但我们也要知道，相似的事物就必然会有一些相同的特征。如果整个类型的事物都是某种状态的时候，那么这个类型中的某个具体事物就必然也处于同样的状态。明白这一点，我们就掌握了演绎思维的精髓。

少数服从多数是必须的吗

我们常说“少数服从多数”，但事实上，真理往往掌握在少数人的手里，财富往往存在于少数人的手里，技术也往往掌握在少数人的手里。所以，我们在做事的时候，只要掌握了关键的部分，我们也就掌握了最大的财富、真理和力量。人的精力是有限的，我们要把大部分精力用于重要的事情中，而不要浪费在不必要的细枝末节上。这就是典型思维。

在中国邮政储蓄银行某支行的所有顾客中绝大多数是离退休

人员，一到该发放养老金的时候，银行服务窗口的离退休人员就会排起长队。为此，他们曾经把工作的重心放在了离退休人员身上。

但很快他们就发现，由于忽视了对高端顾客的优质服务，让为数不多的顾客在服务窗口长久等候，这导致了顾客的不满，使得银行出现了顾客流失的现象。长此以往，银行的发展必然会受到很大的影响。

于是该支行又把工作的重心放在了巩固已有顾客和发展新的顾客上。他们为顾客提供了更方便快捷的服务，大大缩短了顾客办理业务的等待时间，顾客流失的问题也因此得到了解决。不久后，该银行就有了近百户的顾客，银行的业务也有了增长。

正是改变思维方式，将“少数服从多数”的思维方式转变为典型思维，将精力集中在少数重要的顾客身上，该邮政储蓄支行才能“化险为夷”，取得出色的业绩。

19世纪末20世纪初意大利经济学家巴莱多在研究后发现在任何一组东西中，最重要的往往只有20%，剩下的80%是次要的。这说明，不平衡是一种常见的社会状态：比如，商家80%的销售额可能来自20%的商品；市场上80%的产品可能是由20%的企业生产的；企业80%的利润往往是由20%的顾客创造的；销售部门80%的业绩往往是由20%的推销员带回的等。

事实上，“二八”法则在金融行业也是通用的：80%的财富和利润往往来自那20%的高端顾客，自然而然地，他们也应该成为金融业重点服务的对象。当然，我们不否认顾客与顾客之间是平等的，每一个顾客都是上帝，但这并不意味着商家就要认为所有顾客一样重要，就要在所有生意、每一种产品上都付出相同的努力。人的精力是有限的，企业的精力也是有限的，如果把所有精力平均分配给每一个人，最终将会得不偿失。相反，如果将有限的精力和资源放在那些重要顾客身上，所取得的成绩将会是可喜的。

“二八”法则告诉我们，做事的时候要抓住关键的少数环节，对于那些不能带给我们收益的事情要坚决放弃，这样才能最大限度地降低成本，在最短的时间里，收到最大的效果，谋求更大的收益。

一番好意为何导致分手

推己及人，是指用自己的心意去推想别人的心意，设身处地替别人着想。这是类似思维的一种体现。在为人处世中，我们都提倡推己及人。但是推己及人也要顾及别人的感受，如果只是自己一厢情愿，就可能出现问题，导致好心办了坏事。

丁丁最近刚刚交了一个男朋友，两个人正处在热恋中。她喜欢吃火锅，便经常带男朋友去吃火锅。虽然男友每次都吃得很少，但仍然会积极、主动地陪她去吃。后来她发现，每次她提到请男朋友吃饭的时候，男朋友都会以各种理由说不去。

丁丁觉得他们之间产生了一些问题，于是想找男朋友谈谈，但是话还没说完，两人便在彼此的愤怒中争执起来。在争吵中男朋友说出了吃饭的事情："你喜欢吃火锅，便以为我也喜欢吃火锅，但实际上我根本不喜欢吃火锅。你没发现我每次都吃得很少吗？你想过我爱不爱吃吗？你这是真心爱我吗？"男朋友的话让她突然感到无话可说。丁丁只能无奈地接受了男朋友分手的决定。

正是类似思维的指引，让丁丁犯下了一厢情愿的错误，以至于她不仅没能获得男朋友的欢心，还导致两个人分手的结局。所以虽然说要推己及人，但也不要过分地以己之心度人心。那么，怎样才能在推己及人中，避免强加于人而弄巧成拙呢？这就要求我们要学会发现他人内心的真正需求，迎合他们的需求去说话做事，才可能实现自己的目的。或许，我们能从下面的例子中得到启发。

小舟自己开了一家服装店，这天，店里来了一位时尚的女士。她试穿了几件，不是觉得衣服褶皱，就是衣服太宽松，一直没有试穿到合适的。凭着多年的经验，小舟知道问题的根源在于这位时尚女士一直没有直起腰身，她每次试穿衣服的时候，都只是很随意地在镜子前面看一下。

这时，该女士又试穿了一件衣服，并且看得出她非常喜欢这件衣服。于是，小舟在旁边建议说："这些衣服有的大，有的小，把您身上优美的线条都给遮住了，但这件衣服非常适合您，如果您能正式地站在镜子面前，也许效果会更好一点儿。"

时尚女士一听，立刻直起腰身，重新在试衣镜前看着自己。这时这位时尚女士发现，镜子中的自己看上去很漂亮，觉得身上的衣服非常适合自己，凹凸有致的线条，娇美的身材。于是站在旁边的小舟继续说道："这件衣服穿在您的身上，让您看起来比以前更加苗条。"女士笑着说："是呀！我也发现了，显得瘦了几斤。"然后毫不犹豫地买下了这件衣服。

小舟正是通过洞悉时尚女士心中对最后一件衣服的特殊喜爱，才提出了合适的建议，达到了向对方施加影响的目的。在不同的时间、地点，每个人都会做出不同的行为，只有善于从中洞悉出其内心世界中最真实的想法，才能有效影响他人，进而引起共鸣、达成共识。

所以，我们要灵活地运用类似思维，当自己喜欢某一事物的时候不要独断地以为别人也喜欢，否则只会适得其反，换来别人的反感。要记住，我们可以推己及人，但不能一厢情愿而勉强别人，要仔细体察对方真正需要的、真正想要的是什么，然后一击即中，走进对方的内心世界，赢得对方的好感。

转换自己的心智模式

如果我们只看到了世界的一部分，我们又是如何处理这部分的呢？来看看下面这个故事。

在一条狭窄的山路上，一个货车司机正在爬坡，已经开了三个小时，他有点儿昏昏欲睡。就要到坡顶的时候，迎面来了一辆车，车上的司机伸出头来，伸手指了一指，对他大喊了一声！呜的一声，两车擦肩而过。他的瞌睡一下子醒了，他马上伸出头，冲着车的背影大声咒骂！他得意回过头来，看看前面的下坡路，天啊！他刹车不及掉沟里去了。

对面的司机只是想告诉另一个司机前面有情况，但是为什么一个善意的提醒却没能起到效果呢？因为受固定思维的影响，这个司机以为这是一句侮辱。

总之，我们按照自己过去的经验和记忆在我们脑子里面构建一个自己的世界。我们用一个固定程序来处理进入大脑的信息，然后根据经验和记忆构建出一个我们假设的世界模型，再对这个假设世界做出反应。简单地说，我们给自己创造一个世界模型，然后根据这个创造出来的世界生活。这是我们大脑的工作原理。在很多时候，我们能用这个方式来快速处理非常复杂的问题，比如围棋高手根据经验和棋路（他自己构建的围棋模型）来处理能与计算机抗衡的计算。但是有些时候，这个模型也会让我们犯一些明显的错误，比如上面例子中的司机撞猪事件。

回顾一下我们的经历，不难发现，有时候我们看到一件事情，然后马上反应说："哦，那一定是……"事后才发现那是一个错误的看法。所以，当我们觉得世界黯淡、生活绝望时，不要抱怨上帝的不公，先转换一下自己的心智模式，也许我们会看到完全不一样的世界，而豁然开朗。总之要记住，虽然我们同在一个世界，但是每个人看到的世界是完全不一样的，命运因我们的心智而改变。

青春期为什么更依恋同性朋友

回顾我们的青春期生活或者观察周围青春期阶段的孩子，不难发现，同性的朋友之间更容易亲近。虽然同性朋友之间的友谊很可贵，但有的父母会担心同性朋友之间过于亲密，会不会导致孩子长大后有同性恋倾向。那么，我们到底应该怎样看待青春期亲密的同性关系呢？

13 岁的小亮与邻居家同龄男孩小阳自小在一块玩耍，从幼儿园到小学一起上学，情同手足，形影不离。但近来小亮父亲感觉到两个孩子常背着人躲在一起，关系似乎有些反常。细心的父亲终于发现两个孩子的“不良行为”，如互相亲吻。对此，他既着急，又惊慌，怀疑两个孩子是不是同性恋。

此外，另一位读高中的女生陈静，近一个月来，她心情悲伤忧郁，甚至闪现轻生厌世的念头。经过询问，原来这种忧虑情绪是因为失掉“挚友”而产生的。她原与一位女同学感情甚密，两人曾海誓山盟，一辈子绝不与其他人交往，将毕生的情感都奉献给对方。可是这种特殊的关系维持了两年，那位女同学与另一位女生好上了。这使她既忌妒又悲伤，恨不得一死了之。

以上两个事例都指出了一个问题：青春期的少男少女关系过于亲密，会发生同性恋吗？

其实，同性依恋与同性恋是两个截然不同的概念。

首先，我们要从青春期的心理入手来正确看待这个问题。正值青春期的少男少女渴望友谊，急切地寻找能促膝长谈之人，以倾吐心中的喜怒哀乐，以换取理解和支持。

其次，由于这一时期的少男少女性生理处于发育阶段，性成熟现象普遍存在，这与他们幼稚的思想意识相矛盾，朦朦胧胧的性心理促使他们通过各种盲目的手段体验性感觉，如拥抱、亲吻等。其发泄对象多是他们亲密的小伙伴。

所以，从青春期的特殊心理和成长特征来看，同性依恋属于正常的现象，不应该视为同性恋。

尽管如此，对少年时期这类同性相依恋的现象也不可掉以轻心。如果青少年和同性关系异常亲密，会产生只有同性在一起玩耍才舒服的意识，等到了该和异性交往的年龄时，可能不愿意或害怕与异性交往接触。此外，因为同性之间过分地依恋，容易丧失自己的独立性和完整的人格，产生社会交往的不适应感，将自己囿于狭小的人际交往圈中，成人后也可能发展成同性恋。由此看来，如果不适时加以开导，同性依恋对孩子身心发展会产生不利影响。

所以，父母应尽早注意孩子怎样交朋友及交上怎么样的朋友。对青春期的孩子，一旦发现过分依恋同性的苗头，可在温馨亲切的气氛中采取循循善诱的方法，鼓励孩子多交朋友，有意识地介绍几个志趣相投的男女同学给子女，让他们共同学习、娱乐、交往，以逐渐减少特定的同性之间的依恋感。

若发现孩子在与同性玩耍时出现了接吻、拥抱等行为时，既不能当面粗暴地羞辱责骂孩子，也不要斥责别的孩子是坏孩子或禁止往来，以免伤害孩子的自尊心。而应对孩子进行青春期性教育，使孩子消除对性的神秘感，从道德与心理上对一些不良的行为举动产生厌恶，自觉抵制不良行为，同时要让孩子多参加健康有益的文化活动，分散他们的注意力。

如果青春期的孩子同性依恋现象比较严重或者出现异常反应，家长通过温和的教育和引导无效的话，还应从心理上寻找原因以纠正孩子的行为。

为何女性到了更年期容易失眠

女性朋友在绝经期或绝经之后，心烦意乱、失眠、发胖等各种问题都相继而来。

梁姨退休前在市建行工作，近几年来经常情绪急躁、易于激动、喜怒无常，梁姨认为是工作太忙、压力太大的原因，也就没想到要去就诊。好不容易退休了，可以好好休息休息了。可没想到退休后不到两个月，身体就出现了其他症状——经常出汗、头痛、心悸、血压升高、关节酸痛、体形发胖等，还有最让梁姨受不了的就是晚上睡不着，一开始吃安眠药还勉强能睡着，可是近来安眠药也不管用了，姐妹们说她可能是得了更年期综合征。经医生诊断，梁姨的症状是更年期综合征导致的。

那么什么是女性更年期综合征呢？它是指妇女在绝经期或绝经之后，因卵巢功能逐渐衰退或丧失，以致雌性激素水平下降所引起的以植物神经功能紊乱代谢障碍为主的一系列症候群。女性更年期综合征多发生于45～55岁，一般在绝经过度期月经紊乱时症状便已经开始出现，可持续至绝经后2～3年，仅少数人到绝经5～10年后症状才能减轻或消失。

女性更年期常见不适症状有：月经周期紊乱、经量不一，并逐渐减少；情绪急躁、易于激动、心烦意乱、思想不集中、喜怒无常；面部潮红、经常出汗、头痛、心悸；血压升高、关节酸痛、体形发胖等。

有些人一下子不能适应这样的变化，会出现异常心理，主要表现为以下几个方面：

第一，悲观。一些妇女对发生在自己身上的更年期症状，出现悲观的想法，情绪消沉。一些人担心自己已经衰老，生命似乎走到终点，失落感特别明显。一些人常回忆过去岁月中不愉快的事件（灰色回忆），经常以泪洗面。

第二，焦虑。由于更年期综合征的出现，使一些妇女顾虑重重，外界的一点点刺激就容易引起很大的情绪波动，精神难以集中。

第三，敏感多疑。有的妇女整日忧心忡忡，郁郁寡欢。她们经常无端猜疑，见风就是雨，格外关注小道消息和闲言碎语，经常喜欢凭主观臆断把他人的言语和行为盲目地联系在一起，这不但影响了人际关系，还影响了自己的心理健康。

第四，个性与心理的改变。一些妇女的某些更年期症状比较明显，这些症状影响并改变了她们的个性。她们有时表现为唠叨、自私、急躁、不近人情，有时过度兴奋，有时则伤感、绝望，看问题及处理问题很极端。

第五，对外界事物失去兴趣。有的人每天上下班两点一线地生活，对社会上的活动失去兴趣，又不想培养新的兴趣。

更年期是每个妇女必然要经历的一个阶段，但每个人所表现的症状不同，症状轻的可以安然无恙，症状重的则会影响工作和生活，甚至会发展成为更年期疾病，如案例中的梁姨。因此更年期妇女更应该关爱自己，多了解更年期的常识，做好心理准备。

首先，要坦然接受成为中老年人的事实，将健康的身心作为美的评价标准，多参加一些活动，比如唱歌、跳舞等活动，让自己的老年时光也散发出另一种“青春”的魅力。

其次，尽快适应人生角色的转变。由于子女长大，有了自己的家庭和事业，母亲面对突然冷清下来的家会感到凄凉。空闲也成了难以对付的难题，不安情绪也就油然而生。这就要求女性朋友们平时要学会扮演多种角色（如朋友、母亲、同学、同事），增强自己的角色可塑性，让自己更好地适应不同阶段的生活。

最后，我们会发现平时独立性比较强、有自己兴趣爱好的女性，到了更年期会适应得更快。所以，要寻找自己工作和家庭以外的其他爱好，拓展自己的兴趣，这样可以快乐地填充自己的空闲时间，减少更年期的烦恼忧虑。

总之，从现在就做足准备，以乐观积极的心态去面对，女性朋友一定可以快乐地度过人生的每一个不同阶段。

第二章

两极分化：为什么心态让双胞胎“命运”迥异

同样的钱为什么感觉不同

有一个人要去听一场音乐会，票价是200元，出发时发现丢了一张价值200元的电话卡，虽然很心疼，但并没有影响他去听音乐会。而如果这个人把提前购买的200元音乐会门票弄丢了，他则不愿意再次买票去听了，这是为什么呢？

丢了电话卡，损失了200元，丢了音乐会的门票，也损失了200元。同样是损失200元，从损失的金钱上看，并没有区别，但为什么丢了电话卡后那个人仍然选择去听音乐会，而丢了音乐会门票之后就选择不再去听了呢？原因是，在人们的脑海中，建立了多个账户，电话卡和音乐会门票被归到了不同的账户中。因此，丢失了电话卡，在音乐会的账户里，其支出仅仅是200元，并不会因为丢失了电话卡使音乐会所在账户的预算和支出发生变化，因此，人们仍然会选择去听音乐会。但丢的是音乐会门票，如果再买一张音乐会的门票的话，前后两张音乐会门票都被人们归入到了同一个账户，所以看上去，如果要听这场音乐会，就要花400元才行，这样人们当然觉得很不划算，因此放弃。

这种相同数额的钱在同一个消费者的心理上产生不同反应的现象，主要是因为他把不同来路的钱放到了不同的“心理账户”。

同样地，辛勤劳动换来的100万和中彩票或者捡来的100万，在人们的大脑中根据不同的来路被归入了不同的账户，因此两者就不一样。

挣来的钱和意外之财，使用起来当然是不一样的。自己辛苦挣来的钱花起来肯定会很谨慎，不该花的不花，该花的能省则省；意外之财反正是白得的，没了就没了，不用白不用，花起来也很随便，因此人们可能就会毫无顾忌地请客吃饭，买各种高昂的奢侈品，很快就会被挥霍空。

美国行为科学家查德·赛勒曾经说过："钱并不具备完全的替代性，因为我们会分别为不同来路的钱建立不同的账户。"的确，每个人在心里都会根据各种理由建立若干个心理账户，管理着不同来路的钱，对其进行不同的预算和支出，并影响着自己的消费行为。

李女士最近去逛商场，看中了一款标价为1999元的化妆品，犹豫了好长时间，她还是不舍得买，觉得实在是太奢侈了。但是过生日的时候，当她的丈夫把这套化妆品作为生日礼物送给她的时候，她还是非常开心。

尽管李女士知道她买和她丈夫买，用的都是家里的钱。为什么一样的钱以不同的理由开支心理感觉会不同？心理学家认为，李女士如果自己花钱去购买1999元的化妆品，则属于生活开支，有点奢侈；而丈夫作为生日礼物送给自己，则属于情感开支，情感是无价的。因此，人们为何欣然接受昂贵的礼品却未必购买昂贵的礼品，也就不足为奇了。

另外，对于普通人来讲，由于"心理账户"的存在，他们可能会在很短的时间内花完从其他途径得来的不是自己辛苦劳动所挣来的钱，比如说奖金、礼金或者中彩票得来的百万大奖；但是另一方面，他们又会非常在乎退休金、养老金、定期存款等，对这些也往往会采取相对保守的投资策略。

心理学家建议我们把所有的钱都根据用途分门别类地归入不

同的账户。这些账户建立得越清晰，执行得越严格，我们就越不会没有节制地、不加计划地乱花钱，生活也会过得更加美好。

人们为什么热衷冒险

人们为什么会如此热衷于冒险呢？

让我们来玩个游戏吧。有一个赌盘已经一连5次都停在“红”上，第六次你会押哪呢？你是否认为下次开转时停在“黑”上的可能性会大些？答案是否定的。赌盘每一轮停在“红”或“黑”上的概率始终不变，都是50%，不少赌客就栽在这种错觉上。

关于人们为什么如此热衷于冒险，神经学家认为多巴胺的量越大，流动越快，那么人就越有寻求刺激的欲望。

寻求刺激的动力因人而异，追求刺激的程度也有天壤之别。有些人比较脆弱，玩扑克牌时小赌一把，也能令他们紧张得心惊肉跳；而一些人即使在跳伞时从飞机上一跃而下，也并不觉得刺激。

这类差异或许能用每个人的多巴胺系统来解释。多巴胺是一种神经介质，多巴胺的量不同，在神经元间传递信息的快慢不同，寻求刺激的欲望也就不同。对于最喜欢寻求刺激的人，多巴胺能使他们达到一种真正如痴如狂的状态。

心理学家把这类行为称作“追求震撼”，而一系列的生理和心理因素在其中发挥了作用。比常人更需要多巴胺刺激的人，一般更能承受“追求震撼”可能带来的生理、社会或钱财等方面的风险，因为他们知道风险将伴随刺激而来。

然而，关于人们为什么如此热衷于冒险，生物学家杰伊·弗兰认为人类是在利益驱动下冒险的：越是肯冒险，就越有可能变强大。

在某些心理学家看来，一个人很难抗拒寻求刺激的诱惑，是人类本性的极端表现：容易过低估计风险，而过高估计自己的预期成绩。例如，调查显示，大部分人都觉得自己比一般人强，认为自己比一般人更善于判断优劣，专家们把这种现象称为“乐观倾向”。所以，有时人们完全清楚某些不健康的甚至是玩命的习惯所包含的巨大风险，但仍乐此不疲。

总地说来，人们并不善于估量风险——从这点来说，我们差不多都是些“概率瞎子”。所以在赌盘一连5次停在“红”上之后，第六次的时候，许多观赌的人就会产生错觉，以为下次开转时，赌盘停在“黑”上的可能会大些。同样，我们还特别担心会死于横祸，例如遭到谋杀、被闪电劈死或被毒蛇咬死等，尽管遭遇这类事件的可能性微乎其微。还有，坠机事件在人们心中引发的恐慌远大于车祸，这是因为飞机坠毁比汽车出事要引人注目的多。实际上，车祸的死亡者所占比例，远高于坠机的死亡者。

由此，我们不禁要问，既然人脑有能力理解复杂得多的数学关系，为何还会犯这些基本的判断错误呢？在大脑进化的成千上万年间，遭受敌人攻击及被毒蛇咬伤之类的事件，构成了实实在在的威胁，对这类事件的恐惧心理也就深深地嵌刻在了神经系统中，只是在现代化社会中已不合时宜了。

人们更偏爱有曲线的物体吗

很多时候，相对于有棱有角的东西，我们是否更喜欢有曲线的东西。

比如，女性的身材曲线对大部分男性都具有吸引力，男人之间会以一种有趣的、非语言的方式来示意某个女人是美女：挑挑眉毛、一声长叹、歪一下头、用双手比出女性凹凸有致的身材曲线。汽车的设计中包含了柔和的曲线。看看现有的办公家具，并将其与你的居家家具进行比较。办公家具，即便是在休息室中的办公家具通常有棱角，显现出一种正式、非轻率的态度；而居家家具通常更有弧度，传递出一种柔性之美，看起来更讨喜。

我们是否真的更喜欢那些具有曲线的物体而不是锋利、具有棱角的物体呢？

哈佛医学院的摩西巴尔和奈托勒塔让14名实验者观察了280

对物体。其中半数为真实物体，另一半为图形。配对中的一方具有尖锐的棱角，另一方则更有弧度。例如，一次比较中展示了两块手表，一块方形，一块圆形。这两个对象被简单地并排摆在屏幕中（展示大约 8/10 秒），实验者必须根据直觉反应，指出他们更喜欢二者中的哪一个。结果是非常明确的：无论对象是真实物体还是图像，实验者都对具有曲线的对象表示出了偏好。

这里需要指出重要的一点——做出判断的时间非常短，还不到 1 秒。这样，实验参与者就没有在选择上犹豫，没有时间考虑他们的偏好。如果给了他们足够的考虑时间，那么经验的影响就会进入到选择中，对结果造成影响。使用更短的反应时间，我们就得到了对每个对象更纯粹、更直觉的好恶。

我们不太喜欢尖锐、有棱角的物体，是因为它们传达了一种危险的信号（如箭头或尖刀）。无论是什么原因，外形如何的确影响了我们对物或者是对人的印象。比如说人，大部分时候，他棱角分明表达了一种负面评价，而他十分圆熟则是一种明确的表扬。但这也不是绝对的，比如，男性方正、有棱角的下颚通常被视为果断、独立和自信的表现。在求职面试中，如果招聘者正在寻找一名果断的领导者，那么这种特性可能会使你获得优势。

外形是决定我们思考与反应的首要因素吗？当然不是。然而，如果我们能清晰地认识到我们自身外形上的特点，并且将其好好利用起来，将会对我们有很大的帮助。所以，好好认识自身的外形特点，平时就要多多注意，避免在关键时候给自己减分。

不同颜色容易让人产生错觉

为什么有时候相同的东西，要是颜色不一样的话，就会给人不同的感觉呢？而且有很多奇怪的心理现象都与颜色有关。

比如，为什么搬家要用浅色的纸箱？为什么看到蓝色的汽车要小心追尾？为什么保险柜大多是黑色？身处在彩色世界中的人们，会因为红色而激动，也会因为黑色而沉静，但很少有人去思考色彩和生活的关系。色彩与生活息息相关，通过色彩可以洞悉一个人的内心，借用色彩的力量可以给人好运，甚至改变一个人的人生轨迹。

我们先来回答为什么看到蓝色的汽车要特别小心？因为不同的颜色即使处在同一位置，带给人的视觉感受也是不同的。像蓝色这种冷色调，总会给人相对较远的感觉，如果跟着一辆蓝色的车就更容易追尾，而红色的车颜色明亮，会时刻引起人们的注意，好像近在眼前。

另外，为什么搬家要用浅色的纸箱？为什么保险柜大多是黑色？色彩也是有重量的，相同的两个箱子，会使人感觉黑色的那个格外重，而浅色的就稍微轻一些。有人通过实验对物体的颜色和重量进行了比较，发现相同的黑色箱子要比白色箱子看上去重 1.8 倍。所以搬家时用浅色的纸箱会让工人们觉得不那么重，黑色的保险柜则会让小偷第一眼感觉“太沉了，我搬不动”。

日本色彩学家原田玲仁作过这样一个实验，将两个人分别放入蓝色系和红色系墙壁的房间，然后他们凭自己的感觉在里面待上一个小时后再出来，结果发现红房间的人 40 分钟就出来了，而蓝房间的人 70 分钟后还没出来。人的时间感会被周围的色彩所扰乱，在红色等鲜艳的颜色充斥下，人会感觉时间过得特别慢，这也能解释，为什么在装修明亮的快餐店等人会觉得“度秒如年”。

每个人都有自己喜欢的颜色，每种颜色其实也都反映出人的某种性格。

纯粹喜欢白色的人不多，但大都是对白色单纯美好的向往。他们多对恋爱和事业有着很高的要求，并有完美主义倾向。但喜欢白色的人也特别容易孤独。所以喜欢白色的人，容易受到外界的影响，需要加强内心的定力。

喜欢灰色的人大多是做事干练且知识丰富之人。他们总是为别人着想，与人方便。这类人在面对阻碍时能够冷静思考，也容易陷入自己设置的怪圈中，但他们依然很受人欢迎。

喜欢黑色的人分为两种，一种善于打动人心，能很好地处理各种局面；另一种则怀有逃避的心态，害怕别人的点评，喜欢买黑色的衣服。喜欢黑色的人应该多穿一些亮色的衣服，特别是在恋爱中的人。

喜欢红色的人富有激情和魅力。他们在情绪上起伏较大，行动先于思考，比较任性。给他们的建议是，可以适当调节衣服里红色的比例，加入一些冷静的颜色。

粉色显得人温柔，喜欢粉色的大多是女性，他们通常拥有良好的家教且爱幻想，但遇事会非常敏感，容易受到伤害。建议喜欢粉色的人在做事情时多一些行动力。

喜欢绿色的人社会意识比较强，态度认真，能与周围的人和睦相处，但警惕性非常高。当喜欢绿色的人出现过度劳累等症状时，可以适当佩戴一些橙色的饰品，以缓解不安。

喜欢蓝色的人不仅有很强的团队协调能力，还很讲究礼貌，为人也很谦虚谨慎，但比较固执己见。在我们周围，喜欢蓝色的人很多，他们在性格上也有微妙的差异。

喜欢黄色的人理性、上进心强、喜欢新事物、讨厌一成不变，他们有着独树一帜的想法，容易获得成功。但喜欢黄色的人有点孩子气，喜欢无拘无束。

在日常生活与工作中，如果能运用好色彩的话，不仅会让人心情愉悦，还对人的健康有益。

睡眠不好的人卧室应多用白色和淡蓝色。这两种颜色具有催眠的作用。蓝色可以降血压，消除紧张感，从而起到镇定的作用。同时避免在卧室中布置过于鲜艳的颜色。

身体疼痛时，多看看绿色。绿色对我们的神经系统有镇静和镇痛的双重效果，可以缓解精神上的紧张感和肉体上的疼痛感。

想减肥的人，可以将餐具换成灰色系。灰色等暗沉的颜色会让人觉得没有食欲，所以想要通过饮食来减肥的人不妨将家里的餐具换成灰色的。

上班第一天，别穿蓝色衣服。蓝色只会让自己显得更加没精神。约会最好不要穿白色衣服。白色容易给人“冷冰冰”的印象，增加紧张感，最好能穿一些颜色鲜艳的衣服。所以，在适当的时间地点使用适当的颜色，可以使生活变得更加美好。

揭秘养宠物的人的几种常见心理

从人们养宠物的行为中可以看出人们的心理。不管出于什么心理去养宠物，都有着积极的意义。或许很多宠物的主人自己都没想过为什么要养宠物。那么，让我们来分析一下吧：有的人是为了传播爱心，有的人也许是为了追求时尚，也有的人是为了追求刺激——比如养上一条蛇或一只老虎。

其实无论你养的是什么，你所选择养的宠物，与它们相处时的方式都是你内心性格潜在的一种表现形式。简单来说，那些宠物，有可能就是你潜在性格的一个延伸。

关于为什么养宠物，最通常的说法是“做伴”。其实，养宠物不仅仅是“做伴”那么简单，与宠物交流获得的乐趣和满足，有时是人与人之间的交流也不能得到的。

在国外有研究证实：孤寡老人饲养宠物其身体状况较为良好，寿命也能得到延长。而在中国，父母工作繁忙，无法经常陪伴孩子的家庭也会考虑饲养宠物陪伴孩子。

如今，年轻人也加入了养宠物的大军。宠物的范围也从猫狗为主扩大到了蛇、蜥蜴、蜘蛛、鸭子……

所以，那么多人痴迷于养宠物不是简单的“做伴”关系就可以解释得通的。

心理咨询师胡慎之提出了“物似主人形”的说法：养宠物都能体现一个人的性格。

心理学研究表明，人们总是在无意识的情况下，选择一种长得像自己或具有自身某些性格特质的宠物。例如，慢吞吞的主人会养慢吞吞的金鱼，动作快、爱说话的人会养条活泼爱叫的狗，爱冒险的人会养条蛇……从宠物身上，就可以看出主人的性格。

养宠物有几种心理：自恋型、表达压抑性的情感、理想化照料者。

自恋型。人通常都有自恋的心理，也需要有自恋的心理。养宠物，是一种很好的又不自知的自恋行为。

表达压抑性的情感，是养宠物的另一种心理。人都有多面性，有时候表现出来的不一定是自己最真实的一面，这时就会感到压抑。压抑需要排解，养一只可以表达自己内心欲望的宠物，是一种排解的方法。所以你可能会看到，一个斯斯文文的女孩，却养一条凶猛的大狗这种现象。

理想化照料者。很多小孩都有这样的一个阶段，他把宠物看成自己，而他自己充当一个照料者，其实，他怎么照料宠物，其内心就渴望别人怎么去照顾他。下面列举一些养不同类型宠物的人的特点：

养大众宠物：这是一种最普遍的选择，比如猫和狗。通常主人会把小狗打扮得非常漂亮以使自己获得很大的满足感。

养另类宠物：往往代表自己的一种愿望，这种愿望是独特的，很引人注目，但很多时候那种独特感、优越感，恰恰反映出内心的懦弱与无助。

养凶猛类型宠物：内在有比较强烈的攻击欲望。

养草根类型宠物：最大的特点就是同情弱者。

所以，你如果能好好了解一下你想要了解的人的宠物，你也就了解了他。

“如愿以偿”的少年因何抑郁

青少年抑郁症发病率近年趋升，有心理学家曾对62位15～23岁患者做过调查，结果显示，大多数患者并没有意识到自己有抑郁症，学校、家庭、社会对本病的识别率平均不足1%，一些综合医院的识别率仅为15%左右。这就警示我们有必要提高对青少年抑郁症的关注度和判别力。

李思从小勤奋又听话，是让父母很省心的孩子，从小学到高中成绩都名列前茅，高考也如愿以偿上了第一志愿的国家重点高校。马上要离家去远方读大学的时候，父母开始担心平时沉默寡言、很少和同学打成一片的李思是否能够适应大学的生活，懂事的李思安慰父母不要担心，并且第一年以优异的成绩向父母证明自己在大学也同样出色。可奇怪的是，大二那年，李思开始不间断地出现头疼、恶心、腹痛、乏力等症状，渐渐地对学习也提不起兴趣，迟到早退逐渐成了家常便饭，成绩自然一落千丈。最后，甚至一走进教室，李思就出现心悸喘气等现象。李思无法继续大学的课程，又不想让父母失望，在长达一学期的失眠和压抑之后，他承受不住各种心理压力，冲动之下做出了轻生的行为。所幸，舍友及时发现，李思被成功抢救。但是，李思的父母甚至李思本人，都对出现在他身上的怪现象感到困惑。

为何一向表现出色的李思，会在大学的路上出现各种异常甚至冲动之下有了轻生的行为？其实，这要从李思成长中的心路历程来寻找答案。在和李思的访谈和开导中，心理医生发现，李思从小学到高中一路都很顺利，也受到周围人的表扬和赞许，在心智善未成熟的阶段，这些赞许让李思感到自豪。但是，进入大学后，随着周围环境的变化，自己独立的空间和思考的时间都变多了，李思便恍然发现，为了成绩而学习并不能给他带来长久而实在的快乐。除了成绩单之外，大学的生活还有许多空白，而李思却不知如何去填充，加上不善于交际，生活更是陷入了一种空虚和乏味的状态。李思甚至还没来得及弄清楚原因，潜意识便开始做出反应，身体也有了胸闷、头疼等异常反应，最后导致李思情绪低落、精神压抑而产生轻生念头。

对于青少年，这种抑郁的心理症状是比较危险的，因为很多时候当事人未能很好地识别抑郁的各种表现，无法对症下药，从而让症状不断恶化，最后将自己引上绝路。所以，要防治青少年抑郁症，我们首先要了解该症状的各种表现，主要有六种：

第一，似病非病。患者一般年龄较小，不会表述情感问题，只说身体上有某些不适。如有的孩子经常用手支着头，说头痛头昏；有的用手捂着胸，说呼吸困难；有的说嗓子里好像有东西，影响吞咽。他们的“病”似乎很重，呈慢性化，或反复发作，但做了诸多医学检查，又没发现什么问题，吃了许多药，“病”仍无好转迹象。

第二，事事顺利却无喜悦之情。面对达到的目标、实现的理想、一帆风顺的坦途，患者并无喜悦之情，反而感到忧伤和痛苦。如考上名牌大学却愁眉苦脸、心事重重，想打退堂鼓。有的在大学学习期间，经常无故往家跑，想休学退学。

第三，自杀行为。重症患者利用各种方式自杀。对自杀未果者，如果只抢救了生命，未对其进行抗抑郁治疗（包括心理治疗），患者仍会重复自杀。因为这类自杀是有心理病理因素和生物化学因素的，患者并非心甘情愿地想死，而是被疾病因素所左右，身不由己。

第四，不良暗示。主要表现在两个方面：一种是潜意识层的，会导致生理障碍。如患者一到学校门口、教室里或工作单位，就感觉头晕、恶心、腹痛、肢体无力等，当离开这个特定环境，回到家中，一切又都正常。另一种是有意识的，专往负面去猜测。如患者自认为考试成绩不理想；自己不会与人交往；自认为某些做法是一种错误，甚至是罪过，给别人造成了麻烦；自己的病可能是“精神病”，真的是“精神病”怎么办，等等。

第五，要换环境。可能在学校或单位发生过一些矛盾，或者根本就没什么原因，患者便深感所处环境的重重压力，经常心烦意乱，郁郁寡欢，不能安心学习工作，迫切要求父母为其想办法，调换班级、学校或工作单位。当真的到了一个新的地方，患者的状态并没有随之好转，反而会另有理由和借口，还是认为环境不尽人意，反复要求改变。

第六，反抗父母。患者在童年时对父母的管教言听计从，到了青春期或走上社会后，不但不跟父母沟通交流，反而处处与父母闹矛盾。一般表现为不整理自己的房间，乱扔衣物，洗脸慢，梳头慢，吃饭慢，不完成作业，等等。较严重的表现为逃学，夜不归宿，离家出走，跟父母翻过去的旧账，要与父母一刀两断等。

对青少年抑郁症的治疗，应将抗抑郁药物与心理治疗相结合。当药物治疗缓解了病情后，再配合心理治疗，可以增强患者应对困难和挫折的能力与自信。

平时可以通过以下几个方面来缓解或治疗抑郁症：

认知疗法。你无法说服自己，走出抑郁，但你可以不要继续让自己走入更深的抑郁。

寻找更多的乐趣。对于抑郁，这很有用。“快乐需要行动”，努力让自己不要忧郁，比如，拜访朋友，接受按摩，养养宠物，装饰一下屋子，上上课，度度假。

食物补充。某些维他命的缺乏会导致抑郁，比如维生素 B_6、维生素 C、维生素 B_1 等。

体育锻炼。大量研究表明，运动，尤其是剧烈的有氧运动，可以改善情绪，减轻焦虑，增进食欲、睡眠。同时，运动还能使大脑中与抑郁症相关的化学物质失衡转向正常。

只有将心理治疗、药物治疗和物理治疗相结合，才能达到根治的目的。

心态让双胞胎“命运”迥异

在我们的成长过程中，有些人好像天生就是上帝的宠儿，一路走来开开心心、顺顺利利，而有些人却压力重重、郁郁寡欢，无论怎么努力总是很难得到自己想要的生活。这其中不仅仅是机遇的巧合，也存在一定的心理因素。

娉娉和婷婷是一对双胞胎姐妹，父母都是下岗工人，家里很贫穷，只靠母亲摆地摊，父亲做短工来维持一家人的生计。平时家里省吃俭用，娉娉和婷婷每天早上只吃两个素包子和一杯白开水，午饭和晚饭也只在学校买一个馒头和便宜的菜。她们身上穿的都是亲戚送的旧衣服，和同龄孩子比起来，这对双胞胎姐妹显得很“老土”。

对于这样的生活条件，婷婷从来不觉得自己吃得很差，每次吃饭都和同学有说有笑，特别开心。相反，娉娉却总觉得自己穿得土气，在同学面前抬不起头来，为自己的生活条件差而伤心和自卑。但是，她们有一个共同目标，便是读好书，以后出人头地。两姐妹都读得很拼命，成绩也都一直名列前茅。可是，中考的时候，却出现了令人意想不到的结局：婷婷如愿考上重点高中，而娉娉却在考试前几天频频失眠、精神恍惚，导致发挥失常，与重点高中擦肩而过，终日郁郁寡欢。

为什么一样的家庭环境和生活条件，一样的教育平台和学习经历，最后双胞胎姐妹却得到了截然不同的结果，这仅仅是“上帝的偏心”，还是另有诱因？

心理学家从青少年的成长心理入手，分析了两姐妹的命运，最后告诉我们：心态比环境和努力都更重要。

娉娉的考试失常，很大可能是因为出现了考试综合征。由于觉得家境不如人，娉娉一直觉得很自卑，想通过考试来证明自己。但是这种心态让她压力很大，以致在考试前极度担心考试结果，从而导致神经过分紧张出现失眠，影响了自己的表现。

相反，婷婷一直感觉自己的生活还不错，平时和同学们有说有笑，从来不觉得生活很痛苦，也不感到自卑。这种积极向上的精神帮助婷婷积极自信地踏入考场，并顺利地发挥出自己的水平，考上重点高中。

从两姐妹迥异的心态和相反的结局可见，心态和情绪对我们的成长和发展有着不可忽视的作用。愉快的、稳定的情绪是健康和取得成功的重要心理条件。不稳定的、抑郁的情绪在一定条件下可导致疾病，影响我们的人生发展。

每个人的情绪都会时好时坏，我们不可能只感受快乐的情绪，而把不快乐的情绪抛开。学会自我控制情绪，及时调节心态，是我们成功和快乐的要诀。

那么，怎样处理消极的情绪，树立积极向上的心态，让我们的生活越来越好呢？

第一，要善于把心中的积郁倾诉出来，使情绪获得适当表现的机会。人在情绪苦闷的时候，找朋友谈谈，心情就会平静些。如果长期把不良情绪压抑在心中，就可能引起某些疾病。

第二，要热爱生活。一个人对生活的意义有正确的认识，就会热爱生活，心态也会变得乐观积极。

第三，要善于控制自己的情绪。人的情绪是受人的意志控制的。因此，我们都要主动地控制自己的情绪，学会驾驭自己的情绪。经常发怒，或任意放纵消极情绪，将导致情绪失调，从而引起疾病。

第四，要正确处理人与人之间的关系。人与人之间的关系最易引起人的情绪变化。人与人之间关系紧张，容易使人心情抑郁不快，不利于身心健康。人与人之间关系友好，则能使人心情舒畅，有利于身心健康。

第五，积极锻炼身体。人的情绪与人的身体健康有密切关系。一个人长期疾病缠身，容易引起忧郁的心情。“因病而致郁”就是对久病或重病而易产生情绪抑郁的生动概括。相反，一个人身体健康，往往表现为精力充沛、心情开朗。因此，积极锻炼身体，合理安排生活，充足的睡眠是情绪安定的基础。

第六，要培养幽默感。幽默感是情绪紧张的调节剂、适应环境的有力工具。幽默感能减少愤怒和不安情绪，使情绪变得轻松。

总之，我们要记住，“恰当地表达自己的情绪”是后天学习的结果。了解自己的情绪很重要。这是一个人成熟的标志。

大家喜欢流行事物的心态其实各不一样

所谓“赶时髦”，就是追赶流行趋势。

扬子是一家时尚杂志的主编，平时十分关注各种流行信息，桌面的流行杂志一个月就有好几本，各地的时装秀也是她关注的重点，而她收入的大部分也都花在各种时装上面。但是扬子乐此不疲，因为对于她来说，引领潮流趋势让她非常有成就感。

小玲是一家广告的会计，原本传统朴实的她自从进了公司后，穿衣打扮也逐渐变得时髦了。因为对于她来说，过于朴实的着装，总让她觉得和公司的氛围格格不入。

从以上两个例子，我们可以看到，扬子追求时尚，是发自自己内心的渴望，这能给她带来成就感；而小玲追求时髦，是为了不让自己落伍，能更好地融入一个群体。可见，同样是赶时髦，人们的心理可能截然不同。

心理学家罗杰斯认为追赶时髦的原因是因人而异的。具体可以分为以下几类：2.5% 是喜欢挑战新事物、具有冒险精神的革新者；13.5% 是采用革新者的设计、发出流行信息的初期采用者；34% 是在较早的阶段把握住流行趋势的前期多数者；34% 是在流行趋势已经比较普及的阶段加入的后期多数者；16% 是因为没有办法而抓住流行尾巴的那部分落后者。不过，以上数据也不是一成不变的，根据流行对象的不同，几类人的比例也不尽相同。

此外，革新者中又分为两种，一种人并没有意识到自己的创新行为或服饰能引起新的流行趋势，而另一种人则是有意识地在创造新的流行趋势。初期采用者中的大多数人具有“赶时髦”的意识，他们较早地采用与众不同的行为或服饰，从而引领新的流行趋势，对此他们会产生精神上的优越感。前期多数者紧跟流行趋势，属于一种同调行为，不过他们也会像初期采用者那样有一种优越感。然而，后期采用者追赶流行趋势则纯属同调行为，其中有不少人具有接近强迫观念的意识。落后者则基本上属于传统指向者。

了解了赶时髦的不同心理状态和缘由，不妨看看自己或者周围的朋友属于哪一种，是不是觉得非常有趣呢？

逆向选择

大街上经常见到这样的一幕：一美女挽一丑汉，一俊男携一丑妇，人们往往摇头，做不解状：可惜，可惜！但是，为什么这种现象会经常出现在人们眼前呢？这是逆向选择的结果。简单地说，逆向选择就是事与愿违。

在现实生活中，一个漂亮而又有才华的女孩，会被很多男孩子暗恋，但是往往由于她的条件太优秀，反而让很多男孩望而却步、不敢表白。

那些想追求她的人相互之间都不能互通信息，也不了解漂亮女孩的真实情况和真实想法，只是根据自己的预期来判断是否追求这个漂亮女孩。由于大家只看到自己的不足之处，无形中将预期的门槛设得过高，让自己无法逾越，最后造成优秀的男生主动退出竞争，反而是那些考虑问题简单、极其普通甚至丑陋的男生追到漂亮女孩。

俗话说：买家不如卖家精。在爱情婚姻市场上，当你是卖家的时候，你一定会刻意隐瞒一些对自己不利的信息，只把那些最出彩的精华部分提供给对方。就像我们看到的征婚广告，都是这么介绍自己的："年轻美貌、身体健康、才华横溢、爱好广泛，对爱情执著，对缘分珍惜。"

不过，信息不对称导致的逆向选择有利也有弊，它既保护你，也伤害你。因为在寻觅爱情的时候，是你自己主动出击，你是卖方市场，这样的话，你就会隐瞒自己的某些真实信息。而一旦你寻觅到爱情，两个人真正进入恋爱期的时候，双方的位置就演变成互为卖方市场，就他爱上的并不是100%真实的你这一点来推论，他也不可能是100%真实的他。但爱情里有时候需要故意逆向选择，不是因为信息不对称，而是故意反其道而行之，这和穿衣服是一个道理：虽然今年流行长裙，但有的人选择一条超短裙。这时候的逆向选择可以避免潮流引领下的撞衫尴尬，可以凸显自己的标新立异，最大限度地吸引公众眼球。但爱情还是需要更多的诚实。

幸福与不幸福只是你的一念之差

有这样一组关于幸福与不幸福的镜头：

李玲，上班相夫教子，周而复始，身心俱疲。她回家向母亲倾诉，说婚姻很是糟糕，丈夫既没有很多的钱，也没有好的职业，生活总是单调无味。母亲笑着问，你们在一起的时间多吗？女儿说，太多了。母亲说，当年，你父亲上战场，我每日期盼的，是他能早日从战场上凯旋，与他整日厮守，可惜——他在一次战斗中牺牲了，再也没有能够回来。我真羡慕你们能够朝夕相处。听完后，女儿仿佛明白了什么。

一群男青年，在餐桌上谈起自己的妻子，说她管束得太严，自己几乎失去了自由，边说边狂饮如牛，扬言回家要和妻子怎么怎么斗争。邻桌的一位老叟默默地听了，起身问道，你们的夫人都是本分人吗？男青年们点头。老叟叹了一口气，说："我爱人当年对我也是管得很严，于是我愤然离婚，以至她后来抑郁而终。如果有机会，我多希望能当面向她道歉，请求她时时刻刻地看管着我。小伙子，好好珍惜缘分吧！"男青年们望着神色黯然的老叟，沉默不语，若有所悟。

一位盲人，在剧院欣赏一场音乐会，交响乐时而凝重低缓，时而明快热烈。盲人惊喜地拉着身边的人说，我看见了，看见了山川，看见了花草，看见了光明的世界和七彩的人生。

一位病人，医生郑重地告诉他，手术成功，化验结果出来了，从他腹腔内摘除的肿瘤只是一般的良性肿瘤，经过一段时间的疗养便可康复出院。他顿时满面春风，双目有神，紧紧地握着医生的手，激动地说：“谢谢，谢谢，是你给了我第二次生命。”

幸福在哪里？每个人都努力寻找答案。其实，幸福是一个多元化的命题，我们在追求着幸福，幸福也时刻伴随着我们。你若渴了，水便是天堂；你若累了，床便是天堂；你若失败了，成功便是天堂。

有个人不知什么是幸福，他发誓要寻找到幸福。他先从知识里寻找，得到的是幻灭；从旅行里找，得到的是疲劳；从财富里找，得到的只是争斗和忧愁；从写作中找，得到的只是劳累。

在火车站里，他看到一位中年男子走下列车后，径直来到一辆汽车旁，先吻了一下车内的妻子，又轻轻地吻了一下妻子怀中熟睡的婴儿——生怕把他惊醒。然后，一家人就开车离开了。

他由此感慨到：生活中的每一次正常活动都带有某种幸福的成分。对于某个人来讲，你可能是幸福的、满足的，也可能是不幸福的。

幸福大多是主观的，它原本就深植于人们心中，在生存需求的满足中，因而，幸福无所不在。只不过，很多时候，我们身处幸福的山中，在远近高低的角度看到的总是别人的幸福风景，往往没有悉心感受自己所拥有的幸福天地。

幸福是一种心态，它不要求物质上占有什么，以及物质的丰富程度如何，关键在于你如何看待眼前的世界。

第三章

恐慌危机：为什么我们会感到恐惧

公车上如何选座位反映了什么

搭乘公交车、火车、地铁这些交通工具时，你的某些行为看起来很平常，但是你已经在无意中展示了你性格中的某些特点。

第一，喜欢跟看着“顺眼”的人同坐是警惕心理在起作用。

人们通常都比较愿意找一个看上去“顺眼”的人同坐，这其实是自我保护意识的体现，是警惕心理在起作用。心理学家曾经做过一项研究，他们发现，那些身体有缺陷的人旁边的座位总是空着的。人在陌生环境中，自我防御意识会更强。而在这个时候，那些衣着干净整齐、长相好看的人就容易被人接受。

心理学家们还发现一个有趣的现象——有些人坐在别人刚刚坐过、尚有余温的座位会感到很不自在，因为这种“余热”被视为一种污染，甚至有些人会站起来，等座位凉了再坐。

第二，喜欢选择后面座位的人自我保护心理强。

人们在上了空的公交车后，通常不会选择第一排的位置，而是选择车厢的后半截，在靠近车门的座位坐下。

其实，这种选择是人类特有的安全感造成的。如果你坐在第一排，坐在背后的人会使你有一种潜在的威胁感，因为你无法看见他们在你背后做什么；相反，如果你坐在了车厢的中后部，看到了绝大多数人的后脑勺，就会觉得踏实。

第三，把腿伸长的人比较自我。

在车厢里最不受欢迎的是那些太过自我的人。他们通常表现在：把腿伸得很长、对着手机大声嚷嚷或是把包放在旁边占座。

车厢里的空间原本就是有限的，大部分人都会担心自己的行为会影响到他人，而这些“不招人待见”的人过于以我为中心，不懂得换位思考，很少顾及别人的感受。其实，在车厢这样一个封闭又相对狭小的环境中，应该懂得体谅一下周围的人，比如腿不要伸得过长，打电话的声音也要轻些。

第四，健谈的人开朗，但也比较敏感。

在乘火车长途旅行时，人们也有着各自不同的表现。放眼望去，有的人呼呼大睡，有的人顷刻便与左邻右舍打成一片，也有人捧着书本消磨时光。

那么，这些行为又反映出什么了呢？那些看书、看报、不与别人搭讪的人通常自我防御意识比较强。他们中的一些人有着“不要和陌生人说话”的信条，而读书看报的行为也是在向周围的人传达一种信息：“别理我，安静点儿。”但他们也有可能在保持沉默的同时揣摩着周围的人。

而那些一上车就喜欢找人聊天的人开朗、喜欢交朋友，但也比较敏感，易激动。

可以说，在车上的一举一动都反映了你的某些个性。知道了这些，你也不需要因此而刻意注意你的行为，只要不要影响到周围的人就行。

乘电梯的时候，人们为什么总是盯着电梯显示屏上跳动的数字看

乘电梯的时候，人们的眼睛是往哪里看的呢？估计大部分人的眼睛都会习惯性地盯着电梯显示屏上跳动的数字，心里跟着默念：“1、2、3……”为什么在电梯里大家都习惯性仰着头看着显示的楼层数？难道显示的楼层数有什么神奇的魔力吗？还是有什么不可思议的心理效应在背后起作用呢？

首先人们最容易联想到的理由就是，抬头盯着数字看，是在

观察自己所要到的楼层是否已经到了。而实际上，这种行为与我们的“私人空间”有着很大的关系。所谓私人空间，是指在我们身体周围一定的空间，一旦有人闯入我们的私人空间，我们就会感觉不舒服、不自在。私人空间的大小因人而异，但大体上是前后 0.6 ~ 1.5 米。据调查数据显示，女性的私人空间比男性的大，具有攻击性格的人的私人空间更大。在拥挤的电车中我们会感觉不自在，就是因为有人进入了自己的私人空间。不过，人的私人空间会根据对象的不同而发生改变。假设一个人前方的私人空间为 1 米，如果对方是亲近的人，私人空间也许会缩小到 0.5 米，但如果是不喜欢的人，也许会扩大到 2.5 米。而对于憎恶的人，则会敬而远之。人需要私人空间，他人侵入这一空间时，则会做出各种反应，在电梯里抬头看就是反应的一种。

电梯是一个非常狭小的空间。在电梯中，人与人的私人空间出现了交集，即互相感觉到对方进入了自己的私人空间，所以会感到不舒服，都想尽早离开电梯这个狭窄的空间。向上看正是想尽快“逃离”这个狭小空间的心理表现。

此外，盯着显示楼层的数字看，不只是为了确认是否到了自己要去的楼层。当我们急于离开这个狭小空间时，不停变换的数字能让我们感到电梯在移动，是在提示人们就快要离开封闭的空间走向开放的空间。

和在电梯中一样，乘地铁时当很多人涌入一节空车厢之后，长座椅的两端先有人坐，而座椅的中央后有人坐。因为人们认为坐靠边的座椅，不容易受到别人的影响。万一不小心睡着了，还可以减少倒在别人身上的概率，用手机发短信时也不用担心别人会偷看了。总之，周围的人越少，人们就越自在。

不过，也不是所有靠边的地方都会让人感到舒服自在，比如公共厕所中靠近入口一端的就经常受到“冷遇”。快餐店、咖啡馆等高靠背座椅靠近外侧的一端也不太受欢迎。这是因为高靠背座椅本身就可以确保一定的私人空间，而靠外侧的一端反而容易将人暴露。

因此，在公共设施的建设上，要注意充分考虑人们对于“私人空间”的心理需要。而人际交往中，也要注意尊重和理解对方的“私人空间”，给别人一点理解，也是对自己的尊重。

从众行为与害怕偏离群体的心理有关

从众行为在我们的日常生活中经常可以看到。比如，生活中随大流，人云亦云，随声附和；开会时要举手表决，看到别人都举，自己明明不想举，也不得不跟着举；在吃喝、穿戴、娱乐上赶时髦，追新潮，等等。

这是因为人们往往认为，众人提供的信息更加全面可靠，可以作为自己行为的指导。

从众心理的另一个原因是，人们总是有害怕偏离群体的心理。群体信息能够给我们很多生活上的指导，如我们在家里可以穿各种奇特的服装，但当我们考虑是否穿这件衣服去上班时，想到同事们怪异和否定的目光，我们就会放弃这个打算。人们总是希望群体喜欢他、优待他、接受他，这样他就可以和群体融为一体。他害怕如果自己与群体意见不一致，群体会讨厌他，为了避免这些后果，他总是趋于遵从，总是不愿意被称为“不合群的人”。心理学家通过实验发现，在一个团体内，即使某个人具有正确的观点，也往往会被绝大多数人的不正确的观点误导，乃至于放弃正确观点，认同错误观点。

实际上，从众心理既有其积极作用，也有其消极作用。从积极的一面看，有时从众行为在特定范围内，可以协调群体成员的言行。社会道德舆论，可使社会上的人们群起效仿先进人物的思想言行，形成良好的社会风气。在经济生活中，商品经销者可利用广告、宣传吸引消费者。在工作中，组织制定的行为规范，可纠正个别人的自由散漫行为。从消极的一面看，从众心理有时也会给我们误导，使我们人云亦云，失去主见。因为别人说的和做的不一定总是对的。还有人利用从众心理来操纵别人。另外，一味地随大流也容易让我们失去个性，不容易使我们在人群中突显自己。

什么环境让你感到恐惧

你想知道如何化恐惧为力量，帮助你全面发掘个人潜能，取得预想不到的效果吗？

前世界重量级拳击冠军乔·伯格纳曾两次与拳王阿里较量。在这两次比赛中，他都坚持到了最后。阿里曾为伯格纳指点迷津，伯格纳一直都记着这位伟大拳王的话："任何走上拳击场的人，如果丝毫不感到恐惧，那他一定是个傻子。道理很简单：他们对这项运动根本毫不了解。因为没有恐惧，就没有对抗力，也就没有准确的判断力、敏捷的反应和凌厉的战术来避险制胜。"

首先必须了解，我们都会感到恐惧。只有懂得如何利用恐惧的人，才能把恐惧化为己用，变成有用的武器。

恐惧专家指专门从事与恐惧紧密相关的工作，在工作中常常需要暴露在可怕的环境中，但是他们不但承认自己会感到恐惧，而且表示自己会敞开胸怀欢迎恐惧。他们并不把感到恐惧当作一种软弱的行为，而是把恐惧当作一笔财富，利用恐惧来锻炼自己的勇气，从平庸者中脱颖而出，最后获得成功。

恐惧专家们深知，唯一能做的就是学会与恐惧共存。在某些情况或者某些领域，你也许可以控制恐惧，一个人害怕的东西，另一个人并不一定就会害怕。但是，在其他情况或其他领域，恐惧可能以其他的形式出现。很多人会以为所有情况都一样，误以为我们靠自己的力量绝不可能控制恐惧。

恐惧在社交、家庭生活、工作中深深影响着我们。要么学着与恐惧成为朋友，要么沦落为恐惧的奴隶。大多时候，我们并不是被恐惧打败，而是被自己打败，因为我们并没有深入了解恐惧。可悲的是，大多数人从没想过要如何改善自己感到恐惧的状况，只想彻底消除恐惧。但是对恐惧的厌恶之情只会使你变成恐惧的奴隶，并受其控制。当你被恐惧控制了，你就几乎不可能扭转受控的局面，只能任其摆布了。

恐惧专家已经学会如何把他们的恐惧看成是专为他们而设的对其有利的动力，学会把恐惧当成一笔财富。把恐惧当作一种力量，最重要的是要记住，你可以选择如何看待恐惧。在你遇到强大的挑战时，恐惧就会产生，它能增强你的力量，提高你的警惕意识，从而保护你。

“虚假的自己”和“真实的自己”

人们往往对自己的能力有超乎正常水平的估算。身陷信心陷阱的管理者们的一个典型情况是，他们非常想要获得成功，惧怕失败，以至于干脆放弃尝试。

在描述ESPN电视网的发展过程时，迈克·弗雷曼提到了他的搭档基思·奥尔伯曼是如何成为同事的噩梦的。奥尔伯曼常常对同事大呼小叫、厉声呵斥，甚至不止一次让同事掉下眼泪。后来了解到，奥尔伯曼对失败有一种长期的恐惧。这种恐惧时时刻刻地伴随着他，因为他总是觉得自己应该为很多事情负责，尽管有些事情根本不是由他控制的。为了抵消和掩饰对自己能力不足的感觉，他将自己扮演成一个超人。不管什么事情，只要一有出差错的危险，他就插手进行干预。不幸的是，这种事事插手的做法使奥尔伯曼身受其害，使他产生了一种“担心由于事情出差错而被谴责的恐惧”。弗雷曼的书出版后，奥尔伯曼意识到自己的错误，并向曾经的同事道歉。在道歉信中，他将自己的行为归因于一种内心深处的不安全感。他说：“我一直认为，我周围的每一个人都比我更有能力，而我却是个能力不足的人，同时我总感觉我的能力欠缺早晚会被人们发现。”无疑，在大多数人的眼中，奥尔伯曼是很成功的一个人，但是他却生活在恐惧和自我厌恶中。这种恐惧最终迫使他离开了他的工作岗位。

对失败的恐惧往往来源于早期不良的家庭教育，有严重的失败恐惧症的人在小的时候往往因为失败受到惩罚，而对于成功却反应平淡。孩子对父母的情感依附往往很不牢靠，他们总有一种不被接受或者不被认同的恐惧，对达不到期望的恐惧是造成惧怕失败的一个重要原因，同时也会掉入信心陷阱。这种负面思维会严重地影响管理者的人际关系，他们往往不切实际地担心，一旦事情不顺利就会失去人们的尊敬和赞许。

20世纪60年代，英国教育家和心理分析学家唐纳德·温尼考特将“真实的自己”和“虚假的自己”引入了心理分析学中，将“真实的自己”定义为与生俱来的那个健全、自信的自己；而“虚假的自己”则是在生命的早期作为取悦父母的方式而出现的一种构造物。孩子们会遵守符合父母的价值观念，但随着孩子逐渐长大成人，他们往往会开始挑战和质疑他们从父母那里接受的那些规则和价值观念，而这正是十多岁的孩子会出现反叛情绪的原因。等他们跨过这个门槛，在接受了“真实的自己”后，从父母那里获得的一些观念与自己独自形成的认识之间达成一种平衡。但这并不是说“虚假的自己”就此消失。在工作中，呈现出一个“虚假的自己”、一个快乐地接受组织规范和文化的自己，这往往是一个合乎情理甚至心照不宣的要求。我们也许不会认同公司的一切，或者不赞赏管理者的经营方式，但通常对此保持沉默，以便能在公司里和他人正常相处或者使工作能够完成。然而有些人觉得他们必须要将这种“虚假的自己”发挥到极限。

“虚假的自己”是一个信心陷阱，它阻碍我们认识自己的真正潜力，于是压抑“真实的自己”，并戴上一种更能被人接受的面具。对“真实的自己”不满导致自我抛弃，并不断地消耗着自信。道理很明显，如果我们为“真实的自己”感到羞愧，又怎么可能对自己成功的潜力持有信心呢？

第四章

久等是病：为什么我们因拖延而焦虑，却又在焦虑中拖延

你是不是已经走进了拖延怪圈

很多人做事情性子比较慢，即使再急的事在他那里也得放缓，等他一点一滴地消化。许多拖延者发现，一项新的任务开始，他们想要努力去完成，但在这个过程中，总会被一连串的“意外事件”影响，致使工作的进度放缓。

对此，每个人都有自己不同的体验。或许，在不经意之间，你已经走进了拖延怪圈。

在一开始，拖延者往往信心满满。当刚刚接受一个任务时，你总觉得自己这一次一定会按时将它完成。只有当一段时间过去之后，你发现这次的任务并不比以前容易的时候，你就开始担忧了。这时，你会想如果一开始就抓紧些就好了。可是你又想离最后期限还远着呢，所以你还是没努力去做事。

时间又过去了，你还是没有抓紧时间工作，一种不祥的预感取代了所有那些剩余的乐观情绪。想到自己可能永远也不可能完成任务，你的脑海中不禁闪出一系列的后果。

虽然你感到负疚、惭愧或者欺骗了别人，但你继续抱着还有时间完成任务的希望。虽然你脚下的地面正在崩裂，但是你还是试着保持乐观，盼望着“缓刑”的奇迹能够出现。

最后期限如此临近，或者你的偷懒让你如此痛苦，于是痛下决心一定要做些什么。虽然任务艰巨，但至少你已经在做了。

当那个任务最终无论是被放弃了还是被完成了，拖延者通常会因为如释重负和精疲力竭而近乎崩溃。这几乎变成了一次严峻的考验，虽然历经磨难，但是毕竟已经过去。你发誓，下一次你一定早一点开始，严格按照计划，把事情做得井井有条。然而，尽管他们诚心诚意痛下决心，大部分的拖延者都会重蹈覆辙，一次又一次地在这个怪圈中挣扎。

虽然，在我们通向成功的道路上存在许多阻碍我们前进的绊脚石，以致延迟了成功的时间，但是首先我们要抛弃自己的拖延习惯。

为什么大学生会拖沓学业

在日常生活中，我们一定碰到过这样的情况：我们信誓旦旦地对天发誓，一定要开始学会存钱，但是，在面对自己想吃的美食和想要的东西时，存钱就成了一种妄想。

大学里曾流传着这样一句经典名言："不挂科的大学是不完整的。"其实，很多人确切地说应该算是"罪有应得"。许多人总是在课开始前指着胸脯保证"课前我一定会预习，课后我一定要复习，论文我一定要按时交"。然而，每个学期，我们总会发现有很多人抛开学业去参加课外活动，去看电影，去约会。最后课业越积越多，原本的计划似乎也越拖越后。"临时抱佛脚"般地啃书本，背笔记似乎成为了考试前一道"亮丽的风景线"。于是，挂科自然"应运而生"。

为什么大多数人都会屈从于自己的惰性呢？难道是我们根本没有能力进行自我约束吗？答案当然是否定的！只是我们容易为了眼前利益和快感而放弃长远的目标，因为"此刻满足"带来的快乐会麻痹我们的理性，这个时候，就意味着我们已经被"拖沓"恶习压制住了。

对一位成功者而言，拖延是最具破坏性的，也是最危险的恶习，它使人丧失了进取心。一旦开始遇事拖拉，我们就很容易再次拖延，直到它变成一种根深蒂固的恶习。

那么，我们应该怎么对付“拖沓”呢？

当自己内心的声音开始模糊的时候，我们就可以借助“外部声音”，即别人的强制性命令。这种“家长式”的声音会帮助我们保持自我设置“底线”，掌握好潜在的自我控制机制。同时，想要克服这个坏习惯，我们必须随时准备行动，因为只有我们的行为，才能决定我们的价值，以此来战胜我们的心理惰性。同时，适当地考虑一下我们的情绪因素，因为当我们心情愉快或热情高涨时，很多事情就可以轻松完成。所以，当机立断常常可以避免做事情的乏味和无趣。而且，我们更要学会面对，不要遇到什么事情就只知道逃避，这样往往会助长我们的拖沓恶习。

如何纠正隋性的生活方式，不再拖沓

我们在学习和生活中可能都有过这样的经历：说想要做某件事情，但过了好久发现始终没有行动起来，一直被自己的惰性缠绕。虽然知道那样不好，但又不知道从何处入手来改变。

你可以尝试以下方式：

用一天到两天时间给自己做一个行为记录，把你通常每天要做的事情记下来。这样即使你粗略地记，也会有几十件。然后把其中一些比如吃饭等必须完成的事情剔除。在此之后，你把剩余下来的事情按照你的兴趣排列，把你最不喜欢做的事情放在第一位，把你最喜欢做的事情放在最后一位。

最后，你就可以行动了。每天一早起来，从你最不喜欢的事情开始做起，并且坚持做完第一件事情，再做第二件事情，一直做到最后一件你喜欢的事情。在整个过程中，你开始会稍微觉得有些困难，但只要坚持下去，你就能顺利完成所有的工作。

这种方式起到了强化作用。一件困难的事情完成后，再着手比较困难的事情，那是一种对于前面行动的强化，然后继续这样的流程，强化的效果会越来越大，一直大到你觉得你有力量来完成任何事情。

这种工作方式来源于心理学家提出的一种改进方式——如果把一件更难完成的事情放在比较容易完成的事情前面，更难完成的事情就可以成为比较容易完成的事情的强化刺激。换句话说，把不愿意干的任务或者工作难度比较大的任务放在喜欢完成的任务之前，会激发你的主动性。如果经常完成困难的、有挑战性的任务，那么工作能力就会增强；相反，工作能力就会下降。也就是说，把好玩的事情留在后面做，可以提高效率。

这种设定的优越性在于，它是设定任务而不是设定时间。比如，“我每天要完成N的学习量”，而不是“我每天要看N个小时的书”。当人按照时间计划来工作时，他所关心的是干了多长时间而不是干了多少工作，而当人完成按照任务数量计划的工作时，就能控制整个工作计划的进度。工作的进度决定了工作什么时候可以完成，执行者什么时候可以“休息”，这样，就能够有效地完成工作而不再受工作时间的限制。对于改变惰性生活方式，这种方式是十分好用的。

为什么多做计划能让我们少花时间

有些人把生活安排得有条不紊，无论工作、社交还是日常家庭生活都能兼顾到；相反，有些人却永远觉得时间不够用，每天在工作和烦琐的日常事务中忙得团团转，很少有休闲的时间。为什么会有这样的差别呢？很重要的一个原因就是前者懂得合理安排时间，做事有计划，而后者不知道如何安排工作，以致做事情时养成懒散拖沓的习惯，不知不觉中便浪费了很多时间。

美国的行为心理学家艾得·布利斯和他的几位同行做过如下经典实验：

他们将志愿者分为三组，进行不同方式的篮球投篮训练。第一组每天练习实际投篮，不加任何热身和准备，这样持续20天，最后把第一天和第二十天的成绩记录下来。第二组则在这20天内不做任何投篮练习，同样也是记录第一天和第二十天的成绩。第三组在记录下第一天的成绩后，每天花20分钟进行想象中的虚拟投篮，如果不中，他们便在想象中纠正出手方式。实验结果表明：第一组的进球数增加了24%，第二组的成绩没有丝毫长进，第三组的进球数增加了26%。

通常我们认为“只有不断练习实际投篮才能改善手感以增加投篮命中率”，而这个实验结果和我们通常的想法有些出入。行为心理学家给出的结论是：在做事前先进行“头脑热身”，计划好每一个细节，梳理思路，并把它们烂熟于心，这样在实际行动中就会得心应手。

通过这个实验，我们可以得出这样一个结论：在做一件事之前，用较多的时间去做计划，完成这件事所用的总时间就会减少。心理学上把这个结论叫作布利斯定理。

曾有一家研究机构对布里斯定理进行进一步的实验和研究，结果表明：制订计划将极大地提高目标实现的概率。善于事前做计划的人的成功概率是从来不做事前计划的人的35倍；在成功实现目标的人群中，事先制订计划的人数高达78%；能够坚持按计划行事的人实现目标的概率是84%；中途改变计划的人实现目标的概率为16%。

布利斯定理启示我们：计划是非常重要的。如果做事之前没有计划，行动起来就会变得盲目，甚至会出现一盘散沙的现象。只有在事前拟好了详细的行动计划，梳理做事的步骤，做起事来才会得心应手，才会有效率。懂得这个法则的人会更容易获得成功。

第五章

观察艺术：我们有时为什么会觉得自己很陌生

你怎样对别人，别人就会怎样对你

照镜子是日常生活中一种很普通的行为，出门前照镜子，回家后照镜子，洗澡时照镜子，人们总喜欢看着镜子中的自己，感觉看着真实的自己才踏实。通过照镜子也能增加个人信心，帮助恢复斗志。

与人交往，我们常常会有这样的感觉，这人一眼看上去就不错，与自己很投缘，果然大家谈得很好；而另外一些人一接触，感觉很讨人厌，结果真的很难相处。心理学中有一条规律：我们对别人所表现出来的态度和行为，往往会使他人做出同样方式的反应和回答。

与人打交道时，我们发现自己的待人态度会在别人对我们的态度中反射回来。如同你站在一面镜子前，你笑时，镜子里的人也笑；你皱眉，镜子里的人也皱眉。

实际上，如果你事先就确认某人难以对付，则你很可能会多少带有敌意地去接近他，那么对方也会对你不友好了。而如果你事先认为某人是友好的，你就会用友好的方式去对待他，在你的感染下，他自然也以友好的方式待你。

因此，保持友善之心才能让镜中的你与真正的你融为一体，这样朋友才能遍天下。

外表看上去很健康的女性也会患抑郁症

生活中，恨一个人很简单，爱一个人却很难。有抑郁倾向的人都是热衷于倾诉自己不幸的人。任何人都可能去恨他人，但是，并非任何人都能够去爱别人。情感上不成熟的人，可能会憎恨别人，只有情感上成熟的人，才有可能去爱别人。

美国的 ABC 新闻，曾播了长达一周的关于抑郁症的特别报道。报道里出现的抑郁症患者中，有外表看上去特别健康的女性。她们虽然在不停地向别人讲述自己的不满或不幸，但身体却是非常健康的。她们说话声音有力，并且是用一种带有特别的憎意或者说是带着某种敌意在厉声发泄着什么。那些患了产后抑郁症的女性也是一样的。

总之，这些人并不将自己的想法付诸行动，而只是一味地抱怨，发泄自己的不满。

什么都不做、只是一味倾诉自己不满或不幸的人，实际上抱有强烈的撒娇欲望，最终任何事情都做不好。这样的人，常常表现得消极被动，而只有在倾诉自己不满或不幸的事情上才会表现得特别积极。他们习惯认为“自己的人生是悲惨的”，习惯于整天板着脸，觉得自己被命运之神遗忘。其实这是他们安全感缺失的一种体现。

那些体味过内心之苦的人，在很多情况下，都不明白自己所受之苦的原因，更不幸的是就连自己身边的人也不能理解。不管年龄大小，凡是抱有撒娇欲望的人都很容易在感情上受伤。这些人与人交际是想从对方那里听到感谢的话语，以增强自己的自信心。对于那些想要撒娇的人来说，最令他们生气的事，莫过于自己成了别人撒娇的对象。

总之，我们在倾诉时要懂得适可而止，不能动不动就向他人倾诉，也要学会倾听他人的苦闷。你可以多参加社会活动，结交更多朋友，让生活变得充实有趣，在被关心爱护中真正学会爱人。

他人渴望被认可的想法，你读懂了吗

都说生活是自己的，只要开心就好。但现实中，仍有太多的人无法放开，过于在乎别人的想法，做任何事情都希望得到别人的认可，如得不到，就会感到无所适从。

孩子有时会对母亲说："母亲，东西很重，我和你一起拿吧。"这时候，母亲可能会想孩子是说说而已，于是就对孩子说："不用了，我一个人拿就可以了。"这时孩子往往会露出不愉快的神情。

其实孩子想帮助母亲做点事，是希望能够得到母亲的认可和夸奖。要是能够听到夸奖，孩子肯定会非常开心。可是，母亲却说："不用了，我一个人拿就可以了。"

这样，孩子不仅失去了一次表现的机会，而且也不能从母亲那里得到任何感谢的话。本来想通过帮忙获得夸奖，可这下都成为泡影了。孩子会露出不愉快的神情，也是可以理解的。

那些感觉活得累的人，通常是为了想得到别人的认可而勉强自己的结果，强烈希望得到他人的认可，而对于那些小时候就没有得到爱的人来说，强烈程度是超乎想象的。

作为家长，仅给孩子关爱是不够的，还要对孩子的所作所为表示认可。如果父母拒绝孩子的帮忙，则会打击孩子的积极性，招致孩子的不满。

不光是孩子，即便是大人，也希望能够得到他人的认可。妻子听到丈夫述说压力时，没有说"每天要承受这么多压力的你实在是太辛苦了"之类的话进行安慰，反而对他说："这点压力就随承受不了。"丈夫本希望自己的倾诉能得到妻子的认可，但妻子的话则是雪上加霜，后果可想而知了。

其实，丈夫对妻子说部下或者同事的事情，并不是为了从妻子那里听到具体的建议，而是想从妻子那里听到鼓励认可的话。同样，孩子在受伤时会说"疼"，有的母亲就会给孩子的伤口处抹上红药水，并对孩子说：“很快就会好的。”而稍微严厉的母亲则会说：“就这么点伤，有那么疼吗？”其实，孩子这时候并不是在说生理上的“疼”，而是想让母亲认可自己这么坚强。

人在说一些消极想法的时候，其实是想得到他人的认可和夸奖。消极思想的产生源于爱的缺失感。此时，若一味地劝解对方要积极，反而会让对方的情绪更加低落。你可以先倾听对方的见解，在认可其见解的基础上进行有针对性的开导，则能获得意想不到的效果。

夸大自身的不幸是出于什么心理

人们总喜欢说“活着真累”，再好的事情发生在自己身上，也不觉得“幸福”。

那些愿意夸大自身不幸的人，是因为心里有恨而去抱怨别人，他们不会面对面地去责备对方，但会将自己的不幸迁怒于身边的人。那些有抑郁症或精神病倾向的人之所以要夸大自己的不幸，是因为他们可以据此来抱怨他人，从而达到宣泄的目的。

任何人都期待获得幸福，即便是经常哀叹自身不幸的人也不例外。心中有恨时，有的人会直接攻击对方，采取报复行动，这样的人可以很快地将恨意发泄出来。其实，他们并不是真的有恨意。而那些无法将恨意发泄出来的人，就会愈发苦恼于自身的不幸。

人之所以会抱怨，其实是在寻求关爱。正是因为他们想让对方多多关爱自己，若得不到他人的关爱，他们就会变得愈发不开心，就会愈发夸大自己的不幸，就会对人、周围的世界产生报复的心理，并未意识到这种报复的情绪在不断地滋生。心里有恨的人，最想获得的不是幸福感，而是去宣泄心中的恨意。

这类人通过哭诉自己的不幸来寻求关爱，因此，在潜意识里就存在着对幸福感的抵触情绪。因此，要想获得幸福，你就得消除憎恨的情感。

观察一下你的不满情绪

很多时候，我们即使选择得再好，得到得再多，也不会满足。为何会这样呢？下面列举几种日常生活中，致使我们不满的因素：

第一，知觉防御。生活中，很多个体对不利于自己的信息视而不见或加以歪曲，以达到自我防御的目的，便产生了知觉防御，人们会按习惯的方式简单地行事，以避免不愉快的刺激。因此，很多对工作和薪金都感到满意的员工会忽略某些消极的工作经验，相反那些认为自己的工作很差的人很难发现工作的好处和优势。

第二，定型化。当我们第一次认识一个人或听人介绍某个陌生人时，可能会根据被知觉者所属的群体特征来判断这个个体，通过他人评价和介绍对陌生人进行评定。对某个群体的看法是消极的，那么也可能会对该群体中的任何一个个体产生消极的判断，反之亦然。将一类人的特征强加于该类人群中的某个个体的倾向就称之为定型化。

第三，晕轮效应。晕轮效应就是指一个人的某个特征像一个光环一样，遮住了知觉者的眼睛，只能看到这个光环而看不到其他特征。例如某学生总喜欢上课吃东西，经过批评教育已经改过，但只要该学生上课嘴一动，老师自然地以为该学生又在吃东西。晕轮效应很容易导致对人、事评价的不公正。

第四，投射。如果一个人每天都在向你抱怨他周围的人多么吝啬和小气，那么你自然而然地可以判断这个人同样比较吝啬。在一定的情境下，人们会把自己的感觉、人格特征、态度或动机投射到他人身上，也就是说，我们可以通过观察某个人如何评价别人来对这个人的特征做出判断。

我们为什么工作

我们为什么工作？

你可否想过如果你也出生在富有的家庭里，你还会去工作吗？

如果有一天真的中了500万元的大奖，你还会一如既往地努力工作吗？问问身边的同事、朋友，或许大多数人思考后会回答说："我想我还是会继续工作。"

有人曾对教师、IT从业人员、工程师和实验室技术员等不同职业的人群做了调查，结果发现超过3/4的人表示即使他们突然得到了可靠的经济保障，不用再为了薪金而工作，他们也会继续工作。继续工作的动力是什么？是通过工作发展自己的能力，获得个人满足感、自信和成就感。这些感受是工作给予人们的回报。

由此看来，工作的意义不仅在于满足个人的物质需求，更多的是会给予个人情感和心理上的满足。你可根据自己的兴趣、技能来选择工作。工作赋予我们一种身份和地位，使我们有存在感，为我们提供了不断学习的机会，并帮助我们获得有益的社会经验，可能满足我们被尊重和认可的需要，等等。当然，工作也可能对我们产生一些负面影响，单调乏味的工作可能会影响你的工作积极性，高危险性和高挑战性的工作可能会使你产生压力和焦躁情绪等。

为什么我们常会后悔

每个人都曾后悔过，但世上并没有后悔药，当事情发生时，后悔还来得及吗？

多年来，阿华始终坚持一个习惯：每个星期六早上，利用别人不上班的时间，把自己的办公室彻底清理干净。平常下班回到家后，她也会在梳妆台前花一点时间，反省当天发生的事，顺便对明天的工作做好计划。

自创业以来，每年的业绩都十分喜人。阿华则告诉自己："一定要让自己随时放空，重要的不是回头看，而是要清楚接下来的路该怎么走。"

阿华常常被人问及："你事业做得那么好，如果在事业与家庭之间进行选择，你要选择哪一样？"她总是毫不犹豫地回答："除了家庭以外，我什么都可以放弃。”对阿华而言，“家”就是最适合进行心灵大扫除的场所。只有做出了正确的选择，我们才能不后悔。

我们大都喜欢房子被清扫过后焕然一新的感觉，当你拭掉门窗上的尘埃与地面上的污垢，把一切整理就绪之后，整个人也好像得到了释放。其实，在人生诸多的关口上，我们几乎随时随地都得“清扫”。尽管有些东西我们仍然留恋不已，但不丢掉又会成为负担。然而，任何事对于我们来说，都是唯一的，因此在舍弃前，我们必须得三思，否则等时过境迁了，永远也不可能有修正的机会了。

有些人总是在时过境迁之后，悔不当初。人生就是如此奇妙，当一切都已成过往，我们才发现已经错过了很多机缘，于是我们后悔、懊恼。但后悔已来不及了。

我们总是希望自己的人生是一帆风顺的，但这样的人生并不存在。没有失败的尴尬和忍辱，哪来成功的喜悦？失意在所难免，权且把心放宽，别把过去的事情放在心上，该放弃的就潇洒地放弃。有些东西，虽然你可能很不愿意放弃，但理性告诉你必须得舍弃它。不如将其当作一次心灵的清扫，该丢的就丢，不让心灵背负太重的负担。

第三篇

给自己上一个阀门

第一章
欲壑难填：为什么我们管不住自己的欲求

为什么人的权力欲望会不断膨胀

人对权力的欲望会不断膨胀，这在罗素的《权力论》里被称作人的本性。他还认为人对经济的需求尚可得到满足，但对权力的追求则永远不会得到满足；正是因为对权力的无止境追求，各种社会问题频频发生。罗素认为人的权力欲具有不断扩张的特性，所以应当节制个人、组织和政府对权力的追求。

人们对权力的无限欲望驱使他们在一定条件下做出可憎可恨的行为——这是人们不得不接受的现实，不见得非得是邪恶的人才会做出恶劣甚至是邪恶的事情来。人们都试图调整他们周围环境中的事物，来满足自己的需要。无论从何种意义而言，你都拥有控制环境的能力，这也是你所拥有的权力。例如，你一进屋子，就径直将空调的温度调高或调低，这时，你就在运用你的权力。当然，你还可以通过其他方式来控制环境。

权力对于许多人来说可以带来许多好处。在现实社会生活中，不同职业的人手里多多少少都有点权力。

越有权力的人就越爱使用权力。“权力即强力。”一旦拥有权力，我们是更应该慎重行事，还是更大胆地行事呢？心理学家对这一问题进行了调查，结果是多数赞成后者，就是人只要有了权力，就会充分使用它。而且，他们不能对那些没有权力的人做出公正的评价，只是一味地夸耀自己的指挥能力。而且一般说来，人只要有了权力，就会充分地使用这些权力，这样就使自己与被管理者之间的权力差距越来越大。人们如此渴望权力，那么如果权力缺少制约会怎么样呢？心理学家发现，权力如果缺少体制约束，就会使人本性中“恶”的一面迅速膨胀。一个有权力的人，当没有受到恭维、抬举时，就会觉得“丢面子”受了莫大的委屈而无法忍受，从而做出过激的行为。战争中许多军人之所以会做出各种残忍行为，正是由于这种追求权力的心理。

某个人对一种权力的拥有可以来自上级部门的正式的合法授予，也可以来自一些非制度性安排的，但又实际上存在的非正式权力。这也就是显性权力与隐性权力之别。显性权力是组织中正式的、合法的、制度性的基础权力。这种权力在企事业单位中通常表现为下级要服从上级，也被称为合理合法权力。而隐性权力往往来自于机构中的非正式组织，例如由于个人的能力、知识、品德等在群体中所形成的威望，某人由于与权力高层所形成的某些特殊的关系而拥有的影响力等。这些影响力在制度上没有被承认，但真实存在，因此也被普遍认为是权力的一种。显性权力一般有明文规定的权力运用范围和权力运用的方式，以及明确规定的利益及相应责任，从而制约权力拥有者对权力的运用；而隐性权力并没有明确规定所应当承担的相应责任，也相应缺乏一套有效的约束机制。

权力的力量如此之大，故许多人都热衷于追求它。但是过度追求权力则会带来某些负面影响，所以对权力的追求应当适度。

为何因一件睡袍换了整套家居

人们对很多事物怀抱一种“愈得愈不足”的心态：在没有得到某种东西时，内心很平衡，生活很稳定。而一旦得到了，反而开始不满足，认为自己应该得到更多。这种心态我们称之为“狄德罗效应”。

法国著名哲学家丹尼斯·狄德罗的朋友赠给他一件精致华美

的睡袍，他感到非常开心。回家后他迫不及待地穿着睡袍在书房里走来走去，想要体验穿新衣的快乐。可是很快他就发现自己丝毫快乐不起来：家里的旧式家具、肮脏的地板以及各种陈设在新袍子的衬托下显得十分不和谐，看着很不顺眼。于是他再没有心思去感受袍子的舒适和华贵，而是赶紧把家里陈设都换成新的，以求跟新袍子相匹配，结果花了很大力气。事情做完后，他开始懊恼，意识到自己被一件袍子控制了：在没有得到这件袍子之前，他对家中的陈设感到很满意。得到新袍子后，为了满足与新袍子相匹配的欲望，他不得不更换新的家具。为了一件袍子，他付出了巨大的精力和金钱。

在我们的生活中，到处都能看到狄德罗效应的影响。老百姓生活中最常见的就是：当一个人花了几十年积蓄才买到几十平米的商品房，为了对得起购买的价值，往往还要大费周章地装修一番，铺大理石，装实木门，配红木硬家具，添置各种摆设……装修完毕后，还得考虑出入这样的住宅得有好的行头，于是着装档次也提升了。可是口袋里的钱也越花越不够了，最后捉襟见肘，只能打肿脸充胖子。所以，尽量不要购买非必需品。因为如果你接受了一件，那么你会不断地接受更多不必要的东西。当然，生活中也不乏狄德罗效应的正面例子。人们在得到了比实际更高的赞誉时，能激励人以更高的标准要求自我。

有一位先生娶了一位泼妇，他们经常吵架。这天，一个机缘巧合，先生在下班的路上得到了一束百合花，并把这束花带回家。前来开门的妻子看到丈夫手中的花，眼神顿时变得温柔了，她欣喜地问丈夫为什么买花给她。丈夫不忍心破坏妻子的好心情，就随口回答了一句，我觉得你像百合一样清新美好而有气质。这位妻子相信了丈夫的话。从那以后，妻子有了大转变，说话轻声慢语，对丈夫体贴温柔，变得越来越有气质。

我们如何更好地发挥“狄德罗效应”，让它给我们带来积极肯定的意义呢？

第一，相信我可以配得上华贵的袍子。在这里，我们把“狄德罗的袍子”看作是更高更好的追求。人们在树立了远大理想抱负的时候，就会逼着自己摆脱落后的现状，去积极追求更好的生活。那些之所以成功的人，正是坚信自己一定能摆脱贫穷的命运，相信自己是穿华贵袍子的人，于是努力去追求和创造，才拥有了今天我们看到的美好生活。

第二，从一点一滴做起，逐步完善目标。缺乏自信心的人往往会说：“你看，我什么都做不好，我没有任何优点，我一事无成。”可谁是一蹴而就的呢？灰心丧气的时候想一想孩童的牙牙学语、蹒跚学步，成功的经验都是一步一个脚印，从一点一滴积攒起来的。

虽说要懂得知足常乐，但有时候适当地提高一点要求，树立一个更高的目标，也许能更好地激发斗志，获得更大的成功。

为什么女人爱挽男人的手

有人说：恋爱中的男人喜欢接吻胜于挽手，女人却恰恰相反。从生物学的角度来看，小孩子都喜欢依偎在大人身边撒娇，这是动物属性的表现。随着年龄的增长，人逐渐变得成熟，动物的原始习性就逐渐退化，隐蔽到理性后面。当女人羞于或不善于用语言来表达自己的感情时，就习惯用身体接触这种最原始，也是最直截了当的方法传达自己的感情。

从心理学的角度看，女子较重感情，思考问题也更感性，而且她们的感官比男性更敏锐，尤其是触觉。所以，女人更习惯于用触觉的感受来替代语言的表达。男士在和女友约会时，不仅要用耳朵听她说些什么，还要用眼睛看她在做什么。只有这样，才能更准确地洞察到她心里的真实意图。

女性的生理结构和社会定位，使得她们的角色更倾向于柔顺、细腻、具有依赖性。因此，女性总渴望被人保护。小时候牵着父亲的手，长大了挽着朋友和爱人的手，其实就是在寻求依赖感和安全感。

另外，从“心理空间距离”的角度也能解释女人爱挽手的现象。每个人都有一种心理上的“警觉”，即人的“势力范围”感觉。每一个人以自我为中心，并向四周扩张、形成一个椭圆形的心理防御空间，一旦其他人侵入，他（她）就会进行反抗。越是陌生的人，心理防御空间距离越远，身体之间的间隔也就越大。反之，心理防御空间距离就会逐渐缩小。例如，父母和子女之间的关系最为亲密，所以他们之间的心理距离小。

无论说女人依赖性强也好，说她们戒备心弱也好，总之，女人爱挽手并不是什么坏事。心理学家将同等数量的男人和女人分别送入两个房间，经过一段时间后，那些男性开始变得焦躁不安，乱发脾气。而女性则不同，从她们的房间中不时传来阵阵笑语，有些人还挽着别人的胳膊，显得亲密无间。由此，心理学家说，女性更善于用身体接触表达情感，从而拉近了彼此的距离。

不过，女人挽男人的手更多的是本能反应：挽着男人的手，感到踏实和有安全感。尤其当女人在看到手挽着手的老年伴侣时，会产生很强烈的羡慕之情。所以，对于处在恋爱中的男女来说，当女人主动挽着男人的手时，男人应该给予积极的肯定。

为什么女人都喜欢穿高跟鞋

爱美之心，人皆有之，特别是女人，更是美丽的忠实追求者。爱美的女性大都喜欢穿跟鞋。因为女人一旦穿上高跟鞋，就会变得婀娜多姿，给自己增添了无限魅力。高跟鞋不仅把女性的玉足衬托得尽善尽美，更成了女人张扬性感的武器。穿上高跟鞋后，女人身体的重心便由脚跟移到脚尖。为了不至于跌倒，女人就不得不挺胸、收腹、翘臀、提腿，尽显完美身材。

很多女人爱高跟鞋可谓几近痴迷状态。穿着高跟鞋的优雅形态能彻底地把一个女人的魅力展现出来，所以很多美女一整天都踩着高跟鞋上班，尽管并不舒服。

高跟鞋现已成为女性鞋文化的主流，世界各地的女性对高跟鞋的喜爱是一致的，这是女性在爱美方面少有的共识。尽管穿高跟鞋走路很不舒服，但是为了凸显自身的优势，起码不让自己显得比别人矮，很多女性宁愿忍受高跟鞋带来的不适，而不愿意放弃其带来的好处：穿高跟鞋不仅使她们的身高增加了很多，而且能显示出女性迷人的曲线，这样就可以使其从众人之中脱颖而出，增加自身的魅力，吸引别人的眼球。

我就是要购物

女人是天生的购物狂，当面对琳琅满目的商品时，哪怕是对自己毫无用处的商品，她们都会不假思索地买下来。购物消费从最初满足生活基本需求的简单行为，逐渐演变成女人最热衷的休闲活动，甚至是强烈的心理需求。

据专家分析，大部分女人都有购物狂倾向，只不过程度不同而已。与男人相比，女人购物缺少理性，资料显示，超过40%的女人对促销商品有购买欲。同时，女人消费更容易受到他人观点的左右，这也从侧面反映了女性消费的非理性。

不过，尽管如此，女人由于自身的一些特点，通常在选择商品时要比男人细致，更注重产品在细微处的差别，也更加挑剔。从这点上看，女人的生意并不那么好做。如果厂家能在产品的设计和宣传上关注细节，则更能吸引女性消费者。此外，对女性而言，购物是她们释放压力的最常用方法。很多女人会在情绪不好时购物，以及时宣泄压力；情绪好时也购物，因为买了喜欢的东西可以体会到幸福感。

女人之所以喜欢上街购物，通常有以下几种心理：

第一，审美心理。女人一般都很爱美，不但希望把自己打扮得漂漂亮亮，还特别喜爱其他美丽精致的东西，而精美怡人的商品正是美的集中表现。女人爱逛商店有一个很重要的动机，就是去欣赏这些美，从而体验到一种赏心悦目的快乐。

第二，爱占便宜的心理。在商品价格上，女人比男人更加相信“货比三家，价比三家”的道理。女人买东西通常会比较几家商店的同类商品价格，经过一番斟酌比较后，选择最便宜的价格。女人不愿承担过高的风险，这就注定了女性对花销更谨慎，对价格更敏感。这也从一个侧面证明了促销活动对女性购物决策的影响力会比较大。因为在商家打折、送礼、限量发行的蛊惑下，女人时常会油然而生一种购物冲动。结果是，花很多钱买回一些自己并不需要的东西。每次购物热情散去，只好冷眼看着个人居所成了部分商品的分散“仓储库”。

第三，知晓心理。常常可以看到这样的现象，一位女士在服装柜台前，仔细地询问一番价格及质地之后，并不购买。女人把对某些商品的了解，当作一种本领。女人一般都喜欢时尚，需要不断地从商店中获得最新流行信息。有些女人就是凭借对商品行情的了解和对流行服饰的敏感，而在群体中获得一定地位。

第四，获得尊重的心理。当女人一踏进商店的大门，受到许多服务人员亲切而殷勤的接待时，她们就会产生一种高高在上的感觉。商店内美丽华贵的物品不但能够满足女人们的购物欲，还可以衬托出女性的高贵气质。奢侈的羊绒衫、珍贵精致的花瓶，只要是自己看好的东西，就算再贵也在所不惜，“有了它我的人生就完美了”。这也是女人宠自己的具体表现。

第五，群体认同心理。女性逛街一般都喜欢结伴而行，通过购物和好友进行交流，比如买东西时朋友之间可以互相提供参考意见。这种人际交往方式更轻松，相互之间更容易获得人际交往的满足感。

女人也需要蓝颜知己

说到蓝颜知己，人们自然会想到红颜知己。

女人生活中需要有要好的女朋友，但也更需要有一个真正坦诚的男性朋友。因为他们能够帮助女人客观地了解男人的行为和想法。

这个男性朋友，他会真正地关心你：在你失意时，给你振作的勇气；在你得意时，提醒你要正视自己；在你遇到生活的难题、工作的压力时，他会认真地帮你分析，帮助你走出生活的低谷。他对你应是无欲无求的。你们的交往如哥们一样的自然、坦荡，不夹杂任何暧昧的气息。

在现实社会中，渴望有蓝颜知己的女人越来越多。她们觉得自己需要有一个人，在烦恼时听她诉说，在开心时跟她分享，在失意时鼓励她。这个人往往不是她的丈夫，因为丈夫虽然爱她，却不一定懂她，不一定和她有共同语言。

林凡是一家外企的白领，她有一个爱她的丈夫，她还有一个从大学到现在的蓝颜知己。很多人不懂林凡，为什么有了丈夫还要与蓝颜知己来往。林凡说，丈夫只能在感情上安慰我，而蓝颜知己能使我想说什么就说什么。工作上的一些烦心事，我不喜欢和丈夫说，只有蓝颜知己能耐心听我说自己人生、事业的烦心事，并为我提出可行的建议。

女人往往觉得，她在丈夫那里始终是一个弱者。丈夫不喜欢和她探讨人生、探讨事业，也不喜欢她成为女强人。因此，当在工作上遇到困难的时候，她总是想到蓝颜知己，而不是丈夫。

其实，女人都希望在自己的生命中有一个蓝颜知己，拥有一份纯净、真挚的感情。

有人曾这样说过：把快乐讲出来，你的快乐就会多出一倍；把忧愁讲出来，你的忧愁就会少掉一半。女人步入社会以后要承受来自家庭和事业的双重压力，在社会生活中要扮演多种角色，此时的内心是很脆弱的，所以在精神上非常需要一些强有力的支持。那么这时，蓝颜知己就会以男人的坚强鼓励她，使其信心百倍地继续前行。

对男人来说，如果你是这样一位蓝颜知己，那么好好珍惜这份情感，不要让其变质；如果你的女友或妻子有一位蓝颜知己，不要介意。如果她愿意，可以将其请到家里来，大家谈一谈，没准你们也会变成好朋友；如果她不愿意，只要他们保持一定的距离就可以了。

任性也是女人的一种心理需求

年轻男人聚在一起常常谈论自己的女友有多任性，比如她们半夜突然想吃寿司、现烤蛋糕等。对此，男人常自己解释说："反正女人就是任性的，一个愿打，一个愿挨，无可奈何！"女人动辄对男人颐指气使，乍看是任性，其实用意多多，其中最主要的是想试探男人究竟有多爱自己。

女人喜欢在自己的爱人面前表现得弱一些，撒娇任性也不过是想引起对方的重视。

这并不是天生的性格，只是后天的一种心理需要。女性的任性可能缘自童年时期养育者的过分娇宠和纵容。美国心理学家威廉·科克的研究表明，任性是一种心理需求的表现。女性最害怕被抛弃。所以，女人的刁蛮任性不过是缘于女人对爱的渴求，想试探自己在对方心目中的地位和分量。没有一个女人会向没有感情作为铺垫的男人撒娇、任性。男人应该明白，其实女人的任性不是看你肯不肯忍让她，而是想知道你到底爱不爱她？到底有多爱她？了解了这一点，男人应该更平和、宽厚对待女人的种种任性。

从夫妻的角度看，女人的任性都是男人"惯"出来的。一般而言，一个记忆力不好的妻子必定有一个记忆力很好的丈夫，一个不爱清洁卫生的先生必定有一个太爱清洁卫生的太太。同样，一个任性刁蛮的妻子背后必定有一个姑息迁就的丈夫。但如果妻子太任性，就会影响家庭和睦。因此，女人应注意控制自己的情绪，要尊重对方的感情，努力改掉任性的坏毛病。

妻子每次毫无理由的任性、发脾气，丈夫都忍让、宽容，无形中会使她的性格更加蛮横，渐渐地，夫妻之间就形成了恶性互动的关系模式。因此，发现妻子太任性，应及时严肃地加以制止，这既对妻子有利，也对丈夫、家庭有益。当女人任性时，男人要去洞察其心理需求，给予其心理上的满足。但是，男人的宽容一定要有个限度，不能一味地退让。

对女性来说，千万不要将任性作为对付男人的撒手锏。偶尔任性时，女人需要恰当地拿捏住撒娇的技巧和对方的心理承受能力。任性作为女人独有的情绪表达方式，不可否认是有其可爱之处的，就有男人说："我就喜欢看她噘嘴赌气的样子，怎么看怎么好看。"但是凡事都有限度，任性亦如是。如果女性不管对方的承受能力，只要不合她的心意，就发脾气，甚至蛮横不讲道理，这样就令人生厌了。

第二章

自信妄想狂：为什么我们总高估未来的收益

彩票到底有何魔力

无论是心存侥幸还是报着娱乐的态度，相信很多人都有买过彩票的经历。尽管我们自己很明白，只在梦里才有中500万的希望！但是这并不妨碍我们对中奖的美好幻想。因为我们并不是绝对没有中奖的希望。

正是这种“感觉这次能中”的想法，让人们无法抗拒地一次又一次购买彩票，想赌一把运气。可每次开奖却都是事与愿违。那么人们为什么这样沉迷于如此低概率的事件呢？或许下面的实验能给你答案。

斯金纳曾设计了这样一组实验：在箱内放进一只白鼠，并设一杠杆或键，箱子的构造尽可能排除一切外部刺激。白鼠在箱内可自由活动，当它压杠杆或啄键时，就会有一团食物掉进箱子下方的盘中，白鼠就能吃到食物。箱外有一装置记录动物的动作。

实验一：每按三十次按钮就喂食一次；实验二：与按钮次数无关，随机喂食，观察白鼠在哪一种情况下的总按钮次数最多。

结果显示：实验一中，白鼠得到食物后，会休息片刻，必要时再做出反应，在实验二中，因为无从得知食物何时滚下，所以只能持续按钮，不能休息。特别是在实验二中，一次滚出来的食物量越多，白鼠在不再滚出食物的情况下，仍然继续按钮，这种行为不易消失。实验二的白鼠不放弃滚出食物的期望，按了一百次，按了一千次，不停地按了按钮。

斯金纳通过实验发现，动物的学习行为是随着一个起强化作用的刺激而发生的。斯金纳把动物的学习行为推而广之到人类的学习行为上，他认为虽然人类学习行为的性质比动物复杂得多，但也要通过操作性条件反射。

操作性条件反射的特点是强化刺激既不与反应同时发生，也不先于反应，而是随着反应发生。有机体必须先做出所希望的反应，然后得到“报酬”，即强化刺激，使这种反应得到强化。学习的本质不是刺激的替代，而是反应的改变。斯金纳认为，人的一切行为几乎都是操作性强化的结果，包括购买彩票。

事实上，实验二的白鼠正是被操作性条件反射操控了，这种心理和赌徒的心理很相似。明明知道成功的概率极低，人们却仍高估成功的概率，不能从痴迷状态中摆脱出来，专注于某种行为。正如赌徒哪怕一时尝到甜头，就难以抗拒赌博的诱惑。

赌徒有自己的一套理论——赌徒谬论，其特点在于始终相信自己的预期目标会到来。就像在押轮盘赌时，每局出现红或黑的概率都是50%，可是赌徒却认为，假如他押红，黑色若连续出现几次，下回红色出现的概率就会增加，如果这次还不是，那么下次更加肯定，实际上每次的机会永远都是50%。

彩票是一种小概率中奖事件，没有深入研究，没有进行有效选择，仅仅靠资金和运气在彩票上持续做大投入是不明智的。人们之所以无法抗拒地不断买彩票，往往以为自己就是那个幸运的人，尤其是当中了一次5元的小奖时，人们就以为能中小奖就有可能中大奖，甚至坚信大奖就在下一次。

著名经济学家张五常说过：“正常的投机，本质上是对市场机会的预期，就人的逐利本性来说，无可厚非。投资为赚钱，投机也为赚钱，两者无道德高下评判之分。”而彩票这种投机太讲运气了，投机机会和风险共存。

如果我们购买彩票时，抱着不中头奖誓不罢休、“不到黄河心不死”的态度，最终可能会落一个倾家荡产的结果。因此，请大家不要沉迷于此，懂得适时收手。

宁可越跌越多，也要死抓跌股不放

炒过股票的朋友可能都有过这样的心理，当所持的股票突然下跌时，人们最初往往并不急于抛售，而是持一种观望的态度。当股票一跌再跌，人们这时却决定继续等待，以期待出现高涨的奇迹。

身在局外的我们通常会有这样一个疑问，与其让股票继续下跌增加损失，为何不立即抛售，尽可能地减少损失呢？心理学家认为人们对“财富”变化有这样一种心理：人们对同样的财富数量的损失和赢利，其“感受”是相当不相同的。一定数量“损失”所引起的“负效应”大于同样数量“赢利”所带来的“正效应”，这种损失的更敏感的现象就是“厌恶损失”。

心理学家认为当人们在面临同样大小的利益和损失时，来自损失的压力比来自利益的幸福感高出约两倍。

另外，“厌恶损失”心理还会导致一些赌客在输钱的时候，有一种“不惜一切代价”都要竭力避免损失的心理。抱着这种心理，这些人无法把握自己逐渐丧失的理智，偏要抓住“已经失利的局面”不放，最后就是越输越多，直到一败涂地。

因此，当股价上扬的时候，我们更愿意选择稳定收益，马上卖出手中的股票，满足于小小的利益。相反，当股价下滑的时候，则盼望股票再次上涨，放弃稳定，选择风险。人们受到这种倾向的影响，会产生想把遭受的损失降到最小的心理，但最终却容易遭受更大的损失。

在股市里要想一直保持清醒的头脑，在情绪起伏不定面前，要以最快的时间做出对自己相对最有利的决策。除了避免“出手涨势股，死抓跌势股”的心理，我们还要了解下面几种不利的炒股心理。

第一，过度自信。心理学研究表明，人们总是对自己的知识和能力过度自信，投资者往往过于相信自己能够“把握”市场，把成功归功于自己的能力，而低估运气和机会在其中的作用。证券市场的巨大不确定性使投资者无法做出适当的权衡，非常容易出现行为认知偏差。市场上的很多异象都是由投资者的过分自信造成的，最典型的投资者行为是过度交易，推高成交量，导致高昂的交易成本，从而对投资者的财富造成不必要的损失。

第二，从众心理。经过反复思考后终于决定要在第二天早上卖出手上的股票。但当他踏入市场后，却又耳闻其他投资人对后势持乐观看法。就在这一瞬间，他马上变卦，反而又买进了新的股票。实际上，即使在一群特别聪明、相当沉稳多虑的人当中，从众心理仍然能够发挥作用。这也是造成市场成交量持续高位的一个原因。这种情况表现为在某个时期，大量投资者采取相同的投资策略或者对于特定的资产产生相同的偏好。这也就是所谓基金重仓股和券商重仓股的奥秘：基金扎堆，散户也扎堆，一出现恐慌性抛盘，只要有一个大单砸下，就会引起疯狂的跟风操作。

第三，自归因。自归因是指人们总将过去的成果归功于自己，而将失败归因于外部因素的心里特征。投资者通常将投资成功归功于自己的能力，而将投资失败归咎于外部的不利因素。例如很多人将自己投资失败、深度套牢归咎于听信某些小道消息的错误，而赚了钱则归功于自己准确无误的判断，而下次再出现小道消息的时候，依然确信不移，继续进入庄家编好的出货套，高位接盘。

第四，过度反应。指投资者对最近的公司信息赋予过多的权重，导致对近期趋势的推断过度偏离长期平均值。投资者过于重视新的信息，而忽略长期的历史信息，而后者更具有长期趋势的代表意义。

为什么关键场合我们往往会发挥失常

有些名列前茅的学生在高考中屡屡失利，有些实力相当强的运动员在赛场发挥失常……诸如此类的事情屡见不鲜。人们往往把原因归究于心理素质不好，其实主要原因是失心过重造成的。心理学家把这种情况叫作“詹森效应”，即平时表现良好，但由于缺乏应有的心理素质而导致正式比赛失败的现象。

现代社会是一个到处充满压力的社会，有求学的压力，有家庭的压力，有工作的压力。于是，压力成为了人们心灵的羁绊，如果摆脱不了这个压力，那么很难获得成功。

世界上不存在任何没有压力的环境。要求生活中没有压力，就好比幻想在没有摩擦力的地面上行走一样是不可能的，关键在于怎样对待压力。因此，现代人要么学会控制压迫感，要么走向事业的失败。

要想在生活中崭露头角，不被压力压垮，就需要我们把压力变成动力，沉着冷静，才能获得最后的胜利。我们不怕能力上不如别人，怕的是打不垮我们心中的魔鬼。

良好的心理素质在某些关键时刻起着决定性的作用。那么，我们如何避免詹森效应呢？

第一，认清现状，理性面对。要想避免詹森效应，在平时就应当注意矫正这些不正确的想法，养成以平常之心对待生活中的“竞赛”的良好习惯，减少紧张情绪，更好地发挥出自己的水平。

许多带有焦虑、紧张的人经常对自己或对别人说：“我必须不惜一切代价保证成功。”“如果我失败了，我会很没面子。”“如果发挥得不好，我的前程算是毁了。”这些话纵然能增强我们奋进的决心，但也容易引起焦虑，不利于正常水平的发挥。

第二，平常心对待。要想避免詹森效应，就要平心静气地走出狭隘的患得患失的阴影。不要总是去贪求成功，而是只求正常地发挥自己的水平。人生的“赛场”是高层次水平的较量，同时也往往是心理素质的较量，“狭路相逢勇者胜”，只要树立自信心，一份耕耘必定有一份收获。

别妄想商家的“免费午餐”

随着社会的多元化、商品的多变化、营销的多样化，消费者掉入消费陷阱、甚至产生消费纠纷的情况愈来愈多。日常生活中，我们可能会有这样的感觉：少吃亏上当呢？没买什么东西，但银行卡里的钱却转瞬即逝。

其实，消费陷阱让人们在不知不觉中花了不少冤枉钱。如何提高警觉，少吃亏上当呢？这就要求我们要熟知众商家的“消费陷阱”，在消费时看透他们的伎俩。

第一，危险的限量销售。在各种各样的广告中，我们经常会听到“限量销售”的宣传。实际上，真正限量销售的比例很少。大多是想让顾客感到这种商品的“稀缺性”，例如，“每位顾客限购两个”，这就是一种激发顾客购买欲望的策略。

实际上，即使不限定购买数量，真正一次性购买三个以上的顾客也非常少。然而，有了数量上的限制，顾客会认为这是一种畅销商品，从而纷纷前来购买。即使自己只需要一个，也会买上两个。因为他们感觉过了这个村就可能没这个店了，从而丧失理性赶快购买。

第二，没有免费的午餐。我们经常在一些大型商场或超市的广告中看“免费”的字样，实质上商家的最终目的是实现利益最大化，怎么可能白白让消费者占便宜，他们不过是利用“免费”借口来带动更大的“消费”。

电视购物已经深入我们的生活，打开电视，你会发现很多频道都在播放购物广告。当电视中的推销人员介绍完商品的种种特性又公布了价格之后，有兴趣的观众就会开始盘算要不要打电话订货。就在这时，推销员会不失时机地补充一句：“还有赠品哦……”听到这句话，刚才还犹豫不决的观众，大多数已经决定要了。

第三，价格的蹊跷。现在有很多广告打出的商品价格比较便宜，可是当我们真心想去消费的时候，就会发现价格会高出一点，而我们却也不愿因为这点差价放弃购买这个商品或者服务。

第四，包月"陷阱"。很多商家总是向消费者介绍某种产品的种种好处，尤其是手机方面最为明显。例如，一些包月的收费项目并不像我们想象的那么完美。所以在放心大胆地消费之前，首先一定要清楚这个包月项目所涵盖的内容，不然拿到账单定会痛心疾首。

如果要订阅手机报和一些网络杂志，在订阅后网站都会让我们更新。有时候我们却因为过期等原因而不得不重新订阅一遍，这又是一笔开销。

第五，预付费消费有风险。如今，很多行业推出"预付费式"消费方式，以办理"会员卡""贵宾卡"等方式，推出了各种美容卡、健身卡、洗衣卡、洗车卡等预付费式消费卡。哈佛大学的一项调查表明，报名参加健身中心可以成为健身者不锻炼的最佳理由。健身者不但不会在跑步机上跑步，每月还得多交 29 美元。

不仅如此，许多消费者在被"贵宾卡""会员卡"绑定之后，也招来了诸多烦恼，被侵权的事情时有发生，甚至出现不少黑心商家借此"圈钱"的事件。

第六，网购其实不方便。我们都觉得网上购物方便，事实上网购由于消费者不能直观地感受或体验商品，如果造成视觉偏差或失误，消费者选择退货或调货都要再花邮费的。

当然，商家们的消费陷阱还不止以上这些，在此提醒广大的消费者在购物时要擦亮慧眼，远离"消费陷阱"。

第三章
驱除不良情绪：他为什么总是战战兢兢

博客成为避风港——压抑

倪辰是一个大三学生，一向成绩不错，不知道什么原因，近来成绩一跌再跌，为此老师还多次找他谈话。

倪辰为此也很苦恼，这时，博客成了他的避风港，成为他痛苦和不快的倾诉地。他在博客里这样写道："近半年来，不知是怎么回事，我总不能安心学习，手中拿着书心里却老想着别的事，成绩一落千丈。我分析这可能是由家庭情况造成的。我在家里觉得自己从来没有快乐过，难以忍受母亲野蛮的态度，所以从我懂事后从未叫过母亲，也不知现在应如何对待母亲。以前和小叔叔家的关系还不错，半年前和他们的关系也搞得十分僵，由此影响了学习的情绪。

"我的家中有母亲和年长我 11 岁的哥哥。我从小与祖父和祖母生活在一起，父亲在我上大学第一学期时自杀了，我在奔丧期间未掉过一滴眼泪。

"父亲是家中的长子，尽管很聪明，但初中未毕业就早早担起家庭生活的重担。我的小叔叔是大学生，母亲是农村姑娘，很厉害，经常与我的叔叔、婶婶吵架，同时又时常迁怒于我的父亲。父亲为人很老实，从早到晚很少说话，只知道干活。我 7 岁离开祖父回到了父亲身边。从那时起，母亲攻击的矛头转向了我，常因一点点小事就骂我，甚至于打我。在我不注意把大便纸扔在便池中没冲下去时，母亲竟让我用手拿起来放到书包中。

“我学习成绩好，经常看书到深夜，母亲就骂我是讨债鬼，一天到晚什么事情也不做。父亲为此很为难，但最后总是帮着母亲说话。

“上高三时，在家庭的压力下，我觉得我的精神快崩溃了，不想参加考试了。但在叔叔、婶婶的帮助下，我鼓起勇气参加了高考，总算获得了好成绩。因此我把叔叔婶婶当成了亲人。我与叔叔、婶婶家的关系很好，他们给予我真诚的帮助，但是大二寒假我在叔叔家时，叔叔因看不惯我抽烟、喝酒，和只顾自己不顾别人的行为而批评了我。我感到十分不满，与叔叔吵了起来，提前回校了。现在我觉得世界上一个亲人也没有了，即使是以前对我比较好的叔叔也疏远了我。从此，我的注意力不集中，学习成绩下降，心情感到十分压抑，性格逐渐变得孤僻。”

压抑心理是一种较为普遍的病态社会心理现象。它存在于社会各年龄阶段的人群中，它与个体的挫折、失意有关，继而产生自卑、沮丧、自我封闭、焦虑、孤僻等病态心理与行为。故事中的倪辰就属于这种心理。精神压抑可能导致个体人格畸变。

有压抑心理的人其表现的症状为：忧郁、厌倦、优柔寡断、社交障碍、躯体化焦虑、改向行为等。要想克服压抑心理，可以从以下几点着手：

1. 参加社交活动。许多沮丧的人放弃了他们的娱乐活动，这只会使事情更糟。为了扭转你目前的心情，不妨每天做些激烈的活动，多参加社交活动。

2. 回归大自然的怀抱。当你精神压抑时，可漫步于田间地头，跋涉于山水之间，看春华秋实，听蝉鸣鸟啼。置身于大自然的怀抱，你可以产生许多联想与灵感，悟出人生哲理，以调适自己的不适心态。

3. 坚持锻炼身体。英国教育家斯宾认为，健康的人格寓于健康的身体。有许多精神压抑者通过体育锻炼，出一身汗，精神就轻松多了。科学家认为，呼吸性的锻炼，例如散步、慢跑、游泳和骑车等，可使人信心倍增，精力充沛。因为这些活动让人的肌体彻底放松，从而消除紧张和焦虑的心情。

不肯远行的蜗牛——逃避

在一棵干枯的桑树上住着一只蜗牛，这只蜗牛自出生以来，就一直住在这棵树上。

一天，风和日丽，蜗牛小心翼翼地伸出头来看了看，慢吞吞地爬到地面上，把一节身子从硬壳里伸到外面，懒洋洋地晒太阳。

这时，蚂蚁正在紧张地劳动，一队接着一队急速地从蜗牛身边走过。看见蚂蚁在阳光下来回走动的样子，蜗牛不觉有些羡慕起来，于是，它放开嗓门对蚂蚁说："喂，蚂蚁老弟，看见你们这样，我真羡慕你们啊！"

一只蚂蚁听到了，就停在蜗牛旁边，仰着头对蜗牛说："来，朋友，咱们一起干活吧！"

蜗牛听了，不由自主地把头往回缩了一下，有点惊慌地说："不，你们要到很远的地方去，我不能跟你们一起去。"

蚂蚁奇怪地问："为什么啊？走不动吗？"

蜗牛犹豫了半天，吞吞吐吐地说："离家远了，要是天热了怎么办呢？要是下雨了怎么办啊？"

蚂蚁听了，没好气地说："要是这样，那你就躲到你的那个硬壳里好好睡觉吧！"说完，匆匆追赶自己的大部队去了。

对蚂蚁的话，蜗牛倒也不怎么在乎。不过，蜗牛实在想到远处看看。经过深思熟虑之后，蜗牛终于大着胆子把自己的另一节身子也从硬壳里伸了出来。正在这时，几片树叶落在地上，发出轻微的响声，蜗牛吓得像遭遇了雷击一样，一下子就把整个身子缩回硬壳里去了。

过了好久，蜗牛才小心翼翼地把头伸到外面，外面仍然像先前一样的晴朗和宁静，并没有发生什么事情。只是蚂蚁已经走得很远了，看不见了。

蜗牛悠悠叹了一口气说："唉！我真羡慕你们啊！可惜我不能和你们一起走。"说完，依旧懒洋洋地晒太阳。

蜗牛羡慕蚂蚁远行，可没有胆量和蚂蚁结伴同行，因为它担心路上会遇到种种困难，比如天气热了怎么办，要是下雨怎么办……对困难的畏惧使蜗牛始终蜷缩在自己的壳里，即使偶尔伸出头，也会被飘落下来的树叶吓到。最后，它只能对蚂蚁的离去表示羡慕。人们常常和蜗牛的心理差不多，对于挫折总是下意识地逃避，就好像手碰到火、触到电会缩回去一样。

逃避是一种怯懦的表现，从心理学角度来讲它是指不想去面对遇到的事情，而选择消极的方式来避开与事情的冲突。逃避根本不能解决事情，只是在表面上看来舒缓了问题。逃避者很可能是因为自卑，认为自己没有能力去解决，或者害怕去解决，所以采取这样一种方式。

俗话说："躲得了初一，躲不了十五。"既然躲不过，为何不在事情还没有发展到很严重的地步时勇敢地面对，让问题及早地解决呢？

生活中的事情没有尽善尽美的。每一天我们都面临着问题，如果总是采取逃避的方式，那么最终受害的是自己。所以我们要克服这种不良心理。具体方法可归纳为：

1. 要克服自己的怯懦心理。很多人逃避责任不是因为没有能力，而是因为他们内心存在怯懦心理。因此，要克服逃避心理，必须先克服自己的怯懦心理。

2. 告别懒惰。懒惰是逃避者的一大通病，任何懒惰的人都不会获得成功。

3. 切实负起责任。一个逃避的人必须培养和树立责任心，才能勇敢地承担责任，才能去做自己想做的事。不论遇到什么问题，哪怕是面临失败，也不要灰心丧气，要勇敢地正视它，以积极的态度寻找应变的方法。一旦问题解决了，自信心也会随之增加，逃避的行为就会消失了。

平衡与不平衡的差距——抱怨

故事一：

有两个人在大海上漂泊，想找一块生存的地方。他们首先到了一座无人的荒岛，岛上虫蛇遍地，处处都潜伏着危机，条件十分恶劣。其中一个人说："我就在这了。这地方虽然现在差一点，但将来会是个好地方。"而另一个人不满意，于是他继续漂泊，后来他终于找到一座鲜花烂漫的小岛，岛上已有人家，他们是18世纪海盗的后裔，几代人努力把小岛建成了一座花园。他便留在这里做了小工，生活不好不坏。

过了很多年，一个偶然的机会，他经过那座曾经放弃的荒岛，于是决定去拜访老友。岛上的一切使他怀疑走错了地方：高大的屋舍、整齐的田畴、健壮的青年、活泼的孩子……老友已因劳累、困顿而过早衰老，但精神仍然很好。尤其当说起变荒岛为乐园的经历时，更是神采奕奕。

最后老友指着整个岛说："这一切都是我双手干出来的，这是我的岛屿。"

那个曾经错过小岛的人此时不但没有愧疚，而且还抱怨说："为什么上天这么厚爱你，当时你要留我在这个岛上，也许会比现在更好。"

故事二：

有一天，素有"森林之王"之称的狮子，来到天神面前说："我很感谢你赐给我如此雄壮威武的体格，如此强大无比的力气，让我有足够的能力统治这整片森林。"

天神听了，微笑地问："但这不是你今天来找我的目的吧？看起来你似乎为了某事而困惑呢！"

狮子轻轻吼了一声，说："天神真是了解我啊！我今天来的确是有事相求。即使我的能力再好，每天鸡鸣的时候，也还是会被鸡鸣声给吓醒。神啊！祈求你，再赐给我一种力量，让我不再被鸡鸣声吓醒吧！”

天神笑道：“你去找大象吧，它会给你一个满意的答复的。”

狮子兴冲冲地跑到湖边找大象，还没见到大象，就听到大象跺脚所发出的“砰砰”响声。狮子加速跑向大象，却看到大象正气呼呼地在跺脚。狮子问大象：“你干吗发这么大的脾气？”大象拼命摇晃着大耳朵，吼着：“有只讨厌的小蚊子，总想钻进我的耳朵里，害的我都快痒死了。”

狮子离开了大象，心里暗自想着：“原来体形这么巨大的大象，还会怕那么瘦小的蚊子，那我还有什么好抱怨的呢？毕竟鸡鸣也不过一天一次，而蚊子却是无时无刻地骚扰着大象。这样想来，我可比它幸运多了。”

在生活中，我们事事要求公平，要求按照自己的意愿发展。如果稍出差错就会心理不平衡，抱怨或牢骚就产生了。抱怨是一种心理不平衡的反应，是一种追求完美的心理和情绪化心态的外在表现。抱怨会加剧不良情绪，使人失去和困难做斗争的决心、信心和勇气。

作为一种不良情绪，抱怨会给人带来一系列不良后果，所以我们一定要想办法克服。心理学家认为，做到以下四点便能很好地缓解抱怨的情绪：

首先，要保持一颗平常心，不被生活中的琐事侵扰。有些朋友的抱怨常常来自生活中的琐碎之事，凡事过于较真，斤斤计较，常常搞得自己疲惫不堪。对于那些琐碎之事，我们还是置之不理为佳。

其次，要纠正自己错误的信念和观点。每个人都不能对别人有过分的要求，哪怕是对自己最亲近的人，他们也没有责任和义务来满足你的一切要求，生活的真谛不在于求得回报，别人不欠我们任何东西。因为别人不可能按照我们的意志、喜好来行事，我们不可能主宰环境和他人。所以我们必须对自己的情感、生活负责。一个人如果把自己的命运、情感交给环境、交给运气或交给他人，那么，他时时都可能受到伤害或产生怨恨。

再次，要学会自我消解，即通过自我劝慰、自我开导、自我调适，使自己冷静下来，把问题想通、想透，这是克服抱怨心理的最好办法。之所以会产生抱怨，固然与身边的不公正现象有关，但也与一个人的思想修养和认知方式有关。想一想自己对问题的看法是否只从个人意愿出发；想一想自己考虑问题是否全面，有没有偏激；想一想还有没有比抱怨更能解决问题的办法。

最后，要克服依赖心理。每个人的人生都由他自己负责，所以人生中的成功快乐也只能由他自己去寻找和经营。那么，要解除自身烦恼，不能怨天尤人，要充分认识到家庭、社会因素只是诱发烦恼的外因，而自身的心理弱点才是导致烦恼的内因，只有改善自己才能改善情绪。要逐步克服依赖思想，培养自尊、自爱、自强、自立、自主等品质，这是冲破传统观念的无形罗网，是扫除各种情绪障碍的最好突破口。

塔里兰的阴谋——愤怒

1809 年 1 月，拿破仑从西班牙战事中抽出身来匆忙赶回巴黎。他的间谍告诉他："外交大臣塔里兰密谋造反。"一抵达巴黎，他就立刻召集所有大臣开会。拿破仑含沙射影地点明塔里兰的密谋，但塔里兰却没有丝毫反应，这时候，拿破仑无法控制自己的情绪，忽然逼近塔里兰说："有些大臣希望我死掉！"但塔里兰依然不动声色，只是满脸疑惑地看着他，拿破仑终于忍无可忍了。

他对着塔里兰粗鲁喊道："我赏赐你无数的财富，给你最高的荣誉，而你竟然如此伤害我，你这个忘恩负义的东西，你什么都不是，只不过是穿着丝袜的一只狗。"说完他转身离去了。其他大臣面面相觑，他们从来没有见过拿破仑如此失态。

塔里兰依然一副泰然自若的样子，他慢慢地站起来，转过身对其他大臣说："真遗憾，各位绅士，如此伟大的人物竟然这样没礼貌。”

拿破仑的失态和塔里兰的镇静自若像瘟疫一样在人们中间传播开来，拿破仑的威望降低了。伟大的拿破仑在压力下失去冷静，人们开始感觉到他已经走下坡路了，如同塔里兰事后的预言：“这是结束的开端。”

塔里兰激起了拿破仑的怒气，让他的情绪失控，这正是塔里兰的目的。人人都知道拿破仑是一个容易发怒的人，他已经失去了作为一个领导的权威，这种负面效果影响了人民对他的支持。

面对大臣企图发动阴谋这样的事，焦躁和不安只能起到相反的作用，这说明他已经失去了主宰大局的绝对权力。

愤怒是指当某人在事与愿违时做出的一种惰性反应。它的表现形式有勃然大怒、敌意情绪、乱摔东西，甚至怒目而视、沉默不语。其起因往往是不切实际地期望任何事物都要与自己的意愿相吻合，当事与愿违时，便会怒不可遏。

愤怒使人情绪低沉，甚至破坏情感关系，阻碍情感交流。所以我们要抑制自己的愤怒。具体方法如下：

承认自己的愤怒。把自己的情感公开地表达出来。试着这样说：“我感到愤怒是因为……”

记录自己产生愤怒的过程。把自己在什么处境下爆发的愤怒记录在日记中。记录下时间、地点及刺激物是什么。确认可能导致愤怒爆发的因素。

挑战呆板的思想。思想越呆板就越有可能出现勃然大怒。检查一下自己的“应当”“必须”“应该”“糟透了”的思想。

学着换个角度审视问题。稍稍换个角度来看问题，并向自己多次重复已经演练许久的自我声明。在你感到受挫时，有意识地把这些声明移植进自己的思想中。

实施一套保持冷静的方式。例如，建立一套自己能在感觉到愤怒之际使用的方式。如在说话前先深呼吸。

方丈与青年——厌倦

有一位青年，在事业和爱情等方面屡受打击，所以对生活充满了厌倦，甚至有了轻生的念头。

一天，他终于独自走上了一座寺院后面的悬崖险峰，就在他紧闭双眼，准备纵身跳下时，一只大手按住了他的肩膀。他转身一看，原来是寺里的老方丈。青年的眼泪马上就流出来了，他告诉方丈，他已经万念俱灰，真的“看破红尘，四大皆空”，什么牵挂都没有了，只想一死了之。

老方丈关切地说：“生命没有错误，要珍惜自己的生命，其实你拥有的东西还很多很多，你先看看你手背上有什么。”

青年抬手看了看，讷讷地说：“没什么呀！”

“那不满是眼泪吗？”老方丈语气沉重地说。

青年眨巴眨巴眼睛，又是串串热泪。

老方丈说：“再看看你的手心。”

青年又摊开双手，看自己的手心。看了一阵，疑惑地说：“没什么呀！”

老方丈呵呵一笑说：“那不满是阳光吗？”

青年愣了一下，脸上也泛起丝丝的笑容。

老方丈又说：“你再抬头看看。”

这回青年开窍了，没等方丈开导，就心悦诚服地说：“还有蓝天，我还有蓝天！”

老方丈舒心地叹了口气，对青年说：“其实，你除了眼泪、阳光和蓝天，还有一颗勇敢顽强的心、健康的身体……”

青年因为厌倦生活产生了轻生的念头。厌倦是一种不良情绪，我们每一个人可能在某一时期都有过这样的情况。厌倦会影响我们的生活质量，成为我们幸福生活的阻碍。孤独感常是产生这种心理的主要原因。

告别厌倦的方式有：

1. 重建理想

有些目标过远过大，实现不了，我们就充满失败感。可以从低处、小处做起、循序渐进，分段实现目标，不能老想着一步登天、一蹴而就。

2. 与人为善

假如你对周围的人、事都心存厌烦，他们也会如此回报你。尝试着微笑，以一种积极的方式投身其中，你将大有收益。

3. 热情

热情可以让人们的心灵永远年轻，重新找回对生活的热爱和动力。有了热情，人们会变得轻松愉快、心胸宽广，能爱自己的工作，爱周围的人。

4. 追逐爱好

学习、工作并非人生的唯一。去做自己爱做的，把爱好和业余活动当作本职工作一样认真对待，这有利于陶冶情操、改善心情。

富商也有苦恼——紧张

霍华德先生从事皮毛生意，最近几年行情较好，赚了几百万元，而且也存了相当多钱。

他在事业上虽然十分成功，但却一直未学会如何放松自己。他是位神经紧张的生意人，并且把生意场上的紧张气氛带回了家里。

霍华德先生下班回到家里在餐桌前坐下来，但心情烦躁不安。

这时候霍华德先生的妻子走了进来，在餐桌前坐下。他打声招呼，用手敲桌面，直到一名仆人把晚餐端上来为止。他很快地把东西吞下，他的两只手就像两把铲子，不断把眼前的晚餐一一铲进嘴中。

吃完晚餐后，霍华德先生立刻起身走进起居室去。起居室装饰得十分美丽，有一张长而漂亮的沙发，华丽的真皮椅子，地板上铺着高级地毯，墙上挂着名画。他把自己投进一张椅子中，几乎在同一时刻拿起一份报纸。他匆忙地翻了几页，急急瞄了一眼大字标题，然后，把报纸丢到地上，拿起一根香烟，点燃后吸了两口，便把它放到烟灰缸里。

霍华德先生不知道自己该怎么办。他突然跳了起来，走到电视机前，打开电视机。等到影像出现时，又很不耐烦地把它关掉。他大步走到客厅的衣架前，抓起他的帽子和外衣，走到屋外散步去了。

霍华德先生这样子已有好几百次了。他没有经济上的问题，他的家是室内装潢师的梦想，他拥有两部汽车，事事都有人服侍他——但他就是无法放松心情。不仅如此，他甚至忘掉了自己是谁。他为了争取成功与地位，已经付出他的全部时间，然而可悲的是，在赚钱的过程中，他却迷失了自己。

霍华德先生的症结在于他的紧张情绪。紧张心理是现代人普遍存在的现象，它的产生主要与社会环境有关。心理学家普遍认为，生活环境、人际关系、生活习惯、工作的改变，迫使人们去适应全新的生活和工作环境，这是造成紧张的重要根源。

紧张是难以避免的，但若过度持续下去，会给身心健康带来无法估量的损害，所以我们要力争克服这种心理。

把烦恼说出来。当有什么事烦扰你的时候，应该说出来，不要存在心里。把你的烦恼向你值得信赖的、头脑冷静的人倾诉，如你的父亲或母亲、丈夫或妻子、挚友、老师、学校辅导员，等等。

暂时避开。当事情不顺利时，你暂时避开一下，去看看电影或书，或做做游戏，或随便走走，这一切能使你感到松弛。强迫自己“保持原来的情况，忍受下去”，无非是在自我惩罚。当你的情绪趋于平静，而且当你和其他相关的人均处于良好的状态时，你再回来着手解决你的问题。

改掉乱发脾气的习惯。当你感到想要骂某个人时，你应该尽量克制一会儿，把它拖到明天，同时用抑制下来的精力去做一些有意义的事情。例如做一些诸如园艺、清洁、木工等工作，或者是打一场球或散步，以平息自己的怒气。

谦让。如果你觉得自己经常与人争吵，就要考虑自己是否过分主观或固执。要知道，这类争吵将对周围的亲人，特别会对孩子带来不良的影响。你可以坚持自己正确的东西，静静地去做，给自己留有余地，因为你也可能是错误的。即使你是绝对正确的，你也可按照自己的方式稍做谦让。你这样做了以后，通常会发觉别人也会这样做。

尽量在舒适的情况下工作。记住，身体的紧张会导致精神疲劳。

人生有压力是不可避免的，谁还没有个烦琐难熬的事儿呢？既然明白了这一点，就要学会自我“减压”，举重若轻，化解紧张。

他为什么总是战战兢兢——自卑

所谓自卑，就是轻视自己，自己看不起自己。自卑心理严重的人，并不一定是其本身具有某些缺陷或短处，而是不能悦纳自己，自惭形秽，常把自己放在一个低人一等，不被自我喜欢的位置上，并由此陷入不能自拔的痛苦境地，心灵永远笼罩着愁云。

心理学家认为，自卑感是人类在其成长过程中必不可少的东西，因为任何人的能力都会有所不足，因而也就易产生自卑感，为了克服自卑，便会努力奋斗。然而，自卑感并非都是能激励人，使人奋发上进的，更多的人因为有自卑感而阻碍了其正常发展。自卑的人总是在不停地自我否定，在消沉中萎靡不振。在忧郁的情绪中越陷越深而不能自拔，形成恶性的“自卑情结”。还有人会因为自卑而产生强烈的反抗心理，急于改变自卑的地位，不顾他人的利益，极端自私，对人对己都是种伤害。

李娜毕业于某著名语言大学，在一家大型的日本企业上班。大学期间的李娜是一个十分自信、从容的女孩。她的学习成绩在班级里名列前茅，常常成为男孩追逐的焦点。然而，最近，李娜的大学同学惊讶地发现，李娜变了，原先活泼可爱、整天嘻嘻哈哈的她，像换了一个人似的，不但变得羞羞答答，做起来事也变得畏首畏尾，而且说起话来也显得特别不自信，和大学时判若两人。每天上班前，她会为了穿衣打扮花上整整两个小时的时间。为此她不惜早起，少睡两个小时。她之所以这么做，是怕自己打扮不好，遭到同事或上司的取笑。在工作中，她更是战战兢兢、小心翼翼，甚至到了谨小慎微的地步。

原来到日本公司后，李娜发现日本人的服饰及举止显得十分高贵及严肃，让她觉得自己土气十足，上不了台面。于是她对自己的服装及饰物产生了深深的厌恶之情。第二天，她就跑到商场去了。可是，由于还没有发工资，她买不起那些名牌服装，只能悻悻地回来了。

在公司的第一个月，李娜是低着头度过的。她不敢抬头看别人穿的正宗名牌西服、名牌裙子，因为一看，她就会觉得自己很寒酸。那些日本女人或比她先进入这家公司的中国女人大多穿着一流的品牌服饰，而自己呢，竟然还是一副穷学生样。每当这样比较时，她便感到无地自容，觉得自己就是混入天鹅群的丑小鸭，心里充满了自卑。

服饰还是小事，令李娜更觉得抬不起头来的，是她的同事们平时用的香水都是洋货。她们所到之处，处处飘香，而李娜自己用的却是一种廉价的香水。

女人与女人之间，聊起来无非是生活上的琐碎小事，比如化妆品、首饰，等等。而关于这些，李娜几乎什么话题都没有。这样，她在同事中间就显得十分孤立，也十分羞惭。

在工作中，李娜也觉得很不如意。由于刚踏入工作岗位，她的工作效率不是很高，不能及时完成上司交给的任务，有时难免受到批评，这让李娜更加拘束和不安，甚至开始怀疑自己的能力。

此外，李娜刚进公司的时候，还要负责做清洁工作。看着同事们悠然自得地享用着她倒的开水，她就觉得自己与清洁工无异，这更加深了她的自卑意识。

像李娜这样的自卑者总是一味轻视自己，总感到自己这也不行，那也不行，什么也比不上别人。她们怕正面接触别人的优点，总是回避自己的弱项，这种情绪一旦占据心头，结果对什么都提不起精神，犹豫、忧郁、烦恼、焦虑便纷至沓来。

生活中，这样的人很多。其实具有自卑心理的人并不是自己想自卑，而是因为他们缺乏内心安全感。他们总是特别“善于”发现自己的缺陷、短处和生活中对自己不利的方面，然后把它们放到放大镜下去看，结果是吓坏了自己，更不敢和别人比，和别人竞争。使自己的视野困于狭小范围内会危害身心健康，也不利于个人发展。

无论如何，一个深怀自卑的人是很难感受到快乐与幸福的，自卑感无疑十分折磨人，是对人生兴奋、乐观、开朗的最大抑制。自卑的人大多都很腼腆，容易产生心理孤立感。一个人形成自卑心理后，往往从怀疑自己的能力到不能表现自己的能力，从怯于与人交往到孤独地自我封闭。本来经过努力可以达到的目标，也会认为“我不行”而放弃追求。他们看不到人生的光华和希望，领略不到生活的乐趣，也不敢去憧憬那美好的明天。

自卑不利于身心健康，不利于人际交往，我们要克服这种不良心理，具体而言，可从以下几点做起：

1. 全面了解自己，正确评价自己

你不妨将自己的兴趣、爱好、能力和特长全部列出来，哪怕是很细微的东西也不要忽略。你会发现你有很多优点，并且对自己的弱项和遭到失败的地方持理智和客观的态度，既不自欺欺人，又不将其看得过于严重。而是以积极的态度应对现实，这样自卑便失去了温床。

2. 对自己的自卑进行心理分析

这种方法可在医生或者值得信赖的亲友的帮助下进行。具体做法是通过自由联想和对早期经历的回忆。在这些具体的事件中抽象总结出导致自卑心态的深层原因。并让自己明白，现在的自卑情结是因为某些早期经历而形成的。它深入到了潜意识，一直影响着自己的心态。实际上现在的自卑感是建立在虚幻的基础上，是没有必要的。这样就可以从根本上瓦解自卑情结。

3. 从另一个方面弥补自己的弱点

每个人都有多方面的才能，社会的需要和分工更是万象纷呈。一个人这方面有缺陷，可以从另一个方面谋求发展。只要有了积极的心态，就可以扬长避短，把自己的某种缺陷转化为自强不息的推动力量。这样一来，也许你的缺陷不但不会成为你的障碍，反而会成为你成功的条件。因为它促使你更加专心地关注自己选择的发展方向，促成你获得超出常人的发展，最终成为卓越人士。

活在昨天的年轻人——怀旧

一个夏天的下午，一个年轻人走进一家心理咨询诊所。

"怎么样，年轻人，"医生不加寒暄就说，"什么事让你不痛快？"对心理医生这种洞察心事的本领，年轻人并不意外，他直截了当地告诉医生使自己烦恼的事情。然后，医生说："来吧，到我的诊所去。我要看看你的反应。"

医生从一个硬纸盒里拿出一卷录音带，塞进录音机里。"在这卷录音带上，"他说，"一共有 3 个来看我的人所说的话，当然没有必要说出他们的名字。我要你注意听他们的话，看看你能不能挑出支配了这 3 个案例的共同因素，只有 4 个字。"他微笑了一下。

年轻人开始听了，录音带上这 3 个声音共有的特点是不快活。第一个是男人的声音，显示他遭到了某种生意上的损失或失败。第二个是女人的声音，说她因为照顾寡母的责任感，以至于一直没能结婚，她心酸地述说她错过了很多结婚的机会。第三个是一位母亲，因为她十几岁的儿子和警察有了冲突，而她一直在责备自己。

在 3 个声音中，年轻人听到他们一共 6 次用到 4 个字："如果，只要。"

"你一定大感惊奇，"医生说，"你知道我坐在这张椅子里，听到成千上万用这几个字作为开头的内疚的话。他们不停地说，直到我要他们停下来。有的时候我会要他们听刚才你听的录音带，我对他们说：‘如果，只要你不再说如果、只要，我们或许就能把问题解决掉！’”

“‘如果，只要’这4个字的问题，”他说，“是因为这几个字不能改变既成的事实，却会使我们朝着错误的方面，让我们向后退而不是向前进，并且只是浪费时间。最后，如果你用这几个字成了习惯，那这几个字就很可能变成阻碍你成功的真正障碍，成为你不再去努力的借口。

“现在就拿你自己的例子来说吧。你的计划没有成功，为什么？因为你犯了一些错误。那有什么关系，每个人都会犯错误，错误能让我们学到教训。但是在你告诉我你犯了错误，而为这个遗憾、为那个懊悔的时候，你并没有从这些错误中学到什么。”

“你怎么知道？”年轻人带着一点辩护地说。

“因为，”医生说，“你没有脱离过去式，你没有一句话提到未来。从某些方面来说，你十分诚实，你的内心还以此为乐。我们每个人都有一点不太好的毛病，喜欢一再讨论过去的错误。因为不论怎么说，在叙述过去的灾难或挫折的时候，你还是主要角色，你还是整个事情的中心人……”

在医生的开导下，年轻人终于意识到，自己沉浸在过去错误的阴影中，还没有真正走出自我，并用积极上进的态度去改变现在的处境。医生告诉他，他患上了严重的“怀旧病”，而采用“如果，只要”这类字眼便是“怀旧”病的重要特征。

人偶尔有怀旧的情绪本来很正常，但社会中还有一些人以另一种方式怀旧。他们认定今不如昔，生活在今天，而志趣却滞留在昨日，一言一行与现实生活格格不入。

怀旧实质上是一种对现实生活的躲避和遁逃，是一种特殊的机制。它把我们所不想回忆的痛苦和压抑隐藏了，忘却了，以至于我们自己永远不会再想起。一方面，它把我们过去生活中美好的东西大大强化了、美化了，以至于人们在几次类似的回忆后把自己营造的回忆当作真实。另一方面，怀旧起源于个人的失落感。失落导致回首，试图寻找昔日的安宁与情调。心理学家普遍认为，一个人如果怀旧情绪太强而引发病态怀旧，对其自身将会产生一定的危害性。所以，心理学家建议常怀病态怀旧情绪的人在日常生活中用以下方法进行调节：

第一，鼓励自己积极参与现实生活。如认真地读书、看报，了解并接受新事物，积极参与改革的实践活动，学会从历史的高度看问题，顺应时代潮流，不能老是站在原地思考问题。

第二，学会在过去与现实之间寻找最佳结合点。如果对新事物立刻接受有困难，可以在新旧事物之间找一个突破口，例如思考如何再立新功、再造辉煌，不忘老朋友、发展新朋友，继承传统、厉行改革等。从新旧结合做起。

第三，充分发挥正常怀旧心理的积极功能。正常的怀旧有一种寻找宁静、维持心灵平和、返璞归真的积极功能。这方面的功能多一些，病态的、消极的心态就会减少。因此，也不应对怀旧行为一概反对，正常的怀旧还是要提倡的。

第四章

气场：为什么有些人就是能够影响别人

多说“你”真能促进交流吗

稍微留意一下周围人说话聊天时的习惯，人们不难发现，那些很喜欢用“我觉得”“我认为”一类字眼的人容易给别人一种自大傲慢的印象。反而，在跟人说话时，每个句子前面尽可能地加上“你”字，会立刻抓住听众的心。

临床医学家发现，精神病院的病人说“我”的次数要比正常人多 12 倍。当病人的状况改善以后，他们说第一人称代词的次数也相应地减少。在心智健全的情况下，使用“我”的次数越少，你在人们的眼里就显得越理性。事实上，善于社交的人相互间谈话时使用“你”的时候总是要比“我”多。

站在别人的立场讲话，在句子中加上“你”可以赢得很多积极的反应，比如可以使对方产生自豪感，节省额外的思考。比如一个男生请女生吃饭，说：“咱们学校外边新开了一家饭馆，你肯定喜欢！今天晚上咱们去那里吃点东西吧？”这时女生往往很容易接受男生的邀请。

此外，当你想获得人们积极的回应，尤其是你想获得他们的支持的时候，说话的时候一定要做到“你”字当先，这样会使对方感到自豪。

如果你想提前下班和女朋友约会，想跟上司请假。你猜用哪种说法他会比较容易同意你提前离开呢？“我能早点下班吗，头儿？”还是：“头儿，我早点走的话你能应付得了吗？”

要是你使用第一种说法，上司会进一步把你的话翻译成：“没有这个员工的话，我能应付得了吗？”需要进行额外的思考，做上司的没有不讨厌这种思考的。

如果使用第二种说法，你的话就先帮上司提出了这个问题，让上司感觉到一种在没有你的时候也能应付局面的自豪感。“当然了，”他在心里会对自己说，“没有你我一样玩得转。”

“你”字当先的技巧在职场以外也有用处。女士们有时候会夸男人的西装好帅，下面哪个说法使你感到更温馨呢？是“我很喜欢你这套西装”还是“你穿这套西装太帅了”。前者只是表达了个人的看法，容易误认为是好感的表达；而后者则扩展到所有人对男人形象的评价，属于普通社交的赞美。因此，善用“你”，对方感觉到被赞美的力度也更大，也能避免不必要的误会。

在街上与陌生人谈话时，也要把“你”字放在自己前面。比如问路的时候，如果说“不好意思，我找不到 ××（地点）”或者“麻烦一下，请问 ××（地点）怎么走”的话，对方很可能不会搭理。但是如果“你”字当先，采用：“打扰一下，你知道 ××（地点）怎么走吗？”然后进一步询问：“你能给我指下具体的方向吗？”这样的表达可以激发陌生人的自豪感，从而提供详尽的指导。

成功者更是善于使用这种“你”字当先的策略谋求最大的利益。

假设你在参加一个会议，一个与会者对你提出了一个问题，他肯定喜欢听到你说“这个问题提得很好”，不过，要是你跟他说“你这个问题提得很好”，他肯定会感到更高兴。

销售人员不要对你的顾客说：“这个问题很重要……”而要通过这种说法来肯定对方：“你说的这个问题很重要……”

说话时要随时注意听者的态度与反应。无聊的人是把拳头往自己嘴里塞的人，而站在对方角度，多说“你”可以避免许多冲突。总之，想要人们夸你说话有水平，想要赢得人们的尊重和爱戴，千万记得随时随地把“你”字挂在嘴上。

多换位思考：如果我是他

学会换位思考，是人与人之间交往的基础——互相宽容、理解。换位思考是融洽人与人之间关系的最佳润滑剂。人们都有这样一个特点：总是站在自己的角度去思考问题，以自己的价值尺度去衡量他人，结果常常导致不愉快的事情发生。

多数人际冲突的产生，都是由于人们过分强调自己的立场，而不能从对方的角度来看问题。事实上，他的做法与你的看法不同，并不代表他一定是错的，而你一定是正确的。如果你处在他的位置上，在同样的状况下，你的做法可能与他并没有什么不同。假如能换一个角度，站在他人的立场上去思考问题，会得出怎样的结果呢？最终的结果就是多了一些理解和宽容，改善和拉近了人与人之间的关系。

所以，在人际交往的过程中，要达成良好的人际沟通，寻求他人的支持与合作，营造利人利己的双赢局面，就必须学会换位思考——凡事要从对方的立场去想想：“如果我是他的话……”

上海有一位陈师傅开出租多年，从来没有被顾客投诉过，也没有与顾客发生过争执。他是如何做到的呢？

陈师傅说，主要是他能够站在顾客的角度来考虑问题。比如，顾客要到的地方不让停车，他会用一句话加一个小动作使顾客满意。他说：“小姐，你看好价钱，25元。”然后，陈师傅将计价器抬起清零，接着说：“这里不让停车，以下的路程算我送你的。”乘客听到这样的话，看到这样的动作，多数会说：“没关系，师傅，你该怎么算还怎么算。”陈师傅听了心里也暖洋洋的。

如此站在顾客的角度周全考虑，怎么会得不到顾客的好感呢？怎么会得不到理解和赞同呢？怎么会遭到指责和投诉呢？

换位思考，不仅能够让我们得到别人的理解和支持，也有助于我们更好地了解别人。

换位思考是与人相处的一个十分重要的技巧，也就是将自己置身于对方的立场，去体验对方的内心感受，了解对方的确切需求，从而在彼此的心灵间架起一座畅通无阻的沟通桥梁。与此同时，当你站在对方立场上的时候，自然也会以对手的目光观察自己，从而对自己多一份了解。

战场上，知己知彼，可以百战百胜；社会交往中，也需要换位思考，才能知己知彼，从而达到人际交往的高境界。美国汽车大王亨利·福特说过："如果说成功有秘诀的话，那就是站在对方的立场来考虑问题。"所以不妨经常问一下自己："如果我是他，会怎么样呢？"如果我处在我儿子的地位，我是否为有我这样的父亲而骄傲？如果我处在我下属的地位，我是否为有我这样的上司而庆幸？……当你进行这种角色转换的时候，就会惊奇地发现自己还有许多需要改进的地方。

尽量多让对方说"是"

电机推销员哈里去拜访一家公司，准备说服他们再购买几台新式电动机。不料，刚踏进公司的大门，哈里便挨了当头一棒："我们再也不会买你那些破烂玩意儿了！"总工程师恼怒地说。

原来，总工程师昨天到车间检查，用手摸了一下前不久哈里推销的电动机，感到很烫手，便断定电动机质量太差，因而拒绝哈里的推销。

哈里考虑了一下，觉得如果硬碰硬地与对方辩论电动机的质量肯定于事无补，于是采取了另外一种战术。他说："好吧，斯宾斯先生！我完全同意你的观点，假如电动机真的有问题，别说买新的，就是已经买了的也得退货，你说是吗？"

"是的。"

"当然，任何电动机工作时都会有一定程度的发热，只是发热不应超过全国电工协会所规定的标准，你说是吗？"

"是的。"

“按国家技术标准，电动机的温度可比室内温度高出42℃，是这样的吧？”

“是的。但是你们的电动机温度比这高出许多，喏，昨天差点把我的手都烫伤了！”

“请稍等一下。请问你们车间里的温度是多少？”

“大约24℃。”

“好极了！车间是24℃，加上应有的42℃的升温，共计66℃左右。请问，如果你把手放进66℃的水里会不会被烫伤呢？”

“那——是完全可能的。”

“那么，请你以后千万不要去摸电动机了。不过，我们的产品质量你可以完全放心，绝对没有问题。”结果，哈里又做成了一笔买卖。

哈里的成功，除了因为他推销的电动机质量的确不错以外，他还利用了人们心理上的微妙变化。

当一个人在说话时，如果一开始就说出一连串的“是”字来，就会使整个身心趋向肯定的一面。这时全身呈放松状态，容易造成和谐的谈话气氛，也容易放弃自己原来的偏见，转而同意对方的意见。

这就是获得肯定回答的艺术。我们得到他人愈多的“是”，我们就愈能为自己的意见争取主动权。当人说“是的”或心里这么想时，我们就已经接近他了，因为我们非常了解他的需求，还特别尊重他。因此，他也同样会关注我们，并表现出十分温和的态度。

但是，当对方说“不是”或者心里在拒绝之时，事情就不一样了，当我们的问话看似与他一点关系都没有时，就相当于我们并不关心他想要什么，他肯定会生气的。

如果别人以“不是”回复了我们的建议，这就说明他认为已经没有继续谈下去的必要了。他的立场和“自尊心”都源于此。因此，有时，如果我们与他人打交道时得不到对方一个“是”的回应，我们最好想方设法不让对方说出“不是”这个词。

让对方说“是”时，要注意以下两点：

第一,一定要创造出对方说“是”的气氛，要千方百计避免对方说“不”的气氛。因此，提出的问题应精心考虑，不可信口开河。

第二，要使对方回答“是”，提问题的方式是非常重要的。什么样的发问方式比较容易得到肯定的回答呢？最好的方式应是：暗示你所想要得到的答案。当你发问而对方还没有回答之前，自己也要先点头，你一边问一边点头，可诱使对方做出肯定回答。

如果你想与别人合作，争取在一开始就让对方说“是”，然后将这个良好的开端保持下去，你离成功也将不远了。

情绪也能传染给他人吗

人类的情绪感染力和传染病一样，可在短时间内传播给周围的人，比躯体疾病更具“杀伤力”。

心情是会传染的，绝大多数人都曾有过这样的体验。人的情绪并不是我们想象的那样稳定，总会时常受到来自外界的某种因素的干扰，而且很多人对外界信息的干扰都是非常敏感的。如果接受了好的信息，就会保持好的心情，而如果是坏的信息，则可能会是一天的坏心情。这是心理学上的“情绪转移定律”的体现。它是指人们将自己的情绪转移给他人的特性。“情绪转移”是人们常用的一种心理防卫机制，通常是将自己对某一对象的愤怒或喜爱的感情，由于某种原因无法直接向对象发泄，将这种情绪转移到比自己级别更低的对象身上，从而化解心理焦虑，缓解心理压力。据心理学家研究发现，坏情绪和细菌病毒一样易于传染，而且传染的速度非常之快。美国洛杉矶大学医学院的心理学家加利·斯梅尔做过一个心理学实验，他让一个开朗、乐观的人与一位愁眉苦脸、抑郁难解的人同处一室。结果，不到半个小时，这个原本乐观的人也开始变得长吁短叹起来。加利·斯梅尔经过进一步的实验后证明：只需要 20 分钟，不良情绪就会在不知不觉中传染给别人。

美国金融公司经理伍德亨先生能够取得辉煌的成就，得益于他年轻时养成的一种调整情绪的习惯。那时，他还是一个公司里的小职员，受到同事们的轻视。一次，他忍无可忍，决定离开这个公司。临行前，他用红墨水把公司里每一个人的缺点都写在纸上，将他们骂得体无完肤。骂完后，他的怒气逐渐消去，决定继续留在公司。从那次以后，每当愤怒时，他总是把满腹牢骚用红墨水写在纸上，立刻就感觉轻松不少。这些纸条一直被他隐藏起来，从不拿给别人看。后来，同事们知道他的这种宣泄怒气的方法后，都觉得他极有涵养。上司知道后，也对他青睐有加。

坏情绪是影响人际关系的“无形杀手”，我们如果不善于控制好自己的不良情绪，就会影响正常的人际交往。心理学家认为，人们解决“心理转移”有两种途径。一种是“消极心理转移”，即将自己内心的压力通过某种偏激的方式转嫁到别人身上，这种方法虽然能发泄自己的坏情绪，同时也会给其他人带来一定的伤害；另一种是“积极心理转移”，当你受到不公平待遇或意外伤害后，不是将心中的怒火发泄到他人身上，而是寻求一种不对任何人造成伤害的、比较理智的方法排解情绪。

当我们被坏情绪所困扰，又不能对他人发泄的时候，不妨尝试自我调节。心理学家认为：“在发生情绪反应时，大脑中有一个较强的兴奋灶，此时，如果另外建立一个或几个新的兴奋灶，便可抵消或冲淡原来的优势中心。”我们因为某件不顺心的事情烦躁、暴怒的时候，可以有意识地做点别的事情来分散注意力，缓解情绪。也就是采用“积极心理转移”的方法，如听音乐、散步、打球、看电影、骑自行车等活动，都有利于缓解不良的情绪。

生活中难免会遇到一些不顺心的事情，不快的情绪如果没有及时得到宣泄，将会有害身心健康。但是，假如我们遇上不顺心的事情，采用不当的方式发泄，如将自己不快的情绪发泄到家人或朋友身上，又会伤害身边最亲近的人，甚至影响家庭或同事间的和睦关系。因此，要采用正确的方法。

“赞美”要量身定做

把一个人的优点、专长、名誉、地位等美好的一面，用恰当的话语表达出来，并让对方乐于接受，从而起到鼓励、鞭策、警醒、劝告等作用。当一个人因失意、受挫、暴怒、悲伤而情绪低落的时候，迫切需要有人对其劝导和安慰，帮助其增强信心、走出低谷、恢复常态。因此，它是人际交往中一种常用的说服技巧，如果运用得当，对促进人际交往能起到意想不到的效果。但是人毕竟是有不同层次、不同个性的，如果这顶帽子不合适，太大或太小，不仅收不到预期的效果，还会让人感觉不舒服，甚至产生厌恶的心理。

如果有人对一位清洁工人进行这样的赞美：“你真是一位成功人士呀！你具备非凡的气质，你是一位非常伟大的人！”对方一定会认为这人是神经病，因为这些话好像跟他没有任何关系。所以在赞美别人的时候，一定要掌握好分寸，要“量身定做”。

袁萍是一家汽车经销商的服务经理。在她公司里，有一位员工的工作效率和业绩每况愈下。然而，袁萍并没有对他进行指责或者威胁，而是把他叫到办公室，跟他进行了坦诚的交谈。

袁萍是这样说的：“姜师傅，你是一位很棒的技工，在现在的这条生产线上工作也有好几年啦，你修理的车子顾客都很满意。事实上，有很多人都赞扬你。只是最近，姜师傅，你完成一件工作所需的时间好像变长了，而且质量也比不上你以前的水准。你以前真是一位杰出的技工，我想，你一定也知道，我对你现在这种情况不太满意。也许，我们可以一起来想一个办法，改正这个问题。你认为呢？”

姜师傅说：“我并不知道我没有尽好自己的职责，非常感谢您，我向您保证，我一定会胜任我接下来的所有工作的，我会想办法加快速度，同时提高质量。”

那么，姜师傅做了吗？我们可以放一百个心，他非常尽力地去做了。大家想想，袁萍赞扬他曾经是一位优秀的技工，他心里也这么认为，那么，他肯定会在以前优秀的基础上求更大的进步。

其实，每个人的性格不同，心理不同，所需要赞美的地方也是不同的。会说话的人不会给两个人同样的赞美。买衣服的时候，如果别人说："哎呀，你穿着可真合适，像专门为你量身定做的一样。"听了，我们心里自然是高兴的，也多半会欣然买下来。几个女人一同去美容院消费，如果美容师都对她们说"真漂亮，真美"这样的话，那这些女人多半是不高兴的。但如果美容师能根据这些女人各自的特点，比如事业成功、气质独特、家庭和睦、涵养很高等方面进行赞美，相信美容师的业绩也会节节高升。每个人在生活中都扮演了多重角色，角色关系不同，说话方式就不同，赞美的方式也就不同。对朋友可以真心诚意地夸他，对领导要含蓄适度地赞美，否则会被人认为是拍马屁，对爱人要甜言蜜语地称赞，对长辈要恭恭敬敬地讨好，对小孩可以和蔼地夸奖他。

"量身定做"具有唯一性。赞美的时候，如果你对不同的人都用同样的语言去赞美，那么效果一定好不到哪里去。所以赞美别人，不单单是花言巧语、甜言蜜语，更重要的根据对方的文化修养、心理需求、所处背景、性别年龄、个人经历等不同因素，恰如其分地赞美对方。

指责和抱怨他人，于事无补

在当今高速发展的社会，不同年龄、不同性别、不同职业的人都面临着各式各样的压力：升学、就业、婚恋……在不知不觉中，人们便养成了抱怨的习惯，把它作为生活、工作的一种发泄途径。事实上，抱怨是最为消极也是最为无效的应对途径。我们总觉得当我们抱怨时，指向的是其他事、其他人，但是从心理学的角度分析，抱怨时，我们指向的其实是我们自己，这就是"投射效应"。它指以己度人，不自觉地把自己的特征（如个性、好恶、欲望、观念、情绪等）归属到别人身上，认为他人也一定会有与自己相同的特性。比如喜欢说谎的人，就认为别人没一句真话；敏感多疑的人，往往会认为别人不怀好意。

投射效应会使人们倾向于按照自己是什么样的人来知觉他人，因而容易对其他人产生错误的认知。人们在对他人形成印象时，有一种强烈的倾向，就是假定对方与自己有相同之处。有人曾一针见血地指出："抱怨是失败的借口，是逃避责任的理由。"如今，很多才华横溢的人在公司得不到晋升，大都是因为他们有抱怨的毛病：自恃有才，认为自己被大材小用，不愿意全力以赴，不愿意自我反省，每天都有一肚子的怨气。试问，谁会提升一个牢骚满腹的员工呢？

无论别人错得多么离谱，都不要指责和抱怨，先抽出哪怕一分钟的时间问问对方为什么这么做。当你了解了背后的原因时，你就不会对结果感到吃惊了。

抱怨最容易毁掉我们的生活，使我们情绪低落，使我们心中充满阴霾，使我们痛苦而不快乐。

指责和抱怨他人是没有用的，除非他自己想明白。正如卡耐基所说："一百次中有九十九次，没有人会责怪自己任何事，不论他错得多么离谱。我们用批评和指责的方式，并不能使别人产生永久的改变，反而会引起愤恨。不要责怪别人，要试着了解他们，试着明白他们为什么会那么做，这比批评更有益处，也更有意义得多。"

在这个地球上，生活着各种不同肤色、不同生活习惯、不同宗教信仰的人。哪怕是同一件事情，不同的人可能有完全不同的看法，即使是同一个人对同一件事情，从不同的角度或不同的时间来看，也可能会得出不同的结论。一个人做一件事情，其背后的原因往往是复杂多样的，需要了解和分析才能得到答案。

有时，是个人掌握信息多少的原因。例如，下属与上司的看法不同，多数情况是领导掌握的资讯更全面，所得出的结论大都符合企业的长远利益。

有时，是因为个人理解能力有强弱之分。比如，你让小孩子去做大人的事情，结果令你不满意，因为他还不懂得大人的做事规则。

有时，是由于民族和风俗习惯的不同而造成的。

总之，一个人之所以那样做，一定有他的原因。你了解了背后的原因，也就不会对结果感到吃惊了。正如亚里士多德所说："全然的了解，就是全然的宽恕。"

与其在不如意时一味地抱怨，不如尝试着去改变——改变自己、改变现状，将生活变得如意起来。因为不停地抱怨，只能放大原来的烦恼。如果不抱怨，换一个角度想问题，你会发现，通过你的努力，是能改变现状并获得成功和幸福的。

说话技巧为什么重要

为什么有些人说的话让人听着十分舒服，而有些人说起话来让人感觉如此刺耳呢？其实这就是说话技巧的问题了。掌握好说话技巧，既有利于建立良好的人际关系网，又有利于使你更加靠近成功。一个好的推销员不会直接跟顾客说"签合同"，而是会想办法让顾客"认可上面的内容"。

在说话的时候说话的技巧很重要，在说话时要注意以下几点：

公司或领导已经决定的事情就不要评价，不要给出自己的想法和建议，无论你认为这些建议和想法对公司有多大的好处都要坚持不说的原则。但是在公司未决定前一定要把自己的想法说出来，这是你的职责，但不要给出超越职权的建议和想法，否则受到伤害的是你自己。

已经发生的事情不要去追究。有些小事情，过分地追究可能会伤害别人，以后就不好与之合作了。

我们要善于制造愉快的谈话气氛，见什么人说什么话。这不是拍马屁而是一种说话的技巧。这方面大部分年轻人是做不到的，因为他们年轻气傲，易冲动。所以，没有经验的年轻人要更加注意这一点，好好训练自己。

无论在谈生意还是交际中，幽默永远都需要。幽默是一种亲和力，它会让我们的距离拉得更近，也会让我们的事业更进一步。

刚认识的顾客，礼貌是不可少的。与刚认识的朋友，最成功的做法就是做一个忠实的听众，把说话的权利让给别人。当然了，要因人而异，随机应变，见机行事。

坏事情，先说结果。先讲结果，这样就有了沟通的底线，剩下的时间就可以用来沟通怎样解决问题。

其实，很多时候说话不是要表明什么观点，而是要表明自己的态度，或者试探别人的态度。这样的说话技巧是“放话”。

自信是很重要的，我们要相信自己一定会成功。这是成功的前提。说话也一样，大家都要相信我们每一个人都是优秀的演讲家。

语言能力是一个现代人才必备的素质之一，说话不仅仅是一门学问，还是你赢得事业成功的常变常新的资本。好口才会给你带来好的运气和财气，所以拥有好口才，就等于拥有了辉煌的前程。一个人，不管你生性多么聪颖、接受过多么高深的教育、穿着多么漂亮的衣服、拥有多么雄厚的资产，如果你无法流畅、恰当地表达自己的思想，你就无法真正实现自己的价值。

有经验的人都知道，针对不同的对象、不同的事情、在不同的时机，说话的方式应不一样。沟通技巧是实践经验的总结，需要一辈子去学习、体验、训练，在任何时候，心中要有主心骨：沟通中，沟是手段，通是目的。

语言中的人情债轻易赖不掉

如果我们能在三言两语中就让对方觉得受了恩惠而觉得不安，甚至觉得有所亏欠，那就意味着我们占据了主动权。

在人际关系中，如果你能够及时地向对方施以不同方式的恩惠、帮助、关心，对方的内心深处会因亏欠心理产生负债感，在以后的生活和交往中，便经常会试图通过同样的方式或者是相似的方式回报对方，这便是“互惠原则”的体现。

生活中如果你想有效地影响他人，为自己做事情，就要学会向对方施以某种形式的恩惠，让对方在内心深处对你产生亏欠感，当你需要帮助时，对方就会尽自己所能去做。多数情况下，你所付出的只是一小部分，而得到的却远远比这要丰厚得多。

你怎样对待别人，别人就会怎样对待你。也许有人会提出疑问，为什么会产生这种互惠现象呢？原因在于，每个人都想保持内心的安静与平衡，所以当他们感觉到自己亏欠对方时，会本能地还予对方。

张达是一个用心经营服装店的店主，在不到两年的时间内，他将自己的一家小店扩展出五家分店，迅速成为当地服装行业的龙头。他做服装生意秉承两个原则：一是“以量制价，物美价廉”，二是有着一套较好的互惠模式。如客人A在商店购买到物美价廉的货物后，如果能够介绍客人B购买货物，那么客人A将会得到一张打折卡，客人B介绍客人C，客人B也会得到打折卡。在商店获得利润的同时，客人也会因得到商店给予的利益，激发介绍朋友的欲望，从而促进商店的消费。

张达这种看似吃亏的促销方式，其实巧妙地运用了心理学中的互惠原则：把实惠送给顾客，同时使顾客自发地为自己介绍顾客。

生活中这种互惠原则随处可见。只有灵活掌握这种原则的人，才能有效地影响他人，才能更轻松地掌控事情发展的大局，做事情的时候才会更加顺利。要想更好地影响别人按照你的意图做事，就要学会给对方创造价值，让其心理产生失衡于你的亏欠感，然后再向其提出请求，这样对方会理所应当地满足你的要求。

如何提高说服力

说服力是一个人成功与否的关键，能帮助你最快地获得你想要的东西。你的说服力能让你得到顾客、老板、同事和朋友的支持和尊重。

那么，该如何提高说服力呢？

当你在说服他人的时候，论据越多就越有说服力。若只凭一个论据，是肯定不可能成功说服对方的。但是，如果提前准备好10个论据，那么肯定至少会有一个论据能够打动对方的心。人们总会因为大量的论据而信服别人的劝说。

丰富的细节介绍能够增加说服力。丰富的细节介绍是很容易被忽略掉的，就是在劝说对方时，要增加一些细节介绍。比如，在餐厅里点菜时，若菜单上写着“厨师长拿手菜——微火炖黑牦牛牛肉”肯定比“炖牛肉”更容易受客人的欢迎。

防震家具的销售员在推销防震家具时，如果只是说“地震非常恐怖，所以一定要加强家具的防震性能”，那么肯定不能引来很多的顾客。但如果销售员换种说法，“仅仅是4～5级地震，家具就会猛烈晃动，书本、餐具也会掉落，而摔碎的玻璃碎片极有可能会碰伤身体”，当听到这些关于地震的情景时，大多数的顾客就会开始意识到防震家具的重要性。因此，只要多说一些细节的内容，就会大大地提高说服力。

说话的内容要“容易记忆”。如果辛辛苦苦地说了一番说服对方的话，但对方却一点都没记住，那就等于做了无用功。对方记不住你所说的话，就说明对方根本就没有理解你所说的话。

激励。人的行为都是因为受到了激励。所以你要找出激励人的因素，然后给予激励。人有两大激励因素：对获得的渴望和对失去的恐惧。对获得的渴望激励人们去不断地追求。不管已经得到多少，我们总是渴望更多。如果你能让别人看到他们如何通过帮助你达到目标而自己获得更多的话，你就能激励他们帮你做事。害怕失去同样激励着人们的行为。这种恐惧，不管形式如何，通常强于对获得的渴望。只要你能让人明白通过做你想让他们做的事情，他们就能避免某些损失，你就能影响他们去做特定的事情。

总之，知己知彼，方能百战百胜。我们想要说服别人，就要了解别人，既要了解擅长说服他人的人，也要了解很容易被说服的人。

为什么第一句话非常重要

在现实生活中，有的人讲话让人觉得兴趣盎然，但是有的人讲话却总是让人觉得索然无味。为什么会这样呢？

说话是一个人最基本的技能，也是与他人交流的最直接简单的方法。有人将说话视为展现自我的一种方法，但是，对另一些人来说，说话却是一种沉重的负担。有的人做了十几年的下属，见了领导说话仍是支支吾吾，十分紧张，不知所措；有的人与初次见面的顾客会晤就能侃侃而谈，收放自如，以至让对方产生一种相见恨晚的感觉。心理学家告诉我们，想要揭开其中的秘诀，语言是关键的一部分。

我们和陌生人的第一句话是非常重要的，所有的交际能手并非一味只顾表现自己，而是善于也乐于同陌生人开口说话。他们通常会有良好的开场白，通过主动、热情、到位的言语，努力探寻对方感兴趣的或者正在关注的话题，赢得对方好感，逐渐拉近双方距离，进而得到深入交流的机会。交谈中的第一句话对于接下来的交流会起到推波助澜的作用。

那么，怎么才能说好第一句话呢？其实，很简单。首先，要自然真诚，以消除对方的戒备心理。与陌生人初次结识，要用主动问候的方式，言语不做作，才能体现出你的坦诚、真挚和热情，给对方自然、友善的感觉。其次，说的话既要有深度也要使对方听得懂，这样更容易引起心理共鸣，自然会消除彼此间的陌生感。最后，要以赞扬为基调。当然，赞扬不是毫无诚意的恭维。

如何能在群体中影响别人

人们常常发现，有些人在群体中特别能影响别人，让别人听命于自己。这些人是如何做到的呢？

在一个十字路口，红灯亮了，然而路面上并无车辆行驶，这时候，如果有一人穿越马路，接着就会有两人、三人……人们蜂拥而过。一个人仰着脖子晃动着脑袋往天上看，在一旁的人也好奇地跟着向天空东张西望。

为什么他们喜欢效仿同伴的行为呢？或许你认为这只是好奇心在起作用，其实真正引起这种现象的是“社会认同原理”，即“从众效应”。从众效应是指当个体受到群体的影响（引导或施加的压力），会怀疑并改变自己的观点、判断和行为，朝着与群体大多数人一致的方向变化，以和他人保持一致。

从众现象在很多地方都有所表现。很多人在吃完快餐后，会习惯地把吃剩的东西放在桌子上，然后十分理直气壮地离开，理由是大家都这么做；但是，如果大家都把吃过用过的残留物收拾好，然后将餐具拿到指定的回收处，那么你将会对自己没有收拾的行为感到焦虑，为了和大家的行为保持一致，你也会将残留物收拾好，将餐具拿到指定的位置。其实很多餐厅都没有规定用完餐后要怎么做，你会说：“我看见其他人这样做的，我也就这样做了。”生活中很多的参照标准都不是书上所说的教条，而是身边那些人的行为。做的人多了，就自然形成了不是规矩的“规矩”。

从众是一种普遍的社会心理现象。其实，从众效应本身并无好坏之分，其作用取决于在什么问题及场合上产生从众行为。积极的从众效应可以互相激励情绪，做出勇敢之举，有利于建立良好的社会氛围并使个体达到心理平衡，反之亦然。

在生活中，我们要扬“从众效应”的积极面，避“从众效应”的消极面，努力培养和提高自己独立思考和辨别是非的能力。当遇到事情时，既要慎重考虑多数人的意见和做法，也要有自己独立的思考和分析，从而使判断能够正确，并以此来决定自己的行动。多一些独立思考的精神，少一些盲目从众，以免上当受骗。

用“权威成分”征服你的对手

在日常工作、生活中，人们常常会遇到这样一种情景：当你在与别人争论某个问题，分明自己的观点是正确的，但就是无法说服对方，有时甚至还会被对方“驳”得哑口无言。这时，你是否想过，如果在言辞中添加一些权威成分，则很容易就能让别人赞同自己的观点。

在一堂化学课上，一个很有名的教授拿过来一只空瓶子，他告诉学生说，这里面装着一种极臭的气体，现在他要把瓶子打开，让臭的气体散播出去，并测验一下这种气体的传播速度。并让学生们在闻到臭味后立即举手，他会一直计时，以便计算。说了一声开始之后，教授打开了瓶盖。

几秒钟后，前排学生立即举手，称自己闻到臭味；然后，后排的人也陆陆续续地举手，纷纷说自己也闻到；一分钟还不到的，几乎整个教室的学生都举手表示自己已经闻到了臭味。

教授问全班所有同学是否真的闻到了臭味，大部分同学都给了肯定答案，只有少数几个人迟疑着没有作答。这时，教授无奈地跟所有同学说，这只是个空瓶子，里面什么东西都没有。

为什么大部分同学明明没闻到臭味却声称自己闻到了呢？原因很简单，教授是一个知名人物，他做了那么多年的化学研究，在这一方面是权威，怎么能够怀疑呢？因此，人们不由自主地相信瓶子里有臭的气体，如果自己闻不到就意味着自己有问题，所以看到别人举手就纷纷举手。事实上，在面对权威时，人们总会觉得别人说的都对，不管其观点是否与自己之前的想法相悖，反正就相信并接受了。可见权威的威力多么大。

如果有一天，有个朋友告诉你某种蔬菜或水果营养价值很高、某种蔬菜或水果不宜食用，你会不以为然。而健康栏目播出的节目或者某个专家这么一说，某种蔬菜或者水果含有对人体有利的元素，应该尽量多食用。在听到权威的话之后，人们肯定会马上行动，将这种有益的蔬果端上餐桌，并反复跟家人强调这种蔬果的好处。如果某位专家说，某种食物吃多了会影响身体机能，建议不宜多吃。那么许多人一定会把这类食物请下餐桌，并嘱咐身边的亲戚朋友要远离这种食品。可见，人们对权威者的话语存在着一种莫名的恐惧感。

心理学家认为，人的有些感情不完全真实，甚至连自己都意识不到它不是真实的。比如说爱或者恨，当一个人以为爱着另一个人的时候，其实不一定真的爱她。同理，当一个人认为自己恨一个人的时候，也不见得是真的恨他。但是有一种感情绝对是真实的，那就是恐惧。当一个人意识到自己在恐惧的时候，就真的是在恐惧。是否有发现，在日常生活中，当开始感到恐惧时，思路就会变得紊乱，情绪就会变得紧张，而且会不自觉地变得冲动，无法做出正确的判断。

生活中经常会有这样的感受：黑夜里，我们看到黑影的时候就会感到恐惧。因为黑影让人们感到陌生，因此它被视为是内心害怕的彰显，所以令人感到惧怕。事实便是如此，恐惧是源于人们内心的情绪，它能影响人们正常的思考。所以，在自己的言谈中添加一些权威成分，可以有效地操纵别人增加对你的信任和支持。通过言谈使别人的思想进入你的权威之中，他们就会一点一点地相信你的观点，接受你的意见。而且一旦感觉自己偏离了你的观点，便会觉得恐惧、不安，会调整自己，继续相信你的权威。

为什么事先坦露自己的缺点反而让自己变得容易亲近

你是否觉得如果要使自己拥有一个强大的气场就得使自己成为一个几乎没有缺点的人，至少在别人看来是个完美的人呢？如果答案是“是”的话，那么观察你周围那些在你看来几乎没有缺点的人，他们是不是都能易如反掌地影响他人？他们的气场是否足够强大？事实上，不完美的人才容易与他人亲近，从而扩大自己的气场影响力。

露宝是一名42岁有着4个孩子的家庭主妇，曾从事过文秘、档案管理和会计等工作。但这些工作她都做不长久，后来一直在家里操持家务。孩子长大后，她不得不出来工作，挣钱补贴家用。正好有一家公司招聘秘书，她投了简历。在填报工作履历时，她如实填写了如上情况。她的女友说她“你太傻了，这么写没人要你的”！她自己也没有抱多大的希望。但是她认为，做人要诚实，不能骗人。

傻人也有傻福。这家公司刚刚草创，百事待举，恰恰需要一名管家型秘书。董事长认为：只要她能胜任公司的各种杂务而不厌其烦就行。大龄的“缺点”，在董事长眼里竟然是优势。而她以一个成熟女性特有的缜密与周到，把工作做得妥妥贴贴，从而赢得了大家的一致认可。

大多数的人总想尽可能地掩饰自己的缺点，并塑造出“精明能干”的形象，应聘者在应聘中更是如此。然而，形象过于完美的人，往往容易让人产生一种不真实感，有时甚至连自己真正的优势也会被别人怀疑。不介意坦诚自己缺点的露宝不仅获得了该公司的秘书职位，还为自己营造了良好的人际环境，最重要的是她的气场、她的魅力征服了公司所有人。

过于完美的人容易让人产生距离感，难以亲近。试想一下，在与一个有距离的人相处时，你能发挥自己的气场吗？你自己的气场真有那么强大吗？事实并非如此。美国密西西比大学约翰·波格博士曾进行过一次调查。调查结果显示，情侣不刻意互相掩饰，坦诚相对，这样反倒不容易分手。

如果在人际交往过程中先坦露自己的缺点，往往更容易得到别人的信任。生活中，大多数人总是想方设法地掩饰自己的缺点，宣扬自己的优点。试想一下，如果此时有人故意暴露自己的缺点，是否会让人觉得他很诚实，从而对他产生信任感呢？答案是肯定的。因此，如果你想获得别人的好感，首先就得赢得别人的信任。人们总是倾向于接受自己熟悉的人的意见和建议，如果你能让对方对你持有好感的话，你的气场便在无形中得到了增强，并不时地对外界发放威力，影响着你周边的人。

所以，要想使自己拥有良好的人际关系，最好是在事前向对方告知你的缺点。但值得注意的是，这个缺点是无伤大雅的小缺点，如果这个缺点会让对方将你拉入黑名单，那还是不说为妙。

告诉对方你的缺点的诀窍还在于先让对方有心理准备后，再努力采取补救措施，这样则能为自己加分。比如说“我做事的速度比较慢，但我会比别人更注重细节”“我堵车了，可能会迟点到”，但如果你做得既快又好抑或准时抵达现场，你说别人对你的印象是不是会更好呢？而且在告知缺点的同时也不忘提出自己的优点，不仅能够加深对方对你的正面印象，还能减少人际交往中容易带来的疏远感。

第五章
自救：为什么死神也怕咬紧牙关的人

睡觉时胡子放在哪儿——简单生活

有一个老人，非常喜欢留大胡子，花白的胡子足有一尺长。

有一天，老人在门口溜达，邻居家5岁的小孩儿问他："老爷爷，你这么长的胡子，晚上睡觉的时候，是把它放在被子里面呢，还是放在被子外面？"

老人竟一时答不上来。

晚上睡觉的时候，老人突然想起小孩子问他的话。他先把胡子放在被子外面，感觉很不舒服；他又把胡子拿到被子里面，仍然觉得很难受。

就这样，老人一会儿把胡子拿出来，一会儿又把胡子放进去，整整一个晚上，他始终想不出来，过去睡觉的时候胡子是怎么放的。

第二天天刚亮，老人敲邻居家的门。

正好是小孩子来开门，老人生气地说："都怪你这小孩，害我一晚上没有睡成觉！"

人总爱和自己较劲儿，什么事都要弄个水落石出，总要把简单的问题搞复杂。胡子放在被子里还是被子外？原本很自然的事，考虑多了便成了烦恼。

生活也一样，如果你对生活有太多的要求，就会为生活所累。曾有一首歌唱道："总是到了最后才明白，平平淡淡，简简单单才是真……”的确，生活需要简单，简单能够带来和谐。简单的生活，就是快乐的生活。

简单是一种心灵的净化，它是安定，是整顿，是率直，是单纯，它通常表现在诸如单纯的饮食、更有纪律的日常作息这种单纯的生活方式上。换言之，简单化就是在喧嚣的世俗里增加一份宁静。

简单地做人，简单地生活，想想也没什么不好。金钱、功名、出人头地、飞黄腾达，当然是一种人生；但能在灯红酒绿、推杯换盏、斤斤计较、欲望和诱惑之外，不依附权势，不贪求金钱，心静如水，无怨无争，拥有一份简单的生活，不也是一种很惬意的人生吗？毕竟，你用不着挖空心思去追逐名利，用不着留意别人看你的眼神，没有锁链的心灵，快乐而自由。

小和尚买油——转移注意力

从前，在山中的庙里，有一个小和尚被要求去买油。在离开前，庙里的厨师交给他一个大碗，并严厉地警告：“你一定要小心，千万别把油洒出来。”

小和尚答应后就下山到厨师指定的店里买油。在上山回庙的路上，他想到厨师凶恶的表情及严重的告诫，愈想愈觉得紧张。小和尚小心翼翼地端着装满油的大碗，一步一步地走在山路上，丝毫不敢左顾右盼。

很不幸的是，他在快到庙门口时，由于没有看清前面的路，结果踩到了一个洞。虽然没有摔跤，却洒掉了1/3的油。小和尚非常懊恼，而且紧张得手都开始发抖，无法把碗端稳。回到庙里时，碗中的油就只剩一半了。厨师拿到装油的碗时，当然非常生气，他指着小和尚大骂：“你这个笨蛋！我不是说要小心吗？为什么还是浪费这么多油？真是气死我了。”小和尚听了很难过，开始掉眼泪。另外一位老和尚听到了，就跑来问是怎么一回事。了解以后，他就去安抚厨师的情绪，并私下对小和尚说：“我再派你去买一次油。这次我要你在回来的途中，多观察你看到的人和事物，并且需要跟我做一下汇报。”

小和尚想要推掉这个任务，强调自己油都端不好，根本不可能既要端油，还要看风景、想汇报的事。

不过，在老和尚的坚持下，他只有勉强上路了。在回来的途中，小和尚发现其实山路上的风景特别美。远方看得到雄伟的山峰，近处又有农夫在梯田上耕种。走了不久，又看到一群小孩子在路边的空地上玩得很开心，而且还有两位老先生在下棋。这样边走边看风景，不知不觉就回到庙里了。当小和尚把油交给厨师时，发现碗里的油装得满满的，一点儿都没有洒。

心理问题往往有这么一个特点，就是越注意它，它似乎就越严重。正如小和尚买油，第一次买油，小和尚越是担心摔跤，结果油洒得越多。第二次买油，在老和尚的建议下，小和尚转移注意力，欣赏沿途的景致，观察过往的游人，结果一滴油都没有洒。

从心理学上讲，一个人的注意力不能同时集中在两件事物上，当你受困于某件事情时，你可以主动跳出来，开始着手进行另一件事，以此转移注意力。注意力的转移是指把注意从一个对象转移到另一个对象上，或从一种活动转移到另一种活动上。就像转移注意力可以让和尚更好地打油。

其实有些道理是相通的，当生活中有很多不快，让你难以开怀的时候，你也可以放下执着，转移一下注意力，让心看到另一种风景，一切烦恼就会烟消云散。

生活本是丰富多彩的，除了工作、学习、赚钱、求名，还有许许多多美好的东西值得我们去享受：可口的饭菜，温馨的家庭生活，蓝天白云，花红草绿，飞溅的瀑布，浩瀚的大海，雪山与草原，大自然的形形色色……

转移注意力，学会享受如山水般充满诗意与智慧的“心灵生活”，真正去领会生活的诗意、生活的无穷乐趣，这样我们学习、工作起来也会感到更有意义。

死神也怕咬紧牙关的人——珍惜生命

两个探险者迷失在茫茫的大戈壁滩上，他们因长时间缺水嘴唇裂开了一道道的血口，如果继续下去，两个人只能活活渴死！一个年长一些的探险者从同伴手中拿过空水壶，郑重地说：“我去找水，你在这里等着我吧！”接着，他又从行囊中拿出一只手枪递给同伴说：“这里有6颗子弹，每隔一个时辰你就放一枪，这样当我找到水后就不会迷失方向，就可以循着枪声找到你。千万要记住！”

看着同伴点了点头，他才信心十足地蹒跚离去……

时间在悄悄地流逝，枪膛里仅仅剩下最后一颗子弹了，找水的同伴还没有回来。“他一定被风沙湮没了或者找到水后撇下我一个人走了。”年纪小一些的探险者数着分数着秒，焦灼地等待着。饥渴和恐惧伴随着绝望如潮水般地充盈了他的脑海，他仿佛嗅到了死亡的味道，感到死神正面目狰狞地向他紧逼过来……他扣动扳机，将最后一粒子弹射进了自己的脑袋。

就在他尸体轰然倒下的时候，同伴带着满满的两大壶水赶到了他的身边……

年纪小的探险者是不幸的，因为他放弃了坚持，同时也就放弃了自己宝贵的生命。很多时候，在我们人生的道路上，面对困难和挫折，我们能够咬着牙坚持着熬过最漫长最艰难的时刻；可当成功将要与我们伸手相握的时候，却因为我们最终的放弃便与之擦肩而过了。

困难的时刻，绝望的时刻，千万别轻言放弃，坚持再坚持。咬紧了牙关的人死神也会避而远之。

珍惜生命，绝不是苟且偷安！饱食终日而无所事事，无异于慢性自杀！珍惜生命，就要惜时如金！待到硕果累累之时，才是真正的快乐。

偷懒的马会把你拉进失败——克服懒惰

两匹马各拉一辆大车。前面的一匹走得很好，而后面的一匹常常停下来。于是人们就把后面一辆车上的货挪到前面一辆车上去。等到后面那辆车上的东西都搬完了，后面那匹马便轻快地前进，并且对前面那匹马说："你辛苦吧，流汗吧，你越是努力干，人家越是要折磨你。"

来到车马店的时候，主人说："既然只用一匹马拉车，我养两匹马干吗？不如好好地喂养一匹，把另一匹宰掉，总还能得到一张皮吧。"于是，他便这样做了。

可见懒惰是要受到惩罚的，饱食终日无所事事的人，必然不可能享受到收获的快乐。

有一个贵族，他要出门到远方去。临行前，他把仆人们召集起来，按各人的才干，给他们银子。

后来，这个贵族回来了，就把仆人叫到身边，了解他们经商的情况。

第一个仆人说："主人，你交给我 5000 两银子，我已用它赚了 5000 两。"

贵族听了很高兴，赞赏地说："好，善良的仆人，你既然在赚钱的事上对我很忠诚又这样有才能，我要把许多事派给你管理。"

第二个仆人接着说："主人，你交给我 2000 两银子，我已用它赚了 2000 两。"

贵族也很高兴，赞赏这个仆人说："我可以把一些事交给你管理。"

第三个仆人来到主人面前，打开包得整整齐齐的手绢说："尊敬的主人，看哪，您的 1000 两银子还在这里。我把它埋在地里，听说您回来，我就把它掘了出来。"

贵族的脸色沉了下来："你这又恶又懒的仆人，你浪费了我的钱！"

工作占人生很大而且很重要的一部分，假如你对工作厌倦，整个人生将缺少乐趣。一个人工作时所具有的精神不但对工作效率有很大关系，而且对于他本人的品格也有重要影响。工作就是一个人的人格的表现，你的工作就是你的志趣、理想，只要看到了一个人所做的工作，就“如见其人”了。

因此，在任何情形之下，你都不能对工作产生厌恶，这是最坏的一件事。假使你为环境所迫，而只能做些乏味的工作，也应该努力设法从这乏味的工作中找出一些兴趣和意义来。要知道凡是应当做而又必须做的工作，总不可能是完全无意义的。问题全在于你对待工作的精神状态如何。良好的精神，会使任何工作都成为有意义、有兴趣的工作。

有人觉得工作辛苦，是由于他们希望尽快把工作交差，好去休息或玩乐。这种急于解除负担的心情，会使工作变得格外枯燥。我们不可能总是找到自己喜欢的工作。只有尽量使自己喜欢目前的工作，心理上的厌烦减除之后，工作才会显得自然轻松。人们对工作厌倦，一部分原因固然是工作繁重枯燥，但也有一部分原因是由于自己对工作不能胜任。不能胜任，就不能愉快。当工作取得成绩并得到赞赏时，本来枯燥的工作也就有了乐趣。

努力工作，所需的是勤劳与坚忍；努力工作而又能快乐地工作，则是一种智慧。这种智慧能使人在枯燥的工作中发现乐趣，使工作不再是一项苦役，而是一种人生创造。这样的工作态度往往能塑造出杰出的人才。

人生来便有荣誉感渴望成功，如果你希望在工作中获得成功，唯一的办法就是认真地尽忠职守。应该在心中立下这样的信念和决心：从事工作，你必须不顾一切，尽你最大的努力。如果你对工作不尽力，那将贬损自己，糟蹋自己。老板不在身边却更加卖力工作的人，将会获得更多奖赏。如果只有在别人注意时才有好的表现，那么你永远无法达到成功的顶峰。如果你对自己的期望比老板对你的期望更高，那么你就无须担心会失去工作。同样，如果你能达成自己的最高标准，那么升迁晋级也将指日可待。

那些被认为一夜成名的人，其实在功成名就之前，早已默默无闻地努力了很长一段时间。成功是一种努力的累积，不论哪个行业，想攀上顶峰，通常都需要有努力工作的精神。如果想登上成功之梯的最高阶，你得永远保持主动率先的精神，即使面对缺乏挑战或毫无乐趣的工作，最后也能获得回报。当你养成这种习惯，你就有可能成为老板和领导者。那些成就大业的人和凡事得过且过的人之间最根本的区别在于，成功者懂得为自己的行为负责。没有人能促使你成功，也没有人能阻挠你实现自己的目标。

如果你的心中有一匹偷懒的马，那么，赶紧将其驱除吧，小心它会将你拉进失败的陷阱。

最重要的就在我们的身边——把握现在

从前有个年轻英俊的国王，他既有权势，又很富有，但却为两个问题所困扰，他经常不断地问自己，他一生中最重要的时光是什么时候？他一生中最重要的人是谁？

他对全世界的哲学家宣布，凡是能圆满地回答出这两个问题的人，将分享他的财富。哲学家们从世界各个角落赶来了，但他们的答案没有一个能让国王满意。

这时有人告诉国王说，在很远的山里住着一位非常有智慧的老人，也许老人能帮他找到答案。国王到达那个智慧老人居住的山脚下时，他装扮成了一个农民。

他来到智慧老人住的简陋小屋前，发现老人盘腿坐在地上，正在挖着什么。“听说你是个很有智慧的人，能解答所有问题，”国王说，“你能告诉我谁是我生命中最重要的人？何时是最重要的时刻吗？”

“帮我挖点土豆，”老人说，“把它们拿到河边洗干净。我烧些水，你可以和我一起喝一点汤。”

国王以为这是对他的考验，就照他说的做了。他和老人一起待了几天，希望他的问题能得到解答，但老人没有回答。

最后，国王对自己和这个人一起浪费了好几天时间感到非常气愤。他拿出自己的国王玉玺，表明了自己的身份，宣布老人是个骗子。

老人说：“我们第一天相遇时，我就回答了你的问题，但你没明白我的答案。”

“你的意思是什么呢？”国王问。

“你来的时候我向你表示欢迎，让你住在我家里，”老人接着说，“要知道过去的已经过去，将来的还未来临。你生命中最重要的时刻就是现在，你生命中最重要的人就是现在和你待在一起的人，因为正是他和你分享并体验着生活啊。”

人的一生似乎都在寻寻觅觅。寻找永恒不变的幸福，寻找功盖千秋的成功。为此人们劳苦终日，行色匆匆。也许到了弥留之际，都找不到自己要找的东西。因为要找的东西可能早已擦肩而过了。

所以，我们要明白一个道理，那就是珍惜现在要比缅怀过去、期望未来重要得多，生活给予我们的实在太多了，可惜大多数人都不懂得珍惜。我们不能再为过去的失误而一味痛悔，也不能总沉浸在对明天的想入非非里，最重要的是要把握现在。从今天开始，让每一天都过得充实，珍惜身边的一切，把握好现在，把握好人生。

请先看完所有题目——归零心态

有个自视聪明的学生参加考试。试卷一发下来，他大致浏览了一下，除了试卷上头一行“请先看完所有题目之后，再开始作答”的字样之外，有100道是非题。以他的实力，大约30分钟可答完，他满怀自信地提笔开始答题。

过了2分钟，有人满面笑容地交卷，这个聪明的学生心中暗笑:“又是交白卷的家伙。”

再过5分钟，又有七八个人交卷，同样是笑容满面，看来不像是交白卷的模样。这个聪明学生看看自己只答到二十几道题，连忙加快速度，埋头作答。

待他答到第76题时，赫然发现题目写着“本次考卷不需作答，只要签上姓名交卷便得满分，多答一题多扣一分。”

他满脸狐疑地举手欲向监考老师发问，只见同时有数名考生迷惑地四处张望。

聪明的学生看着试卷第一行的说明:“请先看完所有题目之后，再开始作答。”他不禁痛恨起自己答题的快速。

在我们的人生历程中，不难看到类似的情形，自视过高，不听意见，这是一般人常犯的错误。尤其在学习成长的路上，归零的心态是我们必须首先拥有的。只有将自己心中那杯已长满青苔的死水倒掉，方能承接学习过程中新注入的清甘泉。

而且要不止一次地将杯子倒空，因为你每次学习所吸收的新东西，很快地又会将你心中的杯子装满。所以你必须拥有属于自己的智慧贮水库，时时不忘将杯内的水倒入水库中，使杯子永保中空，随时可承接新的事物。

建议你在面对任何人生际遇时，记得试卷最开始的要求，遵行人生答题的指示，归零地去对整个状况做通盘了解，切勿自作聪明。在事业的开展上保持归零的心态。在人际的沟通、夫妻的相处、子女的教育等方面，皆应如此。

大鱼的故事——承受风险

一个水手的儿子在他很小的时候，第一次随大人上船玩。

他伏在甲板上看海，忽然他看见在船后有一条很大的鱼。他指给别人看那一条大鱼，但奇怪的是没有人看见这条鱼。

大家想起来一个传说，说海里有一种怪物形状像鱼，一般人看不见。如果一个人能看见它，这个人将因它而死。

从此这个人不敢再到海上，也不敢再乘船。

但他经常到海边，每次他走到海边，都能看见这条鱼在海里出现。有时他走在桥上，就看见这条鱼游向桥下。他渐渐习惯了看到这条鱼，但是他从不敢接近这条鱼。就这样他度过了一生。

在他年老面临死亡的时候，他终于忍不住了，决定到鱼那里去，看看到底会发生什么。他坐上一条小船，划向海里的大鱼。

他问大鱼："你一直跟着我，到底想干什么？"大鱼回答："我想送给你珍宝。"他看到了大量的珍宝。他说："晚了，我已经要死了。"

第二天，人们发现他死在了他的小船上。

用心理学来分析，这里的海是潜意识的象征，海像潜意识一样浩瀚无边又深不可测，隐藏着无数的奥秘。大鱼就是大海的奥秘，是潜意识中的精神的象征、直觉的象征。

如果一个人进入了自己的潜意识，他就注定不能过一般人的生活。进入潜意识中是有危险的。如果你的潜意识里存在着心理矛盾，而你无力解决这样的矛盾，又贸然介入太深，你的心理平衡就会受到威胁。

但是，在我们的潜意识里，固然有危险的成分，有时也不尽然。如果那个看到鱼的人较早鼓足勇气，勇敢地冒险接近它，他也许已经是百万富翁了，但他却错过了这种机遇。

一次，有人问农夫是不是种了麦子。农夫回答："没有，我担心天不下雨。"那个人又问："那你种了棉花了吗？"农夫说："没有，我担心虫子吃了棉花。"于是那个人又问："那你种了什么？"农夫说："什么也没种。我要确保安全。"

一个不冒任何风险的人，只有什么也不做，就像那个农夫一样到头来什么也没有。

不愿意冒风险的人不敢笑，因为他们怕冒愚蠢的风险；他们不敢哭，因为害怕冒别人耻笑的风险；他们不敢向他人伸出援助之手，因为要冒被牵连的风险；他们不敢暴露感情，因为要冒露出真实面目的风险；他们不敢爱，因为要冒不被爱的风险；他们不敢希望，因为要冒失望的风险；他们不敢尝试，因为要冒失败的风险……但是我们必须学会冒险，因为生活中最大的危险就是不冒任何风险。

鸵鸟在遇到危险的时候常常行掩耳盗铃之举，把自己的头藏在沙土中获得心灵上的解脱。我们成年之后，虽然知道好多事情不能躲避，必须要坚强面对，要冒风险，我们还是在心底存留着那种逃避和找寻安慰的想法。其实，困难和风险也是欺软怕硬的，你强它就弱，你弱它就强。我们要时刻记得，最困苦的时候，没有时间去流泪；最危急的时候，没有时间去犹豫。冒险则意味着你更有可能成功。

推销《圣经》的神父——挑战自我

一位神父要找3个小男孩，帮助自己完成主教分配的1000本《圣经》的销售任务。

神父觉得自己只能完成300本的销售量，于是他决定找3个能干的小男孩卖掉剩下的700本《圣经》。神父对于“能干”是这样理解的：口齿伶俐，言辞美妙，让人们欣喜地做出购买《圣经》的决定。于是按照这样的标准，神父找到了两个小男孩，这两个男孩都认为自己可以轻松卖掉300本《圣经》。可即使这样还有100本没有着落，为了完成主教分配的任务，神父降低了标准，于是第三个小男孩找到了。给他的任务是尽量卖掉100本《圣经》，因为第三个男孩口吃很厉害。

5天过去了，那两个小男孩回来了，并且告诉神父情况很糟糕，他们俩总共只卖了200本。神父觉得不可思议，为什么两个人只卖掉了200本呢？正在发愁的时候那个口吃的小男孩也回来了，他没有剩下一本《圣经》，而且带来了一个令神父激动不已的消息：他的一个顾客愿意买他剩下的所有《圣经》。这意味着神父将能卖掉超过1000本的《圣经》，神父将更受主教青睐。

神父彻底迷惑了。被自己看好的两个小男孩让自己失望，而当初根本不当回事的小结巴却成了自己的福星，神父决定问问他。

神父问小男孩：“你讲话都结结巴巴的，怎么会这么顺利就卖掉我所有的《圣经》呢？”

小男孩答道：“我……跟……见到的……所有……人……说，如……果不……买，我就……念《圣经》给他们……听。”

很多时候都如此，当一件事情大家认为不可能发生时，却往往是幸福来临的时刻。所以说，虽然口吃是小男孩的劣势，但从另一个角度来看，这也是他的优势：他“威胁”别人，如果不买《圣经》就要念给他们听，想想看，听一个口齿不清的人读书，该是怎样的一种煎熬。

心理学家认为，每个人都有自己的劣势和缺陷，有些人面对缺陷时总会想办法遮掩，害怕别人的嘲笑，殊不知，这样做往往适得其反。正确的态度是坦然面对自己的缺陷，不有意掩饰，敢于挑战自我，并根据自己的具体情况确立自己的目标，就有可能避开自己的缺陷，甚至可能将劣势转化成优势。

内向的人仿佛天生不适合做销售，但他们做销售一定会给客户以稳重的感觉；外向的人仿佛天生不会静下心来思考，但他们要是做起策划方案往往天马行空。所以人其实是没有优势与劣势之分的，关键要看用在什么地方。

不必因为你现在处于劣势而烦恼，只要你努力，你一样可以将劣势转化为优势，让弱点成为闪光点！

拗不过骆驼的人——合理期望

一头高大的骆驼趴在地上，蜷起腿来，尽力用它的膝盖支撑着身子，耐心地等待主人往它身上装货。主人在驮架上放上了一个货包，接着又放一个，不停地叠在骆驼的背上。

“他该住手了吧！”骆驼心里发起愁来了，但是它又不敢违背主人。

好不容易才等到主人把货叠完了，只见主人甩动长鞭，发出了开步走的命令。骆驼颤颤巍巍地站立起来。

“走吧！”主人拍了一下骆驼的笼头命令道，但骆驼却呆立不动。“你怎么老站着不动啊？快走！”主人厉声喝道，他使劲地又扯了一下笼头。

此时，骆驼的四条腿就好像是钉在地上，一动也不动。

“唉，你这个固执的家伙！”主人叹了口气，他猜到了骆驼的心思，动手从它背上卸下两个货包。

“这样还差不多。”骆驼自言自语地嘟囔着，顺从地上路了。

他们在烈日下走了一整天。主人想在天黑前赶到前边的村庄投宿，骆驼仿佛猜到了主人的心思，它不再往前走动了。

“走啊，走啊！你这个偷懒的家伙。”主人拉起嗓门直嚷嚷，“再走一程我们就能住店啦！”

“你不要太过分了，我的主人！今天我累得够呛，四条腿又酸又疼。”骆驼暗自想着，它直挺挺地趴在沙地上，横竖不挪动了。

牵骆驼的人心里叫苦不迭，可又有什么办法呢？他只得卸下货物，沮丧地在沙漠里露宿了一夜。

骆驼的主人从骆驼身上卸下两个货包，以为骆驼会加快步伐，在天黑之前赶到村庄投宿。不料骆驼直挺挺地趴在地上，一动不动。骆驼的主人觉得十分沮丧，与其说是因为不得已在沙漠里露宿，还不如说是因为原先的期望过高，到头来成了泡影。

在生活中，你所设置的期望越高，而又因能力有限或受客观因素影响无法实现时，所遭受的打击就越大，挫折感就越重。便由此产生心理失衡、失望、抑郁情绪，特别严重时还可能走向极端。只要我们平时留意，就可发现，在我们四周常可以见到一些因期望值过高而引发心理障碍的患者。

其实，假如原定的期望值达不到时，是可以转化调整的。很多人受挫，多数是因为期望超过了自己的实际能力。因此，当目标不切实际时，就干脆放弃；当有些目标过高，却不能够放弃时，就应当根据实际情况适当调整，可以把大目标分解成若干个小目标，然后通过实现小目标，最终达到大目标。

城里老鼠和乡下老鼠——安心自在

乡下老鼠和城里老鼠交上了朋友，彼此开始往来。一天，乡下老鼠邀请城里老鼠去它家赴宴，摆出地里出产的无花果和葡萄之类的果实请它吃。城里老鼠看乡下老鼠家里穷，就对它说："你这里过的简直是蚂蚁的生活，而我家的东西则丰富极了。我真希望你能到我家，那我们就可以大吃特吃那些珍馐美味了。"乡下老鼠当面答应了。

第二天，乡下老鼠来到城里老鼠家做客。乡下老鼠见到屋里什么也没有，心里很纳闷。这时城里老鼠说："走，我带你到一个地方去，保你吃个够。"说着，它把乡下老鼠带到一个地主的库房里，乡下老鼠一看，里面的东西可真不少，有各种蔬菜、鱼肉、饼干、面包……

乡下老鼠说："人家的东西，不打招呼就吃，行吗？"城里老鼠理直气壮地说："没关系，放开肚皮吃吧，我经常来。"它俩吃得正起劲，忽然管家婆推门进来，发现有老鼠，拿起笤帚就打，城里老鼠领着乡下老鼠赶紧跑进洞里。乡下老鼠说："好险啊！"

事后，乡下老鼠对城里老鼠说："老兄，还是你自己去享受这大鱼大肉的生活吧！这样担惊受怕，我可受不了，还是乡间清贫而自由自在的生活过得舒心啊！"

城里老鼠和乡下老鼠都在享受生活，只是城里老鼠享受的是物质生活，每天大鱼大肉，不劳而获，心里却要担惊受怕，不得安稳；而乡下老鼠享受的是精神生活，尽管物质上清贫一些，吃不上那些珍馐美味，但它每天自由自在，快乐而舒心。

生活中，人们普遍认为钱越多，生活才会过得越舒适。于是为了挣更多的钱，有的人违背良心做了伤害亲朋好友的事，甚至铤而走险触犯法律。然而，有了钱又如何，既不能光明正大地享受，又整天提心吊胆，生怕别人发现自己的行为。久而久之，失眠多梦，害怕，难以集中注意力……这是一种病态心理，严重影响自身的健康，特别是对精神的摧残。

生活需要一种心境，即使日子过得清贫，但只要诚实、勤劳，吃的都是自己拥有的东西，吃起来就会有滋有味；拥有一颗善良的心，对不劳而获、偷偷摸摸地享有别人的东西感到不安；为人正直，不做亏心事，不必担惊受怕；没有贪念，可以经得起物质的诱惑，放弃不劳而获的物质生活的享受，品尝心灵的自由与安宁，因而舒心，生活有乐趣。

总之，愉快的生活是不能与各种美德分开的，具备勤劳、善良、美好的心灵，才能真正地、更好地品味生活、享受生活。

第六章

善变：做好了决定为什么会被别人牵着鼻子走

为什么我们会因打折而改变购买决定

在生活中，我们总会遇到很多商品打折出售，当时间不是很赶的时候，大部分人总会选择停留下来看看有没有自己喜欢的东西。等到时间快到的时候才想起自己要做的正事，然后匆匆忙忙地抓起一样东西，结账离开。或许，这件东西自己本来就不是特别喜欢，也可能这件商品以后根本用不到。打折的诱惑力到底有多大呢？我们看看一个国外的研究例子：

研究人员曾在一家商店做过这么一个实验：研究人员告诉售货员在有顾客来购买计算器或电脑这两类商品的时候告诉他，明天商店会有打折活动，如果到时候再买，能便宜 15 英镑。

第一位顾客想要购买的是一个计算器。售货员给他推荐了几种不同的产品。经过仔细地权衡后，他选中了其中的一款，售价 20 英镑。售货员此时告诉他如果明天再购买的话，商店会有打折活动，这款计算器只售 5 英镑。此时顾客犹豫了一下，放下了计算器，决定明天再来购买。

之后又来了一位顾客，他想要购买的是一台电脑。售货员同样根据他的要求给他推荐了几款新产品。经过了一番思考，他终于选择了其中的一款，售价 999 英镑。就在这时，售货员跟他解释道，如果明天再来购买的话，商店有打折活动，这款电脑明天的售价会降到984英镑，是否考虑明天再来购买。顾客想了想之后，选择当场买下电脑。

研究人员对观察到的结果进行了统计。约70%的人选择推迟到第二天再去购买计算器，约75%的人选择当场买下电脑。事实上，在这两种情况下，人们都有机会节省相同数额的金钱。如果仅从理性的角度考虑的话，人们应该会以同样的方式处理这两次购买行为。如果他们不在乎可以省下的那几个英镑，就应该当场买下计算器或电脑；如果他们想要节省15英镑，那就应该第二天再去购买。然而，事实并非如此，很多人在这两种场景中选择了截然不同的处理方式。

显而易见，这两次购买行为所省下的金额是相同的，但是，为什么人们会用不同的方式对待这两次购买行为呢？因为他们并不是以绝对值来计算到底可以省下多少钱，而是以能够节省的金额在支出总额中所占的比例来衡量。如果以绝对值来衡量，每次节省的都是15英镑。不过，这15英镑代表的是计算器折前价格的75%，如果换成了电脑，这个比例就仅为1.5%了。从相对值来看，计算器打折后的价格要划算多了，所以更值得等一天。

人们本来在选择去商店购买某件东西的时候，在心里已经对这件商品的价格、购买时间等在心中有了一定的规划。然而，仅仅因为售货员的一句“明天商场打折，如果明天购买的话，会更加便宜”，大多数人在听到这句话的时候心中都会动摇一下，思考一下，是否值得明天再来购买这件本来已经决定要买的商品。如果打折的幅度够大，或者说打折后的节省金额和支出金额的比例相对更高，而时间又允许他们再拖延一天购买，我想大部分人都会选择改变自己原定的计划，多等待一天，再来购买。

打折，在日常生活中的诱惑力往往是很多人无法抵挡的，总是会在不知不觉中改变了自己原定的计划。有时候不仅仅是打折，就是简单的获利也会使人偏离自己原先的轨道。

研究人员曾装扮成某家咖啡公司的推销员，对某个偏僻小镇的1/5住户进行了拜访。他们告诉人们公司推出了一个新的宣传口号：××咖啡，质醇味美。并且在3天之后对镇上所有的住户进行回访，每一位能够记住该口号的人都将获赠1磅该公司的招牌咖啡。为了在小镇上营造出浓烈的咖啡热潮，他们不但采用了这种面对面的宣传攻势，还在小镇上狂发了3万张传单。3天后，调查人员对小镇居民进行了回访，结果发现84%的人都能够准确地说出××咖啡的新宣传口号——××咖啡，质醇味美。按之前的承诺，他们都获得了1磅咖啡。有些人在喝过这种咖啡后，甚至改换了自己之前喝习惯了的咖啡口味，换了该公司的产品。

在这个实验之前，大部分人应该都有自己喝习惯了的咖啡，也没想过购买别的咖啡来替换自己之前喝习惯的口味。如果没有获得1磅咖啡的奖励，几乎没有人会愿意在3天内把一句口号牢记在心，但强烈的获利动机使得人们在不自觉中改变了自己原先的想法，在潜移默化中把这八个字牢牢地记在了心中。

打折和赠送1磅咖啡，都是运用了使民众先得到一种好处的获利心理，再根据这种获利心理进行进一步的营销，使得消费者彻底地改变自己原先已经确定的想法。而这种获利的诱惑力是难以抵挡的。

生活中为何有如此多的善变者

有没有发现身边有着这么一类人，他们大都喜欢新鲜，追求新事物，崇尚改变。无论是最新上市的手机、衣物，还是新上映的电影、电视剧等。反正只要是一入他们的眼，是他们所喜欢的东西，他们都想第一时间拥有。他们的思维也不停地处于变化、跳跃中，让人捉摸不透。

回忆一下，你身边的这类人，当有一款心爱的新手机上市时，他们则会幻想着要是哪天自己的手机不小心丢了，这样就可以名正言顺地拥有新手机了。就算他的手机没丢，他也可以找个借口，比如说，他会告诉你，今天失恋了心情不好，我需要换个心情这样才可以忘记那个人。又比如说，他会这么说，今天老板给我升职了，我要好好犒劳一下自己。在这样顺理成章的逻辑下，手机终于换了。

想一想有没有碰到过这么一些时常改变着自己想法的男男女女，让自己的计划不断地处于变动之中，使自己十分被动?

有一家公司准备在总部举办运动会，分公司的老板积极响应。这个老板是出了名的“善变”。他要求助理全力负责该分公司的运动员选拔、操练及相应会务工作。助理丝毫不敢怠慢，从项目确定，人员报名、选拔，服装定做等，一切有条不紊地进行。一切都好像有条不紊地进行着，到最后一项集体项目广播体操时，这个老板的“善变”终于被彻底激发了。

刚开始，老板要求选拔有服役经历的公司保安做教官。没过两天，他看到职业军人升国旗很帅气，又想把教官换成职业军人。换了教官后，老板异常兴奋，说要自己亲自带领他们训练广播体操。没想到，第三天他又改变主意了，说还是由学校的老师来训练比较专业。风平浪静了一段时间，等到排练进入尾声时，老板又根据自己在电脑上看到的运动会的相关情况，从队形、男女比例、口号等进行了“七十二变”。助理本想着终于结束了，哪知在比赛前的一天晚上，老板下达了一项最新任务：升国旗的几个帅哥之所以帅，是因为他们戴了白手套。结果一大群职工在8月的盛夏晚上满大街地找白手套。手套终于买到了，老板又赶紧通知大家第二天一早6点到体育场进行赛前排练。第二天一早，排练完毕，老板最后赶来发布了赛前的最后一道指令：所有队员在比赛前一律把白手套放在口袋中，直到列队进场前最后一秒钟才能戴上，这样才有新鲜感，大家不得有误。

这个老板是典型的“善变”者，制订了计划之后，一见到新的东西，受到冲击，便不停地改变自己的决定。助理按照之前吩咐所做的努力都有可能成为无用功。为什么这类人会如此善变呢？为何他们如此容易受到外界的影响而改变自己的想法呢？善变的首要根源是其本身喜欢变化，其思想容易受到影响。

按照“善变”者的思维逻辑，他们做事根本就不需要什么计划，也不喜欢被什么事情约束，抱着“西瓜皮滑到哪里就是哪里”的想法，随性地生活着。

这些人在成长的过程中养成这种“善变”的性格，或许是环境对其思考模式和处事风格产生影响。而日常的生活方式和交往方式也在不断地影响着个人性格的塑造。俗话说“性格决定成败”，意在说明“性格决定思考，思考决定成败”。性格上的善变会使人们的思维跳跃性太强而影响到人们正常的思考过程，也使得别人难以跟上这种人思想的变化脚步。这也是为什么这种类型的人无论在职场上还是生活中，总是让人又爱又恨。

但是，“善变”这种习惯一旦形成就很难改变。“善变”的人几乎每天的生活都处在变动之中。在这种“善变”情绪的左右下，思考会随着情绪的变化而变。当情绪非常低下或高昂时，思考总是表现出某种极端；当情绪保持稳定的状态时，思考就会变得非常冷静和理智。情绪能够表达我们当前的思考状态，所以我们应该使我们的情绪保持稳定，这样才保持理性，才能保持自己决定的连贯性和持续性。

认识到情绪对思考的影响，就能够控制由于情绪所导致的思考冲动，也能通过控制情绪控制多变的思维，从而有效地控制多变的性格。

为什么明明不喜欢某些人，却总是无法拒绝他们的要求

有时候，我们会觉得很奇怪，为什么自己明明就不喜欢某些人、某些事，但总是无法坚决地拒绝，总是会莫名其妙地接受了原本不想接受的事情。

曾经有人发现了这么一个有趣的现象：越是自尊心强的女人，越容易陷入一个无自尊的陷阱。虽然，她有她的骄傲，但往往她

的骄傲总坚持不到最后。

兰是一个自尊心很强的女人，美丽，骄傲。但是最近的生活让她感到越来越郁闷，明明事先为自己设置好底线，之前想好的种种拒绝理由，到了最后却鬼使神差地举了白旗。不喜欢的男人成了自己的男朋友，男朋友让做自己不喜欢做的事最终也做了。不喜欢加班却几乎每天花了12个小时在工作上。不喜欢的应酬无法推却，挣扎着去面对。几乎所有不喜欢的生活方式填满了她一天24小时的生活。

为何会出现这样的问题，这就要研究下这类女性的心理了。

越是自尊心强的女人，往往越是一脸的冷傲。也许是对自身有着足够的信心，在拒绝对方时也格外显得决绝。男人的求爱，她直接说“不行”；同事的求助，她直接喊“不好”。自尊心越强的女人，越学不会拐弯。自身的好条件，让她们习惯了直来直往。

只是，在喊完一声声的“不行”和“不好”之后，她们的敏感开始发酵了。越是自尊心强的女人，心里都有一份超越常人的敏感，在拒绝了对方之后，她会慢慢静下心想，由己及人，会懊悔自己做得太绝、会自责自己心肠太狠。自尊心强的女人，不仅仅在意自己的自尊，更在意对方的自尊，伤到了谁她都会感到坐立难安，希望弥补一下对方受到的伤害，化解自己的歉意。

于是，只要那些对手们善于攻心术，掌握了这类女性的心理特性，要想改变她的决定绝不是一件难事。在受到拒绝后，只要默默地走开，摆出一副落寞的可怜样，诱发了这类女性的悔意，事情就好办了。只要她们心中开始有了不安，然后经过一段时间的发酵，之前所有的“不行”“不可以”“不好”都会变成肯定的答复。

兰就是这样一个女性，在敏感、悔意、不安的纠结下，不断地接受了自己本来不想接受的事情。日常生活中又有多少人也处于这样相同的状态，不断地延续着自己不想做的事，答应着自己原本不想答应的要求，不停地改变自己的初衷呢？这个数目是难以估计的。

几乎所有的人在面对那些平常不讨人喜欢的人，像不请自来的推销员、令人讨厌的点头之交，或是一些稀奇古怪的组织的代表的时候，如果他们一开始就要求我们买下产品，帮助他们或者接受他们的邀请之类的，人们一般不会答应他们，会选择各种各样的借口尽量拒绝。但是，只要他们换种做法，在提出请求之前提供一个小小的人们难以拒绝的礼物或者人情，那么，大部分人就极有可能答应他们，即使有时是违背自己的意愿。

在先得到别人的好处之后，人们就会感到对别人说“不”会让自己有负罪感，会显得自己很自私，这么做会令请求者觉得很失望。你感到自己有负罪感，所以自己之前坚持的拒绝习惯就开始改变了。在这种场合，有些人可能会觉得除了答应之外，已经别无选择了。

为什么会有“鸟笼效应”

鸟笼效应是一个著名的和有意思的心理现象，它起源于近代杰出的心理学家詹姆斯。

事情是这样的。1907年，詹姆斯从哈佛大学退休，同时退休的还有他的好友物理学家卡尔森。一天，他们两个人打赌。詹姆斯说：“我有个办法，一定会让你不久就养上一只鸟的。”听完詹姆斯的话，卡尔森根本就不相信，他说：“我不会养鸟的，因为我从来就没有想过要养一只鸟。”

没过几天，卡尔森过生日，詹姆斯送上了一份礼物，那是一只精致漂亮的鸟笼。卡尔森笑着说：“即使你给我鸟笼，我还是不会养鸟，我只当它是一件漂亮的工艺品。你和我打赌，你会输的。”

可是，从此以后，卡尔森家里只要来客人，看见书桌旁那只空荡荡的鸟笼，大部分的客人就会问卡尔森：“你养的鸟去哪里了，是飞走了吗？”卡尔森只好一次次地向客人解释：“不是这样的，我从来就没有养过鸟。鸟笼是朋友送的。”然而，每当卡尔森这样回答的时候，就会换来客人困惑而有些不信任的目光。无奈之下，卡尔森只好买了一只鸟。

詹姆斯的“鸟笼效应”成功了。即使卡尔森长期对着一个空置着的鸟笼丝毫不感到别扭，但每次来访的客人都询问空鸟笼是怎么回事的时候，或者将怪异的眼神投向鸟笼时，他就渐渐地懒于去解释，丢掉鸟笼或者购买一只鸟回来相对而言是一件更方便的事。丢掉鸟笼是不可能的，因为那是詹姆斯送的生日礼物，那就不如买一只鸟，省了之后解释的麻烦。

从卡尔森主动去买来一只鸟与笼子相配的行为分析，不难看出他是迫于众人询问的压力或者迫于自身心理压力而不得不改变了初衷。这是一种巧妙运用压力促使人服从的方法。自身的想法如何？该怎么去做？该满足谁的需要？卡尔森在某种程度上被詹姆斯的“鸟笼”给操控了，使得自身的自我意识消失，陷入了被别人操纵的结果。事实证明，如果你陷入被操纵关系的时间越长，你就越看不清真正的自我。同样，别人也无法真正地了解到你真实的想法。被操纵者最后会追随着操纵者的需求而不断地改变自己的立场，不自觉地遵循操纵者的指示。

如果你不知道自己究竟是谁，不知道除了为别人服务之外自己究竟该处于什么样的立场上，除了听从别人的指示之外自己不知道该怎么表达自己的想法，那么，你正是“自我消失”的人群中的一员，在人与人之间的相处上似乎感觉到自己在一点点地“消失”。有些感受不到自我存在的人这样描绘他们对“自我消失”的体会：生活以他人为中心，缺少个性，因而无法被人深刻记住。他们就像空气一般，漂浮在人们的周围，却几乎忽视了自己的存在。最令人感到可怕的是，在睡梦里或在清醒的时候，你可能还会突然地感觉到自己似乎正在不断缩小，似乎就要与这个世界离别。

在感到“自我消失”后，你就会感到一种无法言喻的失落感，也会感到与他人之间的距离拉大了。你非但不能清楚地向他人展示自己，也无法根据自己的处世原则适时拒绝别人、表明自己的态度和立场。此时，别人便会根据他们的理解及意愿来划定你是哪类人。确切地说，他们会将自己的意愿强加在你的身上。

心理学家在分析人格问题上有一个经典的测试，这就是罗夏墨迹测试。在这个测试里，将给出一系列卡片，每张卡片上都有一个墨迹。这个墨迹没有规则的形状，测试者被要求从每张卡片的墨迹上“看出”一张画。这一测试的理论基础是：测试者会将无任何确定意义的墨迹想象成他所被要求看到的图形。

如果你在生活中不能表现出一种确定的人格，那么，别人就会根据他们自己的需要和想法把你想象成另外一个样子。这就是“罗夏现象”。

自我意识不明确的人或丧失了自我意识的人往往容易在受到压力时便无法坚持自己的原则，甚至有时容易被他人操纵。因此，作为一个有独立思想的个体，应该尽量避免“鸟笼效应”对自己的影响。

多动下脑筋就可以改变他人的决定

在决策过程中，一些影响我们思想和行为的因素常常被我们忽视，因为它们十分隐蔽。有时候，可能只是简单的一个笑话、简短的一段音乐或者报纸上的新闻标题。事实上，要改变一个人的思维模式、感觉和行为方式并不需要大费周折，只需动一下小脑筋。

在一项研究中，法国餐厅的服务生被要求在给客人呈上账单的同时附上一张卡片。卡片的内容一半是当地一家夜总会的广告，另一半则是一则小笑话：一个爱斯基摩人已经在电影院门口等了许久，可依然看不到女朋友的身影。此时，外面已经变得越来越冷了。又过了一会儿，这个打着哆嗦的爱斯基摩人开始恼火起来，并从大衣里面拿出了一个温度计。接下来他大声说道：“如果她在气温降到 15° 之前还不出现，我可就真走了！”

那些看到这个笑话的顾客都给逗乐了，更重要的是，他们在给付小费时也变得慷慨多了。

也许我们会认为小费的多少取决于餐厅所提供的食物、饮料和服务的质量，但在对全球范围内的酒吧和餐厅内进行的研究显示，真正能够决定小费多少的是一些隐性因素。心情好坏在其中起着重要的作用。如果用餐者的心情非常愉悦，通常给的小费也比较可观。

研究人员已经反复衡量过心情和小费之间的关系。当外面阳光明媚时，甚至当服务生告诉他们外面阳光明媚时，人们都会给较多的小费。如果服务生在账单底部画上一个笑脸或者写上一句“谢谢您”，或者面对顾客时露出明显的笑容，他们都会得到更多的小费。其他一些研究还发现，如果服务生以名字而非姓氏介绍自己或者称呼客人，小费的数额也会大幅攀升。

此外，触摸的力量也不容忽视。在一篇名为《点金术：轻微触摸对餐厅小费的影响》的文章中，艾普瑞尔·克拉斯克解释说，她对两名女服务员进行了培训，教她们在给客人呈上账单的时候触摸客人的手掌或肩膀1.5秒钟。结果显示，与没有任何身体接触的情况相比，这两种短暂的触摸都会让客人多付一些小费。相对而言，轻触手掌的效果要比轻拍肩膀更好一些。

20世纪90年代，得克萨斯科技大学的研究人员查尔斯·阿雷尼和大卫·基姆在市区的一家酒品专卖店有计划地改变所播放的音乐。半数的顾客听到的是古典音乐，比如莫扎特、门德尔松和肖邦的曲子；还有半数的顾客听到的是流行音乐。研究人员把自己乔装成了清点存货的店内助理，借此观察顾客的各种行为，比如他们从酒架上拿下了多少瓶酒、是否阅读酒品的标签，更重要的是，他们最终买了多少瓶酒。

观察的结果令人印象深刻。播放的音乐类型并不会影响人们在酒窖里停留的时间，也不会影响人们从酒架上所取下酒品的数量，甚至不会影响人们购买酒品的数量，但的确会影响顾客对酒品的价格的选择。当播放古典音乐时，人们所选酒品的价格平均要比播放流行音乐时高出三倍。研究人员相信，听到古典音乐会让人们下意识地感觉自己变得高尚起来，从而促使他们去选购更为昂贵的酒品。

这些研究无不证明一个道理：我们的决策总会受外部各种因素的影响。它们在我们善未察觉时，已改变着我们的思维习惯和行为方式。

是什么让你在做决定时变得不那么理性

日常生活中，我们常常根据一个人的长相来判断他是好人或者坏人。如我们常常听到"那个人看上去就像坏人""他长得就一副小偷的样子"等。虽然我们都知道不能以貌取人，但事实上，相貌却常常影响了我们的判断和决策。

心理学家们曾经做过这样一个实验：他们播放一段模拟审判的视频，然后请观众充当陪审团，来确定视频中的被告是否有罪。其中一个被告的脸部特征与人们通常想象的罪犯非常吻合——塌塌的鼻子和深陷的眼窝。另外一个被告的脸部特征则给人以清白无辜的印象——婴儿脸和清澈的蓝眼睛。为了确保实验不受其他因素的影响，两名被告穿的衣服是完全一样的，坐在被告席上完全相同的位置，而且都面无表情。

实验结果证明，很多观众的判断都受到了被告脸部特征的影响。大约 40% 的人认为塌鼻子、深眼窝的被告有罪；只有 29% 的观众认为蓝眼睛、娃娃脸的被告有罪。

陪审团要做的决定都是很严肃的，所以他们必须尽最大可能保持理性。这项研究让我们看到，在我们尽最大可能保持理性的判断中，面貌的影响因素还是难以避免的。我们明知道不能单看一个人的长相便判断这个人是不是会违法犯罪，但事实上我们常常无意识地这样做。不仅普通人会受这种长相效应的影响，就连律师、法官也难说完全不受其左右。

著名的美国卡通漫画家盖瑞·拉尔森，就曾以漫画《远征》来反映这种奇怪却真实存在的现象。漫画的场景是一间法庭，被告的辩护律师正在向陪审团慷慨陈词。律师指着被告说："那么请问陪审团，这看起来像是冷血杀手的脸吗？"坐在被告席上的是一个西装革履的人，不过这个人的脸并没有出现，读者看到的只是一个典型的漫画式笑脸：两个黑点代表的是眼睛，一个凸向下方的半圆代表的是微笑时的嘴形。就像所有优秀的喜剧一样，拉尔森的漫画让我们发出了源自内心的笑声，但随后也让我们陷入了沉思：既然面貌会影响我们对一个人的判断，那么我们是不是也可以通过修整一个人的面貌来改变别人的看法，甚至改变这个人的行为。

在《影响力》一书中，心理学家罗伯特·西奥迪尼将这项研究与一个极不寻常的实验联系在了一起，实验的目的在于探讨在监狱里对病人施行整形手术的后果。20世纪60年代末，为了矫正脸部出现的损伤，纽约市监狱的一群犯人被施行了整形手术。研究人员发现，与没有接受整形手术的犯人相比，整过形的人再次犯罪入狱的可能性要小很多。罪犯接受改造的程度看起来并不能防止他们再次作案，比如教育和培训。但外貌却好像能够决定一切。实验结果引起了一些社会政策制定者的注意，他们表示，社会上的刻板印象是导致一些人屡次走上犯罪道路的原因所在，而改变其外貌特征是一种阻止他们再次作案的有效方式。

这种说法或许是有道理的。不过，西奥迪尼对实验结果做出了另外一种诠释：整形手术对于罪犯是否会再次作案可能并没有什么影响，只不过是外貌得到改善后意味着他们不太可能被投入监狱罢了。

无论是哪一种解释，我们都看到了面貌的改变无论对当事人还是对旁观者的思维判断都会产生一定的影响。由此，我们也可以受到一些启发：在生活中，多关注一下自己的相貌，给别人留下一个美好的印象，有利于让别人做出有益于我们的判断。

第四篇

人类一半是外星人，一半是地球人

第一章

进化论：为什么穷人家里女儿多

生男生女到底是由谁决定的

染色体、基因等因素都会影响孩子的性别。

一个广受关注的进化生物学原则——“特里弗斯－威拉德假设”指出，拥有较高社会地位的富裕父母有更多的儿子，而社会地位较低的贫穷父母有更多的女儿。这是因为通常孩子会继承父母的财富和社会地位。富裕家庭的儿子也是富豪，从进化史来看，他们可以生较多个孩子，而富裕家庭的女孩的后代可能就没有这么多了。

与此相反，贫穷的儿子可能被彻底排斥在繁衍游戏之外，因为没有女性愿意嫁给他们。但如果是年轻漂亮的女儿，那么仍有可能育有子女。所以父母在各自的经济环境中衡量孩子的性别比例——如果较为富裕，那就要男孩；如果比较贫穷，那就要女孩。

有很多证据能够支持这个假设。美国总统、副总统和内阁成员的儿子数量比女儿多。东非贫穷的游牧民族的女孩数量多于男孩。在美国和德国，精英阶层拥有更多的儿子，而普通人则有更多的女儿。在针对46个国家的调查中，如果人们只能有一个小孩，那么有钱人希望要儿子，而穷人则希望要女儿。尽管存在一些例外，但多数证据还是支持特里弗斯－威拉德假设的。

一项新假设指出，如果父母能够遗传的特质更适合男孩，那么父母将生男孩。相反，如果父母能够遗传的特质更适合女孩，那么父母将生女孩。大脑类型是此类遗传特质的一个例子。“男性大脑”更擅长系统化（善于理解）；而“女性大脑”更擅长共情（与他人产生关联）。因此新假设推定，拥有“男性大脑”的人如工程师、数学家和科学家，更有可能生儿子，而拥有“女性大脑”的人如护士、社会工作者和学校教师，更有可能生女儿。研究得到的数据也证明事实的确如此。

众所周知，男孩和男人对机器及其他机械物体有着浓厚的兴趣，而女孩和女人则更倾向于社交，并对人际关系比较感兴趣。假设这些性别差异是伴随人一生的性别社会化的结果，那么这些刚刚出生一天的新生儿，为什么也会表现出这样的性别差异？即使是“社会化”观念最狂热的支持者都不可能认为，24 小时就能让婴儿“社会化”了！

关于生男生女的研究，或许还有更多有趣的成果等待人们去挖掘。

一头秀发的女性为什么更有吸引力

有很多男生总是为一头瀑布般长发的女生所倾倒，秀美的头发成为一些女生性别和吸引力的象征。为此，许多女生都选择留一头长发。那么，为什么长发女子会获得青睐？为什么男性对长发女子情有独钟呢？

在古代，一个女人如果有一头又长又亮的头发，说明她拥有健康的身体和较强的生育能力。可以说，头发是人体健康的测量器。头发的荣枯，在一定程度上反映出身体的营养与健康状态。头发的生长速度与年龄、季节有关。15 ~ 30 岁为头发生长的旺盛期，夏天比冬天长得快些。人体的某些疾病或精神状态，也常常从头发的变化上反映出来。头发的生长非常缓慢，一年大概只长 15 厘米。这意味着一个女人要是有一头齐肩秀发（约 60 厘米），那么她的头发就可以准确地反映出她过去 4 年中的身体健康状况。一个女人也许现在很健康，但假如她在过去 4 年中生过病的话，一头长发就会把她的健康状况显示出来。

研究人员称，长发与性的关系可以追溯到远古时代。在远古时代，女人在衰老的时候没办法让自己的头发看起来健康亮泽。这也是为什么年长的女性更倾向于留短发的原因，她们不希望头发成为昭示她们身体健康状况的标志。而对年轻女生来说，健康柔顺的长发则能反映出她们的青春活力。心理学家介绍，远古壁画中所描绘的“长发女子”图像是有寓意的，“头发越长，说明其生育能力越强，因而越吸引雄性”。而两性关系学家帕姆·斯派认为，女性把头发剪短是在宣告要收回卧室的“主权”。他说：“对女性而言，头发是一个人的情绪和自我意识的反映。一般，短发象征着干练，更具有自我意识；长发则代表温柔、体贴。而且男人们会认为，女性剪短发是刻意使自己更‘阳刚’一些，这会让男人心生排斥”。长发让女人颇具性魅力，而留短发的女人给人的印象是严肃的感觉。而且很多男人迷恋长发在自己手上滑过后留下的那种清新爽滑的质感。

长发女人和短发女人哪一类更性感？有人对 5214 名英国男士进行了调查。结果不出所料：74% 的被调查者认为长发女人更性感，12% 的人喜欢短发女人，其余的觉得没有区别。因此，女人想吸引异性时应该留长发，而在工作上则应该留短发或者把头发盘起来。在正式的工作场合，对身居要职或在男人主导的行业任职的女性来说，性感的相貌会成为一种负担。

虽然长发有长发的魅力、短发有短发的气质，但是长发飘飘的女人对男人来说依然是无法抵挡的风景。

谎言能够让社交变得更加顺畅吗

很多人认为说谎是欺骗他人的行为，是一种不礼貌的行为。尽管从小我们就被教育不要撒谎，可在现实生活中，依然还是有很多人喜欢使用谎言。为什么我们一定要说谎？

因为说谎是人类与生俱来的一种能力，说谎意味着我们拥有自我意识；自我意识和说谎的能力是同步发展出来的。人们本能地说谎，甚至让其他人为他们说谎。

社会心理学家史金纳博士认为善意的谎言很重要，它们能维持我们的自尊，可以缓和生活中可怕的焦虑感。从心理学角度来说，说谎并非都会带来负面影响。

韩彬是一所大学的心理学教授。一天课程结束时，他给学生留下一项课外作业。可是到了规定交作业的期限，他发现至少有2/3的同学没有完成。

韩教授很生气，站在讲台上说："你们真让我失望，不是说好按规定期限交上来吗？到底是怎么回事？"他的话音刚落，就看到一个男同学站起来解释道："老师，对不起，我感冒了，刚好。"

"老师，这周末我不得不回家，因为我的父亲出差了……"

"老师，我的电脑最近出了毛病，一直没能修好……"

……

这些没有完成作业的学生似乎都有充分的理由。于是，韩教授花了整整一节课来聆听学生们无法按时交出作业，希望教授宽限时间的一连串借口。

韩教授好笑又好气地和同事说："学生们丢给我各式各样的借口，甚至亲人过世、生病或电脑故障等，有些理由真的是煞费苦心。"

不过，不管这些借口能不能让人相信，学生最终还是得以如愿以偿。因为没有证据指出这些学生在撒谎，教授只能相信他们是诚实的。

事实上，这些学生之所以撒谎主要是从心理上意识到自己没能按时完成作业这件事，已经惹教授生气了。而通过这些没有什么恶意的谎言进行解释，是对教授最基本的尊重，这样一来，教授心理可能会比较好受。

史金纳博士说："谎言能够让人类的社交运转得更加顺畅。"当我们学会使用语言和察言观色时，也就学会了假装、谄媚和奉承，还会养成天天说谎的习惯。真话有时候会带来伤害，所以我们在面对“我胖吗”或“你爱我吗”这类问题时就经常使用善意的谎言。

但善意的谎言有时也会产生负面效果。当我们还年幼时，父母会无条件地给予我们充分的关怀，称赞我们聪明又美丽，而我们也十分相信，直到我们认清真实的自己。

如果一个孩子在亲朋好友编织的谎言中成长，可能会影响他以后的人生。

在某电视台一个才艺表演节目中，一名漂亮的姑娘满怀希望地唱了一首自己偶像的歌曲，当然唱功并不出色，而且有些把握不到位。结果评委给出了真实的评价：“你真的不适应唱歌”“找一所专业学校再学习几年吧”“这根本不能算才艺”……

当这位年轻的姑娘听到这些奚落的语言，哭着跑下了台。家人安慰她说：“评委不公正，你应该参加规模更大的选秀节目。”后来，这位姑娘不但没有汲取教训，反而又去参加选美比赛，结果连海选都没通过。一连串的失败打击让她变得再也不自信了。

故事中这位年轻的姑娘是无辜的谎言受害者：她在过去的岁月里，听到太多来自亲朋好友的善意谎言，真的以为自己既美丽又多才多艺。事实上她并没有出色的才艺，甚至很平凡。所以，我们并不需要父母和朋友不切实际的鼓励，不需要靠善意的谎言来满足自我的虚荣心。

当然，并不是所有的谎言都是不好的，我们应根据不同的情况正确使用谎言。

为什么男人更易出现中年危机

很多人相信，男性进入中年时期就会面临中年危机。事实并非如此。尽管很多中年男性会陷入中年危机，但这并不是因为他们已经迈入中年，而是因为他们的妻子步入中年。

从进化心理学的角度来看，我们可以通过女性是否进入更年期判断男性是否陷入中年危机。因为这时男性需要再次吸引年轻而且具有生育能力的女性。因此与25岁女性结婚的50岁男性不会发生中年危机，但是与50岁女性结婚的25岁男性和50岁男性，都会面临中年危机。

男性是否迈入中年并不重要，关键在于女性是否也迈入中年。所以当一位中年男性买了一辆漂亮的红色跑车时，他并不是想要再年轻一次，而是在炫耀他的财富，以吸引年轻女性。

但是，对于进入中年危机的男性，我们要予以警告，或许年轻貌美的女性更有吸引力，或许出轨很刺激，但是，少年夫妻老来伴，选择出轨其实就是选择将下半生的幸福拿来冒险，最后很容易人财两空。

对于进入中年危机的男性，我们给出了以下几条建议：

一、你的变化、需求甚至脆弱，其实都可以和妻子倾诉。感觉对妻子“审美疲劳”了？发现两人没有共同语言了？一般而言，这大都是你在年轻时全力冲刺事业所积累的后果。因为女人一直是渴望话语沟通和精神交流的，或许是你的每一次“冷处理”导致了今天两人“言语乏味”的地步。想想她这么多年来的忍受，是不是该从你开始改观，多关心她、告诉她你的需要，而不是找一个新的女人重新开始。

二、花心思重新爱上你的妻子，也是刺激和浪漫的。因为生活的变化太少，所以会被新的恋情吸引？新的恋情固然刺激，然而，重新激活原来的婚姻关系，也可以给你带来意想不到的幸福，因为你们的“新”恋情里还有深厚的回忆基础。婚姻，本来就是要求你重复地爱上同一个人。

三、某些自由的代价很高。女人能原谅你的出轨，是因为她爱你。但是这并不代表她能忘记你对她的伤害。如果你真的不想以幸福的家庭为代价，就不要幻想她真的不在乎。

还是那句话，少年夫妻老来伴，今天你为了刺激为了激情抛弃了你的糟糠妻，明天你很可能会后悔今天的决定，因为最爱你的那个人已经远去了。请珍惜身边的人。

为什么男人对婚姻有天生的抵触情绪

在有关“逼婚”的各种案例中，通常都是女人很憧憬进入到婚姻中，而男人则觉得面对婚姻有一种天生的抵触情绪，是被迫才走入婚姻的殿堂。从结婚那天起，他就表现出焦虑与不知所措，因而极力想逃脱现实。这时候，有人会告诉他，恐惧是正常的。接着他们就会安慰他说，你一定会克服那些恐惧心理，并且一定会在这个过程中慢慢地成熟起来。

男人始于新婚的内心抵触情绪，并非幼稚和不负责任，而是一种有益的内心冲动。男人二十多岁就被父母敦促结婚，这是男性的一大悲剧——他的情感远没有得到充分发展，青春年华匆匆度过，事业还处于起步阶段，没有获得较为可靠的经济立足点。早婚将压抑的情感和经济负担压到了他的头上，束缚了他的手脚，使他陷入一种仅仅只能维持生存的生活方式中，身心健康都受到了摧残。

从男性早期的心理状态来看，他们的婚姻似乎没有很好的基础足以使他们得到极大的满足。男性经常为适应情况，只好改变自己固有的生活节奏，强迫自己变成另一个人。结果，他总是有一种被压迫、被掠夺感，而在他人眼里，却一向被看作为一个标准的男士。人们经常听到女人抱怨她们在婚姻中是受压迫的一方，这显然不完全正确。无疑她也被婚姻关系所束缚，但男人的心灵更易受创伤，因为男人在情感上对结婚还缺少充分准备，更易否认和压抑自己的个性。在竭力维持那种婚姻关系的同时，他与真实的自我越来越疏远。

第二章

群体智慧：为什么人多却不一定力量大

为什么人多却不一定力量大

中国有句老话叫作“人多力量大”。但是现实生活中，有时并非如此。有时多人一起干活，效率反而更低，效果反而更差。为什么人多却不一定力量大呢？看完下面的实验你或许能有所启发。

德国科学家瑞格尔曼的拉绳实验也能告诉我们这一点：参与测试者被分成四组，每组人数分别为一人、二人、三人和八人。瑞格尔曼要求各组用尽全力拉绳，同时用灵敏的测力器分别测量拉力。测量的结果有些出乎人们的意料：二人组的拉力只为单独拉绳时二人拉力总和的 95%，三人组的拉力只是单独拉绳时三人拉力总和的 85%，而八人组的拉力则降到单独拉绳时八人拉力总和的 49%。

现代社会把人们组织起来，就是要发挥团队的整体威力，使团队的力量大于各部分之和。而拉绳实验却告诉我们：1+1<2，即团队的力量小于各个部分的总和。这一结果向团队的组织者发出了挑战。

在一个团队中，只有每个成员都最大限度地发挥自己的潜力，并在共同目标的基础上协调一致，才能发挥团队的整体威力，产生整体大于各部分之和的协同效应。那么，到底是什么因素影响了团队的整体绩效呢？

在一个团队中，影响成员发挥其能力、潜力的因素非常多。

一个团队要组织建设好，需要每一个成员、每一个环节都做得好，从而保证团队的力量；相反，如果团队建设中的任何一件小事、任何一个细节做不到位，都会影响团队成员的积极性，进而影响团队整体的战斗力。在影响团队绩效的诸多因素中，应该注意从以下三个方面来把握：

第一，绩效评估方法。绩效评价看重的是整个团队的绩效，这是不言而喻的。但是，团队绩效毕竟是每个成员协同努力的结果，必须重视团队成员个人的作用。所以，一个团队需要一套公平、透明的绩效评估体系，对成员的努力绩效做出评价。假如评估体系不够透明，或者不够科学的话，就会影响到团队成员的积极性，进而影响整个团队的绩效。因为不对团队成员的个人努力做出评估的话，团队中就会有人滥竽充数，不会为团队建设做出贡献，甚至会影响其他团队成员的积极性。

第二，人际关系。北大社会学的前辈费孝通先生，在谈到人际关系的时候，对我国的人际关系做了一个比较形象的比喻。他说：中国的人际关系就像一块石块扔到水里一样，溅起好多好多的波纹，一圈一圈的波纹向外扩散，由近及远，互相交错，利益关系复杂。比如，一个有着三个人的小单位，构成了一种简单的三种人际关系；如果增加一个人，就变成六种关系了；如果加入的人越多，那么形成的关系也就越复杂。因为每一个人都像投入水中的石块一样，以自己为中心，形成了一圈一圈的波纹似的由亲而疏的关系网，在相互交错中，形成了错综复杂的关系。复杂的人际关系，对团队绩效产生了很多负面的影响，因为人们把太多精力耗费在人际关系方面。而人的精力是有限的，你这方面花费得多，用在工作上的就少了，就必然会影响团队整体绩效。所以，团队一定要创造一种和谐的人际关系氛围，使团队成员可以在简单的人际关系中，轻松而又全力以赴地进行工作。

第三，公平因素。团队当中的每一个成员都有公平的要求。公平可分为程序上的公平和结果上的公平。一般说来，程序上的公平比结果上的公平更能对团队成员产生影响。比如，在百米赛跑中，在公平的比赛机制下，人们只会向自己而不会向第三人抱怨没有跑第一，但如果参赛者没有站在同一起跑线上，那么人们就会对结果是否公平提出异议，进而影响情绪，影响其积极性。程序上的公平是要给人以平等的机会，而结果的公平是要给人以平等的结果。在满足程序公平的前提下，不同的结果则表明了个人的能力以及努力程度；如果程序上不公平，那么就会导致秩序混乱。所以，相对而言，程序上的公平比结果上的公平更重要。如果不注重程序公平，而只追求结果上的公平，则会影响业绩突出的团队成员的积极性，进而影响整个团队的绩效。

以上这些问题解决得好，组织内的成员就会协调一致地行动，这样就有可能产生整体大于部分之和的协同效应。所以，人多不一定力量大，必须具有团队精神，才能发挥整体大于各部分之和的协同效应。

团队精神可以使一个人成大事，可以使一个企业在激烈竞争中处于不败之地，可以使一个民族强大。

为什么人越多工作效率却越低

我们常说人多好办事，人多力量大，感觉人多是快速完成任务的有利条件。但是现实生活中并非如此，常常多人办事效率反而更低。为什么人越多工作效率却越低呢？有这样的一个案例：

1964年，纽约发生一起谋杀案，一位酒吧的女经理在公园附近被杀害，而当时附近的住户中有8人看到女经理被杀的情形或听到她的呼救声，但是没有一个人挺身而出。事后，媒体纷纷谴责人们的冷漠。这种现象在心理学中叫作“旁观者效应”，即在紧急情况发生时，当有其他目击者在场，人们的责任感就会削弱，成为袖手旁观的看客。

在这种心理效应的影响下，随着目击者人数的增加，人们的责任心却是递减的。这样的心理往往会使人变得懒散和麻木，甚至当看到有人遇到危险，需要帮助的时候，因为有很多旁观者在身边，而产生“我不去救，让别人去救”的心理，最终谁都不愿伸出援助之手，造成见死不救的“集体冷漠”的局面。

在群体中，人们普遍存在着一种“责任分散”心理，即随着责任人数量的增多，责任人的责任感就会相对降低，因为他们觉得，反正也不是自己一个人承担，自己完全没有必要干得那么起劲。于是在相互推诿之下，谁都不努力，结果严重影响了办事效率。甚至因为缺乏责任感，还可能导致悲惨事情的发生。

在具体的工作中，如果个体产生这种心理，则会使工作的效率下降。对于某一件事来说，如果是单独个体被要求独自完成，其责任感就会很强，因为一个人干活，干好干坏责任都要自己承担，人们往往会竭尽全力；但如果要求一个群体共同完成任务，群体中的每个个体的责任感就会明显减弱，面对困难或者遇到责任往往就会退缩，而且还容易出现偷懒现象，总以为自己可以不出力或者少出力，而指望靠别人的努力得到好处。

在这样的心理影响下，人多效率高的规则会被改写，因为人越多，工作效率却不一定越高，这时候可能会出现“1+1<2”的结果。

因此，我们不能简单地根据人数的多少来计算效率。两个人挖一条水沟需要两天，四个人合作却不一定能够一天完成，可能是两天，也可能永远完成不了。这也告诉我们，在具体的实践中，要善于组织管理，对有关人员加以约束，将责任切实落实到实处，这样就会减少群体中某些个体不负责任的行为，提高整体的工作效率，避免人多反而办不成事的现象。

人多为什么胆大

你有没有注意到，一个人单独在半夜看恐怖电影，会特别恐惧；但是如果跟朋友几个人相约一起看，气氛就变得轻松点，没那么紧张。外出旅行也有类似的情况。当一个人徘徊在陌生地方的时候，总会有点紧张。但是，和亲朋好友一起出去就不同了，即使对周围环境还不十分熟悉，也没有充分的计划，也会变得大胆多了。

这种心理并不是在看恐怖电影或旅行时才会出现。在会场上，当人们一起自由地讨论想法、商谈战略时，人们会更大胆地提出自己的意见或想法。尽管客观状况没有改变，仅仅是人数的增加就会使大家变得自如洒脱起来，倾向于提一些更大胆的想法。虽然大胆的方针策略会伴随着很大的风险，但由于人数多，责任分散，大家会觉得相对轻松。同样，当一个人的时候，即使有恶作剧的念头，也往往不敢去做。美国心理学家对此展开了实验研究，结果发现集体决策与个人决策相比，前者更具冒险性的特点。心理学家在实验中先提供这样一个情境：

有一个工程师重新找工作时有两种选择：去一家大型公司上班，工作稳定，收入中等，福利不错，将来还会有一大笔退休金，但是在退休之前工资不可能大幅度增加；另外一家小型公司也在招人，工资很高，还有奖金与股权，可惜收入并不稳定。现在让大家为工程师做参谋，帮助他做出最符合自身利益的选择。实验中先让一些人单独提出建议，然后再组成小组，一起讨论，共同提出建议。结果发现，各人在团体决策下所提的建议比单独情况下所提出的要冒险得多。

为什么会这样呢？心理学家做如下解释：首先，天生好冒险的人往往在集体中有较大的影响，他们更健谈，嗓门也高，因此容易让集体接受他们的主张。其次，当个人提出建议时，会由于不熟悉情况而心中没底，所以小心为上；而在集体讨论后，每个人对情况会有更全面也更深入的了解，也就敢于提出冒险性的建议了。最后，集体中会发生责任分散效应，出了错，责任平摊，因而易于主张冒险，因为一旦决策正确，各自所获得的利益并没怎么减少。

这个解释提醒我们，不要过分依赖群体，对集体做出的决策不要过于相信。对多人做出的决定充分考虑，冷静地独自仔细思考一下，这个决定是不是过于大胆和冒险了？如果我们自己是负责人，就更应该如此。因为最后集体不会为这个决定负责的。三思而后行，以免最后没有在集体的力量下做出更好的决策，反而独自为集体的决策背黑锅。

太多的爱为什么让孩子难以承受

在现实生活中，许多孩子仅因为生活出现一些变故，或者自己在学校遇到不快，或郁郁寡欢，久而久之形成某种心理疾患或出现精神问题。更有甚者，一次小小的不满足，便造成他们对社会的仇恨，对生活的厌倦。

为何孩子的心灵如此脆弱？这必须反观一下我们的教育。

在我们众多的家庭里，父母在子女的心目中是什么呢？父母是上帝赐给孩子的神奇魔盒。孩子只要想要某物，父母都会想方设法地满足他们。尤其是那些经济条件好的父母千方百计满足孩子各种有理、无理的要求。在这样的家庭里，孩子容易变得自私、孤僻、心理承受能力差、自理能力差，喜欢以自我为中心。所以这样的孩子走出家门后，一旦遭受一点点伤害就会有过激反应，很容易导致精神崩溃，等待他的注定是步步危机，处处受阻。因为在他家以外的人不会以他为中心，学校不会以他为中心，这个社会更不会以他为中心。

除了过多的溺爱，父母也容易因爱子心切而给孩子施加过多压力或者“强迫”其做出有违本意的选择，总想以自己的能力来代替子女应有的努力，以自己的愿望来设计子女的未来，以自己苦苦赚来的财富来为子女开辟一条理想大道。殊不知，这种为孩子做主的做法，会让孩子承受更大的压力，让其很难体会学习和生活的乐趣，因为一切并非其自主选择，他们甚至要委屈自己的喜好，来成全父母的愿望。一旦压力太大，又找不到努力的动力和缓解的方式，他们便很容易出现抑郁症。

合则散的华盛顿合作定律

在力学上，牛顿定律指出，如果两个力的方向一致，合力就会大于这两个力；反之，合力就会大大削弱，甚至呈现出负力。当今社会，孤军作战是不可能成功的，有效的合作才能使每个人获得长足的发展。但合作的结果不一定是双赢，如果每个人都把力往一处使，最后就会出现人多力量大的结果；反之，如果互相推诿，敷衍了事，就会使力量分散，导致一事无成，甚至造成一些不必要的损失。人与人之间的合作与此很相像。

简单的人力相加，很容易就会产生组织的社会惰化作用。当群体一起完成一件工作时，群体中的成员每人所付出的努力，相比于个体在单独情况下完成任务时所付出的要明显减少。在组织中，社会惰化作用明显减弱了群体工作效率。1981 年，威廉姆斯等社会心理学家在研究中发现，当人们知道他们的努力程度可以鉴别出来时，便不再发生这个效应。其实，当多个个体为一个共同的目标而合作时，形成社会惰化作用的主要原因有三个：一是从工作评价来看，个体工作业绩不记名，工作成效没记录；二是从社会认知来看，个体认为其他成员不努力，所以自己也不愿努力；三是从组织目标来看，组织目标不明确，工作动力不够。所以，要想合作产生最大的效果，使每一个人都得到回报，那么它就必须是在科学、合理、有序、目标一致而明确的基础上进行，否则一切都无从谈起。所以要想尽量避免华盛顿合作定律，增强合作效果，我们要尽量做到以下几点：

首先，明确成员分工。

在多个人共同完成工作任务的情况下，为了避免旁观者效应，必须做好职务设计，明确成员分工，落实成员责任。然后对每个成员的努力程度和工作业绩进行单独考核，并将考核结果公开，让大家知道所有成员的努力程度，知道谁在敷衍了事，谁在互相推诿，从而督促员工各司其职，防止团体中出现旁观者。

其次，采用激励机制。

科学的激励机制能够有效预防华盛顿合作定律。一般认为，科学的激励机制应当遵循以下原则。根据员工的合理需要激励，赏罚分明，赏罚公平，激励公开，物质激励和精神激励相结合，内在激励与外在激励相结合。

再次，实行目标管理。

要想最大程度地避免华盛顿合作定律，就得让主管人员和员工共同制定工作目标，在工作中实行“自我控制”。上下级要互相讨论协商，共同制定切实可行、易于考核且难度适当的工作目标，上级还要适当地授予下级相应的权力，以便完成目标，并及时检查每位员工工作的进展情况，并及时反馈检查结果。

最后，重视组织沟通。

在群体合作中，冲突是不可避免的。如果不能及时解决冲突，与员工之间的关系就会恶化，从而打击员工的工作热情，引起社会惰化作用。要解决群体合作中的冲突，就必须在合作过程中保持有效而简洁的沟通机制。通过沟通，组织成员能够彼此熟悉和了解，从而化解误解，避免矛盾。通过沟通，使得群体成员对组织的认同感得到提升，对工作的责任感得到增强，从而有效地规避推诿心理。通过沟通，能够减少组织内耗和社会惰化，避免出现华盛顿合作定律。

有时候，一个人的判断比多个人的更准确

我们总会认为集体的智慧总会高于个人的智慧，因为我们从小就被灌输了人多力量大的观点，但看了前面几节，你是否已经开始怀疑这个观点呢？

在生活中，我们经常可以看到这样的现象：一个人的判断比多个人的判断更准确。人多力量大是事实，但人多智慧少，也是事实。这引人深思：我们为什么会比我傻？

有一家企业准备淘汰一批落后的设备。董事会说，这些设备

还能利用，不能扔，得找个地方存放，于是专门为这批设备建造了一间仓库，还找了个人看管。之后，董事会发现，如果看门人没人管的话，就容易玩忽职守。于是又委派了四个人，成立了计划部和监督部，一个人负责下达任务，一个人负责制订计划，一个人负责绩效考核，一个人负责写总结。这样既起到了监督作用，又使董事会随时了解工作的绩效。一年之后，统筹结果出来了，去年仓库的管理成本一共为35万元，远远超过公司的预算。结果，一周之后，看门人被解雇了。

这个故事是一个典型的“苛希纳定律”现象的例子。所谓的“苛希纳定律”，是指在管理中，并不是人多就好，有时管理人员越多，工作效率反而越差。只有管理人员人数合适，才能使管理达到最好的效果。这样的事例在日常生活中有很多。机构设置过多，分工过细，人员远远超过实际需要，不仅使企业难以发挥人多力量大的优势，还使得企业难以摆脱多头管理，陷入办事环节多、手续繁杂的困境，难以随市场需要随时调整经营计划和策略，从而失去竞争力。这也是我们常感慨的，为什么当“我们”的团体太过庞大的时候，发挥出的效用反而不如多个“我”的总和呢？

苛希纳定律虽是针对管理层人员而言的，但它同样适用于对公司一般人员的管理。在一个公司中，只有每个部门都真正达到了人员的最佳数量，才能最大限度地减少无用的工作时间，降低工作成本，从而取得利益的最大化。如果实际管理人员比最佳人数多两倍，工作时间就要多两倍，工作成本就多四倍；如果实际管理人员比最佳人数多三倍，工作时间就要多三倍，工作成本就多六倍。

作为全球最大零售企业之一沃尔玛公司的掌舵者山姆·沃尔顿有句名言：“没有人希望裁掉自己的员工，但作为企业高层管理者却需要经常考虑这个问题。否则，就会影响企业的发展前景。”因此，为了避免“苛希纳定律”，沃尔顿想方设法用最少的人做最多的事，极力减少成本，追求效益最大化。

从经营自己的第一家零售店开始，沃尔顿就很注重控制公司的管理费用。在当时，大多数企业都会花费销售额的5%来维持企业的经营管理。但沃尔玛则力图做到用公司销售额的2%来维持公司经营！这种做法贯穿了沃尔玛发展的始终。在沃尔顿的带领下，沃尔玛的员工经常都是起早贪黑地干活，工作卖力尽责。结果，沃尔玛的员工比竞争对手少，但所做的事却比竞争对手多，企业的生产效率远远高于对手。这样，沃尔顿从只拥有一家零售店，发展到现在拥有的全球2000多家连锁店。公司大了，管理成本也提高了，但沃尔顿一直坚持用最少的人干最多的事，把管理成本维持在销售额的2%左右。事实上，“我们”并不比“我”傻，但当“我们”超过了合理界限，就会出现名为“集体负责”实则“无人负责”的现象。虽然群体集中起来的时候，做出正确决策的可能性更大，但问题是每个人在做判断的时候，是否能不受其他人的干扰与影响。因为大多数人都难以做到独立地表达自己的想法，所以，有时候群体的智慧并不是最优的。因此，我们必须克服人多不负责的现象，建立和完善各种科学而严格的责任制。当然，这并不是否认“人多力量大”的存在，不是主张一切工作都只能由一个人负责，也不是主张一切工作的责任人越少越好，而是要以实际情况为出发点，确定责任人的最佳人数。

第三章

追随者：为什么演唱会的观众会跟着一起唱

为何观众看演出会“一呼百应”

人们在观看演唱会时，当看到舞台上某个演员演唱出自己熟悉的音乐时，我们往往会不自觉地跟着哼唱，以至于越来越多的人跟随着大声唱出来，把整个现场推向高潮。人们为什么会出现这种不自觉的行为呢？因为当人把自己埋没于团体之中时，个人意识会变得淡薄。心理学将这种现象称为“去个性化”。它是指个人在群体压力或群体意识影响下，会导致自我导向功能的削弱或责任感的丧失，产生一些个人单独活动时不会出现的行为。

这个概念最早是由法国社会学家G. 勒邦提出的，意指在某些情况下个体丧失其个体性而融合于群体当中，此时人们丧失其自控力，以非典型的、反规范的方式行动。人们在群体中通常会表现出个体单独时不会表现出来的行为。例如，处在团伙中的个体有时会跟团伙表现出一些暴力行为，而这种行为在他单独时不会表现出来。

当人把自己埋没于团体之中时，个人意识会变得非常淡薄。个人意识变淡薄之后，就不会注意到周围有人在看着自己，觉得“在这里我们可以做自己喜欢做的事情”。于是，本来性格内向、羞于在人前讲话的人，看演唱会时也会跟着大声唱歌，看体育比赛时也会高声为运动员呐喊助威。

但如果我们把握不当这种去个性化的状态，就会存在一定的危险性。当人的自我意识过于淡薄时，就会开始感觉什么事都不是自己做的。比如狂热的足球迷，如果自我意识过于淡薄，就可能发展成危害社会的“足球流氓”。当然，“去个性化”并不会在所有情况下都能导致人丧失社会性。在保持着社会性的团体中，“去个性化”也很难使人做出反社会的行为。

心理学家金巴尔德曾以女大学生为对象进行了一项恐怖的实验。他让参加实验的女大学生对犯错的人进行惩罚。这些女大学生被分为两组，一组人胸前挂着自己的名字，而另一组人则被蒙住头，别人看不到她们的脸。由工作人员扮成犯错的人后，心理学家请参加实验的女大学生发出指示，让她们对犯错的人进行惩罚，惩罚的方法是电击。

实验结果表明，蒙着头的那一组人，电击犯错者的时间更长。由此可见，有时去个性化会让人变得更冷酷。

某媒体曾报道过这样一个事件：

城市中心的一个高楼顶上有个小伙子要跳楼自杀，救护车、消防车呼啸而至，警察在为挽救生命苦苦努力。而高楼下看热闹的人越聚越多，突然人群中有人大叫“快跳呀”，其他人也跟着附和起哄，最后在众人的“怂恿”和“鼓励”声中，年轻人对人间不再留恋，从楼顶飘然而下。

在这个故事中，人们的行为是冷漠的，而造成这种情况的原因就是去个性化所导致的。在这种情境中，“看客”们每个人都不再是自己，而是一个“匿名”的、和他人无差别的人。在去个性化的情境中，人们往往表现得精力充沛，不断重复一些不可思议的行为而不能停止。人们会表现出平常受抑制的行为，而且对那些在正常情况下会引发自我控制机制的线索也不加反应。

金巴尔德认为，去个性化产生的环境具备两个条件：匿名性和责任模糊。匿名性即个体意识到自己的所作所为是匿名的，没有人认识自己，所以个体毫无顾忌地违反社会规范与道德习俗，甚至法律，做出一些平时自己一个人绝不会做出的行为。责任模糊是指当一个人成为某个集体的成员时，他就会发现，对于集体行动的责任是模糊的或分散的。参加者人人有份，任何一个个体都不必为集体行为而承担罪责，由于感到压力减少，觉得没有受惩罚的可能，没有内疚感，从而使行为更加粗野、放肆。

去个性化是一种自我意识下降、自我评价和自我控制能力降低的状态。个体在去个性化状态下行为的责任意识明显丧失，会做出一些通常不会做的行为。如集体起哄、相互打闹追逐、成群结伙地故意破坏公物、打架斗殴等，都属于去个性化现象。

心理学家指出，在群体中的个人觉得他对于行为是不负责任的，因为他隐匿在群体中，而不易作为特定的个体而被辨认出来。这样，有的成员甚至觉得他们的行动是允许的或在道德上是正确的，因为集体作为一个统一体参加了这一行动。

“去个性化”心理是群体中成员普遍具有的一种心理，既可能导致消极行为，也能够产生积极效应，为我所用。因此，我们要加强自我监督的管理和个人素质的提高。

“两情相悦”是怎么来的

在人际交往中，我们总是希望他人对自己的态度是热情而友好的。事实上，大多数人都有这样的心理。要想别人接受和喜欢自己，我们首先要先传达出喜欢对方的信息，对方才能以同样的方式喜欢你，进而达到互悦的程度。

互悦机制也称作对等吸引率，即人们通常所说“两情相悦”。在人际交往中，这是一种很自然的心理规律。互悦原理的意思是说，你怎样对待别人，别人就会怎样对待你，你喜欢他人，他人才能喜欢你。

人们常说，人与人相处就得将心比心，以心换心。生活中，我们只有在言辞中通过钦佩、敬仰之情，传达出喜欢对方的信息，对方才能以同样的方式喜欢你，进而愿意为你做你想让他做的事情。聪明的人常能设法满足他人的这种心理，从而牢牢地抓住对方。

世界上著名的推销人乔·吉拉德成功的秘诀就是利用互悦的原理，先取得顾客的喜欢。为了赢得顾客的真心喜欢，他通常从细节做起，打动人心。每一个节日他都会给自己所有的新老顾客送去一张节日问候卡，不同的顾客祝福与问候的语言可能不同，但在所有的卡片上都会写着这样一句话：我喜欢你。乔·吉拉德寄出卡片的最终目的就在这句话上，他只是想告诉人们他喜欢自己的顾客。

这些看似微不足道的事情，却让乔·吉拉德得到顾客们的喜欢。正因如此，吉拉德平均每一个工作日都会卖掉五辆车，使自己每年的收入都超过 20 万美元。正是借助于这种方式，他创下连续 12 年销售第一名的记录，还因此被吉尼斯世界记录称之为世界上最了不起的卖车人。

互悦机制在生活中的应用是非常常见的。人与人之间有一种自然心理规律：喜欢引起喜欢。决定一个人是否喜欢另一个人的重要因素，是另一个是否喜欢这个人。人都希望“被人喜欢”，因此，喜欢与被喜欢互为因果。

对此，心理学家曾做过如下实验：实验人员让甲、乙两支队伍进行保龄球比赛，两队的第一球各自击倒了 7 只瓶。这时，甲队的教练用训斥的口气对自己的队员说：“怎么打得这么差，平时是怎么训练的？”而乙队教练却赞赏自己的队员说：“你们很棒，一出场就打倒了 7 只瓶子，继续加油！”面对不同态度的教练员，乙队队员得到了很大鼓舞，随后的比赛中他们越打越好，而甲队队员感到很沮丧，越打越糟糕。最终乙队赢得了比赛。

由这个实验可以看出，对于自己喜欢或亲近的人提出的事情和要求，人们接受起来会更容易，比较不会产生排斥感。人际关系也是如此。如果我们能够对别人表示出关心和爱护，那么别人也会有同样的举动。

生活中人们经常会有这样的体会：当自己想得到别人的喜欢，而那个人也喜欢自己时，人们会对那个人的喜欢更多一些。比如在职场中，一个新人刚进入公司，如果这个新员工不主动与同事们交流，他将会有被孤立的感觉。如果他积极主动地表达对同事们的友好和喜爱，同事们会很快地接受并喜欢这个新人。与同事的关系处好了，那么工作开展起来就会比较顺利。

既然喜欢别人在人际关系中如此重要，那么该如何让别人感受到你喜欢他呢？一般而言，决定一个人是否喜欢另一个人的主导因素，便是另一个人是否喜欢自己的那颗真挚的心。因此，切记，表达友好要真诚。人们听了刻意的恭维之后并不会感到高兴，搞不好还有反效果。

当然我们可以坦白地说：我喜欢你。但这不是最好的办法，最好的办法是在言辞中，对对方的某方面优点表现出称赞、敬佩、羡慕之情，以及做出关爱他人、支持他人、喜欢他人的行为。例如，一个微笑、一声问候、一个眼神，等等。

在人际交往中，如果你想得到人们的欢迎，使其支持、同意你的观点、行为，仅仅提出良好的建议是远远不够的，必须让人们知道你喜欢他。只有表现出你对对方的喜欢，对方才能同样地喜欢你，进而愿意为你做事情。

为什么总有一些掌声先响起来

心理学上认为，能够在某件事情、某个观点，或者某种行为上影响他人的人，一定是一个与对方在该事情、该观点、该行为上相关的同路者，否则对方会将其视为陌路者，进而不受其影响。我们的“铁杆同盟”便能充当这样的人。因此，欲影响他人，先要培养自己的“铁杆同盟”，通过自身的吸引力，对他人实施影响。提到此项方法的运用，不得不提大歌剧中的捧场现象。

1820 年，大歌剧刚开始在国外盛行，索通和波歇虽然都是商人，但他们同样都是大歌剧忠实的观众。他们在观看大歌剧的过程中，从观众的掌声中，看到了商机。

于是，索通和波歇决定共同成立一个“喜剧成功保险公司”。而该公司经营的主要保险项目便是观众的掌声，他们的服务对象是歌剧演员及剧院经理，因为他们希望得到观众认可和欣赏的掌声。他们的宗旨便是用自己人“虚假”的掌声，激发真正观众的真实掌声。

此项服务一经推出，在各大歌剧院引起了强烈的反响。只经过了短短十年，捧场现象遍及全球大大小小的晚会，人们已经不足为奇。

随着该项行为的逐步发展，后来的经营者将其服务的项目逐渐扩大。比如，我们现在最常见的现象，当某个演员演完一个节目之后，台下往往会有一个或几个观众大喊“再来一个”，也有现场的几个观众带头不停地叫好，等等。

尽管这种现象早已被人们所熟知，但是人们在现实生活中还是会受该项行为的影响。所以，当我们试图影响他人为自己做事情的时候，便可以借助看似与他人处在同一个位置，而实则是我们的铁杆同盟者的力量，为自己服务。

当这些人坐在台下呐喊、吆喝、鼓掌带头捧场的时候，真正的观众也会受其影响做出捧场的举动。因为这些演员以及剧场经理的“铁杆同盟”所处的境地和真实的观众是一样的，因为他们和观众一样坐在观众席上。尽管有时他们不觉得话剧演员演得有多好，但是受到周围观众的影响，他们还是会做出肯定的举动。

在推销中，这样的心理战术百试不爽。

当有些家长问她还有哪些比较好的复习资料时，史乐乐通常会拿出一本资料，介绍说：“前几天，一个老顾客家的孩子，曾用过这本数学参考资料，用过后说对他孩子现在的学习有很大的帮助，并且比较权威，这不，他刚才回来又把剩余的科目都各拿去了一本。”

在史乐乐向这个人介绍资料时，旁边经常站着同样来买复习资料的人也会过来询问该资料的情况。他们中有的是用过的人，有的是没用过的。史乐乐通常会指着一个老顾客说：“不信，你问问这位大姐，她家的孩子常用我的复习资料。”

在这种情况下，那位被迫发表观点的“熟人”往往会说“还可以”这种不带任何感情色彩的中性词。这时史乐乐便会附和道：“是吧！这本书确实不错，这几天很多人都过来找这本复习资料呢！”

听了这话，那些原本就有购买资料欲望的人，常会毫不犹豫地做出购买此资料的决定。对于周围那些不知道买哪种资料的人，当他亲眼看到有人刚刚购买了该资料时，心里会习惯性地认为该资料应该不错，然后就购买了。

推销中将这种推销方式称为“恰当地使用证人”。心理学上认为，当人们不能准确地对自己所持的信息做出判断，或者对形式不是很有把握的估测，即心中不确定性因素占据主动位置时，人们往往更易受到他人的影响。从影响力的角度而言，看似与人们站在同一立场中的你的“铁杆同盟”便是干扰人们产生不确定性心理的主要功臣。

其实生活中的任何事情，都需要运用这种“证人”似的铁杆同盟。这样可以使人们自己也不知道什么时候会受到他人的影响，更不知道自己为什么会受到他人的影响。所以当有人询问人们是否会受到他人影响时，人们往往并不承认是受了他人的影响，但在做事情的时候，还是会在不知不觉中受到周围与自己相关或者相似立场的人的影响。

因此，当我们试图影响他人为自己做事情的时候，便可以借助看似与他人处在同一个位置而实则是我们的“铁杆同盟者”的力量，有效地影响他人为自己服务。

同样的道理，当他人试图通过这种方式影响我们时，让我们在不知不觉中听从他的指挥，受他的影响，我们一定要保持清醒的头脑，觉察出对方的意图，从而成功摆脱他人对自己不利的影响。只有这样，我们才能有效避免他人的不良企图，防止上当受骗。

糟糕的第一印象有多严重

与他人的日常交往过程中，尤其是与别人的第一次交往，我们总希望能给别人留下美好的印象。第一印象真的重要吗？的确如此。第一印象作用最强、持续的时间也长，比以后得到的信息对于事物整个印象产生的作用更强。

人与人第一次交往中给人留下的印象，会在对方的头脑中形成并占据着主导地位，这种效应即首因效应。首因效应也叫"首次效应""优先效应"或"第一印象"效应。首因效应，是指个体在社会认知过程中，通过"第一印象"最先输入的信息对客体以后的认知产生的影响作用。

无论是在生活中还是在工作中，我们给别人的"第一印象"相当重要。有时候，"第一印象"可以决定一个人的前程甚至命运。这种先入为主给人带来的第一印象是鲜明的、强烈的、过目难忘的。对方也最容易将你的"首因效应"存进他的大脑，留下难以磨灭的印象。

文浩马上就要研究生毕业了，最近忙于找工作。这天上午他去参加一个面试，一直临到考试时间快要结束，文浩才赶到了面试地点。主考官正是公司的总经理。总经理瞟了一眼坐在自己面前的文浩，只见他满头大汗，穿着一件休闲上衣，头发乱糟糟的，这让总经理很不舒服。仔细地打量了他一阵，总经理疑惑地问道："你是研究生毕业？"文浩很尴尬地点点头回答："是的。"

总经理似乎对他的学历表示怀疑，接着向他提出了几个专业性很强的问题，文浩却也回答得头头是道。最终，总经理经过再三考虑，决定录用文浩。

第二天，当文浩早上到办公室时，总经理把文浩叫到自己的办公室，对他说："本来，在我第一眼看到你的时候，没打算录用你，你给我的第一印象太坏。要不是你后来在回答问题时表现出色，你一定会被淘汰。”

文浩听罢，这才红着脸说明原因。原来在应聘的路上，文浩看见有人遇上车祸，就主动协助司机把伤员抬上的士，并且帮忙把伤员送去医院。从医院里出来，文浩发现自己的衣服沾了血迹，又立即回学校换衣服。一时找不到合适的衣服，于是就穿着同学的衬衫来了。

总经理这才点点头说：“难得你有助人为乐的好品德。不过，以后与陌生人第一次见面，千万要注意自己给别人的第一印象啊！”不久后，文浩在工作中就因表现出色被升为业务主管，深得总经理的器重。

文浩差点因为给用人单位的第一印象不好，而失去一个很好的工作机会。心理学研究发现，与一个人初次会面，几秒钟内就能产生第一印象，且给对方留下的印象是最深刻的。不要小看这短短的几秒钟，别人对你这个人 75% 的判断和评价都由此而来。所以别人第一印象中的你不管是不是真实的，以后你留给别人的这种印象都很难改变。

尽管人们知道“首因效应”并不完全可靠，有时候还可能是错误的，但是，大多数的人还是会下意识地跟着“第一印象”的感觉走。所以说，我们若想在人际交往中获得别人的好感和认可，就应当给别人留下良好的“第一印象”。

在人际交往中，我们要特别重视自己给他人的第一印象，要让对方感觉友好，热情而不失分寸。要做到这一点，则要注意以下几个方面：

第一，注重仪表。一般情况下，人们都愿意同衣着干净整齐、落落大方的人接触和交往。有些人习惯于不修边幅，在一个新环境里，别人对你还不完全了解，过分随便有可能引起误解，给人留下不良的第一印象。当然，仪表得体并不是非要用名牌服饰包装自己，更不是要求你过分地修饰自己。

第二，注意言行举止。要注意言谈举止，那些言辞幽默、侃侃而谈、不卑不亢、举止优雅的人，最能给人留下难以忘怀的好印象。切记不要随便打断别人的话，不追问自己不必知道或别人不想回答的事情。

第三，讲信用，守时间。无论是赴约还是开会都不能迟到。必须提前或准时到达，以示礼貌。否则，会给人做事不讲信用的感觉。答应别人的事，一定要办到。自己没有把握的事情，即使不便当面拒绝，讲话也要留有余地。

总之，首因效应在人们的交往中起着非常微妙的作用，只要能准确地把握它，定能给自己的事业增加成功的砝码。

为什么越赞美越好

赞美是一切人际沟通的开始。俘获人心最有效的方法就是不断地去赞美他人，以赞美为首要手段，辅以与人沟通的其他技巧，那么你将无往而不胜。有时候，在沟通中，对方一个小小的动作，一句随意的话，我们如果没能给予适度回应或赞美的话，很有可能会全盘皆输。

心理学家赫洛克曾做过一个实验，他把被试分成四个等组，在四种不同诱因的情况下完成任务。第一组为表扬组，每次工作后予以表扬和鼓励；第二组为受训组，每次工作后严加训斥；第三组为被忽视组，不予评价，只让其静听其他两组受表扬和挨批评；第四组为控制组，让他们与前三组隔离，不予任何评价。结果工作成绩是前三组均优于控制组，受表扬组和受训斥组明显优于忽视组，而受表扬组的成绩不断上升。

实验说明：对于工作结果及时给予评价，能够强化工作动机，对工作起到促进作用。适当表扬的效果显然比批评要好，而批评的效果要优于不给予评价。这就是所谓的“赫洛克效应”。的确，一句赞美的话胜过一剂良药，真诚的赞美如同和煦的阳光，能使人受到感染。

心理学家、哲学家威廉·詹姆斯认为：“人类性情中最强烈的渴望就是受到他人的认同。”有时候，简单的一句赞美可以让人产生无穷的潜力，从而创造出非凡的业绩。

学会赞美别人，就是为自己的前进搭桥铺路。所以学会赞美吧，因为赞美是成功的密码，赞美声中隐藏着许多你难以察觉的成功机会。在赞美声中，你将会获得比赞美对方大很多的回报。无论什么形式的赞美都是一种切实有效的激励方式，它能够有效激发我们的内在潜能。著名教育家陶行知先生就深谙此道。

一天，陶行知校长看到一个平常爱捣蛋的学生用泥块砸同学，当即斥止了他，并令他放学后到校长室里去。

放学后，陶行知校长因为事务缠身赶到校长室已经放学多时，但他却看到那名学生站在校长室门口，脸色沮丧地准备挨训。让这个学生意外的是，陶行知却并没有责骂他，而是掏出一块糖给他，并说：“这是奖给你的，因为你按时来到这里，我却迟到了。”那名学生惊疑地接过糖果。

随后，陶行知又掏出一块糖放到这个学生手里：“当我不让你再打人时，你立即就住手了，这说明你很尊重我。因此这第二块糖也是奖给你的。”这名学生更惊疑了，他眼睛睁得大大的，但还是迟疑地接过了这第二块糖。

陶行知又掏出第三块糖果，接着说：“我调查过了，你之所有用泥块砸那些男生，是因为他们欺负女生。这说明你很正直善良，有跟坏人做斗争的勇气，因此我还是应该奖励你！”

此时，这名学生对陶行知先生的行为感动极了，为自己做过的事情而后悔不已。他流着泪后悔地说道：“陶校长，你打我两下吧！我错了，我砸的不是坏人，而是自己的同学呀！”

陶行知笑了，因为他的目的就是让学生自己认识到错误的所在。于是，他随即掏出第四块糖递过去，说：“为你正确地认识错误，我再奖给你一块糖果，只可惜只有这一块糖了，我的糖发完了，我看我们的谈话也该完了吧！”

从此，这个学生不再与同学发生矛盾，学习成绩也有了很大的进步。据说在后来的工作中也取得了不菲的成绩。

可见，赞美的语言犹如魔术师的魔棒，可以改变人的命运。赞美有时只是简单的一句话，一块糖果，却包含着关注与肯定，比苛刻的责备更有效果。因为责备与批评只会增加对方的怨恨与不满。要想改善状况，就尝试使用赞美的语言，这也许会带来奇妙的效果。如果想矫正一个人的缺点，不妨先反过来赞美对方的一些优点。

赞美就像润滑剂，可以调节人际关系；赞美又像协奏曲，那和谐悦耳的声音让人如痴如醉；赞美犹如和煦的阳光，让每一个人都享受到世间的温情；赞美像擂响的战鼓，时刻给人以鼓舞和激励。

人们总是自觉不自觉地在他人那里寻找自身存在的价值，其内心深处都有被重视、被肯定、被尊敬的渴望。当这种渴望得到实现时，人的许多潜能和真、善、美的情感便会被奇迹般地激发出来。

马克·吐温曾经夸张地说："只凭一句赞美的话，我就可以多活两个月。"一位著名成功人士在谈及自己的成功经验时，认为最重要的一点是他曾发誓每天都要赞美别人。

我们需要赞美，如万物需要阳光。在生活中，人人需要赞美，人人喜欢赞美，这绝不是虚荣心的表现，而是渴求上进，寻求理解、支持与鼓励的表现。爱听赞美，出于人的一种自尊需要，是一种正常的心理。但是，赞美也有"度"，赞美别人要恰到好处，不着痕迹，让人感觉舒服。

真诚。赞美一定要真诚，要发自内心，要让人感觉到你是在由衷地赞美人家，而不是在作秀。

时机。赞美也有一定的时机，一定要符合当时的场合和气氛。比如同事刚解决了一个很棘手的问题或是刚完成一项难度很高的工作，我们就要及时给予赞美："你是一流人才！""你是最棒的！"

把握好分寸。过分夸张不是赞美而是奉承，赞美令人高兴，奉承则令人尴尬，更令正直的人讨厌。赞美一定要恰到好处，不能过分夸张。比如赞美一个脸上有疤痕的女性说“你真漂亮”，那等于是在骂她丑八怪。

不要重复赞美。对于同一个人重复使用同一个赞美之词，你的赞美就会贬值，人家认为你这不是赞美他，而是在拿他取笑。因此，赞美之词不能重复使用。

为什么“名片效应”可以拉近心理距离

在人际交往时，人们想要与对方建立起熟络的关系，总是试图从事先获知的信息中找到与对方相同的兴趣或话题开始交流。如果我们首先表明自己与对方的态度和价值观相同，就会使对方感觉到你与他有更多的相似性，从而很快地缩小与你的心理距离，更愿同你接近。

在这里，有意识、有目的地向对方所表明的态度和观点如同名片一样把你介绍给对方，这即是心理学上的“名片效应”。“名片效应”指的是要让对方接受你的观点、态度，你就要把对方与自己视为一体，首先向对方传播一些他们所能接受的和熟悉并喜欢的观点或思想，然后再悄悄地将自己的观点和思想渗透进去，使对方产生一种印象，似乎我们的观点与他们已认可的思想观点是相近的。

恰当地使用“名片效应”可以尽快促成人际关系的建立，对于人际交往以及处理人际关系具有很大的实用价值。

刘建大学毕业后一直没有找到工作，每天东奔西跑，应聘了几家单位都被拒之门外，感到十分沮丧。

最后，他又抱着最后一线希望到一家公司应聘。在应聘之前，他决定此次再也不能鲁莽地去面试了，而是积极主动地去打听该公司老总的历史，通过熟人和咨询了解了老总的经历。通过了解，他发现该公司老总以前也有与自己相似的经历，他如获珍宝。

于是，在应聘时，他与老总畅谈自己的求职经历，以及自己怀才不遇的愤慨。因为事先做好了准备，所以在交谈时刘建的表现十分出色。果然，这一席话博得了老总的赏识和同情，最终他被录用为业务经理。

刘建所使用的就是所谓的“名片效应”。让对方接受你的观点、态度，你就要把对方与自己视为一体。无论在什么场合，正式沟通前，恰到好处地利用“名片效应”，可以使你成为被对方认可和感到亲切的人。

人们在人际交往中往往存在一种倾向，即对于自己较为亲近的对象，比如，有共同的血缘、姻缘关系，或有相似的志向、兴趣、爱好、利益，或者是彼此共处于同一团体或同一组织的人，会更加乐于接近。我们通常把这些较为亲近的对象称为“自己人”。

一个人如果想要让身边的同事、朋友把自己当成“自己人”，除了本无法改变的血缘外，就要懂得与他人的相处之道。主动让别人对自己产生好感，认同并喜欢自己，而利用好“名片效应”则可以把周围的人吸引到自己身边来，使其认同自己。

他人的关注可以让我们变得更积极主动

生活中，我们常常会遇到这样的情况：当某个成绩并不好的孩子，因为做了某件好事，受到了老师的当众表扬之后，这个孩子将会找机会做更多的好事。工作中，也有的员工在某次会议上，领导对他所做的工作给予肯定之后，他将更加努力地工作。那么这到底是为什么呢？

要想弄明白这个现象，则要从“霍桑效应”说起。“霍桑效应”是指人们由于受到额外的关注而变得更积极主动的情况。关于“霍桑效应”还有一个相关的实验：

1924 年 11 月，美国国家研究委员会组织了以哈佛大学心理专家梅奥为首的研究小组进驻西屋电气公司的霍桑工厂，他们最初的目的是想通过改善工作条件与环境等外在因素，找到提高劳动生产率的途径。于是，他们在工厂里选出继电器车间的6名女工作为观察对象。

在整个实验的7个阶段中，研究小组不断改变照明、工资、休息时间、午餐、环境等因素，希望找到这些因素是影响生产效率的原因。然而，不管外在因素怎么改变，员工的工作积极性并没有受到影响。这样的结果令研究人员很困惑。

经过长期的实验和研究，他们发现：真正促使她们改变行为、积极努力工作的原因是被试者觉得自己受到了特别的关注。因为当那6名女工被抽出来成为一组的时候，她们意识到自己是特殊的群体，是实验的对象，是这些专家一直关心的对象。正是这种受关注的感觉使得她们加倍努力地工作，以证明自己是优秀的。至此，专家意识到：人的行为不仅仅受到外在因素的刺激，更会受到自身主观上的激励。

“霍桑效应”告诉我们，如果我们想要改变人们的行为，使其感受到他是受关注的，那么就会对其产生一种强大的激励作用，从而在行动上表现得更加积极。

张阳是公司的新员工，由于性格内向、腼腆，不会主动与同事交流。因此，工作匆忙的同事自然也很少顾及这个新来的成员，对他也都敬而远之，虽然没有冲突，但并不融洽。张阳感觉很孤独，工作上遇到难题也不知道向谁请教。

这天，别的同事都下班了，张阳由于不熟悉工作流程没能按时完成任务，只好留下来加班。就在他快要完成工作准备离开时，突然听到有人在敲办公室的门。张阳抬头一看，原来是总经理。

总经理亲切地询问他为什么还不下班，张阳只得将自己的工作情况一一说了。总经理鼓励他说：“你之所以还不熟悉工作，是因为你刚进公司不久。如果你有无法解决的问题，随时可以找我。我相信，只要你努力，你会做得很优秀的。”

得到了总经理的鼓励，张阳工作起来也变得主动了，遇到不懂的问题就请教同事，很快就适应了工作。由于试用期表现突出，部门经理又向总经理推荐了他。在一次月末总结例会中，总经理当众肯定他的能力，并寄予更高的期待。

半年后，因项目主管离职，张阳就被推荐为代理主管。

张阳的优秀是他自己努力的结果，而他的动力却来源于总经理的关注和鼓励。当一个人在受到他人或公众的关注或注视时，其工作效率就会大大提高。

人们往往无法全面、客观地认识自己，尤其是失意彷徨的时候，很容易灰心失望、陷入心理的低潮。这时，旁观者额外的关注，尤其是来自长者、权威、专家的激励则能扭转这种局面，使其乐观地面对现实。

交谈中，要跟随着别人的步调

在销售活动过程中，有些人喜欢滔滔不绝地向别人介绍产品的各种性能，完全不顾别人是否有兴趣，有没有听进心里去。这种交流方式的效率往往比较差。

当人与别人的说话速度不一致时，将会直接影响沟通的效果。说话速度会在别人的大脑中形成对我们的另一种第一印象。每个人的说话速度都是不一样的，语速过快，别人可能难以听懂；语速过慢，别人会没有耐心，正确的方法是针对不同的人调整说话的速度，尽可能地与别人的语速保持一致。

这样，别人就能更快地与你建立和谐关系。达到这种效果的办法就是与对方“步调一致”。

成功地使用这一技巧必须注意两个方面。首先，你必须与他同时起步；其次，让他感到你真的和他很相像。他必须在某种程度上认可你，这样你才具有了劝说的力量。一旦你和对方在某些方面建立了联系，你就可以开始控制步调，而他则会紧随你后。

因此，在销售过程中，我们要想使自己的谈话高效而友好，就要悄然与别人在“步调”上完全保持一致。这就要求我们除了语速与别人一致外，还要注意语调和呼吸节奏的统一。

第一，语调上保持一致。如果正在交谈的对方心情烦躁，说话很尖刻，就算我们试图通过微笑和有趣的故事来哄他开心，也不起作用。这时，我们也要尖刻起来。这个改变会使我们和别人同步，也会让对方不敢轻视我们，并赢得对方的尊重。

第二，有节奏的呼吸。有研究表明，仅仅是与另一个人的呼吸保持一致，就可以增加两个人之间的和谐程度。

大多数人并不认为呼吸一致是建立和谐的工具。因为呼吸远离人的意识，即使我们互相影响，也经常意识不到。但是，如果我们回头仔细想想每一次“成功的劝说”，就会发现，这的确是一个关键因素。

心理学家认为，当两个人呼吸的频率保持一致的时候，慢慢地，他们就会产生同样的想法，体验同样的感受。一起跑步锻炼的人最后连呼吸的方式都相同，他们就会感觉很合拍。

“羊群效应”——追随者的从众心理

20世纪末期，网络经济一夜间一路飙升，“.com”公司遍地开花。几乎所有的投资者都在开始投资该领域。而在IT业，几乎所有的首席执行官们都在比赛烧钱，似乎烧多少股票就能涨多少，于是，越来越多的人义无反顾地跟着往前冲。

21世纪伊始，人们纷纷发现美梦在一朝间如泡沫般破灭，浮华尽散，才发现在狂热的市场气氛下获利的只是领头羊，其余跟风的都成了牺牲者。

这就是人们常说的“羊群效应”。“羊群效应”是指领头羊往哪里走，后面的羊也就跟着往哪里走，没有自己的想法，自己的选择。通常是指人们经常受到多数人影响，而跟从大众的思想或行为，也被称为“从众效应”。人们会追随大众所喜爱的、所追求的东西，而自己并不会思考那些东西是否适合自己。

法国科学家让亨利·法布尔曾经做过一个松毛虫实验。他把若干松毛虫放在一只花盆的边缘，使其首尾相接成一圈，在花盆的不远处，又洒了些松毛虫喜欢吃的松叶。松毛虫开始一只跟着一只，绕着花盆边缘一圈又一圈地走。饥饿劳累的松毛虫一走就是七天七夜，之后筋疲力尽地死去。其间，竟没有一只松毛虫想过改变一下路线。要知道，只要稍微改变路线就能吃到嘴边的松叶。

“羊群效应”是由个人理性行为导致的集体的非理性行为的一种非线性机制。社会心理学家通过研究后发现，往往影响人们是否“从众”的最重要的因素是持某种意见的人数量的多少，而不是这个意见本身是否准确。人们总是容易相信大多数人都同意的意见，在他们看来人多本身就有说服力。几乎没有人愿意在众口一词的情况下还坚持表达自己与之不同的意见。

在日常的消费中，“羊群效应”也表现得尤为明显。大多数人，特别是女性喜欢与同性朋友一起结伴购物，不仅因为同性朋友之间的眼光接近，而且边购物边聊天也使得逛街变得更有乐趣。不过，在购物时，人们往往容易受到对方的价值观、消费观的影响而改变自己的消费计划，情不自禁地做出不符合自己消费习惯的非理性行为，使得两人的消费趋于一致。

而在职场中，“羊群效应”也相当普遍。没有一个人敢说自己身在职场，从没有试过揣摩领导的想法。甚至大部分人认为一味地服从、讨好领导就能保住自己的饭碗，丝毫不敢把“不”字说出口。因为在一个团体内，谁敢做出与众不同的行为往往会被群体的其他成员视为“背叛”，会被孤立，甚至会被驱逐出这个团体。因而团体内成员的行为往往高度一致。这种“趋同性”对一个公司的发展是极其不利的，没有一个人敢对领导的决定说出反对意见，也就意味着领导虽然是带领着一个“羊群”，但实际上只是在孤军奋战，如果领导有着良好的宏观掌控力，公司还能获得一定的发展。否则，会因决策失误而导致失败。

如果在职场中出现这种“羊群效应”是令人很无奈的。

对于个人来说，跟在别人后面亦步亦趋，单纯地做一个追随者，难免会被吃掉或被淘汰。所以，要想在社会上、自己从事的行业内有所作为的话，一定要有自己的创意，而不是一味地做一个追随者，这样才有可能开辟出新天地。就像前面讲到的松毛虫的例子一样，追随着领头虫，结果都没发现近在咫尺的松叶，而尽数死亡。因此，不管是加入一个组织或者是自主创业，保持创新意识和独立思考的能力是至关重要的。

在竞争激烈的“兴旺”的行业，更加容易产生“羊群效应”，看到一个公司赚钱了，所有的企业都蜂拥而至，致使供求关系失调，结果缺乏长远战略目光的追随者都以失败告终。

风险永远是存在的，我们必须大胆而明智地洞察。所以，在社会引发某种热潮后，要在脑中形成一种危机意识，要时刻做好应对危机的准备。当危机真正到来时该怎么办？在《谁动了我的奶酪》中，坐吃山空的小老鼠最终没有奶酪吃，而有危机意识、到处寻找新奶酪的小老鼠，却在奶酪吃光之前就寻找到了新的食物。这对我们来说，是可以借鉴的。

我们不是羊，我们要用自己的脑子去思考，去衡量自己。思考到底什么才是适合我们的工作，什么才是我们要追求的生活，什么才是我们应该坚持的原则。

第四章

大话王：为什么我们愿意说假话并听信谣言

说谎是人的天性吗

现在的孩子们小小年纪便能做到说谎不打草稿，家长对此特别苦恼，自己明明教育孩子们不要说谎，为什么他们却还是喜欢说谎？难道说谎是人的天性吗?

有调查显示，孩子说谎的种类并不亚于成人，包括社交性的谎话、残酷的谎话、善意的谎话、隐藏事实逃避处罚的隐瞒性谎话，以及蓄意说谎以获利或增加威信的明显谎话。事实说明，无论家长如何教孩子，他们迟早会对你说谎。

针对孩子说谎的现象，科学家提出了“心智理论”，指出孩子会认识到每个人的想法各异，而他们可利用此情况来欺骗他人。由此看来，说谎是人的天性。

美国有项研究，研究人员将一群三岁大的幼童安置在一间房间里，周围摆放了一些新奇的玩具，研究人员告诫孩子们不可以转头去看那些玩具，然后离开。5 分钟后研究人员回到房间，问每一位小朋友:“你偷看了吗？”尽管录像显示有 90% 的小朋友回头偷看了，却只有 38% 的人说实话。

另一项针对不同年龄层小朋友的实验则显示，小朋友的年龄越大，就越有可能说谎。满五岁的小朋友中，没有任何一个人会承认他们偷看过玩具。

英国朴茨茅斯大学心理学家艾尔德·威瑞认为，小孩子天生就是当骗子的料。说谎的能力大约在三岁便与语言能力同时被开发出来。比如，当一个三岁大的小女孩接受祖母所馈赠的礼物时，即使她并不喜欢这个礼物，也会做出热烈的反应。

心理学家认为小朋友说出这类谎话是因为受到了父母的鼓励。生活中，当孩子们犯错不愿承认时，家长会说以后不再爱他们、不再和他们说话和不带他们去旅游，甚至吓唬他们不准吃饭，直到他们就范。

事实上，家长们说出的这些吓唬话并不会真正当真，而当小朋友们意识到这些处罚只是吓唬的时候，就会认为父母说话不算数。既然他们可以说谎，自己当然也可以。当然，如果家长真的处罚了说谎的孩子，也可能会促使孩子们为逃避处罚而说谎。对此心理学家解释说，当一个两岁的小男孩被告之不准吃面包时，他还是忍不住吃了。当母亲问起时，小男孩承认自己吃过，于是母亲很生气地处罚了他。类似的事情重复发生后，小男孩便知道承认做坏事会遭到惩罚，于是就开始说谎以逃避受罚。

当然孩子们的谎言很快就被揭穿了，他被父母告诫说："说谎是不好的行为，以后若是说谎就得受罚。"于是孩子们开始犯难了，假如他们犯错了，说真话就会受罚；如果不说真话，还是得受罚。但孩子们发现他们的父母不可能察觉到自己做过的每一件事情。因此，当错误没有被发现时，他们就撒谎；只有当错误被发现，实在躲不过才承认自己所犯的错误。这样的心理很可能会直接影响到孩子们长大之后的性格。

不说"我"的人多在说谎

在社会交往中，人们说谎或被谎言欺骗的次数之多令人震惊。据统计，每人平均每日最少说谎 25 次。当然，谎言有不同层次之分，善意的谎言其实是出于对对方的尊重，当谎言会伤害他人时，说谎者往往不愿提及自己的姓名。美国赫特福德郡大学的心理学家韦斯曼说："人们在说谎时会自然地感到不舒服，他们会本能地把自己从他们所说的谎言中剔除出去。"比如我们问一个熟悉的朋友：你昨晚为什么不来参加晚宴？这时，朋友抱怨说他的汽车抛锚了，他不得不等着把车修好。说谎者往往说"车坏了"而不说"我的车坏了"。

加拿大探索频道的科学节目《每日星球》曾经进行过一次全国性的谎言监测实验。他们邀请到了好莱坞著名影星和喜剧演员莱斯利·尼尔森作为实验对象，节目主持人杰伊·英格拉姆先后对尼尔森进行了两次相同的访问。

第一次的访问是这样的内容：

主持人：你最喜欢的食物是什么？

尼尔森：我最喜欢的食物到底是什么？我可以从任何食物中挑选吧？我得说这真是一个艰难的选择。其实这要看具体情况而定。我想……我最喜欢的食物应该是番茄酱。

主持人：番茄酱！你为什么那么喜欢番茄酱？

尼尔森：我为什么喜欢番茄酱我也不知道。我觉得我是那种可以把番茄酱涂到任何东西上的人，我根本不在乎别人会怎么看。我就是喜欢番茄酱。

当我还是小孩子的时候，我想这个习惯就已经养成了。如果我想找点儿东西吃，通常就会说："嘿，母亲，请给我一片蘸果酱的面包。"

我记得当时我母亲说："我们没有果酱，我们一点果酱都没有。我给你点儿别的吧。"随后她就会给我一片抹了黄油的面包，还在上面涂了很多番茄酱。我很快就迷上了。

我知道，当我在家的时候……如果我心情不错，我就会自己去弄一点来吃。不管怎么样，如果我饿了，我就会直奔冰箱，从中拿出一片面包，抹上黄油，最后再涂上厚厚的一层番茄酱。那会让我的心情变得更棒。

以下是第二次访问时的对话内容：

主持人：尼尔森，你最喜欢的食物是什么？

尼尔森：让我想一想吧，也许它现在正在变成我最喜欢的食物……那我就选第一个想到的食物吧。嗯……你知道酸奶油吧。比如说，把一些酸奶油放在牛油果沙拉酱上……这就是我比较喜欢的美食吧。

还记得，小时候母亲会吃拌有沙拉酱的番茄三明治。后来，我觉得沙拉酱看起来很像是酸奶油，那可是世界上我最不想碰的东西。

于是，真的，一直都没有碰酸奶油，可是现在……那种味道真的很不寻常，而且还可以选脂肪含量比较低的那种，我对这个比较在意，对于我来说这是一种新的口味，但很快就迷上这种口味了，酸奶油的味道。

在这两次访问中，主持人问了同样的问题，他最喜欢的食物是什么。尼尔森在第一次访问中反复强调“我”，而在第二次访问中却尽量避免使用“我”。细心的读者可能已经猜出来了，尼尔森其实并不喜欢酸奶油，他最喜欢的食物应该是番茄酱。当他说真话的时候，使用了二十多个“我”，而在说谎的时候仅仅用了几次。

所以，如果我们向某人提问时，对方总是反复地省略“我”，对方就有被怀疑的理由了。反过来说，撒谎者也很少使用他们在谎言中牵扯到的人的姓名。

另外，心理学家认为说话内容越是详实说谎的可能性就越小，表述的内容越简单说谎的可能性就越大。还拿上面两次访问来说，在真实的陈述中，尼尔森对儿时与番茄酱有关的经历描述得非常详细，而且多次提到了自己的感受。例如：“我很快就迷上了”“如果我心情不错”以及“那会让我的心情变得更棒”。

相反，尼尔森在说谎的时候都是在泛泛而谈，比如如果使用酸奶油、酸奶油的味道很不寻常、酸奶油脂肪含量较低等。而且只有一次轻描淡写地提到了自己的感受，就是在访谈快结束的时候说了一句“但我很快就迷上这种口味了”。

更为可靠的说谎迹象是人们说话的语气和他们不经意间的遣词造句。只要学会了聆听这些神秘的信号，我们就能够揭开说谎者的面纱。也许有一天，我们突然之间就知道了大家最真实的想法和感受。

为什么我们喜欢听信谣言

谣言，重复得多了就会使人相信，这是由心理积累暗示导致的。生活中的流言很多，常常令我们身陷被动的境地。

孔子的弟子曾子，是一个有名的孝子，有一天，他说：“我要到齐国去，望母亲在家里多保重身体，我一办完事就回来。”母亲说：“我儿出去，各方面要多加小心，不要违返齐国的一切规章制度。”

曾子到齐国不久，有个和他同名同姓的齐国人，因打架斗殴杀死了人，被官府抓住。曾子的一个同门师弟，听到消息就慌忙跑去告诉曾子的母亲说：“出事啦，曾子在齐国杀死人了。”曾母听了这个消息，不慌不忙地说：“不可能，我儿子是不会干出这种事的。”

那位师弟走后，曾母仍旧安心织布，心里没有半点疑虑。

过了一会儿，又有一位邻居跑来说：“曾子闯下大乱子了，他在齐国杀死人被抓起来啦。”曾母心里有点慌了，但故作镇静地说：“不要听信谣言，曾子不会杀人的，你放心吧。”

这个报信儿的人还没走，门外又来了一个人，还没进门就嚷道：“曾子杀人了，你老人家快躲一躲吧！”

曾母沉不住气了。她想：三个人都这么说，恐怕城里的人都嚷嚷开这件事啦，要是人家都嚷嚷，那么，曾子一定是真的杀人了。她越想越怕，耳朵里好似已听到街上有人在说：“官府来抓杀人犯的母亲啦。”她急忙扔下手中的梭子，离开织布机，在那两位邻居的帮助下，从后院逃跑了。

人们常说，“谎言说了一千遍就成了真理”。的确是这样的，开始时曾子的母亲不相信谣言，坚信自己的儿子不会杀人。但是，当三个人都这样说，她就逐渐认同，甚至最后吓得逃跑了，这是因为心理积累暗示发生了作用。

心理积累暗示有移山倒海的功效，可以改变人的信念。一般说来，儿童比成人更易被暗示，女性比男性更易被暗示，处于疲倦、催眠等状态时，比清醒时更容易受到暗示。

谣言并不是什么可怕的事，冷静思考是我们对待谣言的最好处理办法。对于身陷谣言旋涡中的人来说，最需要的是冷静的头脑，而非沮丧的心情和失望的愤怒。

是不是说谎，看表情就可以知道

人际交往中，有些人出于各种各样的目的，不可避免地会说一些谎言。有的人说谎时说话的语气及面目表情很不自然，仔细观察就能看得出来；但有些人说起谎话来面不改色心不跳，让人很难以分辨他的话是真是假。那么我们是不是就没有办法判断谎言了呢？

心理学家认为，从笑容中可以辨别谎言。欺骗的表情常常出现在嘴部。任何表情都可以作为伪装以掩饰其他的表情，而笑容是其中最常用的。一个真诚自然的微笑会让整张脸亮起来；但如果只是硬挤出来的笑容，那么嘴巴应该是紧闭的，眼睛和前额也不会因笑容而牵动。一个不牵动整张脸的笑容，则是欺骗的信号。

通常情况下，当一个人感到伪装的表情失败了，他还会用微笑迅速将其掩盖。极细微的表情，常常是我们识别谎言的关键。除了通过一个人的笑容可以分辨谎言，心理学家认为以下几点也可帮助你辨别他人的谎言。

第一，面带恐惧多在撒大谎。如果撒谎者只是说了一个小谎的话，那么他的面部表情中可能没有太多恐惧。因为他心里有底，即使被识破了，也不会有太大的麻烦。但是，如果一个人撒的谎比较大的话，即使他极力地掩藏，一些高明的识谎者也能从他细微的表情中看见恐惧的信号。

说谎者恐惧表情的多寡，取决于说谎者的心理素质，更取决于面对的是怎样的一个识谎者。

第二，情绪持续过久。情绪出现的时间快慢是很难作假的。只要仔细观察，我们就不会被愚弄。比如惊骇、惊讶这种情绪来得快，去得也快，如果持续过久，表示这种反应极有可能是装出来的。

因为作假的情绪反应不是自然发生的，所以它出现的时间会稍微延后，持续的时间也会比真诚的情绪反应要久，然后“突然”就消失了。当假装很惊骇、惊讶的时候，我们通常会保持一副害怕、恐惧的表情，这种伎俩是瞒不过精明的识谎者的。

第三，眼睛斜视。眼睛最容易流露人们的真实感情、性格和健康状态等。眼睛斜视，被认为是说谎时常见的标志。说谎时人们的典型征兆是：频繁地眨眼睛、漫无目的地四处张望和眼睛贼溜溜地转动等。视线斜视是“不想让别人识破本心”的心理在起作用。因为说谎而感到不安，所以试图尽可能地收集周围的信息以求转移不安或者找回安全感。

第四，瞳孔放大。一般说来，瞳孔的大小受光线明暗的影响，同时它也会随着当事人对某一问题感兴趣程度的变化而变化。我们可根据观察说话人的眼睛的变化判断是不是在撒谎，如果随着谈话的深入，对方的瞳孔不由自主地变大，说明对方在否认或者是说了谎话。

女同事甲：“嘿，你是不是对副总有意思啊？”

女同事乙：“怎么可能，没有的事。”

女同事甲：“你就别装蒜了，这些都写在脸上了。”

女同事乙：“啊，什么？”

研究表明，当人们看到或被提及自己喜欢的人时，瞳孔就会放大，相反看到自己讨厌的人时，瞳孔就会缩小。

第五，用手遮住嘴巴。用手下意识地遮住嘴巴，表示撒谎者试图抑制自己说出那些谎话。如果你在公司召开一个会议，你发言时看到有听众捂着嘴，这个时候就要注意了。遇到这种情况，你应该停止发言并询问听众："大家有什么问题吗？"

也有的人会假装咳嗽来掩饰自己遮住嘴巴的手势。有时候人们是用几个手指或紧握的拳头遮着嘴，但意思都一样。

第六，触摸鼻子。说话者触摸鼻子意味着他在掩饰自己的谎话，聆听者做这个手势则说明他对说话者的话语表示怀疑。有人在说话的时候会用手在鼻子的下沿很快地摩擦几下，有时甚至只是略微轻触。如果他不是什么花粉过敏的话，那就说明他说的话有很多水分。

第七，摩擦眼睛。我们知道，当一个小孩不想看见某样东西时，他会用手遮住眼睛，而我们大人不想看见什么的时候，会下意识地摩擦眼睛。大脑通过摩擦眼睛的手势企图阻止眼睛目睹欺骗、怀疑和令人不愉快的事情，或是避免面对那个正在遭受欺骗的人。电影演员们常用摩擦眼睛的手势表现人物的伪善。

第八，抓挠脖子。当口头语言和这个手势不一致时，矛盾会格外明显。比如，某个人说"我非常理解你的感受"，但同时他却在抓挠脖子，那么我们可以断定，他真的没有理解。

根据观察得出的结论是，人们每次做抓挠脖子这个手势，食指通常会抓挠5次。食指运动的次数很少会少于5次或者多于5次。这个手势是疑惑和不确定的表现，等同于当事人在说："我不太确定是否认同你的意见。"

通过了解表情的细微变化，我们在与人交流和沟通的过程中可以进一步把握说话人内容的真实性，从而尽可能地减少上当受骗的次数。

揭穿骗局的铁匠——洞察谎言

说谎者往往利用一个道具或论据来支撑起整个骗局，此时我们只要不被他们表面的言语所迷惑，认真思考、冷静分析和判断，就能洞察他们的谎言。

燕王有收藏各种精巧玩物的嗜好。有时他为了追求一件新奇的东西，甚至不惜挥霍重金。“燕王好珍玩”的名声不胫而走。

有一天，一个卫国人到燕都求见燕王。他见到燕王后说：“我听说君王喜爱珍玩，所以特来为您在棘刺的顶尖上刻猕猴。”

燕王一听非常高兴。虽然王宫内有数不尽的稀世珍宝，可是从来还没有听说过棘刺上可以刻猕猴。因此，燕王当即赏赐那个卫国人。

随后，燕王对那卫国人说：“我想马上看一看你在棘刺上刻的猕猴。”那卫国人说：“棘刺上的猕猴不是一件凡物，有诚心的人才能看得见。如果君王在半年内不近女色，戒酒戒肉，并且要在一个雨过日出的天气，抢在阴晴转换的那一瞬间才能看到那棘刺上的猕猴。”

为了能看到棘刺上刻的猕猴，燕王只好拿俸禄先养着那个卫国人，等待机会再看。

有个铁匠听说了这件事以后，觉得其中有诈，于是去给燕王出了一个主意。匠人对燕王说：“在竹、木上雕刻东西，需要有锋利的刻刀。被雕刻的物体一定要容得下刻刀的锋刃。我是一个打制刀斧的匠人，据我所知，棘刺的顶尖与一个技艺精湛的匠人精心制作的刻刀锋刃相比，其锐利程序有过之而无不及。既然棘刺的顶尖连刻刀的锋刃都容不下，那怎样进行雕刻呢？如果那卫国人真有鬼斧神工，必定有一把绝妙的刻刀。君王用不着等上半年，只要现在看一下他的刻刀，立即就可知道用这把刀能否刻出比针尖还小的猕猴。”

燕王一听，拍手说道：“这主意甚好！”

燕王把那卫国人招来问道：“你在棘刺上刻猴用的是什么工具？”

卫国人说：“用的是刻刀。”

燕王说：“我一时看不到你刻的小猴，想先看一看你的刻刀。”

卫国人说：“请君王稍等一下，我到住处取来便是。”

燕王和在场的人等了约一个时辰，还不见那卫国人回来。燕王派侍者去找。

侍者回来后说道："那人已不知去向了。"

铁匠用推理的方法揭穿了骗子所设的骗局，可见尽管骗子很懂得他人的心理，又很会演戏，巧舌如簧，伪装得几乎滴水不漏。

但是，假的毕竟是假的。只要你注意观察，细加分辨，就会发现，在他精心编织的谎言下，仍有大量的破绽和漏洞。这时只要点出说谎者的破绽，抽掉谎言赖以成立的支撑点，即可让谎言无处遁身。

为什么恋爱中的男女都爱说谎

人们在谈恋爱时撒谎的次数最多。恋爱期间，男女双方就好像两个对阵的武林高手，你一招，我一招，力量此消彼长，却也彼此无法战胜彼此，而他们所使用的招数就是编制一个个如梦似幻的谎言。

别不信，几乎没有一个人敢坚定地说自己在恋爱的过程中没有撒过谎。世上没有不撒谎的人，只有不敢或不肯承认自己撒谎的人。所以怕的不是恋人会撒谎，而是他撒了谎还死不承认。所以如果一个人对诚实极度看重，会觉得诚实和不撒谎是画上等号的，但是这样这个人就意味着基本上可以退出爱情江湖了。因为在爱情世界，诚实＝诚恳的撒谎＋踏实的被骗。所以在恋爱中的男女都是乐于说谎，也偏爱听一下谎话。

日常生活中是否经常听到这样的话："老婆，你是我见过的最美的女人……""老公，你是我遇到过的最聪明的男人……"若听到这样的充满"欺骗"的谎话，几乎没有人能经受得住它的魔力，大部分人听到后都会觉得很受用，因为这些话是带着善意和爱意的，所以一般人都宁愿选择沉醉在甜蜜的谎言世界中。

萱如最近觉得很沮丧，男友每到星期五就会加班。一次偶然的机会，她听男友的同事说，公司并没有安排他们每周五加班。

这个信息对萱如来说简直是五雷轰顶。怀疑、气愤几乎所以负面情绪都涌入她的脑海中，脑里就一直盘旋着这句话："他骗我，为什么？难道他另有喜欢的人了？"生疑的她在一个周五偷偷来到男友的公司，结果出乎她的意料，男友原来是在和同事一起打电脑游戏。非常投入的他并没有看到她的出现。

试想一下如果你是萱如，你要怎么做呢？直接冲到男友面前质问："你这是加班吗？"或者打电话把他叫出去大吵一顿。

但是萱如并没有这么做，她悄悄地退出了办公室，回了家。她突然间明白，男友也需要一些自我空间，做一些他感兴趣的事。等晚上男友打电话过来，她跟他说，要不以后就把周五作为他们的"自由行动日"。因为她的闺蜜抱怨她重色轻友，希望每周可以小聚一下。男友听完后欣然接受。

男友不再需要撒谎，因为萱如发现了他的需要，并且尊重了他的谎言，给了他自尊和自由。

事实上在爱情中，男女都不太爱说实话，总是害怕实话会让对方不高兴，影响两人之间的感情。就像萱如的男友一样，很多恋人撒谎并不是因为变心，而是因为他偶尔也需要自我空间。因为他在乎她，既想满足自己的需求，又不想惹来争执，弄得彼此不开心，所以就撒了慌。这样的谎言并不是要伤害别人，而是想为自己争取一些自由。

现实生活中还有一类谎言是很常见的，几乎每个人都会遇到。比如两人约会，一人先到，打电话问另一人，你在哪？另一人明明还差 10 站，却会撒谎说自己还差 2 站。

在恋爱时，男人总会说很多甜言蜜语把女人哄得团团转，让女人感到很开心。婚姻存在七年之痒，随着时间的流逝，女人在感情上会缺乏安全感，这个时候男人的甜言蜜语就是对女人的一种安慰。正是因为男人深谙女性的心理需求，所以才会说出那么多的谎言。所以无论是男人还是女人，如同"黄盖挨打"一样，一个愿打，一个愿挨。男人有 4 个谎言是最常说的，女人不妨作为参考，擦亮心里的那双眼睛，留意一下：我跟前女友没有再联系了，我永远只爱你一个，我得加班呢，我发誓，绝对没有骗你。

其实许多时候男人说谎是抱着多一事不如少一事的心态，顺着恋人的心意说点无伤大雅的谎话哄哄恋人，逗恋人开心。其实，只要有利于安定团结，只要有利于夫妻和睦，只要有利于对方快乐，有时说一些无关紧要的谎话也是生活所必须的。所以像这一类的谎言最好不要揭穿它，彼此心知肚明就好。

然而并不是所有的谎言都是善意的，因此在面对谎言时，人们最好先想一想，自己的底线是什么，不要轻易地让爱情冲破设定的底线——凡是为了占有，却又不想真的负责，这样的情场谎言都不能忍。识破的那一刻，你就要离开。因此当面对着这类冲击你底线的恶意谎言时，各位女士更要提高警惕，时刻留心了。

为什么我们不介意谎言的存在

法国作家巴尔扎克曾说过这么一句话："文学是庄严的谎言。"古今中外的作家都不停地用手中的笔描绘自己心目中的世界。人们都清楚地知道，这种描绘并非真实描绘，而是按照他们自己的希望构建出的世界。虽然这个世界是作家构造出来的。但人们却甘愿受其感染，对这个世界充满希望。因为他们从来就生活在一个充满谎言的社会中，小说中构造的美好让他们向往。

一位神父在弥撒结束时对众教徒说，下个礼拜日他将做一次关于撒谎者的讲道，请众教徒先回去预读一下《圣经》律法书第6卷，以便更好地接受下次讲道。到了下个礼拜日，神父在讲道前说："读过《圣经》律法书第6卷的教徒举手。"很多人举起手来。有些人看看别人，也举起手来。最后所有人都举起手来。神父看到这么多人举手，眉头一皱，在胸前连连画起十字："主啊，宽恕他们。"众教徒愣住了，神父睁开眼，看着他们叹道，他们这类人就是他今天要讲的人。因为《圣经》律法书里根本没有第6卷。

从这个例子可以看出，只要有人类存在于这个世界，就会不停地出现谎言。谎言，随意的、谨慎的、为自尊而说、为自强而说、为自信而说、为自爱而说、为自卑而说、为虚荣而说、为掩饰羞愧而说、为掩饰失败而说、为谋私利而说、为满足自己的欲望而说等。人们不但要对别人说谎，由于种种原因，人们还要对自己说谎。

谎言成了人们从懂事起便永远伴随的事物，而无论经过多长的时间磨炼，谎言永远都不会消失在这个世界中。人愿意说谎也乐意听到奉承的谎言。人为什么要说谎？心理学家通过对人类说谎的行为进行分析，总结出了以下几种原因：

一是因为游戏人生的乐趣。人是一种难以耐得住寂寞的动物。曾经有一位哲学家如是说，人需要娱乐，因而有时难免说谎。谎言有时能给我们带来快乐。所以，为了能享受谎言所带来的快感和乐趣，人们往往选择说谎而非直面真相。

我们都了解“狼来了”的故事。这个故事中的放羊小孩，撒谎时其实也并没有任何恶意，只不过是觉得太寂寞，想寻点刺激，找点开心，仅仅是出于一种好玩的心理而恶作剧罢了。结果却很出乎他的意料，后果比他想象中的要严重许多。事实上，生活中这种出于游戏目的的谎言很多，因无恶意，我们常常便只当它是玩笑，听过便罢，纵使是谎言也不会放在心上。

二是为了避害趋利。这是大多数人撒谎的根本原因和直接原因。很明显，生活中，作为一个有血有肉的普通人，谁不避害趋利呢？试想一下，当一个窃贼进入你家，盗窃你家的财物，并想从你的口中打探家中有没有数量可观的现金时，你会告诉他今大刚发下来的一万元奖金的位置吗？你不会，大多数人会选择欺骗，让窃贼相信你穷得几乎都揭不开锅了，从而放过你。这种趋利避害的心理几乎所有人都有。

面对现实利益，面对危险，大多数人都做不到诚实面对。人们总是在权衡利弊之后选择其中一种对自己最有利的做法，那么，你觉得他会介意因为自己撒个小谎而获得巨大利益吗？这是不可能的。如果诚实将使财产、名誉以及生命受到损害与威胁，人们选择以谎言应对的现象就会越多，这是肯定的。在现实利益面前，谎言往往就会乘虚而入，使得诚实难有立足之地。

这种为了避害趋利而制造的谎言随处可见，我们不能单纯地用“好”或“坏”来评价它，它是我们生活中必须面临的一种选择，只能是“是”或“不是”，没有中间的道路可走。对此，我们只能更多地从人性的角度来理解它，而不是简单机械地用道德原则或法律准绳来度量它、规范它。

三是病态的说谎心理。有一类说谎者会让人们感到很奇怪，为什么他们总是常常随意地撒谎，好像不说谎就难以过活。也许他们自己都没有意识到，他们就生活在用谎言构成的幻想世界中。

现实生活很多真实的例子告诉人们，说谎者只要不被发现就不会受到应有的惩罚，反而会因为说谎而获得更多的好处。这就鼓励了说谎者。事实上，说谎者获得的好处会使大量欺骗行为在不被察觉的情况下发生。毕竟，因为这种好处，人们可以并且已经让撒谎成为常态。

最后，人们会发现，说谎者获得的好处不是来自其自身，而是来自被骗的人。但令人惊讶的是，我们并没有发现之所以被骗其实是因为我们不想发现自己被骗了。因为这样能使自己的虚荣心得到满足，自信心得到加强。似乎只有编织谎言，接受谎言，才能获得良好的人际关系，才能不让自己被边缘化。

第五章

心体合一："无聊死了"，真的会死人

为什么"装"出来的快乐也能真快乐

人的一生就像一趟旅行，沿途中有数不尽的坎坷泥泞，但也有看不完的春花秋月。如果我们的一颗心总是被灰暗的风尘所覆盖，失去了生机、丧失了斗志，我们的人生就会变得暗淡。而如果我们能保持一种健康向上的心态，即使我们身处逆境，也一定会有"山重水复疑无路，柳暗花明又一村"的那一天。

但就现实情形而言，人生不如意十有八九，面对悲观失望我们不能一味地呻吟与哀号，虽然那样能得到短暂的同情与怜悯，但改变不了什么。因此，我们要积极调整自己的心态，努力开拓，赢得鲜花与掌声。

在日常的生活和工作之中，我们要善于消除一些消极的心理暗示，多对自己进行积极的心理暗示，让自己转忧为喜，化苦为甜。心理学家认为，有效调整心态的途径就是，我们可以先假装自己很快乐，持续一段时间，我们就会感觉内心充满了真正的快乐。

一天早上，正值上班的高峰，北京某路公交车拥挤不堪，整个车厢里挤得水泄不通。这时，司机一个急刹车，站在门口的一个老先生一个趔趄差点倒在旁边一个小伙子身上。

老先生急忙寻找扶手以求支撑，没想到一把就抓住了扶手上一个年轻姑娘的手。还没等老先生开口道歉，这位穿着时尚的姑娘就骂着："你个老不死的，怎么回事，不行待在家里别出来。"

听到这句难听的话，车上的乘客开始为老先生打抱不平，纷纷谴责这位姑娘不礼貌。这位老先生却笑呵呵地劝大家说：“别说人家姑娘了，我确实不小心碰到了她。其实我应该向她说谢谢，谢谢！”

那位姑娘顿时无话可说了。但老先生的这一反应把车上的人都闹糊涂了，别人骂他，他不但不生气，反而笑着感谢，有病吧？

这时，有一个人实在忍不住好奇，就问老先生：“她刚才骂你，你怎么还谢她？”

老先生说：“我确实老嘛，姑娘说了实话，‘老不死’，再老都不死，姑娘这不是在祝我长寿嘛，所以，我要感谢她啊。”

听到这番解释，车上的人都笑了。那位姑娘却红着脸低下了头。

这位老先生明明知道那位姑娘在骂他，可他却故意把姑娘的话做出对自己有利的解释，假装别人在夸自己长寿。这样一来，不仅用幽默化解了被骂的尴尬，还调节了自己被骂后不愉快的心情。

心理学家认为假装快乐就会真的快乐。即使处于不利的环境中，如果我们能对自己进行积极的心理暗示，情绪和行为就会产生良性反应；相反，如果习惯使用消极的暗示，往往会把事情弄糟。

当然这种假装不是虚伪，其实是对情绪的积极调整。如果一个人总是沉浸在一种消极的阴郁的心理状态之中，就会使自己的情绪恶化，而善于积极主动地去改变这种消极的氛围，加一些积极的阳光的情绪在里面，就能使自己乐观起来。

心理学家认为积极健康的自我暗示，能把人带入天堂；消极有害的自我暗示，能把人带入地狱。我们要想形成一种积极、主动的做事习惯，就要进行自我正面暗示。这种正面的暗示可以调整情绪，增强自信。

在日常生活中，有的人与上司发生了一次口角，就对工作失去了信心；或是跟同事闹了别扭，就觉得上班没劲。其实这大可不必。当心情不愉快的时候，你不妨对着镜子练习笑，对自己说“我的心情很愉快，我要努力地工作”，可能你的不悦情绪就会渐渐消除。这样的话，无论客观的环境多么不如人意，我们只要善于进行积极的心理暗示，就会创造出快乐的心境。虽然每个人的人生际遇不尽相同，但只有自己才是自己命运的主人，只有你才能把握自己的心态，而心态塑造着自己的未来。当我们不快乐时，先不要说生活怎样对待你，而是应该问一问，你怎样对待生活。

"无聊死了"，真的会死人

生活中，我们常常听周围的人这样说"生活太无聊了""真没劲""真是无聊死了"。每当人们在感觉生活空虚时，总会发出诸如此类的抱怨。这类人多是生活没有目标，缺少动力，常常有无聊之感。

心理学家认为无聊真的会导致人死亡。对此，相关人员曾经做过跟踪调查。伦敦大学学院流行病学和公共卫生系研究人员调阅 1985 年至 1988 年 35 ~ 55 岁接受"无聊感"调查的 7524 名公务员信息，并追踪他们二十多年后的健康情况。截至 2009 年 4 月，一些调查对象已经离世。

当年调查结果显示，每 10 名公务员中有 1 人曾在过去一个月内感觉无聊，感觉无聊的女公务员人数是男性的 2 倍多，年轻公务员和从事琐碎工作的公务员比其他人更易感觉无聊。研究人员发现，当年感觉"格外无聊"者的死亡可能性比感觉充实者高 37%。

研究人员通过多方调查还表明，"无聊感强烈"者与感觉充实者相比，因心脏病或中风致死的可能性高出 2.5 倍。因此，那些对生活不满、感觉无聊的人很有可能养成吸烟酗酒等恶习，而这些因素会"折寿"。那么这些感觉无聊的人如何才能摆脱这种消极而又影响健康的感觉呢？专业人士认为要想走出"无聊"，步入"充实"，最关键的是"改变"。可以从以下方面做出改变：

第一，做有意义的事。人们之所以感觉无聊主要是生活得太盲目，太散漫。不妨找一些有意义的事情去做，从中发现工作的价值，比如你可以到某个医院或学校做志愿者，从服务他人中寻找快乐。

第二，做好职业规划。如果我们的工作处于停滞状态，无法从中获得快乐，就必须及时调整职业规划，拓展发展空间，从中重新发现工作的价值。

第三，走出“舒适区”。如果生活太安逸了，没有新鲜感，久而久之，人们就会因生活平淡而整天抱怨。这时，我们就应该立即走出“舒适区”，可以去学习一项新的技能或者新知识。

第四，打破常规。当我们感觉生活过于平淡时，应打破常规，做些平常不做的事情，比如到一个特别向往但又没去过的地方旅行，给多年未联系的老友打电话，到一个离家较远的特色小店去淘物品。

第五，也许我们无法避免无聊的感觉，但我们可以利用运动来摆脱这种状态。因此，感觉无聊时不要坐着发呆，而应该主动去找事做。因为一旦运动起来，无聊感会减轻，充实感随之而来。

为什么喝水能调节心情

我们都知道，水之于身体，就好像氧气般重要。给身体喝水，是延年益寿的不二法门；给身体喝水，是亮丽皮肤的基本原则。所以，人们喝水多是为了健康，为了美。事实上，喝水还有利于调节人的心情。

专家通过多年的研究发现，当人长期处于同一种状态就很容易产生负面情绪，适当地变化一下自己的状态，心情会朝着积极的方向转化。我们都有过这样的经历：当我们遇到某些让我们紧张或者激动难耐的事情时，有时候喝上一杯水会让我们的情绪平复很多。这是因为，喝水这个动作阻断了情绪的连续性，给人提供了一个喘息休憩的空间，以此完成人体防御机能的自我调整。

专家认为，大脑制造出来的内啡肽被称为“快活激素”，而肾上腺素通常被称为喝水“痛苦激素”。当一个人痛苦烦躁时，肾上腺素就会飙升，但它可以排出体外，方法之一就是多喝水。如果辅助体力劳动，肾上腺素会同汗水一起排出，或者大哭一场，它也会随着泪水排出。

英国东伦敦大学的研究发现，学生在考试前喝杯水，可以提高认知能力，使他们在考试中的表现更出色。而对于上班族，在压力过大或需要做决定之前喝杯水，可以帮助头脑变得清晰。

我们知道，在夏季时，炎热的天气易导致紧张和烦躁情绪的出现，这时如果多喝水，不仅可以补充身体流失的水分，并且可以及时调整心情。

在炎热的天气中，人很容易出汗，体力消耗较快，我们要注意及时补充水分、多喝开水。喝水不仅有利于健康且可消除疲劳。

生活中，有些人总以为不渴就不必喝水，这是一种错误的认识。其实，当人们觉得口渴时，身体已经流失了至少1%的水分。香港卫生署曾做过一项调查，有1/3成年人每天喝水少于6杯。上班族工作忙碌，常常半天也顾不上喝一口水。因此，上班族应该形成良好的喝水和排尿习惯，每1小时喝一次水，每2～3小时排尿一次。

在日常生活中，你可能为吃一顿饭绞尽脑汁，却不会为喝一杯水煞费心思。大多数人觉得，喝水是件再简单不过的事，拿起杯子“咕嘟咕嘟”一杯水下肚不就完了吗？

其实，喝水的学问远不止这些，喝水的方式及喝水的时间和时机都会对健康产生重要影响。这里总结出以下几点注意事项：

第一，睡前抿两口。当人熟睡时，由于体内水分丢失，造成血液中的水分减少，血液黏稠度会变高。因此，临睡前适当喝点水，可以减少血液黏稠度，从而降低脑血栓风险。此外，在干燥的秋冬季节，水还可以滋润呼吸道，帮助人更好地入睡。但要注意，睡前喝水不能过多，如果因喝水而造成睡眠不好，反而得不偿失。

第二，运动后小口喝水。运动过后，不宜一次性大量饮水。因为这时胃肠血管处于收缩状态，需要一个恢复过程。如果立即大量饮水，水分积聚在胃肠道里，会导致肚子发胀，影响消化。最好过几分钟，等心脏跳动稍微平稳后，再接着小口小口地喝些温开水。喝水时，尽量保持速度平缓，喝水的频率最好与心跳频率接近，再间歇式地分多次喝。这样，才能使心脏有规律、平稳地吸收进入体内的水分。

第三，洗澡后喝水要慢。很多人洗完澡觉得渴，会端起杯子一饮而尽。专业医师认为洗完热水澡后，身体受热血管扩张，血流量增加，心脏跳动会比平时快些，喝水应特别小心。最好小口慢速喝下一杯温开水，否则容易增加心脏负担。

第四，便秘大口喝水。中医认为便秘的原因之一，是人体缺少津液，大口喝水能起到迅速补充津液的作用，从而刺激肠蠕动，促进排便。大口大口地喝水，吞咽动作快一些，这样水就能尽快到达肠道，刺激肠蠕动，促进排便。

第五，感冒时多喝水。多喝水不仅有利于出汗和排尿，而且有利于调节体温，促使体内病菌迅速排出。感冒时多喝些水或纯果汁，对于疾病康复很有帮助，因为有助于冲走呼吸道上的黏液，让人感觉呼吸舒畅。此外，如果发烧了，人体出于自我保护机能的反应要自身降温，这时就会有出汗、呼吸急促、皮肤蒸发的水分增多等代谢加快的表现，需要补充大量水分。

脾气来得快，伤口好得慢

当我们的身体出现某些疾病时，有的人反应平淡，似乎无关紧要，可以照常工作；而有的人则会大惊小怪，忧心忡忡，寝食难安。为什么会有如此大的反差呢?

医学家给出这样的解释，有些人对疼痛是非常敏感的，这是因为他们的痛点比较低，比正常人更容易感受到疼痛。美国著名的内科医生里伯曼博士做了一个临床测试：用手挤压位于耳郭正下方、颌角后的位置可以测出测试者的敏感度。

如果有人对这种刺激并不畏缩，说明他的痛点不怎么敏锐，也就是痛点比较高。反之，就说明他是个对痛觉敏感度极高的人。

可见，敏感度高的人对疼痛的感受越强烈，这也说明他们对事情的承受能力较弱。里伯曼博士认为敏感度高的人甚至会将肠蠕动的收缩也感觉成是一种疼痛。

如果哪天我们扪心自问：“自己的身上有哪些不舒服的地方吗？”接下来我们的身体就再也不是正常状态了。我们可能很容易就找出一个疼痛部位，要么在脚底下，要么在下腹部，有的时候，我们自己也说不出是什么地方，就会忽然产生剧烈的疼痛。好多人疼痛的时候会脸色发白，没有一点血色，这都是疼痛很正常的反应。

不过，由于刺激而产生的疼痛和血管收缩产生的疼痛及肌肉痉挛产生的疼痛都是无法解释的病症，因此很多病人在遇见这样的疼痛时常常不知所措，并会由此产生更紧张的情绪，造成恶性循环。

仔细观察就会发现，当人处在紧张状态时，疼痛就会加剧。而处在愉快和幸福状态中的人们是不容易感受到疼痛的。随着情绪的转变，如果你感染上了痛苦紧张的情绪，疼痛就会降临。尤其是情绪紧张的时候，背部最容易发生疼痛。因此，当你背痛时，想想是不是情绪的原因。

朱莉是一个性格急躁的人，常常因为一些鸡毛蒜皮的小事情发火。朱莉的同桌张刚却是一个慢性子的人，平时里，有同学拿他开玩笑也不生气。

一次学校组织学生打预防针。打针比较痛，每个人的胳膊上都留下了一个小伤口。多数同学不用涂药，两天就痊愈了。而张刚只是觉得伤口处有点痒，并没有在意，伤口第二天就好了。

朱莉感到伤口有些灼热，有事没事就看伤口好了没，甚至上课还想着。结果，她又是涂药又是抹碘酒，几天后才痊愈，并且还留下了一个小伤疤。朱莉看到同桌张刚跟没事人一样，而自己一个小伤口却折腾了三四天。她很困惑，这到底是为什么呢？

这是因为脾气的好坏与伤口愈合时间长短有一定的关系。医学界认为，脾气来得快，伤口好得慢。意思是说，脾气暴躁、容易发怒的人，伤口愈合的时间就慢。而那些好脾气、不爱发火的人，伤口则好得快。

对此，研究人员曾经做过这样一个实验：研究人员招募了 98 名志愿者，在其前臂上制造小的烧伤，然后进行连续 8 天的观察。志愿者事先都接受了一定的心理测试，以评估他们日常发怒的频率，然后被按“发怒等级”分类。

结果发现，对于不能控制愤怒情绪的人来说，测试中的小伤口需要 4 天以上才能痊愈，约是好脾气的人的 3 倍。研究人员推测说，易怒的人应激激素皮质醇分泌量比较高，这是他们伤口难以痊愈的原因。

看来，脾气不好的人，受病痛的折磨时间也长。这跟他们的情绪容易激动有关。因此，当我们感受到身体有或轻或重的疼痛时，不要将注意力集中到疼痛的部位上，否则，这种感觉肯定会愈演愈烈。

小心细微动作“出卖”你

人们常常用各种各样的方式掩饰自己的心情与想法，但是不管怎么掩饰，总是有暴露点。生活中，一些细微的动作往往最容易“出卖”我们，反映出我们的心理活动。

揉搓手掌暗示人对东西和事情的兴趣期盼。有一个谈判的录相带，我们可以从中看到，一方快速地揉搓双手，像是在期望着什么东西。开始谈判时，另一方看到这个动作感到十分惊讶，于是询问对方是否预先有其他的安排。被问的一方会一脸微笑，然后告诉询问的一方，他搓手的动作，只是想让别人相信他知道并且非常喜欢即将到来的事情。小孩子看见母亲从超市推出一车子的物品，他很可能搓揉手掌，做出期盼的姿态，希望车子里有他想要的东西。

另一种姿态则显得心情不是特别好，就是慢慢用布等揉搓弄湿的手。这种姿态表现出的是紧张、不安的情绪。

将中指压在食指上的姿态，往往暗示一个人内心的期待。这个动作可以追溯到我们的童年时代。年幼的孩子对父母撒一个无关紧要的谎时，或是盼望好运气时，常常会交叉着手指。

弄响口袋里的铜板，看似平常，也可能“出卖”人。桑·费德曼博士观察到，经常把口袋里的铜板弄得叮当响的人，不是很重视钱就是缺钱。有一个人是某电影公司的制片人，他总是习惯把裤袋里的铜板弄响，你问他为什么这么做时，他的答案是：“提醒我记得当年没钱的时候。”你是否注意到乞丐是怎么走过你身边的，他总是把铁罐里的钱弄得叮当响，表示他们需要钱。

由此看来，平常看似简单常见的小动作，有可能在关键时刻“出卖”了我们的真正想法。因此，一定要小心管好自己的手，不要在无意中被它“出卖”了！

成人磨牙多是心理受挫

入夜之后，人们大都能够安然入睡，然而有一些人在熟睡时却“咯咯咯咯”地磨起牙来。人在 6 ~ 13 岁都处于换牙期，此时会有磨牙现象。但是，过了换牙期的成人常有磨牙现象发生就是一种病态，医学上称为“磨牙症”。磨牙症是指人在睡眠或醒着时有无意识的上下牙齿彼此磨动或紧咬的行为。磨牙症多见于儿童，但成年人也不少见，且有增多趋势，不过，临床就诊者并不多。入睡后磨牙看似平常，实际上隐藏着磨牙者的心理状况。

口腔是人体首先兴奋的源点，是与外界交流的重要渠道，且口腔具有表现紧张、悲观、压抑等情绪的功能。当今社会，人们的生活节奏不断加快，竞争也越演越激烈，每一个人都试图缓解生活或工作中的各种压力，其中一个有效的方法就是运动和精神转移，而有些人则表现为磨牙。

国内外许多学者对磨牙症的发病机理进行了大量研究，认为成人磨牙比儿童及青少年磨牙的发病机理更为复杂，其危害也同样不可小视。其中精神因素引起的磨牙症尤其受到学者们的关注。北京大学口腔医学院曾对 80 位 16 ~ 45 岁的磨牙症患者和 80 位无磨牙症的人做了对照研究，为他们做艾森克个性测定，结果表明：

性格内向、压抑，特别是情绪不稳定、易紧张等个性是磨牙症发病的重要因素。许多学者在研究中发现，口腔疾病在磨牙症的发病原因中并不显得重要，心理因素往往占据首要位置。他们认为，当人为逃避潜意识的心理压力时，在梦中或睡眠中就会磨牙。不少学者观察到，磨牙是心理受挫的一种表现，也是患者必须就诊于心理医生的一个证据。

磨牙代表一种心理状况，是一种受挫和焦虑，属于潜意识中的心理压力，特别是在生气、焦虑、愤恨、悲观和受虐待时，显得更为突出。许多学者的调查和分析结果还表明，磨牙症者较非磨牙症者的悲观情绪更严重。也有人认为，成人磨牙是心理疲劳的一种特征，应当注意休息和调整自己的心态。

但成年人磨牙却不被重视，究其原因，与人们对成人磨牙症的认识误区有关。有人曾经做过调查，在40位具有不同程度的磨牙症患者及60名患者家属中，竟有62.3%的人认为磨牙症患者不必看医生，他们认为磨牙算不了什么，不必大惊小怪。

成人偶尔磨牙对健康影响不大，只需注意休息和调整心态；但长期磨牙，或每次入睡后磨牙的时间太长，则应及早就医，不可马虎对待。在排除生理疾病引起的磨牙后，应注意考虑是否存在心理障碍。如果存在心理障碍，则应该进行自我调适，或找心理医生治疗。实践证明，通过多种方式摆脱心理压力、稳定情绪，是治疗磨牙症的一剂“良药”。

人为什么喜欢接吻

两个人互相喜欢，恋情发展到一定程度，常常会情不自禁想要亲吻对方。为什么恋人之间喜欢接吻呢？

科学家最新发现，接吻可以改变身体的化学成分，相互摩擦嘴唇、交换唾液，改变从大脑释放到血液中的后叶催产素的水平，这种催产素是一种荷尔蒙，可以让人感觉更加亲切。

科学家还发现，在接吻比赛期间，女性释放的催产素减少了，而男伴的释放量反而增加了，但并不清楚男女之间为什么会出现这样的差异。

除了催产素水平的变化，科学家们还发现，在15分钟的接吻比赛中，亲吻了心爱的人压力荷尔蒙——应激激素皮质醇的释放量减少，这会增加情人的幸福感。

新泽西州罗格斯大学的人类学家海伦·费舍尔表示，接吻可以刺激参与交配与繁殖的三个主要的大脑系统（性欲、浪漫爱情和长期依恋）中的任何一个："性欲激励你寻找一系列的伙伴；浪漫爱情则激励你将你的交配能源一次只集中在一个人身上；依恋感则激励你保持伴侣关系到足够长的时间，男女双方可以一起陪孩子度过婴儿期。"

通过接吻，你还可以闻出对方的牙齿是否健康，对方喜欢吃什么，是否吸烟，等等。

通俗地讲，接吻有以下好处：

减肥。研究人员通过测试发现，接吻能够稳定心血管的活动、防止高血压、降低胆固醇。如果每天接吻3次，每次20秒钟，就能够达到减肥的目的。

增强人体的免疫力。我们人体的唾液中含有大量的细菌，其中20%的细菌因人而异，这样在接吻对象的口腔中，一旦加入了他人的细菌，这些微生物就会产生不同的反应，从而刺激一个人的免疫系统产生特定的抗体，达到增强免疫力的作用。

美容。接吻的时候会牵动脸部30块的肌肉，促进血液循环，平滑人的脸部肌肤，从而达到美容的效果。

保护牙齿。研究人员认为，在接吻的时候，人的口腔会分泌大量唾液，唾液含有大量的钙和磷，不仅能够保护牙齿，还能够降低牙龈发炎的概率。

稳定心血管。爱人之间的亲吻会让人心跳加速，刺激心跳频率提高到每分钟100 ~ 140次，这样对于稳定心血管、降低高血压及降低胆固醇非常有利。

稳定人的情绪。接吻能够阻止肾上腺皮质激素的形成，而肾上腺皮质激素是一种压力激素，因此接吻就能够有效地稳定人的情绪，保持乐观的心态。每天接吻 3 次，就会让人整天处在浪漫快乐的氛围当中，心情自然会非常好。

止痛。接吻甚至还能够止痛，因为唾液含有一种止痛成分，吻得越激烈，分泌的唾液就会越多，这样对于止痛更有利。

降低某些疾病的患病率。研究发现，经常接吻的人在胃、膀胱以及血液系统方面的患病率会非常低。

接吻如此有益身心，恋人、夫妻又怎么会不喜欢呢？

为什么换个发型就能换个好心情

不知道从什么时候开始，身边快乐的人似乎越来越少。每天总是听这个说“烦死了”，听那个说“真郁闷”。问他们为什么不能快乐一点？有些人一听就皱起了眉头，说：“别跟我提快乐，我每个月挣这么少的钱，有什么可快乐的？”难道就因为这样不快乐？金钱真能决定一个人的心情好坏吗？

有一种很常见的论调就是，快乐是建设在金钱等物质生活上的。没钱怎么吃饭？没钱租房睡哪里呢？别人开着车到处去玩，自己却连稍微高档一些的消费场所都去不起，这样的生活能快乐吗？他们认为，人是世俗的，不可能脱离金钱而生活。当人为了金钱而奔波忙碌时，根本顾不上快乐不快乐。而一些精神至上主义者认为，快乐与金钱无关。

这两种论调各有道理。的确，有些人没钱也可以很快乐，但这并不是人人都能做到的。更多的人在没钱的时候恐怕快乐不起来。

事实上，快乐是依附心境而生的。只有心觉得快乐了，才能真正快乐。但我们常常会陷入一种常规的少有变化的生活中，心总是很容易就变得倦乏了，于是感受不到快乐。

生活如果一成不变，就算舒适安逸也会让人感到厌倦。是的，人一旦在一种循规蹈矩的生活中待久了的话，就会变得精神萎靡，千方百计地想要逃离这种生活。

乐乐是一个很阳光的女生，但最近她变得一点也不快乐。每天朝九晚五地上班，一成不变的工作内容，奔波在两点一线间的生活让她觉得生活变得苍白乏味，毫无趣味。她工作越来越没有热情，和同事间的关系也越来越僵，后来连和男朋友吵架都懒得吵了。

一次下班的时候，她不小心坐过了一个站，往回走时发现了一家很不错的美发店。于是她进去，把自己一头瀑布般的长发做了个最新的卷发造型。出来的效果很好，乐乐不由得对着镜子里的自己笑了笑。旁边的人也称赞她的发型好看。

第二天，同事和男朋友见她换了发型，都称赞了她一番，乐乐觉得自己这一天笑的次数比之前整个月笑得还要多。人也变得阳光了起来！

很多女生想要改变心情的时候，首选的就是改变造型。很多人感到十分奇怪，外形的改变对内心能起这么大的影响。心理学家经过研究后发现，造型的改变能改变人的心境。美国的一些研究人员通过对某间监狱的一些面容有损伤的犯人进行整形，并对他们出狱后的表现进行跟踪记录，发现整过形的犯人犯罪的概率比没整形的犯人少得多。也就是说，造型的改变对一个人的心境变化能够起到一定的效果。

在生活和工作中，谁都难免有不开心的时候，每当此时，大家往往希望能发生什么事情，让自己开心起来。可如果没什么事发生，难道就只能任由郁闷侵袭吗？当然不行。快乐是由心发出的，而心是由自己掌控的。那么，何不自己创造一些能让自己心情变好的事情，以此作为催化剂，催化自己内心潜藏的快乐情绪加快发酵呢？这时，简单地改变一下造型，你就能获得好心情。

为什么人类会有瞬间呆住的反应

我们常常可以遇到这样的场景：当一辆车驶向我们时，按照常理来说，我们应该会下意识地拔腿就跑，毕竟趋利避害是人类的本能。但是，在现实生活中，遇到这样的情况，更多的人可能会僵立在原地而无法动弹。因为当时已经被“吓傻了”！

在我们面对许多事情的时候，比如威胁或其他危险，不是奋起战斗就是退缩，这是普通情况下的选择。可是，它只说对了大半。现实生活中，动物，包括人类，会依照下列顺序——冻结、逃跑、战斗来应对各种苦恼和威胁。

由此可知，冻结其实是比较容易流露出来的状态。边缘系统使用的第一种防御战略就是冻结反应。移动会引起注意，一旦感到威胁时立刻保持静止状态，这是边缘系统为人类提供的最有效的救命方法。

国外某大学发生了两起校园枪击案，就有学生使用这种冻结反应来对付丧心病狂的杀手。很多学生虽然仅与凶手相隔几英尺，但是他们通过保持静止和装死逃过了一劫。

在生活中，这种冻结反应常常是善意的。比如，一个人出门的时候可能忘了锁门，当他匆匆地走在街上的时候，会突然停住，脑子里可能会有一瞬间的念头闪现，最后恍然大悟然后回去锁门去了。

其实，不管人类面对的威胁是来自一辆急速的汽车，还是突发的暴行，或者突然想起的事情，那一瞬间的停止足够让大脑做出快速的决定了。如今，冻结反应已经被人们巧妙地应用在了日常生活中。

有一家人正在看电视、吃冰激凌，天色已经逐渐暗了下来，平时，这家人居住的地方很少有人来拜访，忽然，门铃响了。就在铃声响起的同时，无论是吃着西瓜的小弟弟，还是看着电视的妈妈和姐姐，还是正在翻找东西的爸爸，都停了下来，一齐看向了门口。就在那一刻，所有人都“在瞬间冻结了”。

我们为什么会有这样“瞬间冻结”的举动呢？

原始人类横跨了非洲大草原。那个时候，他们面临着很多猎食者的威胁，这些动物跑得比他们快，力气也比他们大。然而，他们最终生存了下来，就是因为大脑的边缘系统，它们为人类远祖找出了弥补力量不足的方法。很多动物——尤其是大多数食肉动物——对移动非常敏感。因此，这种应对危险的冻结反应真的很有效。

那么，在现实生活中，还有一些反应也可以称之为冻结反应。

当我们在面对可能对自己来说十分重要的场面时，我们就有可能屏住呼吸或只做浅呼吸。这是一种非常古老的应对威胁的方式，可以放缓我们的气息和运动。这是下意识应对危机的反应。比如，当某人向一个喜欢已久的人求婚，当说“你愿意嫁给我吗”的时候，他就有可能逐渐地屏住呼吸，等待对方的回答，直到得到理想的答案后才心满意足地恢复正常呼吸。

同时，还有一种冻结反应就是减少曝光率。我们在商场的监控录像中发现了一个比较突出的问题，小偷们通常会弓背弯腰，尽量隐藏自己。其实，这样的举动让他们更显眼，因为大多数人在商店里会很活跃，他们向上挺的动作多于向下弯的动作。通常，人们还会通过限制自己头部的曝光率来达到隐藏自己的目的，如竖起衣领和低下头，这被称作“海龟效应”。

第五篇

拯救伪快乐

第一章
幸福指数：为什么越来越有钱，却感到不幸福

乞丐为何特别喜欢第一双鞋子

在很多种情况下，人们都认为自己得到的东西越多就会越高兴。因此，对于一些有用的物品，我们总期待“多多益善”。事实上，这种美好的期待并不能代表我们内心的真实感受。也就是说，我们并不是自己想象的那么贪心。

其实，我们对物品的价值的认识不是来源于物品本身，而是通过使自己的需求、欲望等得到满足来主观地体验的。消费或享用同样的东西给我们带来的满足感是在递减的。这就是经济学中常说的边际效应递减原理。

边际效应，在经济学中叫“边际效益递减率”，在社会学中叫“剥夺与满足命题”，是由霍曼斯提出来的。它是指：“某人在近期内重复获得相同报酬的次数越多，那么，这一报酬的追加部分对他的价值就越小。”

心理学家曾做过这样一个实验：一个一贫如洗的乞丐，穷得连双鞋子都没有。但冬天就要来到了。突然有一天，他意外地得到一双鞋，心理学家让乞丐对这双鞋子进行评分，乞丐立刻给这双雪中送炭的鞋子打了高分。接下来惊喜不断，又有一些人陆续给他送来了鞋子，而此时，心理学家再让他给后来的鞋子评分时，却发现他给的分数越来越低了。

鞋子带给乞丐的满足感逐渐减低，其实这就是边际效应递减原理的一个表现。这个效应提示我们，向往某事物时，情绪投入越多，第一次接触到此事物时情感体验也越为强烈，但是，第二次接触时，会淡一些，第三次，会更淡……以此发展，我们接触该事物的次数越多，我们的情感体验也越为淡漠，一步步趋向乏味。

在现实生活中，我们明明知道水是生命之源，但是它的价值却远远比不上“钻石”。相比而言，水作为生命的必需品，对我们来说更为重要，不过水每天都会出现在我们的视野里，重复次数多了，对它的价值也就熟视无睹了。而钻石却不是随心所欲就能得到的，获得一枚小小的钻石所带给我们的惊喜要远远大于一杯水。因为，钻石要比水贵。当然，这也不是绝对的。当人们身处沙漠中时，一杯水的边际效应会重新引起人们的注意。

边际效应递减原理在生活中的应用随处可见。比如谈对象，当谈第一个对象的时候，印象往往是最深刻的，谈第二个对象对印象就没有第一个那么深刻了，以此类推。

在这里，感情的效应值随着你所谈朋友数量的增加而在减少，这就是人们对初恋那么难忘的原因。尽管第一次谈的对象，不一定是最合适也不一定是最完美的，但却是最难忘的。因为第一次，感情难忘值是最高的。

我们常说的“熟悉的地方没有风景”也是边际效应递减原理所导致的。例如，你听说有一个地方的风景很美，特别想去。如果你第一次去，就觉得很新鲜新奇，玩得很痛快，觉得收获也不小。但如果去的次数多了，就不觉得新奇好玩了。因此，我们要善于利用这种效应，让其对人们的行为产生一些积极的影响。

财富与幸福是什么关系

在不同文化背景下所做的幸福调查中，一位调查者和他的同事们发现，幸福与财富之间的关联性非常低，唯一的例外是在一些极穷困的地区，在这些地区基本的生活条件都得不到满足。此外，还有报告指出，人越富有，其幸福指数却没有什么变化。

虽然高收入的人对生活会比较满足，但不会因此而比其他人更幸福，他们甚至更容易紧张，也比较不会去享受生活。收入对于生活的影响是短暂的。人们之所以宣扬收入的高低是衡量幸福与否的标准，是因为他们只是用传统的视角衡量自己及他人的生活。

令人惊讶的是，许多人在富有之后居然比在努力致富的过程中还要沮丧。“忙碌奔波型”的人认为，他们的行为可以为将来带来好处，这样想可以减少他们的负面情绪，然而一旦达到目标，发现所得到的无法使自己快乐时，他们就开始失望了。而且因为没有目标，他们就变得茫然了。

既然财富无法使人幸福，为何还是令我们如此痴迷呢？这可能得追溯到远古时期。当人类还在原始时代时，更多的物质资源决定我们是否可以度过下一个严冬，因此，储存成为一种习惯。至今，很多未来已经相当有保障的人，仍然在拼命储蓄。储蓄不再是为了生存，而仅仅是为了“储蓄”。我们不再为生活而储蓄，而是为储蓄而生活。

在决定和判断的过程中，人们通常也会将物质放在精神之前去考虑，主要原因是物质容易计算。我们习惯性地对物质做出评价，比如财富和声望，而不是难以衡量的情绪或意义。我们所羡慕的是物质上的东西。有钱人因为他们的财富被尊敬，就好像物质变成了用来衡量一切的唯一标准。如今，越来越多的人感觉到财富的多少并不能成为衡量幸福与否的标准。因为幸福是一种精神上的体悟，与财富没有必然联系。

成功能带给你幸福吗

有些人怀疑，舍弃地位和财富而注重追求幸福和意义，会不会导致以牺牲成功为代价？如果好成绩和好学校不再是学生努力学习的动力，学生们会不会对学业丧失兴趣呢？或者，如果升级和加薪已经不再吸引员工的话，他们会不会因此而不再那么努力了？在努力向“幸福型”转变的过程中，人们经常考虑它是否会影响自己的成功。同时，人们应注意以下几点：

第一，正确理解成功与幸福的关系。首先，无论目标再怎么伟大，长期坚持做一件事都是非常困难的，如果在努力的过程中体会不到幸福，我们便难以持久地坚持目标。其次，有些人也许可以忍受目标暂时没有实现的痛苦，就像“忙碌奔波型”的人一样，但他们一定不是幸福的。

第二，拥有目标是幸福的前提。在一本描述第二次世界大战时期大屠杀的书中，作者讨论了有关大屠杀生还者，以及他们找寻活着意义的过程。虽然他们在集中营里经历的每天都是惨无人道的生活，并且身心遭受了巨大的伤害，但其中有些人却在那里找到了生命的意义，找到了目标。他们的目标包括有一天能与亲人重逢，有些人则想将来要把这段历史公布于众。当然，据此推断出他们在集中营里是幸福的，显然太绝对。

第三，幸福的来源。人类意志力的原动力来自于意义，而不是幸福。如果我们想要过充实而幸福的生活，就必须去追求幸福和意义两种价值。

第四，在奋斗中体验幸福。在这个世界上，幸福最先光顾的永远是那些不断奋斗进取的人。这些人由于乐于吃苦耐劳、意志坚强，所以，虽然在肉体上他们要承受比常人更多的痛苦与磨难，但他们是精神上的富翁。

人生的价值在于不断追求，不断奋斗。当你在追求与奋斗的过程中实现了心中的既定目标，你就一定会感觉到真正幸福。

为什么懂得放弃的人活得更幸福

其实，有时候对某些事物太过于执着的话，反而会活得更痛苦。而如果你懂得在适当的时候放弃一些事物，就会活得更洒脱。

有时候为了强求一样东西而令自己身心疲惫不堪，是很不划算的。而且有些东西 一旦你得到了它，你会发现其实它并不如想象中的那么好。

许多时候，得到就是失去，而失去也就是得到。生活就是这样，在坚持选什么的同时，你也选择放弃了另一些东西。人往往就是因为舍不得放弃，选择才变得异常痛苦。但也正因为舍不得放弃，人生才变得异常沉重，甚至因为不堪重负而过早地衰亡。要知道，翅膀上系着黄金的鸟儿是飞不起来的。

当生活强迫我们必须付出惨痛的代价以前，主动放弃局部利益而保全整体利益是最明智的选择。智者懂得："两弊相衡取其轻，两利相权取其重。"趋利避害，这也正是放弃的实质，使你更容易获得幸福。

生活中，有时不好的境遇会不期而至，使我们措手不及，这时我们更要学会放弃。放弃焦躁性急的心理，安然地等待生活的转机，让自己对人生有一种超然的心态。即使我们达不到这种境界，我们也要学会放弃，争取活得洒脱一些。就算"鱼"与"熊掌"同等重要，在必须只取一种时，必然要放弃另外一种。

学会选择，懂得放弃，才能活得更幸福。放弃的过程纵然会有一点酸，一点苦，一点痛，但能收获多的快乐和幸福！该执着时执着，该放弃时放弃，衡量清楚，才不会太过于委屈自己。苦苦追求不属于自己的东西，不但迷失了自己，也徒然耗费了青春和精力，与其如此，不如轻轻放下，反而会惬意无比。人生需要放弃，放弃了无路可走的死胡同，你就会有新的契机。放弃是一种智慧，是一种豪气，是真正意义的潇洒，是更深层面的进取。

人生是一份没有答案的问卷，苦苦的追寻并不能让生活更圆满。也许一点遗憾，一丝伤感，会让这份答卷更隽永。所以，要在适当的时候放弃一些不适当的事物，你的人生将会更加美好。

让父母快乐其实并没有想象中的那么难

我们在一天天长大，父母在一天天老去。父母含辛茹苦地抚养我们长大，长大了之后，我们就应该尽全力去赡养父母，让父母过得开心，有一个快乐的晚年。这不仅是为人之子的责任，也是让自己变得更幸福的动力。那么，如何才能使父母快乐呢？

第一，每天多孝顺一点。平时有事没事多打几个电话问候下父母，尽量在节假日的时候回家探望。

记得父母爱吃的食物，过年过节下厨做顿孝心大餐。出差在外，记得买当地的特产回家。总之，你要时时记挂着他们。

第二，给父母找点事做。了解父母的想法，要深入到父母的内心世界。父母不说，不等于不需要。

有一次，因为忘了一份文件，张云从单位返回家中。推开门，看见父亲独自坐在沙发上对着窗外发呆，他走到父亲身边，而父亲却没有察觉。后来又有几次类似的情况，每次回到家时都看到父亲呆呆地站在窗前出神。

看着父亲的背影张云恍然明白，父亲有的是大把的孤独时光：报纸看完了，他不爱看电视，也不爱去邻居家串门，只能独自对着窗外发呆。

第二天上班后，张云就给父亲打电话："我今天走得太匆忙，碗筷也没收拾，你洗一下吧！盆里还有几件衣服没来得及晾晒……"父亲大声地一一允诺。下班回到家，父亲乐呵呵地对我说："你交代的任务我都完成了，还把你没来得及拖的地拖了。"

此后，张云总是刻意地留一些杂活给父亲，每每下班回来后，他看到的是一个整洁的家和父亲的笑容。

他这一"懒"，父亲便有了"用武之地"。

其实，孝顺有许多种方式，爱也有许多种方式。当你看到父母丰衣足食背后落寂的眼神时，不妨给他们找点事做，让他们感觉自己老有所用。

为什么结婚之后的幸福指数不升反降

大部分结了婚的人会发出这样的感慨，我们彼此相爱，这样的结合应该就像童话故事里说的那样，"从此王子和公主过着幸福美满的日子”。但是现实生活中往往不是这样。人们常常发现，结了婚之后，幸福指数反而降低了。难道真的如同世人常说的那样，婚姻是埋葬爱情的坟墓，焚毁幸福的火炉？如果不是，为什么结婚之后的幸福指数不升反降呢？

试着回忆一下，结婚前恋人之间有没有就婚姻这个问题进行探讨呢？例如，彼此理想中的婚姻，彼此理想婚姻存在的差距，彼此之间愿不愿意为这个差距而进行改变，等等。大多数人都会说没有。因为大多数人都害怕失望，害怕如果对这个问题进行探讨后彼此出现矛盾无法调解的话，那么这段感情就会失败。人们舍不得以这样的形式为自己的爱情画上句号。人们更愿意相信，结了婚，生活就能走上正轨，而且一下就走到我们的理想婚姻轨道上去。我们宁愿相信对方会愿意为了迁就自己而改变，从而不愿事先交流一下。结果，结了婚之后，才发现那些相左的意见根本无法调和，争吵、冷战甚至暴力，爱情为这些不幸福的情绪让了道。那么，如何提高婚后生活的幸福指数呢？婚前对婚姻态度的交流是很有必要的。只有了解了对方的需要，我们为对方所做的事才能真正地令对方满意。

小桃是个很喜欢旅游的人，婚前她曾暗示她男朋友，说自己希望婚后每年都出去旅游几天。男朋友满口答应了。而且基本上小桃说的所有关于婚后的事情，他都答应了。如果问他的想法，他就说：“都听你的。”

然而婚后小桃一次也没出去旅行。不是钱不够，是他不想去。他告诉她，“我没心思”“我工作很累”“我很忙，周末我要加班”。他们为了这件事吵过很多次，等到最后，他终于把最真实的想法说出来了，“我父母在家那么苦，我还好意思出去玩”？

小桃表示，那就带着父母一起出去玩。他却说不如直接给钱。钱没少给双方父母，但5年过去了，小桃唯一的愿望还是没能实现，她不止一次想过离婚。后来，她渐渐也明白了她丈夫的理想婚姻：最好就是妻子听从他所有的安排。额外的花费能少则少，把省下来的钱都交给父母。可是，这绝对不是小桃想要的生活。她理想中的婚姻不是“赚钱——省钱——省下来交给父母”这个模式那么简单。她想要的生活是，尽量让自己过得精彩，没有遗憾。

婚前，小桃的丈夫对于小桃所提出的所有婚后的问题都表示无条件答应，一切听从小桃的安排。看上去似乎很甜蜜，很美好，但事实上呢？事实上，这是一种敷衍，是一种现实还没到来之前，不做任何考虑和承诺的敷衍。他没考虑旅游需要钱，需要时间，还需要心情。他认为只要先让她高兴高兴，之后就不用面对这些烦人的问题了。

很多男人觉得，女人都是情绪化的动物，怕一着不慎就惹怒了女朋友，因此话能少则少，能顺着女朋友的意就坚决不提反对意见。看上去他没有想法，但事实上，他有很多想法，现在不说，但婚后他一定会这么想这么做，因为那些观念在他的心里已经根深蒂固。

小桃和她丈夫在婚前缺乏沟通，结了婚之后才发现彼此的理想不仅相差太远，甚至可以说是无法兼容。人们总以为先把眼前的事哄过就行了，却不知道今后得花上十倍的工夫才能弥补之前不愿面对而遗留下来的矛盾。

人们会说，理想这东西在现实面前随时都会破灭。时间久了，彼此习惯了，彼此的理想就能够相融了。真的是这样吗？自己一直梦寐以求的生活一天没实现，你会舍得丢弃它而不觉得失望、落寞，这不可能。只要一天理想的生活没实现，人们就会觉得自己离幸福总是差那么一截。幸福指数也就无法提高。

人们也许会问，那要怎样做才能建立自己理想的婚姻，提升婚后的幸福指数呢？最重要的就是沟通。弄明白彼此理想的生活是什么样的，彼此之间的差距到底有多大。再想方设法地拉进彼此的距离，填补之间会引起矛盾的坑坑洼洼，化解彼此心中的不满。了解了对方的所需所求，感受对方所付出的爱，并毫不吝啬地回报给对方。在婚后相处时，要知道，不是一定要让对方接受自己的观点，而是让自己和对方的观点并存，彼此迁就不同的态度和观念。适当地控制自己的情绪，给彼此的生活留点空间。通过沟通、体谅，促进婚后双方关系的和谐，何愁幸福指数无法提高呢?

为什么太聪明的人反而很难感受到幸福

在我们的印象中，聪明的人往往和成功、幸福、快乐等词联系在一起，似乎越聪明的人越容易感受到幸福。可事实上，他们并没有我们想的那么幸福。这是为什么呢?

在上学时，海东是同学间公认的“才子”，他长得英俊潇洒，又聪明机灵，还十分开朗。对于自己的未来，海东总是信心满怀，他相信在大学毕业之后，肯定能干出一番轰轰烈烈的事业。

但事与愿违，大学毕业三年，他却连一份像样的工作也没有找到。他着急了，人也变得让大家捉摸不透了，和之前上学时，简直判若两人。在这三年里，有时他的话很多，只要见着人就想与其说话，然后海阔天空漫无边际地说个没完没了。晚上只要睡三四个小时，第二天起来依然精神抖擞。他又变得异常的自负，非常爱吹嘘，常常在他人面前夸耀自己有多优秀，说自己有很多女孩子追，说自己满腹经纶、才高八斗，整天兴奋无比。在外人看来，他就好像生活在人间天堂里，好不令人羡慕。

有时他又变成一个情绪波动非常大的人，易暴易怒、易喜易忧，甚至常常会因为一点鸡毛蒜皮的小事和他人僵持起来，完全不顾形象。

有时他又似乎变成了另外一个人，情绪异常低落，整天闷闷不乐、郁郁寡欢。而且话也少了，不爱外出运动，把自己关在房间里，无论家人怎么劝说也无济于事，完全没有了之前的自负和活力，他觉得自己的生活一片黑暗，凄风冷雨，犹如地狱一般。

在毕业后的三年时间里，海东就这样时而野心勃勃、光彩照人；时而暴怒无常喜忧不定；时而灰心丧气、悲观失望，一直穿梭在天堂和地狱之间。为什么海东这样一个聪明的人却没有像人们想象中的那样，获得幸福快乐的生活呢？他的幸福指数不仅没有常人高，甚至还远远低于常人的平均水平。为什么会这样呢？

太聪明的人对自己的要求往往会比常人的更高，他们希望自己能完美地把事做好，希望自己无论在什么方面都能得到他人羡慕的眼光。常人的生活模式太过于简单，是他们难以接受也不愿意接受的，他们想过的就是一种超乎常人模式的快乐生活，希望可以高高地俯视那些普通人的生活。可这种生活在现实中往往是不存在的。现实生活满足不了自己的追求，他们又怎么会感觉到快乐呢？

太聪明的人又往往很容易就猜中别人在想什么。他看透别人的喜、乐、欢和悲，不屑追求常人眼中的幸福。而我们都不喜欢被人看透，喜欢给自己保留点神秘感。但在太聪明的人眼中，常人就好像是毫无秘密地裸露在他面前一样。他从心底里看不起这些人，常人也讨厌与太聪明的人来往。所以，太聪明的人往往是孤单寂寞的，因为他们的人际关系都不尽如人意。一个缺乏良好的社交圈的人是很难在社会上取得成功的，这又从另一方面使得他的追求得不到满足，使他更难体会到幸福。

太聪明的人做事之前总喜欢对所有的事情都一一进行分析对比，如果稍微感觉到可能会失败或者可能得不到理想中的效果，他们宁愿选择放弃也不肯开始。他们无法接受开始之后失败的感受，所以，没有开始就没有所谓的失败。无论是事业还是情感，他们都采取近乎相同的模式进行处理。结果，他们往往找不到事业的突破口，也失去了可能让他感受到幸福的甜蜜爱情。

太聪明的人考虑得太多，他们以为这样能事先把所有的障碍规避掉，之后的路就能平坦无阻地度过。然而他们的多虑或许能在某些程度为他们规避掉一些障碍，却也产生了更多他们意料之外的障碍。因是意料之外，面对的时候，他们往往容易措手不及，因缺少应急处理思维而导致失败。此时他们的追求又落空了，他们的幸福感又降低了。

太聪明的人不妨试着让自己糊涂一回，找到真正的快乐，获得真正的幸福。

幸福可以经营，因为它更接近一种主观感受

有没有想过该怎么样经营自己的幸福，提升自己的幸福指数。有些人听到这个话题，难免会说，幸福又不是生意，为什么需要经营，顺其自然，该是自己的幸福就是自己的，不是自己的幸福再怎么经营也得不到。“命里有时终须有，命里无时莫强求。”真的是这样嘛？幸福不需要经营嘛？事实上并不是这样。

子欣是女强人，工作能力特别强，曾临危受命，使得一个亏损严重、濒临倒闭的企业起死回生。然而就是这么一个力挽狂澜的女人，却一度在婚姻危机面前束手无策。

子欣结婚后的十几年都一心扑在工作上，家里大小事情几乎全由丈夫承担。而且，她在家里也是领导作风，说一不二，丈夫和儿子都惧她几分。没想到，丈夫逐渐厌倦了这种生活，最终向她提出了离婚。这件事令她十分苦闷，她甚至觉得工作、生活都失去了意义。一个朋友看出了她心事重重，一语点醒梦中人：“你把企业经营得这么好，怎么就不懂得经营婚姻呢？”于是她下决心改变。

不久后的一天，她到了家门口才发现自己没带钥匙。当时已经是晚上 10 点多了，她知道丈夫、儿子一定在家，于是敲门、打丈夫手机、家里座机。但是都没有人出来帮她开门，她又气又急。要是在往常，她早就开始骂人了。但转念想到要“经营婚姻”，她便强压住火气，开始想办法。

还好她家住在一楼，平常总有一个窗户关不严。于是她不再敲门，而是绕到窗户下，推开窗户爬了进去。当她梳洗完毕，准备上床睡觉的时候，丈夫醒来了，问她怎么回事。按照以前的风格，她势必会大骂丈夫一顿。但这次她没有，只是淡淡地说：“你

玩笑开得也太大了！”然后便若无其事地睡了。

第二天早上起来的时候，她意外地发现丈夫已经把早餐做好了，并坐在餐桌边等她。这种场景已经很久没有出现了，她一下子感动得掉下泪来，感慨道：“家中有一个男人在关怀着你，这是多么幸福！”

很幸运，由于子欣的及时改进，亮起红灯的婚姻终于化险为夷，她和丈夫重修就好。

人们在拥有的幸福面前总会觉得是理所当然，不珍惜，也不经营，甚至还抱怨自己过得不幸福，等到失去了便懊悔莫及。殊不知，当幸福还在时不用心经营，等到幸福溜走时，花上十倍的工夫也不见得能把幸福留住。

所以，我们常说的“经营”幸福并不是一句空话。据心理学家称，幸福在更多的时候，和我们从外界感受到的刺激关系不大，而是取决于我们自己的观念和内心感受。当我们觉得此刻应该“幸福”时，哪怕是一件十分微小的事情，也会让我们感受到莫大的愉悦感。

那么，幸福该怎么经营呢？

第一，常怀赞美之心。人类生来就是群居动物，人性最基本、最深切的渴望之一就是得到群体的欣赏。无论是小孩还是成年人，都希望自己能得到别人的肯定和赞美。但在生活中，人们往往习惯于挑剔他人。大部分人对陌生人的赞美从不吝啬，但对身边越亲近的人的赞美就越少。所以，得不到身边最亲近的人的赞美的人总是觉得还不够满足，觉得离幸福总差那么一点。常怀赞美之心，对所有的人都从赞美的眼光看待，会发现，他们都很好，其实自己过得很幸福。

第二，少抱怨、少争执。幸福总是在我们抱怨着生活的不如意时悄悄离去。当人们的眼光集中在争执的时候，就会忽视了幸福的存在。幸福的经营，要学会看到自己的缺点，发现别人的优点。曾经有人说过这么一句话，如果你发现身边的人缺点越来越多，实则是自己的缺点越来越多；如果看到别人的优点越来越多，则是自己的性格越来越趋向于完美。

第三，幸福最大化，摩擦最小化。现实社会中，往往很多人习惯了用放大镜来挑剔对方的毛病，所以总觉得怎么和他人的相处会存在那么大的摩擦。可如果反过来，把幸福放到显微镜下，就会突然发现，原来自己拥有这么多的幸福。任何人都希望得到别人的认可，要满足别人的这个愿望并不难，只要乐于寻找总能找到。用一颗感激的心去赞扬、去欣赏，就能使得幸福最大化，而把摩擦降到最低。

第四，做好“期望管理”。生活中，人们总会面对失败和痛苦，如果人们一直提高自我的期望，就会使得自己越难感受到幸福。如果人们不断降低自我期望呢？事实上，人们还是不会觉得快乐。因为，太低的自我期望不能使人们得到满足。所以，我们要做好自己的“期望管理”。

在生活中，我们会对他人有许多期待。当期待得到满足时，我们会感到快乐、幸福，但当期待落空时，我们会失望、不幸福，甚至会对他人产生不满。因为不满时人们就会产生负面的情绪，这情绪或累积或扩散，都会影响到彼此之间的关系，进而影响到对幸福的体验。

我们通过合理地设置期望，同时，我们面对现实，知道实现期望需要我们很努力地去做，知道失败和痛苦是幸福的组成部分，这样我们就能不断地提高我们的幸福指数。

幸福是需要用心经营的。这样才能用力最小化，收益最大化。若想提高生活的幸福指数，不如好好研究一下，幸福生活该如何经营吧！

为什么许多人都喜欢“晒”幸福

随着微博、空间、博客等社交网络的发展，越来越多的人习惯在网上“晒”幸福。好像只要把自己经历的种种生活“晒”出来，才能显得自己有多么幸福。

现实中这样的例子很多。无论是明星还是普通人，最爱拿自己的感情生活来“晒”。明星“晒”幸福，自然有他们吸引粉丝眼光、保持曝光度的特殊需要。而普通人“晒”幸福，更多的心理是本能地需要寻求一种安全感和认同感。人多少都有点虚荣，希望通过别人对自己的羡慕来获得满足感。可是要知道，世界上有一种感觉叫作“羡慕忌妒恨”，你总在人前“晒”自己的幸福，就好比经常对别人说“自己多么有钱”“自己多么漂亮”一样，除了招致嫉恨外，还有可能搬起石头砸自己的脚。

小林是个微博控，几乎每天都泡在微博上，最热衷的事就是发微博说她男朋友对她有多么好。如果男朋友打电话问她回不回去吃饭，就发微博说：“我男朋友啊，就是不放心我，每天不打电话过来问问就不行。他呀，真是烦人。”如果下面有人回一句，“人家那是关心你呀！”这不提还好，一提那话匣子就如长江之水滔滔不绝，一发不可收拾。从男朋友送的生日礼物到周末旅游，从俩人在外就餐到在家的厨房乐，几乎两人之间的所有生活都重现在微博上。俩人你一句“老公”，我一句“老婆”地叫得腻死人，一句句海誓山盟唯恐语不惊人，引得无数人跟着艳羡。后来，她微博忽然不更新了，大家都追着问，她也避而不谈，大家都觉得挺奇怪的。后来听说他们分手了，男的喜欢上别人了。后来，她的朋友一提起她就说：“都是女人可怜的虚荣心害的，哪对真正恩爱的恋人会成天把幸福挂在嘴上的。”

人类都有这样一种心理，希望得到他人的认同和肯定，这种对认同和肯定的渴求是囊括了自己身边的所有范畴和领域的。尤其是我们要展示自己愉快的心境或者是幸福的状态的时候，我们的“与人分享”其实更加接近一种“炫耀”。

其实，展示自己的快乐本是无可厚非的，但是没必要做得过头，更没有必要到处炫耀，让全世界的人都看着你幸福。要知道，维持在别人眼中幸福的样子得付出很大的代价。

写过网络红帖的人也许都有这样的感受：写了一张红帖引来了众人的关注，下一张帖就会想要吸引更多人，这时就免不得要迎合读者的心声和口味，才能继续保持自己的人气。当习惯了这种人气聚集的生活，一时之间如果少了这种众目的关注便会觉得失去了什么，变得极不习惯。

也许一开始，只是他在连续一个月在加班之后还手捧宵夜送到你楼下，你感到了，忍不住小“晒”一下他对你的宠爱。后来就“晒”两人请了一个月的假，跑去环游世界。再后来，他倾尽年终奖带你飞去日本只为买一枚限量版的粉钻。为了让他人羡慕你找到了一个多么好的恋人，为了让别人知道自己过得多么幸福，你就像“中毒”了似的，不可救药地继续“晒”下去，越“晒”越新奇，越“晒”压力越大。终于有一天，你发现居然最近无事可对周围人炫耀，这时也许你会心生怨怼：哼，他不爱我了，最近竟然什么特别的事情也没有为我做，以前可不是这样的。最后，情人受不了，吵架成了家常便饭了，但是每天“晒”幸福的你就是群众眼中的神仙眷侣，怎么可能有感情不顺的事情发生。那就分手吧！

“晒”恩爱，就好像给自己设定了一个神龛——那些曾经被你放在众目睽睽下的幸福、愉快、甜蜜，都变成了紧箍咒。你不能坍台，不能失态，不能出丑。伤心难过了，顶多只能暗夜里叹口气，遇到再不顺的事情也得打落牙往肚里吞，还得自己舔舐自己受伤的伤口，慢慢自疗。

本来平平凡凡、简简单单就是一种幸福，何必把自己的小幸福放在大众面前“晒”。你这么一“晒”，就别怪群众拿庸俗标准去说三道四了。被说了，谁都会受不了。可就算受不了，自己还是得受着。想一想，自己不过是个普通人，有必要让自己生活得那么累吗？

大部分人都艳羡那种如烟花般绚烂的生活，都希望能像电视剧一样经历着跌宕起伏的生活，都贪恋着幸福给自己带来的满足感。人们大多以为幸福就像棉被，越“晒”越健康。但事实并不是这样，真正的幸福正如一粥一饭般自然平常，何需拿出来“晒”。拿出来“晒”的，往往是珍贵而稀有的东西，恰恰说明了它的不常有。正如大家都拥有的东西就不叫奢侈品。所以，越爱“晒”幸福只是从侧面表现出你多么缺少幸福，一点小小的幸福就足以让你好像多新奇地在别人面前“晒”。

人生路漫漫，拿出来“晒”的幸福经不起长年累月的人间烟火的熏染。真正的幸福，是潜藏于内心的感受。它无须别人驻足围观，品评肯定。真正的幸福是那些日常的、不经意的细节或感动。甘于平淡，这样的幸福才会更长久、更坚定。丢掉那些“晒”出来的伪快乐，平平淡淡、踏踏实实，才能真正地提高生活的幸福指数呀！

幸福不是拥有得多，而是计较得少

所有的人都渴望幸福，并追求幸福，但人们往往在追求幸福的过程中忽略了幸福。人们总以为，幸福就是拥有很多的财富，拥有成功，拥有美满的家庭，拥有懂事的儿女，拥有健康的身体，等等。但事实上，并不是我们拥有越多就越能感受到幸福。问一问身边那些觉得自己幸福的人，为什么他们那么容易感受到幸福？他们往往会说出这么一个答案——幸福不是拥有得多，而是计较得少。也就是说，不是你拥有的东西越多越幸福，而是你计较的东西越来越少，心宽了，接受幸福的空间也就大了，你就觉得幸福了。

笑笑比他小20岁，嫁给他的时候，家乡的人都以为她傍上了大款。只有她知道，他到底是个什么样的男人。

他很普通，又黑又丑，不富有。媒人那时候只是说，他是个靠手艺吃饭、会过日子的男人。由于急着离开那个老是打骂她的家庭，她没问清楚就选择嫁给了他。嫁过去后才发现，他只不过是个修鞋匠。回去，已经不可能了，她只好将就着和那个男人生活下去。

男人很宠她，隔三差五地给她买些小玩意儿：一支口红、几串荔枝……她活到30岁，从来没有用过口红，更不用说吃荔枝了。吃荔枝的时候，男人不吃，只是傻傻地看着她吃。她让他吃。他说他不爱吃，只要看着她吃就很高兴。后来，她偶然上街，随口问了一下，吓了一跳，1斤竟然要20元。她的眼睛一亮，他怎么可能不爱吃荔枝？他是舍不得吃呀！

她更加疼他，每天早早起来给他做饭，晚上做好热乎乎的饭菜等他回来。冬天的时候，男人在街上修鞋，一天下来，冻得全身冰冷，女人就把男人的脚放到自己怀里暖着。男人也很知足，说是上辈子修来的福气才娶到她。说得女人心花怒放。

笑笑见他每天那么累很心疼，要和男人一起上街修鞋。男人拗不过她，便同意了。于是街上总能看到一对老夫少妻在修鞋，两人紧挨着，鞋修的时候就一起忙，空闲的时候就有说有笑地聊着。有一天，男人对她说，自己总有一天会走在她前面，他为她种下了500棵树，这样就算以后她老了，这些树也能养活她。笑笑哭了，她觉得这辈子值了，她很知足，身边的这个男人不仅宠了她前半辈子，连她的后半辈子都想得十分周到。

虽然，笑笑和她的男人过得很艰苦，他们没有足够多的财富，也不算成功，甚至他们的工作还会被一些人看不起。可是，幸福并没有因为他们拥有得少而远离他们。他们依然过得开心，时刻感受到幸福。他们拥有得不多，但他们计较得少。就像笑笑不在乎他的年龄、不在乎他的外貌、不在乎他的身家，她只在乎他对她的那颗真心。她不计较他给不了她富足的生活，不计较他给不了她高贵的社会地位，她只计较两个人的心是否能紧紧地依偎在一起。计较得少，她就容易知足，容易感受到幸福，体验生活中的真快乐。

从人类欲望这个角度来说，当我们对自己有更多的要求或者更高的挑战时，我们的野心或者说“不满足感”就会一直拉着我们往前走，直到我们最终实现了自己原有的要求。而那个时候，我们又再次产生不满足感，再次渴望有更高的追求。于是，我们就陷入了这样无限循环的怪圈之中。

其实，人之所以快乐不是因为得到得多，而是因为计较得少。曾经有位知名物流行业的老总这么说过，作为领导，她最希望看到的是她的员工每一天开开心心地来上班，然后开开心心地下班回家。物流属于服务行业，很多身处服务行业的人常常觉得要保持开心的心态很难，更别提幸福了。其实，无论在哪个行业，想要保持开心，感受到幸福是很简单的事——不要去计较。她这么对公司的员工说，要学会把自己当成自己，把别人当成自己，把自己当成别人，把别人当成别人。这一句里包含着许多的期望和寄托，同时也是一种交流合作的技巧。计较少了，心就放宽了，不舒心的小事就不会累积在心里了。于是人就变得开心了，生活的幸福感也就增强了。所以说，一个人的快乐不是因为他拥有得多，而是因为他计较得少。多是负担，是另一种失去；少非不足，是另一种有余；舍弃也不一定是失去，而是另一种更宽阔的拥有。

美好的生活应该是时时拥有一颗轻松自在、不计得失的心，不管外在世界如何变化，自己都能保持心中那片清静的天地。清静不在热闹繁杂中，更不在一颗索求太多的心中，摒弃贪念、开阔心胸，心里自然清静无忧。若能做到不计得失的话，选择简单的生活，计较少点，幸福就能多点。

第二章

快乐有方法：为什么生活越简单反而越快乐

从 1414 到“都发都发”

生活中难免会遇到挫折和不幸，面对逆境不同的人有不同的态度，有的人选择用积极乐观的态度去面对，而有的人则总抱着悲观的态度，结果导致美好的事物离自己越来越远。其实有时候，事情的转变就在一念之间，只要我们用积极的态度去对待，不好的事情也能转化成好的事情。

张先生手机末尾的 4 个号码是“1414”，听起来好像“要死要死”。每当有人问起他的电话号码时都会嘲笑他，有朋友甚至建议他换个吉利的号码。这时，张先生总是笑着说：“我觉得自己的号码特别吉祥，你想想唱五线谱的时候，1414 的发音是‘都发，都发’，所以这号码总是发。”

由此可见，不同的思维方式可以让我们以不同的态度面对生活。尤其是当我们遇到挫折和困难时，只需把自己的思维向乐观方向转一转，就可以看到希望。而如果能养成乐观的思维习惯，那么你就能长期保持积极乐观的心态了。

乐观不仅是一种积极的性格因素，更是一种生活态度。身患疾病的人如果消极悲观，可能会使病情加重。如果能积极、坚强面对，将会战胜疾病。

在工作和生活中，很多事情也是这样，乐观情绪总会带来快乐明亮的结果，而悲观的心理则会使一切变得灰暗。无论在什么情况下，都要保持良好的心态，也要相信坏事情总会过去。

既然乐观的生活态度、积极的思维方式对人们的生活和工作有着巨大的影响力，那么我们如何才能远离消极情绪，变得积极乐观呢？

心理学家艾利斯认为，人的情绪不是由某一诱发性事件本身所引起的，而是由经历了这一事件的人对这一事件的解释和评价所引起的。对此，他提出了 ABC 理论，是诱发性事件 A（Activating events）；B 代表信念（Beliefs），是人们对 A 的信念、认知、评价或看法；C（Consequences）是指特定情境下个体的情绪及行为的结果。

通常情况下，人们会认为自己的行为反应是直接由诱发性事件 A 引起的，即 A 引起了 C。艾利斯认为诱发性事件只是引起情绪及行为反应的间接原因，而人们对诱发性事件所持的信念、看法和解释才是引起人的情绪及行为反应的直接原因。

在某个大学校园里，一位快毕业的学生前去办公楼办理毕业手续。在上楼时，她迎面碰到曾经教过自己的任课老师。当时，这个毕业生本想给老师打招呼，但看到这个老师似乎没有跟她说话的意思，就径直走过去了。

于是这位毕业生回去以后，就得出了这样的结论：这个老师一定对我印象不好，不喜欢我，因此情绪很悲观。

在这里，诱发性事件是老师的客观行为；信念则是毕业生认为老师对自己的印象不好，不喜欢自己；行为结果是她的情绪很悲观。其中信念才是这个学生产生消极思绪的关键。而她的信念是不合理的。

每天做“快乐练习”让你心情更愉悦

生活中，我们也许没有别人英俊潇洒，但我们身强体壮；我们尽管不会琴棋书画，但我们思维敏捷，逻辑清晰。因此，我们不要只看生活中不顺心、失意的方面，要学会从生活中发现美好。其实上帝不会给一个人全部，也不会亏待哪一个人，所以我们一定要用乐观的心态让自己快乐地生活。

乐观心态的形成并非一朝一夕的事，需要不断地练习。

如果你正处于伤感的情绪中无法自拔，找不到生活的乐趣，请按照要求做下面的练习。

练习时间：每天，在晚饭后或者在睡觉前。

练习内容：写出这一天发生的三件好事。

具体要求：连续一个礼拜每个晚上都这样做。当然，你所列出来的三件事可以是一些并不那么重要的小事，比如“今天中午，同事帮我买午餐”，或者是一些更重要的事情，比如“母亲今天生日，全家一起吃饭，我很快乐”。

分析事情的缘由：在每件积极事件后面，都写上自己对这个问题的回答。例如，你可能推测你的同事为你买午餐是因为“她很关心我”，“母亲过生日，我很快乐”是因为父亲夸你孝顺，所以你开心。

这个练习能够增进你的幸福感体验并减少抑郁情绪。如果延长练习的时间，比如连续六个月，甚或将其作为日常生活的一部分，那将会对你产生长期的益处。试想，如果每天你都开心地入睡，第二天也同样会开心地醒来。

我们无法延伸生命的长度，但可以决定生命的宽度。只要我们用积极的态度、乐观的心态面对生活，每天都可以找到让自己愉快的事情，因为生活原本就是美好的。

买回短吻鳄的海因茨——快乐管理

海因茨要去佛罗里达旅行，这是他公司所有员工都知道的事情。大家对他说：“好好玩一玩，你太累了，一年到头也难得轻松一回，这回就放心玩吧，公司的事有大家顶着呢！”

不久后，海因茨就回来了，而且没玩几天。

“怎么这么早就回来了？”大家以为他在外面碰到了不愉快的事。

“你们不在，没有多大意思。”他对大家说。

他指挥一些人在工厂中央安放了一只大玻璃箱，员工们纷纷过去看，原来里面有一只大家伙，是短吻鳄，重达800磅，身长14.5英尺，年龄为150岁。

“怎么样，这个家伙看起来还好玩吗？”

“好玩。”许多人都说从来就没有看到过这么大的短吻鳄。

海因茨笑呵呵地说：“这个家伙是我这次佛罗里达之行最难忘的记忆，也令我兴奋，请大家工作之余一起与我分享快乐吧！”

原来，海因茨是为员工们买回来的，他不喜欢一个人观赏这个动物，就干脆把它买回来。这个海因茨就是亨利·约翰·海因茨——一个年销售额高达60亿美元的超级食品王国亨氏公司的创始人。

愉悦的老板肯定会有一个快乐的企业。在企业管理中，管理者有了快乐，别忘了与员工一起分享，这样才有利于进行团队建设，鼓舞士气，提高企业的凝聚力。

如果管理者想与员工分享快乐，不妨试试以下的做法：

1. 如果员工的工作单调，试试给工作添加些乐趣和花样。

2. 对于如何做工作，只给出一些提议，由员工自己选择去做。

3. 在企业里提倡并鼓励责任感和带头精神。

4. 鼓励员工之间的互相协作。

5. 有很大的庆祝活动时，别忘记让员工参加。

6. 日常闲谈中多表示赞赏，让员工知道管理者是关心他的。

7. 在员工过生日时，给他一份礼物或让其休息，员工自然会对企业产生一种亲切感。

如果一个管理者能做到以上几点，视员工为企业的根本，那么，管理者就能更好地促进企业的发展。

为什么生活越简单反而越快乐

在现代社会中，越来越多的人拼命工作，只是为了职务的升迁，似乎只有权威才能带给他们快乐。也有些人原本不喜欢自己现在的工作，但为了追逐物质的丰裕不得不做着自己并不想做的事情。可结果是名利都有了，却发现自己并不快乐，这到底是为什么？

事实上，快乐来源于“简单生活”。物质财富只是外在的光环，无法救赎内心的空虚。真正的快乐来自于发现内心真实的自我，保持心灵的宁静。快乐和收入其实并没有直接的关系，除非我们无法满足自己的温饱时。

虽然多数人都希望自己的生活能够达到“简单并快乐着”的状态，但事实上并没有多少人能够真正做到。他们住着大房子，开着名车，做着高收入的工作，过着高消费的生活，内心却被越来越多的欲望折磨得疲惫不堪。

在一些人看来，简单生活意味着辞去待遇优厚的工作，靠微薄的存款过日子，定会过得非常清苦。心理学家认为，这是对简单生活的误解，简单意味着悠闲，仅此而已。如果你愿意，你可以做自己喜欢的工作，拥有丰厚的存款，重要的是不要让金钱给你带来焦虑。

无论是富有的人还是收入微薄的工薪阶层，都可以生活得尽量悠闲，在“简单生活”中追求快乐。

不妨试试下面这些好方法。

第一，做自己最喜欢的工作。往往最简单的事物带来的是最本能的快乐。如果现在的你承担了太多的工作或职务，让你无暇去享受生活，那么不妨按自己的兴趣和重要性将工作进行排序，选出你最喜欢的，你就能得到简单的快乐！

第二，多做运动。研究发现，人在运动时情绪会变得更好，而且思维的敏捷性也更高。如果在心情不好的时候做运动，还能够转移注意力，缓解不良的情绪，放松心情。

一些不爱运动的人往往性格更为内向和孤僻，不愿意与人打交道。因此，要想保持快乐的心情，一定要经常运动，比如每天散步半个小时，骑车去上班，这些简单的运动都会使人感到快乐。

第三，拥有一项长久的兴趣。心理学家研究发现，当人们对某件事情感兴趣时，往往会不由自主地花更多的时间、更大的精力在这件事情上。而这个过程中产生的往往是欣喜、快乐和满意等积极的情绪，即使废寝忘食也心甘情愿。

第四，专心做事。当你投入做某件事情的时候，感觉时间飞快；而如果我们做事拖沓，就会觉得这项工作很无聊，也就体会不到快乐了。

谈话时，请把身体微向前倾

心理学家认为，双手抱着双肩的姿势是一种拒绝的表示，在谈话中不要轻易使用；身体微微前倾则表示出你对对方的关注；在和别人谈话的过程中，眼睛要偶尔直视对方，这是一种感兴趣的标志；在别人面前不要过分拘谨，这样会让对方也感到很不舒服。

如果与人是坐着谈话，正确的坐姿是：全身放松，两腿自然并拢，手放在膝上，挺直腰板，身体微向前倾，坐时既不可坐得太浅，也不能坐得太深。坐浅了容易使自己紧张，导致注意力不集中；坐深了容易斜靠在椅背上，给人以懒散感。

在人际交往中，我们要重视自身肢体语言，给他人留下一个良好的印象。

第一，坐姿要稳重。入座时，应轻、缓、稳，动作协调柔和，神态从容自如。人应走到椅子前，转身背对椅子平稳坐下，若离椅子较远，可用右脚向后移半步落座。女士若穿裙子则应注意收好裙脚。一般应从椅子左边入座，起身时也应从椅子左边站立，这是一种礼貌。

落座后，应双目平视，嘴唇微闭，面带微笑，挺胸收腹，腰部挺起，重心垂直向下，双肩平正放松，上身微向前倾，手自然放在双膝上，双膝要并拢，两臂曲放在桌子上或沙发两侧的扶手上，掌心向下。坐椅子时，一般只坐满 2/3，脊背轻靠椅背。端坐时间过长，可以将身体略微倾斜，头面向主人，双腿交叉，足部重叠，脚尖朝下，斜放一侧，双手互叠或互握，放在膝上。若是穿裙子的女士，最好不要交叉两脚，而是并靠两脚，向左或向右一方稍倾斜放置。起立时，右脚先向后收半步，然后站起。

第二，立姿要端正。立姿的最基本要求即站得端正、挺拔。具体要求是头正颈直，双眼平视，嘴唇微闭，下颌微收，挺胸直腰，上体自然挺拔，双肩保持水平，两臂自然下垂，手指并拢自然微屈，双手中指压裤缝，腿膝伸直，脚跟并拢，两脚尖张开夹角 45°，身体重心落在两脚之间。

站立后，竖看要有直立感，即以鼻子为中线的人体应大体呈直线；横看要有开阔感，即肢体及身段应给人以舒展的感觉；侧看要有垂直感，即从耳与颈相接处至脚的踝骨前侧亦应大体呈直线，给人一种挺、直、高的美感。

总之，男士应站得刚毅洒脱，挺拔向上，舒展俊美，精力充沛；女士应站得庄重大方，亲切有礼，秀雅优美，亭亭玉立。

第三，走路要优雅。走路的最基本要求即走得优雅、轻盈。在行走时，应昂首挺胸，收腹直腰，两眼平视，肩平不摇，双臂自然前后摆动，脚尖微向外或向正前方伸出。起步时身体微向前倾，身体重心落于前脚掌，并注意在前脚着地和后脚离地时伸直膝部；迈出每一步都应从胸膛开始向前移动，而不是腿独自伸向前。

人的形体在运动中构成种种姿势，良好的姿势形成优美的仪态。培根认为，相貌的美高于色泽的美，而秀雅合适的动作的美，又高于相貌的美，这是美的精华。秀雅合适的姿势在交际中有十分重要的作用。因此，我们应当注意自己的肢体语言。

助人为乐者更快乐

我们常常认为，拥有便是快乐：拥有金钱和权力，可以满足自己的欲望，所以快乐；拥有漂亮的衣服，可以在众人面前炫耀，所以快乐；拥有许多的爱情，可以让众人羡慕，所以快乐。其实，当我们真正拥有这些时，我们真的感到快乐了吗？

一项对金钱与快乐之间的关系进行的心理学调查，发现了一个有趣的现象，即金钱与快乐之间并不完全成正比，而是呈一个倒"U"字的曲线。也就是说，越有钱的人其快乐指数往往是下降的，更多的金钱并不能给他们带来更多的快乐。所以说，拥有并不一定能带来快乐。那么，什么样的人最快乐呢？

心理学家告诉人们，助人为乐者最快乐。我们来看佛经中的一个故事：

一天，有三个人凑在一起，他们都在抱怨自己的生活不快乐，其中一个人提议去请教一位有名的禅师。三人找到禅师说明了来意："怎样才能让自己过得快乐？"

禅师说："你们先说说自己是为了什么而活在世上？"

甲说，他活在世上是因为他一家老小要靠他养活，所以他不得不活着。

乙说，等到有一天他老了，就会看到满堂的儿孙，那时他就会觉得自己过得很快乐，所以他要活着。

丙说，因为他害怕死，所以要活下去。

禅师听完他们三个人活着的理由，笑道："如此的生活理由，自然不会快乐。"三个人不明白，于是问道："那如何才能活得快乐呢？"

禅师没有回答，又问道："那你们想得到什么才觉得自己就快乐了呢？"

甲说，我要是有了无数的金钱，就会觉得快乐。

乙说，我要是有了至高的地位，就会觉得快乐。

丙说，我要是有了完美的爱情，就会觉得快乐。

禅师又笑了："许多人虽然拥有这些，但活得并不快乐。相反，正是这些带给他们无尽的烦恼和忧虑。让我告诉你们快乐的秘诀：金钱要布施而不是占有才会快乐，荣誉要服务他人而非唯我独尊才会快乐，爱情要奉献而不是索取才会快乐。"

三个人听了之后，此后的生活过得快乐而幸福。

帮助别人是快乐的，因为这能满足他人的需要，也能得到他人的尊重。例如，看到一个步履蹒跚的盲人过马路时，我们适时地给予帮助，对方礼貌地向我们表达感谢，此时的我们也因此变得更快乐。

美国一家心理学杂志进行了一项大型调查，发现那些经常帮助别人的人比不乐于助人的人有更多的快乐感受，他们的生活指数和生活满意度比后者要高出24%。此外，这些人患各种心理疾病的概率也远远低于后者。由此可见，帮助别人不仅能给别人带来帮助，还能让自己远离疾病的困扰，这是一件互惠互利的事情。

除此之外，心理学家们还认为帮助别人是一种自我肯定的需要，当你这种需要得到满足的时候，你就会有一种自豪、快乐的感觉。反之，则会产生自卑和消沉的情绪。心理学上有一个很著名的实验，叫作"镜像自我"实验。

在孩子的鼻头上点上红点，然后让他们照镜子，如果孩子们知道镜子中的人是自己，那么他就会去摸自己的鼻子；反之，他会去摸镜子中的那个影子。这个实验就是"镜像自我"，通过照镜子来认识自己的存在。后来，"镜像自我"的意思被引申为，通过别人对自己的评价来认识自己，别人就像是一面镜子，可以帮助我们更好地了解自己，他们的肯定就是对自我的一种表扬。

其实我们每一个人都或多或少有一些成就动机，作为一个生活在社会中的人，最基本的成就动机就是自我的价值被肯定，也就是我们常说的自我价值感。自我价值感不仅仅通过各种成绩和名次来体现，还常常由于他人的尊重和肯定而得到升华。这种心理上的认同，会让我们更好地认识自己的价值所在。

如果你的生活中总是洋溢着这种对于自我的肯定和欣赏，那么你每天都会拥有阳光般的快乐。反之，抑郁、困惑可能就会不时地光顾你了。所以，让我们在能够帮助别人的时候尽量伸出援助之手，这样我们会拥有越来越多的快乐！

远离忌妒才能变得快乐

在现实生活中，我们可能经常遇到这样的情况，某个人一旦成名或取得了某种成就，随后就会有很多闲言碎语踏至而来，有时候甚至是人身攻击。有些人一看到别人比自己幸运，心里就“别有一番滋味”。这种“滋味”就是忌妒心的体现。

忌妒是对才能、名誉、地位或境遇等比自己好的人心怀怨恨，是一种消极的情绪，会让自己变得很不快乐。培根说：“在人类的一切情欲中，忌妒之情恐怕要算作最顽强、最持久的情绪了。”

心理学家认为，过度的忌妒是一种病态心理，不仅影响一个人的道德品质，还能导致某些功能性或器质性疾病。研究显示，忌妒会影响人的消化系统、神经系统、免疫系统甚至生殖系统，引起如头晕头痛、失眠多梦、烦躁易怒、情绪低落、食欲减退、恶心呕吐、腰背酸痛等症状。

忌妒不但对人们的身体健康产生巨大影响，还会引发“忌妒妄想症”。当然，一般的忌妒心理也并非那么可怕，关键看我们能不能正确对待。

生活中，我们多少都有一点忌妒心，当我们看到同学或朋友不断取得成功时，心里会“隐隐”觉得不平衡，但这种“隐隐”的感觉是可以控制和调整的。

法国著名作家大仲马说过：“人生是一串由无数的小烦恼组成的念珠，乐观的人总是笑着数完这串念珠。”因此，有忌妒心理并不可怕，只要微笑着去战胜它，就能数好人生的念珠。在这里，列举几种克服忌妒的方法，希望对大家有所帮助。

第一，自我评价。检视自己的成长和收获，评价自己的付出和所得，思考自己的经历和规划。这将使你变得更积极，情绪更稳定，因为你不再与他人比较，不会再为他有你无的事情心生忌妒了。

第二，要培养洒脱的心态。忌妒常常来自于生活中某一方面的“缺乏”。你忌妒，也许是因为别人得到了自己想要的工作或等待的机会。这种“缺乏感”总是会扰乱我们的想法，从而引起忌妒这种强烈的负面情绪。培养洒脱的心态在克服忌妒上是很重要的。当知道这世上有很多机会时，我们便没什么好忌妒的了。

第三，不和别人比较。人们常说“人比人，气死人”。假如我们有辆很漂亮的车或有份很好的工作，这种比较能满足自己的虚荣心。反之，我们就会变得消极、悲观。这世上总有人比自己拥有得更多、更好，所以，在这场较量中，我们不可能一直“赢”。与其盲目攀比给自己找别扭，不如不比较。

第四，勇于承认忌妒心理。如果忌妒的负面情绪已影响了我们的心情，而我们暂时也无法立即摆脱它时，就勇敢承认这个事实。心理学家认为假如接受一种情绪，我们便能平静地看待它，停止给它提供能量，这种情绪便会最终消失。

调整忌妒的心理关键是学会面对自己，正确认识自己的优点，同时看到自己的不足。如果我们可以把忌妒转化为成功的动力，化消极为积极，那么忌妒对我们的工作和生活反而有积极作用。

无私者更快乐

现实生活中，人们似乎都在追逐幸福生活，那么到底什么是幸福？恐怕很多人都认为过上富裕的生活，住上别墅，开上豪车，就是幸福的。的确，人们总是认为财富与幸福是成正比的。

事实上，幸福是指人们在感受外部事物带给内心的愉悦、安祥、平和、满足的心理状态。只有心灵可以感知到快乐，这种感知能力不是任何机能可以增减，也不是任何环境可以改变的，更与财富无关。

一位百万富翁曾这样说："除了不再需要像以往那样夙兴夜寐的劳动之外，现在的我并不比当年那个口袋一分钱都没有的我快乐多少。当年潦倒的我甚至比现在还快乐。"

可见，钱财本身并不能让人感受到幸福与快乐。金钱要想让人觉得幸福，必须使它服务于高尚的目标。人倘若没有高尚的理想，是很难真正幸福起来的。

许多富人感到最为失落的一点，就是他们无法用金钱来购买幸福。一心想着通过金钱来找寻幸福的人，就好比想在一块正在飘向大海的浮冰上寻求安全。金钱所能带给我们的只是物欲的满足。人类是不能单靠面包来生活的。

很多人没有积累很多财富，却树立起了一座座巨大的人格丰碑；很多人没有成为百万富翁，却拥有坚不可摧的信念，拥有着无价的友谊，在善良之人的心中永远镌下自己的名字。他们无私地鼓励、帮助着别人，以高尚的情操感染着许许多多的人。

大城市里有很多富人，但他们的名字却与很多有价值的事物无缘——他们没有向穷人施与，从来不向有意义的事业出一份力；他们缺乏公益精神，不参加任何真正助人的社区活动。

这些富人完完全全将自己包裹在自己的世界里，觉得与其将金钱用于别人身上，不如用在自己或家人身上。长此以往，他们变得越来越贪婪，内心也变得铁石心肠。当他离开人世时，世人很快就遗忘了他。

第三章
压力释放:“心理垃圾”要随时清理

为什么人在夜晚感情最丰富

许多文字工作者喜欢在夜晚工作，因为那个时候他们能写出感情充沛、有感染力的文章。同时，因为在夜晚人容易变得冲动，犯罪活动也多发生在夜晚。我们经常会有这样的感觉，晚上我们似乎远离了现实，心情舒畅，一切困难似乎都算不上什么，而清早醒来，回到了现实中，忧愁烦恼似乎又回来了。

为什么会有这种情况呢?

因为人的新陈代谢在早晨比较缓慢，血糖含量处于一天中最低水平，人的思维活动不会太活跃。晚上，人的新陈代谢比较活跃，有足够的能量来支持思维活动，因此往往能够更加集中注意力，思维也更加灵活。

人在晚上无须扮演太多社会角色，多会进行无意识的思想活动。而在白天，人们要扮演社会角色，进行的思想活动都是有意识的。夜晚正是人们思想活动从有意识到无意识转变的过渡阶段。此时，人们更容易用心去感受这个世界，处理一些事情。

其实，人本身就有制造快乐的能力。白天，人们在扮演社会角色的同时会更多地把希望寄托在外界，希望外界刺激能带给自己快乐，而不是依靠自身去制造和享受快乐。晚上，人们回归家庭，不需要承担来自外界的压力，也不需要把希望完全寄托在外界环境当中，能够有更多的精力去想自己的事情。

人在晚上感情丰富，与感觉系统活动规律有关。白天，人的感觉器官、视听系统被高度利用，忙于接收外界信息，处于相对疲惫的状态。晚上，外界环境变化，光线变暗，噪声降低，人们接受的视听刺激变小，从而可以集中注意力考虑问题。

为什么有些人总爱插话

现实生活中往往有人话特别多，总喜欢在别人说话的时候插上几句。在朋友聚会、公众场所甚至在单独的闲聊中，你可能都遇到过一些喜欢打断别人谈话的人，未等你把话说完，他们就迫不及待地插上一句。这往往让我们很不舒服。

再如，每当大人讲话时，孩子总是爱插话，要不就故意制造点噪声，以此获得大人的关注。通常这些孩子都比较自我，希望得到社会（大人世界）的认同，并且有着被关爱和关注的强烈需求。如果他们的这种需求没有得到满足，便常常以插话来获得。面对这样的孩子，大人可以给其自我表达的机会，在他畅所欲言后，再提醒他应该给他人说话的机会，从而帮助孩子健康成长。

我们知道，打断别人说话是非常无礼的表现。尽管如此，在日常生活中，你可能还是会遇到这样的人，他们很热衷交谈，当别人阐述自己的观点时，总喜欢打断别人。这样的人往往会遭人厌烦，别人也不愿与其交流。但你越是不想和他们说话，他们得不到周围的认同，就越喜欢加入到你们的谈话中来，越爱插上几句。他们为什么喜欢这样呢？遇到这样的人，我们又该如何应对呢？

我们每个人都经历了这样一个阶段，即从青春期的自我中心阶段过渡到成人期的自我互动阶段。在自我中心阶段，青少年以为自己是世界上独一无二的存在，是最值得关注的。他们过分关注自我内心的感受，不懂得去照顾别人的真实感受，所以，当他人正在说话时，他们总是去打断别人，以证明自己的存在，并希望得到他人的认同。

要解决这个问题，就得不断地调整自己在社会中的自我认同机制，达到一种良性的认同；同时，当要打断别人时，提醒自己“多给别人一些表达的机会，并从中找到自我发展的资源，获得人际双赢”。如果在生活中遇到这类人，起初你可以多给他们一些自我表达的机会，然后用语言暗示他：“现在我可以说了吗？”你也可以善意提醒他们：“希望我说的时候，你先不要插话，好吗？”这种方式可以提醒他们调整自己的人际沟通方式，使其与他人更顺畅地交流。

所以，碰到爱插话的人，不要讨厌他们，也不要对他们翻白眼，只要给他们表达的机会，认同他们的观点，他们就能慢慢改变打断别人说话的毛病。

为什么说懂得宣泄愤怒的人更健康

当愿望不能实现时，人们通常会有一种紧张而不愉快的情绪。有人认为应该把不愉快的情绪发泄出来，这样才能让自己变得平静。也有人说释放愤怒时容易做出不理智的行为，我们应该淡定。

通常情况下，人们往往只从负面角度去理解“发泄”这个词，认为“发泄”具有破坏性。但事实是发泄也可以不那么急风骤雨，甚至可以是平静的。发泄的方式有很多，如哭泣、倾诉、唱歌、垂钓等。那么愤怒应不应该发泄出来呢？

加州心理学家和婚姻咨询师乔治·巴哈博士，曾接待过几对以消极方式表达愤怒的夫妇，他们采用非身体性攻击手段发泄愤怒。巴哈博士得出结论，不会正确表达愤怒并因此不公正地还击的夫妇，通常关系很坏。

巴哈博士及其他专家认为，愤怒一类的消极情绪可以通过正确渠道排泄出去。他们呼吁人们学习“创造性争吵”，表达愤怒但不贬损对方或伤害对方的自尊。这个方法要求双方在不损害双方关系的基础上，坦诚表达各自的情绪。

不少心理学家都认为人的心理疾病往往是由于压抑引起的。

咨询师通常让寻求帮助的来访者先尽量发泄他们的情绪。基于这个原因，一些公司设立了“发泄屋”，让那些在工作中受了委屈的员工到此发泄愤怒的怨气。来时每个人都怒气忡忡，去时大家则心情舒畅。

任何事情都可能导致人们产生愤怒的情绪。把愤怒宣泄出来是好的，但要选择成熟的表达方式——愤怒的表达不是为了让某一方狼狈不堪。

研究表明，恰当宣泄愤怒的人在成长过程中较少出现情绪和社会问题。只要我们能够恰当地、富有成效地宣泄，愤怒不一定是毁灭性的。

另类偷窃，只为了寻找快感

2002 年 10 月，某大学发生了一件奇怪的盗窃案。仅两个月时间，一新生女寝室频繁被盗，被盗次数达 20 余次。奇怪的是，被盗钱物每次价值均在百元以下，被盗物品仅仅是日常生活所需的牛奶、水果、零钱等，而放在寝室的大额现金、银行卡及手提电脑等贵重物品却没有被盗。

经过一番调查，疑点开始集中到一位叫芸的女生身上。当名单报上去时，学校却惊呆了。芸在学校各科成绩都非常好，学习也特别刻苦，是什么原因让这个尖子生走上这条路呢？是贫穷，还是其他？

起初，芸誓不承认。后来辅导员反复地做思想工作，她才开始认错。当问到偷盗的目的时，她的回答令在场的每一个人吃惊。她说，她从不缺吃少穿，她偷东西仅仅是为了报复周围的人，从中找到快感。

为什么学习上一向表现优秀的芸会做出这种大家所不齿的行为呢？主要是因为芸总是对身边的人无法产生信任感，甚至充满敌意。在偷窃中她觉得自己实现了对他人的报复，于是充满了胜利的喜悦。

那么又是什么原因，让芸形成这种孤僻的性格，在人际交往中始终对人充满敌意呢？在调查访谈中，我们了解到，芸这种对他人的敌意，是从小时候耳闻目睹了别人对母亲的不公后开始的。

芸的母亲能干善良，对邻居特别友善。但是她却一直生活在别人对母亲的嘲笑与轻视里。大一点她才知道，别人看不起母亲，仅仅是因为母亲生得特别矮小，五官看上去有一些不协调。

从初中开始，芸一直发奋读书，期望考上好的学校后以自己的能力向别人证明自己，也为母亲讨回面子。但是尽管成绩再好，因家庭环境的影响，同学仍然看不起她。在学校，她常常一个人独来独往，给同学的印象是性情孤僻、不好相处的那种。所以，在学校里几乎没有人愿意和她做朋友。有时，她甚至觉得周围的同学都在私底下取笑自己、取笑母亲。

在这种环境下，她常常感到自卑和绝望，似乎无论自己如何努力，也摆脱不了别人轻蔑的眼光。在压抑与愤怒之中，她便想到了报复。不管是邻居，还是同学，谁看不起她，她就偷谁的心爱之物。她发现，每偷盗成功一次，她就能从中获得一种极大的快感。

有专家指出，发生在这名女生身上的这种偷窃属于心理不卫生行为。很多时候，事发后，有这样畸形偷窃心理的人，无一例外地受到学校的严厉处分。若他们的心理得不到及时疏导，很容易发展成为严重的抑郁症。

正确的做法应该是给他们更多心理上的关爱，找到他们心理问题的根源，对症下药，及时给予心理的疏导和指引，让他们回到正确的人格轨道上来。作为父母，在事发之后，应避免打骂或羞辱孩子，而应站在孩子一边，给孩子更多理解和帮助。而作为学校，应建立有效的心理疏导机制，让孩子在遭遇精神苦闷时能找到倾诉对象，大胆讲述自己的精神障碍，促进孩子健康人格的及早形成。

总之，很多孩子犯错并不仅仅是他们自身的错，而是我们教育的一种失误，在重视对孩子的智力教育的同时，孩子的健康人格教育应引起家长、学校、社会的关注。

“心理垃圾”要随时清理

有没有试过在一个月没整理的包包里翻寻一件小物品，这时，是不是觉得怎么也找不到，恨不得把整个包包翻过来，把所有的东西都倒出来。心理压力的问题也是这个道理，如果不及时把心理的垃圾清扫出来，就会因累积太多而占据了内心太多的空间，最后，除了不快、压力等负面情绪，其他积极向上的情绪都会被排挤出去。要想解决这个问题其实也很简单，那就是定期把东西全倒出来。

一天深夜，一位医生突然接到一个陌生妇女打来的电话，对方的第一句话就是:“我恨透他了！”“他是谁？”医生问。“他是我的丈夫！”医生感到突然，于是礼貌地告诉她，她打错了电话。但是，这位妇女好像没听见似的，絮絮叨叨地说个不停。她告诉医生，自己一天到晚照顾四个小孩，丈夫却以为自己是在家里享福。平时她想出去散散心或者和朋友聚餐，丈夫老是反对。然而丈夫自己却每天晚上出去，说是有应酬，可谁会相信呢，反正她自己是不会相信的。尽管医生一再打断她的话，告诉她，他并不认识她，但她还是坚持把自己的话说完。最后，她对这位素不相识的医生说，她知道他不认识她，就是因为俩人是陌生人，她才敢把这些压抑了这么久都没发泄的心理垃圾对他说。在向医生表达了深深的歉意后，妇女满意地挂上了电话。

大部分人在面对压力的时候，会选择向朋友诉说，觉得这样总比闷在心里好。但事实上，很多事是没办法完完全全、坦坦白白地跟朋友诉说的。很多人觉得什么隐私都告诉朋友的话，这样的自己就如同一个赤身裸体的人直接地摆在朋友面前，这会令人感到尴尬，觉得难堪。更有甚者觉得，如果向朋友发泄多了，朋友把自己视作“祥林嫂”之类的人，岂不是更惨。所以，很多人都觉得很难找到一个合适的倾诉者。这时找一个合适的陌生人倾诉倒是个不错的建议。陌生人不了解你曾经的故事，对你的未来也不会参与，而且，你们不会干预到彼此的生活。这也是大多数人在面对陌生人的时候更容易说出心里话的原因。

适当的情绪宣泄就好像在定时地为自己的心理排毒。当人们感到愤怒、不满、抱怨等不良情绪在内心聚集时，及时的宣泄对于身心健康是十分必要的。它能让我们感觉到似乎没那么生气了，心里能装得下一些快乐积极的情绪了。这便是心理学上常说的“霍桑效应”。它指的是一种情绪上的宣泄。

“霍桑效应”来源于美国国家研究委员会对霍桑工厂的调研得出的一个结果。霍桑工厂是美国芝加哥郊外一个制造电话交换机的工厂。它拥有较为完善的娱乐设施、医疗制度和养老金制度。但令人匪夷所思的是，这个工厂的员工经常抱怨自己的待遇不好，有时甚至还因为情绪影响了工作效率。为了探寻原因，研究人员对霍桑工厂进行了一系列的实验研究。

在这些研究实验中，有一个被称作“谈话实验”的重要环节，即专家们历时两年多的时间分别找工人们进行推心置腹的谈话，耐心倾听他们对待遇、环境等方面的意见和不满，并将他们的言论记录在案。令人惊讶的是，经过“谈话实验”后，霍桑工厂的工人们不再抱怨，干活时更加卖力，工厂的产量自然大幅度提高了。

原来，工人们在长期的工作中对工厂的各种规章制度、工作环境、福利待遇等方面心有不满，但这些不满情绪又找不到地方宣泄，长年累月的积累后便演变为抱怨、抵触等负面情绪。他们将这种情绪带到工作中，自然影响了工作效率。而“谈话实验”使他们将这些不满及时地、尽情地宣泄出来，他们因此感到心情舒畅，干劲倍增。于是，社会心理学家将这种奇妙的现象称为“霍桑效应”。

人在一生中会产生数不清的意愿和情绪，但最终能实现、能满足的却为数不多。对那些未能实现的意愿和未能满足的情绪，千万不能压抑着不让它发泄出来，不然的话，很容易产生种种压力。人们应该知道，压力不是一种想象出来的疾病，而是身体的一种“备战状态”，是因为身体意识到了某件事情具有潜在的威胁性而做出的反应。如果你恰好在进行一项耗费工作记忆的复杂的思考工作，或是在解决推理问题，仅仅是焦虑本身就会让你发生思维短路。所以，我们要千方百计地让它宣泄出来，这样既有利于我们的身心健康，又有助于提高工作效率。

你知道撒娇也能释放压力吗

人只要生活在这个世界中，就不可避免地需要和自己、和他人建立亲密、和谐的关系。但快节奏的生活往往会使人承担着来自学业、职场、家庭等很多或重或轻的压力。这时，适当向自己撒撒娇，可释放压力，肯定自己，增强信心；向他人撒撒娇，弱化自己的气场，强化人际关系，舒缓他人给你带来的压力。

很多人都认为撒娇只是心智不够成熟的人喜欢做的事，甚至有些成年人觉得现在再向父母、恋（爱）人、朋友等撒娇是件很伤面子、很令人难堪的事。所以，一些难以说出口的压力就一直在内心积淀着，难以找到发泄的突破口。可是，你知道撒娇也是一种舒缓压力、释放压力的好方法吗？很多难以言说的话语，通过撒娇巧妙地发泄，能达到意想不到的效果。

很多人也觉得撒娇只是女生的专利，一个大男生如果对着家人、朋友、上司撒娇是件很“娘”的事，特没面子。然而在情侣相处时，男生撒撒娇也不是件丢脸的事。徐志摩就说过这么一句经典的撒娇的话：“别拧我，疼。”别小看这类肉麻的撒娇方式，这是恋人相处的润滑剂。一句“我的心还在痛”“为你弄伤的手还在痛”等，让人听了就不免会生出怜悯之心。痛的表面信息是静态的受伤，背后却暗示“我是个弱者”的主动柔攻，暗藏的指令是：“你可要宠我。”

如果两个人刚好处于情感的低潮期，或者刚好吵架冷战，一句“我病了，我痛”能够勾起对方的关怀，起到挽回破裂关系的妙用。因此，只要无伤大雅，男女朋友之间私密的撒娇话，通常是最有效的降温药。男生若能巧用撒娇这招，欲挽回女生的心也绝不是件难事。

在感情关系上，如果能把这种撒娇哲学运用得当的话，缓解情侣间相处的压力不是件难事。其中，最有效的当属“痛症”的活用，这是男女互相修补关系最常用的撒娇绝招。

有些人会说，对着恋人撒娇那是无可厚非的事，但你能对着老板、同事撒娇吗？不行吧，所以职场压力还是没解决啊！是谁说职场上就一定得以强碰强呢？我们应该学会以柔克刚。

大部分职场中人觉得压力最大的莫过于人际关系。想要有良好的人际关系，就要学会沟通，而偶尔适当地撒个娇对沟通有益无害。

撒娇之术的高明之处在于能够缓解相处过程中带来的压力，还能给足彼此面子。撒娇术练到高明至极的人是最懂维护面子沟通心理学的。给个面子，万事好商量。客户高兴，老板有面，一切矛盾、冲突和个人问题都在言谈之中悄然化解，变得容易协调。职场上撒聪明的娇能制造双赢局面，一方面既克制自己，又降低了攻击性；另一方面则容易赢取对方的信任。

在职场上，如果事事追求完美，不仅会在无形中使自己备感压力，而且会使自己与同事的关系难以融洽相处。人对于过于追求完美的人总是心存距离，这样就容易被同事排挤，如果事情无法达到自己想要的要求的话，则会打击自己的信心。无形之中压力就会越积越多。怎样才能改变这种局面呢？适当地调整自己的心理，以无伤自尊又不失大雅的方式撒个娇，把荣誉让给同事、领导。能维护他人的面子和权威，工作气氛良好，才能有利地缓解自己周围环境所带来的压力，才有助于自己掌握提升的机会。给足他人面子，才能获得更多的发展空间。

说到底，改善心理的最高境界是自疗，也是最彻底最有效的治疗态度。人活得最自在的状态是自我认同、自我满足。要做到这点，向自己撒个娇是一种有效的办法。

我们每天想得太多乐得太少，压力就像空气般环绕在周围，这时，和恋人撒个娇，以舒缓压抑和不安情绪。如果还是做不到向他人撒娇的话，试着跟自己撒个娇，例如说“今天好累呀，你就让我休息一晚，明天再奋斗吧”“今天我才不要让自己煮菜做饭呢”……把自己不想做的事、不想说的话和不想见的人暂时放下，跟自己撒个娇，不硬逼着自己承受一切。你会发现，其实生活中并没那么大的压力。

为什么有些人容易出轨

根据专家对离婚率的统计得出，80% 以上的情感关系破裂，是因为第三者的介入。60% 以上的人曾遭遇过不同程度的身体出轨或精神出轨。50% 以上的人认为自己的出轨是“鬼使神差”，虽然出轨后会觉得很后悔，但很享受出轨给自己带来的前所未有的刺激感。当专家问及是否愿意重蹈覆辙，大部分人普遍表示沉默，表示“说不准”。同时，几乎所有的人都认为，出轨后自己再也无法回归到原先的婚姻轨道上。很多夫妻离婚的第一原因是——出轨。为什么有些人会那么容易经受不住诱惑主动或被动地出轨呢？现代人的出轨很多都是出于一种不自觉的行为。这是一种病态心理，可以称为“出轨癖”。是由于压力过大，需要通过出轨寻求压力的释放点。

小郝从来没想过婚外情会发生在自己的丈夫身上。无论是相貌、身材还是工作都令人羡慕的小郝一直对自己充满信心。她甚至有点轻视那些“管不住”丈夫的女人。直到有一天，她发现了丈夫王东手机里有着一连串暧昧露骨的短信。丈夫和别的女人早已经发展到了令她难堪的地步。那一瞬间，小郝多年来对丈夫的信任全盘崩溃。看到妻子歇斯底里的模样，王东吓坏了，他本来就是“妻管严”，现在更是六神无主，怕把事情闹大。他抱着“打死也不说”的心态，拼命否认，解释那只是无聊发着玩的。但小郝是眼里不藏沙子的那种人，她暗中开始调查，一个个打电话给丈夫的朋友、同事，最终知道了是丈夫的一个新下属，除了年轻一点外，姿色和能力远比不上小郝。等到小郝跑去王东的单位羞辱那个女孩，事情终于到了不可挽回的地步——王东被迫暂时停职，而那个女孩也消失了。

王东沮丧极了，他没想和那个女孩怎么样，就是感到和妻子在一起压力太大，想出来“透透气”。但“透气”的后果太严重了——妻子要离婚，自己的工作也快保不住了。再加上朋友、客户都知道了这件事，让他更加脸面无光。朋友倒没什么，都过来安慰他。多年维系的客户都认为他品行不好，不愿意再和他做生意了。“原本是歉疚，现在则是恨。”王东觉得妻子做得太过分了，对一个男人来说，事业、面子太重要了。赌气之下，他同意了离婚。

现代社会，越来越多的人把出轨作为缓解婚姻压力、社会压力的一种宣泄口。尤其是那些对自己事业不满意或者娶了女强人的男人。他们因长期无法满足自己在社会、家庭上取得绝对的支配作用而备受压抑，心理累积的压力越来越多，他们就需要宣泄以维持男性的自尊心。一旦遇到一个小小的诱惑，他们就无法抵制，出轨成了他们释放压力的一种寄托。

他们把出轨作为一种“负面情感的发泄口”，甚至还有人抛出这么一种论调——“出轨能拯救婚姻”。因为他们不懂得怎样更好地释放心中的压力，只好通过一种极端的方法转移压力，以暂时的心理刺激使压力得到暂时的释放。但随之而来的因社会的无法认同而带来的种种压力又使他们放弃了此段出轨经历，再陷入另一段出轨经历之中。长期以往，他们就形成了一种“出轨癖”的变态心理。

如今，社会的出轨成本越来越低，高速发展的网络社会给越来越多的人提供了便利的机会。无论是婚姻上的不满、工作上的压力，还是人际相处的种种问题都可以透过电脑屏幕、通过虚拟的网络平台获得宣泄的机会。通过网络，对方不仅倾听了你的不满，甚至还充当了开导者的角色。心理的压力得到释放，人感觉轻松了，但是对网络的依赖就会越来越大，出轨的概率也更大。大部分人会越来越觉得妻子怎么没有屏幕里的那个人那么善解人意，怎么会那么无理取闹而令人厌烦。不满的情绪随之而生，他们又不断地在网络上寻求“负面情感的发泄口”。出轨，就变成了可能，变成了他们发泄内心压力的渠道。

社会环境的复杂多变造成个人心灵和际遇的嬗变，面对着这种为发泄压力而出轨的行为，心理学家建议，夫妻双方应增强彼此之间的交流。虽然这对解除当时的压力“无济于事”，但从长远上看确实有益。对于个人，自己也应主动采取各种措施缓解压力，比如通过运动转移压力。另外，如果家里有孩子，可以把精力放在孩子身上，寻求双方的共同点。如果夫妻有一方压力很大，另一方则要多花点时间和对方谈谈，帮助其建立信心，并表示自己会时刻支持对方。此外，得给彼此留有一定的空间。

为什么有时候人要“看小”一下自己

如今，越来越多的人倾向于追求一种完美的生活，无论是自己的外表、工作能力还是人际关系，都希望自己达到完美状态。但我们都知道，“尺有所短，寸有所长”，一个人若刻意追求“面面俱到”，欲使自己在人前人后占尽风光，其结果只能是徒耗精力，使自己备受压力。

一位作家的寓所附近有一个卖油面的小摊子。一次，这位作家带孩子散步路过，看到摊子的生意极好，所有的椅子都坐满了人。

作家和孩子驻足观看，只见卖面的小贩把油面放进烫面用的竹捞子里，一把塞一个，仅在刹那间就塞了十几把，然后他把叠成长串的竹捞子放进锅里。

接着他又以极快的速度，熟练地将十几个碗一字排开，放盐、味精等佐料，随后他捞面、加汤，做好十几碗面的时间竟不到五分钟，而且还边煮边和顾客聊着天。

作家和孩子都看呆了，当他们从面摊离开的时候，孩子突然抬起头来说：“爸爸，我猜如果你和卖面的比赛卖面，你一定输！”

对于孩子突如其来的话，作家莞尔一笑，并且立即坦然承认，自己一定会输给卖面的人。作家说：“不只会输，而且会输得很惨。在这个世界上我是会输给很多人的。”

之后，他们在豆浆店里看伙计揉面粉做油条，看油条在锅中胀大而充满神奇的美感，作家就对孩子说：“爸爸比不上炸油条的人。”

他们在饺子饭馆，看见一个伙计包饺子如同变魔术一样，动作轻快，双手一捏，个个饺子大小如一，晶莹剔透，作家又对孩子说：“爸爸比不上包饺子的人。”

例子中的父亲是个能坦然承认自己技不如人的人。他适当地“看小”了自己，没有事事都要求自己得强于他人，得尽善尽美。他还言传身教地把这种豁达的生活态度教给自己的孩子，使他在今后的生活中，能坦然面对自己的弱势，不因虚荣而盲目与人、与自己较劲，这不能不说是一种明智之举。父亲在坦然面对不足之处的时候，也给自己卸下了不少压力。他不用为了让孩子觉得他是全世界最强的人而让自己学习更多他本来就不会的东西，不用为了维护自己高大的形象而不断地逼迫自己承担本来没必要承担的责任。

所以，适当地把自己“看小”，把自己放低，不刻意地追求完美，甚至学会放弃，这对于压力的缓解是有益无害的。“塞翁失马，焉知非福”。我们要学会放弃，为得到而放弃。生活中，大部分人心里都在想如何更多地“拥有”，如面子、金钱、地位、权力、信任、知识、经验、能力、学历、人际关系，一样都不能少，通吃最好。结果是拥有得越多，心理包袱就越大、越重。事实上，拥有其中的某些对自己来说是最重要、最必要的，已经足以让大部分人感受到幸福了。所以，放弃一些对于自己来说不那么重要、不那么必要的，人也就会轻松得多。

第六篇

日常生活原来是这么的不可思议

第一章
视觉：为什么酒吧的光线都很昏暗

为什么酒吧的光线都很昏暗

酒吧中刺激的音乐，昏暗的灯光对追求新鲜、刺激的年轻人来说，有很大的吸引力。以新新人类自居的酷男辣妹，对于“泡吧”更是情有独钟。

为什么在酒吧昏暗的灯光下，人们不感觉到沉重和压抑呢？因为昏暗的环境可以阻隔别人的视线，因而人们可以安心地饮酒作乐。心理学家曾做过一个实验，目的是调查在明亮和昏暗的房间中男女的行为会有什么不同。结果显示，在昏暗的房间中，男女身体紧密接触，亲密感激增。也就是说，昏暗的环境可以使男女之间变得非常亲密。

在疯狂的音乐和主持人充满鼓动的呐喊下，昏暗迷离的灯光让空气中充满了暧昧，可以促进男女之间的亲密感。

心理学的实验表明，在光线暗的地方，因减少了戒备而增加了亲近感，便于双方沟通。同时，在黑暗中，对方难以看清自己的表情，也容易产生一种安全感。

当我们想与他人建立一种亲密关系的时候，就应尽量请他们到酒吧去。在酒吧里，座椅之间的距离都比较近，比较容易进入彼此的私人空间。如果长时间待在对方的私人空间中，男女双方更容易产生恋情。

为什么保险柜多为黑色

生活中，五颜六色的色彩无疑给了我们绚丽、缤纷的感觉。人们在选择物品的颜色时往往根据自己的喜欢和第一感觉，不同的色彩给我们感觉也不相同。

有的颜色看起来使人感觉物体轻，而有的颜色看起来使人感觉物体重。例如，当我们在商场专柜看到两个款式一样的白色柜子与黄色柜子时，我们会觉得黄色的那个箱子比白色的箱子要重。

此外，即使是相同的颜色，色彩明亮程度低的颜色比明度高的颜色感觉重。例如，红色的物品就比粉色的物品看上去重，桔红色物体就比浅黄色物体看上去更重。色彩鲜艳程度低的颜色也比彩度高的颜色感觉更重。例如，同是红色系，但栗色就要比大红色感觉重。

色彩学研究者通过大量的实验分析认为，越是给人色彩深的颜色给人的感觉就越重。当我们拿一个蓝色箱子与黄色箱子相比时，蓝色箱子看上去更重。而与蓝色箱子相比，黑色箱子看上去更笨重。那么不同的颜色给人感觉到的重量差到底有多大呢?

研究人员通过实验对颜色与重量感进行了研究。结果表明色彩最重的黑色与色彩最轻的白色的相同物体相比，前者看上去要重 1.8 倍。相同的色彩给人的感觉也会随着周围环境以及自身状态的不同而产生差异。

例如，傍晚下班时，我们虽然背着和早晨一样的皮包，却感觉格外沉重。这就是工作了一天后感觉疲惫的后果吧。如果早晨去上班就感觉皮包很沉重的话，那你可要注意休息了。为了让自己感觉更轻松，可以换颜色浅一些、鲜艳一些的皮包，比如白色皮包。

我们冬天穿着西装时，会感觉比其他季节重。除了穿得比较多之外，也是因为冬天西装的颜色比较深，而较深的颜色也会让我们感觉重的缘故。

当然，不同的色彩给人的轻重只是一种主观的感觉，正是人们的这种感受，直接影响了色彩在生活中的使用。

冯烨和女朋友在一起好几年了，最近两人把结婚的事情提上了日程。为此，他和女朋友把所有的积蓄都拿出来，购买了一套房子。为了给自己创造一个舒适、温馨的私人空间，他们决定好好装修一下。

冯烨以简单、大气为由要求将墙刷成白色的，而他的女朋友则以追求温馨、浪漫为由要求将墙刷成蓝色。

无奈之下，冯烨的女朋友提了一个建议，卧室和客厅刷成白色的，书房刷成蓝色的，因为蓝色有“海洋”之寓意，书房刷成蓝色意指在“在蓝色的海洋求索知识”。

听女朋友说得头头是道，冯烨同意了女朋友的想法。最终他们把书房的墙壁刷成了蓝色。一切装修就绪，两人入住后却发现，他们很少坐在书房看书学习，更多的时候是在客厅卧室。他们说不清楚为什么？总之，他们的书房使用价值并不大。

有一次，一个朋友来家里玩，参观了书房无意说了一句：“你的蓝色的书房让人感觉沉重，不如客厅舒服。”冯烨这时才明白，他们之所以不在书房看书，就是这个颜色惹的祸。于是，他只得又让人把书房的墙壁颜色换成了白色。

冯烨的书房装修好后使用价值之所以不大，就是因为蓝色的房间与白色的房间相比，让人感觉压抑。的确，由于色彩与重量的关系，室内装修尤其重视颜色的选择。

一般来说，天花板采用明快的颜色，然后从墙面到床再到地板采用逐渐加深的颜色，可以制造出一种稳定感，使人感觉安全和安心。这么做的原因归根究底还是因为，在人们的感觉中颜色也有重量。

在现实生活中，我们发现不管是公司中的大型保险柜，还是影视剧中出现的巨型保险柜，大多是黑色的，这也与颜色给人的心理重量有关。

为了防止被盗，保险柜都设计为无法轻易破坏的构造，还必须尽可能地加大它的重量，使之无法轻易搬动。然而，为保险柜增加物理重量是有极限的，于是便给它涂上了让人心理上感觉沉重的深色，使人产生无法搬动的感觉。白色和黑色在心理上可以产生接近两倍的重量差，因而使用黑色可以大大增加保险柜的心理重量，从而有效防止被盗的发生。

总之，不同的色彩给人不同的心理重量，我们要合理使用颜色，让人心理更舒服，给生活带来积极的作用。

为什么红色电风扇越吹越热

在炎热的夏天，很多家庭都会用电风扇来消暑降温，也许我们只享受电风扇带来的凉爽，却很少注意过电风扇的颜色。那么我们现在不妨想想自己家的电风扇是什么颜色的?

电风扇一般都为白色、黑色或灰色等冷色，而且很少能见到红色的电风扇。如果家里放一台红色的电风扇，一定会有人问："怎么买了台红色的电风扇？"为什么电风扇大多是白色而不是红色的呢?难道红色的电风扇吹出的风不凉快吗?

红色的电风扇在性能上和其他颜色的风扇没有任何区别。人们之所以喜欢用白色的电风扇而不是红色，主要是因为颜色给人带来的心理效果不同。

心理学家认为，颜色有让人心理上感觉暖与冷之分。色彩学上把红色、橙色、粉色划分为暖色，可以使人联系到火焰与太阳等事物，让人感觉温暖。与此相反，蓝色、绿色、草绿色被称为冷色，这些颜色能让人联系到冰和水，使人感觉寒冷。因此，还是白色、黑色或灰色等冷色的电风扇让人感觉舒服些。

暖色与冷色使人感觉到的温度还会受到颜色明度的影响。明度高的颜色会使人感觉到寒冷或凉爽，明度低的颜色会使人感觉温暖。与深红色相比，粉红色看上去更凉爽；与深蓝色相比，浅蓝色让人感觉更凉爽。

了解了暖色与冷色给人的心理感受，我们就可以很好地通过改变颜色来调节人的心理温度。有些餐厅和工厂的装修为冷色调，结果到了冬季就会收到顾客或员工的抱怨，而把色调改为暖色之后，这种抱怨就大大减少了。由此可见，色彩可以起到调节温度的作用，虽然只是人的心理温度，但至少可以让人感觉舒适。

有实验表明，暖色与冷色可以使人对房间的心理温度相差2～3℃。因此，熟练掌握暖色与冷色的使用方法，我们则可以利用改变色彩来调节自己的心理温度。比如夏天，使用白色或浅蓝色的窗帘，会让人感觉室内比较凉爽。如果再配上冷色的室内装潢，就可以起到更好的效果。到了冬天，换成暖色的窗帘，用暖色的布做桌布，沙发套也换成暖色的，则可以使屋内感觉很温暖。

暖色制造暖意比冷色制造凉意的效果更显著。因此，怕冷的人最好将房间装修成暖色。

为什么公路上蓝色汽车少

随着人们经济条件的改善和生活水平的提高，汽车已经成为人们工作生活中最重要的交通工具，越来越多的家庭拥有自己的家庭轿车。可随之而来的是事故的频繁发生，当然这是我们所不希望看到的。

如果我们了解了颜色与事故之间的关系，就可以有效地避免或降低事故的发生率。据专业人员统计，在每年发生的汽车事故中，在各种颜色的汽车中，发生交通事故率最高的就要数蓝色汽车了。然后依次为绿色、灰色、白色、红色和黑色，等等。

色彩学上有膨胀色和收缩色。像红色、橙色和黄色这样的暖色，可以使物体看起来比实际大。而蓝色、蓝绿色等冷色系颜色，则可以使物体看起来比实际小。膨胀色可以使物体的视觉效果变大，而收缩色可以使物体的视觉效果变小。

我们可能不知道，颜色还有另外一种效果：有的颜色看起来向上凸出，而有的颜色看起来向下凹陷，其中显得凸出的颜色被称为前进色，而显得凹陷的颜色被称为后退色。前进色包括红色、橙色和黄色等暖色，主要为高彩度的颜色；而后退色则包括蓝色和蓝紫色等冷色，主要为低彩度的颜色。

前进色和后退色的色彩效果在众多领域得到了广泛应用。例如，广告牌就大多使用红色、橙色和黄色等前进色，这是因为这些颜色不仅醒目，而且有凸出的效果，从远处就能看到。正确使用前进色可以突出宣传效果。在宣传单上，把优惠活动的日期和商品的优惠价格用红色或者黄色的大字显示，会产生一种冲击性的效果，使顾客都无法抵挡优惠价格的诱惑。

蓝色是后退色，因而蓝色的汽车看起来比实际距离远，容易被其他汽车撞上。

在不同的时间段，汽车颜色的视觉效果也不相同。然而，有一点是毫无疑问的，那就是汽车颜色的可视性、前进色、后退色等性质的不同与事故率的差异是有关联的。因此，我们在路口时要特别注意对向行驶的蓝色汽车，在高速公路上要特别注意自己前方的蓝色汽车。

事实上，我们常见的汽车多为黑色、白色、灰色等，蓝色汽车最少。当然，汽车发生交通事故是由多种原因共同造成的，所以无法简单地将汽车颜色与交通事故认定为因果关系。

日本料理喜欢用黑盘子的秘密

喜欢吃日本料理的朋友，可能都意识了这一点：通常情况下，我们在吃饭时会发现用来盛日本料理的盘子多是黑色的。事实上，黑色是比较容易招人讨厌的颜色，它给人绝望、不幸、不安和封闭等的负面印象。既然如此，日本人为什么还是用黑色的盘子呢？

心理学家认为鲜艳的色彩有增进食欲的效果。例如，水果的红色和橙色，蔬菜的绿色，红烧肉的红色，生鱼片的白色和黄色配以芥末的绿色，牛肉盖浇饭的黄白搭配等让人看了就有垂涎欲滴的感觉。

食欲与颜色的关系也是主观的，这与一个人以前的经验有很大的关系。如果以前吃某一种颜色的食物时有过不愉快的经历，也许以后再看到这个颜色的食物时，就会感到反感。以日本人为例，首先日本人食物的颜色比较广泛，从米饭和面条的白色到黑胡椒和海苔的黑色，真可谓多种多样、五颜六色。因此，可以唤起日本人食欲的颜色也是多种多样的。

有些颜色的确可以唤起食欲，其前提条件是这种颜色可以让人联想到某种可口的食物，红色和橙色比较容易让人联想到美味的食物，因而是最具开胃效果的颜色，而紫色和黄绿色等则是最能抑制食欲的颜色。要想唤起食欲，食物的颜色固然重要，但餐厅的颜色与照明同样不可忽视。

当然，盛食物的器皿的颜色同样重要。黑色餐具在日本料理中确实得到了比较广泛的应用。这是因为日本人非常聪明地把人的食欲与色彩联系在了一起。黑色可以和食物的颜色产生强烈的对比，从而更加突出食物的颜色，而且日本料理的微妙味道可以在黑色的衬托下得到淋漓尽致的发挥。

现实生活中，有些人特别喜欢黑色。从心理学角度来说，喜欢黑色从性格上大体可以分为两类，即善于运用黑色的人和利用黑色进行逃避的人。前者能够在黑色中感觉到自己的理性和智慧，他们多生活在大都市，精明而干练。后者大多很在乎别人对自己的看法。他们害怕别人对自己议论纷纷，因而买衣服时常挑黑色，这样才不会太显眼。其实，这是一种逃避心理。比如，有的女性喜欢穿黑色，大部分时间都穿黑色的长裙和长靴，把自己包裹得严严实实的。她们希望借此营造出一种高贵、神秘的感觉。

在时装界，有不少人钟爱黑色，有更甚者只穿黑色的衣服。黑色还代表着强硬和冷酷。不过，只要搭配得当，黑色衣服也可以穿出摩登的感觉。正因为黑色没有色彩，才可以搭配出各种各样的效果。

心理学家认为黑色虽然能阻挡压力感和紧张感，更好地保护自己，但与此同时也会使自己的运气变得糟糕。因此，喜欢黑色的女性往往不受爱神的眷顾。即使碰到了自己喜欢的异性，恋爱也大多不顺利，即使有所进展，到最后也难成眷属。因此，喜欢黑色的女性谈恋爱时要多穿一些亮色的衣服。

为什么办公室颜色会影响工作效率

不同的颜色，会在心理上产生不同的效果。企业管理者发现，员工在工作中与四周的硬件环境不断产生互动，而这种互动关系影响员工的情绪与健康，例如工作场所的天花板或墙壁颜色配色太杂或太单调，都会增加员工的心理负担，影响其工作效率。

工作环境对人的心理和工作效应有着很大的影响，有关人员做了这样一个很有趣的实验。将一个办公室涂成青灰色，另一个办公室涂成红橙色，两个办公室的其他客观条件及工作强度都一样。结果显示，在青灰色办公室工作的员工工作效率更高，情绪状态平和；而在红橙色办公室工作的员工不仅工作效率低，而且容易疲劳。由此可见，工作环境的色彩与工作效率有着密不可分的关系。

很多大企业为了让员工能够集中注意力、有效率地工作，经常会选择灰蓝色、米白色、深蓝色和极少量暗红色、灰橙红颜色的组合来装潢布置办公室。而人事部门的办公室则可以选择带些灰度的绿色作为墙面的颜色，天花板可以选用浅乳黄色，地面可以用灰褐黄色，给员工一种温暖的感觉。

在工作场所正确运用颜色，可减少视觉疲劳及心理压力，提高员工士气，提高工作效率。心理学家认为，倘若办公室装修颜色选择不当，会影响工作效率。

如何设计一个舒适的工作环境呢？相关专家为我们提出了如下建议：

第一，业务性质的办公室。一般保险、金融等业务性质的办公室内，建议用乳白色的墙面和天花板、深蓝色地毯、蓝灰色的办公桌，墙上可以有一些带灰蓝色或者少量红色的图表，体现严谨、缜密、有效率的工作氛围。

第二，高级管理层办公室。高级管理层的办公室颜色，可以配以灰蓝色墙面、乳白色天花板、灰褐色地面等稳重、严谨的基础色，再适当地加一小部分表达友善的淡褐黄色或灰珊瑚红色，既可以让员工对上司产生尊敬感，又不失亲切。

第三，多机器设备的厂房。由于声音嘈杂，工人们在枯燥的独立色环境中工作，各机器设备多是冷色，加之噪声的干扰，给人压抑之感，致使伤亡事故屡有发生。现在很多企业清楚地划分工作区域，将各种设备都漆上绿色、橙色、黄色、红色等不同的颜色，这样一来，大大减少了工伤事故发生率，工人们的生命安全得到了保证，工作效率也大大提高了。

一般来说，工厂的厂房可以这样配色：天花板宜用浅色，墙壁用蓝或绿色系列，机械本身用浅灰色、绿色或土黄色，可在心理上降低噪声对员工的困扰。

为什么体育场的跑道是红绿色相间

我们在观察体育比赛时，尤其是田径类的赛事，发现体育场的跑道多是用绿色环绕红色。

心理学家认为色彩对人类情绪的兴奋和抑制都有一定的影响，不同色彩能激发人的不同反应，影响机体的心理、生理活动。在体育活动中，不论是竞技比赛还是运动训练，也不论是体育教学还是运动健身，色彩都以其鲜明的特点和巨大的威力影响着运动者的身心健康和运动潜能的发挥。

通常认为，绿色能带给人安全感，象征着自由和平、新鲜舒适，给人清新、有活力、快乐的感受。这与一般体育比赛所提倡的“绿色、运动、健康、和谐”等口号相吻合。因此，绿色的跑道对体育比赛来说是最适合的。

而红色象征热情、性感、权威、自信，是个能量充沛的色彩，当我们想要在大型场合中展现自信与权威的时候，可以让红色助一臂之力。于是，红色就成为跑道所选择的第二个颜色。另外，红色也暗示了提醒、警戒之意，这对运动员遵守比赛纪律也起到了一定的警示作用。

合理应用色彩对改善运动员比赛时的情绪是非常重要而有效的。在激烈的比赛中，影响竞赛情绪的消极因素很多，而混杂的、令人眼花缭乱的色彩环境就是其中之一。

不论是室内训练还是室外训练，如果长期置身于枯燥、单调的环境中，就会使人产生消极情绪，如枯黄的球场、黑灰色的跑道、杂乱灰暗的场馆，使人感到压抑和沉闷。

如果在明媚阳光的绿茵草地上，会使人神清气爽，产生生机勃勃的感觉。绿色环绕的红色跑道，使人精神愉快、心旷神怡。所以良好的环境会产生良好的情绪，为提高训练效果提供了心理保证。

事实上，运动员的训练是长期、艰苦、枯燥的。他们在进行高强度负荷训练的同时，还要承受来自各方的心理压力。而利用色彩的心理效应就可以调节、优化运动员的情绪，减轻运动员的心理负担，消除疲劳，提高训练效果。

特别是在田径赛跑中，运动员带有强烈而鲜明的情绪体验，不同的距离、动作强度、持续时间及运动员当时的心理变化都会引起不同的感受，这种情绪体验势必会影响奔跑的速度和效果。在跑道中以红色、橙色等刺激性强的色彩作为刺激物，有利于运动员速度的提高。

由此可见，积极的色彩可以帮助运动员拥有最佳心理状态，而最佳的心理状态是竞赛获胜的前提。合理的色彩环境，可以为运动员创造一种振奋的气氛和环境，从而有效地调整其心理状态，使之进入最佳竞技状态，取得较好的比赛成绩。

为什么罪犯多喜欢红色

据犯罪心理学家说，红色能诱发犯罪。据统计表明，世界上正在服刑的犯人有相当多的一部分人特别钟情于红色。

也有人说红色有提高运动能力和增强竞争意识的效果。英国研究人员对此进行了研究，统计出了拳击、跆拳道和摔跤等竞技项目中穿红色运动衣与蓝色运动衣的运动员之间的胜负比率。

统计结果显示，穿红色运动衣的运动员获胜的概率明显高于穿蓝色运动衣的运动员。如果双方的实力相当，穿红色运动衣的运动员更容易获胜。红色不仅可以提高运动能力、增强竞争意识，还可以给对手造成压迫感，迫使其丧失斗志。

喜欢红色的人大多鲁莽、热情，而且极富正义感。他们还很健谈，说起话来经常手舞足蹈的。喜欢红色的人富有魅力，但也有任性的一面，有时还很无礼。红色有时候会给人血腥、暴力、忌妒、控制的印象，容易造成心理压力，因此与人谈判或协商时则不宜穿红色。

犯罪是由物欲、情绪和信仰等动机中的两种或两种以上的动机集合所导致的犯罪行为，犯罪心理学家认为，这些人的行为也和色彩有关。近年来，利用色彩心理学预防和抑制犯罪的做法受到了社会各界的广泛关注。

总的来说，暖色系中明度最高纯度也最高的色彩兴奋感觉强，冷色系中明度低而纯度低的色彩最有沉静感。强对比的色调具有兴奋感，弱对比的色调具有沉静感。与其他颜色相比，红色比较容易诱发犯罪。

第二章

九型人格：我们天生就是内向或外向的人吗

青蛙和蝎子——人格稳定性

在遇到分歧的时候，我们似乎总能听到这样的对白："你怎么总是这样！""我就是这样，怎么着吧！"……正所谓"江山易改，本性难移"，每个人都有自己长时间形成、很难改变的"本性"，即我们的"人格"。

人格是一个心理学术语，类似于我们平常说的个性，是指一个人与社会环境相互作用表现出的一种独特的行为模式、思维模式和情绪反应的特征，也是一个人区别于他人的特征之一。因此人格就表现在思维能力、认识能力、行为能力、情绪反应、人际关系、态度、信仰和道德价值观念等方面。人格的形成与生物遗传因素有关，但人格是在一定的社会文化背景下产生的，所以也是社会文化的产物。

从心理学角度讲，人格包括两部分，即性格与气质。性格是人稳定个性的心理特征，表现在人对现实的态度和相应的行为方式上。从好的方面讲，人对现实的态度包括热爱生活、对荣誉的追求、对友谊和爱情的忠诚、对他人的礼让关怀和帮助以及对邪恶的仇恨等；人对现实的行为方式比如举止端庄、态度温和、情感豪放和谈吐幽默等。人们对现实的态度和行为模式的结合就构成了一个人区别于他人的独特的性格。性格从本质上表现了人的特征，而气质就好像是给人格打上了一个标记。气质是指人的心理活动和行为模式方面的特点，赋予性格光泽。同样是热爱劳动的人，可是气质不同的人其表现就不同：有的人表现为动作迅速，但粗糙一些，这可能是胆汁质的人；有的人很细致，但动作缓慢，可能是黏液质的人。气质和性格就这样构成了人格。

人格很复杂，它是由身心的多方面特征综合组成的。人格就像一个多面的立方体，每一方面均为人格的一部分，但又不各自独立。此外，人格还具有持久性。通常情况下，人格特质的构成是一个相互联系的、稳定的有机系统。张三无论何时何地都表现出他是张三，李四无论何时何地也都表现出他是李四。一个人不可能今天是张三，明天又变成李四。

从前，有一个地方住着一只蝎子和一只青蛙。一天，蝎子想过一条大河，但不会游泳，于是它就央求青蛙道："亲爱的青蛙先生，你能载我过河吗？"

"当然可以，"青蛙回答道，"但是，我怕你会在途中蜇我，所以，我拒绝载你过河。"

"不会的，"蝎子说，"我为什么要蜇你呢？蜇你对我没有任何好处，你死了我也会被淹死。"

虽然青蛙知道蝎子有蜇人的习惯，但又觉得它的话有道理，它想，也许这一次它不会蜇我。于是，青蛙答应载蝎子过河。青蛙将蝎子驮到背上，开始横渡大河。就在青蛙游到大河中央的时候，蝎子实在忍不住了，突然弯起尾巴蜇了青蛙一下。青蛙开始往下沉，它大声质问蝎子："你为什么要蜇我呢？蜇我对你没有任何好处，我死了你也会沉到河底。"

"我知道，"蝎子一面下沉一面说，"但我是蝎子，蜇人是我的天性，所以我必须蜇你。"说完，蝎子沉到了河底。

正如上面故事所表现出来的，人格具有稳定性。在行为中偶然发生的、一时性的心理特征，不能称为人格。例如，一位性格内向的大学生，在各种不同的场合都会表现出沉默寡言的特点，这种特点从入学到毕业不会有很大的变化。

人格的稳定性并不排除它会发展和变化，人格的稳定性并不意味着人格是一成不变的。人格变化有两种情况：第一，人格特征随着年龄的增长，其表现方式也有所不同。同是焦虑特质，在少年时代表现为对即将参加的考试或即将考人的学校心神不定，忧心忡忡；在成年时表现为对即将从事的新工作忧虑烦恼，缺乏信心；在老年时则表现为对死亡的极度恐惧。也就是说，人格特性以不同的行为方式表现出来的内在秉性的持续性是有其年龄特点的。第二，对个人有重大影响的环境因素和机体因素，例如移民异地、严重疾病等，都有可能造成人格的某些特征，如自我观念、价值观、信仰等的改变。

不过，需要注意，人格改变与行为改变是有区别的。行为改变往往是表面的变化，是由不同情境引起的，不一定都是人格改变的表现。人格的改变则是比行为更深层的内在特质的改变。所以，你如果想改造一个人，应该明白这种改变是有限的。

截然不同的双胞胎兄弟——气质

有一对双胞胎兄弟，哥哥非常乐观，弟弟却出奇的悲观。

某一天，他们的父亲对他们进行“性格改造”。于是，他把那个乐观的哥哥锁进了一间堆满马粪的房间里，把悲观的弟弟锁进了一间放满精美玩具的房间里。

过了一个小时以后，那位父亲走进悲观孩子的房间里，发现他坐在一个角落里，一把鼻涕一把眼泪地伤心哭泣着。父亲看到悲观的孩子泣不成声，觉得很奇怪，便问：“你哭什么啊？为什么不去玩那些玩具呢？”“我是很想玩的，可是我要是玩的话它们就会被我玩坏了。”孩子难过地说。

当父亲走进乐观孩子的房间时，发现孩子正在兴奋地用一把小铲子挖着马粪，把散乱的马粪铲得干干净净。看到父亲来了，乐观的孩子高兴地叫道："看，这里有这么多马粪，附近肯定会有一匹漂亮的小马，我要为它清理出一块干净的地方来！这样我们兴许会成为很好的朋友，你说这是不是棒极了？"

一对双胞胎兄弟为什么会有这么大的差别呢？其实，那只是因为他们的气质不同。

我们通常所说的气质，就是指在情绪反应、活动水平、注意和情绪控制方面所表现出来的稳定的质与量方面的个体差异。这也就是我们平常所说的脾气、秉性。人的气质是先天形成的，当我们出生以后，最先表现出来的差异就是气质差异。气质是人的天性，它只给人们的言行涂上某种色彩，但不能决定人的社会价值，也不直接具有社会道德评价含义。气质不能决定一个人的成就，相同气质的人在不同的实践领域中，经过自己的努力既可能取得成就，也可能成为平庸无为的人。

被西方尊为"医学之父"的古希腊著名医生希波克拉底（公元前 460 年～公元前 377 年）很早就观察到人有不同的气质，他提出"体液学说"，即认为人体内有 4 种体液：血液、黏液、黄胆汁和黑胆汁。希波克拉底根据人体内的这 4 种体液的不同配合比例，将人的气质划分为 4 种不同的类型：

多血质：体液中血液占优势。

黏液质：体液中黏液占优势。

胆汁质：体液中黄胆汁占优势。

抑郁质：体液中黑胆汁占优势。

为了让大家更为深刻地区分这 4 种气质，我们将以一个小故事形象地描述在同一情境中 4 种不同气质类型的人的不同表现。

4 个不同气质类型的人去剧院看戏，但同时迟到了。检票员拦在门口，告诉他们不能进入，只有等到这一幕结束，幕间休息时才能进入。

多血质的人面对这样的情形，立刻明白，检票员是不会让他进去的，但他猜楼上应该有小门，就跑到楼上看看能不能从小门进去。

黏液质的人看到检票员不让他进入戏院，就想："第一场大概不精彩吧！我还是暂时到小卖部喝茶，等幕间休息再来吧！"

胆汁质的人与检票员吵了起来，企图进入剧院，他分辩说戏院的表走快了，他进去不会影响别人，并且企图推开检票员闯进剧院。

抑郁质的人则会想："我老是不走运，偶尔来一次戏院，就这么倒霉。"接着就回家去了。

通过上述的故事，我们很容易便能归纳出上述4种气质各具有哪些典型特征：

1. 多血质

灵活性高，易于适应环境变化，善于交际，在工作、学习中精力充沛而且效率高；对什么都感兴趣，但情感兴趣易于变化；有些投机取巧，易骄傲，受不了一成不变的生活。

2. 黏液质

反应比较缓慢，坚持而稳健地辛勤工作；动作缓慢而沉着，能克制冲动，严格恪守既定的工作制度和生活秩序；情绪不易激动，也不易流露感情；自制力强，不爱显露自己的才能；固定性有余而灵活性不足。

3. 胆汁质

情绪易激动，反应迅速，行动敏捷，暴躁而有力；性急，有一种强烈而迅速燃烧的热情，不能自制；在克服困难上有坚韧不拔的劲头，但不善于考虑能否做到，工作有明显的周期性，能以极大的热情投身于事业，也准备克服且正在克服通向目标的重重困难和障碍，但当精力消耗殆尽时，便失去信心，情绪顿时转为沮丧而一事无成。

4. 抑郁质

高度的情绪易感性，主观上把很弱的刺激当作强作用来感受，常为微不足道的原因动感情，且有力持久；行动表现上迟缓，有些孤僻；遇到困难时优柔寡断，面临危险时极度恐惧。

气质本身并没有好坏之分，因为任何一种气质类型都有其积极的一面和消极的一面。例如，多血质的人灵活、亲切，但是轻浮、情绪多变；黏液质的人沉着、冷静、坚毅，但是缺乏活力、冷淡；胆汁质的人积极、生气勃勃，但是暴躁、任性、感情用事；抑郁质的人情感深刻稳定，但是孤僻、羞怯。因而，我们要注意发扬气质中积极的方面，克服其消极的方面。

同处一室的不同性格者——性格

性格是指表现在人对现实的态度和相应的行为方式中的比较稳定的、具有核心意义的个性心理特征，是一种与社会最密切相关的人格特征，在性格中包含有许多社会道德含义。性格表现了人们对现实和周围世界的态度，并表现在他们的行为举止中。性格主要体现在对自己、对别人、对事物的态度和所采取的言行上。性格是在后天社会环境中逐渐形成的，是人的核心的人格差异。

安娜和克丽丝是两个性情爱好完全不同的姑娘，但由于现实的一些原因，她们不得不同处一室，生活中的诸多摩擦令她们常常争论不休。

一天早晨，跑完步的安娜从外面回来，一进门便嚷着屋里太闷太热了，随手将门窗全部打开。克丽丝刚从被窝里爬起来，风从窗户吹进屋子里，她觉得浑身都冷，便责怪安娜不该只顾自己舒服就打开门窗。两个人互不相让，一个要开，一个要关，一个说闷，一个说冷，为一点小事闹了好半天，都认为只有自己才是对的。

还有一次，安娜从地摊上买了几件廉价的生活用品，回来后便告诉克丽丝地摊上的东西如何便宜实用，克丽丝不以为然，甚至责怪安娜没眼光，她认为地摊上的东西不好，而且质量很差，甚至是残次品，根本比不上专卖店、大商场里卖的。安娜则认为地摊上的东西便宜，能用就用，不能用就可以丢掉，而且即便丢掉也不会心疼。为此，两个人又争论得面红耳赤。

其实，上述故事中的两个姑娘之所以常常为了一些小事争论，是因为性格不同。大千世界的人形形色色，没有任何两个人的性格会完全相同。比如在日常生活中我们常看到，有的人谦虚好学，有的人狂妄自大；有的人公而忘私，有的人自私自利；有的人喜怒形于外，有的人则遇事不动声色；有的人和蔼可亲，有的人蛮横无理。那么，性格不同是不是一定意味着矛盾和争执呢？

其实并非如此。既然理解了人和人本来就不同，就应该放开心胸，不必强求别人和自己一样。在一些非原则性的小事上强求别人，其实是在自寻烦恼。如果都像安娜和克丽丝那样，只从自身的角度出发看问题，固执己见，强人所难，我们的生活将不得安宁。所以，如果我们生活中遇到了性格跟自己不同甚至迥异的人时，一定要秉持求同存异的心理，不必刻意要求别人完全按照自己的性格标准，而要注重和睦相处，这样我们也就能快乐处世了。

马斯洛需求层次理论——需求

美国心理学家亚伯拉罕·马斯洛提出的著名的需求层次理论，在一定程度上反映了人类行为和心理活动的共同规律。他认为人类价值体系存在两类不同的需要：一类是沿生物谱系上升方向逐渐变弱的本能或冲动，称为低级需要和生理需要；一类是随生物进化而逐渐显现的潜能或需要，称为高级需要。此外，马斯洛从人的需要出发，探索人的激励和研究人的行为，抓住了问题的关键，指出人的需要是由低级向高级不断发展的，这一趋势基本上符合需要发展规律。

在马斯洛看来，人都潜藏着 5 种不同层次的需要，但在不同的时期表现出来的各种需要的迫切程度是不同的。人最迫切的需要才是激励人行动的主要原因和动力。人的需要是从外部得来的满足逐渐向内在得到的满足转化。

低层次的需要基本得到满足以后，它的激励作用就会降低，其优势地位将不再保持下去，高层次的需要会取代它成为推动行为的主要原因。有的需要一经满足，便不能成为激发人们行为的起因，于是被其他需要取而代之。

高层次的需要比低层次的需要具有更大的价值。热情是由高层次的需要激发的。人的最高需要即自我实现就是以最有效和最完整的方式表现他自己的潜力，因此才能使人得到高峰体验。

人的5种基本需要在一般人身上往往是无意识的。对于个体来说，无意识的动机比有意识的动机更重要。对于有丰富经验的人，通过适当的技巧可以把无意识的需要转变为有意识的需要。

马斯洛还认为，在人自我实现的创造性过程中，产生出一种所谓的“高峰体验”的情感，这个时候是人处于最激荡人心的时刻，是人存在的最高、最完美和最和谐的状态，这时的人具有一种欣喜若狂、如醉如痴的感觉。

实验证明，当人待在漂亮的房间里面就显得比在简陋的房间里更富有生气、更活泼和更健康；一个善良、真诚和美好的人比其他人更能体会到存在于外界中的真善美。当人们在外界发现了最高价值时，就可能同时在自己的内心中产生或加强这种价值。总之，较好的人和处于较好环境的人更容易产生高峰体验。

各层次需要的基本含义如下：

生理上的需要。这是人类维持自身生存的最基本要求，包括衣、食、住、行方面的要求。如果这些需要得不到满足，人类的生存就成了问题。从这个意义上说，生理需要是推动人们行动的最强大动力。马斯洛认为，只有这些最基本的需要满足到维持生存所必需的程度后，其他的需要才能成为新的激励因素，而到了此时，这些已相对满足的需要也就不再成为激励因素了。

安全上的需要。这是人类要求保障自身安全、摆脱事业和丧失财产威胁、避免职业病的侵袭、接触严酷的监督等方面的需要。马斯洛认为，整个有机体是一个追求安全的机制，人的感受器官、效应器官、智能和其他能量主要是寻求安全的工具，甚至可以把科学和人生观都看成是满足安全需要的一部分。当然，当这种需要一旦相对满足后，也就不再成为激励因素了。

感情上的需要。这一层次的需要包括两个方面的内容：一是友爱的需要；二是归属的需要。感情上的需要比生理上的需要来得细致，它和一个人的生理特性、经历、教育、宗教信仰都有关系。

尊重的需要。人人都希望自己有稳定的社会地位，要求个人的能力和成就得到社会的承认。马斯洛认为，尊重需要得到满足能使人对自己充满信心，对社会满怀热情，体验到自己活着的价值。

自我实现的需要。也就是说，人必须干称职的工作，这样才会使他们感到最大的快乐。马斯洛提出，为满足自我实现需要所采取的途径是因人而异的。自我实现的需要是在努力实现自己的潜力，使自己越来越成为自己所期望的人物。

马斯洛认为，这5种需要是从低到高的递升，不过次序却不是固定的。一般来说，某一层次的需要相对满足了，就会向高一层次发展，追求更高一层次的需要就成为驱使行为的动力。

另外，它又分为高低两级，其中生理上的需要、安全上的需要和感情上的需要都属于低一级的需要，这些需要通过外部条件就可以满足；而尊重的需要和自我实现的需要是高级需要，他们是通过内部因素才能满足的，而且一个人对尊重和自我实现的需要是无止境的。同一时期，一个人可能有几种需要，但每一时期总有一种需要占支配地位，对行为起决定作用。任何一种需要都不会因为更高层次需要的发展而消失。各层次的需要相互依赖和重叠，高层次的需要发展后，低层次的需要仍然存在，只是对行为影响的程度大大减小。

奥尔波特的人格特质论——特质

美国人格心理学家，实验社会心理学之父高尔顿·威拉德·奥尔波特认为特质是人格的基础，是心理组织的基本建构单位，是每个人以其生理为基础而形成的一些稳定的性格特征。

奥尔波特是在他哥哥、著名社会心理学家高尔顿·弗劳德·奥尔波特的影响下考入哈佛大学学习心理学的。他曾在一个有著名心理学家在场的研讨会上介绍自己的人格特质论，但他发言后，全场一片沉默。他没有气馁，于1937年出版了《人格：一种心理学的解释》一书。两年后，他当选为美国心理学会主席。

奥尔波特是人格心理学的先驱。他重视人格的个体性，他将人格特质区分为共同特质和个人特质。共同特质是属于同一文化形态下人们所具有的一般人格特质。它是在共同的生活方式下形成，并普遍地存在于每一个人身上的。从共同特质看，个体间的差异，只不过是指个人所具备这种特质的多寡或强弱不同而已。奥尔波特提出了人格的14种共同特质，如：支配—顺从，外向—内向，自信—自卑，合群—孤独，理论兴趣高—理论兴趣低等。

个人特质是个人所特有的，代表着个人独特的行为倾向。奥尔波特特别重视个人特质。他指出："严格地说，只有个人特质是真实的特质。因为第一，特质是个人的而不是地区社会的；第二，特质是以个人经验独特方式发展起来的动力倾向，所以共同特质不是真正的特质。"在世界上没有两个人的个人特质是完全相同的，即使两个人在共同特质上是相似的，但他们行为上所表现的仍各具独特性。例如有两个人的攻击性特质（共同特质）可能相似，但两个人对人或对物作攻击表现时，仍有差异。所以个人特质不能在个人间彼此比较。

除此之外，奥尔波特将个人特质视为一种组织结构，每一种特质在这个人的人格结构中处于不同的地位，与其他的特质处于不同的关系之中。

他因而区分了3种不同的个人特质：

首要特质是指最能代表一个人的特点的人格特质，它在个人特质结构中处于主导性的地位，影响着这个人行为的各个方面。

中心特质是指能代表一个人性格的核心成分。

次要特质是指一个人的某种具体的偏好或反应倾向，如偏好某种颜色的衣服，闲暇时喜欢收拾房间，等等。显然，某种特质是一个人的首要特质，但在另一个人身上却是中心特质，在第三个人身上可能只是次要特质。人们通常用中心特质来说明一个人的性格。

奥尔波特认为每个人的特质都是以一种层次结构集中在一起的：顶层是一个人的首要特征或关键特质；其下是一些中心特质，也就是一个人在日常生活中的凝聚焦点；最后在这一切之下的，是一大堆次要特质，每种次要特质都是由少数特殊的刺激引起的。

扼住命运的咽喉——自励

自励，是一种自觉，一种在困难面前不卑不亢和不屈不挠支持下的自觉，自励不求人恩赐，不靠人同情，不怨天尤人。

贝多芬，一个生活在无声世界里的“乐圣”，用他的坚强意志与旷世才华，演奏出了人类音乐史上荡气回肠的华美乐章。他将生命中所有的苦难化作一个个起舞的音符，谱写成一曲最动人心弦的英雄悲歌。

贝多芬出生于德国波恩的平民家庭，家族是科隆选侯宫廷歌手世家，自幼跟从父亲学习音乐，很早就显露了音乐上的才华。8岁便开始登台演出。在他19岁那年，法国大革命爆发，他满怀激情地写了《谁是自由人》的合唱曲来表达自己对自由与民主的渴望。此后，他很快以自己的即兴钢琴迷住了维也纳人，其音乐旋律时而如溪水潺潺，时而如惊涛骇浪，时而如暴风骤雨。有人曾评论贝多芬的即兴曲“充满了生命和美妙”。贝多芬在26岁的时候，已经引起乐坛的重视。那时候的他风华正茂、踌躇满志，他那动人的音乐清晰明亮，宛若初春大地的一抹新绿，虽然稚嫩，却生机无限地在乐坛上铺展开来。

然而，病魔却开始向贝多芬一天天逼近——在他的耳边总伴有一种“嗡嗡”的声音。这种无休止的嗡嗡声日夜缠绕着贝多芬，像一个魔鬼在光明的道路上洒满阴森的迷雾。贝多芬预感到一个寂寞无声的世界正在向他逼近，那将剥夺他生命中最宝贵的、不可缺少的财富——声音。

作为一个音乐家，贝多芬十分清楚失去听觉意味着什么。他无法听清楚朋友们轻松的谈笑，美妙的乐音也变得模糊不清。贝多芬悄悄地去看医生，尝试着用杏红油和香草油敷在耳中。他战栗着，把全部希望都寄托在医生身上，然而这一切都是徒劳的，医生已经对治愈他的耳疾表示无能为力。恐惧、痛苦、忧伤和愤怒充满了贝多芬那年轻的心灵。在苦难中，贝多芬用尽他的整个心灵，对上苍、对万古不语的星空，悲愤地呐喊："哦，上帝，上帝呀，往下看看不幸的贝多芬吧……"

最初，贝多芬甚至想割断他与音乐的一切联系，他要在美丽的乡村里做一个农夫。可是，贝多芬怎么逃得了呢？他内在的音乐力量是那样的激越澎湃，像风暴中的大海，他怎能逃离它？在他5岁时，在他受到父亲严厉的教训而站在风琴前饮泣时，他的泪水、他幼嫩的手指、他那敏感的思想就已经同音乐永远地融在一起了。

终于，贝多芬决定向苦难发出挑战："我不能再忍受了，我要同命运搏斗，我要扼住命运的咽喉！"贝多芬把退隐、逃避抛在了脑后。外来的灾难激发了贝多芬内在的力量——一种崭新而坚定的手法，深切而纯洁的景象，赶跑了失败的软弱。

在海利根斯塔特，贝多芬重新出没在寂静森林的浓阴处，乡村牧场的碧草间。在那里，贝多芬漫步、构思和创作，用音乐虔诚地歌颂着大自然的辉煌壮丽、万千气象。也就是在那里，他完成了著名的《第二交响乐》。

1803年，贝多芬完成了他著名的《英雄交响乐》。这部交响曲的理想英雄主义是自傲的音乐和个人的经历，宛如一部自传。在贝多芬的音乐中，塑造的"英雄"是不怕痛苦，不怕死亡，敢于直面艰难险阻，去成就惊心动魄伟业的硬汉。这硬汉，也就是贝多芬自己。他将自己不屈的精神升华，证明自己胜利地通过了命运的考试。

从此之后，贝多芬所创作的一切重要乐曲，无一不是英雄同命运的抗争，无一不是他同世界进行搏击的惊天动地的音响记录。贝多芬奏出了那个时代的最强音，他留给人们的不仅是听不完的贝多芬音乐，更重要的是他留给了世人不朽的灵魂。

从心理学上讲，贝多芬之所以在极度艰苦的状况下，一再创作出辉煌无比的音乐篇章，这与他的自励人格有极大关系。自励人格的突出特点是能很快将生活中的压力转化为自我励志的动力，并在不断的奋斗中获得精神上的满足。自励人格的人还很善于升华个人的精神痛苦，他们会把每一次生活挫折都当成个人成长的契机，从而磨炼个人的意志。

贝多芬人格之高贵在于他每每生活失意时，都会在音乐创作中寻求内心的平衡，以及他的傲视达官显贵，不因自己出身卑贱就去刻意巴结他们。他在音乐创作当中也突出体现了他的傲骨。

贝多芬一生的遭遇告诉我们，人并不是生来被打败的。真正的强者不会畏惧在人生道路上袭来的暴风骤雨。我们的一生中一定会遇到各种困境，但是困难更能磨炼我们的意志，锻炼我们的品格，只要我们不断自励，不断进取，终有一天理想会丰满我们的羽翼，让我们飞得更高！

伯乐王旦——贝尔效应

英国学者贝尔天赋极高，曾经不止一个人预计说，如果他毕业后进行晶体和生物化学的研究，一定会赢得多次诺贝尔奖。但他心甘情愿地走了另一条道路，把一个个开拓性的课题提出来，指引别人登上科学高峰。于是有人把他这种甘为人梯的行动称为贝尔效应。

宋朝的时候太尉王旦打算推荐寇准为宰相，因此，他多次向皇帝夸赞寇准的优点，希望皇帝能够重用他。然而寇准完全和王旦相反，他在皇帝面前不仅不替王旦说好话，反而多次指责王旦的缺点。

有一天，王旦又向皇帝推荐寇准的时候，皇帝很奇怪地对王旦说:“你虽然经常夸赞寇准的优点，可难道你不知道他经常说你的坏话吗？你为什么要这样做？”

王旦说:“其实，我觉得事情应该这样理解。我的宰相位子坐了这么久了，所以，在处理政事的时候，肯定会有很多失误。而寇准能不顾我的官位比他大，对陛下不隐瞒我的缺点，这就越发显示出他的忠诚，而我自己，也就是因为这点，才这么看重他的。”

有一次，王旦主持的中书省送寇准主持的枢密院一份档，违反了规定，结果，寇准马上将此事向皇帝汇报，使王旦因此受到皇帝的责备，而且连具体承办这项工作的人也一并受到处分。

可事情过去还不到一个月的时间，枢密院有档送中书省也违背了规矩，办事人员很高兴地把这份文件送交王旦。不过，让人意外的是，王旦不但没有告发寇准，还把档退还给枢密院，请他们主动改正。

对于这件事，寇准十分惭愧，他再次见到王旦的时候，恭维王旦度量大，王旦默不作声。后来，寇准升任武胜军节度使同中书门下平章事，寇准感谢皇帝时说道:“不是陛下了解我的话，我又如何能得到如此重用呢！”然而，皇帝对他说:“这跟我没多大关系，主要是王旦推荐你的啊！”寇准更加敬服王旦。

王旦当大臣 18 年，其中当宰相 12 年，经他推荐的大臣十几个，其中未当上宰相的仅李及、凌策二人。

从他身上所反映的这种甘当伯乐的心理，就是心理学上所说的贝尔效应。

德国哲学家尼采在《查拉斯图拉如是说》中提出的著名的人梯学说认为：

人类艰辛劳作的终极目的，是使最接近人类超越理想的完美个体诞生，因此，那些自愿被超越并且支撑超越者的个体是阶梯，而人类正是一个阶梯一个阶梯地向上进化的。

作为阶梯的个体的价值，也是应当被肯定的。虽然他们距离终极理想远一些，但是他们作为人类个体，特别是作为阶梯使人类超越了自己，其意义更应肯定；从终极的角度讲，任何人类个体都注定要被超越，注定要成为超越者上升的阶梯，因此，如果不正面肯定人梯的价值，任何个体都只有被否定的意义。

总而言之，这一心理学效应要求我们每一个人都要有伯乐精神、人梯精神，尤其是领导者在人才培养方面，一定要以国家和民族的大业为重，以单位和集体为先，慧眼识才，放手用才，敢于提拔任用能力比自己强的人，积极为有才干的下属创造脱颖而出的机会。

他到底是谁——多重人格

多重人格是由心理因素引起的人格障碍。一般说来，在任何特定的时间阶段，意识层都会只有一种身份，称为主体人格。此时所有的情感、思想和言行都按照主体人格的方式活动，不显露另一身份的痕迹。不定期地，通常是在受到精神刺激之后，可突然转变为另一完全不同的身份，一切情感、思想和言行按照后继人格的方式行事。这时，个体对过去的身份完全遗忘，仿佛从心理上另换了一个人。从一种人格到另一种人格的转化通常是突然发生的，当后继的人格开始“执政”时，原先的主体人格是意识不到的，并忘却业已发生过的事情。

有关研究表明，多重人格的每一种人格都有不同的生理和心理反应。它们往往表现出不同的性别、年龄、种族和家庭特征，有不同的智商和视力，更甚者，有的对同一种药物竟也有不同的反应。而尤具戏剧性的是，有些人格还可相互交换意见，并合作进行各项活动。据英国《泰晤士报》报道，帕梅拉·爱德华兹是英国人，他患有一种罕见的多重人格分裂病，除了“真我”帕梅拉外，他的身上还有着4个虚构的角色，分别是“安德鲁”“桑德拉”“苏珊”“玛格丽特”，4 个角色会轮流控制帕梅拉的行为，让他做出一些无法理解的古怪举动。

有时候，他是“安德鲁”，这是一个淘气的小男孩角色，当“安德鲁”的人格出现时，帕梅拉总是神经质地梳理头发，或者顽皮地恶作剧，弄坏家里的东西。有时候他忽然温柔而克己，这是“桑德拉”的角色正在控制他——是一位母亲。当“苏珊”的人格出现时，帕梅拉的表情会显得更加直率和自信——“苏珊”是一位成功的白领女性。而年龄最大的“玛格丽特”则很少出现。据悉，帕梅拉的多重人格之间还会发生冲突，甚至互相争吵。

由于帕梅拉童年时曾是家庭暴力的受害者，直到 5 岁才被社会工作人员送进福利院抚养。心理专家们认为，童年的虐待可能是帕梅拉发展出罕见的多重人格的主要原因。

心理学家普遍认为，多重人格的先导因素主要在于童年时期被父母、亲戚或密友进行身体虐待或性虐待，以及其他的情感创伤。他们可能被他们的亲人或所依赖的人鞭打或监禁，以至于他们无法反击或逃跑，于是他们通过解离分裂状态来做象征性的逃跑，借着创造坚强的内在角色，协助应付遭受创伤的情境，来保护脆弱的自我。他们会创造另外一个世界来取代真实的世界，做原始自我渴望做却不敢做的事。

一个人如果拥有多重人格的话，遇到压力或危急关头，该受哪一个人格支配呢？会不会出现好几个人格争夺对人的控制权，而出现严重混乱状态呢？就拿故事中的帕梅拉来说，怎么才能区分他到底是谁呢？其实，多重人格的各个亚人格都是各自独立、彼此分开的，一种人格出现，其他人格就自动退场，所以，任何时候，都有一个主要人格占优势，人的行为也就由占优势的人格“值班”、控制，不会出现“好几个人格争夺控制权的混乱状态”。究竟由哪种人格来支配，完全遵循“哪种人格最适应当时的环境和需要，就启动和出现哪种人格”的原则。这实际上就是“适者生存”法则的心理学翻版。如果我们用“变色龙”或者“变形虫”

来理解多重人格，也许会更形象、更直观。比如，用比较自信的人格，去应付具有竞争性的环境；用脆弱、神经衰弱的人格去赢得同情、获取依赖；用画家和艺术家的人格和身份，去应付上层社会，等等。这样，我们就会发现，多重人格在本质上，就是一种通过频繁地变换人格来适应环境的心理现象，是一种适应环境的心理努力。

从口头禅看人

语言学家认为，每个人都有口头禅，口头禅虽无实际的意义，却是在日常说话时逐渐形成的。口头禅的形成大多跟使用者的性格、生活习惯或精神状态有关。常说“差不多吧”“随便”的人大多安于现状，缺乏主见，目标不明确；常说“据说”“也许”“算了吧”的人大多自信心不足；常说“看我的”“没问题”的人通常充满自信，乐于承担责任。

安妮是一个广告策划公司的工作人员，平日里，无论大小事，是不是涉及她的利益，她都附上自己的经典口头禅“凭什么呀”？这天刚上班，办公室的同事们都在各自忙手头的事情，安妮在网上看看八卦新闻，突然冒出来一句“凭什么呀”？大家以为网上又出现了什么猛料，不约而同地围拢过去。不料，原来是安妮的电脑死机了，一阵“嘘”声之后，大家异口同声回了一句“凭什么呀”？

“凭什么呀”这句口头禅表明在安妮的潜意识里，事情不应该是这样的，却这样发生了。或出于心理失衡，或基于愤世嫉俗，总之安妮就是看不习惯那些与意愿相悖的事，并以重复出现的这句口头禅来鸣不平，缓解郁闷。

这种人性格正直，对公平和特权十分敏感，却有几分神经质、苛刻，但不一定专门针对某个人。

口头禅所暴露的，常常是心理和思维的惯性。因此，只要了解他的口头禅，便可以了解他的性格，而深入了解他的性格，对于增进人们之间的交往会有很大的帮助。

“听说。”常说“听说”这个口头禅的人，是想给自己的话留有余地。

“不过。”常用“不过”这个口头禅的人，性情通常比较温和含蓄。从事公关的人常说这样的口头禅。

“应该。”常说“应该”这个口头禅的人，也常说“不该”。这一类型的人，自信心极强，为人冷静，自认为能够将对方说服，令对方相信。

“可能是吧。”常说“可能是吧”这个口头禅的人，自我防卫本能很强，不会将内心的想法完全暴露出来，处事待人很冷静，所以工作和人际关系都不错。

“说真的。”常说“说真的”这个口头禅的人，有一种担心对方误解自己的心理，所以在说话时加上“说真的”这三个字，以表示自己的重视程度。常说这种口头禅的人，性格有些急燥。例如:“这事要拜托你了，说真的。”

“但是。”常说“但是”这个口头禅的人，通常有些任性，所以，总提出一个“但是”来为自己辩解。例如:“这事好是好，但是我不能做。”事实上，他原本就没打算做这件事。

总之，语言风格是个人文化素养的体现，挂在嘴边的口头禅会让人自然地把你与你的气质联系到一起。因此，我们要注意优化自己的口头禅，用一些积极热情的词语，以增加自己受人欢迎的程度。

为什么爱出风头的人更脆弱

生活中，我们可能会遇到这样一类人，他们总是喜欢在公共场合表现自己，向众人展示甚至是炫耀自己某方面的才能，以博得他人的注意。人们把这类人称为爱出风头之人。

心理学家认为爱出风头的人多是表演型性格。具有表演型性格的人感情往往比较丰富，心思细腻，善于与人交往，即使是初次见面，也能给人留下深刻的印象，他们的朋友很多，尤其是异性朋友。

通常具有表演型性格的人喜欢自我表现。他们行为做作，夸张，甚至喜欢编造谎言。当然，他们并不像通常的骗子那样为了得到不正当的利益而欺骗对方或说谎话，而是为了得到他人的关注罢了。如果他们得不到众人的关注，就会觉得很不舒服。

爱出风头的人正如舞台上的演员一样，他们一直在寻求赞许与关注，只有当他们获得他人的吹捧，听到观众的叫好声时，他们才能确信自己的存在。心理学家认为，这种行为产生的核心原因就是缺乏爱。

3 岁之前的孩子如果没能从母亲那里获得足够的关爱，则就很难建立稳定的人际关系，从而易形成边缘型性格。因此母子关系的融洽与否对幼儿的性格形成起着相当重要的作用。

心理学家荣格小时候常常依偎在母亲怀中听母亲讲一些东方的神话和宗教故事，这使他形成了敏感而富于幻想的性格，而这种性格在日后成就他在心理学领域的丰功伟绩起了至关重要的作用。

第三章
永不放手：为什么人会有过度执着和疯狂的时候

为何有那么多人迷失在网络里

网吧在我国几乎随处可见。无论是在城市还是在农村，找间网吧比找家书店容易得多。许多孩子沉迷于网络不能自拔，甚至出现了心理问题。

小阳是某初中的初三学生，在上网成瘾之后服毒自杀。学校一片哗然：该学生成绩一直都很好，曾经拿过市级的三好学生。这样的好学生为什么也会自杀呢？

小阳在留下的遗书里详细说明了自己成绩滑坡的原因，也解剖了自己陷入网络后欲罢不能的矛盾心理："上网成瘾后，意志衰退了，学业也丢了。我对不起父母，对不起学校，对不起自己曾经树下的理想。我恨自己，也想过重新振作，但就是无法从网络中解脱出来，我现在唯有一死，才能得到彻底解脱。"

有媒体爆料：我国 20% 的青少年患有网络中毒症。它已成为青少年身体、身心健康的一大杀手。不健康网络游戏的泛滥成灾，使挽救"毒瘾"发作的孩子们已成了家长、学校、社会重大而紧迫的课题。

我们在痛惜的同时，也在思考：孩子们为何会沉溺于此？

一方面，孩子天性好奇、好玩，对周围的事物都想尝试一下。

而目前我们的社会提供给他们的环境，日渐堪忧。加上现在的孩子多是独生子女，无人陪同玩耍。孩子无处可去，要么就是游戏厅，要么就是网吧。

另一方面，父母忙于工作，有的父母干脆让孩子留在学校不让回家，出钱请老师长期代管；有的则因生存状况差而忙于生计，孩子学习之余干了什么，根本顾不上。于是孩子整天沉浸在网络中，也没有人及时给他们开导，直至上网成瘾，难以自拔。

那么，我们应该怎样去教育和帮助孩子，让他们有节制地上网呢？下面专家的一些建议，可以给我们一些启示。

首先，对于刚开始“触网”的孩子，我们家长要做好以下防范措施：

一是要为孩子建立有效的“防火墙”，加密锁掉不良网站。

二是要与孩子共同制定“游戏规则”，控制上网时间、内容，保持与孩子的正常沟通。

三是父母也应以积极的心态学习互联网知识，只有自己“升级”，才能有效地监管和合理地引导孩子，使孩子在充分享受互联网带来的好处时，最大限度地降低它对孩子身心健康的不利影响。

其次，对于已经痴迷于网络的孩子，我们家长要注意教育和开导的方法方式。

面对众多已有网络中毒症的孩子，简单粗暴地强迫孩子远离互联网是行不通的，切不可采取极端的做法。孩子在 15 ~ 17 岁时属于道德伦理、法律意识、自控力等各个方面还很不完善的阶段，这个阶段孩子最大的特点就是叛逆。家长任何过激的言行都可能导致孩子离家出走，甚至被逼上绝路。孩子越是疯狂上网，家长越是要关爱孩子。一旦发现孩子出现异常，情况不可逆转，一定要求助于心理医生。

网络的可怕不在于网络本身，而在于我们对孩子的疏于管理，只要多和孩子沟通、给他们足够的关爱、及时开导他们，让他们适当地使用网络，那么网络也可以给孩子带来快乐、帮助他们成长。

迷恋名牌、崇尚权力有错吗

品牌消费，是一个高端消费，意味着需要付出大量的金钱。可并不是所有人都能负担得起高额的消费，特别是当购买品牌产品已成痴迷的时候，很多人就很有可能出现经济危机。

26岁的金小姐参加工作仅两年月薪就已经1.5万，足够一个人花销，甚至还能存起来一些。可是不久前，她因信用卡透支20多万而无力偿还，变成一个信用不良的人。由于她从一开始工作就养成了买名牌的习惯，尽管她一直告诫自己“我一定要忍住，一定要忍住”，可每当经过高档百货店的名品柜台时却怎么也无法控制自己的欲望。短短两年时间，她购买的包包和皮鞋足有好几十种，样样价格不菲。

“每天心里都想着名牌，眼里除了名牌什么也看不到。虽然其他的商品也很漂亮，朋友也对我说我看中的那个东西很一般，但是我就是觉得只有那个看上去最漂亮。当我真正拥有它的时候，那种心情真是无法用言语表达的。”

于是，信用卡分期付款的金额越来越多，每到还钱的时候，她就靠错开信用卡结算的日期归还欠款，勉强渡过难关。甚至，她已经多次向父母求助。刚开始父母还会给她钱，可是当这种情况一而再再而三地出现的时候，父母也无能为力了。

其实，不仅是20～30岁的年轻女性，甚至连那些初中生、高中生也开始狂热地追求各种名牌。像金小姐这样的人其实大有人在，虽然有些人刚开始只是为了发泄一下情绪而购买名牌，而一旦形成习惯，就算对他们造成了很大的经济负担，他们也不懂得节制。与其说他们喜欢使用名牌，还不如说他们是喜欢购买名牌的瞬间所获得的满足感。慢慢地，即使他们根本不需要名牌，也会不知不觉地去购买名牌。这就是“名牌中毒者”的典型特点。

在竞争日益激烈的现代社会，越来越多的人倾向于根据穿什么品牌的衣服、开什么品牌的车以及在哪里买房子等来辨别人的身份、地位。受到这种趋势的影响，人们开始越来越注重自己的外表。为了克服在激烈的竞争中落伍而产生的疏远感和自卑感，人们不是审视自己的内心，而是想通过华丽的外包装来掩盖内心的脆弱。

其实这大可不必。真正物质生活充裕、内心世界丰富多彩的人是不会那么喜欢购买名牌的。想要找回被名牌俘虏的自己，就请多尝试发掘自己的优点，热爱现在的自己，热爱生活，并对生活充满希望。

名牌不是必需品，要学会正确地对待名牌，名牌只是装饰品，不要让你自己成为名牌的装饰品。

超级追星族到底有多疯狂

2007 年 3 月 26 日无疑是中国追星族史上标志性的一天。当日，刘德华的女歌迷杨丽娟的父亲杨勤冀在香港跳海自杀。

杨丽娟说，她在 16 岁的一个晚上梦见了刘德华，从此狂热地痴恋上刘德华，随后无法上学无法交际更无法工作。她的所有关注点全放到了刘德华的身上，搜集关于刘德华的一切物品，参加其演唱会，人生也只剩下了一个梦想：与刘德华近距离见上一面。

杨勤冀自杀后，杨母说，杨丽娟痴迷刘德华后，他们从未阻止过女儿。这显然反映了一个事实：杨勤冀夫妇对这个女儿过于溺爱。这不难理解，杨勤冀是在近 40 岁的时候才有了一个女儿，老来得女，男人是很容易生出溺爱之情的。

从心理学的角度看，任何自发性的事件，都反映了一个人内心的需要，即回避成长责任的需要。几乎每一个超级追星族其背后都有特定的家庭因素，一个健康家庭长大的孩子也会追星，但他们追星的热度相对是比较正常的。假若一个孩子追星的热度超乎寻常，我们几乎都可以到他的家庭关系中去寻找答案。

如果父母既爱孩子，又给了孩子自我发展的空间，那么这个孩子就会有一个稳定的人格。换句话说，就是他知道自己是谁。反之，他们就容易迷失自我。于是，他们想从偶像身上找到自己缺失的东西，并做出疯狂的举动。

婚外恋中谁更奋不顾身

有人说，当男人陷入婚外恋时，大多是“家里红旗不倒，家外彩旗飘飘”；而女人就不一样了，她们大多会将所有感情投入到所爱的男人身上。所以有人说，女人一旦对自己的婚姻失望，开始寻找婚姻外的恋情时，会表现得比男人还要决绝。

一般来说，女性的婚外恋历程是“厌旧喜新”“弃旧图新”，而很少“喜新不厌旧”，她们在追求婚外幸福时往往比男子更勇敢、执著，不少人敢于蔑视主流文化，顶住种种社会压力，甚至放弃子女抚养和财产利益，而与丈夫毅然决裂，却迟迟不见情人迈出实质性的一步，以致自己人财两空、进退两难。即使这样，女性还是容易在移情别恋时为爱不顾一切。出现这种现象的原因有以下几点：

首先，女性大多把爱情当作人生的主旋律，她们也只有在对情人“动心”的前提下才会冒险去尝试婚外恋，并在热恋中轻信心上人的承诺，从而痴迷地、忘情地投入其中。现在的女人思想更为开放，也越来越重视自己的感觉，对不满意的婚姻，她们会反抗。

其次，妻子与婚外异性过从甚密，常会受到丈夫的当众羞辱、粗暴殴打或性虐待。即使一些女性有悔过意向，丈夫也往往因强烈的占有欲和嫉恨心而难以再对其建立起信任感，有的还对妻子的时间安排、人际交往、兴趣爱好等做了苛刻限制，使妻子的自尊心严重受损，妻子终因无法忍受丈夫的猜忌、疏离和报复行为而寻求婚外恋。

最后，女性往往很难将性和情分离。与男人更加偏重于性不同，女人希望获得性与情的完美结合，所以女人千方百计想去独占这个男人，企求这份爱能够永恒。

显而易见，对婚外恋更执着、专一，也更投入的女性，在这美丽的陷阱中往往跌落得更深，也受到更多的伤害。她们的美好向往常与严酷的现实相脱节，她们的付出总得不到预期回报，她们在短暂的甜蜜和幸福之后，常伴随着沮丧和酸涩，因此，反思和彻悟对于她们尤为必要。倘若她们对婚外恋的心理差异有所了解，并对自己“想要什么”和“能得到什么”是否吻合做出理性判断的话，或许在临近婚外恋地雷区时会更小心谨慎。只要双方在家庭中互敬互爱，经常进行沟通，保持家庭的稳定和谐，婚外恋自然会失去存在的土壤。毕竟，对爱情较为执着专一的女性会更加注重保卫婚姻的完整。

疯狂的赌徒——病理性赌博障碍

有一年年底，当克里斯汀和两个刚刚蹒跚学步的孩子乘坐的飞机在美国拉斯维加斯机场降落时，她并没有看到调到这里的自己丈夫的身影。最终他还是乘出租车来到机场迎接他们母子，但已身无分文，对家人的到来毫无准备，他甚至没有钱租房子，钱包里没有信用卡。

这一切令克里斯汀感到意外：“他每年收入超过100万美元，但我们却总是没钱花。”最后，克里斯汀终于知道整件事情的来龙去脉了。她的丈夫艾伦经常沉迷于赌博，所以钱都送给了拉斯维加斯的赌场了。艾伦的赌瘾仿佛是个无底洞，克里斯汀无法忍受了，所以，他们的婚姻亮起了红灯。由于过于沉迷赌博，艾伦的事业也出现了危机，他的老板不愿意再雇用他了。

艾伦很痛苦，他想戒掉赌瘾，克里斯汀在网上看到加利福尼亚州的彭德莱顿兵营可以治疗赌瘾，于是把他送到那里接受治疗。

同90%有了赌瘾的人一样，艾伦接受首次治疗后复发，他驾车从医院去了拉斯维加斯，又赌掉了18万美元。而此时。克里斯汀已经绝望，打算和他离婚。于是，艾伦又赶快飞回家，可是，没过多长时间，他又背着妻子偷偷去了赌场。事后，他对妻子忏悔说：“过去的9天，我都睡在大街上，我不知道该怎么办。”

艾伦是个典型的病理性赌博障碍患者。病理性赌博是指在个人生活中占据统治地位的、频繁发作的赌博行为，且行为对社会、职业、财产及家庭价值观念与义务都造成损害。现代的医学研究表明，赌瘾的形成不仅和心理有很大关系，而且，也带动着大脑生理上的改变。因此，赌瘾是仅次于毒瘾的心理疾病。

在心理学家们看来，好赌的根源在大脑。赌博能够刺激人的大脑产生一种名为多巴胺的神经介质。多巴胺会带给人快乐感受，很多人都会多次重复那种与兴奋快感相联系的行为。赌博恰恰触到了大脑中释放多巴胺的那根筋。

为了寻找赌博和神经介质释放之间关系的直接证据，瑞士科学家用猴子实验来模拟人类赌博行为。

科学家给猴子大脑装上电极。这些电极可以随时记录猴子大脑内特定神经细胞放电的情况。哪些神经细胞放电就说明这些细胞正在释放神经介质。在这项实验中，如果释放多巴胺的神经细胞放电猛增，就说明猴子已经找到了感觉。实验时，猴子面前设置的计算机屏幕上可以显示5种不同的图案。每当某种特定图案出现时，猴子就有机会得到奖励——一口果汁。

记录发现，如果一种图案让猴子根本猜不出下一步的图案是什么，以及能否得到果汁奖励时，它们分泌多巴胺的神经细胞放电活动最频繁，猴子也因此目不转睛地盯着计算机屏幕。相反，如果某一特定图案表示下面肯定有奖或肯定无奖时，它们的神经细胞就不会产生太强的兴奋。说明期待和猜测渴望得到的结果最能激发神经细胞兴奋，使多巴胺释放。

这项研究提示人们，赌徒之所以不断回头，主要缘于对下注之后、结果未卜的刺激追求。赌博具有难以自制的成瘾性，使人为了一时的快乐丧失理智，甚至不惜倾家荡产，从这一点上，赌博和吸毒非常相似。

为什么有人认为结婚最好要有房

一部电视剧《蜗居》红遍了大江南北，同时，也产生了一个热门词“蜗居”。的确，现实生活中，在一个城市里生存的关键就是房子。按照中国人的传统习惯，有房才有家，有家才有归属感，房子也成了婚姻的必备品。但其中亦不乏有些人无力购买房子，从而导致男女双方分道扬镳。时下，“嫁人还是嫁房子”便成了人们热议的话题。

“没地儿住还结什么婚？”大学毕业已两年的北京籍的刘茜茜和贾晓宇面对婚姻的前提条件相当一致，尽管俩人相恋五年，感情也相当好，但是没有房子谁也不会先勇敢地提出结婚。

刘茜茜和贾晓宇每家在北京都只有一套房，俩人要是结婚就都得从家出来重新找地，租房俩人谁也不乐意，结婚得有房的观念深入人心。

刘茜茜不愿意是因为没房就结婚会让父母遭受邻居或亲戚的耻笑，而贾晓宇更是认为要先给心爱的女朋友一个保障才行。

就这样，眼看周围的同学一个个都走入婚姻殿堂，俩人却还在不断纠结，虽然好事多磨但更怕夜长梦多。就怕当有了房子，身边已经不是从前的那个人。

这样的例子在日常生活中比比皆是，房子成了横在婚姻面前的一座大山，成为一个强有力的“爱情杀手”。大家在反驳甚至是痛斥“现实”的女性的同时，也该客观冷静地正视这个问题。

首先，从本质上来说，房子是什么？为什么需要房子？了解了这样的问题，才可能更加贴近事实的真相。从现实的角度来看，房子就是家，是一个安身立命的场所，有房子就有一种安定的感觉。没有房子就没有归属感，无法保证基本的生活质量。

其次，来自家长的压力。天下大部分的家长都希望自己的儿女成家后能“安家立业”，房子当然是首要条件，没有一个温暖的爱巢，固定的居所，如何组建一个幸福的家庭？家长怎能安心放手？

另外，我国目前的租房体系并不完善，不像一些发达国家，公民租房成为常态：一方面发达国家有着很高的公共福利水平，租房居住完全可以达到满意的生活质量；另一方面人的流动性强，租房比买房更方便。反观我国现状，公共福利水平和租房生存所必需的配套建设非常不完善，租房只能是权宜之计。没有房产证，孩子上学就要交借读费；没有房产证，就无法获得户籍，就不能享受城市所有的社会福利……现行的很多社会制度都依托“房屋产权”而设定和存在，房子怎么能不重要？

在如此严峻的现实面前，“望房兴叹”的适婚男女难免左右为难，一边是难以割舍的爱情，一边是现实的无奈。俗话说：“做得好不如嫁得好。”一个婚前不能给自己提供一个象征“保障”的房子的男人，能否成为托付终身的对象，许多女性在心中打出了问号。

女人相对于男人更缺乏安全感。所以，女人选择“物质婚姻”情有可原，这是一种正常现象。

的确，婚姻和爱情有很大的不同，爱情可以只是精神上的，而婚姻则必须要有物质作为保证；爱情可以天天都风花雪月，而婚姻则不得不担心柴米油盐；爱情可以我行我素，而婚姻却需要缔结一种新的社会秩序；爱情可以穿越社会等级和人际关系的束缚，而婚姻却总是遭遇各种各样的精神枷锁。因此，女人为了自己的将来考虑，总要为自己的婚姻寻得最基本的保障。

经济基础决定上层建筑。是的，婚姻和物质有着千丝万缕的关系，问题是，婚姻幸福和房子是否可以画上等号？这样的要求是否合理？很多人认为，有房才会使婚后的生活更加稳定，幸福才会更加长久。也许这种观点有一定的道理，但是现实生活中那些没房没车的婚姻生活是否就一定是不幸福的呢？答案当然是否定的。所以，“结婚最好有房子”无关对错，但如果成为“一票否决”的条件，就要出问题。

两个相爱的人结婚，拥有属于自己的房子自是一件锦上添花的美事。但没有感情，再华丽的豪宅也难以容下一段和谐安定的婚姻。片面地、执着地追求“结婚必先有房”最终可能导致失去爱情，失去原本属于你的美满婚姻。对多数女人而言，一个好的男人才能真正给她安全感，这才是核心所在。

不要因为眼前的房子蒙蔽了你的双眼，物质可以通过不懈的努力来获得，而爱情则是可遇不可求的。

为何年轻人总执着于“哥们儿义气”

什么是“哥们儿义气”？

在更多的情况之下，“哥们儿义气”是一种小团体意识。只要我们是朋友，或者你是我朋友的朋友，就有求必应，不分青红皂白，不计一切后果，为了某个人的利益，为了一个小圈子的利益，有时甚至为了一件微不足道的小事，就大动干戈，互不相让，结果害人害己。

某中学初中三年级的李东，在学校表现良好，成绩名列前五名，品行良好，多次被学校评为“三好学生”。2005 年 1 月 13 日，14 岁的李东放学后照例与玩得要好的同学在一起玩。其间，两个好朋友说要去抢劫，并打赌说他不敢去。“如果我不去，觉得有点不好。”李东说。于是，按照与朋友的约定，他找来一把砍刀赴约。

翌日凌晨 1 时许，李东与两个朋友来到离学校和家都比较远的一个烟酒店下手。当时，店面已经关门，一个朋友假装买东西将 22 岁的店主从床上叫起来，然后三人同时冲进去，将店主按住，开始抢钱和烟。店主见是三个小毛孩，便拼力反抗，两个朋友叫李东用刀砍。他为了兑现三人的约定和承诺，用刀朝店主一顿乱砍。店主送医院抢救无效死亡。

据了解，那次他们共抢得现金近 300 元，中档烟 20 余条。一个星期后，李东被捉获。李东的犯罪让老师、同学、亲戚和父母惊讶。

李东的遭遇令人惋惜，也让人觉得不可思议：究竟是什么令这位曾经是“三好学生”的少年失去理性，误入歧途？答案显而易见——不分青红皂白地执着于“哥们儿义气”。

心理学研究表明，处于青春期的青少年，随着年龄的增长，视野的开阔，他们对外界事物所持的态度的情感体验也不断丰富起来。这时的青少年十分单纯，喜欢交往，注重友情。在同学的交往中，这种感情是最真挚的。但由于一些同学缺乏正确的道德观念，分不清什么是真正的友谊，甚至把“江湖义气”当成交友的条件，而使自己误入歧途。

那么，真正的友谊与“哥们儿义气”之间的区别在哪里呢？

简单来说，友谊是人与人之间一种真挚且高尚的情感，它建立在志同道合、相互扶持的基础之上，这不仅表现在对方遭遇失败，经受挫折时为其排忧解难，也体现在对方犯错误时及时的指正。而“哥们儿义气”则不同，从心理学上讲，“义气”作为一种狭隘的封建时代观念是情感的产物。情感是人对事物所持的态度化体验。之所以说“哥们儿义气”或“江湖义气”狭隘，是因为它判断是非的标准仅仅局限于几个人或某个小集团的圈子内，以小集团的利益为准绳，带有片面性、主观性，带有强烈的小集团的情感色彩。

总之，“哥们儿义气”是一种盲目的执着的情感。那么，青少年该如何远离“哥们儿义气”的旋涡呢？

首先，要从思想根源着手，问问自己为什么会对“江湖义气”产生兴趣。它是何时左右你的？“哥们儿义气”和我们所提倡的精神文明到底有什么差别？危害在哪里？找到了症结所在，我们才能对症下药，勇敢地向“哥们儿义气”告别。

其次，要积极培养高级情感，取代狭隘的“哥们儿义气”。高级情感如道德感、友谊感、集体感、荣誉感等。这些健康的、向上的情感一旦在你的头脑中占主导地位，那种狭隘的“哥们儿义气”就没有立足之地了。

最后，用理智驾驭自己的情感，做情感的主人。这一点是很重要的。我们之所以会深陷“哥们儿义气”的旋涡，一个重要原因是不理智。做事全凭感情冲动，不管对错，结果往往铸成大错。正确的方法是，遇事应当三思而后行，分清是非黑白，冷静分析自己的行为是否符合道德规范以及法律规范。做事前多想一想，这样，我们才不会因为一时的冲动而被所谓的“哥们儿义气”冲昏头脑，做出疯狂的举动了。

千军万马哄抢“铁饭碗”

“铁饭碗”，顾名思义就是以铁铸成的碗，坚固无比，难以击碎，象征稳定、保障性高的工作。其中以公务员最具代表性。公务员属于优势群体，原因有四：

第一，公务员工作、收入稳定，社会保障健全。

第二，随着近年来高校的不断扩招，大学生就业形势日益严峻，参加公务员考试毫无疑问成了其中广受追捧的一个就业渠道。

第三，“学而优则仕”观念的影响。“学而优则仕”是中国传统思想观念，读书读好了就去当官。这种思想从科举制度确立以来基本上为人们所接受，成为千年来社会价值观的主流，即“官本位”思想。

第四，对体面身份的强烈追求。

心理学表明，害怕风险，是人的一种本能。国企工资低，外企不稳定，自己创业没本钱。稍一对比，还是当公务员最保险。正如一些大学毕业生所言：“一次的努力，就能规避一生的风险。”与其他职业相比，公务员不仅岗位稳定，收入丰厚，而且工作较轻松，升迁机会大。因此，许多人都十分热衷地追捧这个“铁饭碗”。

但“铁饭碗”是否人人能捧？

答案是否定的。据统计，2016 年部分职位考试报名人数与录取比例为 300 ∶ 1 以上，这样的比例令人咂舌。挤过独木桥成功捧上“铁饭碗”的终归是少数人，那败下阵来的千军万马该何去何从？年复一年执着地参加考试，挤破头也要抢到这“铁饭碗”？

这样的做法缺乏理智。过度地执着于某一个职位只会失去更多更适合自己的就业机会。所谓“条条大道通罗马”“三十六行，行行出状元”，那么，我们该如何走出“吊死在一棵树上”的心理误区呢？

首先，要客观正确地认识自己。

我的特长是什么？我是否具备公务员或其他职位所要求的条件？人的精力是有限的，我们不可能把所有的事情做到最好，即便有这个能力，也没有足够的时间和精力。俗话说“好钢要用在刀刃上”，我们必须认清自己的优势所在，扬长避短，将其打造成我们的核心竞争力。如果你几十年做同样的一件事，你就能把它做好做精。一旦你在这个专业领域有了发言权，你就有了别人无法取代和超越的地方，就能牢牢地站稳脚跟。

其次，要认清任何职业都有其光鲜和艰辛的一面，包括“铁饭碗”。

人力资源专家表示，即将毕业的大学生和打算重新找工作的职场中人都要明白，任何一个职业都有艰辛与光鲜的一面，这就像硬币的两面，总是相辅相成的。

最后，树立正确的就业观。

盲目地考公务员主要是受错误的社会观及个人价值观和从众心理以及虚荣心理的驱使，面对如此严峻的就业形势，面对参考与录用比例如此悬殊的公务员考试，我们应该为各自不同的职业梦想不懈努力，不断进取，而不是仅仅对公务员这一职业“盲目”“狂热”地追捧。

有追求是好事，能执着地追寻梦想亦无可厚非，但我们要时刻保持一颗冷静的头脑。“铁饭碗”虽好，但不能过度执着、不切实际地去追捧。

21 世纪是技术与人才的竞争，“金饭碗”应运而生，在愈来愈激烈的社会竞争中，以专业知识及综合素质为中心内容的竞争已成为人才竞争的主要内容，精通某一方面专业知识并且综合素质高的人才已成为社会的抢手货。

选秀成风，为何那么多人争当明星

关注选秀节目我们不难发现，参选队伍最庞大的还要数青年人，在这个群体中，更多的人是抱着一夜成名的心理参与选秀节目的。

青年时期是人生多梦的季节，在这个阶段，青年人的自我意识开始觉醒，展现自我的欲望与日俱增，对成功表现出特别的渴望。他们会努力地追逐梦想，心理学上把这个成长阶段称作“暴风骤雨的时代”，明显特点是：容易冲动、容易被新奇的事物所吸引。因此，各种各样的选秀活动恰好满足了他们的心理需求，很容易引起他们强烈的呼应。

另外，媒介的力量是十分强大的，我们在不停地接收信息的过程中自然而然会开始了解，开始关注。而娱乐界的明星是备受关注的群体之一，他们在荧屏上、在演出中、在各种社交场合的闪亮登场及出色表现，逐渐赢得了大众的认同，成为人们的偶像。偶像对许多人来说是一种榜样和楷模，寄托了他们的理想和渴望，对接近这样的偶像甚至成为其中的一分子是他们强烈的心理渴求。青少年有着较强的成就动机，娱乐界明星所取得的成就在当下的社会里更易被关注，因而他们争相去模仿和追求——选秀就成了他们实现这种成就动机最明确、最简捷的途径。

狂热地参与选秀，除了特定年龄阶段的心理原因，也有其历史原因。中国人一直觉得内敛才是为人处世的正道。但是，过于内敛会使自己很压抑，长此以往就有可能导致更为强烈的张扬和释放。人的性格其实是一个很复杂的系统，往往并非只有单一的一面。随着社会的开放，展现自我、实现梦想的途径越来越多，于是人们追求成功、张扬自我的欲望变得十分强烈，因此能一夜成名、光辉耀眼的选秀活动就成了最有吸引力的途径。

正是因为上述原因，选秀风潮才能在中国风风火火地走过了几个年头。我们暂且不论众多选秀节目的利与弊，单从参选心理来看，渴望展现自我、渴望受到关注、渴望得到肯定、渴望获得成功是一种正常且积极向上的心理，应给予肯定与鼓励。但我们也必须清楚地认识到：几乎所有取得成功的明星背后都付出了常人难以想象的努力与代价，明星华丽光鲜的背后是一部心酸的奋斗史。因此，不付出努力，盲目且不切实际地执着于选秀，最终只会成为秀场上的炮灰。

第四章

异度空间：为什么有人会相信超能力存在

阿基米德和纯金的皇冠——灵感

灵感是一种思维形式，它不同于逻辑思维。它是人类思维发展到高级阶段的产物，是认识上的质的飞跃，是一种创造性的思维活动。它表现为人脑长期思维活动中的一种顿悟，一种独特而非凡的见解。

阿基米德是古希腊伟大的哲学家和数学家。公元前 245 年，赫农王命令阿基米德鉴定一个皇冠。赫农王给金匠一块金子让他做一顶纯金的皇冠。做好的皇冠尽管与先前的金子一样重，但国王还是怀疑金匠掺假了。他命令阿基米德鉴定皇冠是不是纯金的，但是不允许破坏皇冠。这似乎是件不可能的事情。在公共浴室内，阿基米德注意到他的胳膊浮到了水面上。这时他脑中闪现出一丝模糊的想法。他把胳膊完全放进水中全身放松，这时胳膊又浮到水面上。他站了起来，浴盆四周的水位下降；再坐下去时，浴盆中的水位又上升了。他躺在浴盆中，水位则变得更高了，而他也感觉到自己变轻了。他站起来后，水位下降，他则感觉到自己重了。一定是水对身体产生向上的浮力才使得他感到自己轻了。他把差不多一样大的石块和木块同时放入浴盆，浸入水中。石块下沉到水里，但是他能感觉到石块变轻了。而且，他必须要向下按着木块才能把它完全浸到水中。这表明浮力与物体的排水量（物体体积）有关，而不与物体重量有关。物体在水中感觉有多重一定与它的密度（物体单位体积的质量）有关。于是，他灵机一动，“如果拿一块和皇冠等重的黄金，先后放进水缸中，比较溢出水的重量，不就可以推断出皇冠是否掺杂质了吗？”

于是他兴奋极了，不停地高呼：“我知道了！”并且没穿衣服就冲进实验室里，进行实验工作，结果发现皇冠果然不是纯金的。力学中重要的“浮力原理”就这样被阿基米德发现了。

阿基米德的故事表明，人的大脑可以同时进行两种思索，一种是有意识的，另一种是无意识的。

阿基米德的故事虽然无法考证，但在认知革命的早期，科学家们对人的大脑进行的多种实验表明，思维绝不是单一的。其中最有名气的实验是美国学者詹姆斯·拉克纳和梅里尔·加勒在1973年主持的一项实验。

他们给每位志愿者都戴上耳机，要求他们只注意左耳听到的东西，不管右耳边播放的内容。他们左耳听到的是含义模糊的句子，比如“这个球员……去掉噪声……示意……射门”；同时，如果仔细用右耳听的话，一部分人可听到对左耳听到的模糊句子做出的解释（他关上油门）；另外一些人听到的却是一些与左耳听到的内容毫不相关的句子（乘务员小姐面带微笑）。

放下耳机后，任何一组也无法说出其右耳听到的是什么。但当问及含义模糊的句子意义时，右耳听到毫不相关的句子的人可分成两组，一组认为他们听到的是关上窗户，另外一组却说是把门关上，而几乎所有听到解释性句子的人都说是关上油门。这种现象说明，解释性的句子和模糊的句子同时在大脑里得到了无意识的处理。

这个实验得出了一个明确的结论：人的思维不是串行处理器——因为如果这样的话，大部分的人类认知过程将不能解释了。

爱因斯坦曾说：“我相信直觉和灵感。灵感是突然的顿悟，是黑暗中的闪光，是常规的反叛，是创造性思维的火花……”那么灵感，或者说是顿悟，它到底是什么呢？灵感和大脑有什么关系呢？

美国科学家的最新研究表明，“灵感”确实与大脑不同寻常的工作方式有关，它与人类在常规状态下的大脑活动不同。为证实上述看法，美国科学家让18名研究对象玩一种字谜游戏，内容是找出一个单词，使它能与列出的其他3个不同英文单词搭配，分别重新组合成3个有意义的新词。实验的组织者要求每名研究对象在解题过程中都要报告他们经历“顿悟”的时刻。

结果表明，“顿悟”的出现与大脑右半球颞叶中的前上颞回区域有密切关系。当研究对象顿悟出答案时，这一区域活动明显增强，并在“顿悟”前0.3秒左右突然产生高频脑电波。而通过常规方式获得答案的研究对象则没有上述情况出现。

美国科学家首次由实验得出结论，原来“顿悟”的产生有赖于大脑神经中枢独特的活动机制，这一机制为大脑“顿悟”时的独特认知过程提供了支持。科学家们进一步推断，前上颞回区域能促进大脑将看似不相关的信息进行集成，使人们突然在其中找到早先没有发现的联系，从而“顿悟”出答案。

这一研究表明，由大脑独特的计算和神经中枢机制导致了灵感降临的那些“突破性时刻”，从而也揭开了蒙在“灵感”上的神秘面纱。

弗洛伊德与埃米夫人——自由联想法

自由联想法是精神分析学派创始人弗洛伊德进行精神分析的一个主要方面。让病人在一个比较安静与光线适当的房间内，躺在沙发床上随意进行联想。最终发掘病人压抑在潜意识内的致病情结或矛盾冲突，把他们带到意识领域，使病人对此有所领悟，并重新建立现实性的健康心理。

埃米·冯·N夫人40岁，生长在一个富有家庭，23岁结婚，丈夫是个地位显赫的实业家，比她大很多，婚后不久便死于中风。在这之后的14年中，埃米一直为各种病痛所折磨，频繁在各地旅游，接受过电疗、水疗等。她有两个孩子，分别为14岁和16岁，患有神经过敏。后来，埃米的病情加重，有抑郁、失眠、疼痛症状，被推荐到弗洛伊德处就诊。弗洛伊德建议她与孩子分开，住到疗养院去，以便可以“天天去看她”，埃米接受了。

弗洛伊德几乎是按照记日志的方法逐一记录埃米的治疗过程的，在讨论中，他把重点放在说明癔症的发病机制和各种症状的关联上。这里我们从治疗的角度做一点简单的说明。按弗洛伊德的说法，埃米“是施行催眠术的一个很好的对象”。因此，他一开始用的仍然是催眠暗示：

“我只要面对着她，握住她的一个手指，命令她入睡，她就陷于迷茫和糊涂的样子。我暗示她只要睡着，她的所有症状将会改善，等等。她闭着眼但清楚地集中注意听着这些话，她的面部逐渐放松，显得平静的样子。”

但在接下来的治疗中，弗洛伊德不再满足于单纯地让病人接受暗示，他开始在催眠状态下与埃米谈话，并引出了埃米的一连串童年经历。

“傍晚，在催眠状态下……我问她为何如此容易受惊，她答道：‘这与我很年幼时的记忆有关。’我问她什么时候，她又说：‘最初是我5岁时，我弟弟和妹妹经常向我扔死的动物，那是我最先有的晕倒和痉挛。但我姑妈说这是不光彩的事，我不应当有那样的发作，因此我不再有那样的发作；当我7岁时，我出乎意料地看到了我妹妹躺在灵柩中；8岁时，我弟弟经常披着被单，扮成鬼来吓唬我；9岁时，我看见姑妈在灵柩里，她的下颌突然掉下来，我再一次地受到惊吓。’”

随后，弗洛伊德在治疗中，采用了大致相似的方法，对埃米实施催眠，叫她讲述她的每一个症状的起因。

他询问埃米，当事情发生的时候是什么引起她的恐惧、令她呕吐或者让她心烦意乱。埃米的应答唤起了一连串的记忆，通常还伴随有强烈的情感。

之所以这样，弗洛伊德说：“我的治疗旨在扫除这些画面，使其不能再展现在她眼前。”在传统催眠中，扫除这些画面主要靠治疗师的暗示，病人只是被动地接受暗示；而弗洛伊德在这里则是让病人进入催眠状态，与病人对话，让她谈出这些画面，即所谓宣泄，以此来达到清除的目的。

不难看出，弗洛伊德不仅仅是停留在对病人施行催眠上，他在探索这种方法的意义和可能达到的治疗效果上下了功夫。宣泄显然已经包含了压抑的意义：当患者处于正常心理状态时，这些经历完全不在他们的记忆中，或以非常扼要的形式存在于记忆中。只有在催眠状态下询问患者时，这些记忆才像最近的事件那样鲜明地呈现出来。

随着治疗的进行，埃米逐渐适应了与弗洛伊德的谈话方式，而且在清醒状态下也能谈出她既往的一些经历。这可以说是自由联想法的萌芽。

弗洛伊德一直在使用催眠，只是他所用的诱导方式不同，他称之为自由联想。弗洛伊德的治疗室设置，他那些奇特的、富于异国情调的摆设、墙纸的颜色和样式、他的声望、他本人在治疗中的表现，这些实际上都是一种暗示。

为什么人会越老越迷信

迷信是指人对某事物的一种痴迷信任态度，是盲目地相信。“迷信”的含义更多地倾向于“盲目地相信、不理解地相信”。因此，理论上，人们对任何事物都可能存在着“迷信”的心态，即便是在科学领域，同样存在着“科学迷信”。现在人们大多认为迷信是由于没有自我判别能力，对事物本质混淆不清，而对某些事物表示出特殊的兴趣爱好，并确实相信这些事物，进而从相信到信仰再到崇拜。迷信的人往往容易被某种事物或现象媚惑，进而沉醉于此，深信不疑。

近年来很多调查研究指出 60 ~ 90 岁的老年人极易产生迷信心理，一旦深陷其中就无法自拔。这种现象该如何解读呢？我们知道老年人时常感到孤单、寂寞，社会文化的隔阂、久病厌世的无助导致老年人的自我价值感降低，从而形成孤僻的性格。然而他们的期望、寄托和无助却找不到人倾诉，于是各种迷信的想法就在他们心中滋生了。

其实迷信就是老年人的一种精神信仰，是老年人在生活中遇到无法认知的事物而无所适从，或者遭遇难以逾越的障碍和挫折的时候表现对神鬼命数的认同，并祈祷改善命运的信仰行为。所以我们经常看到老年人去求神问卦、看相测字、抽签算命，以求心理的安慰。对于老年人来说，已经没有关注新鲜事物的必要了，空闲之余思来想去悟出人生其实就是一场梦，所以把世界看淡了，把人生也参透了，开始寻找一条还没有解答的路：一个人活着是为什么？死了又将去往哪里？退休了，时间也多了；退休了，工作的压力也减轻了。年老了，名利越来越远了；年老了，与外界开始有隔阂了。这时候正是老人们相当空闲的时候，有时间听，有时间想，受外界的牵制也少；这时候他们的信仰，恰好能填补他们内心的空虚，解答他们对于人生的疑问，也使得心灵有了依靠。

因果报应老年人是深信不疑的。记得某位老人家讲了个故事：一天两母子去一座名山拜佛，她儿子吃完斋饭，随口说了一句“这庙里的饭菜真不好吃，还不如拿着香火钱上馆子吃去”。拜完佛回到家，他的母亲就摔伤住院了。许多人会认为这是由于不小心摔伤的，而老人家却坚信是她儿子说错话，佛主在责罚他。当然我们无论是否认同老人家的观点，但是我们应该尊重老年人。我们要学会去体谅他们的内心所需要的那种快乐，那份安心。

第五章

飞跃疯人院：为什么人们会出现各种心理疾病

为什么有人连半个馒头都吃不完

适当节食是一种健康的生活方式。但是当节食成为一种过度的行为，当我们牺牲健康来追求纤瘦体形时，那么，这便是不可取的。

李小晶是舞蹈学校的一名学生。舞蹈学校的老师不让学生多吃，但许多孩子都会在被子里偷吃，而李小晶却非常听话，即使很饿，也不多吃。长期下来，李小晶的饭量变得非常小，还经常胃疼。后来，李小晶吃什么都想吐，常常一天下来什么东西也不用吃，早晨连半个馒头都吃不下。

一个学期下来，李小晶的体重从原来的 70 余斤，下降到不足 50 斤（身高 156 厘米）。在这种情况下，她常常晕倒，连学校都不能去了。

正是长身体的时候，李小晶为什么连半个馒头都吃不完呢？事实上，李小晶已经患上了厌食症。厌食是一种多见于青少年女性的异常的进食行为，特征为故意限制饮食，使体重降至明显低于正常的标准，为此采取过度运动、引吐、导泻等方法以减轻体重。

一旦患上厌食症，患者会因此引发一系列生理、心理的隐患，严重危害患者及其家人的生活。

一方面，厌食症会带来一系列生理隐患，如皮肤干燥，头发或指甲易断裂，对低温敏感且无法忍受，长期低血压。经常性的呕吐会导致体内的电解质紊乱，从而导致心脏和肾出现问题。

另一方面，厌食症患者经常会伴随着各种情绪障碍。在厌食症患者中，他们经常为体重的“增加”而伤脑筋，并因此感到不愉快。

那么，为什么会产生厌食症呢？厌食症的原因很复杂，它是由遗传、心理和社会因素决定的。这里，我们从心理学的角度进行分析。

首先，这一类型的孩子一般对自己的要求比较严格，希望在各方面都能做得很好。例子中的小晶就是一个对自己要求非常严格，而且能吃苦的孩子，她严格按照老师的要求控制饮食，在长期过于严格的自我约束中，慢慢养成少吃东西甚至不吃东西的厌食心理。

其次，与人们对于纤瘦体形的过度追求的心理是分不开的。过度节食已严重威胁着女性的健康。

只有调整自己的心态，改变以上两种心理，才能减少厌食症的发生。对于在体形上过于严格要求自己的人，要以科学和客观的标准来对待自己的体形，这样才能让自己生活得更健康更愉快。

为什么老觉得证书没考完

牛先生是一个银行职员，本科毕业找工作时，因为没有计算机等级证书、六级英语证书，被多家单位拒收。从此，他就陷入了“考本”“考证”的旋涡。每次考取一个新证书他都会产生极度的失落感，只有寻找到新的目标时才能提起精神。

牛先生其实是患了轻微的强迫症。强迫症是以反复出现强迫观念和强迫动作为基本特征的一种神经症障碍。患者能意识到强迫症状是异常的，但又无法摆脱。由于工作压力大，生活节奏快，有越来越多的人怀疑自己是否患上了强迫症，且男性多于女性。

其实，很多人都或多或少存在一定的强迫症。那么强迫症有哪些常见的症状呢?

1. 常常没有必要地检查门窗、煤气、钱物、文件、信件等。

2. 不得不反复好几次做某些事情直到认为自己已经做好了为止。

3. 对自己做的大多数事情都要产生怀疑。

4. 常反复洗手而且洗手的时间很长，超过正常所必需。

5. 有时不得不毫无理由地重复相同的内容、句子或数字好几次。

6. 觉得自己穿衣、脱衣、清洗、走路时要遵循特殊的顺序。

7. 一些不愉快的想法常违背意愿进入头脑，使自己不能摆脱。

8. 常常设想自己粗心大意或是细小的差错会引起灾难性的后果。

9. 时常无原因地担心自己患了某种疾病。

10. 时常无原因地计数。

11. 有时有想要破坏某些物品或伤害他人的冲动。

12. 听到自杀、犯罪或生病的事，会心烦意乱很长时间，很难不去想它。

13. 在某些场合，很害怕失去控制，做出尴尬的事。

14. 经常迟到，因为没有必要地花了很多时间重复做某些事情。

15. 当看到刀、匕首和其他尖锐物品时，会感到心烦意乱。

16. 为要完全记住一些不重要的事情而困扰。

当上面一条或一条以上的症状持续存在，并且影响了我们的正常生活时，说明我们可能有强迫症状倾向，最好找心理医生咨询。

强迫症患者不要太担忧和消沉。虽然强迫症给我们的生活带来很多不便，但只要患者能勇敢理智地面对它，就能战胜它，并回到正常的生活状态。下面这些方法可供借鉴：

首先，任何事情顺其自然，事情做完了就不要再去想。特别是完美主义者，要学会肯定自己，少与他人攀比，要认识到世界上不存在十全十美的人和事。

其次，尽可能地把时间安排得紧凑，使自己没有多余的时间去胡思乱想。

最后，向家人和朋友倾诉，把内心的痛苦发泄出来。

为什么总觉得有人在跟踪他

为什么有些人老觉得周围的人在跟踪监视他；看到电视里的剧情，就老往自己身上套；看到马路上别人在谈话，就觉得是在议论他，等等。其实这些都是妄想症的某种表现。

大学生齐某，总觉得周围的人很古怪神秘，为此他常常感到心烦意乱。有时他怀疑自己的神经是不是出了毛病。

在和心理医师的交谈中，齐某告诉医师，高一时，他读了许多惊险小说，之后便终日忐忑不安，总怕小说中的惊险情节会在生活中再现。有一次他的母亲不在家，哥哥临时做了一顿饭，吃饭时，齐某突然产生疑心：这饭里会不会放了毒药？那以后，他有好长一段时间总是抑郁不安，对什么事情都提不起兴趣。

有一次回家收高粱，他心里突然冒出一个奇怪而又可怕的念头，觉得镰刀割的不是高粱，而是一颗颗人头，当时吓得冒了一身冷汗。以后每次想起这件事，仍心惊胆战。

现在，整天被一些离奇的念头困扰，看见挂着的衣服，就仿佛看见有人上吊了；看见水果刀，脖子就一阵发凉……他对未来失去了信心，缺乏足够的勇气去面对现实和迎接未来的生活。

在充分了解齐某的心理特征和成长过程后，心理医生认为齐某患有严重的妄想症。

妄想症是怎么产生的呢，其中存在怎样的心理机制？通常，有妄想症的人，当外在情境改变时，他会一再反刍其可能的含义及动机，而由于其不信赖与怀疑的心性，他觉得这是对自己不利的信号，从而变得焦虑不安。

知道了妄想症产生的原因及其心理机制，我们又该通过怎样的方式帮助患者走出妄想症的困境呢？以下方法可供参考：

完善个性。此类患者往往具有固执、多疑、敏感、谨慎等性格特点。遇事总是过多地考虑悲观或不幸的一面，缺乏自信，这是发病的主要原因之一。为此，患者要努力培养乐观情绪，丰富自己的生活，如养花、钓鱼、下棋、绘画等，每天坚持体育锻炼，要多与朋友和亲人交流，培养幽默感。

消除心理压力。对其进行全面、细致的体检，根据检查结果表明他们并无躯体性疾病，打消其思想顾虑。

改变其思维方式。让他们认识到自己思维方式的错误，即很多疑虑都是自己空想出来的，事实并不存在。

希特勒的变态心理——本我和超我冲突

第二次世界大战期间，当欧洲战场上的形势转为对同盟国有利后，美、英、苏三国便商定将在欧洲登陆作战，开辟第二战场。

对于登陆时间，罗斯福总统下令情报机构在最短的时间内做出一份有关希特勒性格分析的报告。一个月后，一份《希特勒性格特征及其分析报告》放在了总统的办公桌上。

报告指出，希特勒当权后，曾做了多次“鼻美容”手术。他的“理论”是，对于日耳曼人，有一个高挺的鼻子会给人一种真正男子汉的气概。然而，他对这种手术非常保密，绝对不让他的臣民们知道，他们的“至高无上的元首”居然会像一名爱漂亮的少女一样钟情于“美容”。当时在欧洲，人们普遍认为，整容是一种“破坏上帝赋予自己容貌”的爱虚荣的行为。于是，希特勒就让医生一点一点地加高鼻子，以便让他的百姓们感觉不到他们“敬爱的元首”竟然会做“整鼻手术”。即便是德军在苏德战场上节节败退的时候，他的鼻子加高手术仍未停止。

希特勒 50 岁之后已经开始戴老花眼镜了。可是，他禁止任何人拍摄他戴眼镜的照片。

此外，本身作为嗜血魔头的希特勒居然患有“晕血症”，有一次，他的情妇爱娃不小心扎破了手，他看到之后，竟然吓得哇哇大叫。对于犹太人的种族屠杀，让人们看到了希特勒的残忍和疯狂，可是，另一方面他却对动物充满了仁爱，有一只孔雀死了，他竟然伤心得掉泪。

希特勒一生没有驾驶过汽车。可是，他的爱好却是在每天深夜坐上车，要司机以时速超过 100 公里的速度飞驰。在当时，这是一个不可思议的“疯狂速度”，相当危险。后来，他的司机因为过度紧张而精神失常。但在公开场合，他却严格规定他的车子时速不准超过 37 公里。

希特勒对长桌情有独钟，他召开会议时总是用很长的会议桌，因此德国一些优秀的木匠常常被召去制造长桌。他拥有的一张最长的桌子将近 15.25 米。

美国的心理分析专家依据这些资料得出希特勒有严重心理问题的结论。

1. 心理脆弱

长桌上居于主席位置的人能给别人一种威严感，同时又同其他与会者离得远一些。对长桌的酷爱，显示出他对这种表面上的“威望”的渴求；同时又表明他对下属心存疑虑，甚至表明他对任何人都有一种恐惧感。这实际上是一种心理非常脆弱的表现。

2. 高度压抑

对于任何人来说，“午夜飞车”很可能是为求得心理压抑的解脱。但是，希特勒竟然到了不顾生命危险飞奔的地步。这不仅有力地证明他在一整天都处于心理压抑状态，而且说明这种压抑的程度已经相当严重了。

此外，以上的种种严重心理缺陷、矛盾、压抑和扭曲也都可以造成或归结为严重的心理障碍。

希特勒的种种怪诞行为的目的，就是调节弗洛伊德学说中本我和超我之间的冲突，从而减轻心灵的痛苦。弗洛伊德说，无论一个人在现实生活环境中的人格形成是如何的矫揉造作，但其时刻受到本我的冲击，两者差距越大其人格的扭曲也越厉害。为了缓解和消除这种扭曲造成的痛苦，他必然会用某些特殊的行为来减轻这种痛苦。

盟军掌握了这些秘密，就不间断地炮击希特勒经过的道路，使其心理的压抑无处排解，这样就加速了其精神崩溃和人格分裂，导致他一系列决策的失误，从而为盟军取得战争的主动权创造了有利条件。

害怕直视别人的汤姆——自闭症

对自闭症的脑功能研究在美国是一项十分热门的课题，曾经有这样一篇关于自闭症的文章：

汤姆在 8 岁的时候，就成为一个人见人爱的孩子，他和家人一起住在美国加州。他从小就显得聪明出众，特别是在数学、自然科学等方面经常受到老师和同学的称赞。与此同时，他还是个痴迷于变形玩具的高手，他的手指非常灵巧，如果自己身上没带玩具，而自己又想玩的时候，他就会把自己当成玩具。比如，他可以把自己的手指一会儿变成火车，一会儿又变成了机器人。而且，还经常在大庭广众之下，为大家表演滑稽好玩的哑剧，这时候，总是会获得人们热烈的掌声和称赞。

即便这样，汤姆的妈妈却怎么也高兴不起来。因为前些日子，汤姆的老师和她进行了一次深谈。说发现汤姆很少直接看着别人的眼睛，即便是直视了，也会立刻躲开。

汤姆的妈妈这下开始担忧起来了，为了验证老师的话，妈妈让汤姆在讲话时直接看着别人的眼睛，然而，这个要求被汤姆当场拒绝。

妈妈回忆起汤姆 3 岁时的情景，虽然，当时他说话口若悬河，但是抓不住语法要领，直到 4 岁才学会阅读，却仍然领会不了句子的大意。

直到现在，汤姆的父母才恍然大悟，他们看似聪明的儿子其实还有着非常严重的心理问题。

最后，他们不得不找心理学家咨询，而心理学家告诉他们：汤姆患有轻微的儿童自闭症，也就是阿斯伯格综合征。这个消息对这对夫妇来说，无疑是晴天霹雳。

因为就在两年前，汤姆的哥哥就被查出患有深度自闭症，他出生时看起来一切都正常，随后就陷入了自闭空间。他会把新买的玩具捣烂弄坏，从来都不敢和陌生人说话，不时地发出胆怯的呜呜声。先是汤姆的哥哥，现在又是汤姆，巴利特夫妇感到十分痛苦。

其实，为自闭症而痛苦的家庭并不仅仅是汤姆一家，在美国，每150个儿童中就有一个自闭症患者，若加上成人，自闭症患者就有上百万。儿童自闭症又称儿童孤独症，是一种严重的婴幼儿发育障碍，以社会相互作用、语言动作和行为交往三方面的异常为特征。孤独症患儿没有独立交往的能力，不会根据环境要求改变自己的行为方式来适应环境，这种障碍随着年龄的增大显得更为突出。伴有严重智力低下者，无任何言语功能，无法克制和难以治疗的尖叫、自伤等行为持续存在，直接威胁着生存，给教育和干预带来障碍。

孤独症对行为的影响，除了语言和社交困难外，还会在父母、家人面前表现得极为亢奋或沮丧。这种疾病一般在3岁以前就会表现出来，一直延续终生，是一种严重情绪错乱的疾病。孤独症无种族、社会、宗教之分，与家庭收入、生活方式、教育程度无关。

目前，我国约有50万孤独症患儿。虽然专家们已从遗传因素、神经生物学因素、社会心理因素方面做了大量研究，迄今为止，仍未能阐明儿童孤独症的病因和发病机制，但至少把它看成是多种生物学原因引起的广泛性发育障碍所致的异常行为综合征。

此外，自闭倾向也可能表现在成年人身上。如患者表现出的退缩、回避的心理机制和消极的认知偏差等。

甘受皮肉之苦的贝蒂——性虐待症

在美国一个小镇上，女儿贝蒂身上的累累伤痕无意中被母亲莉娜发现了，莉娜为此心疼不已。起初她还以为是女儿夫妇俩打架的“后遗症”，还准备向女婿兴师问罪。谁知经过再三追问，事情的真相令她惊得目瞪口呆，原来那些暴力行为是她女儿在过夫妻生活时所乐于接受的，并认为只有这样做才“够刺激”“够味道”。

于是，莉娜便怀疑女儿有性心理方面的障碍，带着她一同去找心理医生。经过耐心的交谈，心理医生发现其原因在贝蒂的丈夫麦克身上。

麦克是一位计算机工程师，以前在纽约工作，虽然他个性内向孤僻，但技术是一流的，后来他来到这个小镇，开了一家自己的计算机公司。麦克凭着自己的工作条件和技术优势，加上闲暇时在网上纵情遨游，又热衷于“拳头加枕头、热血伴温柔”的场面，以致越看越上瘾，最终成了一个不折不扣的“网虫”！

在业务蒸蒸日上的同时，麦克的感情生活却相当不好，同居的女友与其分手后，结婚不足半年的妻子也坚决与他离婚。原来麦克在过性生活时常有对性对象恣意抽打的怪癖，越激烈越过瘾，因此很多女孩根本无法忍受。

但他后来认识了贝蒂，两个人由于“互补”的需要才使婚姻逐渐稳定下来。

像上述故事中麦克与贝蒂这两种情况，在医学心理学上分别被称为性施虐癖与性受虐癖，性施虐癖是指对异性对象施以精神或肉体上的折磨，从中获得性满足和变态心理的满足。性受虐癖正好相反，指的是在性交前或同时要求性对象对自己施加肉体上或精神上的痛苦，以获得性快感和引起性冲动。两者合称为“性虐待症”。

一些心理学家认为，性受虐癖的女患者是企图透过这种象征“惩罚”的行为方式，以克服或抵消本人在性方面的罪恶感情。尽管性施虐癖的病因还不大清楚，但在麦克身上，我们仍可以看到两点助长性施虐倾向的不良因素。其一就是他的性格。专家认为：“典型的性施虐癖患者常常是怕羞的，被动的，是对妇女有极端偏见的人和痛恨妇女的人。”据贝蒂反映，麦克经常上黄色网站。专家们早已指出，暴露于淫秽物品下的观众，除产生原发性损害外，还可产生继发性的损害。有关研究也表明，应用淫秽物品时间越长，性变态持续时间也越长，淫秽物品应用还促进重复性犯罪。由此我们知道，及时纠正不良性格倾向，自觉抵制“黄色”传媒的不良影响，对于促进心理健康发展有着积极而深远的意义。

从佼佼者到名落孙山的女孩——忧郁症

裴娜曾经患过忧郁症。她的忧郁症是怎样形成的呢？那还得从她少年时期讲起。她少年时是一个很爱学习的孩子，她酷爱文学，在班级里总是名列前茅，在家也是个听话的孩子，品学兼优，总是追求完美。

但考上重点高中后，由于班里的同学都是其他学校的学习尖子，这样一来，她的成绩在班上就不能像往常一样每次可以第一名。有次考试她排名在第十，这给她的打击非常大，再加上她的姐姐是那所学校的英语老师，对她管教特别严格，一旦她没考好，总会不留情面地批评她。有一次，她姐姐甚至在办公室当着很多老师的面批评她，她觉得很没有面子。时间长了，她上课时精力也不集中，成绩就慢慢下滑，这样精神压力就更大了。这时候，她有了一个追求者，两人很快偷偷谈起恋爱，结果可想而知，当父母知道这件事时，都十分不悦，责怪她，甚至不给她好脸色看。在这样的情况下，她的情绪就更加恶化了，以至于最后真的患上了忧郁症，学习一落千丈，不但名落孙山没考上大学，最后还得长期接受心理治疗。

忧郁症，是患者抑郁发作时有忧郁特征的一类重型抑郁症，是一种涉及生理、心理、情绪和思想的疾病。

忧郁症的症状包括：感到悲伤和空虚；对各种活动不感兴趣；感觉没有价值或有罪恶感；没有食欲，体重减轻；失眠或嗜睡；容易疲劳；无法集中注意力；有死亡或自杀的念头。

忧郁症不仅影响正常的生活，也会影响人与人之间的感情和对事情的看法，所以我们可采取“自我及时强化法”摆脱它。“自我及时强化法”的具体实施如下：

1. 坚持正常活动

有的患者本来可以正常上班、可以正常做家务，却不去上班、甚至连家务都不做，这是很有害的。越这样，越会感到自己没用。实际上，患者有能力完成工作任务，有能力搞好家务。只要该干的坚持干，自己的情绪就不会日益低落。

2. 定计划留有余地

每天晚上睡觉以前，考虑下明天干什么。计划不能定得太高，也不要太低，应充分留有余地。这样，每天都可以顺利地完成计划。

3. 及时肯定自己

每天晚上睡觉以前，要充分肯定自己这即将过去的一天的成绩和进步，不讲消极的东西。能写日记最好，把好的体验、进步、成绩记到日记上。天天都这样记日记，会觉得生活越来越有意思。

4. 不向亲友谈消极的东西

这并不是不同情患者，主要是亲友听患者谈消极的东西，会强化他们好谈消极东西的想法。所以，要尽量不向亲友谈消极的东西。

约翰的可怕念头——强迫症

在心理咨询室里，约翰在医生面前坐好之后，非常苦恼地对咨询师说道：“我叫约翰，今年 23 岁，近来我发现自己的头脑中总是产生一种古怪的想法。每次走到楼上就想从上面跳下去。

“刚开始，我并没有在意，可后来呢？这种想法一直恶化，竟然发展到开车出去，走在桥上以及其他高出地面的建筑物上都有跳下去的冲动。我有时候站在地面上往上看的时候，一想到如果自己真的从上面跳下来了，生命真的就这样结束了，那时候我真的好怕。

“我还很年轻，当然不甘心就此结束生命。正因如此，我才不得不时时强迫自己放弃这种念头，可是，随着时间的推移，这种欲望却越来越强烈，越来越难以控制了。

“有一次，我乘公共汽车经过一条繁华大街时，实在控制不住自己，就从车窗跳下去了，那一刹那自己在想什么，什么感觉等事后竟然全都不记得了。

“那件事情没过几天，有个周末，我去郊游，我觉得这样也许会好一些。不过，我特意挑选了那些人比较多的地方，以防发生什么不测。

“然而，就在那天中午，我经过一个小湖的时候，脑海中却又闪过跳下去的念头，在我还没有来得及控制心神的时候，人已经不听大脑指挥，稀里糊涂地跳了下去。湖中的水并不深，但我依旧慌乱地在水里扑腾，内心充满了对死亡的恐惧。在我的呼救中，很多人都跑了过来，并报了警。他们把我拖上了岸。为了掩饰自己的尴尬，我假装自己喝醉了酒，没想到居然骗了过去。最后，他们给我的工厂打电话，让工厂派车来把我接了回去。

“第二天，全工厂都知道出了个疯子，老板则认为我可能是失恋了，想不开才跳湖自杀。其实，只有我自己心里清楚，我的脑子里有根弦搭错了地方，所以才做出这样丢人的事来。

“去年年底，我乘汽车回家休假，在倒车时，我看到有一座桥，就下车跑了过去，想跳下去，却发现下面的水流很急，心里害怕跳下去会淹死，正在这个时候，售票员喊要开车了，我就急忙跑了回来，避免了又一场闹剧的发生。但我坐在疾驶的车里，脑子里却一直有着跳下去的念头，不过，那天我坐的是空调车，车窗全都是密封的，要不然我也许真会控制不住自己而跳下去的。

“我的这些反常，使得女友跟我分手了，由于注意力不集中，前不久我被公司解雇了。

“我小时候也从高处摔下来过，一天和几个小伙伴一起捉迷藏，不知怎么的我就从阳台上摔下去了。幸好住二楼，一楼的晾衣绳又拦了我一下，所以摔得并不很重，只是右胳膊骨折，头也摔出了血。母亲见我这副样子，吓得抱住我大哭，父亲也是一副心疼的样子。他们带我去医院，又给我买了许多好吃的东西，母亲天天陪着我，尽管没什么疼爱的话，但在我的恳求下，母亲还是给我讲了故事。那段时光多好呀，我感到了被母亲宠爱的幸福。

“伤好之后，母亲又开始劳作了，又很难看到她那慈爱的眼神，很难再享受她无微不至的照顾了。后来渐渐长大了，更不敢奢望能像小时候那样让父母宠爱自己了，心里总是空荡荡的，好像失去了什么。摔伤的事深深留在了记忆中，有时苦闷极了，就想要是能再摔伤一次，再让父母疼爱一回该有多好啊！”

约翰患的是强迫性神经症，简称“强迫症”。强迫症是指以强迫症状为主要临床表现的神经症。强迫症状的特点是有意识的自我强迫与自我反强迫同时存在，两者的尖锐冲突使患者产生极度的焦虑，患者知道强迫症状是异常的，但无法控制、无法摆脱。这种心理疾病在临床上有很多种类，根据其表现，大体可将强迫症划分为强迫观念及强迫行为两类。

强迫观念表现为反复而持久的观念、思想、印象或冲动念头，力图摆脱，但又为摆脱不了而紧张烦恼、心烦意乱、焦虑不安。如怀疑是否关好煤气，准备投寄的信是否已写好地址等；强迫性地回忆已讲过的话的用词、语气是否恰当等；出现强迫意向，如过马路时，想到冲向正在驶过的汽车，等等。

强迫动作又称强迫行为。常见的有强迫洗手、洗衣；出门时反复检查门窗是否关好，寄信时反复检查信中的内容，看是否写错了字等；见到电杆、台阶、汽车、牌照等物品时，不可克制地计数，如不计数，患者就会感到焦虑不安。

强迫症的形成机制比较复杂，通常认为有以下几方面的原因：

遗传因素：从家世调查发现，患者的父母中有约5%～7%的人患有强迫症，远较普通人群高。

心理社会因素：学习和工作紧张，家庭不和睦及夫妻生活不尽如人意等可使患者长期紧张不安，最后诱发强迫症的出现；意外事故、家人死亡及受到重大打击等也可使患者焦虑不安、紧张、恐惧，诱发强迫症的产生。

条件反射：行为主义心理学认为，不但人类正常的行为方式是刺激—反射的结果，病态的行为反应也是通过条件反射而形成的，强迫症的产生可能就是如此。

正常的人是否也会出现强迫现象呢？正常的大多数人也曾出现过强迫观念，例如不自主地反复思考某一问题，或念叨某几句话，或唱一两句歌，反复如此，但不影响正常心理活动和行为，所以不能看作强迫症，可以采用心理学的方法加以纠正。

无病乱投医——疑病症

凌童是一家科研单位的技术员，平时对身体健康较关注，一旦觉得什么地方不舒服，便要找医学书籍对照研究一番。有一天他在图书馆一本科普杂志中，看到一篇短文，叙述喉癌的早期症状，以帮助病人及早发现并治疗。当时他正好患感冒，嗓子有点发炎。他觉得自己的症状与书中所述很相似，便疑心自己得了喉癌，心里非常紧张。次日就到单位门诊部检查，医生诊断为风寒喉炎，并说吃点感冒药就会好转。凌童吃了几天药，嗓子炎症果然消失了，这才放下心来。可是时隔不久，他突然发现自己身上蚊咬处有些红肿，又非常紧张，认为这是一种不祥之兆，马上去医院检查，医生说这是虫咬皮炎，无须特殊处理。对这样的诊断凌童很不放心，又到书店翻阅有关皮肤科的医学书籍，查到这样几句话：痣，若发生色素沉着、皮损迅速增殖、脱毛、疼痛等现象时，说明有癌变的可能，应提高警惕。他看后很焦虑，越想越觉得自己的疙瘩已经癌变了，于是丢弃工作，到处求医。他去过的所有皮肤科医生均诊断为皮炎，但他都不相信。起初他常与医生争辩，后来渐渐改变了策略，为了得到更多的检查，他表面上装作恭恭敬敬，表示要听医生的话，却又用拐弯抹角的方式，一再请求医生给他做个小手术，把疙瘩取出来做病理化验，以解除其“疑虑”。没办法，医生只好按其要求做了，结果当然不是癌变，但他内心仍不放心，并认为红肿消失了，疙瘩没有了，可能是癌的转移和扩散。就这样，他疑神疑鬼，整日惶惶不安，简直闹到不能再活下去的地步。

后来，凌童在心理医生的开导下，讲述了自己小时候的挫折故事。原来他在成长过程中，总怕发生不幸，自己“画虎”吓自己，结果给心理平衡造成了危机。明白了疑病的症结，凌童才从疑病的苦海中解脱了出来。

疑病症又称疑病性神经症，是指对自身感觉做出患有不切实际的病态解释，致使整个身心被由此产生的疑虑、烦恼和恐惧所占据的一种神经症。疑病症患者对自己的健康状况过分关注（即表现为强烈的、夸张的关心），对一切不正常的信号过于敏感，深信自己已患某种疾病，经常诉说不适。患者因此反复四处求医，迫切要求治疗，医生对疾病的解释往往不能消除患者固有的成见，不能打消病人的疑虑。

心理学家认为具有以下个性特征的人容易患疑病症：

对自己的身体比较注意和敏感的人。

过度自爱自怜，容易感到委屈的人。

自私或是以自我为中心、我行我素的人。

爱清洁、讲秩序、刻板、固执、吝啬的人。

偏执性、强迫性人格特征的人。

为了防止患上疑病症，我们要改变其错误的观念，解除或减轻精神因素的影响，对自己的身体情况与健康状态有一个相对正确的评估。

出走带来的后患——癔症

卢澧，男，30岁，因突然外出漫游一个多月，醒后不能回忆。

卢澧父母因儿子找不到媳妇发愁，一天，卢澧的父母为其选了女友并写信催其回家见面成亲，于是卢澧向领导请假，但因施工紧张，领导未能准假。

几天后，当卢澧再次向领导请假未准时，即觉愤怒、委屈，当即将家信撕毁，对班长讲："有人害我，你帮帮我。"

第二天，卢澧给班长下跪说："不借钱给我做路费，可能见不到父母面。"因当日是阴历年初三，当地风俗认为这天不应该讲这些不吉利的话，于是班长打了卢澧一个耳光。当晚11时，发现卢澧失踪。后领导与家人四处打听卢澧的信息，并发布了寻人启事，终于在一个多月后，在南方某省的火车站找到了卢澧。当时卢澧满面污垢、衣服破烂、双下肢肿胀，当地公安工作人员将其带回家，但发现卢澧不与亲人打招呼，情感反应平淡。两天后卢澧突然清醒，对自己在家中感到莫名其妙，对离开单位前及出走情况不能回忆。

卢澧患的是癔症中的分离性癔症。癔症又称歇斯底里症，是神经官能症中的一种类型。它是因心理—社会刺激引起的。其典型的症状是患者自己认为失去身体某部分的功能，而且也确实表现出身体某一部分功能的丧失。如有的人认为自己失明、失听、失语、肢瘫了，确实就表现出失明、失听、失语、肢瘫的症状。但各种检查又表明根本没有相应器官的损伤或病变。其症状轻重、持续时间长短与暗示相关联。

对于癔症患者，心理学家建议可采取以下方法进行调节：

1. 建立良好的环境

除了心理治疗外，安排好生活，保证充分的睡眠，建立良好的人际关系和安静的生活环境，避免过分强烈的刺激，对癔症的治疗同样重要。

2. 通过自我暗示法加以调节

患者要选择一个安静的环境，进行自我暗示，暗示病症已痊愈等。在自我暗示的同时，最好自己能用双手按摩腿部或症状所在部位，注意力要高度集中，每天一次或数日一次，直至痊愈。

3. 通过心理咨询法加以调节

治疗过程中，首先应取得患者对医生的信任，建立良好的医患关系，耐心聆听患者的陈述和发泄。治疗者通过指导、解释和保护，使病人对所患疾病有一个正确认识，消除对疾病的误解和不必要的紧张、恐惧，树立战胜疾病的勇气和信心，积极配合治疗。

患者首先要端正对疾病的认识，使自己了解癔症是高级神经系统机能失调的表现，发作时的状态不过是大脑机能暂时的障碍，完全能够治好，而且不会留下后遗症。同时，要正确认识自己人格特征中的弱点，在医生的指导下，加强性格锻炼，努力改变自己个性上的弱点，提高应急能力。并且在情感突然爆发、癔症发作时可以求助于医生进行药物治疗。

他们的问题出在哪里——神经衰弱症

故事一：

一个18岁的大男孩，由于高三学习紧张，很疲劳，一度出现了头昏的情况，并且有时想呕吐，在学习上也不能继续了，头脑昏昏沉沉的，晚上也睡不着。因为这一年是复读，心理压力很大，家里也老是说他。他自己说心情好的时候很少，越来越忧郁。

故事二：

一个26岁的小伙子是某文化公司策划部门主管，长得英俊潇洒，深受女孩子喜爱。可是最近他老说自己工作紧张，而且头部特别容易出汗，汗量还很大，容易疲劳，情绪极不稳定，还经常掉头发。

上述两则故事中的主人公都患有神经衰弱症。神经衰弱是一种常见的神经病症，患者常感脑力和体力不足，容易疲劳，工作效率低下，常有头痛等躯体不适感和睡眠障碍，但无器质性病变存在。

神经衰弱症易发生在性格不开朗、心胸狭窄、敏感、多疑、急躁和过分主观的人中。

针对神经衰弱症患者的病症，心理医生提出了下述治疗方法：

放松心情，面对压力要从容，要认识到症状是一种信号，应该先冷静地分析一下，这种情绪紧张和心理压力来自何方。

不要为脑力下降而焦虑，必要时也需要降低自己的奋斗目标，要量力而行，要把目标确定在自己能充分发挥潜能，而又不至精神崩溃的限度。

在情绪较差、精神萎靡不振的时候进行一些提高情绪的游戏或运动，如乒乓球、篮球、划船、跳绳、踢毽子等。

很多神经衰弱症患者往往会给自己设置许多的心理障碍，不相信自己的能力和价值，常常在临阵退却、坐失良机后陷入深深的自责、责人的冲突之中。他们还认为自己必须服从某些条条框框，否则就会产生紧张、焦虑、自责等负面情绪。他们否定了生活的多变性、丰富性及人们之间的差异性等基本事实，作茧自缚。因此，要解决问题，最好是在专业的心理咨询师或者治疗师的帮助下，认识自己内心的种种矛盾冲突，并且逐渐化解它们。

还要注意合理安排生活，改变不良习惯，起居定时，生活有序，劳逸结合，加强体育锻炼和工作学习的计划性。做较长距离的散步，有助于调整大脑的兴奋和抑制过程，使精神振作、心情舒畅。

第七篇

外在的非理性也是可以预测的

第一章

偶然的力量：为什么人们喜欢从巧合中寻找因果

为什么越不想发生的事情却发生了

我们常常会遇到这种情况，越不想发生的事情，却越不可避免地发生了。

当希拉到一家广告公司应聘中层管理人员的职位时，她看起来并不紧张。但现场被问到一些刁钻的问题时，她承认自己当时表现得很不好。这其中的一个原因是她怕自己会说些不该说的话，比如对面试官的着装或是公司的内部信息妄加评论。希拉让自己尽力不去想这些，但是这样反而无法集中注意力。

丹尼尔·魏格纳是哈佛大学的一位心理学家，他倾注了自己大部分心血来研究为什么人极力避免的想法或行为终究还是会发生。当我们尽力避免想到某事时，会承受巨大压力，在压力之下，我们会不自觉地朝着自己极力避免的方向前进。因此，我们很有可能脱口而出自己极力避免说出的话，或者做出自己尽力避免的动作或行为。

出现这种情况时，你该如何是好？冥想也许能帮你学会不要老想着那些你尽力避免的事，让你的心境变得平和。

除此之外，你可以将你想要避免的想法写出来。

生活中，虽然很多事情是无法预料的，也不能避免，但如果你能够以平和的心态对待，找出症结所在，或许问题就能迎刃而解了。

祈祷真的有用吗

很多人在遇到困难时，不知道要如何去解决，为了寻求精神安慰，于是纷纷开始祈祷。那么，祈祷真的有效吗?

祈祷是一种积极的自我暗示，它能够帮助我们从负面的阴影中走出来，给予我们力量去克服困难，甚至创造奇迹。

一天，昆比医生应邀去拜访一位因行动不便而卧床的年迈妇女。昆比说，她的身体疾病完全是因为她将自己禁锢在一个如此狭小的活动空间，以至于根本不能自如地站立和活动。她时时都处于恐惧之中。昆比说:“在这个坟墓中，她不懂人生的美好，错误的观念不断地捆绑着她，约束着她的行为，使她一步步走向死亡。”

为了帮助这位妇女能够重新站立起来，昆比要求她每天对自己说十遍“下周我就能站起来了”。

半年过去了，在妇女的积极自我暗示下，她的腿脚比以前灵活多了，这使她相信，祈祷可以让她康复。一年过去了，她放下拐杖，奇迹般地站了起来!

其实所谓的祈祷，就是让自己去顺应内心更高的行为准则。如果想成为一个有能力的人，那么，从现在开始就必须改变自己。首先改变你的内心，然后你的行为和外部世界都会随之改变，成为你所心仪的样子。

墙上挂的画会影响你

在一些大型企业老总办公室中，挂什么样的画都是有讲究的。因为墙上挂的画，将持续不断地产生暗示作用——暗示房间的主人能够像画中的这些成功人士一样取得成功。这就是积极的自我暗示所产生的效果。

和其他伟人一样，托马斯·阿尔瓦·爱迪生显然懂得重复性心理暗示的重要性。作为这位发明家百年诞辰庆祝仪式的一部分，他去世时被密封的书桌被打开。在其中找到的众多物品中最显眼的是一张写有传奇人物故事的纸："当感到沮丧时，就想想约拿！他出来时完全没事儿。"爱迪生生前一定充分思考甚至反复思考了那句话，否则他不会一直把它留着。

作为一个渴望成功的人，你必须学会运用正面的自我暗示进行心理重建。否则的话，过去留在你心中的印象，就会使你在生活的各个方面都陷入一种失败的行为模式。

不同的意识与心态会产生不同的心理暗示，而心理暗示的不同也是形成不同的意识与心态的根源。所以说心态决定命运。人类除了语言，还能使用70万种以上的信号来互相交流意识，也就是暗示。暗示是一种语言的或感觉性的提示，它可以唤起一系列的观念或动作，直接谈话可以产生观念的联想。

要经常定期地检视一下别人对自己提出的消极、否定的暗示，不要因为别人提出了具有破坏性的暗示而受到影响。所以，不管是墙上挂的画也好，还是自我暗示也好，都会给人带来正面或是负面的影响，我们要运用暗示的正面效应为自己的人生增添色彩。

缘分到底是什么东西

"前世的孽缘""几辈子修来的福分"……这是我们用来解释"缘分"的常用说法。

不同的人对缘有自己独特的见解，有人认为"缘"是佛教用语，即对"因"而言，佛教称事物生起或是坏灭的主要条件为"因"，辅助条件为"缘"，这种解释也许是缘的最初引申义；也有人认为"缘"是一种命中注定的机遇、巧合或力量，可以促成某种关系，这种见解带有较强的迷信色彩；还有人赞同"缘"是一种主观感受、情绪或者心灵感应，足以促成一种和谐的、较顺利的人际关系，强调一种主观感受和正面的人际关系。

心理学认为，缘分属于人类的感受范畴。感受，是创作主体对客观外物的直接感知，是主体首先被激起的心理反应。也就是说，感受不仅仅是一种生理反应，而且更是一种心理反应。感受是创作主体对于对象的被动接受，但同时也包含着主体情感的积极参与，带有主体的个性色彩。而缘分泛指人与人、人与事物发生联系的可能性。

人与人的相遇、相知是一种偶然，也是一种必然。

日常交际中，许多人喜欢用“缘分”来解释人与人的相遇，这是一种什么样的心理呢？

许多人将“相遇”或“擦肩而过”合理化，遇见就是有缘，反之就是无缘或者是缘分未到。这种想法往往忽略了偶然因素或自我努力。从某种角度来说，这种想法有利于当事人减轻焦虑或是维护面子，起到自我安慰的作用。

缘分的必然性则表现在两个人的相遇其实也是由于接触的概率决定，经常在同一个地方出现的人容易遇到并互相注意到，只是人们往往忽略了这一点，出于浪漫与神秘的心理，人们更愿意以缘分来解释这一种现象。

茫茫人海中，每天我们都不断地遇见，不断地擦肩而过，“缘分”是一个契机，使我们在人生道路中能够偶尔停留驻足，认识一些人，一些事。

所以，缘分并非如我们所想象的那般虚无缥缈，更多的是由接触概率、个人自身素质等方面决定。在日常交际中，我们应该不断提升自我，积极努力寻找和创造各种机会，增加与人接触的概率，这样才更容易遇见有缘人。

奇妙的“心灵感应”

生活中充满各种神奇的场景，各种让人匪夷所思的巧合：

有时候我们哼着一首歌，旁边的朋友忽然惊呼：“啊！我刚才也在心里哼着这歌！”

有时候我们要给一个人打电话，手机忽然想起来，竟是你要找的那个人打过来！

有时候我们正谈到一个人，结果那个人就出现了，我们惊呼："说曹操，曹操到！"

……

人们惊奇于这种种的巧合，并习惯性地把这种现象称为"心灵感应"。

许多人认为人与人之间是存在心灵感应的。在科学领域里有相关的解释：心灵感应能力能将某些信息透过普通感官之外的途径传到另一人的大脑或心中。

在心理学中，我们该如何看待这种现象呢?

首先，源于我们对外界的感知是有选择的。有一句俗语叫"受伤的手指经常被人碰"。为什么一个人总有"受伤的手指经常被人碰"的想法呢?道理很简单，是因为我们对受伤的手指格外注意罢了，也就是说，我们对外界的感知是有选择的。由此我们也可以明白为什么会"说曹操，曹操到"了：因为事情就是这样，恰好符合这一经验的被我们记住了，而更多的不符合这一经验的却被我们忽略或忘记了，并非我们的预言多么准，只是由于我们所做的选择更有利于证实这句话罢了。

类似的例子很多。有的人会相信预言性的梦，他也确实可以给别人举出一两个例子，但是他忘记了预言性的梦大多都没有实现这个事实；有时还会听到一些人议论：某某人算卦算得可准了，其实这也基本上属于此类情况，即偶尔算准的轻易地留在了人们心中，而大量未算准的却被这些人忽略了。

事实上，准的预言是极少的。只不过人们往往会轻易地忘掉一百次失败的预言，却津津乐道偶然的一次成功罢了。应该说，相当数量的巧合事件都可由此得到解释。

其次，许多无法解释的神奇之事，是因为我们对事情发生的背景知识了解得不够多。我们来看弗洛伊德本人的一个例子：在得到教授头衔后的一天，弗洛伊德走在一条大街上。忽然，他心里冒出一个念头：几个月前，我曾治疗过一对夫妇的小女儿，但那对夫妇对我的治疗不满意，转而求助于另一个权威了。我想，这个权威是不可能治好他们女儿的病的，最终他们还要回头来找我，并会对我表示出十二分的信任，我会对他们说："现在我是教授了，你们便信任我。既然我是讲师时你们不信任我，那我当了教授对你们也没有什么用处。"正在这时，弗洛伊德的思绪被一声"你好，教授"打断。弗洛伊德抬头看时，正是他刚才想到的那对夫妇。

这算是一个极度巧合的例子。但弗洛伊德给出的解释很简单。他写道："那条街既笔直又宽阔，行人稀少，随便一瞥便可见到二十步远。其实，我老早就看到他们两人正迎面走来。"

由此我们亦可推知，许多似乎无法用常理解释的所谓神奇之事，可能就是因为我们对事情发生之前、之时或之后的背景知识了解得不够多，而且可惜的是，大多数情况下这种背景知识常常被我们忽略。或许，当我们对相应的背景知识有足够的了解时，我们就不用投向神秘论的怀抱了。

另外，所谓的心灵感应多出现在亲密关系的人身上。比如双胞胎、亲密的恋人或朝夕相处的同事。这其实源于生活圈的部分重合导致。人们由于长期相处，彼此之间会形成一种默契，或是有相同的喜好，或是同处于某种特定环境而产生一致想法，所以亲密的人之间更容易出现"心灵感应"。

最后，人们似乎都更愿意相信：存在着超出于因果关系之外的奇特事物。不管科学的争论如何，即使我们没有特别的心灵感应能力，大多数的人仍然愿意相信它。美国麻省理工学院教授菲力浦·莫里森认为，这是我们自己的需要！在《怪异与科学》一书里，他写道："影响人们准确领悟的是人们过于重视巧合，并把巧合与事实混为一谈的倾向。巧合常使人们感到富有戏剧性、奇怪和迷惑。没有什么事情真正需要解释，需要解释的仅仅是观察者主观的要求。”

未知的大自然，浩渺的宇宙，有限的生命，都让我们内心深处有恐惧感。心理学家认为：“人们期盼奇迹，甚至希望拥有这样的能力，以消除这种恐惧。”而对于奇特事情的发生，我们如果找不到可以解释的理由，就会焦虑，为此我们就会说服自己，编一些理由来使事件变得合理化。心灵感应就是其中的一种方法。它能使我们跳出各种现实条条框框的束缚，享受一种精神上的自由。

正是因为这样，感性的人们总是对“心灵感应”无限推崇。而对于理性的人来说，“心灵感应”只是茶余饭后的谈资。

“幸福来得太突然了”是真的吗

幸福是什么？

幸福是一种自我感受，是一种心理状态。幸福是人们的渴求在被得到满足或部分被得到满足时的感觉，是一种精神上、心理上的愉悦。幸福是无形的，生活中的许多事情可以为我们带来幸福的感受，却没有一种相应的尺度可以衡量，我们也无法预测幸福何时会光临。于是，生活中常常有人感叹：“幸福来得太突然了！”可能是心仪已久的对象忽然的表白，或是埋头工作突然接到的升职通知，抑或久病遇良医……总之，幸福有时总在我们没有预料到的时刻悄悄来临，令人措手不及，难以置信。

俗话说：“天下没有掉下来的馅饼，地上没有现成的点心。”事实上，天上也没有掉下来的幸福。

美国电影《当幸福来敲门》描述了这样一个故事：克里斯·加德纳在一个单亲家庭中长大，在28岁的时候才见到自己的亲生父亲，于是他希望能让自己的儿子一直都活在自己的保护下。他的梦想是成为一名投资专家。可是，面对生活的困苦，妻子还是离开了他。接着，没有能力支付房租的他开始带着儿子过着流浪的生活，甚至要在火车站的厕所里度过漫长黑夜……在那段艰难的日子里，他一方面要努力通过没有薪水的6个月实习期；另一方面要卖医疗仪器借此糊口；另外他还要保护好儿子的幼小心灵。但正是这样惨淡的生活磨难，激发了克里斯追求幸福的惊人斗志，他在逆境中全力以赴，甚至靠卖血养儿度日也不放弃追求，终于成为成功的证券经纪人，在那一刻，站在人群中的他激动得不知道如何来表达内心的感受，他飞速地跑到儿子面前与其相拥，眼中的泪花在这一刻则是幸福的泪水。虽然，这对他来说只是一个起步，不过，这确实是他的人生转折。后来他赚得了巨额的财富，得到了幸福的眷顾。

得到幸福的过程是如此的艰难，也正因为艰难，我们才会格外珍惜。其实，幸福也是你在实现自己目标后的一种心理反应，给人精神上的振奋。加德纳的故事告诉我们，幸福的大门是为有准备的人敞开的。

所以，当你看到报纸上某人一夜成名，或是幕后研究的学者突然曝光于聚光灯下，或是身边某个平凡的同学拿了一个令人瞠目结舌的高分……不要惊讶，这不是偶然。他们只是靠其自身充分的准备，才能在机遇来临时走向成功。换言之，只有先前坚持不懈地努力，有充分的准备，机遇与幸福才会真正降临。

为何有人总是觉得自己看到过超自然现象

谁知道深山中的大脚印从何而来？谁知道尼斯湖水怪到底是真实存在还是人为虚构？谁能解释百慕大的失踪之谜？……世界上总有许多解不开的谜。

1947年，美国爱达荷州商人肯尼思·阿诺德驾驶私人飞机穿越华盛顿州的卡斯克德山脉时，看见9个不明飞行物，称其为像从水面飞过的盘子，飞碟由此得名。几天之后，美国新墨西哥州的罗斯威尔发现坠毁的外星飞船，当事者发现了神秘的金属残片。这就是进入工业革命后第一次全面的UFO报告。

UFO（Unidentified Flying Object）全称为不明飞行物，也称飞

碟，是指不明来历、不明空间、不明结构、不明性质，但又飘浮、飞行在空中的物体。

2005 年 2 月 23 日，泰安市西北方向上空出现了不明飞行物。摄影爱好者蔡志亭在市政广场中心花园拍摄元宵节烟花时，拍下了这个类似草帽形状的 UFO。事件报道后，引起多方媒体的关注，包括中央电视台新闻频道在内的多家媒体先后报道了此次事件。

自 20 世纪 40 年代末起，UFO 就引起了科学界的争论。天文学家、气象学家、生物学家、物理学家和其他科学家都相继对其提出自己的解释。那么，从心理学来看，为什么会有人认为自己看到了 UFO 呢？

有人认为 UFO 产生于个人或一群人的大脑，这种现象常常同人们的精神心理经历交错在一起。就好像有人声称自己曾经被外星人“诱拐”过，然后还被做了手术之类的改造。但是，事实上他可能是在潜意识地隐藏自己童年时代被虐待的事实。

同时，还有一些天文现象或者物理现象等也被误以为是“UFO”，比如，球状闪电、极光、幻日、幻月、海市蜃楼等，或者有一些根本就是自己人眼中的残留影像或者对海洋湖泊中飞机倒影的错觉等。但是为什么还是有很多人坚信自己见到的就是 UFO 呢？

首先，这种现象源于人们的好奇心。人们对于未知事物总是充满着好奇心，宇宙的浩瀚带给人们无限的想象空间，地球只是宇宙中的一个星球，在这星球之外是否存在其他生物？他们是否也拥有高端的科技不断探索宇宙的奥秘？有些人坚信地外文明的存在，从而产生“幻觉”或“错觉”。

其次，这种现象也受从众心理影响——当一个人声称某种现象是 UFO 的时候，其身边的人或许也会受其引导而确信看见的就是不明飞行物。

最后，这是人类的另一种天性的体现——我们宁愿相信一个无法确定的自然现象一定有科学的解释。而当我们实在无能为力时，与其坦然承认自己的无知，不如把它认为是 UFO。

第二章
背道而驰：为什么有人喜欢对着干

为什么人们总是喜欢对着干

我们经常会遇到这种情况：你越是让我做什么，我偏不做；你越是不让我做什么，我偏要做。即使两个陌生人碰面，甲让乙给自己让路，乙要是高兴的话，会很痛快地让开；如果不高兴的话，则会说："凭什么给你让路啊？这条路是你们家修的？我想站哪就站哪，你管得着吗？"为什么人们总是喜欢对着干呢？

其实，这是人们逆反心理的一种体现。逆反心理是一种常见的心理现象。每个人都有好奇心，因为好奇而想要了解某些事物，当这些事物被禁止时，最容易引起人们强烈的好奇心和求知欲。特别是只做出禁止的命令而又不解释禁止原因的时候，更容易激发人们的逆反心理，使人们更加迫切地想要了解该事物。因此，你越是禁止，对方越是想知道。

逆反心理是人们彼此之间为了维护自尊，而对对方的要求采取相反的态度和言行的一种心理状态。这种现象在青少年人群中是最常见的，其他年龄阶段的人群也会有这种心理。在日常生活中，人们常常通过这种与常理背道而驰的行为，来显示自己的"高明"和"非凡"，来抗拒和摆脱某种约束，来满足自己的好奇心、占有欲。

逆反心理会使人形成一种狭隘的心理定式和偏激的行为习惯，处处与人对着干，使自己变得偏激、固执，无法客观地、准确地认识事物的本来面目，无论何时何地总是下意识地与常理背道而驰，从而做出错误的选择和决定。

因为逆反心理可以造成这样的心理结果，即你越是制止人们的某种行为，他们越是想要这样去做；如果你坚持采取某种行动，结果却会使对方采取相反的行动。利用这种心理效果，我们可以设下一个小陷阱，刺激对方的逆反心理，使其主动地钻进来，以达到改变人们某种行为的目的。

苏联心理学家普拉图诺夫在《趣味心理学》一书的前言中，特意提醒读者请勿先阅读第八章第五节的故事。大多数读者没有遵守作者的告诫，而是迫不及待地翻看第八章第五节的内容。其实这也是作者的本意，他正是利用人们的逆反心理达到了让人们关注第八章第五节内容的目的。如果他只是在前言中说，第八章的内容很精彩，希望大家仔细阅读，这样反而起不了太大的作用。

人们做任何事情都会有自己最初的想法，不希望受到别人的限制。如果要改变他们的行为，我们可以巧妙地利用别人的逆反心理使其改变。我们要善于利用这一点，学会对人们进行善意的规劝和说服，同时也要警惕别人恶意利用逆反心理来激你，使你做出不理智的选择。

为什么逆耳的话要先说

工作和生活中，难免有不小心伤害他人的时候，难免有需要对他人进行批评指责的时候，在这些时候，假若处理不当，就会破坏自己在他人心目中的形象。有些时候，两句话先说哪一句看起来都无妨，可你万万想不到，改变说话的顺序，对别人的心理影响却大不相同，这时，先说逆耳的话，再说表示友好的话，对方往往比较容易接受。

这就是心理学上的冷热水效应。我们不妨来做一个实验：准备三杯水，一杯冷水，一杯热水，还有一杯温水。先将手放在冷水中，再放到温水中，你会感到温水很热；但是如果你先将手放在热水中，再放到温水中，就会感到温水很凉。

同一杯温水，温度并没有发生变化，为什么出现了两种不同的感觉呢？这种奇妙的现象就是冷热水效应。

人际交往中，我们要善于运用这种冷热水效应。

刘女士很少演讲，一次迫不得已得对一群学者、评论家进行演说。她的开场白是："我是一个普普通通的家庭妇女，说不出什么精彩绝伦的话，因此恳请各位专家见谅……"经她这么一说，听众心中的"秤砣"变小了，许多开始对她持怀疑态度的人，也开始专心听讲了。简单朴实的演讲结束后，台下的学者、评论家们都认为她的演讲很成功，都报以热烈的掌声。

当一个人不能直接端给他人一盆"热水"时，不妨先端给他人一盆"冷水"，再端给他人一盆"温水"。

在谈判中，我们也可以运用冷热水效应，促使对方欣然接受某个条件。

因工作上的需要，经理准备让家居市区的推销员小王去近郊区的分公司工作。在找小王谈话时，经理说："公司研究，决定让你去担任新的工作。有两个处所，你任选一个。一个是在远郊区的分公司，一个是在近郊区的分公司。"

小王虽然不愿离开已经十分熟悉的市区，但也只好在远郊区和近郊区中选择一个稍好点的——近郊区。这也与经理的想法不谋而合。

在这个事例中，"远郊区"的呈现缩小了小王心中的"秤砣"，从而使小王心甘情愿地去接管近郊区的工作。

当事业出现滑坡的时候，不妨预先把最糟糕的事态委婉地告诉别人，以后即使失败了也还有信誉在，等到时来运转时就可以东山再起了；当要说令人不快的话语时，不妨事先声明，这样就不会引起他人的反感，使他人体会到你的用心良苦。这些运用冷热水效应的举动，实质上就是先通过一两处"伏笔"，使对方心中的"秤砣"变小，如此一来，对方的承受能力就变大了。

青春期的孩子怎么变叛逆了

青春期是人生重要的转折期，这个阶段的顺利与否关系到人生的未来。然而，一提到青春期，很多家长就会头疼，因为孩子进入青春期之后，会突然变得不顺从、不听话，他们的行为甚至可以用不可理喻来形容。

青春期的孩子就像一个矛盾体，前一刻钟，他们还在肯定这一切；下一刻钟，他们又会否定这一切；有时他们会盲目崇拜，而有时他们又会把所崇拜的事物贬得一无是处。他们就像一颗随时都会爆炸的"炸弹"，也许家长不经意的一句话、一个眼神，就会成为引爆这颗炸弹的导火线。同时，他们对家长充满了敌意，事事都与家长对着干，家长让他们往东，他们就偏要往西。

总之，青春期孩子脾气暴躁，叛逆，充满矛盾，令人捉摸不透。面对这样一个完全陌生的孩子，很多家长不知道该如何去教育他们，从而感到恐慌和无奈。这些青春期的孩子心里都在想些什么呢？心理学专家为我们提供了答案：

第一，我想独立。进入青春期之后，孩子的身体开始慢慢发育成熟，这让他们感觉自己已经是成年人了。因此，他们在思想上也想得到大人的尊重。于是他们总是试图摆脱对大人的依赖，想独立，并不断地挑战大人的权威。

然而，由于这些青春期的孩子缺少社会经验，当他们以成人姿态出现在社会中时，却又屡屡碰壁。也就是说，他们想独立，但又害怕品尝碰壁的苦头，这一矛盾使得他们对自己感到很迷茫。

实际上，青春期的孩子非常渴望得到家长的理解和安慰，如果家长真的理解他们，他们是很愿意向家长敞开心扉的。然而，现实是，孩子要经常面对家长的指责和不满。在这种情况下，孩子不仅不愿意向家长敞开心扉，甚至会和家长对着干。

第二，我正常吗？到了青春期，孩子的身体开始出现第二性征，女生的乳房开始隆起，男生出现喉结、胡须等。这使得他们感到困惑和不安。

与此同时，性成熟会使孩子开始对异性产生莫名的好感和幻想，并产生对性的渴望和冲动，这又加重了他们的罪恶感。这种心理冲突会促使他们在心中不停地问自己："我正常吗？"

那么，家长们要怎么做，才能帮助他们更好地度过青春期呢？

首先，家长要适当地让权。

一些家长喜欢与这些青春期的孩子"较真"：批评他们的奇装异服、怪异发型；指责他们不务正业；过多插手孩子的事情……这些都不是有效的教育方式。这样做的后果只会让家长与孩子"两败俱伤"！家长越生气，孩子的怪异行为越多；家长与孩子之间的关系恶化，家长说孩子不可理喻，孩子说家长不理解自己。

正确的做法是，给孩子一些空间，让他们在宽松的环境中自我思考。

其次，以平等的态度多与孩子沟通。

青春期的孩子，存在很多成长的困惑。作为家长应该了解他们的真实想法和困境，并帮助他们解开心中的种种疑惑。但是，在帮助孩子时，家长要特别注意方式方法，因为青春期孩子的自尊心特别强，家长应该以平等的态度与他们沟通。

只有这样，青春期的孩子才更乐意接纳家长的"教育"和帮助，才能顺利度过青春期，甚至会在这个过程中和家长成为朋友。

表扬孩子未必都是好事

表扬，是家长对子女进行教育时常用的手段。表扬的形式很多，例如肯定、赞许、期待、激励、物质奖励，等等。正确使用表扬，将会收到令人满意的效果；但是，有很多家长却不懂得表扬的方式方法，这样不仅不能使表扬产生积极的作用，反而带来了弊端。

有一位家长对自己上小学六年级的孩子说："如果你这次考上重点中学，就给你买电脑。"果然，孩子考好了，得以如愿。但是后来的一个学期孩子忙于玩电脑游戏，不做作业，期末考试成绩很不好。这时候，家长才意识到：买电脑来刺激孩子学习的方法欠妥。

这个例子中，该家长单纯以物质奖励来刺激孩子的学习，结果适得其反。因为孩子的心智尚未成熟，很多时候对自己的欲望缺乏自制力，以物质来刺激孩子，可能让孩子形成一种错误的学习动机，即只为了得到物质奖励而学习，这对于孩子长期的发展是不利的。所以，要注意采用“精神奖励为主、物质奖励为辅”的奖励方式。

在表扬的过程中，家长需要注意哪些问题呢？

第一，要营造良好的表扬氛围。表扬如果是在良好的气氛下进行，能增强孩子的荣誉感、责任感、进取心；反之，则收不到好的效果。

第二，应该重视做人方面的表扬。有些家长很重视孩子的学习成绩，一旦孩子考试成绩好，就大大加以赞扬，给予物质奖励。而有的孩子常常助人为乐，却往往得不到家长的表扬。其实，孩子在生活与学习中，只要有了好的表现，就要进行表扬。

第三，表扬方式要多样化。单一的表扬方式，不仅激发不了孩子的学习热情，时间一长，还会引起孩子的厌烦。

第四，表扬要实事求是。孩子的微小进步都值得给予肯定，但表扬时要实事求是。如果家长对孩子微小进步评价过高，就容易使孩子滋长骄傲自满情绪。

第五，表扬要因人而异。表扬时，要视孩子的具体情况而定。如果对于一个成绩原来在下游的同学，那么当他争取到中等的成绩时，家长应该及时给予表扬和鼓励，让他们看到自己的进步，并因此树立信心，再接再厉。如果一味地要求孩子一定要考到前三名，才能得到表扬或奖励，那么可能会影响孩子的学习积极性。

总之，只有了解了孩子的心理需求，投其所需，才能真正收到良好的表扬效果。

他们为何对名人穷追不舍

狗仔队通常是指一些专门跟踪知名人士（例如艺人、政治人物、皇室成员、运动员等）的记者。这些人不甘于等新闻，而是主动创造新闻，名人就成了他们全天全程追击的目标。

社会越开放，人际关系越趋复杂，人们也越来越珍惜自己所拥有的空间。因为只有这块领域，人们才可以卸掉伪装，去掉设防，松弛心情，与自己的家人或爱人自由自在地相处。但是，自从有了“狗仔队”名人便无法安宁了。名人们的隐私频频遭到曝光，导致了名人与记者关系日趋紧张，冲突不断。

狗仔队为何要对名人穷追不舍，这背后是一种什么样的心理驱使他们这样做?

心理学家认为，这一现象归根结底来源于大众对名人隐私，尤其是负面隐私所表现出来的极度好奇的心理。那么，人们为什么会喜欢窥探名人的隐私呢?

第一，源于人类天生的好奇心。人刚出生的时候，眼前的一切对初生婴儿来说都是未知的，于是在成长过程中我们带着浓厚的兴趣开始探寻、了解和适应这个大千世界。人类生来就存在好奇心，特别是对隐私的好奇。

第二，为了获得心理上的满足以及别人的关注。人生活在特定的群体中，需要通过不同的方式来体现自己在这个群体中的地位，以满足被这个群体其他人关注的需要。就像在一个班级里面，成绩好的学生通过取得优异成绩来获得别人的认可，成绩差的则通过做小动作或调皮捣蛋来获得同学的关注。喜欢窥探别人隐私的人，大多数也是为了向别人炫耀自己“知道得比别人更多”而获得心理上的满足，以显示自己的“能耐”。

第三，自我保护的需要。人生活在这个世界，安全的需要是最基本的需要，每个人潜意识里都有自我保护的一道防线，都有属于自己不愿为外人所知的隐私。

有位心理学家曾说："只要人格还没有成熟，人们就还会热衷于窥探别人的隐私；只要还有欲望被深深压抑的人，就会有人挖空心思地揭露别人的隐私，借着别人的隐私，宣泄自身的欲望；只要人性还存在着缺陷，窥探隐私的喜好，就永远不会结束。"

说到这，我们就不难理解狗仔队的动机了，正是为了迎合大众这种喜欢窥探他人隐私，尤其是名人隐私的心理，为所在单位或自己带来各种经济利益，狗仔队才疯狂地，不惜代价地挖掘名人隐私，甚至不惜撕破脸皮与名人们对着干。

为什么有人喜欢偷吃"禁肉"

《圣经》中亚当与夏娃偷吃了禁果，于是被赶出了伊甸园。现实中人类偷吃了"禁肉"，于是酿成了一场又一场的悲剧。

2003 年春天，正当人们欢天喜地地度过充满祥和的春节，一场没有硝烟的战争却悄然在中国拉开序幕。

2002 年 11 月 16 日，佛山市第一人民医院接诊了一例特殊肺炎患者，并发现了 2 ~ 3 个病例。此后，河源、中山、江门、广州、深圳相继出现类似病例。

2002 年 12 月 15 日，紫金县的黄可初和郭杜程先后住进了河源市人民医院。曾经接诊过他们的 5 名医务人员先后出现与患者相同的症状。人们开始恐慌。

2003 年 1 月 2 日，中山市收治类似病人。由于对这种病缺乏了解，医务人员并没有及时防护，中山市某医院有七八个工作人员被传染。从 1 月 16 日开始，中山市"肺炎流行"的谣言蔓延开来，市民纷纷到药房购药用以防备，一些人一买就是几十盒。

2003 年 2 月 6 日，广东非典型肺炎进入发病高峰，全省发现病例达 218 例。这些病例主要集中在广州，相当一部分还是接诊的医务人员。2 月 10 日到 11 日，广州街道呈现出一片萧条景观，酒店、餐馆及各种娱乐场所无人光顾。

之后，非典型性肺炎开始在全国各地蔓延。不少人在这场没有硝烟的战争中丧生，非典型性肺炎的恐惧笼罩着整个中华大地。

这场战争给我们的心灵带来了巨大的阴影，恐慌的人们仰天长叹：为什么会发生这样的悲剧！

不久，调查结果出来了：最初的传染源是果子狸，非典型性肺炎是吃野味的人吃了果子狸而引发的病毒。看到这一结果许多人大跌眼镜，这场战争的罪魁祸首居然是果子狸！在过去，果子狸肉一直被视为难得的山珍野味和滋补佳品，被人们推崇为山珍之首。后来，中国一些地区食用果子狸现象愈演愈烈，鲜活果子狸成为市场上的畅销货，价格不断上涨。1998 年每千克 40 元，至 2003 年每千克 180 ~ 200 元，丰厚的利润促使各地盗猎贩卖果子狸之风极盛。但是，果子狸早在 2000 年 8 月 1 日已被列为国家保护的野生动物。

除了果子狸，还有数不清的野生动物被摆上餐桌，其中不乏受国家保护的野生动物。国家已经明令禁止，为何还有人要对着干？

首先，受猎奇心理驱使。如今，标新立异、与众不同、吃出花样成为许多人广为追求的目标。由于野生动物的种类和数量都在锐减，使得野生动物变得更加稀奇与珍贵。在这种情况下，品尝野味满足了人们的猎奇心理，因此很受欢迎。

其次，满足虚荣心理。“民以食为天”，饮食是人类的基本需求。在中国传统观念中，野生动物尤其是珍稀动物的“地位”是至高无上的。它是富贵的象征，只有最富有、最高贵的人才有资格享受它。因此，在人们生活水平日益提高的今天，品尝野生动物尤其是珍稀动物，对于当今少数新贵来说，迎合了其摆阔、显贵等虚荣心理。

最后，受从众心理的影响。“从众”是一种比较普遍的社会心理和行为现象。通俗地解释就是“人云亦云”“随大流”。国人在饮食方面存在许多误区，以为食用野生动物能获得日常饮食所不能代替的滋补效果，大家都这么认为，我也就这么认为；大家都这么做，我也就跟着这么做。事实上，野生动物并没有特殊的营养价值，也没有无可代替的滋补地位。

为什么会对领导决断有抵触心理

领导与下属是社会关系中常见的一种。领导者对下属实施领导，并按照一定的目标、任务、标准、程序等要求下属做什么、怎么做，并规范下属的行为。二者之间有时难免会发生冲突。

在职场中，为什么下属会对领导的决断产生抵触呢？所谓抵触心理是对事物的压力变化产生的一种抵触心态，使情绪变得非常的暴躁和极度的不稳定。比如你想尽快地完成工作，领导却给你设置了重重障碍，致使你产生抵触心理。

抵触情绪常常以下列三种形式出现：其一，条件限制。某些人不能支持或同意你的提议，是由于某种无法妥协的原因（例如公司政策、法律原因、合同义务）。其二，找借口。人们会找借口或拖延，是因为不相信你的主意会使他们受益。此时你能做的就是消除他们的疑虑。其三，真正的反对。这种情况是由于缺乏资金或资源，受时间限制等原因造成的。

对领导决断的抵触，其实就是对领导能力以及决断的怀疑。当你在职场碰到能力不如你的领导，心里或多或少会有些不服，对领导的话也不怎么放在心上，对于领导的决策也持反对意见，更不愿意去执行。觉得领导的各种决策都是错的或者觉得领导是在自作聪明，这种肤浅的决策作为下属的你动动脑筋就能做出判断；甚至你觉得这决策很不可思议，对此感觉很无奈。产生矛盾后，若身边再有人挑唆，下属就会觉得自己的努力领导根本就不会放在眼里，因而做事变得不积极；而领导会觉得，我给他做规划都是为了他可以尽快晋升，他还不领情。双方有了矛盾一般不会当场发作，但会对对方产生不满的心理。

出现抵触心理时，我们应该怎么做呢？

先来了解令下属不满的领导类型：暴躁型：这类上司经常为一点小事发脾气，性格急躁，容易将个人情绪带进办公室；优柔寡断型：你的上司总是朝令夕改，令你措手不及；摆款型：此类上司自恃清高，喜欢摆架子，而且心胸狭窄；管家婆型：这类上司事无巨细，什么都管，表面上他似乎相当开明，鼓励人尽其才，实际上他只是将他下属当工具，他的意见就是命令，你很难获得成就感；不体谅下属型：此类上司做事缺乏责任心，不懂得体谅下属，这一类型也是下属最抵触的。

对于以上几种类型的领导，我们能做的就是熟悉领导的心理特征，与之多沟通交流。不熟悉领导的心理特征，就不能与之进行良好的交流，无法与领导取得共鸣。

即使你受到了极大的委屈，也不要把这些情绪带到工作中，因为这会影响你的工作。

领导和下属要学会换位思考，站到对方的立场去想问题，这样双方的合作就会十分愉快。一旦你真正消除了抵触心理，你就会觉得你们更像是伙伴而不像是上下级。作为伙伴，领导会委托给你更多更重的任务，使你有更广阔的发展空间。

婆媳之间为何经常硝烟弥漫

自古以来，婆媳关系就非常复杂，常言道："家家有本难念的经。"其中一本就叫"婆媳经"。在家庭中，两代人之间的矛盾和冲突最明显和最常见的是婆媳关系。婆媳不合是让很多人头痛的问题。那么，是什么使得婆媳之间经常硝烟弥漫？

第一，"真有之情"与"应有之情"的矛盾。

婆媳两个人来自两个不同的家庭，因为爱着同一个男人而成为一家人，她们既不是婚姻关系，也无血缘联系。社会心理学的观点认为：中国人对各种人际关系会采用一个双维度的标准，一个维度是关系中的两个人身份角色的距离，另一个维度是关系中两个人的真情交换和义务履行的均衡，这就是两种感情——"应有之情"与"真有之情"。新媳妇嫁过来的时候，没有血缘的两个人只是把自己放在了婆婆与媳妇这两个角色上，她们之间的情感是由双方的角色建立起来的“应有之情”而不是两个人相处所形成的感情。

第二，角色的偏差导致彼此对对方的期望值不同。

这一点是和上一点连接的。婆媳双方混淆了婆媳与母女之间的关系，把“应有之情”期望成“真有之情”，婆婆用当“妈”的口气训媳妇，媳妇用在娘家的习惯在婆家生活和婆婆相处，婆媳双方都希望对方像对自己的亲妈和亲女儿一样对自己，可是两个人没有天然的血缘关系，自然会对对方失望，于是争吵不断，造成婆媳之间的矛盾升级。

第三，婆媳对儿子养老资源与物质保障的争夺。

自古有云：养儿防老。在中国，养儿防老的观念根深蒂固，老人辛苦一辈子，就是为了这个儿子，也希望儿子以后成为自己物质和精神上的保障，可是儿子娶了媳妇，这个时候老人的心里自然是不平衡的，为了消除这种不平衡就把气发到媳妇的头上，婆媳矛盾就此形成。

第四，婆媳对家庭的经营权与管理权的争夺。

在中国古代，只有媳妇熬成婆了才能挺起腰板做人，因为封建的大家族都是婆婆掌管家里的大事小情，媳妇只能听婆婆的安排。但是现代文明社会与过去有天壤之别，现代媳妇也不像以前的媳妇那样对婆婆唯命是从，婆婆还是像以前一样管着家里的事，管着媳妇，但媳妇也想自己当家做主，同时觉得婆婆的某些观念是不合时宜的，此时婆媳双方对家庭的管理权的争夺也成了婆媳矛盾的又一原因。

基于以上原因，婆媳关系成了家庭关系中令人头痛的环节，并非婆媳之间刻意要对着干，而是感情基础不扎实，日常生活习惯不同等诱因引发。那么，我们如何才能尽量平息这场历史悠久的“婆媳大战”呢？

首先，要培养婆媳之间的感情。婆媳虽然没有血缘关系，但婆媳之间也有共通的地方，那就是同时爱着、关心着同一个男人。

只要利用好这个条件，拉近婆媳关系，并在日常的相处中增进彼此的感情，婆媳关系也可以很融洽。

其次，要相互理解、相互包容。婆媳来自两个完全不同的家庭，她们的家庭背景与教育背景可能有落差，在生活中表现出的处事风格不同，只有相互理解、相互包容，从对方的角度去思考问题，冷静理智地对待生活中各类小摩擦，抱着“大事化小、小事化了”的心态去沟通，冲突自然会减少。

再次，“尊老爱幼”。家庭关系应建立在互相关心、互相扶持的基础之上。因此，要尊重关心老人，为老人提供生活上的照料，心灵上的安慰。而婆婆也要放下封建思想的枷锁，真心实意地关心爱护儿媳。

最后，发挥儿子的中介作用。儿子作为双方关系的关键点，在处理婆媳关系中起着十分重要的作用。儿子不能在婆媳之间传话，会做的儿子两头瞒，不会做的儿子两头传；儿子可以帮助婆媳进行心理沟通，帮助婆媳消除心理上的障碍，增进感情。

处理好婆媳关系，是保证家庭和睦的重要环节之一。婆媳之间本无仇，女人何苦为难女人？

为什么有些女人 30 岁了还单身

张爱玲在自己的小说里曾经评价女性为“女结婚员”。但是这样的说法在现在的社会似乎行不通。女权运动、争取男女平等这些行动落实到了实处的结果，就是女人再也不肯对恋爱生活妥协。婚姻不适，我们会主动选择解除关系；没有合适的对象，我们宁愿单身。再加上一些指导单身女性如何幸福生活的书籍不断涌现，女人们似乎掌握了很多独立生活的要领，也变得更加享受和热爱这种一个人的孤单生活。可是，孤单就像是一种冷暴的游戏，刚开始尝试的时候会觉得刺激，时间长了，并不利于生活的健康。

我们选择单身的那一刻，其实是选择了一个人跟生活的磨难斗争。可是作为一种群体动物，我们还是需要一个伙伴，与他互相扶持着生活会更加舒服。单身的女人会面临各种难题，尽管我们学会了自己缝衣服、刷马桶、换煤气，但我们还是会生病、脆弱、悲伤、无助，还是要面对生理上和心理上的空虚，而这样的需要，不是亲人和好朋友能够满足的。所以，单身女性更需要恋爱来缓解一个人的悲哀，但这并不是让单身女性为了寂寞而去恋爱。

面对单身女人的这些困境，香港社会工作者何式凝说："单身的人怎么才能维持自己的幸福呢？这需要他们所居住的城市足够大，持有不婚或者晚婚念头的人足够多，多到组成一个大池塘，单身的人就可以在其中自由游弋，排列组合。有了这样的大池塘，才能出现'奔四'而活得依然潇洒的单身男女。"单身是一种生活的态度，一个单身部落能够让人们从中得到足够的安慰，寻求到足够多的精神寄托。但是，尽管眼下"剩女"成了一个热点话题，但是这个群体并不集中，人们分散在大都市的各个角落，孤单而无助。

选择单身，最重要的心理原因之一可能是对婚姻的畏惧。剩女可能会觉得婚姻是一件很恐怖的事情：两个人生活在一起，要想维护和谐的关系本身就已经够难了，还要时刻地为对方着想，顾及对方的家人和朋友；婚姻中会形成更加复杂的社会关系，可能会给我们带来更多的压力；还要面对随时可能出现的第三者……

面对单身问题，其实我们大可不必顾虑太多，以至于给自己带来太大的压力和负担。其实，无论是选择婚姻，还是选择单身，两者都是一种生活态度和生活模式。我们不要因为恐惧婚姻带来的压力就走上了单身之路，同时，也不要因为害怕孤独而选择了婚姻。

我们要学会正确面对自己的生存状态。选择单身，最好是在自己能够感受自由、快乐的前提下，年龄或许会是一个压力，但是，我们要学会转移矛盾，要想到人生中我们还有更多有价值的事情可以做。

真的是“无仇不成父子”吗

文学家朱自清的《背影》中老父亲朴实、行动蹒跚的形象深入民心，把深沉厚重、含蓄内敛的父爱描写得淋漓尽致。

父亲，是对儿子关心最多、对儿子人生影响最大的人。最美好的父子关系应该是朋友关系——平等相处，互相关心，彼此尊重，苦乐共享。而这种父子关系在我们的生活中是不多见的，更多的儿子觉得父亲并不关心自己，他们无法从日常生活中感受到父亲的爱，对父亲产生误解，久而久之还会与父亲疏远。很多父子缺少沟通的习惯，因而在相处的过程中不断产生摩擦与误会，却碍于这种特殊的“面子”让双方都不愿主动去握手言和。

我和父亲关系一直不太好，交流得太少，没什么话可说，我知道这样不好，可是不知道该怎么解决。最近这两天看他下班回来好像是有点什么问题似的，话少，吃饭也不跟我和母亲一起按时吃。在别人那里我听说他好像认为我不爱理他，说我总是跟我妈说话，但实际上我很羡慕别人跟自己的父亲关系那么好，羡慕动画片《大头儿子小头爸爸》里面的父子关系，我曾经为此找过几次学校的心理老师，但还是不知道跟父亲怎样沟通交流。别人让我主动跟他说话，今天他回来的时候我就是这样做的，吃饭时跟他说话，但他却不理我，我真不知道该怎么办？

这是一个大二男生的困惑，相信这也是很多儿子的困惑。为什么父子关系会变这样呢？心理学家认为，这与男性的个性特点和心理特点有很大关系。

相比女性，男性的情感表达能力不够强，很少通过语言及外显的行为来表达爱。儿子小时候，通常会把父亲当成榜样，完成自己“男子汉形象”的建立。男孩子刚毅、勇敢的性格与父亲的影响是非常大的，在学习了父亲身上这一系列优秀品质的同时，也学会了不善情感表达，这就使得男性之间的情感表达不畅通。

另外，受传统角色的影响，男性都有很强的控制欲和支配欲。

儿子小的时候，父亲能够很好地控制、支配其行为，并从中体验到一种满足。但是随着儿子步入青春期，儿子强烈的自主意识和父亲的控制欲形成了冲突，于是父子之间的抗衡产生了。

除此之外，父亲对儿子的高期望也是造成矛盾的一大原因。一旦儿子的行为不符合自己的期望，父亲便容易产生失望、愤怒的情绪。

基于男性的心理特征，父子之间的冲突属于正常现象，而且，儿子也是要通过“挑战”父亲来证明自己长大了。不过，如果冲突过于激烈就不妥当了，要把握好度，否则只会伤害彼此。

首先，了解彼此的心理特点是非常必要的，在此基础上，才能做到相互理解。做儿子的要尊重父亲的价值观，而做父亲的也要接受儿子长大的事实，并给予尊重。

其次，要善于培养彼此的情感沟通能力。具体做法如下：对对方的优点，能及时肯定赞美；对对方为自己的付出，能及时表达感激；对对方的困难应及时发现，并给予支持。语言虽然是沟通情感的重要途径，但却不是唯一的方法。父亲和儿子之间也可以通过其他途径来弥补语言表达的不足，比如，父亲用眼神鼓励儿子，就会传达给孩子很强的力量感；儿子默默地为父亲倒杯水，父亲就能感觉到来自儿子的关心。多在非言语行为上做努力，对父子之间情感的培养是非常重要的。

作为儿子，只有明白父子关系的特点，就会懂得如何处理父子关系。当与父亲出现不同的看法的时候，要心平气和地交流，不要固执己见。人无完人，父亲也不例外，也会有缺点和犯错误的时候，但父亲的出发点总是为了儿子好。有时父亲可能不理解年轻人的想法，这需要我们换位思考。

第三章

都市通病：现代人为什么毛病多

如果我们生气，吃亏的究竟是谁

生活中很多人都爱发脾气，而当我们因生气使自己的情绪恶化到失去控制时，往往会做出一些过激的行为。等到情绪平稳时，我们则会后悔当时不理智的所作所为。

当我们遇到让自己生气的事情时，应该先努力让自己平静下来，好好想一想，为什么会有这样的情况发生；如果这时采取行动将会造成怎样的后果……当你冷静地考虑过这些以后，或许你的怒气就已经消减大半了。在生气的时候，你如果不能让自己冷静，做出冲动的事情，可能最终受苦的还是自己。

一天早晨，明辉醒来，发现自己睡过了头，很可能要耽误一个重要的会议，于是不由得生起自己的气来。他匆匆地穿衣洗漱，却发现妻子还没有准备好早餐，于是就冲妻子发起火来。妻子觉得他太过分，于是两个人就吵了起来。直到他们的女儿被父母激烈的争吵吓得大哭起来，明辉才气冲冲地空着肚子去上班。

半路上又遇见堵车，他本来心情就不好，这下更是急躁地拼命按着鸣笛。因为情绪不好，又太着急，他的车在路口还与别的车发生了摩擦，险些出现大的交通事故。明辉被这一连串的事情弄得暴躁异常，他愤愤地想：今天是怎么了？怎么就那么不顺呢？

到了公司，会议已经开始了，明辉因为迟到被点名。会议中，由于别人提出的想法和他的不同，明辉就和这个人在会议上争论起来。由于一早上没一件顺心的事情，明辉的话语显得有些刻薄，最终会议不欢而散。

明辉回到自己的部门后，又发现有人把昨天的工作弄出了乱子，这下明辉更火了，将犯错的下属大骂一通，他的大嗓门让整个部门的人都听见了。几天后，经过董事会的一致投票，明辉被免去了主管职务。

控制好自己的怒气，才让人和人之间更理智地相处，从而避免做出冲动的行为。

在生气的时候，我们更应该保持冷静。想一想，为什么会这样？我有什么责任？对方有没有什么值得理解的地方？你不仅要站在自己的立场去想问题，而且要站在对方的角度去想。这样，你不仅能弄清楚事情的对错，也不会冲动了。

总之，生气是害人害己的一种恶劣情绪。我们必须学会克制怒火，学会忍让、宽容、理解别人。

博士的“旷世杰作”——自恋

一名某名牌高校的博士，心理似乎出了点问题，他的女朋友陪他来到一家心理咨询中心，下面是这名博士生的自述：

“我是个法学专业的研究生，正在读博士学位，可称得上天之骄子了吧！但最近，我发觉自己陷入困境，似乎很难念完博士学位。前不久，我写了一篇论文。我认为那是篇很有价值的论文，我相信，它会在法学界产生极大的震动，并会产生深远的影响。但我写到2/3时，却很难进行下去。我的导师们对我的论文很不以为然，而且，还软磨硬拖，阻碍它早日脱稿发表。我知道，他们是怕我的文章出来后，显得他们脸上无光，他们就是妒贤嫉能。其实，这正说明他们故步自封。不过，我会尽力而为，用行动证明自己能超越他们，同时证明他们不过如此。就是因为此事，近来我严重失眠，常在床上翻来覆去睡不着。本来我和女朋友的关系还可以，近来也显得非常紧张。我不知是怎么回事，希望能得到您的帮助。”

心理咨询师听完博士的话笑了笑，然后问博士关于论文的事。一触及此，博士便眉飞色舞，甚至于手舞足蹈，似乎他正在万人会场的主席台上慷慨陈词。

为了进一步了解情况，咨询师又问了几个问题。

“你有过自卑的时候吗？”

“没有，我没有必要自卑。”

“那么，你有孤独的时候吗？”

“我一直在孤独中。不过，这没关系，我知道，有成就的人总是孤独的。”

“你和女友关系怎样？”

“不怎样。和女人相处，对我来说只是一种调节剂，不会有太大的收获。”

问完这些，咨询师让博士到外面稍等片刻，请他的女友进来，了解了一些情况。

博士的女友说，在她以前，他曾结交过好几个女孩子，但不知什么缘故，谈的时间不长，一个个都离他而去了。在学校里，他总是“天马行空”、独来独往，逢年过节学校联欢时，也没什么人愿意同他搭话，他也不理别人。

谈到那篇论文时，博士的女朋友说，那只是一篇平庸之作，既无新的见解，论述也不够全面，他的导师也这么认为。

到了这一步，心理咨询师已经完全明白了是怎么一回事。他告诉博士的女朋友：“从你男朋友的种种表现来看，他是严重的自恋患者。”

自恋是一种心理障碍，其突出表现就是以自我为中心，按自己的需求，凭自己的情绪办事。

病态自恋者处处为自己物质的和心理的利益考虑，而实际上，他们的一切利益都因为自恋而受到了损害。

自恋是一种对赞美成瘾的症状，为了获得赞美，自恋者会不惜一切代价。自恋者也会下意识地明白，总是从别人那里获得赞美是不可能的，所以会不自觉地限定自己的活动范围，以回避外界任何可能伤及自恋的因素。

自恋是一种非理性的力量，自恋者本人无法控制它，所以就永远不可能获得内心的宁静，永远都会被无形的鞭子抽打，只知道朝前奔走，而没有一个可感可知的现实目标。

在与他人的交往中，自恋者会因为他们的自私表现而丧失他们最看重的东西——来自别人的赞美，这对他们来说是毁灭性的打击，自恋者易患抑郁症，原因就在这里。

每个人都会有或多或少的自恋倾向——小到对一枚指甲的专心修饰，大到爱自己而不能与别人相爱。人人都应该爱自己，但是爱得过了火就很危险。所以我们平时要客观地评价自己，建立积极的自我概念，学会公开、直接表达自己，努力倾听和了解周围人的思想和感受，积极沟通感情，认真听完别人的讲话，不要轻易打断别人的讲话，尽量避免让自己产生病态的自恋心理。

人生为何如此黑暗——空虚

田新性格内向，平时不爱跟同学说话，有什么事总是憋在心里。他在日记中写了这样一段话。

“刚读高中的时候，我还没有什么忧愁，可从高一下学期开始，无论何时何地我总会感到一阵阵烦躁，烦躁的原因有来自生活上的，也有来自学习上的。

“在学习上我一直是中上水平，可后来不知怎么搞的，大概是几次考试失利的缘故吧，我感到学习特没劲，成绩也落后了，班主任找我谈了几次，我也没什么变化，我对什么都无所谓了。想来想去，觉得生活没意思，真的没意思。同学们都在那里学习，可学习好了又有什么用呢，究竟为了什么呢？成绩再好也免不了生老病死。学校有时也搞一些活动，但内容几乎和小学生一样，各种各样的评奖只不过是些幼稚的活动，我真的觉得很无聊。家里，爸爸每天出入花鸟市场，炒股票，打麻将，对我的学习一点也不关心；妈妈除了做家务，只会每天盯着我，唠唠叨叨说个不停，一会儿说我头发长了，一会儿又数落我东西没放整齐……事无巨细，她都要唠叨一番，我都替她累。有时夜深，独自坐在书桌前，望着一大堆功课，我会想很多：活着真没劲，就这样一天天混下去也不知有什么结果，真想离开这个灰暗的人生，有个新的开始……”

田新之所以感到人生灰暗，没有色彩，这和他的空虚心理有很大关系。

空虚心理指一个人的精神世界一片空白，没有信仰、没有寄托、百无聊赖，如同行尸走肉。精神空虚者往往萎靡不振，缺乏社会责任感，有碍于社会发展，也有害于人类发展。

空虚是一种不良心理，有碍于人格的健全发展，我们要防止这种心理。现实生活中，摆脱空虚感可以采用以下 5 种方法：

调整需求目标。空虚心态往往是在两种情况下出现的。一是胸无大志；二是目标不切实际，使自己因难以实现目标而失去动力。因此，摆脱空虚必须根据自己的实际情况，及时调整生活目标，从而调动自己的潜力，充实生活内容。

多与人交往，获得别人的支持。当一个人失意或徘徊时，特别需要有人给予力量和支持，予以同情和理解。只有获得别人支持，才不会感到空虚和寂寞。

博览群书。读书是填补空虚的良方。读书能使人找到解决问题的钥匙，使人从寂寞与空虚中解脱出来。读书越多，知识越丰富，生活也就越充实。

忘我地工作。劳动是摆脱空虚极好的措施。当一个人集中精力、全身心投入工作时，就会忘却空虚带来的痛苦与烦恼，并从工作中看到自身的社会价值，使人生充满希望。

转移目标。当某一种目标受到阻碍难以实现时，不妨转移目标，比如在学习或工作以外培养自己的业余爱好（绘画、书法、打球等），使心情平静下来。当一个人有了新的乐趣之后，就会产生新的追求；有了新的追求就会逐渐完成生活内容的调整，并从空虚状态中解脱出来，迎接丰富多彩的新生活。

人生的毒药——忌妒

佛经上有一则故事：

在古远时代，摩伽陀国有一位国王饲养了一群象。象群中，有一头象长得很特殊，全身白皙，毛柔细光滑。后来，国王将这头象交给一位驯象师照顾。这位驯象师不只照顾它的生活起居，也很用心教它。这头白象十分聪明、善解人意，过了一段时间之后，他们已建立了良好的默契。

有一年，这个国家举行一个大庆典。国王打算骑白象去观礼，于是驯象师将白象清洗、装扮了一番，在它的背上披上一条白毯子后，才交给国王。

国王就在一些官员的陪同下，骑着白象进城看庆典。由于这头白象实在太漂亮了，民众都围拢过来，一边赞叹、一边高喊着："象王！象王！"这时，骑在象背上的国王，觉得所有的光彩都被这头白象抢走了，心里十分生气、忌妒。他很快地绕了一圈后，就不悦地返回王宫。一入王宫，他问驯象师："这头白象，有没有什么特殊的技艺？"驯象师问国王："不知道国王您指的是哪方面？"国王说："它能不能在悬崖边展现它的技艺呢？"驯象师说："应该可以。"国王就说："好。那明天就让它在波罗奈国和摩伽陀国相邻的悬崖上表演。"

隔天，驯象师依约把白象带到那处悬崖。国王就说："这头白象能以三只脚站立在悬崖边吗？"驯象师说："这简单。"他骑上象背，对白象说："来，用三只脚站立。"果然，白象立刻就缩起一只脚。

国王又说："它能两脚悬空，只用两脚站立吗？""可以。"驯象师就叫它缩起两脚，白象很听话地照做。国王接着又说："它能不能三脚悬空，只用一脚站立？”

驯象师一听，明白国王存心要置白象于死地，就对白象说：“你这次要小心一点，缩起三只脚，用一只脚站立。”白象也很谨慎地照做。围观的民众看了，热烈地为白象鼓掌、喝彩。

国王愈看，心里愈不平衡，就对驯象师说：“它能把后脚也缩起，全身悬空吗？”

这时，驯象师悄悄地对白象说：“国王存心要你的命，我们在这里会很危险。你就腾空飞到对面的悬崖吧！”不可思议的是这头白象竟然真的把后脚悬空飞起来，载着驯象师飞越悬崖，进入波罗奈国。

波罗奈国的人民看到白象飞来，全城都欢呼了起来。波罗奈国国王很高兴地问驯象师：“你从哪儿来？为何会骑着白象来到我的国家？”驯象师便将经过一一告诉国王。国王听完之后，叹道：“人为何要与一头象计较、忌妒呢？”

人生在世，一定不可心怀忌妒。俗话说：“已欲立而立人，已欲达而达人。”别人有所成就，我们不要心存忌妒，应该平静地看待别人所取得的成功，这是拥有幸福人生的秘诀。

有一对夫妻心胸很狭窄，总爱为一点小事争吵不休。有一天，妻子做了几样好菜，想到如果再来点酒助兴就更好了。于是她就拿瓢到酒缸里去取酒。

妻子探头朝缸里一看，瞧见了酒中倒映着的自己的影子。她以为是丈夫对自己不忠，把女人带回家来藏在缸里，就大声喊起来：“喂，你这个死鬼，竟然敢瞒着我偷偷把女人藏在缸里面。如今看你还有什么话说？”

丈夫听了糊里糊涂的，赶紧跑过来往缸里瞧，他一见是个男人，也不由分说地骂起来：“你这个坏婆娘，明明是你领了别的男人回家，暗地里把他藏在酒缸里面，反而诬陷我！”

“好啊，你还有理了！”妻子又探头往缸里看，见还是先前的那个女人，以为是丈夫故意戏弄她，不由勃然大怒，指着丈夫说：“你以为我是什么人，任凭你哄骗的吗？你，你太对不起我了……”妻子越骂越气，举起手中的水瓢就向丈夫扔过去。丈夫侧身一闪躲开了，见妻子不仅无理取闹还打自己，也不甘示弱，于是还了妻子一个耳光。这下可不得了，两人打成一团，又扯又咬，简直闹得不可开交。

最后闹到了官府，官老爷听完夫妻二人的话，心里顿时明白了大半，就吩咐手下把缸打破。

一锤下去，只见那些酒汩汩地流了出来。不一会儿，一缸酒流光了，缸里也没看见半个男人或女人的影子。夫妻二人这才明白他们忌妒的只不过是自己的影子而已，心中很是羞愧，于是就互相道歉，和好如初了。

我们遇到怀疑的事，不宜过早下结论，要客观、理智地去分析，才能够了解真相。尤其在生气的时候，不能像故事中的这对夫妻一样，不冷静地思考分析，反被忌妒心冲昏了头脑而伤了和气。

如果别人的忌妒能把你打倒，这说明你虽然可能是优秀的，却不是最优秀的，在意志上更算不上优秀。

面对忌妒者的中伤，常人最容易做出的也是最下策的反应就是反唇相讥。这样，你会因为别人的无聊，自己也变得无聊。甚至有可能陷入一场旷日持久，使心智疲惫又毫无意义的纠葛中。拜伦说过：“爱我的我报以叹息，恨我的我置之一笑。”他的这“一笑”，真是洒脱极了，有味极了。对忌妒者的中伤，最妙的回答是让心灵安详地微笑。

丈夫离去的日子里——孤独

3 年前，60 岁的露丝失去了丈夫，当时她悲痛欲绝，觉得自己的世界一下子塌了。自那以后，她便陷入了一种孤独与痛苦之中。“我该做些什么呢？”在丈夫离开她近一个月之后的一天晚上，她对朋友哭诉：“我将住到何处？我将怎样度过一个人孤独的日子？”

朋友安慰她说，她的孤独是因为自己身处不幸的遭遇之中，才50多岁便失去了自己生活的伴侣，自然令人悲痛异常。但时间一久，这些伤痛和孤独便会慢慢减缓消失，她也会开始新的生活——从痛苦的灰烬之中建立起自己新的幸福。

“不！”她绝望地说道，“我不相信自己还会有什么幸福的日子。我已不再年轻，孩子也都长大成人，成家立业。我孑然一身还有什么乐趣可言呢？”露丝得了严重的自怜症，而且不知道该如何治疗。好几年过去了，她的心情一直都没有好转。

有一次，朋友忍不住对她说：“我想，你并不需要特别引起别人的同情或怜悯。无论如何，你可以重新建立自己的新生活，结交新的朋友，培养新的兴趣，千万不要沉溺在旧的回忆里。”她没有把朋友的话听进去，因为她还在为自己的孤独自怨自叹。后来，她觉得孩子们应该为她的幸福负责，因此便搬去与一个结了婚的女儿同住。

但事情的结果并不如意，由于她的孤僻，她和女儿都得面临一种痛苦的经历，甚至恶化到母女反目成仇。露丝后来又搬去与儿子同住，但也好不到哪里去。后来，孩子们只好共同买了一间公寓让她独住，但这更加重了她的孤独。

她对朋友哭诉道，所有家人都弃她而去，没有人要她这个老妈妈了。露丝的确一直都没有再享有快乐的生活，因为她认为全世界都在孤立她。她实在是既可怜，又可悲，虽然已年过半百了，但情绪还像小孩一样不成熟。

每个人都有孤独的时候，这是一种正常的现象，但如果孤独超出了一定的界限，就会造成心理障碍。

要想战胜孤独，保持健康的心理，我们可以采用以下方法：

要战胜自卑。因为总觉得自己跟别人不一样，所以就不敢跟别人接触，这是自卑心理造成的一种孤独状态。这就跟作茧自缚一样，要冲出这层包围着自己的黑暗，必须先咬破自卑心理组成的茧。

要随时跟朋友们保持联系，不应该只是在你感觉到孤独的时候才想起他们。要知道，别人也都跟你一样，要想体会到友谊的温暖，就要为别人做点什么。

适度地离开熙熙攘攘的尘嚣世界，接近大自然，享受大自然带给我们的乐趣，也是排遣孤独的良好方式。只不过忙碌于名利和生计的人们，早已没有闲适的心情去品味自然的美妙之处。

要想从根本上克服内心的脆弱，莫过于给自己确立一些目标，培养某种爱好。一个懂得自己活着是为了什么的人，是不会感到寂寞的；同样，一个活着而有所爱、有所追求的人，也是不怕寂寞的。

幸福靠自己争取——怨恨

丽华，是某国企中层领导干部，28 岁走到这一步，已经很了不起，家中又有英俊、能干、体贴的丈夫以及漂亮、可爱的女儿，她成为同事、朋友们羡慕的对象。

可谁知，她最近异常憔悴，因为怨恨而痛苦不堪。原来，几天前，她的公公和婆婆对她说了一些不友善的话。丈夫是家中的独生子，而公公、婆婆都是思想非常保守传统的人，3 年前儿子结婚时他们就一直盼着儿媳能给他们生个白白胖胖的孙子，以传宗接代，用他们的话说就是“家族香火不能断”。眼巴巴地盼了 3 年，却事与愿违，两位老人极度失望。虽说孙女极像儿子，非常乖巧，但仍难以消除二老心中的遗憾以及对儿媳的不满。他们知道这是无法补救的事实，但有时仍忍不住会借机对儿媳说些难听的话。丽华怀孕那段时间，公公、婆婆对她都非常好，总是变着花样做好吃的给她，还不让她做任何家务活，总是让儿子陪着儿媳去公园散步。还有两个月才临产，他们就硬让丽华请假在家休养。可是，一旦希望落空，他们便对丽华十分冷淡，甚至都不愿照顾刚出院的丽华。对这些，丽华并不在意，她觉得只要丈夫对自己好就行了，反正自己嫁的是丈夫，而且她还认为时间久了，公公、婆婆还是会重新接纳她以及她的女儿的。

就这样过了半年，女儿长得越发乖巧，但公公、婆婆的态度却没有一点儿改变，他们甚至有些变本加厉了，有时甚至无中生有，还经常在儿子面前说丽华的坏话。丽华产生了强烈的怨恨心理，她说："我再也无法和他们恢复昔日的关系了，往后的日子叫我如何面对？"

认识他们家的人谈及她时都认为她是无辜的受害者，似乎不应该承受那么大的罪过，请她不要太伤心，但她愈想愈激动。她哭着说："总有一天我会想办法报这个仇，让他们也尝尝这种滋味！"她说这话时的脸色十分吓人，眼睛像要喷火一样恐怖，拳头攥得紧紧的，似有深仇大恨一般。

丽华的心从此蒙上了灰色的阴影，离开了快乐和幸福，充斥丽华内心的只有两个字——怨恨。这两个字控制了丽华的思维，占据了丽华的头脑，它就像一把熊熊燃烧的火烤得丽华坐立不安。

在日常生活中，也有不少类似丽华这样的情况。从心理学的角度分析，丽华之所以没有了幸福和快乐，是因为她心中充满了怨恨。这种深深的怨恨蒙蔽了她的双眼，使她无法自拔。

怨恨是一种消极心理，我们要努力克服它，不让其蔓延。具体做法如下：

适当的否认。对痛苦的现实进行适当的否认，这是一种保护性的正常防御，如自我暗示说："我并不是一无是处，我还有我的优点……""我有丈夫的支持，这是最主要的。"

积极的压抑。把妨碍身心健康的痛苦体验或创伤性事件予以选择性遗忘，阻止它们扰乱正常的生活。如不要老是去想自己如何失败，自己的面子如何，而是想想怎样才能改变现状。

有利的合理化。有两种表现，一是"酸葡萄心理"，即把得不到的东西说成是不好的；另一种是"甜柠檬心理"，即在得不到葡萄而只有柠檬时，就说柠檬是甜的，两者的作用都是掩盖痛苦和失败，以保持内心的安宁。

合理的移植。将指向某一对象的情绪、意图、欲望转移到另一个对象或替代的物体上，借此减轻精神负担，获得心理平衡。不是顺应不良的行为，而是用人们可以接受的方式，如体育活动、文娱活动等积极的行为。

积极认同。从他人身上获取适应生活、工作、学习的有效方法和风格，从而自我安慰、自我解脱、自我调整、自我激励，正确对待自己，对待他人，对待生活。

生死边缘的徘徊——抑郁

卢西出生在一个偏僻的小山村，父母都是目不识丁的老实山里人。她自小勤奋好学，家里人对她寄予了很大的希望，她也想依靠自身的努力使父母过上富足些的日子。所以，她自小就勤奋好学，从小学到高中，到大学，她的成绩在班里一直都名列前茅。但由于一心读书，卢西很少交朋友，根本没有什么知心伙伴，因此，卢西常感到很孤单，很寂寞。尤其是参加工作后，在机关上班，工资较低，仍旧无法接济父母，她心里经常自责。

另外，她很难与人相处，总是一人独来独往，虽然心中也很想与人交往，但又不敢，也不知道怎样去结交朋友。4 年前经人介绍和某同事结婚，但两人感情基础不好，常为一些小事吵架。因此，两年来她有一种难以言状的苦闷与忧郁感，但又说不出什么原因，总是感到前途渺茫，对一切都不顺心，老是想哭，但又哭不出来，即使是遇有喜事，卢西也毫无喜悦的心情。过去很有兴趣去看电影，听音乐，但后来就感到索然无味。工作上亦无法振作起来。她深知自己如此长期忧郁愁苦会伤害身体，但又苦于无法解脱，并逐渐导致睡眠不好，多噩梦及胃口不佳。有时她感到很悲观，甚至想一死了之，但对人生又有留恋，觉得死得不值得，因而下不了决心。

抑郁让卢西徘徊在生与死的边缘，久难抉择，卢西的痛苦是每一个抑郁的人都有的体验。

抑郁是一种悲哀、沮丧、郁闷的情绪体验，是一种心理状态，主要表现为情绪低落、表情苦闷、行动迟缓，常感到力不从心、思维迟钝、联想缓慢，因而语言减少、语速缓慢、语音低沉或是整日沉默不语。

在心理问题中，抑郁是最常见的，常被人们戏称为“心理感冒”。

抑郁是人类第一号心理杀手，我们要摆脱它的束缚。具体方法如下：

为自己制定简单的任务。即使是你自己觉得没有兴趣和缺乏动机，每天也要完成一些简单的任务，如打个电话或者是写封信。虽然你可能觉得这样做很难，但是请把它看作是良好感觉的一个开端。

把自己的活动写到日记中。每一天结束后，把自己一天所做的事情记录下来。按照这些活动带给你的快乐程度把它们排列出来，并且有意识地计划做更多自己喜欢的事情。

克服消极思想。把自己的消极思想记下来，如“我是个失败者”或者是“没有人喜欢我”。认识这些反常思想，并理智地克服它们。

与他人交谈。信任自己的密友和家人，把自己的感受告诉他们。保持沟通。

进行更多的运动。有意识地多做一些身体方面的锻炼，即使仅仅是散步或者是游泳之类的锻炼。在锻炼的过程中，体内会产生自然的抗抑郁激素。养花、种草和阅读一类的活动也有助于分散你的消极思想。

检验自己的目标。不要去想自己的生活应该往哪个方向走。应该考虑你是否在做自己真正想做或者是倾向于去做的事情。

把工作留到明天——拖延

杨帆是某公司策划部部门主管，他以前做事认真、积极，但自从升为主管后便染上了拖拖拉拉的毛病，杨帆为这毛病烦恼不已。

有一天，他在上班途中信誓旦旦地下定决心，一到办公室即着手草拟下一年度的部门预算，杨帆准时于九点整走进办公室。但他并没有立刻开始预算草拟工作，因为他突然想到不如先将办公桌及办公室整理一下，以便在进行重要的工作之前为自己提供一个干净与舒适的环境。

他总共花了30分钟的时间，使办公环境变得有条不紊。杨帆虽然未能按原定计划在九点钟开始工作，但他丝毫不感到后悔，因为30分钟的清理工作不但已获得显而易见的成就，而且它还有利于以后工作效率的提高。

杨帆面露得意神色随手点了一支香烟，稍作休息。此时，他无意中发现报纸上的彩图照片是自己喜欢的一位明星，于是情不自禁地拿起报纸来。等他把报纸放回报架，时间又过了10分钟。这时杨帆略感不自在，因为他已自食诺言。不过报纸毕竟是精神食粮，也是重要的沟通媒体，身为企业的部门主管怎能不看报，何况上午不看报，下午或晚上也一样要看。这样一开脱，心也就放宽了。

正当他正襟危坐地准备埋头工作时，电话铃响了，那是一位顾客的投诉电话。杨帆连解释带赔罪地花了20分钟的时间才说服对方平息怒气。挂上电话，他去了洗手间。

在回办公室途中，杨帆闻到咖啡的香味。原来是另一部门的同事正在享受"上午茶"，他们邀杨帆加入。他心里想，刚费心思处理了投诉电话，一时也进入不了状态，而且预算的草拟是一件颇费心思的工作，若头脑不清醒，则难以完成，于是，杨帆毫不犹豫地应邀加入到享受"上午茶"的行列，与大家聊了起来。

回到办公室后，他果然感到神清气爽，满以为可以开始"正式工作了"——拟定预算。可是，一看表，已经10：45了！距离11点的部门例会只剩下15分钟了。他想，反正在这么短的时间内也不太适合做比较庞大耗时的工作，干脆把草拟预算的工作留待明天算了。

故事中的杨帆具有拖延心理。拖延是成功的大敌，形成拖延心理的原因有以下几点：

第一，自我击败感的意识常常导致抑郁、消沉、烦恼、妄自菲薄等种种不良的情绪，它可以使人斗志涣散、精神沮丧，使人感到沉重的精神压力。

第二，受挫折耐力低弱也是产生懒惰的重要原因。这种心理，也就是人们常说的遇事经不起挫折。它实际上能起助长“自我击败”心理形成的作用，从而走向另一个极端。

第三，对别人产生敌对情绪，与第二个原因有许多共同之处。它产生于一种“应该必须式”的意识。若是这些条件没有达到，你就会产生气愤怨怒，从而进一步产生拖延心理。

第四，与人的适应能力低下有关。时代与条件的变化，需要人们更新观念。然而，遗憾的并不是所有的人都能做到这一点，有的人因为惰性太强而跟不上形势，有的人因为竞争失败而被淘汰出局，有的人虽费尽心机仍然成为时代的落伍者，有的人因为不遵守“游戏规则”而受到了惩罚，有的人因为太为所欲为而四处碰壁……于是，这部分人在失望、失意、失落、失败等情况下，加入了精神怠倦者的行列之中。

拖延最深层的原因来自于眼前享乐主义。这种人生活的目的在于设法得到欢乐，避免痛苦；但是有时必须暂时忍受眼前的挫折和不适，以便以后得到更大的、长久的利益和舒适；至于将来，则丝毫不加顾及。

拖延是一种不良习惯，如果你也有拖延的恶习，不妨试一试下面的这些诀窍：

设定一个截止时间（期限）。没有期限的任务可以被无限期地推迟，设定一个日期然后坚持下去。

设定一种奖励机制，使其与任务相当。下午的时候清理车库是值得到外面大吃一顿的，发布一个开发了14个月的软件能够保证一次热带旅游。

安排后续工作，指派某人当一个“唠叨的家伙”。给予他们许可来定期检查，以确保你还在继续做值得做的或计划做的事情。

先做它。当你有最多能量的时候，首先完成困难的任务。

把大任务分割成小任务。如果整个任务看起来太大而难以完成，就把它分割成易处理的一个个子任务。

现在就做。有时候你只需投入精力，它就做成了。

他为什么会脸红——羞怯

张建是一个刚刚大学毕业走上工作岗位的小伙子，一直以来，他对与其他人交往有一种恐惧感，见到人脸就红，尤其是陌生人。如果与他们在一起时，他便会莫名其妙地紧张。当他与别人并肩而坐的时候，心中总是想要看看别人，这种欲望很强，但又因为恐惧而不敢转过脸去看。如因有事必须与他人接触时，不论对方是男是女，张建一走近对方，便感到心慌、神情紧张、面部发热，不敢抬头正视对方。如果与陌生人坐在一起，相距两米左右时，他就开始感到焦虑不安、手心出汗，神情也极不自然。因此，他很害怕与别人接触，进而害怕到外面去做业务，这影响了他的工作成绩和正常的生活，张建的内心感到非常痛苦。

张建是羞怯心理的典型例子。羞怯的心理每个人都有，只是轻重不同而已。羞怯会使人消极保守，沉溺在自我的小圈子里，不利于一个人的成功，甚至可能造成心理障碍。

要摆脱羞怯心理，我们可以从以下几个方面做起：

1. 做一些克服羞怯的运动

例如，将两脚平稳地站立，然后轻轻地把脚跟提起，坚持几秒钟后放下，每次反复做 30 下，每天这样做两三次，可以消除心神不定的感觉。强迫自己做数次深长而有节奏的呼吸，这可以使一个人的紧张情绪得以缓解，为树立自信心打下基础。

2. 改变你的身体语言

最简单的改变方法就是 SOFTEN——柔和身体语言，它往往能收到立竿见影的效果。所谓“SOFTEN”，S 代表微笑；O 代表开放的姿势，即腿和手臂不要紧抱；F 表示身体稍向前倾；T 表示身体友好地与别人接触，如握手等；E 表示眼睛和别人正面对视；N 表示点头，显示你在倾听并理解对方说的话。

3. 主动把你的不安告诉别人

诉说是一种释放，能让当事人舒服一些，如果同时能获得他人的劝慰和帮助，当事人的信心和勇气也会随之大增。

4. 循序渐进，一步步改变

专家告诉我们，克服害羞是一项工程，也是一场我们一定能够打赢的战斗，每一个胜利都是真实可见的，只要我们去做。

5. 学会调侃

首先得培养乐观、开朗、合群的性格，注重语言技术训练和口头表达能力，还要去关注社会、洞察人生，做生活的有心人。“调侃”，对于害羞的人而言，是一味效果很不错的药剂。服了它，你的一句话可能就会让生活充满情趣，让你自己也充满自信。

6. 讲究谈话的技巧

在连续讲话中不要担心中间会有停顿，因为停顿一会儿是谈话中的正常现象。在谈话中，当你感觉脸红时，不要试图用某种动作掩饰它，这样反而会使你的脸更红，进一步增加你的羞怯心理。要知道羞怯并不等于失败，这只是由于精神紧张，并非是不能应付社交活动。

7. 学会克制自己的忧虑情绪

凡事尽可能往好的方面想，多看积极的一面。平时注意培养自己的良好情绪和情感，相信大多数人是以信任和诚恳的态度来对待自己的，不要把自己置于不信任和不真诚的假定环境中，那样，你对别人就总怀有某种戒备心理，自己偶有闪失，或者并无闪失，也生怕别人看破似的，这样自己就会惶惶然，以致加重羞怯心理。

地上的泥土与天上的星星——挫折

如果一个人在46岁的时候，因意外事故被烧得不成人形，4年后又在一次坠机事故后腰部以下全部瘫痪，他会怎么办？再后来，你能想象他变成了百万富翁、受人爱戴的公共演说家、扬扬得意的新郎及成功的企业家吗？你能想象他去泛舟、玩跳伞，在政坛角逐一席之地吗？米契尔全做到了。

在经历了两次可怕的意外事故后，米契尔的脸因植皮而变成了一块“彩色板”，手指没有了，双腿细小，无法行动，只能瘫痪在轮椅上。意外事故把他身上65%以上的皮肤都烧坏了，为此他动了16次手术。手术后，他无法拿起叉子，无法拨电话，也无法一个人上厕所，但以前曾是海军陆战队队员的米契尔从不认为自己被打败了。他说：“我完全可以掌握自己的人生之船，我可以选择把目前的状况看成倒退或是一个起点。”

6个月之后，米契尔又能开飞机了。他为自己在科罗拉多州买了一幢维多利亚式的房子，另外也买了一架飞机及一家酒吧。后来他和两个朋友合资开了一家公司，专门生产以木材为燃料的炉子，这家公司后来变成佛蒙特州第二大私人公司。坠机意外发生4年后，米契尔所开的飞机在起飞时摔回跑道，把他胸部的12块脊椎骨全压得粉碎，腰部以下永远瘫痪。“我不解的是为何这些事老是发生在我身上，我到底是造了什么孽？要遭到这样的报应？”米契尔仍不屈不挠，日夜努力使自己能达到最高限度的独立，他被选为科罗拉多州孤峰顶镇的镇长。后来竞选国会议员时，他用一句“不只是另一张小白脸”的口号，将自己难看的脸转化成一项有利的资产。而且，尽管面貌骇人、行动不便，但他仍然勇敢地坠入爱河，并完成了终身大事，也拿到了公共行政硕士学位，并持续着他的飞行活动、环保运动及公共演说。

米契尔说：“我瘫痪之前可以做1万件事，现在我只能做9000件，我可以把注意力放在我无法再做好的1000件事上，或是把目光放在我还能做的9000件事上。告诉大家，我的人生曾遭受过两次重大的挫折，如果我能选择不把挫折拿来当成放弃努力的借口，那么，或许你们可以用一个新的角度来看待一些一直让你们裹足不前的经历。你可以退一步，想开一点，然后你就有机会说：‘或许那也没什么大不了的。’”

故事中主人公一生不断遭遇挫折，但是他都没有被挫折心理打倒，而是勇敢地站了起来。

挫折对于一个生活的强者来说，无异于一剂催人奋进的兴奋剂，可以提高他的认识水平，增强他的承受力，激发他的活力；挫折对一个弱者来说，则可以减弱他的成就动机水平，降低他的创造性思维活动水平，减弱自我控制力，发生行为偏差。

受挫后的心理失衡不仅影响人的工作、生活，还严重影响人的健康。长久的心理失衡不仅会引起各种疾病，甚至能使人丧生。为了避免受挫后消极心理的产生，提供如下几种调节方法。

1. 倾诉法

将自己的心理痛苦向他人诉说。受挫后如果把失望焦虑的情绪封锁在心里，会凝聚成一种失控力，它可能摧毁机体的正常机能，导致体内毒素滋生。适度倾诉，可以将失控力随着心中的痛苦逐步转化出去。

2. 优势比较

受挫后有时难以找到适当的倾诉对象，便需要自己设法平衡心理。优势比较法要求去想那些比自己受挫更大、困难更多、处境更差的人。通过挫折程度比较，将自己的失控情绪逐步转化为平心静气。另外，寻找分析自己没有受挫感的方面，即找出自己的优势点，强化优势感，从而增强挫折承受力。

3. 重树目标

挫折干扰了自己原有的生活，打破了自己原有的目标，需要重新寻找一个方向，确立一个新的目标，这就是目标法。目标的确立需要分析思考，这是一个将消极心理转向理智思索的过程。目标一旦确立，犹如心中点亮了一盏明灯，人就会生出调节和支配自己新行动的信念和意志力，去努力进行达到目标的行动。目标法既可以抑制和阻止人们不符合目标的心理和行动，又可以激发和推动人们去从事达到目标所必需的行动，从而使人们鼓起战胜困难的勇气。

特殊的寻找者——完美主义

在远方的城市里，来了一个老人。这老人一看便知是来自远地的旅人，他背着一个破旧不堪的包袱，他的脸上布满了风霜，他的鞋子因为长期的行走破了好几个洞。

老人的外表虽然狼狈，却有着一双炯炯有神的眼睛。不论是行走还是躺卧，他总是仔细而专注地观察着来来往往的人。

老人的外貌与双眼组合成了一个极不统一的画面，吸引了所有人的目光，人们窃窃私语：这不是普通的旅人，他一定是一个特殊的寻找者。

但是，老人到底在寻找什么呢?

一些好奇的年轻人忍不住问他:“您究竟在寻找什么呢？”

老人说:“我像你们这个年纪的时候，就发誓要寻找到一个完美的女人，娶她为妻。于是我从自己的家乡开始寻找，一个城市又一个城市，一个村落又一个村落，但直到现在都没有找到一个完美的女人。”

“您找了多长时间呢？”一个年轻人问道。

“找了60多年了。”老人说。

“难道60多年来都没有找到过完美的女人吗？会不会这个世界上根本就没有完美的女人呢？那您不是找到死也找不到吗？”

“有的！这个世界上真的有完美的女人，我在30年前曾经找到过。”老人斩钉截铁地说。

“那么，您为什么不娶她为妻呢？”

“在30年前的一个清晨，我真的遇到了一个最完美的女人，她的身上散发着非凡的光彩，就好像仙女下凡一般，她温柔而善解人意，她细腻而体贴，她善良而纯净，她天真而庄严，她……”

老人边说边陷入深深的回忆里。

年轻人更着急了:“那么，您为何不娶她为妻呢?”

老人忧伤地流下眼泪，说:“我立刻就向她求婚了，但是她不肯嫁给我。”

“为什么? 为什么?”

“因为，因为她也在寻找这个世界上最完美的男人!”

生活中，很多人和故事中的主人公一样，追求完美的伴侣、工作、生活……追求完美并不是缺点，只不过期待和现实难免有落差，一般人可能会退而求其次，或者修正自己的期望；完美主义者则缺乏这样的弹性，他们不是落入“明知不可为而为之”的困境，就是逃避现实，独自躲在梦想的框框内。

过度追求完美无疑是自寻烦恼，所以我们要尽快摆脱这种心理的困扰。这就需要我们:

1. 正确评估自己的潜能

对自己既不要估得太高，也不必过于自卑。有一分热发一分光。你如果事事要求完美，这种心理本身就成为你做事的障碍。不要用自己的短处去与别人的长处相比，而是要发挥自己的长处。

2. 重新认识“失败”和“瑕疵”

一次乃至多次的失败并不能说明一个人价值的大小。仔细想一下，如果从不经历失败，我们能真正认识生活的真谛吗? 我们也许一无所知，沾沾自喜于愚蠢的无知中。因为成功仅仅只能坚定期望的信念，而失败则给了我们独一无二的宝贵经验。

人只有经受了失败的考验才能达到成功的巅峰，亡羊补牢，犹未晚也。更不必为了一件事未做到尽善尽美的程度而自怨自艾。没有“瑕疵”的事物是不存在的，盲目地追求一个虚幻的境界只能是劳而无功。我们不妨问一问:“我们真的能做到尽善尽美吗?”既然不能，我们就应该尽快放弃这种想法。

3. 为自己确定一个短期的目标

目标切合实际会为你提供一个新的起点，能使你循序渐进地摘取事业上的桂冠。同时，你的生活也会因此而丰富起来，变得富有色彩、充满人情味，并不像你原来所想的那样暗淡。

见义勇为不是错——定式错位

安迪是一名大三的学生，从上大学以来，他老是感觉头痛、失眠，还伴有晕眩、恶心、干呕的症状。虽经治疗已不再有干呕症状，但还是时而头痛、失眠。老师得知后，建议他去找学校的一位资深的心理学专家请教。

安迪找到这位心理老师。在心理老师面前，安迪说了一件一直压在他心头的事情："那是在我高三时遇到的事。如果是现在我才不管呢！这个社会真是黑白颠倒、是非不分！"在心理老师的一番劝慰后，他详细地陈述了自己的一些情况：

"我是家里唯一的孩子，父母都是小学教师。从小母亲对我要求很严，6岁时送我上小学，数年如一日不顾劳累，耐心辅导我。我也很争气，学习成绩一直名列前茅，小学时还跳了一级。读重点高中后，母亲对我要求更严，还为我设计了未来的人生之路——考入全国名牌大学、读硕士、博士、出国留学……老师对我也寄予了很大的期望，同学们也都认为我能成功，我也信心十足，很有把握。哪知天有不测风云，高三一天放学回家的路上，我与另外3名要好的同学骑自行车回家。我骑车走在前面，与他们相距二三十米。突然，我听到后面有人喊叫，往后一瞧，看见几名蓄着长发、拿着棍棒的陌生面孔的小青年围住了我那3名同学，一阵棍棒之后，他们3个都趴在地上哼了起来。我虽然年龄、身材均比他们小，但见到这种情况，想着应该帮他们一把，于是我冲了上去。几个小青年见我身单力薄，便抛下那3名同学，一齐将我围住，不容我问明原委，便拳脚相加，一顿毒打。我只觉头部左侧被类似木棒一样的硬东西重重一击，眼前电光一闪，一阵剧痛，便晕了过去。住院治疗和在家休养期间，头痛稍轻一点，我便咬牙坚持自学。一个多月后，又继续跟班学习。虽然有时头部像炸裂一样疼痛难忍，但我仍以顽强的毅力完成了学业。为了让母亲宽心，不为我的病痛担忧，即使头部再难受我也装作若无其事。可我明显感到学习不像以前那样得心应手，用脑时间一长，就像机器生锈一样运转不灵，记忆力似乎也不如以前。疼痛起来，总感到恶心，却什么也吐不出来。他们太不仗义了！我去救助他们太不值得了，太不值得了！”说完之后，他便极度伤心地痛哭了起来。

心理老师从安迪的陈述中看出他对原来见义勇为的事情感到后悔，以至于后来自己痛悔，并时时将此事放在心头，念念不忘。

心理老师告诉他：“你这样做是很值得的，经过一段时间的治疗就会好。”

经过半年的调节，安迪的头痛好了，家人对他充满信心，他的成绩也赶上去了。

上述故事中安迪的这种心理在心理学上被称为定式错位现象。

定式又叫作心向，即由一定的心理活动所形成的准备状态，影响或决定同类后继心理活动的现象，也就是人们按照一种固定的倾向去反映现实，从而表现出心理活动的趋向性、专注性。

定式存在于各种心理活动之中，社会的定式能反映出心理活动的稳定性和前后一致性。例如人们可以根据以往生活的经验定式，较好地进行常规的工作与学习。但是有些人却在社会中表现出另外一种心向，即对已经是很熟悉的情况或人反而变得很不熟悉了，这种情况叫作“定式错位”。

定式错位的危害极大，对个人而言，可能会导致信念丧失、心灵空虚、斤斤计较、算计他人、不思进取，甚至走上违法犯罪的道路；就人际关系而言，会导致人际间的不信任、摩擦与冲突，酿成家庭、邻里及同事间的感情悲剧；从社会来看，它与社会风气的败坏、社会公德的衰退紧密相关。因此，我们必须纠正错位的定式，以一种健康的心态与行为去工作、学习与生活。

关于定式错位的自我调适，我们可以尝试做到以下几点：

1. 要定位于确立的人生观、价值观

观念的确定要加强学习，从圣人先哲的著作中去领悟做人的道理，从社会楷模的言行中去学习做人的道理。同时要善于思考，思考能帮助你透过现象看到本质，把握社会发展主旋律，使你能站在较高的角度看待人生与社会，以正确的逻辑推理在变幻莫测的社会事物中做出正确的选择。

2. 要加强个人的品德修养

要“一日三省吾身”，有“慎独”的人格，绝不“跟着感觉走”。有社会责任感，努力去履行自己的道德义务。

3. 对已有的错位定式可以采取系统脱敏法去纠正

即从纠正最小的错误做起。例如有不相信他人的错误定式，可以考虑从以下顺序来纠正：相信自己→相信家人→相信朋友→相信同事→相信上级→相信路人。由易到难，循序渐进地进行纠正。

楚汉之争，谁主沉浮——优柔寡断

韩信率兵讨伐时，斩了齐王田广，占领了齐国，不仅扩大了疆域，也壮大了自己的势力。这时，他已有数十万大军，成为举足轻重的人物。当时楚汉相争的形势是，韩信叛刘归项则刘灭，向刘背项则项亡。如果韩信自树一帜就会形成三足鼎立之势。

在刘邦与项羽相争的最激烈时期，诸侯各据一方，或叛项归刘，或背刘降项，或自立为王，群雄逐鹿，各显其能。在风云变幻的楚汉相争中，英雄辈出，居然有一个不起眼的小人物——蒯通。

他把当时天下的形势看得极为透彻。他深知“天下权在信”。于是拜见韩信，从当时的形势，韩信所处的环境与他的实力，以及他将来得天下的利益等诸方面苦口婆心地规劝他造反自立。

但韩信考虑再三后说：“先生言之有理，容我权衡一下，再做决定。”蒯通见韩信已被自己说服，便告辞了。

蒯通本以为韩信是个胸怀大志的人，将来一定能做出经天纬地的大事业，可他等了数日，却不见韩信有所举动，便又找韩信，说："希望将军快做决定，机不可失，失不再来。"韩信当即回答说："先生请不要再费心了。我考虑再三，自从归汉后，刘邦肯把将军大印交给我，统领数万大军，现在又封我为齐王，如果忘恩负义，必遭报应。况且我擒魏豹、平赵、定燕、灭齐，立下战功累累，又一向以忠信对待他。我想汉王不会亏待我的。"

蒯通听后，对韩信的性格有了了解，认为自己再劝也是徒劳，于是装疯卖傻逃离了汉营。

当时，韩信正处于楚、汉相争的乱世，为他自树一帜，提供了极好的契机；他本人智勇超常，手握重兵数十万，又雄踞齐地，有能力、有把握自立为王；还有蒯通为他出谋划策，可以说这是一位不可多得的谋士，可以说，天时、地利、人和都具备，而他仍然优柔寡断、胆小怯懦。正如韩信自己所说："我若负德，必至不祥。"后来的事实证明，他的命运果然"不祥"，但绝不是因"负德"，而是由于他优柔、怯弱的性格所致，岂不是咎由自取？

后来韩信又一次错失良机。刘邦追杀项羽旧部钟离昧，韩信出于同乡之谊收留了他。这招致了刘邦的不满，而此时韩信若能当机立断，肯与钟离昧联手共同抗汉，那不仅保护了钟离昧的性命，他自己日后也能幸免于难。可惜的是，韩信在这次机遇面前仍犹豫不决，于是不仅失去了朋友，又眼睁睁地失去了成功的机会。

优柔寡断的性格可以破坏一个人对于自己的信赖，也可以破坏他的判断力。

一个人要想摆脱优柔寡断，保持果断的性格，可以从以下几点做起：

1. 强化自我意识

遇事要沉着冷静，自己开动脑筋，排除外界的干扰或暗示，学会自主决断。要彻底摆脱那种依赖别人的心理，克服自卑、培养自信心和独立性。

2. 强化实践锻炼

一方面，要加强学习、积累知识、开阔视野，用知识来武装和充实自己，提高自己分析问题和解决问题的水平，并通过学习别人的经验来扩展自己决断事情的能力；另一方面，要积极投身到部队生活实践中去，刻苦锻炼，不断丰富经验，增强自己的适应能力。

3. 强化意志力量

要培养自己性格中意志独立性的良好品质。对自己奋斗的目标要有高度的自觉。只要你经过自己的实践认准的事，就应义无反顾地走下去，想方设法达到预期目的。不必追求任何事情都做得十全十美，不必苛求自己没有一点失败，不必过多地注意别人怎样议论你。

4. 调整好需要结构

当需要不能同时兼顾时，抑制一些不可能实现的需要。如古人所云："鱼我所欲也，熊掌亦我所欲也，两者不能兼得，舍鱼而取熊掌也。"

5. 强化积极思维

俗话说："凡事预则立，不预则废。"平时注意经常思考问题，增强预见性，关键时刻才能及时、果断、准确地做出选择。

第四章

行为规范：为什么白干活高兴，干活赚钱反而不高兴

为什么愿意免费做义工，给补贴却不愿意做了

每当有大型活动，像什么奥运会、亚运会等，总少不了志愿者的身影。志愿者或者义工，他们致力于免费、无偿地为社会贡献自己的力量，被称为新时代的“雷锋”。这些人要么是为了锻炼自己的社交能力，要么是为了结交新朋友，要么是为了报答社会。无论是出于什么考虑，反正就是不和金钱沾上一丁点关系。我们最不能容忍的就是，自己的义务劳动被明码标价了。为什么我们不愿意在获得心理满足的同时，又获得一定的报酬呢？为什么当志愿活动成为了兼职，我们的积极性就会下降，甚至于不愿继续做了？当我们的志愿活动被明码标价的时候我们更会被彻底激怒，这是怎么回事呢？

这是因为我们分别遵守了两条截然相反的行为规范准则，一条是由社会规范主导，一条则由市场来规范。

社会规范是人们社会行为的规矩，社会活动的准则；是人类为了社会共同生活的需要，在社会互动过程中衍生出来，相习成风，约定俗成，或者由人们共同制定并明确施行的。其本质是对社会关系的反映，是社会关系的具体化。社会规范包括人与人之间互相的友好请求。你能帮我搬家吗？你能帮我修水管吗？社会规范一般是友好的。我们可以帮邻居搬沙发，帮助了别人，我们

除了得到一句道谢或者给人留下一个“好人”的形象外，不会捞到任何物质上的“好处”。

市场规范所统治的商业化行为则完全相反。人与人之间的所有行为都被定性为市场化行为，里面不再存在情感，而且界线十分清楚。这里的交换是黑白分明的：工资、价格、租金、利息以及成本和赢利。当达成约定时，我们就得按照白纸黑字的协议执行。这时，我们就不是帮忙搬家了，而是用劳动去换取报酬，一定得让顾客称心如意，与此同时他人就得及时付款。

志愿活动更多只是帮帮忙，力所能及地帮助他人，这是社会规范守则主导的。当我们被告知我们的行为有丰厚的报酬，我们的行为就变了性质，这无疑是与崇高的志愿精神相抵触的。当我们的社会规范意愿被商业侵犯的时候，行为的市场属性无形中打击了我们的积极性。当社会规范被市场规范所取代，便产生了另一个矛盾。我们往往认为志愿者的劳动是无价的，就算再多的报酬也被认为是配不上个人的付出的，明码标价是对义务劳动的侮辱。

但这种关系未必是邪恶与卑俗的——事实上，它同时也包括了自立、创新以及个人主义，只是放错了位置。如果我们处在由市场规范行为守则的世界里，按劳取酬——它从来就是理所当然的。

行为规范守则的错位，导演着这种怪诞的心理。社会规范下，我们干活赚钱不高兴，这不是因为我们犯贱，而是因为用错了行为守则去看待问题。市场规范下，我们白干活不仅会不高兴，还会演变为劳资纠纷。行为规范守则就像是我们学生时代遵守的《日常行为规范守则》，小学的不能与大学的混用。持有不同规范守则，就会有迥异的心理反应，它们是不可调和的，却可以互相制衡，互相转变。

岳母准备的晚餐你能付费吗

年三十，男子在岳母家参加家庭宴会。看着她精心准备了一下午的丰盛晚餐，鲜美的白切鸡、香脆的烤鸭，一家人吃得不亦乐乎。餐后是她拿手的黑芝麻糊汤圆。

节庆的氛围一直持续到凌晨倒数。时间差不多了，男子稍稍放松下心情后，啜上一小口酱香茅台，感激地注视着岳母，然后诚心诚意地说声：“妈，您辛苦了。为了表达我对您的感谢，我给您 500 元吧。”

这场景会发生什么事？美国著名插画家诺曼·洛克威尔的画表现过类似的主题。一杯葡萄酒被打翻了，岳母大人满脸通红站了起来；小姨子怒目相向；外甥女哭了起来。

这是怎么回事呢？为什么我们提出直接付款，会让聚会的人们如此扫兴？有“英国大众心理学传播第一教授”之称的理查德·怀斯曼教授总结出这样的结论：我们同时生活在两个不同的世界里：其中一个世界由社会规范主导，另一个则由市场规范来制定法则。社会规范包括人们之间互相的友好请求。另一个世界与此截然不同，为市场规范所统治。

把亲人的社会规范当作市场规范，当然会惹怒众人。

从心理上来说，我们可以这样理解。社会规范指的是人与人之间交往的普遍准则，例如互相帮助，互相关心，社会规范一般是友好的，界线不明的，不要求即时回报的，社会规范下的行为偏离靠内疚等情感因素矫正。另外一种则是市场规范，市场规范下的人际关系界线十分明确，就是你付我多少报酬我给你干多少活，简单的来说就是在商言商。

社会规范更像是一种感性规范，强调的是情感上的认同，而市场规范则偏重于理性，强调物质上的回报。

我们不由得发现，因为没有顾虑到社会规范和市场规范的差异心理，往往会使我们陷入交际的困境。

社会规范和市场规范的博弈

社会性行为规范守则维护着我们的人际关系，使我们的生活更加有“人情味”。市场性行为规范守则形成了我们的商业关系，是我们生活的生产力。两者就像是一道美味里的调味料，它多了你少了，两者的博弈之间演绎着我们阴晴圆缺的社会心理。那么两者又是如何在日常生活中发挥作用，如何深入地影响我们的心理的呢？

曾有心理学家做过这样的实验。在一个电脑屏幕的左边会出现一个圆圈，右边是一个方框。参与者的任务是用鼠标把圆圈拖到方框里去。一旦圆圈被成功地拖进方框，它立即从屏幕中消失，原来的起点上又出现一个圆圈。参与者尽量快地拖圆圈，记录下在5分钟内能拖多少，用这个方法测量他们在这一任务中付出的努力。

这样的设计是如何阐明社会规范和市场规范的呢？原来心理学家把参与者分成了三组，第一组的参与者参与实验可以得到50元的报酬。第二组的参与者也提出了同样的任务和要求，不过他们的报酬要低得多，只有5元。第三组的参与者被告知他们这个任务只是一种社交请求，并没有任何劳动报酬。

我们可以看到，第一组和第二组是被设置市场规范下的比较，第三组就完全是社会规范。那么最后这几个组各自的努力程度如何？

结果在市场规范下的组：得到50元的参与者平均拖了159个圆圈，得到5元的平均拖了101个圆圈。在市场规范下，得钱多的参与者受到的激励更大，工作更努力。

不给钱的那一组是怎样的情况呢？这些参与者比那些拿钱较少的参与者干得差吗？或者是他们遵照预想的社会规范工作更加努力呢？结果是，他们平均拖168个圆圈，比拿50元的那些多得多，比拿5元那些也要多。换句话说，这些人没有金钱激励，他们仅仅是按社会规范来参与，可是他们比那些为50元的人更加努力。

这是怎么一回事？0元怎么会比50元更有吸引力？我们再看一个现实中的例子。

曾经，在美国，大多数的律师都无法接受美国退休人员组织提出以约一小时30美元的价钱为一些需要帮助的退休人员服务，然而，当他们被问及是否愿意免费为需要帮助的退休人员服务时，绝大多数的律师却赞成了。

律师的表现跟我们提到的实验里的参与者如出一辙。这是因为，提到了钱的问题，律师们用的是市场规范，认为报酬与他们的实际工资标准相比太少。没提到钱的问题，他们用的是社会规范，所以他们愿意贡献时间。那么，为什么他们不干脆把自己假想为拿了30美元补贴的义工呢？这是因为，一旦市场规范进入了我们的考虑，社会规范就随之而去。

在前面的实验里，那些拿到50元报酬的人同样不会有“给这些研究人员帮了忙，还挣了点钱”的心理，进而干得比那些没拿钱的更出力一些。相反，他们把自己转到了市场行为规范守则的心理中，认为50元值不了多少，因此干起来心不在焉。

市场规范的心理一来，社会规范的心理就会被挤跑。两种心理的博弈成为了我们行为选择的根本决定因素。现实生活中，如若我们不仅把握了自己的这两种心理，还把握了别人的这种心思，我们在人际交往中不但不会闹出笑话，还有可能会有意想不到的收获。

礼品如何发挥平衡作用

我们可以用行为规范心理的社会性和市场化来解释日常生活中的各种怪诞心理，那么我们能不能找到两者的一个平衡点形成一个行之有效的方法“控场”，使之为我们所用。社会规范规避金钱，市场规范渴望金钱，如果能在两者之间建立一个缓冲点，或许就能达到一个很好的平衡。

有心理学家就提出了礼品。礼品既规避了赤裸裸的金钱利益，又富含了真金白银的内涵。那么礼品在社会规范和市场规范中又是怎样的一个位置？同样是分成三组，在一个电脑屏幕的左边会出现一个圆圈，右边是一个方框。参与者的任务是用鼠标把圆圈拖到方框里去。记录下在5分钟内能拖多少。不过这三组分别得到的报酬换成了：一大块的巧克力；一小块的巧克力；什么都没有。

参与者们进行实验之后，我们看到这样的结果：参加实验的三个组干得同样出力，不管得到的是一小块巧克力（这组参与者平均拖了162个圆圈），还是一大块巧克力（这组参与者平均拖了169个圆圈），或者什么也没有（这组参与者平均拖了168个圆圈）。

赠送礼品并没有引起他们的不快，因为即使是小礼品也能把我们保持在社会规范守则里，脱离市场规范。

但是如果我们把这两种规范的标志混合起来，会怎么样？换言之，如果我们说要给他们一大块巧克力价值50元，一小块巧克力价值5元，参与者们会怎么样？价值50元的巧克力会让他们像之前一样出力吗？或者使他们变得心不在焉，就像拿到50元时一样？或者可能在这两者之间？

结果是，参与者拿到被称为价值50元的巧克力以后一点也没有受到激励，事实上他们干活出的力和拿50元的时候一样。他们对明码标价的礼品的反应与现金完全相同；礼品失去了唤起社会规范的功能，它越过边界进入了市场规范的领域。

这就像是我们问过路人是否愿意帮我们从卡车上卸一个冰箱。我们得到了同样的结果。路人愿意不要钱地帮忙，也愿意拿相应的报酬来干活；但我们给的报酬太少，他们就扬长而去。礼品在这里发挥同样功效，给人们送个礼品，即使是小礼品，也足以让他们帮忙；但一说这礼品值多少钱，价低了，他们随即转身离开。

这就是为什么我们想要报答某人的时候，请他吃个饭会比直接送钱来得轻松愉快。情人节为伴侣精心准备的小礼品，会让情人更能感觉到你的风情万种。一份不需要太贵但是精致的小礼物，迅速就能打破人与人之间金钱联系的尴尬，使市场规范行为心理转变成社会规范行为心理。

1000 美元的礼物还是 1000 美元的现金

认识了人做事原动力的社会规范与市场规范，各大公司的老板似乎会受益匪浅，可是别用此来压榨员工，而是要更注重思考如何运用人们对社会规范和市场规范的不同反应。在某些方面，老板们更是要如履薄冰，因为稍不留神不仅会打击了员工的积极性，还会造成各种内部矛盾。

我们是要给雇员值 1000 美元的礼物还是 1000 美元的现金？如果直接问员工，可能大多数人都希望得到现金而不是礼物。然而礼物的价值往往会在推动老板和员工之间的社会性关系上大放光彩。

当然了，礼物是一个象征性的表示。人们上班是为了薪水而不是礼物。就此而言，没有人愿意白干活不挣钱。但是你如果看看像网易一类的公司，它给员工提供多种多样的福利（包括精美的午餐晚餐），就可以看出强调雇佣关系中社会性的一面所能营造出的亲善氛围。这种关系的建立，在新兴的公司里更为重要。当共同创业的兴奋（社会规范）强于新近报酬（市场规范）时，员工就能为公司创造出更多的价值。

如果我们的企业一开始就从社会规范角度思考，就能认识到社会规范是可以用来建立忠诚的，更重要的是，还能促使人的自我发展。由此就可以达到员工关心公司，并且积极参与公司事务，与公司一同成长的效果，这些都是社会性关系带来的。

社会规范的心理，从这个方面来说可以看作是责任感。简而言之，就是我们充分考虑了工作场合里的社会规范问题，员工就会以促进公司的发展为己任，对工作更有责任心。现代社会的劳动生产率越来越依赖于员工的才能和努力，因而如果我们的老板的经营活动一直是把我们从社会规范的领域引向市场规范，我们可能具备忠诚和信任等社会价值吗？员工们考虑的只是金钱，而不是从长远利益着手，试问公司的劳动生产率会高吗？

1000 美元的礼物可以将人带入社会规范的领域，1000 美元的现金使我们市场规范的心理越发根深蒂固。哪方面有利于社会的发展，这是可想而知的。

我们懂得人们不会为钱去死。警官、消防队员、军人，他们不可能是为了工资而牺牲，只有社会规范，职业的光荣和责任感，才是激励他们献出生命和健康的原因。

在美国，警察的“缉毒”行动是很少开枪的。事实上是因为警察与毒贩们有条不言自明的协议：如果毒贩们不首先开枪，缉毒人员也不会开枪。

看情形，如若我们要改变这种情况，无外乎大幅度提高缉毒人员的工资，使他们能够为之冒生命危险。但生命的价值如何用金钱衡量呢？其实我们可以选择提高社会规范，让缉毒人员明白，他们的使命及我们对他们的尊敬远远高于他们的工资收入，他们担负的使命不仅能让社会结构得以稳定，还会拯救我们的孩子们，使其远离各种危险。这看起来只起鼓舞的精神作用，但确实有用且可行。

现在我们再设想一下：谁工作会更努力，对公司更忠诚，更热爱自己的本职工作？是得到 1000 美元现金的那一个，还是得到价值 1000 美元礼物的那一个呢？答案显然易见。

鱼与熊掌不可兼得

善用人的社会规范心理能促进人的能动性，但并不是一劳永逸的。如果我们是公司，更需谨慎对待与客户之间的社会性关系。社会规范和市场规范，鱼与熊掌不能兼得。我们不能一会儿拿客户当作一家人，过一阵又公事公办。如果我们需要社会性的关系，我们大可以去寻求，但是无论何时何地都必须维持它。

越来越多的公司进一步模糊了朝九晚五的工作日概念，进而采用弹性工作制。在这种每周 7 天每天 24 小时的背景下，社会规范有更大的优势：可以让员工工作有热情，变得更勤奋。在市场规范下雇员对雇主的忠诚度常常会减弱，而社会规范是激励员工、保持忠诚的最好办法。

在如今的市场中，我们可以随时随地构造自己的创意和想法，制造无形的东西。工作与休闲的界线也已经模糊起来，员工在开车回家的路上，在淋浴间里也想着工作。善于营造社会规范的公司就会给员工配笔记本电脑、移动电话等来消除工作场合和家庭的界线。

比如软件领域，开放源代码软件开发显示出社会规范的潜力。

在 Linux 和其他协作项目中，人们可以把关于问题的帖子发表在任何一个论坛里，随后很快就有很多人回帖，告诉发帖者如何修复软件。应征者用的是休闲时间，发帖人不需要偿付这种服务。但是如果想要花钱雇同样水平的人，很有可能会碰到狮子大开口的人。相反，这些网络社区里的人们都乐意把时间贡献给整个社会。

这些愿意在网络发布源代码的网友，从中获取的是社会收益，就和我们帮朋友粉刷房子一样，属于社会规范领域的心理。这可以说是创建社会规范的典范模式。

有些公司与员工创建社会规范取得成功，但并不是每个人都可以摆脱追逐短期利润、苛刻的成本削减等困扰，这种困扰可能会把所有努力成果破坏。在社会规范中，人们相信，如果他们出了什么问题，另一方会站出来保护和帮助他们。这种信念没有写在合同里，但它是一种道义责任，在需要的时候提供关怀和帮助。

公司方面若想用市场规范的思维来保持社会规范，也就是用成本来建立社会规范，这是异想天开，二者是不能兼而有之的。如大幅削减雇员福利、儿童福利、养老金、弹性时间、健身房、餐厅、家庭野餐等方面，这极有可能从社会交换领域付出代价，从而影响员工的生产力。医疗福利等的削减很大程度上会把公司与雇员的社会性关系转向市场关系。

如果公司方面想从社会规范的优势上得到好处，它们必须做出更大的努力来培育这些规范。医疗福利，特别是综合医疗保险，是公司表达它们社会规范意愿的最好方式之一。鱼与熊掌兼得的妄想，通常会演变成：一边在要求提高保险计划的免赔率，一边又在缩小享受福利的范围。

简而言之，这些都无疑是在破坏雇员与公司之间的社会契约而代之以市场规范。由于公司方面首先掀起了台面，迫使雇员们从社会规范滑向市场规范，那么当雇员有了更好的机会跳槽时，当然就没有义务留下。到底是要鱼还是要熊掌，通过对效果的预判，决定着我们对社会行为规范心理的重视态度。

同时，社会规范一旦被市场规范打败，那么要想重建社会规范则是一项非常困难的事情。一旦这朵盛开的玫瑰从枝头落下，一旦社会规范被市场规范打败，它很难再发挥任何效力。因此，企业如果选择将社会规范作为企业的准则的话，那么最好一直保持，不要改变，如果选择市场规范的话那就在商言商，不要再试图建立情感的纽带。

罚款对杜绝迟到有效吗

日常生活中，我们可以说每时每刻都处于管理活动之中，惩罚是管理行为中不可或缺的手段之一。我们熟知的国际大都市香港，在城市管理中，巨额的罚款在很大程度下遏制了各种不文明行为，诸如随地吐痰、乱丢垃圾等。但是，罚，在社会规范中是否就一定有效呢？

加州大学圣迭哥分校教授尤里·格尼齐和明尼苏达大学教授奥尔多·吕斯提切尼对从社会规范转到市场规范案例的长期影响做了巧妙的测试。他们在以色列的一家幼儿园进行实验，看运用罚款措施是否能有效减少某些家长接孩子迟到的现象。

结果他们发现，罚款的效果并不好，甚至还带来了长期的负面效应。这是为什么呢？实施罚款之前，老师和家长之间是社会的关系，是用社会规范来约束迟到的。因此，如果家长迟到了，有时家长还会对此感到内疚，这种内疚迫使他们以后准时来接孩子。但是一旦实施了罚款，幼儿园就无可挽回地用市场规范取代了社会规范。既然家长们为他们的迟到付了钱，他们就用市场规范来诠释这件事了。换言之，既然有了罚款制度，他们就可以自己决定早来还是晚来了。

更令人觉得不可思议的是，当幼儿园取消了罚款，就是说幼儿园想要把局面换回到社会规范中去，但家长们并没有因此而回到社会规范局面上来，取消了罚款，家长们继续在接孩子的时候迟到。归根结底，这是因为幼儿园与家长间的社会规范和市场规范都取消掉了。

一旦社会规范与市场规范发生碰撞，社会规范就会退出。当我们意识到问题的时候，却无奈地发现社会规范并不能重建。只要想到金钱，我们的行为就变得远离我们日常生活中所呈现出的社会性特征。

明尼苏达大学教授凯瑟琳·福斯、佛罗里达州立大学研究生尼科勒·米德和不列颠哥伦比亚大学研究生米兰达·古德用一系列别出心裁的实验对此做了探索。

他们要求参与者们在实验中完成“造句任务”的数据录入工作，就是把单词的顺序重新排列，组成句子。其中一组参与者的任务是基于一些中性词语(例如“天气”)；另一组则是一些与钱有关的词语(例如“高薪”)。

在一次实验中，参与者做完了句子重组练习，主持人又出了一道很难的智力题，要求他们把12个圆盘安装到一个方框里。主持人随后就离开实验室，不过提醒参与者如果需要帮助，可以去找他。最后用“高薪”造句的那一组苦思冥想了五分半钟才求助，而用“中性”造句那一组大约三分钟后就去求助了。因此，想到金钱，使得做“薪金”句子的那一组参与者更加自立而不太愿意求助。

“高薪”一组的参与者显示了很多市场特点：他们更加自私并且自立；他们想有更多时间独处；他们更愿意挑选需要单打独斗的工作而非团队合作的任务。像这样有了钱的意识就足以改变参与者的行为，更何况那些直接接触金钱的人。

为何我们的请求常常事不过三

我们同时生活在社会规范和市场规范两个世界里，这一事实还从很多方面关系到我们的生活。我们都不时地需要有人帮我们搬搬东西，替我们照看几个小时的孩子，或者在我们出城时替我们收一下邮件。怎样才能更好地激励朋友和邻居帮助我们？付钱吗？有的时候，如果处理不当，存在着把关系推向市场交换领域的危险。

或许我们可以思考以下几种方式：请朋友帮忙搬一件大家具或者几个箱子是可以的，但请他帮忙搬一大堆箱子或家具就不可以，特别是我们让他做着和我们花钱雇来的人干一样的活儿。同样地，请我们的邻居在我们度假的时候收邮件是可以的，但是我们让他花同样时间为我们免费起草文件，那就不可以了。

当我们有求于人时，一来一往的过程就会形成社会规范的心理领域。但如果我们一而再、再而三地利用建立的社会规范得寸进尺地要求更多时，无论是多铁的哥们的情感性社会规范也是会轻易瓦解的，正如我们俗语说的一样，亲兄弟明算账。

社会规范和市场规范的微妙平衡不仅表现在人与人之间的关系，在商界也很明显。比如一些公司试图把自己推销成顾客在社会交换领域的同伴，也就是说，他们想让大家认为他们和我们同属一个大家庭，起码是朋友，是一条船上的旅客。

全家（Family Mart）作为亚洲最大的两所便利店之一，以“服务力 NO.1”自我要求，用认真、负责、诚恳的态度，让自己成为顾客最想接近的人，提供让顾客觉得有趣的事，提供顾客喜爱的商品和服务，让每一家全家便利店都能使顾客感受到最满足、亲近及舒适的优质服务。

他们提出“全家就是你家”的服务口号。

“全家”便利店所做的努力，全都是为了让“全家”成为顾客最想要亲近的所在。

如果顾客和公司成了一家人，公司会从几方面获利，其中最大的是使顾客忠诚。轻微的损害、搞错账单等会得到宽容。彼此关系总是有起有落，但总体上还是相当有好处的。不过如果双方都以为从此就可以一而再再而三，那就大错特错了。尽管公司方面在营销和广告上倾注了数十亿美元来打造社会性关系，起码是制造一种社会性关系的印象，但它们似乎不懂社会性关系的本质，特别是它的风险。

假如一位顾客要求退货怎么办？如果双方关系在市场规范内，那么可以协商解决，但是总不是每一笔货物出了问题都可以退换。生意归生意，由此就会引起各种利益冲突。尽管大家都还在社会规范内，但一大笔的钱财损失，不是经理出面调解就可以结束纷争的。没能达成共赢的协商，最终会损害双方关系。消费者会把它当作个人恩怨，他们会气冲冲地离开，连续几个小时向亲朋好友抱怨这家公司多么差劲。为什么会出现这样的情况呢？

主要是这种情况就跟事不过三的请求一样，说到底，这种关系是在社会规范交换的框架之内，不管商家提供多少精美礼品，打出多少贴心的标语，做出多少友好的表示，只要有一次违反社会交换原则就会使消费者又回到市场交换领域。

社会规范心理对行为的促进作用

相信大家也有发现，人们在集体工作或有人在旁边观察的时候，工作效率会比单独进行时高。

这种他人在场（比赛伙伴或观看者）引起的个体活动中效率相应提高的现象，称为社会促进效应，也就是由社会行为规范心理驱动的促进效应。

这种现象在生活中也是很常见的。比如，教室里只有一个人自习时，我们的学习效率可能并不是很高。尽管此时教室明亮、宽敞、安静，但我们常常会分心，想想这个，做做那个。但是，如果此时，有两三个同学来到了我们所在的教室，并随便找了个座位和我们一起自习时，我们立刻就会聚精会神起来，开始积极地演算起数学题或认真学习起英文单词了。再比如：我们如果是位人民教师，虽然有时候我们身体不大舒服，可是一上讲台，精神就来了；我们在一条空旷的马路边散步，当另一个人在我们身后急匆匆地赶超时，我们会不自觉地加快自己的步伐。

社会促进效应的形成是因为，单独一个人时，无所谓输赢和好坏，怎样都可以。人没有了比较，便很容易产生惰性。而此时如果出现了第二个、第三个人，我们就不可能做得安稳了，若他碰巧又和我们做着同样的事情，我们更是或多或少地感受到他在和我们竞争，我们就会争取把事情做得又快又好。这其中还暗含着一种评价作用，我们会情不自禁地想："他们也可能正在评论我干得怎么样呢，我一定要好好干，让他们瞧瞧。"

在任何社会环境中，人们都害怕被抛弃，总想着要别人喜欢和接受自己。很明显，当我们与别人在一起时，这些动机变得更为强烈，当别人在身边时，我们总认为别人可能正在观察自己。即使我们根本就不认识身边的人，但我们可能认为他们在某种程度上在进行着评价，而社会中的我们又是很关心别人对自己的看法的，所以就不安起来，也会更加把劲了。

但是，社会促进并不是在任何情况下都适用的，有时有旁人在场，反而会引起促使效率下降的"社会促退"效应。比如，当一个员工面临难题正苦于无计可施时，如果上司死盯着他不放，他就会感到很大的压力而无法专心工作。也就是说，社会促进效应的发生是有条件的。对于那些做简单工作的人来说，有他人在场，会激发个体竞争的动机，而增强的动机有利于个体加快做事的速度。但如果这项工作对个体来说是新接触的，还很不熟悉，或个体还很难做好，还需要动很多脑筋，在这种情况下，旁人在场会导致个体的紧张和焦虑，个体更容易表现得手忙脚乱，反而做不好。

了解了社会促进和社会促退的原理，管理者在工作中可以应用这些原理来更合理地安排员工的工作。如果需要完成的是一件技术难度很高的工作或是一个非常复杂的问题，需要当事人集中精力思考，此时他人的存在会妨碍当事人的工作，就不应该让他感觉到有人在注视他，这样才能提高工作效率。

第八篇

摇摆源于拒绝不了的诱惑

第一章

销售陷阱：为什么便宜的东西让我们花更多的钱

“免费”让我们买了不需要的东西

每当节假日时，我们都能看到商场里提着大包小包满载而归的人们。如果问起这些物品的实用价值，人们通常会说：“反正很便宜，先买了再说。”事实上，人们所购买的这些物品有些并不是自己所需要的。但人们为什么常购买自己不需要的物品呢？看到各商家推出的广告，我们就明白了。“购买商品满 98 元，免费赠送食用油一瓶”“满 200 元减 50 元，买 300 元减 80 元”“购买巧克力满 50 元，赠送泰迪熊”……

试想，当看到这样的消息时，我们怎么会不心动呢？有的人甚至为了得到免费赠送的东西而购买指定的商品，可往往将商品买回来后却发现这些东西，其实自己并不需要。为什么会出现这样不理智的行为呢？

贪图便宜是人们常见的一种心理倾向。很多顾客对打折的商品、免费的商品可谓是趋之若鹜。

物美价廉永远是大多数消费者追求的目标，很少听见有人说“我就是喜欢花多倍的钱买同样的东西”。通常情况下，人们总是希望花最少的钱买最好、最多的东西，如果有免费赠送的，更觉得是额外的收获，喜不自胜。这都是人们占便宜心理的一种生动表现。

其实在日常生活中，我们也经常会做这样的事情：为了一张优惠券而到某商场去消费，结果换回一包免费的咖啡豆；为了获得免费赠送的小礼品，而在该商场消费千元以上。然而，最后我们却发现自己并不喜欢吃咖啡豆，小礼品也不是自己十分需要的。这样，我们就不难解释，为什么人们总是会不由自主地抢购自己并不需要的东西了。

为什么越“限购”越好卖

在逛商场时，我们常常看到商家打着“限购”旗号来宣传商品。其实，这是商家们运用消费者的逆反心理而进行的营销手段。

每个人多多少少都会有逆反心理。在消费过程中，我们也经常能够发现这样的情形，销售人员越是苦口婆心地把某商品推荐给顾客，顾客就越会拒绝。因此，商家就巧妙地抓住顾客的消费心理：商家越是不卖，顾客就越想买；越是限购的商品，反而会卖得越好。

我们会有这样的体会，当我们对于某商品特别感兴趣的时候，想要摸摸质地，而这时销售人员过来说：“不好意思，我们的样品是禁止触摸的！”这时我们的心里立刻会变得反感：为什么不能摸，我不仅要摸，我还要买呢！结果这个顾客很可能因对商品的强烈的好奇心受到了阻碍，而买下这个商品。

在这种情况下，当顾客的心理需要得不到满足的时候，反而会更加刺激他强烈的需要。比如，人们往往对于自己越是得不到的东西，越想得到；越是不能接触的东西，越想接触；越是不让知道的事情，越想知道。

在现实生活中，也有很多销售人员不懂得顾客的逆反心理，在销售过程中，总是片面地、滔滔不绝地介绍产品，而不顾顾客的感受，结果只能是一次又一次地遭受到顾客的拒绝。

华先生是当地的名流，但他的私家车已经用了很多年，最近频繁发生故障，于是决定换一辆新车。这一消息被一些汽车销售公司得知，于是很多的销售人员都来向他推销轿车。

每一个销售人员见到华先生，都无一例外地介绍自己公司的轿车性能多么好，多么适合他这样的人士使用，有的销售人员甚至还嘲笑说：“你的那台老车已经破烂不堪，不能再使用了，否则有失你的身份。”华先生听到这样的话，心里特别反感和不悦。

销售人员的不断登门让华先生感到十分烦躁，同时也增加了他的防御心理，他想这些人的目的只是推销他们的汽车，还说些不堪入耳的话，完全不顾自己的感受，我就是不买。于是，任凭销售人员如何吹嘘，华先生就是不动声色。

当所有的销售人员都失败而归时，杨帅主动要求前去拜访华先生，经理尽管不相信他能成功，但还是让他去试试。两人一见面，华先生心里就打定主意，不管他怎么说就是不买他的车，坚决不上当。

可是，杨帅只是对华先生说：“我看您的这部老车还不错，起码还能再用上一年半载的，现在就换未免有点可惜，我看还是过一阵子再说吧！”说完给华先生留了一张名片就告辞了。

杨帅的言行和华先生所想象的完全不同，因此其逆反心理也逐渐地消失了。经过思考，他还是觉得应该给自己换一辆新车。于是一周以后，华先生拨通了杨帅的电话，并向他订购了一辆新车。

由此可见，容易引起顾客逆反心理的原因是对立情绪。在实际销售中，很多销售人员往往为了尽快签单，而一味穷追猛打，以为通过热情轰炸就可以把顾客搞定，但是这样很有可能会起到相反的效果。这样的话，销售人员把自己的产品说得越好，顾客越觉得是假的；销售人员越是热情，顾客越是觉得他虚情假意，只是为了骗自己的钱而已。

逆反心理既会导致顾客拒绝购买你的产品，相反也会促使其主动购买你的产品。上述案例中的杨帅就是从相反的思维方式出发，消除顾客对销售人员的逆反心理，从而使他主动购买自己的产品。

因此，销售人员在向顾客推销产品的时候，一方面，要避免引起顾客的逆反心理驱使其拒绝购买自己的产品；另一方面，还要学会刺激顾客的逆反心理，引发顾客的好奇心，让顾客产生强烈的购买欲望，你不卖他就会非要买，从而从正、反两方面来调动顾客的积极性，使自己的销售工作获得成功。

美国黑人化妆品市场的黑马——捆绑销售

美国的约翰逊黑人化妆品公司总经理约翰逊是一个知名度很高的企业家。可是，当初他创业时，也曾为产品的销售伤透了脑筋。

那时，约翰逊经营着一个很小的黑人化妆品公司，因为黑人化妆品市场的总体销售份额并不大，而且，当时美国有一家最大的黑人化妆品制造商佛雷公司，几乎垄断了这个市场。

经过很长时间的考虑，约翰逊提出了一句措辞非常巧妙的广告语："当你用过佛雷公司的化妆品后，再擦一次约翰逊的粉质膏，将会得到意想不到的效果。"

约翰逊的这一招的确高明，不仅没有引起佛雷公司的戒备，而且使消费者很自然地接受了他的产品，达到了事半功倍的效果。因为他当时主推的只有一种产品，凡是用佛雷公司化妆品的黑人，大都不会在乎再增加一种对自己确实有好处的化妆品的。

随着粉质化妆膏销量的大幅度上升，约翰逊抓住了这一有利时机迅速扩大市场占有率。为了强化约翰逊化妆品在黑人化妆品市场上的地位，他同时还加速了产品开发，连续推出了能够改善黑人头发干燥、缺乏亮度的"黑发润丝精""卷发喷雾剂"等一系列产品。经过几年的努力，约翰逊系列化妆品占领了绝大部分美国黑人化妆品市场，成了一匹黑马。

不知什么年月起，捆绑销售已悄悄地侵入人们的生活，而且蔚然成风，有愈演愈烈之势。大至买楼房送车位、买大件家电送电饭锅，小至买手机送话费，买酸奶"二送一"，甚至买支牙膏也送个钥匙圈。问商家不要赠品能否减些价？商家回答：不要可以，但不减价。

捆绑销售也被称为附带条件销售，即一个销售商要求消费者在购买其产品或者服务的同时也得购买其另一种产品或者服务，并且把消费者购买其第二种产品或者服务作为其可以购买第一种产品或者服务的条件。捆绑销售通过两个或两个以上的品牌或公司在销售过程中进行合作，从而扩大它们的影响力，可以说是共生营销的一种形式，开始被越来越多的企业重视和运用。

捆绑销售方式给商家带来好处的同时，也给消费者“更实惠”的心理满足，从而促使一些精打细算的消费者产生购买冲动。如何少花钱、多办事，为商家节省资金、降低成本、提高竞争力，是我们共同关心的话题。但不要走向另一个极端，为了省钱，什么都“绑”，搞得风马牛不相及，甚至引起消费者的反感。

福特公司的抽奖活动——活动促销

活动促销是一种常用的促销手段，通过举办与产品销售有关的活动，吸引顾客的注意与参与，能够有效地促进产品的销售。

20 世纪 70 年代，美国经济不景气，人们的收入水平普遍有所下降，各家庭已经不再像从前那样经常频繁地购买和更换汽车了。几乎所有汽车公司的汽车销售量都有所下降，福特汽车公司的领导人意识到，如果不设法开创新的局面，公司的前景将会非常黯淡。

福特汽车公司在经过一番仔细的市场调研之后，发现最有可能购买福特汽车的客户，是那些已经拥有了福特汽车的家庭，因为他们了解并信任福特汽车的品质和性能，在接受调查时都纷纷表示如果有可能，愿意再买一辆新的福特汽车。于是，福特汽车公司决定将这次促销的目标顾客定位在过去 4 年中所有已经购买了福特汽车的老客户。

为了吸引这些老客户，福特汽车公司在全国各大主要媒体，例如报纸、电视台、广播等上面进行了铺天盖地的广告宣传，向他们发出了福特汽车促销的信息；同时，为增加对老客户的吸引力，福特公司还专门设置了80万个奖项，希望老客户光顾福特汽车的各家专卖店，借此来制造福特汽车热销的浪潮。具体安排促销内容如下：

向老客户直接邮寄函件，里面附有当地经销商的汽车维修折价券。

在向老客户直接邮寄函件的同时，寄出数以万计的抽奖券，并在抽奖券上说明此次奖品共计1000万美元，欢迎大家踊跃参加。

在广告宣传中说明头等奖赠送两辆福特汽车，此外还有许多其他的奖品。如果所中的奖品没有被领走，可以继续抽奖，直到被领走为止。

福特汽车公司开展这次抽奖促销活动的目的，一方面是为了增加福特汽车的销售量；另一方面也可以促进福特汽车的维修业务，掌握用户对福特汽车的意见，加强同汽车专卖店的联系，使这些专卖店积极配合福特汽车公司的促销活动。

抽奖促销活动举行之后，福特汽车公司的上述各项目标基本实现，有的甚至出人意料。例如，有超过30万的新老顾客前往福特汽车公司的各家专卖店参观展览，大约有10%的人购买了新的福特汽车，使福特汽车的销售量比上年增加了30%；同时，经销商的参与率也比上一年增加了1倍多，从而大大提高了福特汽车公司的知名度，加深了福特汽车在消费者心目中的印象。

福特公司采用的是活动促销中的“抽奖促销”，通过抽奖的方式，吸引顾客的注意与参与。抽奖与促销是指顾客在购买商品或消费时，对其给予若干次奖励机会的促销方式。可以说，抽奖与摸奖是消费加运气并获得利益的活动。这种促销活动的其他形式还有很多，例如刮卡兑奖、摇号兑奖、拉环兑奖、包装内藏奖等。

除了抽奖促销外，活动促销还包括新闻发布会、商品展示会、娱乐与游戏、制造事件等。

新闻发布会，活动举办者以召开新闻发布的方式来达到促销目的。这种方式十分普遍。它是利用媒体向目标顾客发布消息，告知商品信息以吸引顾客积极去消费。

商品展示会，通过举办展销会、订货会或自己召开产品演示会等方式来达到促销目的。这种方式每年可以定期举行，其不但可以实现促销目的，还可以沟通网络，宣传产品。这种方式亦可以称之为“会议促销”。

娱乐与游戏，通过举办娱乐活动或游戏，以趣味性和娱乐性吸引顾客并达到促销的目的。娱乐游戏促销，需要组织者精心设计，不能使活动脱离促销主题。特别是当产品不便于直接广告的情况下（如香烟），这种促销方式更能以迂为直，曲径通幽。如举办大型演唱会、赞助体育竞技比赛、举办寻宝探幽活动等。

制造事件，即通过制造有传播价值的事件，使事件社会化、新闻化、热点化，并以新闻炒作来达到促销目的。“事件促销”可以引起公众的注意，并由此调动目标顾客对事件中关系到的产品或服务的兴趣，最终达到刺激顾客去购买或消费。如果制造出的事件能够引起社会的广泛争议，那么，“事件促销”就会取得圆满结果。

商家为什么卖给我们一个“免费”人情

我们在逛商场时，有些商家为了宣传某种食品，提高产品知名度，推出先免费品尝，再购买的促销活动。正是因为商家打出的“免费品尝”口号，人们往往想，反正是免费，尝尝又何妨。事实上，但凡品尝过的顾客，大都会多少买下一些。

心理学认为，人情的往来有个非常重要的原则，就是对等性原则。其实，商家是通过对等原则来让顾客背负心理负担。因为顾客品尝之后如果不购买，心里会感觉好像欠了商家一个人情。为了偿还商家让其免费品尝的情谊，顾客只好顺手购买该商品了。

丁芸刚进公司不久，和同事并不太熟悉，也谈不上什么交情。一次，公司安排让她和一个男同事去做市场调查。到了中午，这位男同事就热情地请丁芸去一个环境不错的饭店吃午餐，花了差不多100元。这让丁芸很是过意不去。从此以后，丁芸总想着找个合适的机会回请那个同事。

上述案例中，新人丁芸由于与同事交往不多，觉得自己平白无故让同事请吃饭，心里颇感不安。按照正常的情理来推断，她一定会提醒自己务必回请同事吃一顿饭。

中国人请人吃饭就是给面子的最好表达方式之一。之所以我有回请你吃饭的行为，是因为你首先对我表示了尊重，你给了我面子，我当然也要给你面子，不回请于情于理都是说不过去的。

正如商家举办“免费品尝”活动，让顾客试吃，也是抓住顾客的不愿欠商家人情的心理。顾客在免费品尝之后，都会感到有些不好意思，即产生了心理愧疚感，于是会礼貌性地购买。

尤其是当所有的人都这样做的时候，你采用同样的做法并不能让顾客感觉“欠人情”，当别人都没有做而你却做了时，顾客才会感觉到“欠人情”，进而回报你的付出。

当然对于商家来说，做人情是有成本的。如果所付出的成本与可能得到的收益不成正比，那这样的销售行为显然是不可取的。而对于销售人员来说，就要有效地控制成本，以达到最佳的效果。

用户体验不是免费的午餐

李涵的丈夫在外地出差，这些天总是她一个人在家，冷冷清清的。又到周末了，她决定到街上逛逛，凑个热闹也好过一个人在家。于是，李涵决定去附近的一个商场看看。

由于是周末，商场里闲逛的人们多是一家三口或男女朋友，李涵看到此景更加想念远方的丈夫。她决定给丈夫打个电话问问他过得怎么样。当拿出手机拨打丈夫的电话时，她才发现自己的手机竟然欠费了。

无奈之下，她只有到商场的手机销售区去交话费。可是商场里没有交话费的地方，她很沮丧地站在一个手机柜台前。这时，销售员热心地询问怎么了？李涵就把自己遇到的麻烦诉说了。

这个销售员安慰着李涵说，没关系，而且我可以让你看到你丈夫。只见她从柜台内拿出一款全新的手机，迅速地装上一个手机卡，然后对李涵说："用这个手机打给你的丈夫吧。"

当李涵用这个新手机拨通丈夫的电话时，惊喜地从屏幕上看到了丈夫的面庞。原来这是一个功能齐全的视频手机。于是，李涵兴奋地和丈夫聊了好一会儿。挂掉电话后，李涵再也没有之前的沮丧，而是请销售员给自己拿出一个包装完好的同款手机，然后高兴地回家了。

这个销售员正是运用"用户体验"来让李涵感觉手机的视频功能，而对李涵来说，这款手机确实帮她解了相思之苦。

用户体验这个词最早被广泛认知是在20世纪90年代中期，由用户体验设计师唐纳德·诺曼所提出和推广。

通俗地说，用户体验即用户在使用一个产品或系统之前、使用期间和使用之后的全部感受，包括情感、喜好、认知印象、生理和心理反应、行为和成就等各个方面。影响用户体验的因素有三个：系统、用户和使用环境。

从上面的案例来说，之所以形成"用户体验"，是因为首先手机具备视频功能；其次用户李涵急需要与丈夫通话，而李涵与丈夫相距两地，这款手机的视频功能正好满足了用户李涵的需要。这时，销售员先建议用户免费体验，然后再牵着顾客的鼻子走。

到这里，我们这就可以解释，为什么房屋中介喜欢领我们去看房子，并让我们描述一下入住后会把它布置成怎样；为什么汽车经销商会把钥匙塞给我们，让我们开车上路溜一溜。

推销的失败与成功——洞察关注点

书店里，一对年轻夫妇想给孩子买一些百科读物，销售员过来与他们交谈。以下是当时的谈话摘录。

客户："这套百科全书有些什么特点？"

销售人员：“你看，这套书的装帧是一流的，整套都是这种真皮套封烫金字的装帧，摆在您的书架上非常好看。”

客户：“里面有些什么内容？”

销售人员：“本书内容按字母顺序编排，这样便于资料查找。每幅图片都很漂亮逼真，比如这幅，多美。”

客户：“我看得出，不过我想知道的是……”

销售人员：“我知道您想说什么！本书内容包罗万象，有了这套书您就如同有了一套地图集，而且还是附有详尽地形图的地图集。这对你们一定大有用处。”

客户：“我是为孩子买的。”

销售人员：“哦，原来是这样。这套书很适合小孩子的。它有带锁的玻璃门书箱，这样您的孩子就不会将它弄脏，小书箱是随书送的。我可以给您开单了吗？”

（销售人员作势要将书打包，给客户开单出货。）

客户：“哦，我考虑考虑。你能不能找出其中的某部分比如文学部分，让我们了解一下其中的内容？”

销售人员：“本周内有一次特别的优惠抽奖活动，现在买说不定能中奖。”

客户：“我恐怕不需要了。”

对客户来讲，“值得买的”不如“想要买的”，客户只有明白产品会给自己带来好处才会购买。在销售时，如果销售人员只把注意力放在销售产品上，一心只想把产品推给对方，甚至为了达到目的不择手段，这样，失去的可能比得到的更多。因为你可能推出了一件产品，但从此失去了一个客户。

这位销售人员给客户的感觉是太以自我为中心了，好像他需要的就是客户需要的。他完全站在自己的角度上对产品进行理解，然后强加于客户，让客户感觉：这样的书是你需要的，而不是我需要的。

以上的失败只是源于销售人员的疏忽，他自顾自地说话，没有仔细想一想对方的需求，其实客户已给过他机会，只可惜他没有及时抓住这样的信息。因此，一场不欢而散的谈话所导致的失败结局也就在所难免。

所以，在推销某一产品的时候，销售员不要只是说明产品的特点，而要强调产品能为客户带来哪些好处。

客户张科长："我10分钟后还有一个会议要开。"

吴昊："好的，张科长，我会在10分钟内把更适合贵企业的建议案说完，绝不耽误您的时间。"

"一辆好的配送车，能比同型货车增加21%的载货空间，并节省30%的上下货时间。根据调查显示，贵企业目前配送的文具用品体积不大，但大小规格都不一致，并且客户多为一般企业，数量多且密集，是属于少量多次进货的形态。一趟车平均要装载50家客户的货物，因此上下货的频率非常高，挑选费时，并常有误拿的情形发生。如何正确、迅速地在配送车上拿取客户采购的商品，是提高效率的重点。这点张科长是否同意？"

张科长："对，如何迅速、正确地从配送车上拿出下一家客户要的东西是影响配送效率的一个重要因素。"

吴昊："配送司机一天中大部分时间都在驾驶位上，因此驾驶位的设置要尽可能舒适，这是配送司机们一致的心声。"

张科长："另外，车子每天长时间在外行驶，车子的安全性绝对不容忽视。"

吴昊："张科长说得很对，的确，一辆专业配送车的设计，正是要满足上面这些功能。本企业新推出的××型专业配送车，正是为满足客户对提高配送效率而专门开发设计出来的。它除了比一般同型货车超出了15%的空间外，并设计有可调整的陈放位置，可依空间大小的需要调整出0～200个置物空间，最适合放置大小规格不一致的配送物，同时能活动编号，依号码迅速取出配送物。贵企业目前因为受制于货车置货及取货的不便，平均每趟只能配送50个客户，若使用此种型号的配送车，可调整出70个置物空间，经由左、右门及后面活动门依编号迅速取出客户所要的东西。”

“配送车的驾驶座，如同活动的办公室。驾驶室的位置调整装置能依驾驶人的特殊喜好而做适当的调整。坐椅的舒适度，绝对胜过一般内勤职员的椅子，并且右侧特别设置了一个自动抽取式架子，能让配送人员书写报表及单据，使配送人员能感到企业对他们的尊重。”

“由于配送车在一些企业并非专任司机使用，而采取轮班制，因此，车子的安全性方面的考虑更显重要。××型配送车有保护装置、失误动作防止、缓冲装置等。电脑安全系统控制装置，能预先防止不当的操作给人、车带来的危险。贵企业的配送人员也常有轮班、换班的情形，使用本车能得到更大的保障。”

张科长：“××型配送车听起来不错。但目前我们的车子还没到企业规定的汰旧换新的年限，况且停车场也不够。”

吴昊：“科长您说得不错。停车场地的问题，的确给许多成长的企业带来一些困扰。贵企业业务在处长的领导下，每年增长15%，为了配合业务成长，各方面都在着手提升业务效率。若贵企业使用××型配送车，每天平均能提升20%的配送量，也就是可以减少目前1/5的配送车辆，相对地，也可以节省1/5的停车场地。

“贵企业的车子目前仍未达企业规定的使用年限，淘汰旧车换新车好像有一些不合算。的确，若是贵企业更换和目前同型的车子，当然不合理，可是若采取××型专业配送车，不但可以因提高配送效率而降低整体的配送成本，而且还能节省下停车场地的空间，让贵企业两年内不需为停车场地操心。

“据了解，目前贵企业50辆配车中有10辆已接近汰旧换新年限，是否请科长先同意选购10辆××专业配送车，旧车我们会以最高的价格估算过来。”

在吴昊充分进行了利益解说之后，客户同意签订购车合同。

在本案例中，吴昊通过对客户的调查发现了他们对配送车的需求特征，就是要提高效率。而提高效率的关键点在于客户配送的东西大小规格都不一致，导致每一辆车的装载量少、装卸速度慢。

在明确了客户的具体需求后，吴昊便有针对性地解说他们公司所提供的配送车的利益点："它除了比一般同型货车超出了15%的空间外，并设计有可调整的陈放位置……同时能活动编号，依号码迅速取出配送物。"

在客户说明原来的车还没有到企业规定的以旧换新的年限且停车场也不够时，吴昊更是抓住时机说明使用 ×× 配送车的利益点。最后，吴昊根据客户的实际情况，建议将其中10辆接近汰旧换新年限的车换成 ×× 型专业配送车。

在整个销售解说过程中，吴昊一直牢牢地把握住客户的需求并结合自己产品的特性和利益来解说 ×× 型专业配送车，让客户在利益需求思考下做出购买决定。

根据对实际销售行为的观察和统计研究，60%的销售人员经常将特点与好处混为一谈，无法清楚地区分；50%的销售人员在做销售陈述或者说服销售的时候不知道强调产品的好处。销售人员必须清楚地了解特点与好处的区别，这一点在进行销售陈述和说服销售的时候十分重要。

那么推销中强调的好处都有哪些呢？

帮助顾客省钱。

帮助顾客节省时间。效率就是生命，时间就是金钱，如果我们开发一种产品可以帮顾客节省时间，顾客也会非常喜欢。

帮助顾客赚钱。假如我们能提供一套产品帮助顾客赚钱，当顾客真正了解后，他就会购买。

安全感。顾客买航空保险，不是买的那张保单，买的是一种对他的家人、他自己的安全感。

地位的象征。如一块百达翡丽的手表拍卖价700万人民币，从一块手表的功用价值看，实在不值得花费，但还是有顾客选择它，那是因为它独特、稀少，能给人一种地位的象征。

健康。市面上有各种滋补保健的药品，就是抓住了人类害怕病痛死亡的天性，所以当顾客相信你的产品能帮他解决此类问题时，他也就有了此类需求。

会听客户话外音的大卫——窥探心理动向

销售过程中及时领会客户的意思非常重要。只有及时领会客户的意思，读懂其弦外之音，才能有针对性地给予答复，消除其顾虑，并为下一步的销售创造条件。

大卫是伊蓝公司的销售人员，这个公司专门为高级公寓小区清洁游泳池，还包办一些景观工程。伊蓝公司的产业包括12幢豪华公寓大厦。大卫为了拿下这个项目和伊蓝公司董事长史密斯先生交谈。

史密斯:“我在其他地方看过你们的服务，花园弄得还算漂亮，维护修整做得也很不错，游泳池尤其干净。但是一年收费10万元，太贵了吧？”

大卫:“是吗？你所谓‘太贵了’是什么意思？”

史密斯:“现在为我们服务的C公司一年只收8万元，我找不出要多付两万元的理由。”

大卫:“原来如此，但你满意现在的服务吗？”

史密斯:“不太满意，以氯处理消毒，还勉强可以接受，花园就整理得不太理想；我们的住户老是抱怨游泳池里有落叶。住户花费了那么多，他们可不喜欢住的地方被弄得乱七八糟！虽然给C公司提了很多次，可是仍然没有改进，住户还是三天两头打电话投诉。”

大卫:“那你不担心住户会搬走吗？”

史密斯:“当然担心。”

大卫:“你们一个月的租金大约是多少？”

史密斯:“一个月3000元。”

大卫:“好，这么说吧！住户每年付你3.6万元，你也知道好住户不容易找。所以，只要能多留住一个好住户，你多付两万元不是很值得吗？”

史密斯：“没错，我懂你的意思。”

大卫：“很好，这下，我们可以开始草拟合约了吧？什么时候开始好呢？月中，还是下个月初？”

史密斯：“我对你们的服务质量非常满意，也很想由你们来承包。但是，10万元太贵了，我实在没办法。”

大卫：“谢谢你对我们的赏识。我想，我们的服务对贵公司很适用，你真的很想让我们接手，对吧？”

史密斯：“不错。但是，我被授权的上限不能超过9万元。”

大卫：“要不我们把服务分为两个项目，游泳池的清洁费用4.5万元，花园管理费用5.5万元，怎样？这可以接受吗？”

史密斯：“嗯，可以。”

大卫：“那现在我们可以开始讨论管理的内容了吧？”

史密斯：“嗯，是的。”

大卫能及时领会史密斯的话，巧妙地做出适当的回应，并适时地提出益于销售的有效方案，使事情朝好的方向发展。如果大卫没有及时领会史密斯的意思，就无法很好地解除对方的疑虑。

对于销售人员来说，客户的某些语言信号不仅有趣，而且肯定地预示着成交有望。很多销售人员在倾听客户谈话时，经常摆出倾听客户谈话的样子，内心却迫不及待地等待机会，想要讲他自己的话，完全将“倾听”这个重要的武器舍弃不用。如果你听不出客户的意图，听不出客户的期望，那么，你的销售就会跟射错了方向的箭一样徒劳无功。

要是一个销售员忙于闲谈而没有听出这些购买信号的话，那真的非常可惜。

除了领会客户的话外之音，还需要掌握一些沟通技巧，从客户的话语中挖掘深层次的东西；而在领会客户的意思以后，要及时回答；当客户犹豫不决时，要善于引导客户，及时发现成交信号，提出成交请求，促成交易。

一件“减价”的貂皮大衣——把握价格策略

爱占便宜追求的是一种心理满足，无可厚非，且每个人都或多或少地具有这种倾向，唯一的区别就是占便宜心理的程度深浅。我们所说的爱占便宜的人，通常是指占便宜心理比较严重的那部分人。

销售过程中，这类客户不在少数，他们最大的购买动机就是是否占到了便宜。所以，面对这类客户，销售员就是利用这种占便宜的心理，通过一些方式让客户感觉自己占到了很大的便宜，从而心甘情愿地掏钱购买。

在英国有一家服装店，店主是两兄弟。在店里，一件珍贵的貂皮大衣已经挂了很久，因为高昂的价格，顾客在看到价格后往往望而却步，所以，这件衣服一直卖不出去。两兄弟非常苦恼。后来，他们想到了一个办法，两人配合，一问一答确认大衣的价格，但弟弟假装耳朵不好使将价格听错，用低于卖价很多的价格出售给顾客，遇到爱占便宜的人，大衣一定能卖出去。两人商量好以后，第二天清早就开始张罗生意了。

弟弟在前面店铺打点，哥哥在后面的操作间整理账务。一个上午进来了两个人，这个方法并没有奏效。到下午的时候，店里来了一个妇人，在店里转了一圈后，她看到了那件卖不出去的貂皮大衣，于是问道：“这件衣服多少钱？”作为伙计的弟弟再次假装没有听见，依然忙自己的。于是妇人加大嗓门又问了一遍，他才反应过来。

他抱歉地说：“对不起，我是新来的，耳朵不太好使，这件衣服的价格我也不太清楚。您稍等，我问一下老板。”

说完他冲着后面大声问道：“老板，那件大衣多少钱？”

老板回答：“5000 英镑！”

“多少钱？”伙计又问了一遍。

“5000 英镑！”

声音如此大，妇人听得很真切，她心里觉得价格太贵，不准备买了。而这时，店员憨厚地对妇人说：“老板说 3000 英镑。”

妇人一听，顿时非常欣喜，肯定是店员听错了，想到自己可以省下足足 2000 英镑，还能买到这么好的一件貂皮大衣，于是心花怒放，害怕老板出来就不卖给她了，于是匆匆付钱买下就离开了。

就这样，一件很久都卖不出去的大衣，按照原价卖了出去。

以上的案例中，两兄弟就是利用了妇人爱占便宜的心理特点，成功地将大衣以原价销售了出去。

对于爱占便宜型的顾客，可以善加利用其占便宜心理，使用价格的悬殊对比或者数量对比进行销售。占便宜型的客户心理其实非常简单，只要他认为自己占到了便宜，他就会选择成交。

利用价格的悬殊差距虽然能对销售结果起到很好的作用，但多少有一些欺骗客户的嫌疑，所以，在使用的过程中一定要牢记一点：销售的原则一定是能够帮助客户，满足客户对产品的需求，做到既要满足客户的心理，又要确保客户得到实实在在的实惠。只有这样，才能避免客户在知道真相后的气愤和受伤感，保持和客户长久的合作关系，实现双赢结果。

“您说的‘价值’，指的是什么”——捕捉客户下意识

销售员：“先生，您是说您想买一个教育性的玩具送人？”

客户：“对，得有一定的教育性。”

销售员：“我们的拼图玩具就是一个不错的选择。”

客户：“我可看不出一幅拼图有什么价值。”

销售员：“您说的‘价值’，指的是什么，是教育价值呢，还是金钱价值？”

客户：“对我来说，拼图可真是难得够戗，弄得我是焦头烂额，需要的拼块儿老是找不着。我还记得每次我只能拼出几种颜色，完整的一幅图我从未拼出过。”

销售员："所以您就觉得拼图很困难，是不是？"

客户："或许它并不是那么困难，只是因为我不知道怎样拼罢了，现在的拼图是不是更容易些了呢？"

销售员："您说得对，现在的拼图盒子的背面都有些拼法说明，文字通俗浅显，遵循这些说明做会很容易。上面对拼搭步骤写得很清楚。首先将所有的拼块放在一个平面上，然后再将相同颜色的分门别类地放在一起，接着从四个角开始，一块一块自外而内地拼搭。"

客户："这样就好多了。我真希望几年前就有这样的说明（哈哈笑了），那样的话拼起来就简单多了。对了，有什么图案的？"

销售员："图案有几种，动物，植物，还有风景的。"

客户："我比较喜欢风景的。这幅拼图共有多少块儿？"

销售员："有 2000 块，得花 14 个小时才能拼完，但拼出来后会很漂亮。"

客户："你认为小孩子能从中学到什么知识吗？"

销售员："当然能了。拼图可是孩子学习和培养心理技能的一种很好的途径。"

客户："你的意思是？"

销售员："在孩子寻找正确拼块的过程中，会挑战其想象力，而在拼搭过程中，拼图又会挑战其逻辑能力。从四边向内心拼搭时，则能培养孩子的分析能力。它能培养孩子色彩协调的技巧及对拼块组合的节奏感，另外，它还有助于孩子们去创作。"

客户："创作？此话怎讲？"

销售员："他们看着盒子上完整的图像，接着开始一次一块地拼搭，而这需要坚持不懈。有时拼块能吻合，有时则不然。这样他们就学会了不断地去尝试，一直到拼出与盒子上的图像完全一致的图为止。这也正是我们在现实生活中创作的方式——坚持不懈，不断地进行尝试。"

客户："（停顿了一下）我想你是对的。好，我买一盒风景图案的，这真是件很棒的礼物，下午能送到吗？”

销售员：“可以，要不要把它包装起来？我们这儿有些很漂亮的包装纸。”

客户：“好的，谢谢你。”

在上述故事中，销售员建议客户买一幅拼图玩具送人，当听到客户说“我可看不出一幅拼图有什么价值”后，销售员反问了一句：“当您说‘价值’时，指的是什么，是教育价值呢，还是金钱价值？”这句回答重新组织了客户的问题，在无形中引导客户的思维发生下意识的转向。同时，这也让客户感觉到这个反问似乎是为了更好地回答自己的问题，比较重视这个问题，并且态度慎重，不是匆匆忙忙地回避自己的问题。

当了解到客户是因为觉得拼图很困难才不愿购买后，销售员再次通过强调拼法说明、文字通俗浅显、色彩及逻辑介绍，取得了客户下意识的认同感。接着，销售员又把拼图对小孩子的好处进行了详细的介绍，最后客户认为拼图的价值确实很大，所以决定购买。在整个推销过程中，销售员通过对客户下意识的引导与操纵，让消费者的心理发生了根本性的转向，从而促成了交易。

等候的成效——右脑思维

陈成是推销水泥用球磨机的业务员，他认为某市是个水泥厂集中的地区，对球磨机的需求肯定不小，于是他打点行装就过去了。

通过走访，陈成了解到，不久之前，有一家外资企业在此刚刚开业，他们的悬窑生产线采用了世界上最先进的技术，其球磨机对铸球料的质量要求极高。如果能和这家大企业建立起购销关系，该地区其他小厂肯定会纷纷效仿。

做好准备后，陈成就登门拜访去了。没想到刚到大门前，他就被门卫非常客气地挡在了外面。在出示了一系列证件后，门卫才帮他拨通总经理办公室的电话。可想而知，陈成遭到了拒绝。

跑了上千公里路，结果连人家的厂门也没有进去，陈成当然很不甘心。他想，阻拦自己的是谁呢？是门卫。所以，他就在门卫身上下起了功夫。

陈成使尽了各种方法，门卫都不愿意放他进去，门卫说："我不会让你进去的！你要搞清楚，我好不容易才得到这份工作，请你不要给我添乱了！"

陈成见正面请求没有见效，于是，就转换策略与门卫拉起了家常。门卫开始不愿意与他多说话，后来见他比较真诚，就爱答不理地应付了几句。

到了后来，两人竟然聊得很投机，陈成就对门卫说："大哥，我这份工作来得也不容易啊！这次我跑了上千公里路来到这里，如果连你们的厂门都进不去的话，我的饭碗可能会保不住。但我知道您也不容易，就不难为您了，我打算明天就回去，以后记得常联系啊！"

门卫就动了真感情，悄悄告诉他说："总经理每天早上 8 点准时进厂，如果你有胆量，就堵住他的车。记住，他乘坐的是一辆白色宝马。我只能帮你这么多了。"

获此消息，陈成喜不自禁。第二天天刚蒙蒙亮，他就开始在厂外等候，并终于见到了总经理。经过一番艰苦的谈判，厂方订了一大批货。

对于那些上门做业务的销售员而言，门卫、秘书等接待人员往往成为他们接触负责人的最大障碍。因此，销售员首先应取得这些人的认可，才有可能达到签单的目的。

在案例中，销售员陈成为了拿下一个大客户而登门拜访，但却始终过不了门卫这一关，无论他怎样请求，都无济于事。门卫不放销售员进去是在履行自己的职责，也就是说此时的门卫正在使用左脑思考，销售员要想进入公司，就必须改变策略，让门卫放弃使用左脑。

陈成不愧为一个右脑推销的高手，他及时转变了策略，与门卫拉起了家常，这是一个典型的右脑策略。两人越聊越投机，最后陈成说：“大哥，我这份工作来得也不容易啊！……以后记得常联系啊！”这句话同样是直接作用于门卫的右脑，尤其是“大哥”这个非正式的称呼更是拉近了两个人的距离，获得了对方进一步的好感。最终，右脑策略取得了成功，门卫彻底放弃了左脑的理性思考，而向他透露了总经理的信息，陈成最终见到了总经理，成功签约。

可见，当销售员遭到接待人员的拒绝后，千万不要灰心，而是要积极发挥自己右脑的实力，与他们搞好关系，一旦获得了接待人员的认可，由于他们对负责人的情况比较了解，就可以变障碍为桥梁，顺利达到你的目的。

客户的担心——安全感

当你购买某一产品的时候，你最怕什么？质量不好？不安全？不适合自己？花冤枉钱？……是啊，几乎所有的消费者在面对不熟悉的产品时，都会有这些担心和害怕，怎么做才能让他们安心购买呢？

用心传递价值，让客户没有任何后顾之忧。心理学研究发现，人们总是对未知的人、事、物产生自然的疑虑和不安，因为缺乏安全感。在销售的过程中这个问题尤为明显。一般情况下，客户对销售员大多存有一种不信任的心理，他们认定销售员所提供的各类商品信息，都或多或少包含一些虚假的成分，甚至会存在欺诈的行为。所以，在与销售员交谈的过程中，很多客户认为他们的话可听可不听，往往不太在意，甚至是抱着逆反的心理与销售员进行争辩。

因此，在销售过程中，如何迅速有效地消除顾客的顾虑心理，就成为销售员最重要的能力之一。因为聪明的销售员都知道，如果不能从根本上消除客户的顾虑心理，交易就很难成功。

客户会产生顾虑的原因有很多，除了对产品性能的不确定外，主要有以下几点：

第一，客户在以往的生活经历中曾经遭遇过欺骗，或者买来的商品没有达到他的期望。

第二，客户从新闻媒体上看到过一些有关客户利益受到伤害的案例。新闻媒体经常报道一些客户购买到假冒伪劣商品的案例，尤其是一些伪劣家电用品、劣质药品或保健品，会给客户的健康甚至生命造成巨大的威胁。

第三，客户害怕损失金钱或者是花冤枉钱，他们担心销售员所推销的这种产品或者服务根本不值这个价钱。

第四，客户担心自己的看法与别人的会有不同，怕销售员因此而嘲笑他、讥讽他，或是遭到自己在意的、尊重的人的蔑视。

种种顾虑使得客户自觉不自觉地绷紧了心中的那根弦，所以说，在面对消费者时，销售员要尽自己最大努力来消除客户的顾虑心理，用心向他们传递产品的价值，使他们打消顾虑。

消除客户的顾虑心理，首先要做的就是向他们保证，他们决定购买是非常明智的，而且购买的产品是他们在价值、利益等方面做出的最好选择。

一位客户想买一辆汽车，看过产品之后，对车的性能很满意，现在所担心的就是售后服务了，于是，他再次来到甲车行，向销售员咨询。

准客户："你们的售后服务怎么样？"

销售员："先生，我很理解您对售后服务的关心，毕竟这可不是一个小的决策，那么，您所指的售后服务是哪些方面呢？"

准客户："是这样，我以前买过类似的产品，但用了一段时间后就开始漏油，后来拿到厂家去修，修好后过了一个月又漏油。再去修了以后，对方说要收5000元修理费，我跟他们理论，他们还是不愿意承担这部分费用，没办法，我只好自认倒霉。不知道你们在这方面怎么做的？"

销售员："先生，您真的很坦诚，除了关心这些还有其他方面吗？"

准客户:“没有了，主要就是这个。”

销售员:“那好，先生，我很理解您对这方面的关心，确实也有客户关心过同样的问题。我们公司的产品采用的是欧洲最新AAA级标准的加强型油路设计，这种设计具有很好的密封性，即使在正负温差50℃，或者润滑系统失灵20小时的情况下也不会出现油路损坏的情况，所以漏油的概率很低。当然，任何事情都有万一，如果真的出现了漏油的情况，您也不用担心。我们的售后服务承诺：从您购买之日起1年之内免费保修，同时提供24小时之内的主动上门服务。您觉得怎么样？”

准客户:“那好，我放心了。”

最后，客户买了中意的汽车。

从某种意义上来说，消除疑虑正是帮助客户恢复购买信心的过程。因为在决定是否购买的一刻，买方信心动摇、开始后悔是常见的现象。这时候顾客对自己的看法及判断失去信心，销售员必须及时以行动、态度和语言帮助顾客消除疑虑，加强顾客的信心。

消除顾客疑虑的最佳武器就是自信。优秀的销售员的沉稳和自然显现的自信可以重建顾客的信心。

除了自信的态度之外，另一个重要的武器便是言辞。比如有一位顾客原本想采购一种电子用品，但是他没有用过，不确定这个决定对不对。聪明的销售员会马上说:“我了解你的想法，您不确定这种电子产品的功能，怀疑是不是像产品说明书所说的，对不对？您看这样好不好，您先试用……”在关键时刻，销售员纯熟的成交技巧会让顾客疑虑全消。

在销售过程中，顾客心存顾虑是一个共性问题，如若不能正确解决，将会给销售带来很大的阻碍。

所以，销售员一定要努力打破这种被动的局面，善于接受并巧妙地化解客户的顾虑，使客户放心地买到自己想要的商品。只要能把握脉络，层层递进，把理说透，就能够消除客户的顾虑，使客户产生安全感，最终使得销售成功进行。

电话销售人员的哀兵策略——利用同情心

电话销售人员："白总，我已经拜访您好多次了，您对本公司的汽车性能也相当的认同，汽车的价格也相当合理，您也听朋友夸赞过本公司的售后服务，今天我再次打扰您，不是向您销售汽车的。我知道您是销售界的前辈，我在您面前销售东西压力实在很大，大概表现得很差，请您以一颗爱护晚辈的心，指点一下，我哪些地方做得不好，让我能在日后改进。"

白总："你不错嘛，又很勤快，对汽车的性能了解得非常清楚。看你这么诚恳，我就坦白告诉你，这一次我们要替企业的10位经理换车，当然所换的车一定要比他们现在的车子要更高级，以激励士气，但价钱不能比现在贵，否则我短期内宁可不换。"

电话销售人员："白总，您实在是位好经营者，购车也以激励士气为出发点，今天真是又学到了新的东西。我给您推荐的车是由美国装配直接进口的，成本偏高，因此，价格不得不反映成本。但是我们公司月底将从墨西哥OEM进口来的同级车，成本较低，并且您一次购买10部，我一定说服公司尽可能地达到您的预算目标。"

白总："喔！的确很多美国车都在墨西哥OEM生产，贵公司如果有这种车，倒替我解决了换车的难题了！"

当销售人员山穷水尽，无法成交时，由于多次的电话拜访和客户多少建立了一些交情，此时，若面对的客户不仅在年龄上而且在头衔上都超过销售人员时，可采用哀兵策略，以让客户说出真正的异议。

而销售人员一旦确确实实地掌握了客户真正的想法，了解了客户的真正异议，只要能化解这个真正的异议，销售人员的处境将有180°的戏剧性大转变，订单也将唾手可得。

通常来说，使用哀兵策略，要遵循以下步骤进行：

态度诚恳，说出请托的言辞。

感谢客户，并真切恳请客户坦诚指导自己销售时有哪些错误。

诱使客户说出不购买的真正原因。

了解原因后，再度销售。

销售员乔治的故事——对比效应

乔治:“亨利，作为老板，我想您应该为本公司的核心人物吉姆购买人寿保险。”

亨利:“我知道现在为吉姆买保险很有必要，但是我们公司正处于鼎盛时期，资金不允许我们买保险，目前我们唯一的任务就是扩大市场占有率，发展企业，而不是买保险。”

乔治:“您好像把保险金当作一项开支，当作吉姆死后需要的支出。”

亨利:“难道不是吗？”

乔治:“亨利，您的公司在银行有储备金吧？”

亨利:“当然，但我们要用这些钱交税或买别的东西。我拿不出你要的那个数。”

乔治:“我相信您拿不出，我也不让您拿。我想您有两种选择:

其一，您可以把钱放在法人银行账户上，需要时可以取出来用。

其二，把钱转移到为投保开的账户上。第二种选择可以使您的钱一部分用于保险费，其余的以现金价值增长。这样一来，您只是转变了您的现金资产身份，即从银行转到了保单中。有了保险账户，公司就可以免受吉姆的死亡可能带来的损失。如果您需要钱，您可以以现金担保贷款。”

亨利:“听起来不错，但要花多少钱？”

乔治:“你们公司 2 年的销售收入是多少？”

亨利:“4000 万美元。”

乔治:“我来帮您算一下，您为吉姆买保险要花多少钱。2 年销售收入的1%是40万美元。40万美元的1/10是4万美元。4万美元才占您年销售收入的1‰。2年买4万美元的销售收入保险如何？您认为能接受吗？”

亨利：“听起来不错，可我还是有点怀疑，乔治。”

乔治：“如果您的副总裁吉姆死了，我给您400万美元的免税利润怎么样？这个数相当于4000万美元纯利润的10%，而且有保证。”

亨利：“这……”

乔治：“再打一个比方，如果税收和成本以销售收入1‰的速度增长，您明天会破产吗？”

亨利：“不，当然不会。”

乔治：“您会改变经营策略吗？您的市场会缩小吗？产品的发送和销售效率会降低吗？”

亨利：“不，不会。”

乔治：“那么，您还是付得起保险金的，您的钱仍然是流动现金资产。在您交过保险金以后，现金将以保单现金价值的形式归您所有。您真正要做的是改变现金资产的身份，在改变过程中捡起400万美元的保险。吉姆死后，您将不仅拥有本金，而且有400万美元创造以后2年的利润。”

电话结束时，乔治的记录本上又多了400万美元的终身保险。亨利完全接受了核心人物保险的观念，决定为公司各种各样的核心人物买800多万美元的人寿保险。

对比是一种非常实用也是非常容易成功的成交法。在这个故事中，销售员乔治就是利用了对比的方法达到了自己的销售目的。

乔治是一名经验丰富的保险销售员，他试图说服某公司的老板亨利为其公司的核心人物吉姆购买人寿保险。

但亨利表示，公司目前没有足够的资金用来购买保险，并且把保险看作是一项额外的支出，认为只要是支出就会增加成本。

乔治看到了这一点，他知道，这时候再试图通过介绍保险的好处是无法打动客户的，于是，他询问了亨利公司 2 年的销售收入，并且用数据明确地把买保险与不买保险的利弊做了对比，最后得出结论："吉姆死后，您将不仅拥有本金，而且有 400 万美元创造以后 2 年的利润。"最终，乔治的策略取得了预期的效果，客户不仅为吉姆购买了保险，还为公司其他核心人物都购买了人寿保险。

可见，在销售过程中，善用对比的方法，明确地告诉客户不接受推销会产生怎样的严重后果，接受推销将会有什么受益，这样往往能够得到客户的认可。

白手绢"擦"出的效果——剧场效应

某家公司经销一种新产品——适用于机器设备、建筑物清洗的洁神牌清洗剂。老板布置任务后，大家纷纷带着样品去拜访顾客。

依照过去的经验，销售员向顾客推销新产品时最大的障碍是：顾客对新产品的性能、特色不了解，因而不会轻易相信销售员的解说。但销售员赵中却有自己的一套办法。

他前去拜访一家商务中心大楼的管理负责人，对那位负责人说："您是这座大楼的管理负责人，您一定会对既经济效果又好的清洗剂感兴趣吧。就贵单位而言，无论是从美观还是从卫生的角度来看，大楼的明亮整洁都是很重要的企业形象问题，您说对吧？"

那位负责人点了点头。赵中又微笑着说："洁神就是一种很好的清洗剂，可以迅速地清洗地面。"同时拿出样品，"您看，现在向地板上喷洒一点清洗剂，然后用拖把一拖，就干干净净了。"

他在地板上的污迹处喷洒了一点清洗剂。清洗剂渗透到污垢中，需要几分钟时间。为了不使顾客觉得时间长，他继续介绍产品的性能以转移顾客的注意力。"洁神清洗剂还可以清洗墙壁、办公桌椅、走廊等处的污迹。与同类产品相比，洁神清洗剂还可以根据污垢程度不同，适当地用水稀释，它既经济方便，又不腐蚀、破坏地板、门窗等。您看，”他伸出手指蘸了一点清洗剂，“连人的皮肤也不会伤害。”

说完，销售员指着刚才浸泡污渍的地方说：“就这一会儿的工夫，您看效果：清洗剂浸透到地面上的坑洼中，使污物浮起，用湿布一擦，就干净了。”随后拿出一块布将地板擦干，“您看，多干净！”

接着，他又掏出白手绢再擦一下清洗干净的地方：“看，白手绢一尘不染。”再用白手绢在未清洗的地方一擦，说：“您看，脏死了。”

赵中巧妙地把产品的优异性能展示给顾客看，顾客为产品优异的性能所打动，于是生意成交了。

心理学上有个概念叫“剧场效应”，人在剧场里看电影或看戏，感情与意识容易被带入剧情之中；另外，观众也互相感染，也会使彼此感情趋于相对一致。因而，一些成功的销售员把“剧场效应”运用到推销活动中，同样取得了较好的效果。他们当众进行产品演示，边演示边解说，渲染了一种情景氛围，直接作用于潜在顾客的右脑，让那些本来有反对意见的人和拒绝该产品的人在右脑的影响下，做出购买的决策。

第二章
安慰的魔力：为什么赞美与表扬能使白痴变天才

查尔斯·史考伯的经验之谈——赞美

赞美别人是一种有效的情感投资，而且投入少、回报大，是一种非常符合经济原则的行为方式。对领导的赞美，让领导更加赏识与重用你；对同事的赞美，能够联络感情，使彼此愉快地合作；对下属的赞美，能赢得下属的忠诚，换得他们的工作用心和创造精神；对商业伙伴的赞美，能赢得更多的合作机会，赚得更多的利益；对妻子或丈夫的赞美，使夫妻更加甜蜜；对朋友的赞美，能赢得崇高的友谊。

赞美之所以会有如此巨大的力量，就是因为人类有一个共同的弱点——爱慕虚荣。大多数人在做觉得没有多大把握的事情时，往往极乐意看到自己在这些没什么把握的事情上表现不凡，获得别人的称赞。当你对他们这些没把握的事情中的任何一件加以赞扬时，都会得到你所期望的功效。

钢铁大王安德鲁·卡内基对于赞美也曾这样提醒我们：说句好话轻而易举，只要几秒钟，便能满足人们内心的强烈需求，注意看看我们所遇见的每个人，寻觅他们值得赞美的地方，然后加以赞美吧！

查尔斯·史考伯是美国商界年薪最先超过 100 万美元的人之

一，在他 38 岁时，便出任了由安德鲁·卡内基提拔新组的美国钢铁公司的第一任总裁。为什么“钢铁大王”安德鲁·卡内基要付给史考伯一年 100 万美元的薪资？

因为史考伯是一名奇才吗？不是。因为他对钢铁的制造知道得比其他人多吗？也不是。史考伯的手下有许多人，他们对钢铁的制造知道得比他还多。史考伯说，他得到这么多的薪金，主要是因为他与人相处的能耐。他是如何与人相处的，以下就是他以自己的话语说出的秘诀：“我认为，我那能够使员工鼓舞起来的能力是我所拥有的最大资产。而使一个人发挥最大能力的方法，是赞赏和鼓励。”史考伯这样说道：“再也没有比上司的批评更能抹杀一个人的雄心。我从来不批评任何人。我赞成鼓励别人工作。因此我善于称赞，而讨厌挑错。如果我喜欢什么的话，就是我诚于嘉许，宽于称道。”

所以，赞美的话都应该说出来，让对方知道。如果你以为赞美的话只埋在心里就行了，那就大错特错了。适当的赞美能够令对方感到高兴，但有的人却不知道究竟该如何赞美对方，实际上只要你愿意并留心观察，对方处处都有值得赞美的地方，适时说出来，会产生意想不到的效果。

此外，如果别人都没注意到的地方，你注意到了，并恰如其分地将其欣赏表达出来，这怎能不让人怦然心动呢？因此，我们在对陌生人加以赞美时，如果能悉心挖掘那种鲜为人赞的地方，并适时地表达出来，对方会非常开心，就算对方是陌生人也会很快就变得熟络起来。

不过，虽然真诚的赞美很容易打动对方的心，但是，有时候直接的赞美却有可能引起对方的警觉，令其存有戒心，觉得你是因为有所企图才这样阿谀逢迎，溜须拍马。所以，“借”他人之口进行赞美的确是一种很好的方法。例如说：“别人都说你……故我今天特来请教。”意思就不是你一个人的评价了，而是大家的评价，无形之中扩大了被赞美者的声誉，效果更佳。另外，在赞美别人之前，我们还需要做一番调查，比如对方的优点和长处，还要熟悉对方的爱好、志趣、品格等，这样才能避免泛泛而谈或者无话可说。

子高求情——巧言游说

战国时期，韩国修筑新城的城墙，规定限15天完工。大臣段乔负责主管此事。有一个县拖延了两天，段乔就逮捕了这个县的主管官员，将其囚禁起来。这个官员的儿子设法解救父亲，就找到管理疆界的官员子高，让子高去替父亲求情。子高答应了这件事。

一天，见了段乔后，子高并不直接提及释人的事，而是和段乔共同登上城墙，故意左右张望，然后说："这墙修得太漂亮了，真算得上是一件了不起的功劳。功劳这样大，并且整个工程结束后又未曾处罚过一个人，这确实让人敬佩不已。不过，我听说大人将一个县里主管工程的官员叫来审查，我看大可不必，整个工程修建得这样好，出现一点小小的纰漏是不足为奇的，又何必为一点小事影响您的功劳呢？"

段乔见子高如此评价他的工作，心中甚是高兴，然后又听子高的见解也在情理之中，于是便把那个官员放了。

那个官员之所以能够获免，是因为子高的求情。子高把一顶高帽子给段乔戴上，然后就事论题，深得要领，不能不令人拍案叫绝。其实，一般人都存在顺承心理和斥异心理，对那些合自己心意的就容易接受。因此，顺应事物的发展规律，巧言游说，便容易成功。

有一位学心理学的杂志社编辑，他对说服作家很有一套。不论那些作家如何繁忙，他都有办法使他们答应为他写稿。本来他的口才并不属一流，但奇怪的是那些作家在他面前，都无法拒绝他的要求。

"当然我知道你很忙，就是因为你很忙，我才无论如何请你帮个忙，那些过于空闲的作家写出来的作品，总不见得会比你的好。”

据这位编辑说，这种说法从未失误过。一般来说，当对方已有很充分的拒绝理由时，想让他接受你的请求是十分困难的。如果你事先也知道他会用这些理由来拒绝你，就因此而裹足不前的话，会增加他对抗的意念，于是当时的气氛就更加紧张，也谈不上什么说服了。

所以，要说服别人，不妨找准他的痒处，巧言游说，让他在舒服的同时又无法拒绝你的要求，从而达到你的目的。

卡耐基与比西奇——夸奖教育

故事一：

有一次，卡耐基先生正在教学，在场听课的学生中有一位来自匹兹堡的学生，他叫比西奇。比西奇在上课过程似乎显得特别笨，在每个方面都似乎差人一等。因此，比西奇感到很沮丧。

下课以后，比西奇终于带着失望的心情来到卡耐基的办公室，对卡耐基说：“先生，我想退学。”

“为什么？”卡耐基奇怪地问。

“我……我感觉比别人笨多了，根本学不会你的教程，这样一来，我完全是浪费时间而已。”

“我觉得不是这样的，比西奇！”卡耐基说，“在我的感觉中，这半个月来，你比以前进步明显，在我的心目中，你是个勤奋而又成功的学生。”

“真的是这样吗？先生，你真的是这么认为的吗？”比西奇略带惊喜地问。

“当然，当然是真的！而且，在我看来，在不久的将来，或许就在毕业的时候，你就会取得非常优异的成绩。”

看到比西奇的神情明显好转了不少，卡耐基继续说：“在我小的时候，人们都认为我是个笨孩子，那时的我是多么的忧郁！后来，我摆脱了忧郁，同时也摆脱了‘笨’，你比我当年强多了！”

经过这一段对话之后，比西奇内心深处升起了希望。他凭着自己的努力和卡耐基先生的赞美终于学完了全部教程，毕业时成绩虽不很优异，但也足以让人刮目相看了。

故事二：

一位叫马尔科姆·达尔科夫的人，一直从事着广告促销方面的专业创作，并取得了相当的成功。他深情地回忆起24年前那位改变他人生的女老师的故事：

小时候的达尔科夫是位生性极为内向的、胆怯、害羞的男孩。他几乎没有朋友，对什么事都缺乏信心。那是1965年10月的一天，他的中学女教师露丝·布劳奇在班上布置作业。学生们已阅读了《杀死一只知更鸟》一文，老师要求学生接着那篇小说的最后写续文。他无法回忆起女老师布劳奇给的评分是多少，但他至今仍清晰地记得，而且永生难忘的是布劳奇老师在他作文的页边空白处写下的那四个字“写得不错”。

他说：“在读到这些字之前，我不知道我是谁，也不知道将来要干什么了。读了她的批注之后，我回到家，就写了一篇短篇小说，这是我梦寐以求、但从来不相信自己能做的事。”

从此，在中学时代剩下的日子里，达尔科夫用课余时间写了大量的短篇小说，经常将它们带给布劳奇老师评阅，布劳奇老师不断地给予鼓励，批改一丝不苟，态度和蔼可亲。不久，他担任了中学报纸的编辑工作，他的信心与日俱增，开始了一种充实的、富有收获的生活。

在中学建校30周年的联欢会上，达尔科夫对已经退休在家的布劳奇老师说，如果没有老师那四个令人鼓舞的字，他也许今天不会成为作家。

夸奖应该真诚与实事求是，夸奖别人最忌讳的是用不太真诚的态度说出敷衍的话。千万记住，人是喜欢被夸奖、被人欣赏和赞美的。当别人夸奖他比别人更强或某方面做得特别好时，那他会变得乐不可支，卡耐基先生与比西奇的谈话之所以获得成功，是因为他深谙比西奇的心理。他能够用自己小时候的例子，让比西奇很容易相信他说的是大实话，因而产生心灵共鸣，并让比西奇付之行动，取得成功。因此，大人用真诚的态度、站在孩子的立场、设身处地的谈话，是最成功的谈话策略，因为能够产生心灵共鸣的教育才是最有效的教育，也才有可能真正将孩子教育成人、成才。

如果我们的老师都愿意在学生的作业簿上多写一些“写得不错”“有进步”“真是太好了”“好样的”等激励性的批注，那么在我们的学校里，将有更多的学生走向成功之路。

肯德基的特殊顾客——激发动力

肯德基公司的子公司遍布全球 60 多个国家，数量达 9900 多个。然而，肯德基公司在万里之外，又是怎么管理好子公司的呢?

一次，上海肯德基有限公司很意外地收到了 3 份总公司寄来的鉴定书，对外滩快餐厅的工作质量分 3 次鉴定评分，分别为 83、85、88 分。公司中外方经理都为之瞠目结舌，这三个分数是怎么评定的，后来他们才得知，肯德基公司雇用、培训了一批人，让他们佯装顾客进入店内检查评分。从表面上看，这些“特殊顾客”和普通顾客一样，毫无差别，因为他们都来无影、去无踪，这就使快餐厅经理、员工时时感到某种压力，丝毫不敢疏忽。这就是肯德基公司管理的高明之处。

很多企业都在宣传“老板在与不在都一样”，这句话说起来容易，做起来却难了。有的企业，当老板在的时候，有些员工就装模作样，表现卖力，等老板前脚刚走，他们就在办公室里大闹天宫了。于是，老板会在这个时候杀个回马枪，刚好逮个正着。这种情况毕竟是少数，因为老板没有这么多精力去跟员工玩游击战，所以，要想管理好企业，主要还是确立制度。如果建立了一套完善的制度，让员工意识到，无论何时都必须认真工作，那么员工就不会偷懒了。所以，要想达到这种效果，管理者就必须采取一些措施，时刻给员工一点儿压力、一点儿动力，以保持他们不懈的进取心。

正确只能把事情做对，而用心才能把事情做好。尤其对于直接服务于顾客的企业来说，更应以责任感作为管理的核心。

为了让员工树立起一种责任感，除了向肯德基学习，找一些特殊的顾客替自己监督外，你还可以采取下面的几种方法：

1. 把“我的事”变成“你的事”，把“我解决”变成“你解决”

老板不要轻易地亲自去帮员工解决问题，除非解决该问题超出了员工的权力范围和能力范围。这样既培养了员工的责任感，也培养了员工的工作技能和独立解决问题的能力。

2. 经常对员工的表现予以肯定

老板的肯定方向就是员工的价值取向。没有人不期望得到老板的肯定。老板应着重了解顾客对员工的评价，凡对顾客服务好、受顾客广泛好评的，老板就要肯定，可以公开表扬，也可以加薪、晋级，还可以送礼物。总之，要让努力的人更努力，不努力的人知道努力的方向。

3. 树立榜样

在自己的团队中，树立一个榜样，对激发员工的责任心有着深远的影响。社会上的榜样太遥远，身边的榜样不仅容易学习，更有一种直接的压力和动力。

苏步青和三位恩师——教师人格

我国著名数学家苏步青在《怀念我的老师》一文中，讲述了他在求学路上遇到的几位老师。苏步青出身于贫苦农民家庭，十几岁时才作为一名插班生进入一所小学，由于语言不太通，学期结束时，成绩排在全班倒数第一名。

第二年他换了一所学校，语言是通了，但遇到一个歧视穷家子弟的老师。他怀疑苏步青作文中的好语句不是自己写的，因而尽管有好语句，还是给批了个“差”字。这使苏步青的心灵受到了打击，他便以不听课的方式相对抗，结果学期末又考了个倒数第一。

第三年他遇到了一个正直可亲、不歧视穷人孩子的陈老师，这位老师主动地接近他，了解他内心的苦闷，耐心地启发教育他要靠自己的努力争取好的前途，这位老师还说：“我看你的资质不差，只要好好努力，一定会成为有用之才。”这给他以极大的鼓励。从此，他开始集中心思学习，当学年结束时，他获得了全班第一名。从此以后的每次考试他都名列前茅，几年以后，他以优异的成绩考上了中学。

在中学二年级时，他遇到了一位姓杨的数学老师，他的课讲得非常吸引人，这使苏步青开始对数学产生了兴趣。这位老师赞扬苏步青文理科的基础不错，并鼓励他走科学救国的道路。在这位老师的指导、鼓励与帮助下，苏步青学数学的积极性与才能被激发了出来。他曾用20种方法解一道几何题，并写成论文，被送到当时的浙江省学生作业展览会上展出。

这时他又遇到了兼几何课的洪校长，这位洪校长经常看着苏步青做作业，边看边点头，脸上时时露出笑容。这时校长在即将离开中学到教育部任职之前，把苏步青叫到办公室，鼓励他毕业后到日本去留学，并说一定要给以帮助。苏步青中学毕业后写信给这位昔日的校长，很快就收到了洪校长寄来的200块银元与临别赠言，鼓励他要为中华富强而发愤读书。洪校长经济上的资助与精神上的指引、鼓励，成为苏步青一生事业的转折点。

苏步青遇到的这三位老师，不仅有好心肠，不歧视穷人子弟，而且在培养人才方面非常内行。他们都有一双识别人才的“慧眼”，这位姓陈的老师一眼就看出苏步青“资质不差”；他们都爱惜人才，那位洪校长一次资助苏步青200块银元；他们不仅诲人不倦，而且深谙育人之道，他们用发展的眼光去看待学生，能把一个青年在某一方面的兴趣与才能培养出来。由此可见，他们作为老师拥有高尚的人格。可以说，如果苏步青没有遇到这三位老师，今天的中国就会缺少一位成就卓著的数学家。

所以，做老师的应力求避免把学生分成“优生”和“差生”，而且要取消“差生”这种称谓。事实也是如此，6 ~ 15 岁就确定一个学生是可以培养的还是不可以培养的，是“优生”还是“差生”为时过早。

从苏步青教授的成长经历不难看出，三位好老师帮助苏步青树立了对自己的信心，并且在以后的人生路上，这几个老师的鼓励和指引也让苏步青获得了成功的体验，并最终成为一个优秀的人。因此，老师们应为学生创设一个让学生体验成功的教育情景，而不能在有意无意中打击年幼的学生。对于学生们来说，老师的认可和鼓励对其一生影响深远。

给孩子贴上正面标签——标签效应

在第二次世界大战期间，美国由于兵力不足，而战争又的确需要一批军人。于是，美国政府就决定组织关在监狱里的犯人上前线战斗。这些人纪律散漫，不听指挥，于是美国政府特派了几个心理学专家对犯人进行了战前的训练和动员，并随他们一起到前线作战。

心理学专家和他们谈话后，要求他们每周给自己最亲的人写一封信。当然，他们很高兴。信的内容由心理学家统一拟定，要他们照抄一遍就行了。信的内容大体是告诉他们的亲人，他们在前线如何勇敢，如何听指挥和创立了多少战功。

这样坚持了半年后，奇迹发生了：这些士兵竟一个个变了样，在战场上的表现比起正规军来毫不逊色，真的像他们信中所说的那样服从指挥，那样勇敢拼搏。

一个人被别人下某种结论，就像商品被贴上了某种标签。当被贴上标签时，就会使自己的行为与所贴的标签内容相一致。孩子的情感态度都是直接的，你给他们贴上什么标签，他们就会做出与标签一样的事情来。比如，你说他们是个乖孩子，他们就是个乖孩子，就会表现出听话的举动来；你说他们是个不听话的孩子，他们就会打人、骂人，做出一些让人生气的事情来。

老师应该及时给孩子贴上正面标签，哪怕是一个让人伤透脑筋的孩子也不要放弃，找准一个闪光点，把这个亮点放大，他们就会向着你期望的目标一步一步靠近。

一个人当被一种词语名称贴上标签时，就会做出自我印象管理，使自己的行为与所贴的标签内容相一致。这种现象是由于贴上标签后引起的，故称为“标签效应”。

心理学认为，之所以会出现“标签效应”，主要是因为“标签”具有定性导向的作用，无论是“好”是“坏”，它对一个人的“个性意识的自我认同”都有强烈的影响作用。给一个人“贴标签”的结果，往往是使其向“标签”所喻示的方向发展。

有的老师对孩子要求过高，当孩子无法达到时，老师就很失望，认为孩子“脑子笨”，经常批评他“大笨蛋”“不是读书的料”，这等于在无形之中给孩子贴上了“我不行”的标签。这种不良的标签会使孩子产生“我确实不行”的感受，并且对自己的能力产生怀疑，进而对自己失去信心，就会不自觉地放弃追求成功的努力。长此以往，坏标签的预言便会成真。

曾有人以“你长大想当什么？为什么？”为题，对小学五年级学生进行一个问卷调查。有些学生是这样回答的：“我学习成绩不好，老师说我是笨蛋，我也不知道长大能当什么。”从中可以看出大人给孩子的负面标签，给孩子造成了多大的危害！

孩子的很多行为，例如顽皮、好动，甚至做出“出格”的举动，这些表现多为孩子天性使然，无所谓好、坏，即使有一些不良行为，往往也是一种无意识行为或对成人的简单模仿。所以，切忌动不动就对孩子的行为贴上“好”“坏”的“标签”，人为地划分“好孩子”“坏孩子”，那样，很容易使孩子自觉不自觉地趋同于划定的类别，妨碍了他们的自然成长。

也许有的老师会说，给孩子贴上不好的标签，只是“激将法”，是想让他变得好一点而已。这是一种错误的观点。激将法对成人或许有用，但对孩子却很难奏效。因为，孩子年龄尚小，其独立性有限，对老师的说法易于认同，也很难产生“你说我不成，我就做得更好给你看”的想法。老师不可轻易对孩子下结论，不要给孩子乱贴标签。因为这样轻则会毒化师生关系，严重的还可能促使孩子向消极方面发展。

例如，日常生活中，有的孩子起床后不叠被子，老师往往不耐烦地说：“你真是条大懒虫。”有的孩子接受知识慢，老师有时也会忍不住批评说：“你怎么这么笨。”这些看似随意的一句话，实际上对孩子自尊、自信的伤害往往很深。

而且，在社交活动中往往物以类聚、人以群分，如果你给孩子贴上坏的标签，他就会把自己归到表现不好的学生那一类，经常和那些孩子待在一起，这又会加重孩子的不良倾向。

所以老师对有缺点、坏习惯、坏行为的孩子，千万不能动辄贴上坏的标签。相反，要从各方面去观察，用放大镜尽力找出孩子的闪光点，时刻看到他们的进步，用好标签去鼓励他们发扬优点。那么，“笨孩子”就有可能悄悄地变成“聪明孩子”，收到意想不到的教育效果。

期望能产生奇迹——罗森塔尔效应

我们在生活中可以发现这样的现象：当一个人没有得到应有的注意和期待，而是被埋没在人群中，那么他很可能就这样一直平庸下去；而当他被周围人寄予厚望并频频鼓励时，他却能宛若新生，仿佛突然间充了电一样，做出一番令人不可思议的“壮举”。

这就是神奇的“期待效应”，心理学上叫作“罗森塔尔效应”。

罗森塔尔是20世纪美国著名的心理学家。1966年，他做了一个实验：

他把一群小老鼠一分为二，把其中的一小群（A 群）交给一个实验员，说“这一群老鼠是属于特别聪明的一类，请你来训练”；把另一群（B 群）交给另外一名实验员，告诉他这是智力普通的老鼠。两个实验员分别对这两群老鼠进行训练。一段时间后，罗森塔尔对这两群老鼠进行测试，测试的方法是让老鼠穿越迷宫，结果发现，A 群老鼠比 B 群老鼠聪明得多，都跑出去了。

其实，罗森塔尔对这两群老鼠的分组是随机的，他自己也根本不知道哪只老鼠更聪明。当实验员认为这群老鼠特别聪明时，他就用对待聪明老鼠的方法进行训练，结果这些老鼠真的成了聪明的老鼠；反之，另外那个实验员用对待普通老鼠的方法训练，也就把老鼠训练成了普通的老鼠。

罗森塔尔立刻把这个实验扩展到人的身上。1968 年，他和助手们来到一所小学进行一项实验：

他们从小学一年级到六年级共选了 18 个班，对班里的学生进行了“未来发展趋势测验”。之后，罗森塔尔以赞赏的口吻将一份占总人数 20% 的“最有发展前途者”的名单交给了校长和任课老师，并叮嘱他们一定要保密，否则会影响实验的正确性。

8 个月后，他们再次来到这所小学，对那 18 个班的学生进行复试。结果奇迹出现了：凡是上了名单的学生，个个成绩都有了较大的进步，而且活泼开朗，自信心强，求知欲旺盛，更乐于和别人打交道。

其实，当初那份名单只是罗森塔尔随机挑选出来的，不过这个谎言对老师产生了心理暗示。在这 8 个月里，谎言左右了老师对名单上的学生的能力评价，老师又将这一心理活动通过情感、语言和行为传染给了学生，使学生强烈地感受到来自老师的热爱和期望，从而使各方面得到了异乎寻常的进步。

上述的实验结果深刻地表明了一点：教师对学生的期望影响着学生的罗森塔尔成绩。此后，罗森塔尔等人又做了一个实验，把教师的期望与学生的学业成绩做了相关分析，结果表明：教学成功的个人期望与学生的成绩是相辅相成的。克雷纳等人于1978年对4300名儿童进行了4年的纵向研究，并进行了一系列相关分析，结果表明教师期望明显地引起了学生成绩的变化。

现在，人们就把这种由他人的期望和热爱，而使人们的行为发生与期望趋于一致的变化情况，称之为“罗森塔尔效应”或“期待效应”。

罗森塔尔效应也告诉我们，当老师把学生当作聪明的学生来对待，用对待聪明学生的方法来教育时，学生就会成为聪明的人；当老师把学生当作天才，并让学生知道他们是天才的时候，老师的眼里就无“差生”可言。

“小笨蛋”爱因斯坦——永不放弃

爱因斯坦出生于德国，父母是犹太人，后加入美国籍。他创立了相对论，是现代最伟大的科学家之一，他的理论改变了传统的科学体系，开创了一个新时代。

然而，他在童年时期，却很不起眼。除了老师发现他拥有数学天才之外，他是一个迟钝、害羞、落后的小孩，老师认为他是个累赘，父母也认为他是一个低能儿。

据说，爱因斯坦到3岁时还不会说话，人家都叫他“小笨蛋”，只有母亲相信他是有才能的。他10岁时才进入慕尼黑的一所小学读书。读书时成绩也坏透了，他在任何一个学校里都没有读好。

后来，爱因斯坦在普林斯顿大学讲课时，便主张学生们要自由发展、不必拘泥于课本。他说：“一个人在大学毕业前后，站在天平上称称看，是不是一个真正有学识和思想的人非戴方顶帽不可？”

和爱因斯坦一样早期“愚钝”，长大后成为“天才”的人还有很多：“氢弹之父”特勒直到3岁才会说话，别人都当他是弱智儿；

小儿科医学家蒙斯克博士3岁了还不会说话，而且每次开口说话都是慢吞吞的，让人受不了；堪称最好学的美国总统威尔逊，小时候情况更糟，直到9岁才会认识26个字母；著名数学家庞加莱小时候被认为是低能儿；“发明大王”爱迪生13岁就被学校开除，校长说他永远一事无成，等等。

孩子的成长需要一个过程，不可能一蹴而就。在这个漫长的过程中，孩子有自己的身心发展规律。例如，有些老师觉得有些孩子考试总是太粗心，不该错的会出错。其实有时并不是孩子有意在犯错，而是孩子年龄尚小，大脑和神经系统还没有发展成熟，记忆的瞬间性、注意的短暂性、思考的不周密等因素都会造成粗心。这些在成人看来低级而简单的错误，会随着大脑和神经系统功能的成熟和完善而自动消除。

此外，每一个孩子都是一个独立的个体，先天的禀赋、后天的教育等都造成孩子之间的千差万别。就像人的手指头有长短，孩子也是各有千秋。不能认为孩子在某一方面比别的孩子差，就认定孩子的任何方面都比别人差。有的孩子交际上如鱼得水却不擅长写作；有的内向害羞但写起文章妙笔生花；有的唱歌会跑调但数学很好……老师期望自己的学生样样出色，这个出发点是好的，但也是不现实的，毕竟这个世界上也没有谁是真正的全能手，不是吗？

而且，不同孩子的成长速度有快有慢。有的孩子早早地锋芒毕露；有的孩子则可能属于大器晚成。我们在生活中也经常可以看到这样的例子，一些孩子在小学学习成绩一般，但是到了初中或高中成绩就有明显提高，甚至很突出。

孩子的成功离不开历任老师对他们从始至终的爱意和信心。所以，老师教育学生也要遵循其自然发展的规律，让孩子自由地发展，而不可拔苗助长。而且，每个孩子都是独一无二的。老师们不要总是拿自己的学生互相比较，哪个孩子成绩“好”就对他报以希望，哪个孩子成绩“差”就对他不理不睬。这样的做法是不对的，不仅容易失去客观的判断标准，而且会对孩子幼小的心灵造成伤害。

这个世界上没有坏孩子，只有“坏教育”。人各有其才，各有不同的能力。要善于发现孩子的闪光点，因材施教。即使我们一时未能找到孩子的闪光点，也绝对不要对孩子失去信心，更不能轻言放弃。当一种方法不行时，老师们可以积极尝试另一种方法，以调动孩子的积极性，让他朝着你预设的目标进发。相信总有一天，你会发现自己的学生已经长成了一棵参天大树，成为一个优秀的人！

赞美的力量——南风效应

法国作家拉封丹曾写过这样一则寓言：

南风和北风打赌，看谁的力量更强大。他们决定比试谁能把行人身上的大衣脱掉。北风先来，他鼓起劲，呼呼地直吹着，直吹得冷风凛凛、寒冷刺骨，哪知道，风越刮，天越冷，行人把大衣裹得越紧。接下来是南风，南风徐徐吹动，轻柔温暖，顿时风和日丽，行人春暖身热，于是解开纽扣，继而脱下了大衣。结果是逞强好胜的北风输给了温文尔雅的南风。

人们把这种以启发自我反省、满足自我需要而达到目的的做法称为“南风效应”。南风之所以能达到目的，就是因为它顺应了人的内在需要，使人的行为变为自觉。

“南风效应”给我们的老师什么样的启示呢？在处理老师与学生之间的关系时，宽容比惩戒更有效。每个孩子都可能犯错误，老师要容忍孩子的缺点，客观、理智、科学地处理日常生活中出现的各种问题，而不是不分青红皂白地否定孩子、训斥孩子。当孩子犯了错误后，很多老师都选择扮演着“北风”的角色，忽视了教育有时也有负面作用，那就是当老师一味吹北风的时候，那些“不经意的严厉批评”和“恨铁不成钢的指责”会让孩子“裹紧身上的大衣”，引发一些心理问题，诸如自卑、孤僻自闭等，甚至产生报复心理，专门和老师作对。

某位教育家曾经说过：当孩子犯错误时，我们应该先避开错误的实质，把孩子从错误的阴影中带出来，带他们走向温暖的“阳光”，打开他们的心锁。这就是说老师要尊重和关心孩子，要用温暖的“南风”逐步吹掉他们自我保护的厚厚的紧紧裹着心灵的大衣，再心平气和地对待孩子的错误，以恰当的方法去引导他们、激励他们，发挥他们的主观能动性，最终帮助孩子改正错误，并获得成功。

第三章

万有引力：为什么爱美之心人皆有之

为什么男人看女人外貌，女人看男人能力

当有长得漂亮、身材姣好的姑娘从身边经过时，大部分男人都会盯着看，哪怕自己的爱人就在身边。男人对异性的相貌、身材似乎更为看重。

小李是某公司的财务总监，虽然相貌平平，但工作单位不错，家庭背景也很好，是众多女性朋友中的理想结婚对象。可是，在众多女同事倒追的情况下，小李依然单身。于是公司里有些人开始觉得他也许是同性恋，对女人没兴趣。直到某天，在公司的酒会上，小李突然带女友出场，惊艳全场。有同事爱八卦，问他们什么时候开始交往的。小李回答："两个星期前。"大家一下子都明白了，小李原来是在对比中寻觅美女。

为什么男人喜欢找美女？而女人虽然也喜欢英俊小生，但更看重对方的能力。

这种差异一方面是男女在经济上的不平等地位造成的，由于女性在经济上普遍处于劣势，为了生存不得不依赖于经济丰厚的男性，所以女性倾向于找有能力的男性做恋爱或结婚对象。另一方面也是男女不同的关注点导致的，作为一种视觉动物，男人对异性的感知首先来自眼睛，眼睛受到了刺激，心情就莫名其妙地兴奋起来。自古在情场上，都说男人主动，女人被动。男人的这种主动主要是被女人靓丽的外表和曼妙的身材唤起的。性因素占

据了很大成分。而女人的性唤起区域不像男人那么集中，它们较为分散，更多靠语言和想象来调动，所以女人喜欢浪漫，爱听甜言蜜语，更看重感情。至于外貌，女人更喜欢打扮好自己让别人来欣赏，让别人来关注。女人天生的被动性决定了她更在意自己的外貌，而非异性的外貌。所以在这个问题上，女人较为“自恋”，男人则较为“恋她”，恋她的相貌、她的身材、她的气质、她的体香。

女人总是慢慢地爱上男人，男人总是一眼就喜欢上女人，尤其是一个美女，她俏丽的容貌、婀娜的身影会立马唤起男人全部的热情。他要追求她，想得到她。都说男人理性，错了！在恋爱的初始阶段，男人非常感性，而且随心所欲，与其说他喜欢上一个女人，不如说他被一个女人所吸引。这种吸引不是精神层面的，更多是身体层面的，是一种冲动。他对女人的冲动越强烈，就越不会进行思考，他的追求就越盲目。其实那不是爱，只不过是生理的冲动，但男人经常分不清两者之间的区别，总是把生理的冲动当成恋爱的冲动。但男人喜欢美女不见得就一定会跟美女共度下半生。

当一个男人用猛烈的攻势逐渐解除一个女人的“全副武装”的时候，他也仅仅是喜欢她的身体，想要接近她，但很多女人不懂，她以为他是在热烈地示爱，是真的喜欢她。其实，女人误以为的“爱”只不过是男人的一种性冲动，它瞬间即逝，一旦得到满足，男人对女人的身体会很快失去兴趣，而此时，女人往往已经陷入爱河，无法自拔。其实，男人之所以这样是由男人喜欢探险的天性所决定的。这就是男女在恋爱初始阶段不同的心理状态。

所以，女人更容易爱上熟悉的男人，男人却更容易喜欢上陌生的女人。女人的陌生好似一片神秘之旅，让男人难以抗拒，他不是真的喜欢她，只不过是想接近她、占有她，一旦交往过密，他对女人的兴趣和好奇就会日趋减弱。

女人爱有能力的男人，那是天性；男人爱漂亮的女人，那也是天性。

男人为什么喜欢漂亮女人

但凡是男人，就没有一个不喜欢漂亮女人的。正所谓是异性相吸，这本就符合事物的客观规律。漂亮的女人就好比是更有吸力的另一块磁铁，如果男人是一块普通的磁铁的话，相信是更容易被吸引的。都说女人口是心非，其实男人也是，当被问到是否喜欢漂亮女人时，都会有意回避，其实内心早就为我们所洞察。男人遇见漂亮女人时都会产生自然的好感，都想主动接近他，这时候的男人会变得睿智且口齿伶俐。男人为什么这么喜欢漂亮女人？

从健康学上来说，男人喜欢漂亮女人有益于身体健康。第一，漂亮女人养眼。男人看到漂亮女人时，能够迅速调节眼神经，加速眼睛周围血液循环，达到明目润神的效果。第二，漂亮女人养心。无论男人、女人还是孩子，看到漂亮女人无不觉得赏心悦目。第三，漂亮女人可以使男人舒肝。谁忍心对一个漂亮女人大动肝火？一见到美女那楚楚动人的眼神，人都要化了，哪里还有气。第四，漂亮女人可以使男人润肺。见到漂亮女人，男人会不自觉地口生津液。第五，漂亮女人可以使男人强肾。看到漂亮女人，一般情况下会导致男性加快分泌出更多的雄性荷尔蒙，这可以健肾强体。

从色彩学上来说，男人尤其喜欢漂亮的“颜色”。男人贪色，其实不是男人对什么色都贪的，而是贪那些美丽的“颜色”。“爱美之心，人皆有之。”男人喜欢漂亮女人，是对美的一种欣赏。美是能让人心生愉悦的，是人心中对美好事物的一种感知，能使人赏心悦目，心旷神怡，而漂亮女人是能够让男人心中产生美的愉悦感的，从这一点说男人喜欢漂亮女人是男人对美的一种欣赏，一种情感。这对于天生好色的男人来说，肯定是想不喜欢都办不到的了。

从动物学上来说，男人喜欢漂亮女人是由男人的动物本能决定的。

从男性学上来说，男人都有征服女人、占有女人尤其是征服漂亮女人、占有漂亮女人的欲望。男人靠征服世界来征服女人。男人一旦手中有了权力，有了金钱，就会千方百计地去征服漂亮女人、占有漂亮女人，并且把这种征服和占有作为男人成功的一种显著标志。

少儿期的孩子为什么“臭美”

进入少儿期之后，孩子与父母完成亲密依恋的同时，他们开始把目光投向世界，并试图从社会或学校那里寻求认同。而这时，孩子的自我认同感也开始建立起来，如自尊、自信等。

少儿期孩子的自我认同是最简单的，也是最强烈的，例如，他们仅仅会因为一件漂亮的衣服、别人一句夸奖的话，而变得充满自信；相反，别人一个不信任的眼神、一句批评的话，又会让他们对自己完全丧失信心。

因此，在这一阶段，孩子心理发展的一个主要任务就是完成自我认同。当然，这一阶段家庭教育的主要任务就是，帮助孩子完成正确的自我认同。简单来说，就是让孩子明白什么是自尊，什么是自信。

6岁的小女孩妞妞过生日，姑姑给她送来了一件漂亮的裙子。妞妞非常喜欢这条裙子，她想马上穿上它，于是便把这个想法告诉了父亲。父亲这样对她说：“父亲同意你穿这条新裙子，但你能告诉父亲你为什么想穿上它吗？”

“穿上这条漂亮的裙子大家就会喜欢我，因为我变成漂亮的小公主了。”妞妞得意地说。

“我的傻女儿，不管你穿什么样的衣服，你都是父亲母亲疼爱的小公主，”想了想，父亲接着说，“你知道吗，并不是因为你漂亮、穿了漂亮的裙子，爷爷、奶奶还有姑姑、幼儿园阿姨都喜欢你，而是因为你乖巧、讲礼貌、喜欢帮助别人，你懂吗？”

妞妞有点疑惑，但还是重重地点了点头。

父亲讲的这一番话道理也许妞妞并不能完全体会，但随着年龄的增长，她自然会明白这些道理的。

在少儿期，父母很有必要向孩子灌输正确的自我认同感，就像上述中的父亲那样告诉孩子，漂亮的外貌和漂亮的衣服并不一定能赢得别人的喜爱，只有拥有良好的品质，如讲礼貌、有同情心等，才会受到大家的欢迎。在这种教育环境中成长起来的孩子，很早就能明白什么是真正的自尊和自信，并能以自信的姿态快乐地成长。

因为还没有形成正确的自我认同感，少儿期的孩子是很容易自卑的，而引起他们自卑的事情往往都是那些极小的事情。例如，因为无意之间所犯的错误，因为他人对自己的批评，因为与小伙伴之间的矛盾……所以，在少儿期，为了帮助孩子完成自我认同，家长要经常鼓励孩子，要寻找一切时机鼓励孩子。

这就需要家长拿出足够的精力来关注孩子，当孩子遇到问题时，及时发现，并给予鼓励。关于这一点，很多家长做得很不到位。在孩子遇到问题时，不少家长会不自觉地表现出不耐烦甚至冷嘲热讽的态度。例如，当孩子哭着向家长讲述自己的委屈时，家长要么不耐烦地说："别烦我，我忙着呢！"要么就是不以为然，甚至嘲笑孩子："就这么点儿小事呀，你至于吗！"……这样只会使孩子的自尊心受到伤害，不能很好地完成自我认同。正确的做法是，我们应尽力去安抚孩子、鼓励孩子，让他们重树信心。例如，当孩子因为自己做错事，而沉溺于自责中不能自拔时，告诉他们"知错能改，善莫大焉"；当孩子因为小伙伴的不理解而伤心时，要安抚孩子，引导孩子有效地去沟通；当孩子因为别人一个不信任的眼神而怀疑自己时，要给予孩子信心，鼓励他们树立自信。

当然，当孩子向家长诉说自己的委屈和困难时，家长需要鼓励孩子，但这种鼓励并不仅仅是帮助孩子解决问题，更是帮助孩子正确认识自己，客观地看待他人的评价。

只有这样，才能让孩子拥有正确的自我认同感，才能让孩子长大后无论遇到什么困难，都能以自信的态度去面对、勇敢地去解决问题。

为什么不完美的人更受欢迎

无论在生活中还是职场上，我们常常发现一些在各方面都表现优秀、近乎于完美的人，往往在人际交往中不太讨人喜欢；相反，那些虽然也很优秀，却偶尔犯小错误的人备受人们的青睐。这种现象在心理学上被称为“犯错误效应”，也叫“白璧微瑕效应”。

小李是某家大型外资企业的职员，他能力超群，为公司赢得了很多的顾客，但他在同事中并不受欢迎，很多人都有意无意地躲避他，甚至还有人私底下挖苦他，叫他“机器人”。他在公司里没有一个朋友，经常独来独往，很是寂寞，不明白别人为什么要这样对待他。有一天晚上，苦闷的他独自到酒吧喝得酩酊大醉。第二天睡过了头，他急匆匆赶到公司时已经迟到了一个多小时。他以为老板会因此责怪他，同事们会瞧不起他，甚至做好了辞职的准备。然而，令他惊奇的是，老板不但没有责备他，反而对他大加赞赏，同事们也从此开始对他笑脸相迎。他不知道，他的无心之过帮助了他，使他在人们心目中的形象丰满起来，变成了有血有肉的人，而不再是“机器人”。

通常情况下，人们都喜欢有才能的人，才能与被喜欢程度是呈正比例关系的。但是，大多数人都不喜欢充当“绿叶”的角色，如果对方能力超群，所有的鲜花与掌声都是给他的，自己跟他站在一起，只能衬托他的“威仪”，显示自己的卑微。时间久了，谁都不会喜欢这样一个完美的人，也不愿与之往来。相反，一个能力出众者因为犯一些小毛病而让人觉得有亲切感，缩小了双方的心理距离，因而也赢得了更多人的喜爱。

虽然人们都喜欢结识一些很优秀的人，但是如果他们表现得过于完美，没有一丝瑕疵，就会给人一种不真实的感觉，使人敬而远之。如果他们有些小错误、小瑕疵的话，反而容易获得大众的亲近和认可。

社会心理学家阿伦森曾设计了这样一个实验：在一个竞争激烈的演讲会上，有四位选手，两位才能出众，几乎不相上下；另两位才能平庸。才能出众的选手中有一位不小心打翻了桌上的咖啡，而才能平庸的选手中也有一位打翻了咖啡。实验结果表明：才能出众而犯了小错误的人最有吸引力；才能出众而未犯错误的人吸引力居第二位；才能平庸而犯同样错误的人最缺乏吸引力。

由此可见，人无完人，一点小瑕疵、一些小错误并不会破坏一个人的形象，反而会让你更受欢迎。不过这个实验也告诉我们，这些受欢迎的人必须得有足够的才华和魅力，而且他们所犯的是无伤大雅的小错误。

初恋的内心体验

初恋是人一生中第一次恋爱的经历，通常具有新奇性、纯洁性、含蓄性等特点。一般来说，纯洁的初恋完全以情感的吸引为联系的纽带。每一个青年都十分珍视自己的初恋时光，对它寄托着全部的深情、希望和幻想。在他们的脑海里，初恋是一幅画、一首歌、一串脚印；在他们的文字里，初恋总会被最美好的字眼描绘成一个童话。为了自己心爱的人，他们往往能不顾一切，认为能和他（她）在一起，自己就是世界上最幸福的人。

阿帆说道："我的初恋是在初二，虽然我们最后没有在一起，但我还是很感谢她给我留下了一段那么美好的回忆。我们是一个班的，她是一个很活泼的女孩，漂亮、乐于助人，是我们班的副班长，很多男孩都暗恋她。我那时刚转学过去，跟她不是很熟悉。我的物理很好，她常来找我讨论问题。她很细心，慢慢地我们就有了感情。我们在一起 2 年，只牵过一次手。那真是一次柏拉图式的爱情，但是很甜蜜。虽然没有结局，但我还是很感谢她带给我的美好初恋。”

在青春期发育的初始阶段，少男少女们都情窦初开，常常选择生活中或者影视中的突出异性作为自己仰慕、暗恋的对象。这时候的单相思带有很大的盲目性，一旦确立了心中追求的对象，少男少女们就会陷入想入非非之中，总是一厢情愿地爱恋对方，而全然不顾对方的感受。初恋中的人很容易把爱全部倾注于对方身上，而不管此人的优缺点到底是什么，甚至缺点也是其魅力所在。这是初恋中人所特有的心理现象，也是很正常的现象。

大多数人在懵懂的初恋时期都会冲动、盲目地向意中人直抒胸臆，并且会死缠烂打，受了挫折则很容易一蹶不振。

初恋是美妙而又珍贵的，它一般包括以下几个发展时期：

1. 迷醉期

这是被倾慕对象的形象、言行、品格、才能等身体与精神的魅力深深吸引而迷醉的阶段。此时个体会出现一种被对象所吸引的近乎幻觉性的思念情绪，对方的形象时时在脑海中萦绕，并产生综合效应。恐慌、幻觉、羞涩、急盼等情绪重叠着占据心身，使个体陷入强烈而又无理智的恍惚中，有一种难以捉摸的亲近欲与冲动。

2. 怀疑期

因为被恋人迷醉，所以想在对方面前显示自我，向她（他）进言，以微妙的眼神和动作来示意，以期引起对方注意。但同时，个体也会经常自问“他（她）对我有意吗？看得起我吗？”即对他（她）对自己的爱的可能性疑虑不止。一方稍有不慎或可疑举动，就会引起另一方的不安与烦恼。但这其实是过敏性思维所致，往往是自寻烦恼。

3. 非我期

当终于知道对方也在爱着自己的时候，初恋就进入了“非我”期。双方相见时很激动，情感体验强烈，常举止失控、声音颤抖、神色紧张，没有了以前那种“镇静自若”的形象，也不像平时的“我”了，故称“非我”。这阶段时间虽短，但很重要，从中可判断出爱的深度与强烈性。

4. 美化期

这时，恋爱者在心里总是把自己和对方融为一体，你我不分。无论是学习、工作、生活还是穿戴等，常从对方角度考虑，一举一动都首先会想到：“我这样做她（他）会喜欢吗？”并以对方的苦为苦，以对方的乐为乐。对恋人的一切进行感情升华的审美效应，会不同程度地把对方理想化，恋人常常依照对方的价值尺度来改造自己、提高自己、塑造自己。

初恋是苦涩的，大多数初恋都不会坚持到谈婚论嫁的时候。初恋为什么多以失败告终呢？心理学家认为，在人第一次恋爱时，年龄通常比较小（16 ~ 23 岁）。一方面，这时心智还未完全成熟，独立性、与人沟通的能力、自我控制力、判断力及自我反省意识还有欠缺，情感世界丰富而多变；另一方面，这时的个体社会角色多为学生，经济上还不独立，出身、家庭对个体具有持续影响，未来的安排还不明确，所以尚未完全具备守护爱情的能力。在个体主观和客观双重因素的影响下，初恋总会面对来自各方面的挑战，难怪经历过初恋失败的人时常感叹这样的痛苦在劫难逃。

初恋的失败有时候也并非坏事，它可以使人成熟起来。失恋者不应沉溺于失恋中痛不欲生，而要采取积极的态度化解内心的痛苦，并总结经验教训，以便在面对后来的爱情时不再犯同样的错误。对大多数人来说，他们都能顺利地度过初恋，进入到甜蜜的热恋和婚嫁阶段。就像现在正在幸福生活着的人们，有几个没有经历过失败的初恋呢？

初恋令人刻骨铭心，有很多人一辈子都难以真正忘怀自己的初恋。从心理学的角度而言，这主要源于初恋的未完成性，人总是对未完成的恋情有更高的期待和憧憬。并且，沉湎于初恋不仅仅是怀念那位让你春心萌动的人，更重要的是去追寻、去回味、去记忆那段青春年少中再也找不回来的特殊岁月……

恋爱中的审美错觉

“情人眼里出西施”的心理现象可以说是爱情的必需组成部分，尽管这是一种心理学上所称的“审美错觉”。错觉是对客观事物的本质联系的一种错误知觉，有审美错觉和认识错觉之分。认识错觉和审美错觉是有区别的：认识错觉反映的是不真实的客观情况；审美错觉是对审美对象深入体验之后，审美主体所产生的真实的美的感觉。这种审美感觉在客观上好像是失真的，但在主观上却是真实的心理体验。

热恋中的男女对异性美的审视，既针对其外在体貌特征美，也针对其内在心灵美。心灵美可以弥补外表美的不足，正如托尔斯泰所说的：“人不是因为美丽才可爱，而是因为可爱才美丽。”有这样一个动人的故事可以证明这一点：

伊丽莎白·巴莱特是19世纪英国著名的女诗人，坎坷的命运使她与五彩缤纷的生活擦肩而过。多年的病痛折磨使她卧床不起，年近四十仍是孤身一人。但她写得一手好诗，所以拥有众多的诗迷。她与白朗宁的结识是从一封白朗宁致女诗人的信开始的，在几个月的密切通信后，巴莱特收到了白朗宁的求爱信。鉴于自己的身体状况，巴莱特拒绝了，但白朗宁坚持不懈，终于打动了巴莱特尘封已久的心。两人见面的时候，白朗宁拉着巴莱特的手说：“你真漂亮！”白朗宁的意外闯入，使巴莱特原本灰暗的生活出现了灿烂的阳光。更不可思议的是，多年来纠缠她的疾病也有了转机。

在别人眼里，巴莱特相貌并不出众，而且身体还不健康，何美之有？可白朗宁却在她的诗里发现了她的内在美，由内向外扩散，巴莱特成了他眼里最美丽可爱的女人。

这种审美错觉其实是很有意义的：它能使情人发掘出恋爱对象身上更深层的美以补偿某种不足，可以推动爱情的发生与发展，而不至于使那些外表并不美的人终身孤单。但如果审美者本身没有健全的审美意识，或者这种错觉发展到过分的程度，那审美错觉就会产生消极的作用。正如霭理士所言：“在热恋中的男女竟会把对方很丑的特点认为极美，而加以誉扬颂赞。”

人的价值观、人生观是产生审美错觉的内在原因。正常人总是向往美好的事物，并且往往把善良、真诚与美联系在一起。美丽的外貌容易引起人们对真、善的联想，从而产生好感，这是一种自然的心理反应；真、善的内在本质也容易引起人们对美的思考，从而产生美感，这是正常的心理效应。但无论对真、善的理解还是对美的欣赏，都离不开正确的价值观、人生观的引导。人如果没有正确的价值观、人生观，就不会让真、善、美在内心得以统一，就无法架起连通内在美与外在美的桥梁，甚至内心连对美好事物的追求和向往都没有。如果爱情没有在正确的价值观、人生观引导下的审美，就容易暗藏危机，导致日后婚姻和家庭悲剧的发生。如果审美错觉有悖于正确的价值观、人生观，一旦爱的激情日趋平息，光环效应随着消失，个体就会后悔也为时晚矣。

恋爱中的男女，容易被对方容貌的美丽光环迷住双眼，而忽视了其美丽外表掩盖下的丑陋灵魂。巴尔扎克曾对这种情况做了透辟的描述：“在虔诚的气氛中长大的少女，天真、纯洁，一朝踏入了迷人的爱情世界，便觉得一切都是爱情了。她们徜徉于天国的光明中，而这光明是她们的心灵放射的，光辉所及，又照耀到她们的爱人。她们用心中如火如荼的热情点燃爱人，把自己崇高的思想当作他们的。”

特别是一些青少年，由于心理的发育还不够成熟，常常不能冷静、客观地审视对方，以至只见其优点而不见其缺点，甚至把缺点也看成了优点。例如有位女子爱上了一个颇为英俊潇洒的男子，她认为他的英俊潇洒盖过了其他一切。当他有些粗鲁时，她却认为是豪爽；他挥霍浪费，她却认为是慷慨大方；他有些方面不老实，她却认为这是聪明机智；甚至他和别的女人勾勾搭搭，她还认为这是由于他的魅力所致……直到最后吃了大亏，她才后悔莫及。

热恋中的男女，要正确看待审美错觉。出现错觉无可厚非，但要通过正确的价值观、人生观来指导和修正这种审美心理。

恋爱中的心理差异

由于生理特征、认知方式等诸方面的差异，恋爱中的男女是存在心理差异的，了解这些差异，有助于我们建立更加稳固的恋情。恋爱中男女的心理差异具体表现在以下方面：

1. 男性比女性更容易一见钟情

人们之间的了解，总是从相识开始。爱情萌生于好感，而人们之间的好感也离不开最初的一见。有的初见没有什么，但会日久生情；而有的只要见上一面，就会顿生情愫。通常情况下，男性更注重女性的外貌长相，而女性更注重男性的内心世界，所以选择对象一般比较慎重。因而男性比女性更易一见钟情。

2. 男性在恋爱中的自尊心没有女性强

在恋爱中，男性一般并不过分计较求爱时遭到对方拒绝所带来的尴尬。如果求爱受挫，他们会用精神胜利法来安慰自己以求得自身心理上的平衡。而女性则不然，她们在恋爱中极其敏感，自尊心强，并想方设法来满足这种需要。

3. 男性求爱时积极主动，女性则偏爱“爱情马拉松”

在恋爱的过程中，男性往往比较主动，敢于率先表白自己的爱情，喜欢速战速决，与对方接触不久就展开大胆的追求，希望在短期内就能够取得成功。而女性则不然，她们喜欢采取迂回、间接的方式，含蓄地表达自己的感情，喜欢将爱情的种子埋藏在心灵深处。

4. 女性的情感比男性细腻

在恋爱中，男性往往有些粗心，不能体察女方细微的心理变化。他顾及大的方面，而不注意小的细节，发现对方情绪变化时，经常百思不得其解，不知所措。

女性的情感很细腻，善于体察对方的心理。她们追求爱情的亲密，要求男子的言谈举止都要称心。马马虎虎、粗心大意的男友不经意的一句话、一件事，也会使她们伤感不已或大发脾气。

5. 男性的戒备心理没有女性强

一般来说，男性在恋爱中的戒备心理比女性少一些。不少男性在与女性开始接触后，几乎没有什么怀疑对方的心理。女性则不然，她们在恋爱初期显得十分冷静，常常以审视的态度来观察对方是否出自真心实意，考察对方的各方面细节，唯恐上当受骗。所以在恋爱的初期，女性往往显得十分小心谨慎。

6. 在情感表现方面，女性较男性含蓄

男女在恋爱中的情感表现大不相同，即使到了感情白热化的热恋阶段。男性一般反应迅速强烈、意志坚强、勇敢大胆、激情洋溢，但情绪不稳定。这种个性特点使他们对爱的感受容易溢于言表、喜形于色，言行多不深思后果，易冲动，受到刺激时不善控制自己，如急于用亲吻、拥抱等亲昵行为表达爱。

女性一般沉稳持重、灵活好动、情绪多变、感情充沛而脆弱。体现在恋爱过程中则是她们感情羞涩而少外露，善于掩饰自己，表达爱慕常感到羞涩，喜欢用婉转含蓄、暗示的方法而不喜欢过早用动作、行为的亲昵来表达。

7. 失恋后，女性的承受能力较强

失恋对于男女双方来说都是痛苦的事情，但面对失恋，男性的承受力却低于女性，常常表现得消沉、哀伤，乃至绝望。这是因为男子恋爱中的感情浪漫色彩较重，对失恋缺少理智的分析和考虑。另外，男子的忍受力较差，在失恋这种重大挫折面前易于消沉、哀伤。女性失恋后自然也非常痛苦、伤感，但她们忍受力比较强，又喜欢憋在心里，所以看起来就不怎么痛苦。

上述是在恋爱过程中男女之间的心理差异。看来，女性较男性的情感更丰富细腻，心理活动更复杂多变，尤其是处在恋爱中的女性，其心理更是让人捉摸不透。恋爱中的女性还存在以下几种特殊心理：

1. 假心假意的“转移”

在恋爱时，女性常常希望自己的男朋友说“亲爱的”“没有你和我在一起，我很寂寞”“我永远离不开你”等甜言蜜语。然而男性很少了解这一点。正因如此，女性会有意识地在男朋友面前与其他男性友好、亲热，企图激起男友的醋意，以考验男友的真诚程度，但现实中往往适得其反。因为，大多数男性对于女性的这种“移情”会信以为真，进而主动退出恋爱，从而导致双方结束美好的恋情。

2. 莫名其妙的忌妒

女性对周围的人或事甚为敏感，尤其在恋爱中，她会不断地将自己和他人做一比较，脑海里总担心自己的价值得不到对方的承认，因此便产生忌妒，有时会使自己无法得以解脱。忌妒心理是有害的，它不仅有损他人，也影响自己的心身健康。

3. 真真假假的否定

女性在恋爱过程中表达自己欲望的方法一般比较含蓄、委婉，有时还会是反向的。她说“不”的时候，内心往往是“愿意”，如约女友去看电影时，男友要去买票，女友说不用，男友就真的转而等女友去买，那么这场电影肯定看不成。

4. 扑朔迷离的“施虐”

恋爱中的女性具有一种施虐的意识，如与恋人约会时，会故意姗姗来迟，或有意不赴约，让久等的恋人焦急、烦躁、疑惑、担心，甚至痛苦、备受煎熬，以得到男友为她付出的快乐。恋爱中，这种轻微的、偶尔的“施虐”也是不可缺少的“作料”，但经常、过分的施虐却是一种变态的心理，是万万不可取的。

女性的这些奇特心理，实际上是一种自我保护的计策。当然，有时也是女性真正内心的表示。男性在恋爱中掌握女性的这种异常心理，仔细斟酌，真正领悟，有助于恋爱成功。

恋爱中的自惑心理

在追求爱情的道路上，一帆风顺者固然不少，但也有几多漂泊，终未能到达彼岸的。因为年轻人在选择恋爱对象时，常习惯于挑挑选选、比比看看。婚姻是人生大事，不可草率，认真选择是正确的。但是，有的人不仅仅是选择，而是通过多次谈恋爱来加以比较鉴别。殊不知，多次的谈，多次的等待，往往会使谈恋爱者产生自惑心理，即心理上总是等待更好的对象出现，也就是心理上的自我困惑、自我干扰。

婚姻心理学研究发现，随着时间的推移，人们对以往恋人的回忆具有扬善隐恶的现象，即越是为自己和以往某个恋人分手感到惋惜，对方在你记忆中的好感越是增多，结果是越比较越后悔，也越对眼前的对象感到不如意，最终只好告吹。

恋爱中的“自惑”心理是一种消极的心理反应，也是多次恋爱后普遍出现的一种择偶障碍，它是在攀比心理的基础上形成的。因此，要克服恋爱“自惑”心理。

自惑心理是爱情道路上的障碍，如果要在爱情路上顺利通过，就要克服自惑心理。

首先，要根据自身条件客观而恰当地制定择偶标准，标准过高或过低，都会使恋爱陷入“自惑”，不能自拔。

其次，谈过恋爱的人，最好不要在新旧恋人间进行比较。人与人之间是有差别的，各有所长，各有所短，尤其在恋爱方面，不可能有两个完全相同的人，错过的人就让他永远地过去吧，现在的人才是你真实的选择。当时对旧恋人不满意的地方太多，但是新恋人与旧恋人相比，有很多方面还不如旧恋人。一个比一个，越比越不足，没有一个是令人满意的，这就是对比产生的消极作用。因此，你无须比较过去，而应看重现实，着眼于未来。这样，你不仅能获得美好的爱情，还会拥有美满幸福的生活。

恋爱中的忌妒心理

忌妒是恋爱的一大敌人。说起忌妒，不得不先说一下吃醋，因为两者是分不开的。吃醋是一定程度上的忌妒心理，吃醋到了一定程度就成了忌妒，而忌妒是一种不健康的心理。因此，在恋爱中，首先要掌握好吃醋的尺度。

从某种程度上说，吃醋对爱情可以起到一定的积极作用。

首先，吃醋在某种程度上是爱的体现。没有爱也就没有忌妒，没有醋意的爱情等于没有灵魂的躯壳。假如自己对恋人所做的一切都无所谓，看到自己的恋人与别的异性去春游、跳舞等，一点反应也没有，这实在不能说你是爱他（她）的。

其次，吃醋能促进爱情的发展。例如，一个男孩对一个女孩可能开始并没有很强烈的好感，但若某一天发现另外一个男孩正在苦苦追求这个女孩，那么他就会开始吃醋，并立刻加入到追求的行列中来。

最后，吃醋还可使女孩显得更加妩媚可爱。爱情具有排他性和独占性，正所谓“卧榻之侧，岂容他人酣睡”。女性的情感难以捉摸，一会儿怡然自得，一会儿愁云密布。当女孩发觉她的恋人对她的爱减弱时，她会采用疏远的行为、以退为进的方法，或声东击西，用故意对别的男孩表示好感的方法来刺激恋人的爱，以锁住恋人的心。这种逆向刺激反应能使对方神魂颠倒，从而强化对爱的专注。因此，女孩子在恋爱中的撒娇、赌气、猜忌、泪水既是爱的伎俩，也是女性情爱中一道美丽的风景线。

要注意的是，醋意要有限度，如果太离谱，就变成了忌妒。

恋爱中的忌妒心理即性忌妒，是恋爱中的人独占爱情的一种心理反应，即当恋爱的人感到自己的爱情受到第三者的威胁时所产生的一种痛苦情感。当同性别的人出现，而自己的性爱对象有被占有或被夺取的危险时，人便会产生各种复杂的情感体验和行为，先是注视、疑虑、担心或跟踪，继而转为憎恨、敌视，甚至采取不寻常的行为。这些情感反应和行为是性忌妒的外在表现或延伸。

忌妒情感是人之常情，是因可能失掉亲爱的人而感到的潜在的忧虑，这种忌妒是爱情的一个组成部分，是每对恋人都有的忌妒之心。如果你想考验你的恋人是否爱你，最古老而最简单的办法是激起他（她）的忌妒心，这是一个立竿见影的方法。你与其他异性单独来往时，如果他（她）爱你，就会在行为上流露出忌妒之情。如果一个人表现出对对方毫无忌妒心，那么很难说他（她）是爱对方的，但是合理的忌妒可以理解，而“变态的忌妒”“无理的忌妒”则是要坚决反对的。

其实，人类的忌妒心理在公有制的原始社会并不存在。同样的道理，爱情中的忌妒心理在群婚制的时代也不存在。它产生于一夫一妻制。在群婚制的时代，一个男人可以和一群女人“结婚”，其中任何一个同某个男人或女人发生性关系的异性，都不会去忌妒别的异性。在人类婚姻史上，一夫一妻制占据主导地位，两性关系在法律和伦理意义上得到框定之后，爱情就不仅仅是异性间的吸引，而是具有了更重要的特征。这时，爱情中的忌妒心理就蓬勃发展了起来。

与人在其他行为中的忌妒心理不同，爱情中的忌妒心理，每个爱情中人都难以彻底摆脱。另外，自然的性忌妒实际上可以促进爱情的发展与稳固。正如哲学家所说的：“爱情的快乐同人类的所有快乐一样，需要一定的刺激——愉快感的对立面。这种快乐绝不会长期‘晴空万里’。如果没有不快乐做陪衬，则快乐也会显得平淡。感受总是一幅色彩比较鲜艳的情感镶嵌图画。‘晴空万里’的幸福爱情一般都会很快消失。爱情的幸福是不能离开陪衬的感受而单独存在的。正因为如此，爱情需要薄薄的一层忧伤，需要一点点忌妒、疑虑、戏剧性的游戏。”

但忌妒的危害也是很大的。心理学家弗洛伊德曾经说过：“一切不利影响中，最能使人短命夭亡的，就是不好的情绪和恶劣的心境，如忧虑和忌妒。”忌妒心理犹如心灵的肿瘤，会危害人们的心身健康。美国科学家通过调查研究发现，忌妒心理弱的人在25年中仅有2%～3%的人患有心脏病，死亡率只占2.2%；忌妒心强的人，同一时期内竟有9%以上的人患有心脏病，死亡率高达13.4%。原来，忌妒心理能使人体大脑皮层及下丘脑垂体促肾上腺皮质激素分泌增加，造成大脑功能紊乱、免疫功能失调，从而使自身免疫性疾病以及心血管、周期性偏头痛的发病率增加。忌妒心强的人还常会出现一些不良现象，如食欲不振、胃痛、恶心、头痛、背痛、心悸郁闷、神经性呕吐、过敏性结肠炎、痛经、早衰等。强烈的爱情忌妒心理还会给爱情生活带来裂痕，如果处理不当就会发生矛盾，甚至会导致爱情的枯萎。

那么应该如何克服恋爱中的忌妒心理呢？

1. 要认识自我

分析自己是否过于敏感、缺乏自信。自卑的人容易产生忌妒心理。

2. 分析忌妒根源

忌妒心的产生往往是由于误解所引起的，首先要搞清楚是不是误解了自己的恋人。

3. 积极消灭忌妒心

要主动进取、充实生活、转移注意力，比如将更多的精力放在工作和学习上。就像培根说的：“一个埋头沉于自己事业的人，是没有工夫去忌妒别人的。”

4. 要学会控制情绪，尊重对方的感情

尤其是恋爱时，要允许对方有自己的人际交往空间。

驶出单相思的心理孤港

恋爱是两个人之间的感情交流，如果只是一方投入感情，而对方毫无感觉或不想与之交流，就形成了单相思。单相思只是单方面的倾慕，所以不是恋爱。但由于这种倾慕者大部分是默默地表现着，又迫切希望自己能够被接受，所以这种情感往往十分强烈，也容易受到伤害，产生心理疾病。

单相思的形成大多由于以下两种原因：

1.“爱情错觉”

即把男女间正常的交往，同志、朋友式的关怀和友谊误解为爱情，想入非非，陶醉于遐想的“爱情”中造成单相思。

2.“理想模式”

每个青年男女的心中都有自己的“白雪公主”或“白马王子”，一旦在生活中遇到一位在容貌、才华、气质、风度上都与自己心中的理想模式吻合的人，人就会产生难以抑制的爱情之火，这种爱在没有引起对方的感情共鸣时就形成了单相思。单相思的对象有的是同窗好友，有的是邂逅新朋，有的只是一面之交，也有的是影视明星或小说中的男女主人公。

单相思的滋味很多人都品尝过，并且有心理学家调查发现，单相思在 14 ~ 18 岁的年龄最容易发生。

单相思是人渴望爱情的一种心理反应，只是这种感情不是建立在双方相恋的基础上，而是从当事人主观愿望出发的“自作多情”。有些单相思者往往把自己的想法和情感倾注到对方身上，但又不知道对方是否有意，因此陷入痛苦、彷徨、忧虑的状态。也有一些单相思者由于对倾慕对象一往情深，想得到对方爱情的心太切，所以常常会把对方的言行举止纳入自己的主观需要来理解，从而造成对他人认知的偏差。

对于单相思者来说，自己像是热情的火焰，而对方却淡漠如水。这种“不平衡”很容易让单相思者陷入痛苦。另外，有些单相思者还承受着来自自己心灵的道德的谴责。比如，自己爱上了一个有男朋友的女孩，可能就会觉得“我怎么会有这样不道德的想法？”同时也可能觉得“她为什么爱上他而不是我，是我不如他吗？”这些错误的想法都会将单相思的人带入痛苦的深渊。

单相思是一种心病，能反映出一个人的心理状态。单相思的人很自卑，这些人虽然总是进行爱的自我陶醉，但当真正面对对方时，却总会表现出极度的紧张和不安，并且试图掩盖自己的真情，有时甚至出现语无伦次、动作僵硬等笨拙的举动，使对方感到莫名其妙。而这些，往往引起当事者事后的懊悔。他们对相思的人怀有高不可攀的畏惧心理，尽管对现实的恋爱十分向往，但却不敢轻易地向对方表白，生怕对方说出“不”字。在单相思的状态下，人们通常会心情烦躁，情绪低落，敏感多疑，注意力下降，学习、工作效率低，失眠，厌食。严重者还会患上忧郁症，影响心身健康，影响正常的生活。

那么，单相思的人该如何正视这份渺茫的感情，从虚幻的遐想中解脱出来呢？方法有三：

1. 移情

将自己的注意力转移和集中到学习和工作中。当人处于极度的繁忙之中时，就会无暇顾及情感问题。

2. 倾诉

既可以把自己的心事告诉密友，让对方分享你的痛楚，也可以直接向意中人明白地表达爱慕之情。如果他接受你的爱当然是最好的，如果他找出种种缘由劝慰你放弃对他的爱，你就知道你们情缘已了，但交个普通朋友他是不会拒绝的。这样，你单相思的苦恼也可解除不少。如果他拒绝了你，你可以大哭一场，这对你来说也是人生必经的一次磨炼和情感体验。美梦惊醒的那一瞬虽然痛苦，但你很快就会发现这也并非世界末日，吸引你的事情还会不断地出现。如果他漠视了你，不理睬你，你应该对自己说：“他根本不懂得爱，一个完美的人怎么可能对别人的爱慕无动于衷呢？”尝试用批评的眼光去扫视你的崇拜对象，你会发现这也是一种非常有趣而且有用的体验。

3. 运用心理学上的贬值法

某些东西，由于人们对它的态度不同，其价值也就不同。这时候可以将其“贬值”，降低其在心中的地位，进一步摆脱对它的依恋。你可以多想想对方的缺点，然后你会发现，自己心仪的对象原来也不是那么令人着迷，这样你就可以逐步消除对对方的迷恋。世上没有一样东西是万能的，最有价值的东西，比如自己爱得死去活来的对象，一旦给自己带来的是忧愁，就应该让它贬值，降低客观存在在你心中的地位，摆脱对它的依恋。这样，忧愁消除了，你就能心情轻松，快乐地投入生活，享受人生的美妙。

热恋的心理距离

有人说热恋是保持青春永不衰老和保持精神永远年轻的良药。热恋能使人丧失理智，认为全世界没有任何不好的东西，就连平时的臭水沟也会突然之间香气四溢，灰色的老墙也笑逐颜开，平时小得不能再小的眼睛也忽然之间变大了，并且脉脉含情、光芒四射……

李斌是北京某医学院的研究生。去年3月份，他在去面试的车上结识了王艳，他对王艳一见钟情。于是，他对王艳展开了猛烈的追求。在得到王艳的接纳后，两人陷入了疯狂的热恋。几个月来，两人热情依旧，颇有燎原之势。在自己深爱的人和深爱自己的人面前，李斌感觉自己是天底下最幸福的男人。但是，脆弱的李斌却在心底潜藏着恐惧，他好担心王艳会突然弃己而去。

恋爱是甜蜜的，而热恋则可以将甜蜜继续升华。热恋中，一天不见恋人的面都难受。此时，彼此的感应是尤为强烈的。双方恨不得能随时随地交流、沟通，让对方分享自己的快乐与欢笑。在这时，即使热恋中的一方犯了很大的错误，另一方也往往会原谅。就因为时机的巧妙，就因为是热恋时刻，所以每个人的缺点都会随时消失，即使平时再好的朋友或父母去劝，也未必有效，只因为是热恋的时刻。其实，正因为这一时刻才有许多佳话产生，也为许多的悲剧埋下了种子、拉开了帷幕，因为身处其中的人此时乐昏了头而并未意识到危机的存在。进入热恋期后，初恋时小心翼翼的亲昵已被炽热的激情所取代，双方认为他们才是世界上最幸福的人，并深深地沉浸在两人世界中，容不下第三人，把对方看得无限美好。但是，如此强烈的感情一旦有什么“风吹草动”，出现什么不和与矛盾，往往就会发生剧烈的变化：真情变成了假意，美好的变成了丑恶的，爱变成了恨—爱有多深，恨就有多深。

一对恋人之所以会由初始的迷恋发展到以后的淡漠、惶惑甚至离异，可能就是因为随着双方不断熟悉，两人之间那种因神秘感、好奇心而表现出来的“心理距离”逐渐消失了，又没有再生，从而使得原先心目中深深崇拜的“偶像”走下了神坛，变得平凡甚至丑陋了。因此，要想保持长久的甜蜜爱情，就一定要保持一定的心理距离。

首先，保持一份神秘感。神秘感会使对方在探索你的个性、万般风情的过程中保持永不衰退的兴趣。要培养这种神秘感，不仅要不断地完善自身的外在特征，还要不断地完善内在的人格，充实和更新知识，提高各方面的素质，加深思想上的修养，追求事业上的成就。只有这样，你才能不断向你的恋人呈现你积极向上、新的一面，才能像是一眼永不枯竭的泉，令人回味无穷。当然，保持神秘感要恰到好处，不能高深莫测地全方位封锁，若隐若现、蜻蜓点水最为美妙。

其次，相见不如思念。两个人整天像连体人一样形影不离，再丰富的情话也会暂时断流，没完没了的抚爱也难免感觉麻木。“黯然销魂，唯别而已。”一旦分开，人才会发现没有爱人的日子是多么的寂寞、凄凉，“良辰美景虚设”，思念与日俱增，将来也会更加珍惜在一起的时光。俗话说：“小别胜新婚。”这是很有道理的。所以，你甚至可以刻意地拉开时空上的距离，例如和朋友、同事出去旅游、出差几天，以此来造成彼此心理上的距离，并且告诉爱人：“我离开你，只是为了去感觉想你的滋味。”

最后，不要忽视友谊。热恋中的情侣常常是“重色轻友”的，但人既需要爱情，也需要友谊。爱情不能取代友谊，而且爱情有时也需要友谊的帮助和扶持。两人世界无论多么值得留恋，久而久之双方的心灵也会因为缺乏友谊而感到空虚、闭塞。友谊能为爱情带来许多新的信息、新的感受。即使是异性友谊，只要是可信的，就不必排斥。如果对恋人的异性朋友采取粗暴、冷淡、猜疑、不尊重甚至敌对的态度，无疑会伤害大家的感情。

当然，保持“心理距离”并非是故意让心灵疏远，故意在心灵设立屏障或防线。有距离才有吸引，但是，千万不要太远。距离产生美，掌握好热恋的距离是十分必要的。

失恋后的心理调节

失恋，就是恋爱的一方否认或中断恋爱关系，使对方因失去爱情而受到痛苦的心理挫折。这通常发生在那些曾经获得过某种程度、某种性质的“爱”，并为此做出过真心承诺或有较大的物质和精神投入的男女身上。他们在意想不到的情况下突然或不情愿地与恋人分手，从而体验到一种内心的失落感、伤心感甚至痛不欲生之感。

失恋的人常有如下心态：

第一，羞愧难当，陷入自卑与迷惘，“从此无心受良宵，任他明月下西楼”，心灰意冷，走向怯懦封闭甚至绝望、轻生，成为爱情殉葬品。

第二，对抛弃自己的人仍一往情深，对逝去的爱情充满美好的回忆与幻想，自欺欺人，否认失恋存在而陷入单相思的泥潭，也有人会出现一种既爱又恨的特殊感情矛盾。

第三，因失恋而绝望暴怒，失去理智，产生报复心理——或攻击对方；或自残；或从此愤世嫉俗怀疑一切异性，看什么都不顺眼；或从此玩世不恭，得过且过，寻求刺激，发泄心中的不满。

既然失恋已经不可避免，陷入痛苦的泥淖痛不欲生依旧于事无补，不如调节好自己的心态，正视失恋，使自己从失恋的阴影中走出来。

1. 正视现实，不要纠缠与责难

如果他或她已经真的不爱你了，到了必须分手的时候，就不要纠缠着不放，纠缠也许会令对方一时难以逃脱，但却更坚定了离开你的信念。不要再一味地责难，责难也许会让你感觉一时痛快，但却可能粉碎曾经的美好回忆。更不要怪罪自己天生缺乏魅力，活在怨恨里会令你的生活更沉重。既然你已得不到所希望的那份真情，又何必再为她或他伤心劳神、浪费感情与青春呢？放弃一段已经死亡的情感，你也许仍会痛苦，但却有了新的爱情空间，有了重新选择的机会。

2. 自我安慰

有时，也可以适当运用挫折合理化心理做感情转移。一种是“葡萄酸”心理，即缩小或否定个人求而不达的目标的好处，而强调其各种缺点，比如失恋了，就说对方不好，就好像狐狸吃不到葡萄而说葡萄是酸的一样。另一种是“甜柠檬”心理，即不是把目标的好处缩小，而是把目前的境况扩大，比如失恋了，可以说这更有利于集中精力学习、工作。这两种方法都可以暂时延缓你对不愉快的事情真相的接受，直至有了心理准备，能够正视现实为止。当然，自我安慰只是一种消极的方法，如果失恋后听任这两种心理支配而不能接受现实，那就无法从根本上解决问题。

3. 移情

及时适当地把情感转移到失恋对象以外的其他人或事上。可以把注意力分散到自己感兴趣的活动中去，因为活动本身就是在冲淡心中的郁闷。失恋后，可与朋友发展更为密切的关系，可积极参加各种娱乐活动，释放苦闷，陶冶性情；可投身大自然，把自己融入大自然的博大胸怀。

4. 要懂得爱惜自己

要忘掉一段曾经真心付出的感情绝非一蹴而就的事情。不要太苛求自己，要给自己留出空间与时间。要知道，你的生命不光属于你一个人，还属于你的亲人、你的朋友和你的工作岗位。你必须珍惜自己，你没有权利自暴自弃。失恋了，就不必再挂念那个人了，正好可以多疼惜一下自己。

5. 做出不在乎的样子

失恋了，一点感觉也没有是不可能的，但表面上装作不在乎有利于控制自己的情绪，积极的自我暗示在这时候是非常重要的。你可以这样去暗示自己："对付负心人最好的办法就是让自己好好地活下去！"或者"是不是都要看我难过痛苦？没门！"又或者"他都不在乎了，我为什么要在乎？一定要镇静，当什么也没有发生过，只是梦醒了而已。"

6. 学会宣泄

失恋后，心中的空虚、寂寞会油然而生。此时，最好的办法是找你最好的朋友或师长，向他们诉说你的悲伤和烦恼。他们在倾听了你的诉说后，会很好地安慰你。如果你不善言谈，那么你可以奋笔疾书，让情感在笔端发泄，以释放自己的心理负荷，求得心理解脱。你也可关门大哭一场，因为痛哭是一种纯真感情的爆发，是一种自我保护性反应。另外，你还可以以运动等方式解除失恋带来的心理压力。

第四章

心灵保卫：为什么相爱容易相处难

为什么暧昧让人欲罢不能

通常我们所理解的暧昧就是在没有确定恋爱关系之前的一种模糊的感情，或者指男女之间不明朗、模糊的关系。心理学上认为，暧昧是一种幽暗不明的情境，是人在匆忙生活中似忙似闲的中间状态，是感情间远近难测的距离。暧昧分良性与恶性两种。良性暧昧指向爱情，至于后来能不能发展成爱情，那得看天时地利人和。恶性暧昧，就是为暧昧而暧昧，更多的是一种调侃爱情、游戏爱情的态度。

男人就坐在女人的对面，但女人却选择了短信的方式进行交流："于千万人中遇见你，只说一句，原来你也在这里。"收到短信，男人给女人回了条："我在佛前求了五百年，只为了今世的擦肩而过。"

下班的时候，女人对男人说："有没有吓一跳？别怕，那句话不是我说的，是张爱玲说的！"男人也笑着说："彼此彼此，我那条也不是我说的，而是席慕蓉的诗句！"

可是，他们彼此都嗅到了空气中暧昧的味道。

不少人认为，暧昧已经成为置身于红尘俗世中的现代人枯燥生活里的一勺调味品，是一种需要。没有身份的束缚，没有责任的压力，处于暧昧状态的人，从来不用为了恋人关系而去勉强自己。但是，暧昧又会让人觉得迷茫。因为我们还是渴求清晰明了的关系的。完美恋人基本上是不存在的。有些关系很好的情侣甚至夫妻，可能从来都没有说过一句“我爱你”，更没有明确提出过“做我的女（男）朋友好吗”这种要求，但是他们却无比幸福。只是，这种完美是可遇不可求的，所以就算非得用“正式的关系”去终结暧昧，我们也不用叹息，因为暧昧不可能维持一辈子，总有一天要结束。我们常常不敢确立恋爱关系，当然不是因为对方现在对自己不好，而是担心对方将来不会持续地对自己好。暧昧确实可以让我们“预支”本该是和对方在一起之后才能体验到的快乐，但试想一下，当你失去这种快乐的时候，难道就真的会比和正式的恋人分手要轻松得多吗？

所以我们也该看到：在没有确立恋爱关系的情况下，既然可以预支恋爱的甜蜜，那么也就无法拒绝失恋的痛苦。暧昧也许不用负责任，却同样需要付出代价！

暧昧不是每一个人都玩得起的，也许有些人能潇洒畅快地脱身，但更多的人深陷其中无法自拔。如果对一份感情明知无望，就不要让自己轻易走进暧昧的氛围中；如果有一份感情碰触不得，就劝诫自己不要盲目走进暧昧的世界里，你需要做的应该是冷静地确定与对方的距离。

为什么职场恋情容易发生

“办公室恋情”近年来越来越受到人们的关注。在日益繁忙的现代社会，办公室白领没有足够的时间去接触公司外的异性，越来越多的人将目光瞄向了自己的同事。

李小姐和男友原来在同一家公司工作，刚开始只是一般的同事，后来成了一对办公室恋人。公司明文规定同事间不准谈恋爱，不过真正谈起来也没人管，只是双方都觉得挺别扭的，于是李小姐辞职，另外找了一份工作。

人是一种非常有趣的动物。即使我们对对方（异性）完全不感兴趣，但是如果对方在自己的私人空间中存在很长时间，我们也会渐渐对其产生好感。所以，职场中的异性同事之间，容易产生恋爱。因为在一个团队中的同事有共同的工作目标，一起加薪时可以分享彼此的喜悦，甚至连发牢骚、说坏话都能找到共同话题。长期相处下来，形成“心有灵犀”的默契也就不足为奇了。

还有一个因素是造就“职场恋情”的重要原因，那就是工作中适度的紧张状态。适度的紧张能够增强女性对男性的依赖度，从而加深男女同事之间的感情。而且，在紧张状态下努力工作的男性，在女性眼中充满了无限魅力。毫无怨言、埋头苦干的男性，给女性留下的多是强大、可靠的印象。女性在不经意间就会想：这样的男人，一定也能给我安全感。其实，很多女性想从男性那里得到的就是安全感，而男性努力工作的样子恰好可以使女性联想到这种感觉，因此会受到女性的青睐。

不过，办公室恋情也需要承受很大的压力。因为你们的一举一动都在“监视”中，也最容易遭到非议，因此需要尽量保持低调，最好不要当众表示亲昵或者眉目传情，不要做出任何让你们显得与身边人格格不入的举动。这样，你们的恋情才会更加安全、长久。

刺猬效应

为了研究刺猬在寒冷冬天的生活习性，生物学家做了这样一个实验，他把十几只刺猬放到户外的空地上。因为寒冷，这些刺猬被冻得浑身发抖。为了取暖，它们想了一个办法，那就是所有的刺猬紧紧地靠在一起。

可是靠在一起的时候，问题来了，因为忍受不了彼此身上的长刺，刺猬们又不得不马上分开。可天气实在太冷了，后来，它们又再次尝试靠在一起取暖。然而，靠在一起时的刺痛使它们不得不再度分开。就这样反反复复，最后，刺猬们终于找到了一个适中的距离，既可以相互取暖，又不至于被彼此刺伤。这就是刺猬效应。现代社会中，每个人都变得像刺猬一样，为了保护自己而不得不装上了各种防备的刺。可是如果彼此距离太靠近了，心灵就可能受到伤害。

女人说："他那么优秀，太招人喜欢了，我不敢靠近。"男人说："她太漂亮了，追她的人太多了，我不敢奢求。"本来可以拥有幸福的两个人，却因为太害怕靠近而失去交往的机会。过了热恋期的情侣，女方往往会抱怨："他觉得我是黄脸婆，一点都不在乎我，老是在外面瞎混。"男方则常会无奈地说："她老是查岗，整天电话跟踪，老是无理取闹。"两人之间的争吵也越来越多，最后感情无法继续维系。可见，感情的维护是需要空间的，太靠近了就会令人窒息。

靠得太近了，容易产生矛盾，互相伤害；离得太远了，又无法更好地了解对方。

那么怎样的距离才是合适的呢？

初次见面的人，如果你一上来就直接称兄道弟，往往让人觉得反感，别人也不想对你有什么更深入的了解了。如果一开始就拒人于千里之外，相信也没人愿意靠近你。

同样地，再好的朋友，再熟悉的亲人，即便是最亲密的夫妻，也应给彼此保留一点心理空间。这是一种相互间的尊重，这种尊重表现为不随便打听他人不愿意、不主动告诉你的事，不追问他人的秘密等。

只有正确地掌握与陌生人、与朋友、与亲人的距离，互相之间才能维持良性的交往与互动。

女人如何能不唠叨

田勤剑经常向他的朋友诉苦："我娶了个'唠叨皇后'，再也受不了她吹毛求疵、无休无止的抱怨和骚扰了，我只想解脱。"

有一份调查显示，男人讨厌女人做的事情当中，"唠叨"排在了首位，且远高于排名第二的"不爱打扮"。

女人爱唠叨，一是缘于女人的爱心和责任心，她们要操心家庭的每一个成员和家庭生活的每一个细枝末节；二是在家务中女人是主要负责人，男人不管事，女人“照单全收”，管的事多而琐碎，难免多说几句；三是女人把她的喜和忧说出来，是在向丈夫倾诉，希望能得到丈夫的宽慰。

其实，大多原因都表明，女人的唠叨本意是好的，是出于对男人的爱、对孩子的关心、对家庭的责任。

从男人的角度来看，唠叨是一种间接的、无休止的、否定性的提醒。它提醒你还有什么事没有做，或提醒你还有什么缺点。女人越唠叨，男人就越喜欢装聋作哑把女人一个人晾在那里，让她满腹委屈；而她越被冷落，唠叨就越发变本加厉。

卡耐基在他的《人性的弱点》中说：唠叨是爱情的坟墓。聪明的女人，如果你真正爱他，希望得到他的宠爱，想要维持家庭生活的幸福快乐，就停止唠叨吧！

如果你是一个爱唠叨的女人，那么为了你的爱情和婚姻，请停止唠叨，以下几点是给你的建议：

第一，多交流，不唠叨。忙了一天好不容易两个人见到面，也许你想跟他说说今天的见闻，但男人也许很累也许正在为某件事烦心，想安安静静地看个报纸，此时如果你不识趣地打扰，就是自找麻烦了。你不妨先给他一点自己的空间，等他情绪稳定了，再好好地交流。

同时，你在表达自己的意愿和看法时，最好用委婉和幽默的方式，避免重复的命令和埋怨。

第二，就事论事，停止唠叨。比方说，你看到他脏衣服乱扔，就开始唠叨，接着说到书柜太乱，然后又扯到他不帮你做饭，这样就会让他无所适从，不知道自己哪里错了，反而责怪你太唠叨。所以你要就事论事，明确地指出脏衣服应该放到哪里。

第三，冷静对待不愉快的事。有些女人在遇到不愉快的事情时，总是不厌其烦地诉说着自己的不快和郁闷，却没有看到男人对你的唠叨已经不胜其烦了。所以，这时你应该想办法控制自己的情绪，把坏情绪通过另外的途径排解出去。

克服“婚前恐惧症”

如今，越来越多的准新人想结婚又怕进“围城”，一些即将举办婚礼的准新人由一直对婚姻殿堂的向往和憧憬，变成了婚礼之前的焦躁迟疑，甚至觉得难以面对婚姻、害怕婚姻。这并不是双方感情出了问题，而是有一方出现了“婚前恐惧症”。

一对男女打算在年底结婚，准新娘却似乎有些迟疑，口口声声不同意，说她害怕结婚。

她开始爱上频繁地转乘公车，即使几百米远的距离，她也希望有2次以上的转乘机会。她最喜欢乘那种大大的空调冷巴，以求快速回家。但回到家后，一看见请柬上有她和未婚夫的合影，她就赶快移开，呆呆地坐在地板上发愣。天天如此。

除了婚前恐惧症，她很难给自己目前的状态一个合理的解释。

据心理专家介绍，患婚前恐惧症的人群比例中，女性要大大多于男性，同时二者的恐惧因素也有很大差别。女性主要担心婚姻会产生变数，爱情不会长久。据社会心理学家介绍，婚前恐惧症是因为生活紧张，总渴望一种自由散漫的生活所致。而由于平时经常听到关于婚姻的探讨，特别是经常听到涉及夫妻矛盾和责任关系的话题，所以准新人很容易产生一种恐惧心理和逃避心理。尤其是现在婚前同居现象日益普遍，未婚青年对婚姻的期待心理更是相当程度地减弱了。由于同居而对婚姻失去新鲜感，对婚后责任产生更多考虑，所以更容易表现出对结婚的恐惧。婚礼的演变也是产生婚前恐惧心理的重要原因。以往结婚多为父母操办，而现在多是年轻人自己料理。结婚时很多繁杂的事务也会使年轻人产生心理疲惫感和恐惧感。另外，由婚姻带来的家庭重组更是必然会带来情感和经济上的摩擦和碰撞等，这也从侧面加剧了婚前恐惧症状。

婚前恐惧症对生活和工作都会有一定影响，通常表现为烦躁、脾气急、爱发火，有的人则沉默寡言。专家指出，如果担心不适应未来的共同生活，在出现一系列恐惧症状后，双方不妨经常到对方家里多坐坐，了解他（她）的家人，与对方以及对方的家人多交流，直接或间接地了解未来的家庭成员，该过程也是心理逐渐适应的渐进过程。对婚姻的持久性表示怀疑和恐惧时，要保持开放的心态，去跟对方沟通交流，进而打消这种疑虑。如果对方突然不愿意结婚，不要急着否定双方的感情，应该多问问其担心和顾虑的原因。如果协调好，对婚后的生活也是很有利的。

新婚心理调适

当恋人们带着美妙多姿的想象和天真烂漫的愿望步入婚姻的殿堂时，却发现在白色婚纱的炫目光影背后不再有罗曼蒂克的情调，而是平凡、单调的“锅碗瓢盆交响曲”。由天马行空到脚踏实地，理想与现实的极大落差很容易让新婚的人们陷入迷茫和困惑之中。因此，新婚夫妻需要正视婚后的心理变化与冲突，并及时调适。

1. 心理失落感调适

热恋与婚姻是有很大差别的，一下子从无忧无虑的浪漫跌进了琐碎、操劳的现实生活，许多新婚夫妻，尤其是妻子，会产生心理失落感。许多新娘子抱怨：恋爱时，男朋友总是主动请求约会，送到家门口；会牢牢记住自己的生日和情人节，并送上精心挑选的红玫瑰，为自己唱歌跳舞，大献殷勤；闹矛盾的时候，不管谁对谁错，总是小心翼翼地赔不是……可结婚后，他像变了个人似的，不像以前那么好了，原来他一直都在骗人。其实，并不是男方不好了，更不是什么欺骗，只不过他认为，成了家就该养家立业，只卿卿我我怎么行呢？于是他就将很大的精力投入到了工作与事业中，自然不像以往那么殷勤了。另外，恋爱时双方都注意给双方以良好的印象，较少显露出弱点和不足。婚后，随着生活的深入和时间的推移，双方各自的弱点逐渐暴露出来，也容易出现感情的摩擦，从而引起心理失落。解决这个问题，最关键的是双方要互相理解和体贴，不要强迫别人按照自己的意愿行事；要正确理解并接纳恋爱和婚姻的正常差别，努力保持激情与琐碎生活的平衡。

2. 性格与生活习惯的磨合

新婚之后的一段时间是两个人的“磨合期”。性格需要磨合，生活习惯也需要磨合。生活是由许许多多具体的生活琐事组成的。两个人的家庭出身、文化背景、性格特征、兴趣爱好都不尽相同，生活在一起难免发生矛盾，比如，一方喜欢整洁而另一方喜欢乱放东西；一方不修边幅而另一方有“洁癖”；一方节俭而另一方却大手大脚；等等。所以，许多新婚夫妇经常为鸡毛蒜皮的小事争吵，伤害了夫妻感情，破坏了家庭和谐，甚至会闹离婚。婚后“磨合期”一般至少要半年至1年。这段时间内，夫妻双方要正确认识“磨合期”内矛盾的必然性，尽量站在对方的角度去看问题，欣赏对方优点的同时也要接纳对方的缺点。不要太固执，要学会容忍、变通，就像富兰克林说的：“结婚以前睁大你的双眼，结婚以后闭上你的一只眼睛。”说的就是在婚后要包容对方。

3. 化解自由与责任的冲突

步入婚姻后，双方必须负起应有的责任和义务。恋爱时虽然也需要负起一定的责任，但毕竟比较自由。比如，你把女朋友送回家后，还可以和其他好朋友一起去酒吧喝酒，去KTV唱歌。结婚以后就不行了，如果丈夫经常要和朋友一起喝酒、打牌，把妻子抛在脑后，妻子当然不能接受。结婚前，女孩除了享受男朋友的殷勤，回到家还能享受爸爸妈妈的照顾，吃喝不愁；结婚以后，妻子通常在下班后还要做饭，如果下班后就躺在床上吃零食、看电视，全然想不到丈夫下班后的饥肠辘辘，矛盾就难免了。还有，如果你的爱人在家是最小的孩子或是独生子女，在家时一般都是别人想着他（她），那他（她）的责任心多数要差一些，结婚后就不怎么懂得为别人着想，矛盾也可能要爆发出来。矛盾是在所难免的，关键是双方要相互体谅，化解责任与自由的冲突。总之，结婚以后，双方都不能再“为所欲为”，要增强责任心，做一个像样的妻子或丈夫，这样婚姻才能持久。

4. 调解性生活中的矛盾

性生活是婚姻生活的重要组成部分。新婚夫妻都没有太多的经验，难免会配合得不和谐。女性容易对疼痛感到紧张、惧怕，但也对性生活充满期望；男性则容易对自身的能力、对方的满意度感到紧张、有压力等等，这些都会影响性生活的欢愉。新婚性生活的美满与否，会对以后的夫妻性生活心理和质量产生很大的影响。因此，要注意努力化解性生活中的问题。

对于婚姻阶段女性方面的种种问题，夫妻双方应一起克服。

新婚夫妇如果初次性交顺利、和谐、欢愉，就会品味到新婚的幸福和甜蜜。如果不顺利或没有快感，就可能产生失望感。反复多次之后，就会影响美满婚姻的情感基础。其实，新婚性生活不顺利是很正常的，新婚夫妇一般要经过 3 ~ 4 周之后才能有满意的性交。因此一时不顺利，不能抱怨妻子不行或丈夫无能，更不能因此灰心失望。

婚姻不是爱情的坟墓，也不是浪漫的爱情童话，它是实实在在的生活。生活中不能没有锅碗瓢盆、油盐酱醋，婚姻中的不和谐、矛盾也要由夫妻双方共同化解。幸福美满的婚姻需要夫妻共同创造。

当心婚后“爱情沉默症”

处于热恋中的青年男女，总有说不完的情话、诉不尽的蜜语。虽说现代的恋人已经不像从前那样勤写情书，但是“煲电话粥”所花费的时间与金钱却是非常可观的。古今中外用于描写爱情的字句，用于热恋的每一对青年男女总是非常贴切的。而婚后的夫妻，却似乎在热恋时已把情话说完，日常生活中的话语变得非常简单，如：“喂，饭做好了没有？”“快点去买包盐回来！”“你怎么那么讨厌啊。”研究发现，许多人认为，一旦成为夫妻，就是自家人了，他爱我，我爱她，天经地义，何必再不厌其烦地说出来呢？作为夫妻，他应该做他的事，挣钱养家；她也应该尽她的本分，相夫教子，两人没有必要假惺惺地客套什么的……这是目前一些夫妻对待感情交流所持的态度。在这种观念支配下，中国的已婚男女一反热恋的亲密与热烈，对婚后夫妻情感的表达往往显得忸忸怩怩，甚至到了近乎无话可讲的地步。这样的夫妻，其实是患上了“爱情沉默症”。

陈昊和沈宛相恋 3 年，终于在去年 10 月登记结婚。两人在恋爱时亲密无比，经常看电影、逛公园、说情话、发短消息，恩爱无比。在去年夏天，陈昊凭着鲜花和钻戒，彻底征服了沈宛，于是两人开始张罗着结婚，并于“十一”踏入了婚姻的殿堂。

初入婚姻之门，两人很是激动，蜜月期情意绵绵，颇有“只羡鸳鸯不羡仙”之感。但是，当婚假休完，二人正常上班以后，情形就变了。陈昊工作挺忙的，公司离家又远，每天回来都感觉很累，谈恋爱时的那种生龙活虎的精力似乎不复存在了。所以他往往吃过晚饭，洗漱过后，上床看会儿电视就睡着了。有时兴致来了，也会上上网，打打游戏。沈宛感到老公对自己的爱不像以前那么多了。有时问他几句，他只会回答是与不是，仿佛没有什么精神，也不太愿意回答。有一次，沈宛问陈昊：“我们周末回我妈家好不好？”陈昊答道：“是！”沈宛有些火了，说：“我问你好不好，你怎么回答‘是’，是什么意思啊？你是不是烦我了？我看我们谈恋爱的时间这么短，我这么快被你追到手，你就不知珍惜了。”

陈昊听了，也不相让，说：“你不知道我工作很累吗？一点也不知道体谅我。这些小事，你安排一下不就行了。”沈宛听了更加生气了，于是两人就吵了起来，之后一段时间他们便陷入了“冷战”。虽然一段时间之后又恢复了正常，但彼此心中都留下了“心结”，经常会为一些生活琐事发生口角，常常“冷战”。沈宛知道他们彼此还爱着对方，但婚姻却一直在这种危机中继续着。

“爱情沉默症”的表现主要有：

（1）很少对爱人说一些十分甜蜜的话；

（2）从不向爱人认错；

（3）两人从不共同讨论性生活问题；

（4）很少去想爱人需要些什么物品；

（5）常常觉得与爱人聊天是浪费时间；

（6）喜欢一个人做事，不愿意与配偶商量；

（7）认为故意取悦对方是庸俗的；

（8）搞不清爱人对自己的感情如何；

（9）爱人做了件自以为得意的事，你却不以为然，觉得没有什么了不起，不值得庆贺；

（10）遇到矛盾或问题，夫妻俩经常生闷气；

（11）认为“在爱人面前认错很丢人”；

（12）有些事心里很不满，可又怕说出来伤了夫妻的感情；

（13）不知道爱人对自己哪方面不满意；

（14）婚后很少坐下来交流感情；

（15）爱人生气时，常常置之不理；

（16）有许多话不愿意与爱人说；

（17）在爱人面前谈论想法时，对方常常显得心不在焉；

（18）两人在一起时，常觉得无聊；

（19）很少去探究爱人为什么总是情绪不好。

对于“爱情沉默症”，专家认为这种现象很正常，也很普遍。有人曾经说过：“男人把追求异性当成自己的事业，一旦追到手，就会转移目标去追求另一份事业。”其实男女双方都一样。结婚之前，双方都会把爱情当成自己的事业，苦心追求、经营；而结婚以后，各自又会去追求自己的事业，比如说男人可能把心思放到工作、升职、加薪上，而女人可能把更多心思放到孩子身上，抑或其他方面。其实人在婚后不再投入与恋爱时同等的精力是感情发展的自然过程，并不是变心或是其他什么，因为恋爱时过多的精力投入本身就是一种非健康的状态，不可能永久，人总要恢复正常状态。所以多数人在婚后会陷入沉默，或者有些矛盾也属正常。而此时如何经营自己的婚姻就显得尤为重要了。有不少夫妻在婚后一直相濡以沫、相亲相爱，这说明他们双方都比较懂得经营，遇到生活上一些乏味小事或一些小摩擦，都会处理得比较好。但是多数夫妻还是不懂得经营，只能任由彼此陷入沉默，平淡地生活。

那么，“爱情沉默症”如何治疗呢？

1. 打破错误观念

婚后，生活确实变得现实多了，但只有不断发展类似婚前的那种恋情，平凡的生活才会产生乐趣，人才能从生活的烦琐中体味到人间的幸福。否则，每日埋头于生活琐事，会渐渐让人产生厌倦情绪，进而使“婚姻是爱情的坟墓”得到印证。

2. 不要总想自己的尊严

夫妻间不应当笑话谁主动了、谁得面子了等。因为主动和热情本身就是对爱人的一种尊重与依赖，对方若以此取笑，岂不是不知好人心？

3. 学会共同创造新生活

多在生活中安排一些娱乐项目与交流感情的机会，因为这不仅仅是巩固和发展夫妻关系的需要，同时也是对繁忙、紧张工作的调剂。它能使人们能从紧张的工作中解脱出来，以旺盛的精力和充沛的体力继续工作与学习。

4. 正确认识“男子汉”

真正的男子汉，应该是既懂大义又明细理，既有七情六欲又会适当地进行表达的人。那种缺乏温情的、冷酷的男人，实际上是心理不健康的男人。

5. 增加性生活的和谐

和谐的性生活是强化夫妻感情的一种黏合剂。夫妻间如果在性生活中有了障碍，一定要去寻求专门的科学指导。否则，一生中几十年都会在痛苦中度过。

婚姻的“头号杀手”——婚外恋

婚外恋，就是婚姻关系中的一方与配偶以外的异性发生情爱与性关系的行为。在现实的社会生活中，这种现象屡见不鲜，而且还有日益增长之势。婚外恋问题不仅直接关系着家庭中婚姻关系的稳定，也直接影响着社会整体的文化道德观念。

对于婚外性行为的评价，人们较为一致地把它当作一种不道德行为而予以谴责。从理论上讲，真正的爱情只能发生在一对异性之间，而不可能同时存在于一个人与两个异性之间。如果夫妻间一方与婚外的异性发生爱情关系，其结果必然是降低对配偶的情爱与性爱，或干脆排斥配偶对自己的爱情。因此，无论是婚外性行为还是精神恋，无论是暂时的还是长期的，对配偶的伤害和对家庭稳定的破坏作用都是一样的。

性格内向的汪燕是个贤妻良母，有个祥和幸福的家庭。她一直以为自己和性格互补的老公能携手走完一生的路，因此她心甘情愿做了他身后的女人。然而，她没有想到，她的贤惠和付出并未能守住老公的心，他还是和一个年轻的未婚女孩走到了一起。当知道真相的汪燕跟老公讨说法的时候，他却左右为难。汪燕不禁喟叹——老公，你的责任心究竟要给谁？

后来，那个女孩怀孕了，老公提出和她离婚，汪燕拒绝了，她舍不得离婚。后来那个女孩把孩子做了，但之后，老公却依然跟那个女孩在一起，并且很少回家了。

一个完整的家庭就这样支离破碎了。

婚外恋作为一种社会现象，当然存在着产生这种社会现象的生理与心理基础。婚外恋一般包括两种情况：一种是婚外性行为；另一种是没有性行为关系，只存在着一种“柏拉图”式的精神恋爱。如果从时间上分，婚外恋既有短暂的，也有长期的。

婚姻的感情基础不牢是产生婚外恋的首要原因。随着社会的发展、生活水平的提高和人们对生活需求观念的更新及价值观的改变，意识中的那种对婚姻生活的不满足感越来越强烈地表现出来。于是，原先维系男女之间爱情的链条断裂并导致了情感逐步淡化。这时，如果对夫妻双方的关系不能进行有效的调适，不能重建并更新夫妻间的爱情，双方或一方就可能产生移情别恋的动机。在这种情况下，一旦遇到合适的异性，就很自然地会导致婚外恋。

心理学研究表明，人的需要满足与否直接影响着人际关系的形成和发展。需要得到满足，对人际关系就起着增强的作用；反之，就会削弱人际关系；需要若长期得不到完全满足，就会使人际关系疏远或中止。夫妻间爱情的发展同样遵循这一规律，夫妻中任何一方心理上或生理上的需要长期得不到满足，都有可能导致夫妻间心理上的隔阂，甚至使感情发生转移。

婚外恋问题作为人类两性间的关系问题，当然有其生理的依据，但更主要的是一种性心理行为。从社会的角度来讲，婚外恋对婚姻体制构成了严重的威胁，具有明显的反道德性质。

心理学家发现，孤独感常是促成外遇产生的主要原因。一个人要是没有人与他分享生活中的大大小小的事件，孤独感便会油然而生。如果夫妻间缺乏亲切友好的感情交流，一方或双方便会感到孤独，以致产生婚外恋。

夫妻间性生活不只是一种宣泄和生理需要的满足，主要还是维持夫妻感情的纽带。它不应仅仅是肉体的交合，还应伴随有情感的交流。如果在性生活中缺乏感情的分享，有一方就会感到孤独和寂寞。人的感情就像一座火山一样，不会永远沉寂，总会有爆发的一天。而一旦爆发，就会产生一种巨大的破坏力量。很多有婚外恋和外遇的人坦然地承认，与他们发生性关系的人要比他们的配偶有更大的吸引力。

由于单调造成的厌倦是造成情变的主要祸因。结婚几年后，生活的热情开始冷却。如果夫妻双方不能探索、寻找出新的、更令人满意的生活方式的话，则在这平淡无奇的背后就会孕育着人的好奇心的总爆发，不甘寂寞的人便会寻找能够重新弹奏起交响乐的另一根琴弦。

夫妻间的争吵固然难免，但如果争吵太多，即所谓的“大吵三六九，小吵天天有”的话，就会使配偶的感情遭到过多的伤害而产生隔阂和更大的心理矛盾冲突。当一方因饱受伤害而达到忍无可忍的程度时，其对夫妻生活就会产生厌倦，进而丧失与配偶一起生活的信心。

一些社会心理学家认为，婚外恋之所以呈增长的趋势，根本的原因还在于缺乏真正的离婚自由。当今社会对离婚的观念还是相当陈旧和落后的，一些已经“死亡”或应该“死亡”的婚姻，由于受到来自社会各个方面包括工作单位、家人、司法机关、亲朋等的干预，以及当事人子女、经济等原因的影响，当事人会因离婚代价太大而却步。这样，婚外恋就悄悄地产生了。

如何面对婚外恋

现代社会，婚外恋已成了一种普遍现象，每年都有许多家庭经受这样的折磨。

要拯救濒临破裂的婚姻自然比摧毁它艰难很多。不过只要双方都有重建感情的愿望或基础，及早发现外遇的先兆就极为重要了。对此婚姻问题专家提供了下列建议：

1. 弄清对方外遇的原因

你要帮助另一半找出他外遇的真正原因和动机，帮助他分析、权衡利弊得失，并且从头到尾地检查你们的婚姻究竟出了什么问题。当找出属于自己的原因时，你要诚恳地向另一半认错，并决心在以后的日子里用实际行动改正自己的错误。

2. 控制丑闻蔓延

从心理学的角度来说，夫妻是一个封闭的小群体，这个小群体是两人的小天地，外人是不得进入的。有了婚外恋，最好在两人之间解决，吵也好，骂也好，暂且不要诉诸外人，不要轻易使矛盾激化。否则只会使对方在人前抬不起头来，而这有可能迫使对方横下心来，破罐子破摔，与第三者同病相怜、相依为命了。所以，要尽量控制丑闻的蔓延。一旦别人问起你，你可以若无其事地告诉他们根本没这回事，此时你要保持镇静的态度，这样才能使别人相信你所说的话。

3. 不要在孩子面前暴露事实

不管夫妻感情如何，一般人都很爱孩子，都非常注意在孩子面前保持作为家长的尊严。当你忍不住要在家中大吵大闹时，若孩子也在家中，你要尽量支使孩子出去，否则你就只能暂时忍耐一下或约对方去别的地方。或许你会关起你们卧室的门，然后大吵大闹，你以为你的孩子根本听不到，但你错了。孩子是非常敏感的，你们哪怕只是小声的争吵，他也能感受到。也许你会想到让你的孩子去说服另一半，所以会把真实情况全告诉孩子，但同时你要知道孩子知道真相后可能会受到伤害，而且你的另一半也会因为你告知孩子而讨厌甚至仇恨你。

4. 追忆美好时光

把家庭影集拿出来，夫妻俩和孩子共同欣赏。在欣赏中，回忆你们的蜜月、度假，以及孩子出生时的激动时刻。你们一家三口还可以到你们二人恋爱时曾经旅游过的地方旧地重游，一同回味昔日的美好时光。

5. 重建亲密感

重新唤起两人的亲密感，关键是要承认每个人的差异。不同意对方的观点也实在不是什么大不了的事，应该允许对方有自己的想法，要给对方表达意见与体验情感的机会。夫妻间要认真倾听，学会通过对方的言谈举止来体会对方的感受——肢体语言也很重要，千万别忽略。而且愤怒的妻子绝对不要提出分房或分床睡，分房或分床会使你俩更加疏离；反之，继续同房或同床则能让你们觉得你们彼此是夫妻，是一种极其亲密的关系。

6. 将心比心

对于已经发生的一切，无论你怎样后悔与懊恼，你都已经没办法抹去早已发生的事实，此时的你肯定特别希望对方能够理解你、原谅你。那么，就请互换角色尝试理解一下对方的心情，换一个角度看问题吧！这时，你们会发现什么情绪都在情理之中，什么问题都可以解决，只要你们放开心胸、彼此接受就可以了。

7. 宽容与谅解

你的配偶此时正像一个做错事的孩子般不知所措，你若能温和地对他、安慰他，他内心定会很感激你，日后自会加倍地回报你。所以，你要学会宽容。

8. 积极解决问题

配偶一旦坠入婚外恋，明智的办法是和风细雨地交流思想，进而解决问题。回忆当初，每对夫妻都有一段令人陶醉与向往的日子，只是时间的长与短而已；检讨当前，分析矛盾与冲突的根由，各做自我批评；展望未来，探讨夫妻重新契合的途径。这样做的目的在于用加倍温暖的心去弥合对方心田的创伤，去唤回对方的离散之心。“拉”字当头，不计前嫌，允许“离”心，也允许“回”心。一般来说，将心比心、以心换心、精诚所至、金石为开，婚外恋者尽管婚外恋时感情炽热，但他们的内心始终为罪恶感和羞耻感所扰，只要阶梯搭牢，他们是会下台阶的。如果对方一意孤行，视“内销”为软弱，视宽容为无能，到时再诉诸法律也不迟。

9. 重视性生活

性爱在婚外恋中往往是第一要件，而在婚姻中却常常是敬陪末座。被工作和家务缠了一天，等你们上床时，早已是筋疲力尽，即使强打精神，也只能是敷衍了事，这当然和与第三者幽会时的感受无法相比。因此，要重建你们的婚姻，就得不惜拿出“黄金时间”，趁双方精力充沛、“性”致勃勃时好好地恩爱缠绵；也可以在周末或节假日，使自己和爱人都暂时从烦琐的事务中解放出来，养精蓄锐，以便到晚上好好缠绵一番。

面对婚外恋，有人丧失了理智，气恼、愤怒接踵而至，竭力报复，或扑向配偶，或扑向第三者，非置对方于死地不可，似乎不如此就便宜了配偶，便宜了第三者。殊不知，这样一闹，无异于把配偶逼进死胡同，让其里外不是人，欲回无门，只得横下心来割断最后一缕情丝，投向第三者的怀抱。

对付婚外恋的对策，日本的一位婚姻心理学家不同意草率离婚，他说：“不管怎么说，由于对方的用情不专而断然离婚的做法毕竟是太草率了一点。因为虽说对方有了外遇，但是也不能绝对地说他（她）对配偶的爱情之火已经熄灭了。”

专家们之所以不赞成把不忠与离婚画上等号，主张“破镜重圆”，并不意味着对婚外恋者的姑息，亦不意味着不同情受害者，而是因为构成人的感情的因素是极其复杂的。一个人犯任何过错，改了都好，为什么唯独感情上的过错改了还不好？滂沱的大雨会使泥土粘得更结实；一碎为二的钢板，焊接后强度胜过原先；破碎的爱情，只要修补得当，浪子回头也将是金不换的。

第九篇

生活为什么这么无奈

第一章
一切只因非常态：为什么他要动手打女友

动手打女友的原因——变态心理

陈瑞是个 22 岁的小伙子，大学刚毕业，照常理说他的前途是一片光明的，可是他却因为殴打女友被警方刑事拘留了。事情到底是怎样的呢？

自成年以来，陈瑞交往了四五个女友，每个都不欢而散。毕业前，陈瑞又交上了新女朋友。对方还是个大二学生。两人男才女貌，十分般配。可是，交往一段时间后，女友对陈瑞很有意见。因为陈瑞总让她在约会时穿黑色的长筒丝袜，即便女友没穿裙子而是穿着牛仔长裤。为此，两人曾多次争吵。

一次，女友生日，陈瑞在餐厅订好了位置，就拿着一束花到女友学校门口去等女友。好不容易女友出来了，远远地，陈瑞看见女友穿着一身白的连衣裙，可是却没有穿黑丝袜。陈瑞很不高兴，让女友回宿舍换，女友不同意，两人便吵了起来。见女友心意已决，陈瑞心中的火气越来越大，最后竟向女友挥拳过去，紧接着便是拳脚相加，幸好被周围的人制止了，事后女友被送进了医院，随后她便报了警。

在警方的询问中，陈瑞说："我没有想动手打她的意思，只是我希望她穿黑丝袜，可是她总是拒绝穿，我忍了很久，但还是忍不住动了手。"接着，陈瑞还交代说，自己之前的几任女友都是由于黑丝袜分的手。

陈瑞这种对于黑丝袜超于常人的偏好其实就属于变态心理的一种，他在其他方面的心理活动是正常的，所以基本可以判定陈瑞具有变态的心理倾向。

变态代表不正常，变态心理是相对于常态心理而言的。常态心理指的是在适应周围环境方面具有被大多数人所理解和公认的应有的一般的反应方式。而变态心理相反，指的是绝大多数人没有的非常态的心理现象。变态心理主要有人格障碍、精神病、性变态。例如，有的人属于感知变态，他可能会将一只凶猛的老虎看成是温顺的小猫，也可能会因为听到悠扬的音乐而感觉烦躁不安，甚至觉得身上有上万只虫蚁在咬他，但其他时候他的心理表现都很正常。所以说，变态心理并不等同于心理全部异常。很多具有变态心理的人，智力和其他一些心理活动都很正常，只不过在某一活动对象上或者方式上不同于常人。

另类的男孩——异装癖

卢洋（化名）是很多人眼里的另类，身为男儿身的他偏偏喜欢穿女装，在他看来男装都太难看了，只会丑化他的形象，只有穿上女装他才会自信一些。他常常对身边的朋友说："只有女装才是王道！"终于，高喊女装是王道的他在一次上女浴室的时候被人识破，并扭送到了派出所。面对公安民警的询问，卢洋讲述了自己和女装的故事：

"不知道我是怎么会有异装癖的，但是当我知道时我已经深陷其中不可自拔了。记得在上幼儿园的时候，大概只有4岁，我第一次穿女式的游泳衣，身边的小朋友都笑我，那估计是我的第一次异装了。那次，是因为妈妈舍不得几十元钱给我买泳衣，因为那时候我们的游泳课很少。所以，就拿姐姐的游泳衣给我套上了。虽然大小不是很合身，可是，我觉得那是我穿过的最漂亮的泳衣，所以，游泳课后我竟舍不得脱下，直到晚上回到家被姐姐发现，才舍不得地还给了她。上小学了，我开始对女装有特别的爱好，觉得自己穿的衣服特别难看，很想穿女装上学。那个时候，大我两岁的姐姐有很多衣服已经因为身高的原因不能穿了，这倒是便宜了我。妈妈觉得我还不懂事，也就由着我在家里穿姐姐的小衣服，这让她少花了不少原本要给我买衣服的钱。

“上初一了，距离我上次异装已经过去好几年了。有一次，我放学回家见家里没人，就拿起姐姐晒在外面的校服裙子穿上，紧接着是妈妈的凉鞋和丝袜……总之，能穿的我都穿了一遍，那感觉真的太好了。从那以后我就一发不可收拾了……

“终于，家里人发现了我另类的癖好，他们很不能理解，我没有办法只能向他们保证不再在家里穿女装了。长大后，参加工作了，为了穿女装我搬出了家，自己在外面租房子住。我买了很多女性的衣物，内衣、裙袜、高跟鞋……应有尽有。我常常穿着女装出去逛街，因为身高太高（身高 190 厘米）的原因，常常会有人对我指指点点，但是我不在乎，我觉得自己就是个长得有点高的女人而已。

“我不是要流氓，我只是真的把自己当成了女人，所以才进了女浴室……”

本案例中的卢洋就属于异装癖患者。异装癖属于性变态者的一种行为表现，指的是通过穿着异性服装而得到性满足的一种性变态形式。这种性变态患者大多数为男性，女性虽少见但也存在，只是女性着男装易被世人所接受，而男性着女装通常遭到世人鄙夷。

某电视台的男性选秀节目，部分参赛者就是地道的异装癖患者，他们获得了大多数人的理解和认可。这说明，随着社会进步与发展，人们变得越来越宽容，只要本着善意出发，不做作奸犯科的事情，即便你有某些非常态的癖好，也会得到一定的理解。只不过，千万不要像案例中的卢洋一样，把自己完全当作是女人而进了女浴室，那样势必会引起骚乱，甚至会造成犯罪。

但总的来说，异装癖既然属于癔症的一种，患者应该积极寻求心理辅导，争取早日回归正常的生活和状态。

对内衣有特殊爱好的男孩——恋物癖

18岁的贺钦因潜入女浴室偷窃女性贴身用品被派出所拘留了，后来，警方在他家发现他窃藏了一衣橱女性乳罩、内裤等物品。

贺钦出生在一个普通的工人家庭，父亲是跑采购的，常常到处跑，在家的时间很少。贺钦与父亲的交流很少。在贺钦看来，父亲是一个嗜酒如命，性格粗鲁，脾气暴躁，在家时常与母亲争吵，动辄打骂的不负责的人。

贺钦自幼胆小畏缩、执拗、内向。在他9岁时，父母因为性格不合离婚了。自此，贺钦十分憎恨父亲，他觉得是父亲毁了母亲的生活，也毁了他的生活。他变得更加依恋母亲了，也只愿意和女孩一起玩耍。当时，由于他少年老成，又会关心体贴人，所以女孩子们都很喜欢跟他在一起玩。12岁那年，一次偶然的机会，贺钦看到姐姐洗澡及之后仅穿内衣（裤头、乳罩）躺在床上的样子，顿起一种强烈的好奇心和性冲动。在以后的日子里，他经常会想起当时的情景，并伴有手淫。高一时，贺钦恋爱了，他和女友的感情很好，以致多次发生性关系。可是，相爱3年后，女方家长不同意他们在一起，女友还被其父母送到了外地上学，并最终嫁作他人妻。贺钦为此心情苦闷，借酒浇愁，酒后常拿出女友的内衣裤抚摸，同时手淫。

一次，他从女工宿舍楼旁边路过，看到晒在晾衣绳上的女性内衣内裤，心中突然产生一种冲动，接着便迅速上前偷取两条女短裤。这令他的心里涌起了一种紧张而又满足的兴奋感。从此，每当他路过这栋楼时，都会不由自主地寻找晒着的女性内衣内裤。一旦看见就极度紧张，心跳加快，只想取走这些短裤、乳罩等，偷取以后会觉得心满意足，要是拿不到就非常焦虑，紧张不安。很多时候，无法通过上述途径窃取这类物品，他便会去商店购买这类物品，有时则直接钻进女更衣室、女浴室去窃取。他自知行为丑陋，也曾下决心痛改前非，写过许多自我警告的誓言，但每当欲念发作时，又身不由己，不能自制，事后又往往陷入悔恨、自责的深深痛苦中。

此案中的贺钦属于典型的恋物癖患者，由此案可以看出恋物癖患者的特点为：

第一，恋物癖者把某种物体作为性爱对象的替代物或象征物，他们只能在所恋物体的帮助或存在情况下才能获得性满足。如案例中患者贺钦看到晒在外面的女性内衣内裤，心中会突然产生一种冲动，偷窃后通过抚摸、观看达到性满足。

第二，恋物癖者一般在儿童或青少年时期就已显示出明显的恋物迹象，这一点在贺钦身上也得到了体现。

第三，恋物癖者中多有神经脆弱的表现，一般难以对自己的性欲进行控制，而且存有若干幼稚的性幻想，常无端地想入非非，自寻苦恼。如上述案例中的贺钦，也深知自己行为的丑陋，并发誓改过，但一遇到情境，无法自制，给自己带来无休止的痛苦。

第四，恋物癖者为了收集获得所恋之物，常常涉及偷窃及流氓等犯罪行为。有的恋物癖者偷窃女性衣物达数百件甚至上千件。部分恋物癖者也易于导致犯罪行为，如偷剪发辫等。

所以，恋物癖患者应该积极正视自己的不良癖好，并找适当的心理医生帮助自己慢慢戒除这样的癖好，以免对自己的生活产生更深更坏的影响。

幻听者的疯狂——感知障碍

2006 年，某省一所中学的历史老师李某，因为“听到”年仅 11 岁的女学生章某骂他是疯子、癫子、神经病，所以在课堂上不仅用钢筋殴打该女生，还猛踩该女生的头部，最后甚至亲手把该女生从学校的四楼扔了下去，导致该女生身亡。

事情的经过到底是怎样的呢？又是什么令李某变得如此疯狂呢？

据当时在场的其他学生说，女学生章某坐在教室的第一排，当时李某拿她的头往桌子上使劲撞，撞了五六下，又往桌子后面撞了五六下，然后她倒在地上，李某又用脚踩她的头，踩了两三脚，然后从裤子口袋里掏出一根钢筋使劲打她，打她的头，流了很多血，但是李某接下来的举动更是令人震惊。章某后来被打得不动了，李老师把她抱起来，说了一句送医务室，然后走到窗子边，打开窗户，就把她丢下去了。班里的学生被李某的行为吓得魂飞魄散，全部跑出了教室。

在审讯的过程中，李某向警方交代，当天他发现该女生拨弄手指甲，并把指甲里的东西弹到他身上，他敲打她，她却骂他“神经病”，他受到刺激痛下杀手。他说：“我打学生是为了维持好课堂秩序。”

此时，李某的同事向警方反映，李某曾有过精神病史，曾经拿着菜刀在大街上喊杀人，后来被警察抓进看守所后被强制送入了精神病院。

李某到底有没有精神病呢？司法机关对李某进行了司法精神病学鉴定，鉴定结果表明肇事教师李某患有间歇性精神病。后来，根据调查取证，警方也得知被摔死的女生根本没有骂他，李某所说的听到受害人骂他完全属于幻听。

通过上述故事中的描述，可知李某当时就处于发病期，他所谓的“听到”就属于幻听。幻听是幻觉的一种，幻觉是一种没有外界刺激而出现的虚幻知觉，是精神疾病的典型症状。对于精神病患者来说，幻觉是“真实的”，所以患者的思维、情绪等都会受幻觉的支配，患者的判断能力也会因此受到影响，从而导致异常行为的发生。

幻觉是感知障碍的一种，所谓的感知障碍是指感觉和知觉发生异常变化或明显失常。除了幻觉以外，错觉属于另一种感知障碍。当然，正常人出现错觉也是有的，不过这属于生理性错觉，而精神病患者的错觉则属于病理性错觉，多出现意识障碍而难以纠正。其中以视错觉最为典型。常见的错觉多为危险性的、离奇的，如把晾晒的衣服看成吊死人，将医生视为“鬼怪”，由于错觉的存在，精神病患者常对视错对象产生攻击行为。例如：某一女精神病患者，把其丈夫人头视为“西瓜”砍过去。由于精神疾病患者的错觉是病理性的，所以只有疾病消除才能纠正。

妄想导致的悲剧——思维障碍

在某机关会议室里发生了一起血案：27 岁的机关干部唐某手持射钉枪，突然闯入会议室，向正在开会的领导程某头上开了一枪。“子弹”射穿头颅，程某经抢救无效死亡，唐某被当场抓获。

案情看起来非常简单，行凶者唐某智商良好，意识清楚，平静地供述了自己的杀人动机。原来唐某一直怀疑同在一个单位工作的妻子王某与程某之间存在不正当关系，让自己戴了绿帽子。王某在刚调入该单位时，程某对她有过帮助，每逢节假日王某都会登门拜访。因此，唐某觉得妻子与程某之间一定有不正当的关系。

唐某认为，程某帮助妻子调动工作就是想占有她，没达到目的后，就指使本单位干部萧某、陈某勾结一伙人强奸她。他还认为一个以程某为首的团伙想迫害妻子，共同奸污妻子，并逼迫其卖淫。唐某只要一发现妻子手脚上有青肿，就认为是妻子被人强奸留下的。平时在单位，只要听见程某和妻子单独说话，或者程某与萧某等人在一边说话，就会认为事情不寻常，甚至觉得他们是在密谋迫害妻子。后来，他的怀疑对象不断增加，发展到怀疑程某等十多人。他反复追问妻子，缠着她承认和那十几个人有不正当的关系。妻子对于他的多疑感到十分疲惫，便与他离婚了。离婚后，妻子搬去单位住，唐某仍认为程某一伙人还在迫害妻子。他要求与妻子复婚，但单位人事处要求他写复婚理由。唐某觉得这是程某等人事先安排好的，为的是阻止他与妻子复婚。所以，他觉得自己一定要杀死程某，并当即跑回去，拿出早已经改装好的射钉枪作案。

案发后，经调查了解到，唐某因怀疑程某迫害妻子王某，曾向全国人大、最高法院、最高检察院写过 3 封信，要求处理程某等人，并说：“如果法律对如此严重的犯罪行为置若罔闻的话，我只有自己拿起讨伐邪恶的正义之剑，用自己的生命去伸张正义。”但事实上根本不存在唐某所说的迫害王某的团伙，其所列团伙成员名单，有的是其上级、同事，有些是其在住院时的医生和病友（唐某于1989年6月因肝功升高住院），有的是与程某、王某素不相识仅有过一面之缘的人。在审讯过程中，唐某对其作案经过直言不讳，但追问其作案动机时言语却十分混乱，并且他一再强调自己所指控的犯罪团伙真实存在。后来，司法机关对其进行司法精神病学鉴定，经鉴定认为，唐某患偏执型精神分裂症，主要表现为忌妒妄想和被害妄想。

唐某患有典型精神病妄想症，无缘由地怀疑妻子与别人关系不正常，甚至怀疑别人迫害妻子，并无理取闹，四处告状，犯罪理由荒诞离奇，最终导致枪杀事件的发生。

思维障碍的种类有很多，主要可分为思维表达和思维内容两大类，其中思维内容障碍极易使得精神病患者产生危害的行为。上述故事中的唐某所患的妄想症就属于思维障碍中最常见的症状，也是思维变态的一种重要表现。尽管妄想本身既不符合客观事实，又与患者本身的教育水平、环境背景等不相称，可是患者就是会对此深信不疑，并且很容易会在妄想的支配下做出伤害他人或者自杀等恶性事件。生活中，人们对于这一类的精神病患者不得不提高警惕，防患于未然。

那些抑郁自杀的人——情感障碍

2009年11月10日，德国足球运动员恩克选择了汉诺威一条地区铁道，让迎面飞驰过来的列车将他带到了另外的世界之中。警方事后发现了恩克的遗书，虽然出于尊重家庭隐私的需要，没有对外发布遗书的所有细节，但是有一点令人动容：恩克表示，他之所以结束生命，是要到另外的世界与3年前因为先天性心脏病去世的小女儿团聚。

恩克的妻子表示恩克自2003年效力巴塞罗那期间就一直深受

抑郁症的折磨，后来，痛失爱女，使得被抑郁长期侵蚀的恩克的世界几近崩溃。虽然又收养了养女，但是对于爱女离世，恩克一直消沉抑郁，难以自拔，导致足球场上的表现也同时受损，双重苦痛让恩克像很多抑郁症患者一样，结束了自己的生命。

越来越多的抑郁自杀或杀人的消息被报道出来，不知不觉间“抑郁症”已经成了大家耳熟能详的流行词汇了。日常生活中，很多人谈论起这个病名，却很少有人真正了解它，甚至，有的人因为一点事情想不通而“郁闷”，就给自己冠上“抑郁症”的名号。虽然，现代医学对抑郁症的探索还在持续进行中，抑郁症的盲点正在一点一点被揭开，但是，随着研究的深入，医学上对抑郁症的治疗有了长足的进展。

抑郁症是情感障碍的一种，以情感低落、思维迟缓以及言语动作减少、迟缓为典型症状。抑郁症一般由三类因素造成：

第一，遗传的易感性，由于遗传因素造成，一些人对现实应急事物刺激的承受力差。

第二，抑郁症发病有其生物学基础，当人脑中某一种化学物质的浓度过低时，就会发生抑郁症；相反，则会使人发生狂躁症。

第三，社会应急事件刺激容易构成抑郁症的诱因。人们一旦得了抑郁症，就会严重影响生活和工作，给家庭和社会带来沉重负担。

所以，千万不能小看抑郁症，一旦发现其萌芽，就要积极就医，力争在早期将其治愈，千万不可任其肆意伤害我们的身心。

第二章
家庭中的悲凉：为什么不要和陌生人说话

不要和陌生人说话——家庭暴力

自古以来，人们就爱用“夫妻本是同林鸟，病苦来时相扶持”来形容“家”的重要。构建和谐社会的基本“细胞”就是家庭。所以，“家庭暴力”不仅危及一个家庭的幸福，也危及社会的安定团结。

年轻漂亮的中学老师梅湘南要结婚了，丈夫安嘉和是厦门的胸外科专家，在医院乃至全厦门都很有地位。但就在出嫁之日，梅湘南突然被警察告之：当年将她强暴的高兵越狱逃出，很有可能潜回厦门对她进行报复。

高兵果然回来报复了，并绑架了梅湘南。安嘉和的弟弟安嘉睦冒险救出了梅湘南，高兵被抓获。安嘉和赶来，高兵用话刺激安嘉和，嘉和不禁对梅湘南与高兵独处36小时都发生了什么起了疑心。回家质问未果的情况下，安嘉和动手打了妻子。后来，高兵在医院死了，安嘉和成了最大的嫌疑人，被医院停职。回到家，被高兵弄得精神近乎崩溃的安嘉和，暴怒之下再一次对妻子梅湘南大打出手。后来，梅湘南因做家访而晚归，安嘉和又疑心重重，借口梅湘南影响他休息，两人言语中又提及高兵，一言不合，安嘉和疯狂暴打梅湘南。最后后者进了医院。看着伤心的梅湘南，安嘉和终于承认自己的上一次婚姻并不幸福，前妻对他的不忠给他留下了很大的心理阴影，梅湘南无言地原谅了安嘉和。可是，多疑让安嘉和停不下暴打妻子的手，一再对其付诸暴力，最终导致妻子流产……

最后，安嘉和由于杀人被通缉，他找到被梅湘南接到深圳住院的梅母，最终找到了远离他乡的妻子。安嘉和自知死罪难逃，用枪逼着梅湘南，等着弟弟安嘉睦的出现。安嘉睦赶到后，安嘉和向弟弟和妻子交代完所有的事，对梅湘南说了最后的一句“我爱你”，然后举枪自杀了……

上述为电视剧《不要和陌生人说话》的简单情节介绍。从整体上看，这部剧所营造的氛围很压抑，让人喘不过气来，因为它第一次将一个深刻而又沉重的社会话题——家庭暴力搬上了银屏。

事实上，家庭暴力是一个全球性的问题。在世界各国，家庭中丈夫虐待妻子的现象都十分常见。在家庭暴力中，受害者多半为妇女和儿童。尽管引起暴力的因素很多，但心理因素起着极为重要的作用。可以说，家庭暴力的实施者至少在当时就存在心理障碍。因此，除了法律明文规定保护妇女儿童合法权益、禁止家庭暴力外，当事人应积极寻求社会救助，千万不能默默忍受、听之任之，重蹈梅湘南的覆辙。

婚后仍是处女——家庭冷暴力

看过《不要和陌生人说话》的观众都会同情梅湘南的遭遇，痛恨安嘉和的暴戾。其实，在现实婚姻生活中，很多家庭暴力正是由“冷暴力”开始，日积月累酿成悲剧的。据统计，八成离婚案件存在着家庭冷暴力。事实上，在“冷暴力”处境中的女性，在受到伤害的程度上，与直接的肉体折磨造成的健康问题同样严重。她们大多有委屈感、被控制感，感情变得脆弱，心理上常常处于孤独状态。受伤害的一方可能因为长期的精神上的折磨得不到宣泄和缓冲做出过激行为，造成更为恶劣的后果。

兰芳和强民是一对“北漂”夫妇。1999 年，兰芳随着刚交往不久的男友强民来到北京。两年后，两人顺理成章结了婚。尽管只是简单地领了证而没有任何的婚礼仪式，可是对于身为孤儿的兰芳来说那些都不重要，因为自己有家了。

婚后，兰芳从自己的租住处搬到了强民单位临时提供的宿舍，打算开始甜蜜的新婚生活。由于婚后兰芳想尽快有个自己的孩子，所以就辞去了工作，一心一意在家做起了家庭主妇，细心照料强民的生活起居。可是，婚后的强民完全变了，不再像结婚前那样彬彬有礼。他变得脾气暴躁，动辄对兰芳进行贬损、辱骂，而且严格限制兰芳与其他人来往，甚至买个菜也有时间限制。这些事情兰芳都忍了，可是强民还变本加厉地拒绝履行同居义务。

没办法，兰芳只得重新出去找工作打发时间，以为这样强民的态度就会好一些。谁知，找到工作以后，兰芳的境况并没有丝毫的好转，除了继续承担全部家务和上交全部工资外，强民对她的辱骂仍然是家常便饭，基本上每晚不到12点不回家。

“要不是你没爹没妈，是个孤儿，我早就跟你离婚了。我还要你，你就偷着乐吧！还敢管我的事！我当初是瞎了眼才会跟你这样的女人结婚。”只要兰芳有所不满，强民就会用这句话来堵她。

结婚两年后，两人贷款买了一套新房，为了监督装修，兰芳又辞去了工作。那段日子过得忙忙碌碌，夫妻俩一起买建材，一起布置新家，兰芳觉得自己的幸福日子不远了。并且强民多次承诺，只要房子装修完，他就回家接父母过来住，到时候就把兰芳正式介绍给父母，以后一家人开开心心地过日子。兰芳再一次相信了强民的话，开始幻想自己能够苦尽甘来，可以像其他女人那样在新房里与丈夫过上正常的夫妻生活。

终于，房子装修好了，强民也如他所说的很快接老家的父母过来住，可是兰芳却被赶出了家门，被安排住在强民单位旁边的一个小旅馆里。实在气不过的兰芳跑回家去与强民理论，可是自己的公公婆婆竟然还不知道有她这样一个媳妇。兰芳彻底崩溃了，她拿起厨房的菜刀向强民砍去……

在警方的询问过程中，兰芳说：“我真的受不了了，跟他结婚

3年了，除了一张结婚证，我什么都没有。3年的婚姻，我还是处女。他不允许我做一个真正的女人，不允许我有自己的孩子，不愿意给我家庭的温暖，所以我还要他做什么呢？杀了他，我的心里才解恨，只是对不住他的父母了。”

一个本该是避风躲雨的“港湾”竟然成了一个冷酷无情的冰窖。试问，有多少婚姻能在这样的低温下生存呢？肉体上的创伤可以愈合，心灵上的创伤却不容易愈合。家庭暴力可以由警方介入，可对于“冷暴力”警方却无能为力，因此人们应该注意进行心理建设。

恶母虐女——忽视、虐待儿童

俗话说，“虎毒不食子”，可是在现实生活中，就有那样的母亲可以冷漠无情地虐待自己的孩子。

2007年11月7日，备受社会各界关注的某市“恶母暴虐幼女案”一审在该市某区人民法院公开宣判，“恶母”李某被依法判处有期徒刑3年，缓刑5年。

李某夫妇在第一胎生了个女儿后，一直想要个儿子。2000年9月，二女儿媛媛（化名）出世，令李某夫妇大失所望，于是将媛媛送给同村一对结婚多年未育的夫妇收养。后来，该夫妇生了自己的孩子，便于2004年3月将媛媛送回给李某，并向李某索要了3000元抚养费。为此，李某心里很生气，加之媛媛平时不讲卫生、调皮，且李某认为女儿和她属相不和，便长期采取木棍殴打、开水烫嘴等暴力方式虐待媛媛。

2007年6月4日媛媛因腹泻弄脏了床单，李某便用桑树条抽打媛媛全身。6月5日早上，媛媛准备上学时，再次遭到李某的殴打。媛媛到校后昏倒，被学校老师送往医院救治。学校老师看到媛媛体无完肤、伤痕累累的情况后，向公安机关报案。

经公安局刑事科学技术鉴定，媛媛全身软组织损伤属重伤。“恶母暴虐幼女案”经媒体曝光后，激起了当地群众的强烈义愤，引起社会各界极大关注，许多市民到医院慰问媛媛。

法院审理后认为，被告李某长期殴打其女儿媛媛，并致其重伤的严重后果，其行为已经构成虐待罪。鉴于被告李某认罪态度好，有悔过表现，本着维护家庭成员间的平等权利，保护儿童身心健康不受非法侵害，同时有利于未成年人的管教和照应，教育被告正确行使监护职责，遂依法做出前述判决。

宣判后，李某抱着3个年幼的孩子流下了悔恨的泪，非常感激法官给她重新改过的机会，并表示以后再也不会打孩子了，一定将他们抚养成人！

由于计划生育，现在一般一个家庭只有一个孩子，心疼还来不及，谁能忍心虐待自己的孩子呢？李某虐待亲身女儿的行径实在是令人发指。她的犯罪动机有两个，首先，在于想生男孩未果，所以便将心中的愤怒加注在女儿媛媛身上；其次，是深受封建迷信思想影响，觉得媛媛与其属相不和，所以加以虐待。从李某的施虐动机来看，她具有典型的偏执人格。随着法院的宣判，李某必须为自己的犯罪行为付出代价，希望她能真心悔过，不再虐待孩子，像她所保证的那样用心抚养孩子长大成人。

当然，像李某这样的“恶母”现实生活中还是很少的，更多的父母不是虐待孩子，而是忽视孩子。很多家长以自己工作太忙为由把孩子送到寄宿幼儿园，但是幼儿园再好也不如自己的家。或者有些家长选择请保姆照顾孩子，结果保姆为了安全包办了一切，孩子很难得到成长。又或者有些父母选择让自己的父母照顾自己的孩子，结果隔代抚养使得孩子易养成任性、自私、为所欲为的性格，不利于孩子自理能力的培养。对于孩子来说，对父母的依恋情感得不到满足，也会使他们产生郁闷，导致心理和行为障碍。

父母们要知道，与其拼命赚钱再把钱都花在孩子身上，不如多和他们在一起游戏，更多地重视孩子的存在，满足孩子情感上的需要，并在和孩子交往的过程中促进孩子的心理发展。相信这样一定可以促使孩子德、智、体诸方面均衡发展，从而拥有健全健康的心理和生理。

诈病的爱丽丝——孟乔森综合征

爱丽丝是芝加哥某社区医院里的一名护士，一年前她生下了一个十分可爱的女儿。生下女儿不到半年，丈夫就和她协议分居了。此时，一边要忙于工作，一边要照顾女儿，还要为离婚的事情费神，爱丽丝实在是心力交瘁了。这种情况没持续多久，爱丽丝失业了，可是这时她正在与丈夫协议离婚。如果没有稳定的工作，她很有可能会失去女儿的抚养权。爱丽丝觉得自己已经失去了一切，不能再失去女儿了，因为女儿是她唯一的精神支柱。

或许是运气不好，接二连三的倒霉事情都让爱丽丝赶上了。原本健康可爱的女儿突然生病了，原本圆胖的小脸蛋不见了，取而代之的是消瘦的小脸颊。怎么办呢？爱丽丝急疯了，天天抱着女儿去社区医院。可是，女儿的症状并没有好转，反而有加重的迹象。在长达两个月的时间里，爱丽丝每天抱着女儿往返于社区医院和自己的家，她什么都顾不上了。为此，法院也延迟了爱丽丝离婚案的宣判时间。

因为女儿生病需要照顾，所以爱丽丝没有重新找工作，她只是每天寸步不离地守着女儿，就害怕女儿有个什么闪失。一天傍晚，爱丽丝又抱着女儿来到社区医院，负责为其女儿看病的雷德医生发现小女孩除了一如既往的消瘦以外，一切都很正常。可是，这时爱丽丝拿出来女儿尿湿的裤子，雷德医生在其中发现了血液的痕迹，便立即将其拿去化验。化验的结果很出人意料，原来血迹并不是小女孩的，而是爱丽丝的。雷德医生觉得很奇怪，在给小女孩的进一步检查过程中，他发现小女孩有被人静脉注射的痕迹，而这些在医院的治疗中却并没有记录。这不是医院治疗过程中对小女孩进行的静脉注射。那么是谁呢？小女孩的母亲、曾经做过护士的爱丽丝受到了怀疑。雷德医生怀疑这是一起虐待儿童案，便很快报了警。

警察很快对爱丽丝母女进行了调查。在证据的面前，爱丽丝交代了自己虐待女儿的全过程。她说她这样做只是希望别人称赞她很辛苦，她希望获得别人认同的感受，让法官觉得她是一个称职而优秀的母亲，从而把女儿判给她。为此，她不断加害自己的女儿：给女儿吃不干净的食物让女儿生病，或者直接让女儿挨饿，又或者给女儿静脉注射污染物等。除此之外，由于自己被社区医院辞退了，而自己渴望重新回到医院工作，所以就每天带着女儿前来看病。

后来，警方还了解到，爱丽丝在学生时代就曾有过诈病史，每发生不幸的事情或者有解决不了的事情时，爱丽丝就会谎称生病，以逃避而不去面对。

上述的案例属于一种十分罕见但严重的儿童虐待，即所谓的孟乔森综合征。这种虐待是指儿童的父母一方（尤其是母亲）或双方连续和长期地带孩子就诊，而儿童的症状恰恰是父母伪造或诱导的。孟乔森综合征本意指：病人长期不断地为有意的自我伤害和虚假报告的症状寻求治疗，这类病人通常是成人。

通常，犯罪的母亲都和案例中的爱丽丝那样，本身就对医学问题非常了解，甚至对治疗细节很着迷，有过诈病史，或者自身就是一个保健专家。此外，在医学检查和治疗期间，母亲会表现出对儿童异常的关注，寸步不离。这种表现本身并没有什么奇怪，因为大部分家长在这时都希望和孩子待在一起。孟乔森综合征一个相当重要的特征是，儿童反复出现一系列医学症状，对治疗没有反应或者治疗后出现异常的行为，而这类行为往往难以解释，而且会持续存在。这一点，在爱丽丝女儿的身上也体现出来了，治疗似乎对其丝毫不起作用，所以身为母亲的爱丽丝一次次地带着女儿前去就医。

孟乔森综合征的另一个特征是，对儿童的一系列身体检查和化验结果都很奇怪，与治疗史不相符，或者是出现了在生理或临床上都不可能出现的结果。比如上述案例中，爱丽丝就刻意让女儿挨饿，将自己的血放到儿童的尿样中，还给女儿静脉注射污染物。其实，像爱丽丝这样做，属于极端的虐待，情节严重时可能会导致儿童严重受伤甚至死亡。所以，父母们一定要注意，千万不要像爱丽丝那样为了满足自己被称赞、被认同或者其他愿望，而将虐待加诸在孩子身上。而且，一旦发现自己患有上述的心理疾病，一定不能讳疾忌医，而要积极配合心理医生进行治疗，千万不可拖延，任其恶化，从而导致严重的后果。

被虐待的老人——精神虐待

70 岁的李奶奶是一名大学退休教师，养育了一子二女，儿子一家在外地生活，大女儿也与女婿出国经商。两年前，李奶奶的老伴由于突发心肌梗死过世了，儿子一家想接李奶奶过去一起生活。可是，李奶奶舍不得自己生活了一辈子的地方，这时恰逢小女儿夫妻俩下岗了。李奶奶想 3 个孩子里面小女儿最难，自己的退休金还较为可观，于是就和一家人商议，让小女儿过来照顾自己，而自己大部分的退休金就交给小女儿。在另外两个孩子都同意的情况下，小女儿一家都搬来李奶奶住处，与其一起住。

搬来没多久，小女婿打算去南方打工，临走李奶奶给了小女婿 3000 元钱用作防身。谁知，这件事被小女儿知道后，非但没有换来感激，反而遭到了极其恶毒的谩骂。原来小女儿觉得李奶奶藏有私房钱，没有拿出来交给自己。李奶奶不解地说：“当初跟你大哥大姐商议的时候，不是说以后退休金的 60% 交给你吗？没说以前的存款交给你啊！我这些存款是你爸在世的时候存下的，是我们两人的棺材本，如今他走了，剩下的是我的棺材本，省得我以后有个什么三长两短，拖累你们跟着受罪。”小女儿听了母亲的解释不但没有表示理解，反而变本加厉地谩骂、虐待李奶奶。

自从小女儿一家搬过来以后，李奶奶的屋里便时常传出长时间的叫骂声，老人平静的生活被完全打乱了。李奶奶向区妇联投诉：只要一遇到不顺心的事，小女儿就对自己大发脾气，甚至后来发展到大打出手。小女儿虽然下了岗，没有经济来源，可是她丝毫不知道节俭，每个月用完给她的那部分退休金，她还会伸手向自己要钱。要是不给，就和上高中的外孙女一起谩骂自己，或者直接动手抢钱。想到小女儿谩骂自己的样子，李奶奶就不寒而栗。

被逼无奈之下，李奶奶将每个月的退休金全部交给小女儿，可是小女儿还是不满意，照样会用恶毒的语言虐待她。后来从小女儿的谩骂中，李奶奶终于知道原来小女儿心里一直有个疙瘩，那就是认为她之所以下岗失业，是因为当年李奶奶没有让她接班造成的。对此，李奶奶感到十分委屈，因为自己是大学的副教授，而小女儿仅有初中学历，根本没法胜任。

后来，李奶奶的儿子一家回来看她，正赶上小女儿再一次对李奶奶谩骂，李奶奶的儿子看到自己的母亲在叫骂声中蜷缩在房间的一个角落，精神恍惚，自言自语，实在是气愤难当便报了警。面对警方的讯问，李奶奶的小女儿对自己的罪行供认不讳。

李奶奶子孙满堂，本该尽享天伦之乐，却无端承受着小女儿对自身生活不如意所发泄的怨气。通过上述的描述，可以看出李奶奶小女儿的行为是对老人的精神虐待和肉体伤害，这严重影响了老年人的身心健康。另外，从犯罪动机来看，主要有两个，首先，是报复泄恨，下岗导致了她的心理扭曲，觉得自己下岗是因为当年母亲没有让自己“顶位”；其次，是贪图物质享受，好逸恶劳，企图不劳而获的心理。

这个案例在当今社会生活中，尤其是收入较高的老年人中带有一定典型意义，其中所反映出的对老年人进行精神虐待的问题需要全社会的关注。

第三章
非理性：为什么味道不怎么样的蛋挞店会生意兴隆

为什么味道不怎么样的蛋挞店会生意兴隆

张力的学校外有一家蛋挞店，生意十分兴隆，每天一大早就有很多人开始排队购买。张力有一次因为想弄清楚蛋挞到底有多好吃，于是花了半个小时排队买了一盒，可蛋挞的味道十分普通，并没有什么特别出众的地方。他觉得十分奇怪，于是问了几个常客："你为什么耗这么长时间买这么普通的蛋挞呢？"经过一番询问，他得到的答案是——因为大家看到有人在排，所以认定这是一家与众不同的店，店里的蛋挞一定好吃，值得花时间排队买。

其实，这是受"沉锚效应"的影响。沉锚效应，指在人们做决策观望时，思维往往会被所得到的第一信息所左右，第一信息就会像沉入海底的锚一样把你的思维固定在某处。具体到讨价还价过程中，就是你的第一报价或第一要价会将对方的思维固定在某一处，进而让对方根据这一信息做出相应的决策。

有一个优秀的推销员，他见到顾客时很少直接问："您想出什么价？"他会不动声色地说："我知道您是个行家，经验丰富，根本不会出 20 元的价钱，但您也不可能以 15 元的价钱买到。"这句话似乎是随口说出，实际上是在利用先报价的优势，无形之间就把讨价还价的范围限制在 15 ～ 20 元的范围内。

一般情况下，如果你准备比较充分，而且知己知彼，就一定要争取先报价；如果你不是谈判高手，而对方是高手，那么你就要沉住气，不要先报价，要从对方的报价中获取信息，及时修正自己的想法；如果你的谈判对手是个外行，那么，不管你是内行还是外行，你都要争取先报价，力争牵制对方。自由市场上的老练商贩，大都深谙此道。

有时谈判双方出于各自的打算，都不会先报价。这时，你就有必要采取“激将法”让对方先报价。譬如当你与对方绕来绕去都不肯先报价时，你不妨说：“我知道，你一定是想付30元！”对方就有可能争辩：“你凭什么这样说？我只愿付20元。”他这么一辩解，就等于报出了价，你就可以在这个价格上讨价还价了。

博弈理论已经证明，当谈判的多阶段博弈是单数阶段时，先开价者具有先发优势；是双数阶段时，后开价者具有后发优势。因此，先报价和后报价都有利弊之处。谈判中是选择先声夺人还是后发制人，要根据不同的情况灵活处理。

追女孩时为什么不能太殷勤

假如你是男生，是否发现你追女孩子追得越紧、献的殷勤越多，她却好像离你越远；而稍微保持点距离，她反而会对你更加上心。假如你是女生，你回忆一下，成为大学时卧谈会中的白马王子的，是经常来献殷勤的男生，还是那些大多数时候与你保持距离的帅哥呢？

如何你打算追一个女孩，你可以给她发些有趣的短信，但切忌一次发很多条，但是尽量在同一时间段发，让她习惯生活中有你的存在。当你感受到她对你的感情发生了变化后，减少给她发短信的次数，让她发现你的可贵。

很多非常执着但却没有得到幸福的男生，就是因为在这一点做得不好——付出过多，对方却不稀罕你的付出。当然，如果你不是她真正喜欢的那一型，那该怎么办？每一种女孩都有自己青睐的对象，有喜欢才华横溢的，有喜欢成熟老练的，有喜欢阳光帅气的……首先，我们要弄清楚自己是否是真的喜欢她。如果是，那么努力去追求。若得不到结果，自己也不会留下遗憾了。如果对她的好感有限，还不如勇敢地放弃，去追求自己喜欢、对方也喜欢自己的女孩。

总之，不要因为别人喜欢了一个女生而随大流地去追求，要听从自己内心的召唤。对她真诚，对感情忠诚并树立自己的品牌，以情动人，相信你所仰慕的女生最终会接受你这个与众不同的追求者的。

为什么人处于拥挤的环境中容易变得暴躁

环境可以通过对人的生理及心理的微妙作用影响人的心理健康。举例来说，在一个空气清新、花草葱绿，又伴随着优美乐曲的环境中，人会变得放松，会暂时忘却生活的压力。

良好的自然环境会通过刺激人的感官传达给大脑积极的信息，从而调节人的心理状态。而在嘈杂、拥挤的环境中，人会感到头疼、眩晕、呼吸急促甚至窒息，于是，心情烦躁不安，肾上腺素分泌量猛增，当分泌量超过一定的范围，人就极易失去控制而做出疯狂的举动。

心理学家曾对小学生做过一个“拥挤对人心理伤害”的实验，让一群小学生拥挤在狭小的教室中上课和活动。不到一个星期，平时温文尔雅、循规蹈矩的学生慢慢地变得粗野起来。实验证明，在拥挤的环境中，人们容易出现精神疲劳、急躁烦恼、焦虑不安等症状。时间越长，这些症状越发严重，直到精神崩溃、行为失控，做出让人无法理解的极端行为。

“亲爱的，下午我妈打电话来，说我哥家里出事了，让我们赶紧回去看一看。”妻子小文在电话里着急地说道。

李华只得放下工作，开车带着她连夜赶往她老家。路上她才给李华讲清原委，原来她哥结婚这么多年来，一直和妻子、孩子挤在一间15平方米大的小房子里。因为手头不宽裕，他始终没有能力购买新房。

“我嫂子和我哥闹过好几回，可我哥也没办法，我父母也帮不上忙。没想到昨天晚上，我哥突然发疯似的跟我嫂子打起来了，今天不见了人。”小文忧心忡忡。

到了目的地，李华和小文在她父母的带领下来到了她哥的住处——房子不但很小，而且闷热，不通风。

后来，警察找到了小文的哥哥，李华也放心了。因为没出什么大事，李华和小文留下了一些钱，便离开了。在车上，李华想着妻子哥哥住的那间小平房，心里并不轻松，因为现在许多夫妻都因为住房问题有了间隙。

可见，嘈杂、拥挤的环境会让人变得烦躁不安，从而做出应激反应。

因此，当我们心情不好时，请找一个宽敞舒适的环境静坐一会，这对我们的身心健康都是有益的。

非理性购物是女白领最喜欢的解压方式

犹太人有一个致富信条：女人和孩子的钱最好赚。当代都市白领女性以其消费潜力之巨大，越来越引起诸多商家的重视，她们也因此被称为“黄金商群”。她们大多具有独立的经济基础，购物频繁。因此商家们大都有这样一种认识，谁抓住了女性，谁就抓住了赚钱的机会。

对于许多白领女性来说，她们爱上的是一种购物的乐趣，而不仅仅是所购买的东西本身。逛街对她们来说，既是一项释放压力、放松心情的活动，也是为了购买美丽的衣物饰品，以增添自己的风采。

由于工作压力大，职场竞争十分激烈，女白领们要想打拼出一片属于自己的天空，必须付出比男人更多的精力。因此，为了释放生活和工作中的压力，她们不停地购物以安慰自己，并从中获得满足。

纪芳是一家知名公司的高管，各方面的待遇都相当不错，但是她自己也承认："有时候，工作的压力几乎要把自己逼疯了。"

每当压力大或者情绪不好时，她总是选择购物来释放自己压抑的心情。有时是喜欢的化妆品，有时是服装或时髦的饰品。总之，纪芳的购物欲越来越不受自己的控制。在那些布满时尚店铺的商业街中，不到15分钟，她就可以花掉两千多元。

然而这种冲动会时常让她陷入愧疚和不安中，她说其实自己都不知道这一切是怎样发生的。但只要一走进商场，自己就会习惯地买点东西，否则心理就感觉特别失落。另外，她总是感觉自己的工作压力越来越大，购物就是最合适自己的解压方式。

纪芳的冲动购物行为其实是面对工作压力时的一种释放方式。尽管她已经深深地意识到这种行为的危害，但她还是无法改变现状。

大多数女性都认为抵御商场的诱惑是件很困难的事情，但是，尽管困难重重，我们还是需要尝试着做些努力，控制自己的消费。

第一，思考十秒再决定。当我们在每次考虑购买商品，请给自己十秒钟的考虑时间。问问自己是否真的需要。

第二，不要随身带信用卡或过多的现金。如果我们的手中有钱或者钱包里有信用卡，会比身上没带钱或信用卡时更容易买东西。因此，出门时不要随时带信用卡或过多的现金，带够你要买的东西的钱即可。

第三，避开容易花钱的环境。充满着花钱机会的环境非常容易让我们有购物的欲望。如果有人建议去购物中心，或者其他休闲的地方，不如去公园或博物馆等公共休闲场所。

第四，养成规律开支的习惯。月初制订开支计划，列出各种开支的预计金额，如果没有特殊情况，告诉自己不要超过这个额度。每周一次或每月一次，定时采购生活必需品。刚开始也许很难，但只要坚持，就能形成一种习惯。

第五，找一个免费的解压方式。事实上，缓解压力的方式很多。比如做健身运动、阅读、听音乐、写日记，等等。

为什么销售员越热情人们越反感

对商家来说，顾客是上帝，你必须提供热情的服务。但是，倘若“热情”过度，便会引起消费者的反感。这种看似的“热情”，实则比冷淡还难以令人接受。

每当我们去美容店做美容时，工作人员总会给爱美的女士们极力推荐美容新产品，事实上，这样过度的热情行为不仅不利于消费者做出购买行为，反而会“吓”走消费者。

一个周末的下午，陈小姐没事去超市闲逛，当她到化妆品区时，本想随意看看就放慢了脚步。这时，马上被一个女售货员盯上了，还没等她看货架上的商品，这位女售货员就问道：“您想要点什么？”

陈小姐说：“随便看看。”

“您需要哪方面的？是想买面霜、洗面奶，还是晚霜、粉底液，我们这里应有尽有，要不我帮您介绍一下？”这个女售货员热情地推销道。

“不用，我先看看再决定。”陈小姐忍住不悦回答道。

“我看您很适合买这款祛斑霜。您只要坚持用半年，保证比现在看起来更年轻。”

一连串的介绍让陈小姐烦死了，于是只好匆匆离去。

相信很多的消费者对这种服务方式都感到厌烦。许多顾客之所以选择在大超市购物而不是去零售店的重要原因，就是希望自己不被别人打扰。如果销售员都像场景中的一样，顾客没有问题还跟在顾客旁边，并且向其推销顾客并不感兴趣的商品。这样只会惹得顾客反感。

更有一些销售员，在对顾客推销某种品牌商品的同时，一味贬低别的品牌的商品，这样会让顾客感觉这样的销售员没有诚信，而且人品也有问题。

某些销售员以为只要对顾客非常热情，顾客就会感动而去购买商品。而恰恰相反，这种热情往往让顾客颇为尴尬。有些顾客迫于面子，看到销售员如此热情，没有办法，只能购买自己并不喜欢的商品。但是他们心里往往非常不舒服，从而决定以后不再来此处购物，以免再被迫买自己不喜欢的商品。

大量事实证明，销售员越是热情，顾客却往往不愿做出购买行为。因此，销售员应提升自己的营销技巧，不要过分热情，也不要过于冷漠，要掌握好度。

漂亮女人的困惑——为什么得不到同性的好感

爱美是人的天性。一般说来，容貌娇美能给女性带来常人难以得到的幸运和好处：当她们去求职，主试者会暗地里帮她们的忙；老板会千方百计地把她们安排在与他靠近的位置，让她们干一些轻闲而又报酬相对优厚的工作；尽管外语水平一般，但经理会带她们出国考察或参加涉外活动；若因故没能干完工作，男同事会主动帮她们的忙。

但是，漂亮女性也往往会失去别人得到的东西，也有别人不曾遇到的苦闷和烦恼，尤其体现在同性对于漂亮女性的忌妒。

从心理学的角度来说，爱美之心人皆有之，面对漂亮的事物，我们应该是充满了喜悦之情。恰恰相反的是，同性在面对漂亮女人的时候，多数人并不会认同，或者口头认同对方的美好，反而不容易对对方产生好感。这是为什么呢？

对女性来说，忌妒心理是一种具有破坏性的心理活动。被人忌妒会给自己的工作、学习和生活带来诸多麻烦。

例如，在同异性的交往中，漂亮女人无疑具有得天独厚的条件，她们很容易讨人喜欢，易于打开交际局面，得到更多的帮助。而相貌平平的人则易受冷落而心情不快，于是她们便对漂亮女人产生无名妒火，有的甚至迁怒于漂亮女人，把不满和怨恨都发泄到漂亮女人身上。

同时，由于社会成见的影响，在一些人心目中，女性的漂亮容易给人一种轻浮、薄情、水性杨花、低能的感觉。于是这些人在与漂亮女人的交往中，常常戴着有色眼镜，先入为主。例如，同是在工作中做出了成绩而受表扬，若是相貌平平或相貌较差的人则被看作是通过个人努力获得的，若是发生在漂亮女人身上则被认为是靠漂亮脸蛋换来的。这些不白之冤，令许多漂亮女人有苦说不出。

社交活动是人们，尤其是青年人的一项重要生活内容。一般人的社交活动，人们都不觉得有什么不正常，而漂亮女人进行社交活动则特别引人注意，即使是正常的社交活动，也常被人看作是别有用心。

然而偏偏漂亮女人又常更多地被人们纳入社交圈子，如果拒绝参加，则有清高傲慢之嫌，如果欣然参加，又生轻薄放荡之讥。进退维谷，左右为难，这也是漂亮女人常有的烦恼。

很多女人都会有这样的疑问："女人怎样才能搞定女人？怎样才能让身边那些忌妒我的女同事们不暗地里绊我的脚？"其实，那些总不能讨同性喜欢的女人，除了那张令人忌妒的漂亮脸蛋，还有一些共同的特点。

长时间对视同性。如果这种对视中缺乏真诚的笑意，或是掺杂了太多冷冷的探寻，那她就绝对不可能是一个讨女人喜欢的女人的。男人长时间注视一个女人，是种爱慕；女人长时间注视一个女人，是种隐性的对抗。

过于物质。"这衣服多少钱""这包包多少钱""他们家有多少钱"……这是两个女孩子之间的谈话，当其中一个女孩子问完这一系列的问题，对面那个她，几乎窒息！一个句句不离"钱"字的女人，物欲太盛，很难交到真心朋友。

爱诉苦或者爱炫富的女人。前者让人没了好心情，后者让人觉得太张狂，如果不是真正的倒霉蛋或是真正的大富豪，能不接近就不接近。

当然，无论是漂亮女性也好，长相一般的女性也好，想要博得同性的好感，还是有一套行之有效的办法的。

与同性相处时一定要以“你的事”而非“我的事”开场，女人最关注自己在对方心目中的位置，关注她询问她，这是对女人最大的尊重。先满足女人的倾诉欲，而后才有可能获得女人的友谊。要刻意淡化自己的性别属性。在男人面前可以尽力挥洒女人味，但在女人面前，不妨适当地装装“假小子”，女人之间，天生存在竞争心态，想让她不敌视你，至少你得让她意识到你身上的雌激素并不比她更多。

此外，答应女人的事情一定要做到。女人绝对比男人记性要好。虽然女人最爱说“我这人最迷糊”，可是，每一个辜负过自己的人，女人会一辈子牢牢记住。

如果你们想要博取身边更多人的好感，甚至是男性，那么就得特别注意：

在与异性交往时要有分寸。通常，漂亮女性的交际活动比较多，而且多半是异性之间的交往。漂亮女性之所以更多地与异性进行交往，既有客观因素的影响，如漂亮女性在交往中容易润滑人际关系、提高办事效率等，也有主观因素的作用，如个人虚荣心在作怪或故意卖弄、炫耀等。

男女之间的正常交往是无可厚非的，但如果漂亮女性不持严肃的态度，行为暧昧，甚至别有用心和玩弄他人感情，则必然会受到别人的非议和指责，给自己带来烦恼。所以，在与异性交往时，漂亮女性要大方、严肃、适度，使人感觉你既漂亮又不轻浮，对你既喜欢又尊重。

提高内在修养，力求表里如一。

由于社会知觉中成见效应的影响，许多人对漂亮女性存有种种偏见，偏见之一便是认为漂亮女性多数是金絮其外、败絮其中。另外，从认知心理规律来看，反差越大、对比性越强的事物越容易引起人们的注意。漂亮女性身上的缺点如同白纸上的污点，非常显眼，再加上晕轮效应，缺点就会被放大。这就要求漂亮女性比一般人有更高的自我要求，尤其是要注重提高自己知识、能力、道德品质等方面的内在修养，力求表里如一。

当有些事非己所想时，为何还是不愿放手

当我们被要求请客然后被大宰特宰时，当我们纠结于是否应该离职跳槽时，当我们在康师傅和统一方便面里必须择其一而食用时，当我们不小心把自己的手机掉到厕所里时，我们会不会感到一阵难受，继而为自己损失掉的人民币、眼前的工作、另一食物、储存的信息而纠结痛苦。我们能解释这种看似寻常，细想之下却很难摸着头脑的事情吗？

《纽约时报》上曾经报道了一则感人的新闻。有个叫伊丽莎白的女性和她的丈夫打算领养一个小孩。但是，他们都知道，领养的孩子可能没有普通小孩那样健康，所以，他们希望自己领养的孩子只有一些诸如营养不良之类的小毛病，而不要有一些奇怪的健康问题。他们在自己的领养表格上注明了孩子必需的健康状态，因为他们不想领养一个有严重疾病的孩子。

最后，他们领养到一个十分可爱的女孩，他们十分疼爱这个孩子。但是，之后，当他们发现小姑娘的脊椎底部曾被切除过一个肿瘤，且医生确认这个孩子将一生受到疾病的威胁时，夫妻两人做了一个与填领养表时完全不同的决定，他们无论如何都要领养这个孩子，无论她以后出现了怎样的健康问题。

我们不得不先肯定这个案例中让人动容的情感成分，也不能否认这件事中的道德成分，但是，除此之外呢，还有什么被我们忽略的东西吗？在回答这个问题前，我们再思考一下，如果这对夫妇是在领养前就被告知他们的孩子会有这样的问题，他们决定领养这个孩子的决心还是这样毅然决然吗？既然在填表时就表明不想要有严重疾病的孩子，就说明他们对孩子的期望还是很理性的，但是为什么之后的决定会改变了呢？

这些问题的答案其实可以归结为一个效应——捐赠效应。捐赠效应就是人们对于“损失”本身有着非理性的厌恶，因为这种厌恶，我们可能会推翻自己起初坚持的想法和观点。就像案例中的夫妻，他们已经“拥有”了这个孩子，所以他们对“失去”这个孩子有种本能的抗拒。

说得明白一些，如果超市里的一个杯子被打破了，我们不会有什么强烈的反应，但是，还是这一款杯子，却是我们自己的，哪怕我们只是把它放在书架或者橱柜里长灰尘，如果它被人摔碎了，我们的内心还是会或多或少存在失落感。这种失落感就是我们对于损失的厌恶和伤感。

所以，我们会因为得到而兴致盎然，会因为失去而垂头丧气，我们的情绪波动似乎很容易被得失所影响。其实，对我们来说，无论是拥有或者失去，这种得失的欲望对于每一个人，虽然都是情感的宣泄和精神的需求，但是，得可以是荣耀，失也可以是尺度。我们大可看淡得失，不耿耿于怀、斤斤计较。

面对得失，我们要将其视作生命中的一个瞬间，因为永恒的生命是奔流不息的，而无论是人生的获取还是损失都将归于过去。

所以，我们要用有限的生命去创造生活的价值，去做有意义的事情，去充实自己的人生。我们不用去担心那些生命中的转瞬即逝，要学着用一颗平常心去丰富自己的生命。同时，在自己有限的生命中，将光与热发挥到极致，为更多的人带来幸福，也给自己的人生创造出更大的意义。就像爱因斯坦说的一句话：一个人的价值，应当看他贡献什么，而不应当看他取得什么。

为何老实人总是仕途不济

在现实生活中，我们每一个人都不同程度地存在偏见，如一提到农民，我们就会把敦厚朴实、老实巴交的品质强加在他们身上。

为什么我们总把老实与农民联想到一起？恰好他们大多是社会底层的人群，难道老实人就不能与成功靠拢？

老实人在长期的以道德为核心的教育中已形成了尊严不可侵犯的心理定式，一旦现实生活与书本中宣扬的东西发生了冲突，自尊并不那么容易实现，就觉得受不了，反应失当。这就导致老实人的心理空间比较小，活动余地小，缺乏应有的弹性和适应性，遇见问题往往钻牛角尖，想不开，结果自己觉得受了伤害又伤害了与别人的关系。另外，老实人在现实生活中往往是弱势者，他们不愿争或争不到世俗社会中的各种被视为是成功标志的东西（如权力、财富和名声），这样，自尊便成为其心理平衡的一个重要筹码。当自尊成为一个人心理防线上的最后一个可以凭借的堡垒时，它就变得十分重要，任何小小的触动都可能会造成很大的心理波澜，引起过度的反应。

老实人往往要求自己的朋友爽直义气，可谁又没有缺点呢？这样，在老实人眼里，有缺点的人就等同于道德不好的人了，而道德上的瑕疵是老实人最不能容忍的。老实人应多些宽容，学会包容异己，容忍缺点。

老实人往往幻想理想的工作生活环境，但这几乎是不存在的，因此，老实人的生存空间变得更小。他们往往直来直去，内心怎么想便怎么说，而聪明人往往是谋定而后动，想好了再说，避免被动的情况发生。

此外，他们一般胆小怕事，安分守己，对人对事谨小慎微，从不会随便得罪别人，即使别人得罪了自己，也不会记恨在心，更不会以牙还牙。对于别人的一点点恩惠，也牢记心中并找机会报答。这种人在单位里，一定是被欺压的绝好对象，最苦最累没人肯干的工作必定是这种人去干，最有油水可捞的事必定与这种人无缘。道理很简单，上司要你做和不给你做全是工作需要，从不带一点私人恩怨。这种人到外面，遭遇也一样。为什么？因为社会上有的是专门欺负老实人的人，这些人的本性就是大事干不了，但欺负老实人却十分内行。因此，老实人被欺负，实在是顺理成章的事。“马善被人骑，人善被人欺”，自古如此，而且现在以至将来恐怕也莫不如此。

很多女孩子在工作中常常会做乖乖女。别人怎么讲，她就怎么做，但结果往往是吃力还不讨好。君曾任职于一家大公司，负责文件整理和跑银行等杂事。有一次一位同事问她可否帮助复印几百份的产品介绍，君看着自己手上待处理的文件，迟疑了一下，还是答应了。心想这不会占用很多时间，可是当君处理完自己手头的工作，已没有时间去复印了，自己感到内疚不说，同事也不满意。在老板眼里，君成了不经世事，委曲求全，却承担不了大事的黄毛丫头。

可见，在接受他人或上司的委派时，量力而行是极为重要的。给自己加太多额外的压力其结果只能是适得其反，适当的时候，要学会拒绝。老实人往往难以拒绝别人的要求，因为他们害怕得罪别人。其实，我们做人都必须有一定的原则，不该做的就不要去做，自己不能胜任的也不要碍于面子逞英雄，否则，只会适得其反。我们要成功，首先要在他人面前做一个干活漂亮、办事高效、精力充沛的人，这样才能赢得同事、领导的信任，获得委派更多重要任务的机会。

老实的性格不是不好，但我们要懂得在适当的时候做出调整。其实，一直保持自己的老实处事原则也不是坏事，最重要的是要有自己的主见并且懂得抓住机会表现自己。

杨婷不是一个善于表现自己的人，从自己的设计中她能够获得足够的满足与自我的肯定，也许正是因为这个原因，对于每次的成功，在老板眼中是整个设计部努力的结果，而丝毫没有注意到作为总体设计的杨婷所起到的作用。就这样，杨婷拿着与其他人相同的薪金，却干着超出旁人几倍压力与辛劳的工作。她感到了一种失落与不公，毕竟她也要生话，也要休闲。她提出了辞职，好在她的老板此时也意识到了什么，以高薪挽留住了杨婷。

在工作上，我们除了要努力做出优秀的业绩之外，更要让上司知道你，当然这并不是要求你事事都要向其汇报。而是要学会适时地表现自己，因为我们的付出应获得应有的回报，而且应该成为让上司记住我们的砝码。只有不失时机地表现自己，才能在职场中有更好的发展和收获。

为何越贵的药还总是提价

我们常说，物以稀为贵，这并不仅仅限于那些奢华的品牌轿车、豪宅地皮、钻石珠宝……在我们的生活中，处处都存在着这样的真理。

近些年来，受稀有野生药用动植物原料稀缺的影响，部分以犀角、麝香、牛黄等名贵药材作为原料的中成药价格大涨。

当然，这种情况虽然也受到了通货膨胀的影响，但是，也不能排除稀缺性因素的存在。曾有人这样阐述“稀缺”：“不管是什么东西，只要你晓得会失去它，自然就会爱上它了。”“参与竞争稀缺资源的感觉，有着强大的刺激性。渴望拥有一件众人争抢的东西，几乎是出于本能的身体反应。一旦在顺从环境中体验到高涨的情绪，我们就可以提醒自己：说不定有人在玩弄稀缺手法，必须谨慎行事。我们必须记住：稀缺的东西并不因为难以弄到手，就变得更好吃、更好听、更好看、更好用了。”但是，“倘若瑕疵能把一样东西变得稀缺了，垃圾也能化身成值钱的宝贝。”

这样看来，稀缺性不仅能够激发我们的渴望，而且让我们的渴望在获得满足时得到更多的快乐。心理学家曾做过这样一个实验，他们让参与者来品尝曲奇饼，不同的是，研究者给其中一半的参与者提供的是满罐曲奇饼，并让他们从中选取一块；而给另一半人提供的是只有两片曲奇饼的罐子。最后的调查结果显示，后者获得的快乐感和愉悦感更多。

将这种稀缺性的价值拓展到我们的生活实际应用中，我们可以得到许多的启发。

首先，为了提高竞争力，我们需要储备一些稀缺的技巧和能力，或许这会成为我们今后意想不到的资本。

其次，培养自己的一种稀缺思维，也就是创造性思维，要给自己的大脑时刻装备上与众不同的想法。

最后，要给自己打造一种“社会稀缺人才”的形象，这除了能力上的要求外，还需要我们在品德、人脉、性格、气质、外形上的打磨。

为何当我们认为是自己控制了电脑时，其实是电脑影响了我们

自从互联网出现以来，人们对于人类与网络之间关系的讨论和争执，就从来没有停下来过。但是，不可否认的是，人类创造了网络，而网络的确正在改变着我们的生活。

《哈佛商业评论》前执行主编尼古拉斯·卡尔在他的畅销书《浅薄》里提出：“互联网正在把我们变成高速数据处理机一样的机器人，失去了以前的大脑。”同时，尼古拉斯·卡尔也提出了他的忧虑。因为网络，我们逐渐远离了深度阅读，我们的思考总是在网络片段式的信息中被切割，他说：“丢掉了《战争与和平》，丢掉了羊皮圣经，丢掉了报纸杂志，丢掉了托尔斯泰心灵的同时，人类正在丢掉的是大脑。”“互联网正在切除我专心和沉思的能力，我的大脑现在期望像网络散布信息那样获取信息——迅速移动的粒子流。以前我像潜水员一样潜入语词的海洋，现在我像是驾驶着水上摩托艇在语词之海的表面飞速移动。”

许多“网络通”或许觉得这样的说法有些危言耸听，我们怎么就会被网络控制住了呢？网络上丰富的信息不是正在拓展我们的视野吗？我们现在不是可以上知天文下知地理了吗？但是，我们是否思考到：我们是否能把自己掌握的信息深化呢？我们是否能把自己了解到的知识专业化、精细化呢？许多人自以为通过网络就可以变成诸葛亮，自以为掌握了一些散碎片段就可以渊博无比。

很多时候，我们总会对自己有过高的评价，这就好像为什么有人会觉得自己能力高、条件好，而事实真相却总有些让人失望。不过，从心理学角度来说，我们的确是很容易“自欺欺人”，误以

为自己有过高的能力或水平，以此来保护自己免受外界的打击和伤害。这种心理被称为“乌比冈湖效应”。

就像我们在面对网络的时候，许多人总是自负地认为，自己有能力控制网络，从而高估了海量信息的正面能量，也高估了自己的认知水平，也就放弃了对深度思索的渴求，这可能才是网络带来的最大危险。其实，这种自负是互联网带来的更深层的负面影响——我们对自己的知识和能力的认知都产生了偏差。心理学家发现，人们常常会受到一种知识幻觉的影响：“将表面的熟悉误认为是深入的理解。随着越来越多的信息可以获取，这种熟悉的感觉不断增长，而知识的幻觉也不断增长。随时能够获得大量数据也会欺骗我们，让我们将能够迅速获得的知识误认为是我们已经拥有且能够运用的知识。而如果这种幻觉导致我们忽略了对真正知识的获取，我们作为个体将最终变笨。”

所以，许多人似乎都会犯一个自己很难意识到的错误——高估自己的能力。有些人自认为自己能控制局势和状况，有些人自认为自己能够胜任某些高难度工作，有些人自认为自己有挑选好对象的本钱……过多的“自认为”或许会把我们拉入自恋的陷阱之中。

那么，面对难以控制的自我高估，我们应该采取怎样的措施，才能够保持对自己的正确认识呢？

首先，我们要多从别人那里听意见。听一些亲朋好友对我们的看法，听一些他们对我们做事风格的认可或反对理由，甚至有时候可以听听陌生人对我们的印象。这样，我们或许就会对自己有一个全新的认识。

其次，我们可以选取一个榜样进行学习。当我们的身边出现一个评价颇高的人，我们就可以以他为榜样，学习对方的优点，改正共有的缺陷。就像照镜子一样，让我们有一个可以对比的模子，从而给自己一个较为客观的评价。

最后，我们要在生活中保持一种谦虚的态度。凡事不要太过自以为是，遇到赞美时也不能因此晕头转向不知今夕是何年。

第四章
失乐园：为什么“朋友”也可能是骗子

惯于偷窃的少女——盗窃犯罪心理

慈雨是一个很漂亮的女孩子，留着一头栗色长发，虽然身高只有 160 厘米，不过身材修长令她显得要比实际身高要高一些。只见她身穿米白色风衣、黑色紧身裤，脚蹬褐色靴子，肩背黑色大包，看上去很时尚。她穿过一个收银台，径直往外走去。

“对不起，小姐，麻烦你稍等一下。”两个超市保安人员走过来拦住她。突然被叫住，她显得十分紧张，使劲抓住肩上的黑色大包，紧紧捂在胸前，神色慌张异常。

在超市办公室里，在经理和众保安人员的强烈要求下，慈雨打开了自己时尚的大包，里面塞满了超市的各种商品，大大小小一共 25 件。随后，超市经理让保安人员将这个女孩子扭送至公安局。

经过公安民警的仔细盘问，慈雨交代了自己的盗窃事实。让公安民警们没有想到的是，眼前这名时尚女性竟是一名惯偷。原来，两年前，她和男友合作做生意，被男友骗走了所有的积蓄。这使她在心理和行为上产生了很大的落差。

2000 年春节，她第一次从亲戚家窃走一条名牌丝巾，因为她觉得花两千元买条丝巾太贵了，从亲戚家偷既拥有了东西，又不用花钱，何乐而不为呢？自此，她迈向了罪恶的深渊。第一次得手后的满足感、成就感及刺激的作案过程使她着迷了，她开始觉得偷窃是个不错的方法，用她的话来说："能偷的东西何必买呢？买东西实在是太傻了！"为此，她总结出了很多作案方法。她把偷东西作为一种爱好，几天不偷手就痒痒。她说："小到几毛钱的橡皮，大到手机相机，只要我想要的就可以偷到。"

慈雨对公安民警们说："我也知道这种行为是违反法律和道德的，也曾想就此罢手不再偷窃，但我已形成这种心理定式，欲罢不能了。有时候明明不喜欢的东西，也会随手放进包里。"

慈雨第一次行窃，是因为生活上遭受挫折，心理产生极大落差。在这种情景下，第一次实施作案偷得一条丝巾，这种作案成功的经历深深刺激了她，并获得极大的满足感，由此一发不可收拾。当想要什么东西时就去偷，后来不想要的也要偷，她的偷窃目的已不仅仅是为了财，而是想通过偷窃这种行为获得精神的极大满足感。其实，慈雨的行为属于偷窃癖，她已然成了一个偷窃狂，表现出了犯罪意志的坚决性。此案中的犯罪人正是因为偷窃行为一直没有得到及时打击，心理障碍反过来强化了犯罪心理，这种病态心理通过偷窃行为获得释放，沦为变态心理，而慈雨也就顺理成章成了狂热的盗窃犯罪人。

上述故事中的慈雨属于盗窃犯罪的一个特例，现实生活中，更多的小偷并非是患了偷窃癖，而是曾经在小偷小摸的过程中尝到了"甜头"。俗话说，"江山易改，本性难移"，很多从事盗窃犯罪的人自小便有小偷小摸的恶习，他们贪图享乐，好逸恶劳，常常顺手牵羊、流窜作案，甚至在被打击后也不思进取，还是恶习不改，进而实施系列盗窃行为，以弥补被打击的损失。

某市系列入室盗窃案中的王某兄弟两人都是被公安机关打击处理过多次的人，尤其是主犯王大某，从 5 岁时就开始偷拿小朋友的东西，后来小学没念完，就因多次偷拿同学的东西而退学了。而另两名没有前科的蔡某和张某交代，第一次参与盗窃时，他们只是帮助望风和搬东西，心里是比较紧张害怕的。后来看看没有什么事情，于是胆子就越来越大，开始主动寻机作案，欲罢不能。

所以，盗窃犯罪行为也都经历由小到大，最后发展到欲罢不能的程度。

因此，一定要从小杜绝小偷小摸，否则，时间长了很有可能养成惯性偷窃的癖好。

一则群体事件——集群犯罪心理

2005 年某市发生了一起群体性事件，4 名乘车者与行人刘某发生争执，将刘某殴打致伤。这本来是一件普通的汽车撞人纠纷，然而到当天晚上，这已经发展成为两起打砸抢烧的群体性事件，造成多名武警和民警受伤，4 辆车被毁，派出所被砸，一超市被抢。据记者调查，事态的发展是由很多因素促成的：有不实的传闻，有不法分子的煽动，有处置的不当……其中不实的传闻起了关键性的作用。

6 月 26 日 14 时 30 左右，一辆本田车在该市区翠百路菜市场门口与一个本地青年相撞并发生争执。驾车者是来自外地的吴某，车上还坐着 3 个人，其中 23 岁的王某和李某是吴的保安，24 岁的另一位青年王鑫则无业。

本地青年刘某 22 岁，正在该市一家电脑学校上学，因为暑假而回到家中。吴某和刘某相撞，吴要刘赔偿，刘则希望吴送他到医院检查但被拒绝。争执中刘某打了本田车的倒车镜，于是被车上的保安打了一顿。

据说，当时吴还说了一句，“打死了不就是赔 30 万”。一位目击者说：“小孩鼻孔、眼睛都流血了，大汉抓起小孩的头发说，给你爸打电话，叫他来赔钱。小孩打电话的时候，手都是颤抖的。打过电话，他就坐在地上了。”有人报了警，2 名值班民警和 1 名协警员立即赶往现场。市民指认车上乘坐人是打人者，民警示意其下车，但乘车人拒不开门。民警叫了一辆的士送刘某上了医院。随后，警察把本田车和乘车人一起带回了距离几百米的派出所调查，而围观市民也跟着到了派出所门口。这时有传闻说：“学生在送往医院途中死亡。”这样的传闻深深刺激了围观群众。而事后，了解到刘某并未死亡，只是全身多处受伤，并无生命危险。

当围观的群众看到警察没有把打人者铐起来，而且还上了他们的车，便认为是与他们一伙的。有人说;“老板是来投资的，有钱人谁敢惹呀？”围观的人越来越多了，鱼龙混杂，人们也开始议论纷纷。

民众要求警察把人交出来，大家认为:“警察在袒护打手，袒护商人，因为他是有钱的老板。”

局势越来越混乱，据在现场的当地记者估计，应该有上万人。很快，武警也出动了。武警一来，人就骚动得更厉害，前面的人在围观，后面有人扔水瓶、石块、鞭炮进来。18 时左右，车子被掀翻了，哄抢超市事件也发生了。18 时 50 分左右，已被掀翻的本田车被烧毁。随后，人们的目光转向了停在派出所门口的一辆警车，愤怒的人们把警车推倒，还有人拿工具砸警车车窗。

事态发展越来越严重，最后省公安厅调集警力增援，省委书记、公安厅厅长先后赶至。23 时 40 分，100 多名武警赶到现场，局势才被控制住。

引发这起集群犯罪的直接原因是群众的心理原因，即在社会公众中产生的普遍之不平、普遍之失望、普遍之憎恶与普遍之恐惧。就我国现实状况而言，自改革开放以来，社会经济建设成就巨大，人民生活水平显著提高。但客观存在的社会分配不公、贫富差距悬殊、腐败现象滋生等现象，造成了社会矛盾积聚和社会心理躁动不安。这种心理沉淀，一旦有适当的时机和环境，一些人就有可能借机发泄。上述案例就暴露出干群关系、警民关系的紧张及人们的仇富心理。

其实，从心理动因上分析，参与聚众犯罪的大多数人的犯罪目的并不在于颠覆政府或捞取钱财，而在于发泄心中的不满，或通过犯罪行为的实施求得暂时性的心理平衡。有些积极参与者在集群互动中，力求表现自我的存在，获取他人的赞赏，以寻求心理上的自我显现和自我满足。当然，也有少数人是借机达到抢劫财物、侮辱妇女的犯罪目的。

此外，集群犯罪事件频发，媒体也难辞其咎。随着电视、录像等传播媒体在社会生活中的普及与深入，使以往封闭的公众接触到西方的足球场暴力事件、街头骚乱、种族歧视等集群行为与骚动的直接形象，因此人们很容易在不满和躁动的心态下，加以模仿，并引为时髦。

综上所述，身为守法公民的我们，应该尽量保持理性，不能轻易受环境或者气氛影响，使得彼此间亢奋情绪相互感染、膨胀升温，从而导致恶性的群体犯罪行为的发生。

什么令他们过失杀人——过失犯罪的心理因素

马某，25 岁，初中文化，个体运输户，与被害人赵某是夫妻关系。2000 年 2 月 28 日 21 时许，被告人马某抱着儿子从父母家回到自己家后，便将儿子放在炕上睡觉，并让正在看电视的妻子给儿子盖上被子，妻子顾着看电视，不愿意动手，要马某自己给儿子盖被子，为此两人吵了起来，还动了手。马某将妻子一把推开后，就仰面躺在炕上，不再理睬妻子；妻子气愤难当，上炕骑在马某身上与其厮打。此时，马某一只手托住妻子的下颌，猛地一起身，两人同时翻落在地。妻子的头部撞在水泥地面，当即昏迷。马某吓了一跳，赶紧掐妻子的人中部位，将妻子掐醒，然后与大女儿一起将其抬上炕，并给其灌了一杯水，让其睡觉。过了一会儿，马某觉得妻子没有大碍了，也就上炕睡觉了。

第二天早上，马某的母亲进屋发现儿媳妇的嘴角有白沫，昏迷不醒，即与儿子马某等人将其送往县医院抢救。马某害怕自己要承担责任，就骗医生说妻子昏迷是服了毒药所致，该医院立即采取灌肠洗胃的治疗方法对病人进行抢救。在抢救不见效后，马某很快将妻子转至另一医院抢救，但终因抢救无效，其妻于 3 月 5 日死亡。3 月 23 日，被害人的父亲即马某的岳父向县公安局报案。

3月25日，法医开棺验尸体，证明被害人系钝物外力作用导致严重的颅脑伤、颅内出血而死亡。至此，马某被抓捕归案。

此案属于典型的过失杀人案。犯罪人马某在激情支配下，不能控制自己言行，丧失理智也无法预料行为后果，以致发生了被害人被撞伤的结果。当被害人被撞伤后出现昏迷症状时，犯罪人没有意识到其严重性，致使被害人死亡，这都是由于他疏忽大意的过失行为造成的。造成恶性后果的发生，虽然犯罪人没有主观的故意，但与他不良的心理品质有着密不可分的联系。

1980年11月25日凌晨，在渤海湾井位拖航作业的石油部海洋石油勘探局“渤海2号”钻井船于途中翻沉，死亡72人，直接经济损失达3700多万元。“渤海2号”翻沉事故案中的被告蔺某，作为“滨海282号”拖轮的船长，看到“渤海2号”翻沉时，本应及时测报“滨海282号”船位和“渤海2号”翻沉的准确位置，迅速投放救生艇、救生筏，立即发出国际呼救信号，以抢救落水人员，但他面对沉船这一灾难事件，过分惊慌，致使这些该采取的措施均未采取，本可避免的人员伤亡未能避免。

越是在最关键时刻，越能反映出一个人良好的性格品质。作为船长在面临困境时，应沉着、冷静，以摆脱困境，保护船员的安全，而由于他的惊慌失措，致使恶性事故的发生。

影响过失犯罪的因素除了上述两则案例所说的情绪和性格气质以外，还有态度、认知思维、智能经验、注意力等心理因素，所以，在日常生活中我们要有意识地提高自己的心理素质，千万不能让不良的心理因素主导我们的行为，从而导致过失犯罪的发生。

过失也是有迹可循的——过失犯罪动机

对于过失犯罪，法律有规定的才负刑事责任，所以，现在有很多犯罪分子犯罪后，强词狡辩，说自己是过失犯罪，企图以此逃避罪责。其实，真正的过失犯罪是没有的，并且绝大多数的过失犯罪都是有动机的。

过失犯罪的动机无非有下面几种：

第一种是贪利。有这样一个个体建筑队，由于人员复杂，技术不过关，本来没有能力和资格承建大的工程项目，但由于会拉关系，请客送礼，争取到了承包某住宅区的建筑工程。住宅楼建好以后，由于施工质量不过关，造成新楼倒塌的重大责任事故。

第二种是虚荣。有的人虚荣心特别强，好面子，爱逞能，甚至夸大自己并不熟练的技能。一个司机刚学会开车，就在朋友面前自吹自擂，夸自己如何聪明，车开得又稳又快等，结果不慎轧死行人。

第三种是为了取乐。有的人喜欢用危险的方法开玩笑，往往在无意中导致过失犯罪。如某部队一战士在休息时，用枪对准战友的头，不许动的话音刚落，砰的一声枪响，战友应声倒在血泊之中，该战士后悔不迭。另外，还有用鞭炮吓人致人重伤、残疾的，用汽车开玩笑（擦人身边而过以图吓人一跳）致人死亡的，等等。在这些事故中，行为人的注意力集中在取乐、寻求刺激上，而忽视了这些行为的危险性，因此，用危险的方法开玩笑是不可取的。

第四种是为了逃逸或避险动机。一些负有特殊任务的国家工作人员，在危险出现，需要奋不顾身抢险，以避免重大损失的情况下，却逃离现场，逃离危险。

第五种是为了晋升或者说是图名。有的人为了升官或者希望自己出名，以致考虑问题不全面，主观武断，不进行深入细致的调查研究，或不顾实际情况，做出错误的抉择和行动，导致危害结果的发生。如某单位领导为了升官，强令工人冒险作业，导致重大责任事故的发生。

需要强调的是，并不是所有的过失犯罪都不必负刑事责任，事实上过失犯罪的动机是判断其罪行性质和考虑量刑轻重的情节之一。当然，这也是诊断过失犯罪人心理问题、矫治其心理缺陷的一个依据。所以，在面对过失犯罪时要更多地探讨有关动机的问题，这样也有助于进一步了解犯罪人的犯罪心理。

苏教授挽救失足青年——初犯心理

一般来说，初犯大多还有一定的道德感和法律意识，他们的犯罪心理未定型，犯罪恶习也不深，面对犯罪的严重后果，他们自责、内疚，有的会对自己的犯罪行为后果加以补救，减少犯罪对被害人的侵害；有的则会投案自首，改过自新。

2002年初夏的一天，某大学研究生导师苏教授到一家大型宾馆与朋友聚餐。因为家里有事，他提前离开了。

当苏教授踏进电梯时，发现里面已经有一个小伙子了。只见这个小伙子个子不太高，憨憨厚厚的，尽管衣着陈旧，但洗得很干净，给人一种清爽利索、质朴简洁的感觉。只不过，小伙子好像有点紧张，苏教授注意到当自己走进电梯时，对方颤抖了一下，并且握紧了双拳。

苏教授想："难道是我突然进来，吓到他了。"正当苏教授感到纳闷时，自己的胸口已经被小伙子用刀逼住。那个小伙子用嘶哑的嗓子喊着："把你的包给我。"苏教授镇定下来了，说："你不就是要钱吗？我给你，你把刀拿开，别伤害我。"此时，小伙子的手反而颤抖了起来，刀子也移开了一点。苏教授一边开包一边想：看这个年轻人慌张的样子，可能不是个惯犯。他从包里拿出了全部的钱，大约有1000元。看着苏教授递过来的钱，小伙子立即将钱一把拽了过去，并迅速塞进了裤子口袋，而此时他拿刀的手抖得更厉害了。

苏教授偷偷舒了口气，迅速地打量他。两个人的眼光碰撞了一下，小伙子慌忙将目光移开，看样子他比苏教授还要紧张。"我看你不像是惯犯，你一定是有困难才走这步的。钱你拿去吧，但是把刀子拿下来，好吗？有话好好说，你还年轻，千万别一失足成千古恨。其实我们可以交个朋友，你要是有困难，可以跟我讲。这是我的名片，你可以给我打电话，帮得上忙的话我一定会帮你的。"苏教授说着还递上了自己的名片。"当"的一声，水果刀掉在了地上，小伙子抱着头哭着蹲了下来。苏教授知道自己的判断是正确的。他安慰小伙子说："别哭，这里人多，让别人看见不好。你要是愿意，我们出去谈一谈。"于是，他们俩一前一后走出了电梯，来到了宾馆外面的一个小亭子里。

为了再次验证一下这个小伙子是否是初犯，苏教授借口上卫生间，却躲在暗处偷偷地观察着，看小伙子是否会趁机离去。小伙子丝毫没有怀疑苏教授的用心，只是静静地坐在在原地等着。看来，这个小伙子的确是初犯。

在苏教授的耐心开导下，小伙子讲了他的经历。原来他的父亲前段时间出了车祸，瘫痪在床，肇事者跑了，没有钱给父亲治病，他出来打工被骗，现在身无分文，才想到抢劫。苏教授对他的遭遇十分同情，非但没有难为他，还给予了他极大的帮助，帮他联系医院，还介绍了一份工作给他，小伙子十分感激苏教授，保证说以后一定会好好做人，好好工作，绝不辜负苏教授对他的一番心意。

案例中小伙子的整个犯罪过程是在紧张、恐惧中完成的。在苏教授的开导下，他很快表现出悔罪心理，并在苏教授的帮助下洗心革面、重新做人。这充分反映了这名小伙子的犯罪心理并未成型，而且他的犯罪动机冲突很大，所以在犯罪时表现出异常突出的恐惧和紧张心理，而且在犯罪后很快产生悔罪心理。以上皆属于犯罪心理易发生良性转化的初犯心理特点。

初犯作案者大多像案例中的小伙子那样，缺乏作案经验，漏洞百出，作案方式、手段也大多是模仿来的，显得笨拙、生硬。而且由于缺乏作案经验，他们往往会缺乏勇气，实施犯罪行为不过是一时的情绪冲动或者是受别人教唆。这样的人只要进行心理疏导，还是可以中止犯罪行为，甚至从犯罪的泥沼中走上岸来。

一个屡教不改的罪犯——累犯心理

张君团伙系列杀人案件是新中国成立以来最大的刑事案件之一。从1993年至2000年，张君单独或伙同他人先后在重庆、湖南、湖北、云南、广西等地共作案 17 起，杀死 26 人，杀伤 20 人，抢劫现金、财物等共计 600 余万元。其中重大案件 12 起。例如：

1995 年 12 月 22 日，张君等两名歹徒闯入重庆友谊华侨商店沙坪坝分店，向拥挤的人群开了 6 枪，打死 1 名清洁工，打伤 2 名顾客。价值 50 余万元的金银首饰被洗劫一空。

1996 年 12 月 25 日，这伙歹徒在重庆市上海一百重庆店，打死 1 人，一楼黄金制品柜价值 70 万元的金银首饰被洗劫一空。

1997 年 11 月 27 日，张君、李泽军、严若明 3 名劫匪在长沙友谊商城，打死 2 名营业员，打伤 4 名营业员和顾客，抢走价值 160 万的黄金制品。

1999 年 1 月 4 日，张君、李泽军、陈世清、赵政红在武汉武广黄金柜，开枪打死 1 人，抢走价值 350 余万元黄金饰品。

2000 年 6 月 19 日，重庆市渝中区陕西路重庆商业银行发生抢劫案。3 名歹徒打死 1 名银行职工，打伤 2 名保安，打死 1 名出租车司机，抢得 11 万元现钞。

2000 年 9 月 1 日，抢劫农业银行湖南省分行江北支行的运钞车，造成 7 死 5 伤。

张君，1966 年出生，湖南省常德人。因为流氓斗殴，1983 年“严打”时，张君被送少管所 3 年，当时张君 17 岁。1990 年，张君因流氓斗殴被判刑入狱。出狱后，张君认为，干啥都不如抢，抢最直接，来钱快。张君开始是一人作案，后来陆续将他的亲戚、朋友拉下水，组成一个暴力抢劫团伙，用自制猎枪、钢珠枪、手枪实施抢劫，

1993 年，张君与刘某合伙抢劫。在慌乱中，张君误伤了刘某。后在逃跑途中，将刘某用铁锤砸死。张君对新入团伙的人总是让其参与命案，从而脱不了干系，死心塌地地跟着他。对不服从自己和成为累赘的同伙，毫不犹豫地杀掉。

上述案例中的主要犯罪人张君是个十足的累犯，进过少管所，蹲过监狱，可是他屡教不改，顽劣成性，固执地要走违法犯罪道

路。他具有一定的反社会意识，犯罪之后，受到司法机关的打击，这非但没有令他及时悔改，反而加深了他的犯罪意识。监狱的生活令张君脱离了正常的生活环境，这直接导致他缺乏正常的情感体验，他变得越来越冷漠。

随着多次作案，他的作案经验不断积累，作案手段也就越来越残忍。这时的他比起初犯来，犯罪意识更为顽固，在面对金钱与诱惑时，他选择作案，并无视受害者的痛苦。这时的他持破罐破摔的心理，认为作案被抓也只不过是增加自己的监禁时间而已，而自己出狱之后又可以报复社会，如此一来自己曾经受过的监禁之苦也就有所“补偿”了，自此，“犯罪合理化”的观念在他的心中根深蒂固了。在以后的生活中，他也只会不断地犯罪，直至最后走向灭亡。

当然，在张君的团伙中也有人起初也是在“干”与“不干”中犹豫、徘徊的，犯罪动机和心理都呈现出不太成熟的状态。可是狡猾的张君没有给他们太多犹豫时间，设计他们参与命案，他们就再也脱不了身了，为了尽可能逃避罪责，只能是在犯罪的道路上越走越远、越走越深，最后等待他们的只有毁灭。

第五章

偏颇吸收：为什么我们会一条道走到黑

偏颇吸收：我们的情感偏见

我们已经看到了，人们处理信息会受其情感和偏见的影响。人们会在买了新车之后搜寻更多关于此车型的信息。选择丰田凯美瑞混合动力车之后，人们就会希望了解更多关于此车的信息。很明显，人们并不是想要了解更多他们已经买的车，而是想要寻求证据以确认自己确实做出了正确的选择。

偏颇吸收部分源于我们降低认知不和谐的欲望。我们搜索并相信我们乐于看到的信息，我们避免并排斥令我们心烦的信息。一些谣言很有趣，令人兴奋。也许只是因为一点点兴奋与激动，人们就愿意相信这些谣言。即便谣言令人愤怒，人们也可能因为愤怒而相信它们。当人们普遍愤怒时，情况就变得比较轻松甚至好玩。因为在某种程度上，这种普遍的愤怒一定有特定的背景和根据。另一些谣言是令人心烦的，甚至带有少许恐怖意味，人们倾向于认为这种谣言是虚假的。

有关死刑和同性关系的研究很好地说明了这一点。当人们显示出偏颇吸收时，动机因素通常在起作用。如果人们有动机相信那些与他们的观点相符的谣言，不相信那些与他们的观点相左的谣言，那么这样的研究结果不足为奇。社会科学家曾提出“反证偏向”的信念，即人们会尽力反证与自己最初观点相冲突的论断。如此就很容易理解当我们背后有动机驱使时，为何均衡信息只能强化我们最初的观点了。

但是故事还没有结束。为了看清缺位的内容，让我们假设这个社会由理智的和不理智的两类人组成。这两类人都坚信既有观点。假设理智的人坚信某些观点，如真的发生过大屠杀。假设这些理智的人读到了有关这个问题的均衡信息。

对于理智者来说，那些支持他们最初观点的材料不仅看起来更加可信，那些资料也会为他们提供一些细节，从而强化他们之前的想法。相比之下，那些和他们最初观点相左的材料则显得难以置信、不知所云，甚至有些疯狂。结果是这些理智者的最初观点被进一步强化。借助均衡信息，他们获得了对自己既有观点的新的支持，而全然无视那些颠覆自己最初观点的材料。

当然，在不理智的人身上，我们会看到相反的情况。这些人的最初观点是大屠杀没有发生过。为了了解不理智者为何会这样认为，我们不需要讨论他们的动机，只需要分析均衡信息对他们最初观点的影响。即便理智者和不理智者都没有情绪化地坚持他们的观点，而只是读了有关他们既有观点的均衡信息，他们也会偏颇地处理这些信息。

这种解释有助于我们理解偏颇吸收发生的时间和原因。前提有两个：坚定的既有观点和带偏见的信任。当人们自己的观点不强烈并且两面都信任的时候，他们就会受所读所闻的影响。假如你对纳米科技没有特别的认识，并且你听说这种技术会带来严重危害。假如接下来有人向你提供了均衡信息，证明这种说法是错的。如果你之前没有持任何特别的观点，那么在听到均衡信息之后，你之前相信这种说法的意愿就会被弱化。如果你对支持和反驳这种说法的正反两方面信息都相信，你将不会断定其中一方误导或带有偏见而抵制这些说法。对于大多数谣言来说，大多数人都不会有强烈的既有观点，而且不会只信任一方而不信任另一方。在这种情况下，不同观点最终会趋向真理。人们会听取不同意见并根据听到的意见决定自己的立场。

相反，理智者和不理智者会有选择地相信一些人，而不相信另一些人。当他们读到有关正反两方面信息的资料时，一点也不奇怪他们会接受支持他们自己观点的那部分材料，而忽视反对自己观点的那部分材料。

以下这点很重要。如果你想改变人们的既有观点，最好的做法不是给他们看对手和敌人的信念，而是给他们看那些与他们的立场相近的人的观点。假设作为共和党人的你听到了一则有关民主党官员的令人震惊的谣言。如果民主党否定这则谣言，你可能不为所动；但如果共和党出来辟谣，你也许会重新考虑。一个压制谣言的好方法就是去证明那些本该相信谣言的人实际上并不相信那些谣言。

假设不理智的人认为没有发生过大屠杀。在读了纠正这种说法的相关文章后，这些人可能会有些质疑。第一，这些纠正可能把他们激怒并令他们为自己辩护。果真如此，就会产生出认知不和谐，从而使这些人坚信自己本来的看法。第二，对于那些不理智的人来说，这种纠正的存在本身就会令他们坚信自己的最初观点。假如没有必要，为何自找麻烦去纠正？也许那些支持纠正说法的人太刻意这么做了，以至他们的纠正反而证实他们否认的事确实存在。第三，这种纠正也许会让人们的注意力集中在有争议的问题上，而这种集中本身也会强化这些人最初的立场和观点。

很多研究都证明，越是提供给人们一些信息告诉他们不用担心他们认为有危险的事情，他们越会害怕。应该这样解释这个有趣的发现：当注意力集中在风险上时，人们的恐惧程度就会增强，就算他们看到的信息是提醒他们风险会很小的也一样。即便危险不太可能发生，人们也很怕去思考危险。谁也不愿意听到自己未来5年有1%的可能性会死于心脏病，或者自己的孩子有1‰的概率会得白血病。所以，也许给人们看纠正虚假说法的报告反而会引起人们对虚假报告的注意，强化人们认为“虚假报告也可能确有其事”的观点。

偏信令我们信数字多于信自己

当我们在做数学题时，如果使用不同的方法两次计算的结果不一样时，人们总是毫不犹豫会认为自己的计算出错了。因为我们偏颇地确信计算结果应该是一致的，数字本身不可能自相矛盾。

为什么我们应该相信数字而不是自己呢？我们一起来分析其中的原因：众所周知，数学法则肯定是具有一致性的，因为它们在逻辑上都是真实存在的，在逻辑上真实存在的论断不会相互矛盾。

当然，我们要相信数学法则的一致性，首先必须相信数学法则在逻辑上是真实存在的，同时还必须相信数学法则是实实在在的。一列数字只会有一个和，这个论点是真的，仅仅是因为数学法则是真实存在的具体事物。这就很容易让我们的认知偏向于数学所呈现的数字。

既然自然数存在，那么数学法则也是真实存在的。与之相比，其他证明办法都基于那些不太能够达到不证自明境界的原理。如果你跟99.8%的数学研究者一样，跟99.8%的用过计算器的人一样，就会相信数学法则的一致性，这几乎肯定是因为我们发自内心地相信自然数从某种重要意义上来说是真实存在的。

诚然，“真实”这个词用在这里有些含糊。如果我们想理解得更深刻一点，让我们给它下一个定义：“自然数是真实存在的”就意味着数学法则是具有一致性的。

尽管我们相信自然数是真实存在的，却无法找到任何有力的证据来证明这一信念。亚历山大·叶塞林·沃尔平是一位偏执的数学家，他曾提出了“叶塞林·沃尔平理论”：因为我们没有大量的经验，所以我们无法判断它们是否表现得具有一致性，甚至我们无法判断它们是否真实存在。

根据“叶塞林·沃尔平理论”，我们应该只去关注那些“小到足够让人思考的地步”的数字。这种理论被视为“极端有限主义”，而且几乎没有数学家会去认真对待它，当然更别提去认同了。亚历山大·叶塞林·沃尔平的对“真实”的偏颇吸收，引来了广泛的争论。

为了反驳这种“极端有限主义”，主流数学家提出这样的问题：“我们究竟如何来判断那些数字属于‘小到足够让人思考的地步’的范畴呢？或许一两位的数字肯定算，而30位的数字就不算。那么，界限到底应该是多少位？”

著名数学家斯坦福大学教授哈维·弗彼得曼曾试图批驳“叶塞林·沃尔平理论”，他说：“我从2开始，询问他这个数字是否‘真实’或者能让人感到‘真实’的效果。他几乎立即表示同意。然后我询问4，他仍然同意，但略有停顿。接下来是8，他还是同意，但更加犹疑。反复这样做，直到他处理这种讨论的方式已经很明显了。当然，他已经准备好回答‘是’了，尽管他在面对2的100次方时要比面对2时犹疑得多。（2的100次方就是一个30位的数字。）除此之外，我也没办法这么快就得到这个结果。”

几乎每个数学家在面对大数字的真实性时都与弗彼得曼持有相同立场，几乎没有人和叶塞林·沃尔平站到一边去当“极端有限主义者”。最后，弗彼得曼和叶塞林·沃尔平达成了共识。我们不但相信数学法则，也相信代数、几何和数学的其他部分是真实可信的。但我们几乎没有丝毫逻辑理念和证据来支持这种信念。

经过深思，我们还是可以了解这种没有逻辑和证据支持的信念，这似乎并不奇怪。毕竟，蜘蛛知道如何织网，并不需要去寻找“第一定理”来推断出织网技术或者认真观察其他蜘蛛的工作过程以便推断出来。从原则上来讲，我们找不到反对人们硬生生地理解数学的理由。

也许可以辩解说蜘蛛的本能反应是下意识的。

那么，我们的信念必须满足一些其他的基础，然后才被划分为信仰、直觉、本能、启示或者“超感官知觉”等。其实，这一切或许正是因为人类的大脑是由很多相连的部分组成的，这样说只是人们的错觉但也可能是真理。

质疑这些的一个重要原因是，他们之间存在着太多分歧，以至无法在细节上达成一致。数学真相容易被那些直觉敏锐的人理解，这一点已经由不同时代、不同地点的不同的人以不同的方式证实过了。

1888 年，伟大的德国数学家大卫·希尔伯特证明了自己的“基础命题”，这个命题标志着现代代数的创立。他通过“将无限集合当成具体的对象”这一前所未有的创举做出了证明，他的学术对手保罗·戈尔丹对此嘲笑说：“这好像不是数学，而是神学了。”然而，这一技巧创新几年后就带来了丰硕的研究成果，甚至戈尔丹也不得不承认“神学也有用处”。

总之，在数学领域存在着正确的命题。“正确”并不意味着“可以被证明”，而仅仅意味着通常意义上的正确，更多的甚至可以说是固执偏向。但是这些命题必须跟自然数体系有关才能是真实的。此外，这些命题都是正确的。因此，自然数在人们发现它们之前也是存在的，而且无论人们是否发现它们，自然数都是真实存在的。这样的数学命题深奥，但我们不得不承认，它来源于某个人的偏颇“研究”。

警惕“浮躁”偏颇了内心的抉择

人往往容易变得浮躁，它是普遍存在于现代人内心的一种心理，会与烦闷、压抑、暴怒等情绪联系在一起，从而深刻地影响我们的判断，一不留神拐入死胡同。

李强大学毕业后到美国留学，身处异乡，他满怀憧憬，希望自己能在这里打拼出一条成功之路。他拿着自己名牌大学的毕业证书和博士学位的证书到处求职，跑了很多大公司，却没有一家公司愿意聘请他担任重要的职位。

困惑和浮躁随之而来，他想：自己的博士学位可不是骗来的，怎么就找不到一份像样的工作呢？但几天以后李强又冷静了下来，想：或许我真的有不适合高层的地方，既然是这样，那么我就安心地先找一个简单的工作来干吧！于是李强收起了他的所有学位证书，到一家跨国公司申请做一个“程序录入员”，这次，他自然马上被录用。

当某人听到了不顺心的话，或碰到了不如意的事的时候，心情就会变坏，人也会因之而变得浮躁。每个人都难免会遇到一些指责、批评甚至是毁谤、陷害，但每个人面对它们的态度是不一样的。我们应该让自己在平时养成以平和的心态去面对事物的良好习惯和心境。在逆境中只要不浮躁、不急躁、不愤怒、不冲动，那样的人通常都能渡过难关。这时候保持一种平和的心态就很重要了。平和的心态不但能化解人的浮躁与暴躁，还能让人十分冷静地处理问题，让自己的境遇不断地变得更好。

对于拥有博士学位的李强来说，这份简单的工作根本就是小菜一碟，但他仍然一丝不苟，十分投入地做自己的工作。慢慢地，主管发现他能发现程序中的错误，并加以改正，非常不简单，一般的程序录入员肯定做不到这一点，于是就找到李强。在主管的询问之下，李强亮出了自己的学士学位证书，主管看后马上汇报给老板，老板感觉一个拥有学士学位的人只做一个程序录入员太可惜了。老板了解了情况后，马上给李强调动到了一个更好一点的位置。

李强在新的岗位上依然干得兢兢业业，而且这个时候，他已经有更多的机会和老板接触。慢慢地，老板发现李强不同于一般的大学生，因为李强提出的建议常常显得与众不同，很有采纳价值。于是老板找他单独谈话，李强又在谈话的时候拿出了自己的硕士学位证书。老板再次高兴地提升了李强。

又过了一段时间，老板发现李强在新的岗位上依然表现得非常出色，而且他似乎很适合在高层工作，就又找他谈话。这一次，李强才拿出了自己的博士学位证书。老板笑着问他，为什么当初不直接拿出博士学位证书呢？李强回答说：“我虽然学位很高，但缺乏工作经验和社会经验，在从程序录入员开始一直到现在的日子里才真正学到了东西，现在的我才有能力和资格担任公司里的高层职务！”就这样，老板对他的能力已经完全了解了，所以就毫不犹豫地对他委以重任。而李强也就从此拥有了施展才华的空间和机会。

我们现在对李强从开始的失败到后来的成功做个分析。李强开始的时候找工作屡屡失败，是因为他的浮躁。而后来他的一步步升迁，却是因为他的不浮躁。老板不是因为他的证书才任命他为高层，而是对他的人品和能力的双重肯定才给了他一个广阔的发展空间的！李强并没有自视才高，陷入浮躁与自负的泥潭，而是冷静地分析了自己的处境和外部环境，并找到了适合自己的路。

事实证明，有资本的人更应该避免浮躁。无论是有资金、有才华，还是有人脉，这些都不是让自己变得浮躁的理由。现在很多有文凭的高学历青年都很浮躁，他们认为自己手上的证书应该是自己一步登天的通行证，而事实未必如此，大多数人往往在现实中感到失望。相反，越是有基础、有资本，就越是应该冷静、谦逊、平和和认真地面对自己的每一个工作和每一个阶段的处境。这样的人是睿智的，因为他们知道自己的价值该如何体现，也知道自己的未来该如何创造。他们避开了浮躁不安、骄傲自大的泥潭，将自己引领到了成功的彼岸。

每个人都难免会受到一些指责、批评甚至是毁谤、陷害，但每个人面对它们的态度却是不一样的。可是只有能够调控自己脾气的人，才能主宰自己的人生。

我们应该让自己在平时养成以平和的心态去面对事物的良好习惯和心境。在逆境中，我们只要不浮躁、不急躁、不愤怒、不冲动，耐下性子来，通常都能渡过难关。

为何常“自我交谈”，就能不对信息抉择有偏颇

一般来说，一个人信心不足时，是体内两部分在相互斗争中，内在的批评者会在特定的场合使一个人表现失常；而信心陷阱会

不停地消耗着一个人的自我信念和乐观精神。

我们的头脑时时刻刻都在评价我们自己的表现，或是给我们提建议，或是对周围发生的事情进行解释。心理学家称之为“自我交谈”。理想的情况下，这种自我交谈可以帮助我们正确地看待事物，振奋精神，并且在不熟悉的环境里给我们安慰，当感觉受到威胁、遭遇危险时，这种自我交谈就会变得丑陋。也就是在这个时候，我们原本正确看待的事物受到干扰，对于信息的选择也就变得偏颇。于是，批评取代了建议，乐观变成了悲观。这时的自我交谈就成了一个批评者。

尼古是一个科技公司的高管，现在他变得越来越糟糕了。公司的人力资源经理对其进行了评测，测评的结果显示尼古垄断信息，很少让他的团队参与决策。他不愿分派责任和权力，总是亲自承担最重要的任务。这让他的下属们感觉他总是将他们拒之门外，并觉得尼古对他们没有信心。他们抱怨说他们被剥夺了权力，而且和他们的老板之间没有任何积极的联系。然而他自己却否认，他说自己其实很信任他的团队，但是涉及一些重大项目的时候，放弃控制权会让他感到焦虑。

他的问题根源在于缺乏自信。为了验证这种判断，人力资源经理让他在其后的几天内每天都写一篇日记，记下那些让他感觉自信受到威胁的情况以及他在这些情况中的感受。

一个星期后，确认让他内心的批评者出现的先发情况是一些让他感觉失去控制权的局面。比如他在日记中写到，有一次，他等着两个下属就他们正在编写的一份报告向他汇报情况，而他只能等着他们主动和他联系，这使他的工作停顿下来，并使他很难在最后期限前完成手头的任务。他的自我交谈揭示出他倾向于把由于失去控制权而引发的问题放大化，同时把他应对问题的能力缩小化，而且他还爱进行情绪化思考，认为自己的消极想法是对事情真实状况的反映。

确定“内心批评者”的来源并不总是很容易的，但是对三个方面进行观察和分析可以帮助做到这一点。这三个方面可以概括为A、B和C。A表示先发情况，即导致这个批评者出现的那些事件和情况；B表示影响我们思考和感受的行为；C代表产生的行动或后果。上面的对尼古的辅导过程，可以“挖出”其内心的批评者，使其工作更有效率。

尼古管理的营销部门负责公司的一些重要的营销工作，团队成员分布在各大城市，都具有独立的思考能力，能够在最少的监管下进行工作。这使他形成了一个有益的内心图像，当他感到自己内心的批评者又开始蠢蠢欲动时，这个图像可以对他有所帮助。看着自己用白纸黑字记录下来的行为和想法，尼古不得不承认他对自己和他人缺乏信心，并认识到这是导致他总担心失去控制权的原因。用一个“内心的指导者”帮助他对自己的感受和情绪进行重新思考，让他在失去控制感的情况下不再做出情绪化的反应。

通常情况下，自我否定是暂时的，但对那些本来就容易悲观的人来说，这些负面的想法往往会演变成一种对生活的自动反应，成为一种常态。这时，每件事情都被看成是一种威胁，我们应学会自我调节，减少对自身价值的侵蚀。

第六章
相对论：为什么人们爱互相比较

为什么我们总看到别人的好

我们经常听到不少女生对男友抱怨，男友对自己不冷不热，而且很少称赞自己，对于别人的女朋友，却经常摆在口边，高谈阔论其他女生的好，这让很多女生心里不是滋味。

“恋爱都已经四五年了，我们马上都快而立之年了，可他总是不提结婚的事，真不知道他怎么想的。”“每次见到同事的女朋友，他总是两眼发亮，不停称赞别人的女朋友，可是对我却只有满口的怨言，搞得我一点自信都没有了。”

其实，这仅仅是一个远瞻与近窥的问题。男人们所看到的都是优点的别人的女友，在她看来，也同样有很多缺点。很多恋爱并没有缺憾，缺憾的是男人没有欣赏恋爱的心态和眼睛。对于女友，你更要去发现她的美、放大她的美。因为生活并不缺少美，缺少的是发现美的眼睛。

男人，大都有追求优秀的女孩，追求新鲜感，追求新的异性的通病。食色是人与生俱来的本性，不管男女都有这样的本性，因此男人有这样的通病不难理解。他们对自己女友的感觉越来越淡，可是对别人女友的兴趣则越来越浓，这是他们的心理因素在作怪。

男人，为什么都认为别人的女友更好呢？

首先，是视角存异。对于自己的女友，悄悄消逝的时光慢慢地磨光了往日的激情。那曾经满身的优点，在一双紧盯着它的眼睛里，渐渐地失去了色彩。而因为朝朝暮暮的相容相济，那些曾经不被看到的斑驳凸显出来。渐渐地，满身的优点变成了满身的缺点。而别人的女友，因为仅仅是远瞻，你所看到的却只有优点。两者相比，自己的女友越来越差，别人的女友越来越好。这便让一些男人对自己的女友越来越没感觉。这也很好地体现了那句话——相爱容易相处难。在长期相处中，双方的缺点都会暴露无遗，让恋爱初期的美好幻想全部幻灭。

其次，就是求新求异心理。自己的女友，时间长了，没有了新鲜感。日子久了，激情也被时光冲淡。而别人的女友，因为没有得到，总觉得新鲜。总是会有无限遐想，那身姿、那肌肤、那每一个可能的细节，都会带来无限激情。这种求新鲜的、想体验差异感受的心理，是大多数男性幻想别人女友的原因。

因此，女性不妨时常变换一下发型、衣着等，给男友不同的体验，让你的男友对你常保新鲜感，对你充满了期待。

其实无论是男人，对于女人，或者所有人，都会存在这种问题。我们生活得太满足，太幸福，以致淡忘了现在拥有的，把目光投向别人拥有的。新鲜感使我们对别人拥有的羡慕不已，于是开始对自己的生活感到不满，看不顺自己的家人，对自己的恋人怨声载道，甚至还会日渐生厌，最后将其遗弃。

这一切归咎于我们总是只能看到别人的好。

“别人家的孩子多会学习，你怎么就那么不认真”“别人家的丈夫下班回来就做饭，你怎么一回来就看电视”……这种话，每个人都可能说过。

其实，自己的孩子也不差，懂事乖巧；自己的爱人也挺好，勤劳顾家。为什么我们总是看到其缺点并抱怨不断呢？一方面，每个人都向往美好、追求尽善尽美，当然希望自己的孩子、丈夫不比别人差。因此，有时难免求全责备，希望督促身边的人向“完美”靠拢。另一方面，用流行的话来说，是“羡慕忌妒恨”的心理在作怪。当然，人有七情六欲，偶尔眼红是正常的。但总是这样，很容易走进误区，也就是心理学所说的“心理偏盲”现象。这时，你就会像戴了有色眼镜一样，总是对身边的人和事选择性地记忆和评判。最后变得爱攀比，喜欢较劲，凡事爱往坏处想；对身边人的优点视而不见，对生活中的收获熟视无睹。

事实上，这种比较是没有意义的。首先，别人不见得比你好。斯坦福大学心理学家亚历山大发现，大多数人都容易看不到别人的“不好”，因此，总觉得自己活得没别人好。其次，海伦·凯勒说过:“面对阳光，你就把影子留在了身后；背对阳光，你永远沉默在阴影之中。”因此，多想想优点，给自己积极的心理暗示，事情就会朝着你期望的方向发展。如果总是拿自己的弱势和别人的长处比，只能让自己越发丧失信心。

我们拿“别人家”来比较，内心最真实的声音还是希望像“别人”一样幸福满足。幸福其实并不难。第一，不要攀比。与其看到“别人”光鲜的幸福，还不如去看看别人为得到幸福背后付出的努力。第二，换位思考。把抱怨转化成你希望的事情，然后进一步思考，怎样做才能达到更好的效果。比如，把抱怨丈夫爱打游戏转化为“他为什么不做饭”，然后再想想“我怎样才能让他愿意做饭”？换一种思维方式，也许你的生活就会变得积极起来。

孩子听话是优点，太听话是缺点

如果孩子很听父母的安排，我们总会看到家长们对着孩子竖起大拇指称赞:“听话的好孩子！”在中国传统教育文化影响下，家长们都希望孩子循规蹈矩，安分守己，只有言听计从的孩子才会被冠以“好孩子”的头衔。好孩子百依百顺的特点在学校得到很好的秉承，但凡守规矩、听老师教诲的学生都会被称赞为好学生，并且赋予“三好学生”“三好标兵”的鼓励，好学生往往是学习的榜样。

相反地，那些顽皮、淘气、经常违反校规、总不听父母话的孩子却被当作反面教材，传统道德观念中总是把不遵循长辈教育的孩子评价为坏学生、差学生，他们往往被忽略，被批评，以致孩子们都深信，只有听话，才会被肯定，才会得到长辈们的称赞和疼爱。

我们父母总希望孩子规规矩矩，百依百顺，孩子稍一调皮就不能容忍，结果往往是管得过死，限制过多，他们变得乖顺、安分，甚至是墨守成规。现代教育专家们告诫父母，太听话的孩子问题更大，因为他们很可能失去更重要的东西——创造力。

经验证明，“淘气”的男孩子往往比“老实”的女孩子更有创造力。其原因就是淘气的孩子接触面广，大脑受的刺激多，激活了孩子的智能。因此，给孩子一点淘气的空间对提高孩子的创造力是有好处的。

其实，调皮、好动是儿童的天性，也是创造力发展的幼芽。顽皮、淘气的孩子，往往具备更好的创造力、独立性以及质疑的能力。他们从小就学会独立思考，对于常规的事情很容易产生疑问，甚至是质疑，并且勇于挑战，这些孩子往往能有标新立异的想法和创举；听话、乖巧的“好孩子”，他们小心遵守规矩，尽力满足长辈们的要求，往往忽略了自己的独立发展，变得不善于思考，缺乏创新，他们选择舒坦、安逸的道路，以过上好的生活为目标。

我们难以判断哪种人生才是成功的，作为家长，我们应该鼓励孩子独立思考、培养其创造力。孩子淘气时，我们不必一味打压，其实教导孩子听话的同时，也是可以适度培养孩子的创造力的。

第一，规范孩子的行为，整天打架、骂人、不听话不行，但思维上可以不太听话，可以有自己的想法。

第二，培养孩子良好的习惯，等孩子大一些时给其一定的自主权。

孩子应该听从父母的话，这没有不对，但如果过于顺从则会扼杀他们的创造力。总之，我们不要限制孩子们的“顽皮”“淘气”，让他们充分展现自我，给孩子们提供最大的发展空间。

为什么恋爱后的女人容易变成“傻子”

几乎每一个女生都有过这样的经历，同宿舍的某一个女生，突然桃花满脸去上课，仿佛有用之不尽的精力；即使每天晚上聊电话至深夜，第二天仍可以神采奕奕；哪怕遇上不顺心的事情，都可以一笑置之；每一个脚步轻盈如风，有时候自己还会傻傻地笑。当一个女生出现这些与过去“不正常”的表现，那么我们总会断定她恋爱了。

恋爱中的女人跟没有恋爱的女人，有很大的差距。为什么恋爱的女人会有变化？从女性心理特征的角度来看，我们很容易找到答案。

首先，女性在恋爱中很容易变得口是心非，在恋爱过程中表达自己欲望的方法一般比较含蓄委婉，有时还会是反向的。她说“不”的时候，内心往往是“好和愿意”。如约女友去看电影时，男友要去买票，女友说不用，男友就不去了，等着女友去买，那么这场电影肯定看不成。女性的这种奇怪心理，实际上是一种自我保护的计策，当然，有时也是女性的真实想法。

其次，恋爱中更多女性最为突出的一个表现就是不受控制的忌妒，并直接导致生气。热恋中的男人更像女人，女人更像男人。男性会变得更温柔多情，女性则会变得更热情奔放，所以女人在恋爱中更容易变得“野蛮”，更爱对男友“生气”。

李丽向闺蜜诉苦，最近与男友频频闹别扭。闺蜜问起原因，李丽竟然说不出。她向闺蜜承认：“往往是为芝麻绿豆的小事而生气。其实，我知道他也没有什么错，有时候觉得他就应该让着我，宠着我。尤其是到了每月的那几天，一想起男友就反感，越想越反感，总是想找个茬冲他发火。幸亏我男友脾气好，要不然早不理我了。”

李丽如同其他女性一样，在恋爱中有意无意地要脾气考验男友，这实际上是出于下意识的自我保护心理。通常她们会想如果在恋爱时对方都不让着她，那以后的日子还怎么过？所以女孩子在恋爱中会有意无意地给男友设置一些障碍，看男友是否能忍让自己，耍脾气只是其中的一种考验方式，当然也是最常用的一种方式。比如，在约会时自己故意迟到，主要看男友会有什么反应，只要他稍有不愉之色表露出来，必然会遭到女友的“狂轰乱炸”，说不定在遭到一番痛斥之后，就会结束关系。

其实发脾气的女人是很可爱的。如果和一个从不发脾气的女孩待在一起，就好像喝白开水，虽然解渴，时间久了肯定会觉得索然无味，因为人的天性就是喜好新奇，不喜欢一成不变。

而有些时候，也是因为女人特有的生理原因。来月经时，内分泌平衡失调，身体虚弱，抵抗力较差，此时，女人大多会表现得暴躁、易怒，这些都是可以理解的，作为男友更应该在这一时间段体贴、呵护女友，不要过分地刺激对方。

有时，女性的这种易怒情绪也来自于一种不安全感和不自信。尤其是青春期的女孩，随着性心理的日趋成熟，对自身的性别角色和形体特征日益在意，是否苗条、漂亮，都是让她担忧和苦恼的事情。恋爱中的女性对更多事情产生焦虑，这也是她们爱生气的原因。同时，这也是女人在情绪上不独立的表现。

女人的包容性相对来说比较小，在内心深处还是觉得自己是弱者，有些事情一旦难以承受，就会寻找发泄的出口，身边的男友自然就成了发泄的对象了。而恋爱中，男性就不像女性那样爱生气。这是因为男性理性思维比较强，比较独立，在社会中总是扮演强者的角色，这种角色的扮演会被带到恋爱关系中去，会表现为包容心强，责任心强，不爱发脾气。

此外，恋爱中的女性具有一种施虐的潜意识，如在与恋人约会时，会故意姗姗来迟，或有意不赴约，让久等的恋人焦急担心，备受煎熬，从中体会到快乐。恋爱中，这种轻微的偶尔的“施虐”也是不可缺少的“作料”，但经常过分地施虐则是一种变态，是万万不可取的。

女性在恋爱时，为满足其虚荣心理，会一改往日的节俭生活习惯，以显示自己的男友如此地爱自己。此外，在失恋时也会大肆“消费”，如买一些不需要的东西、高档时装或高档食品等，以此来发泄自己内心的痛苦与烦恼，从而获得心理上的补偿。

当我们明白女性恋爱后的心理变化后，就会视她们的“异常表现”为人之常情了。其实恋爱前和恋爱后的女性最大的区别，就是恋爱后的女性会更趋向保护自己，免受伤害，这也是极为符合女性心理特点的。

单身是好儿子，结婚却成为不孝子

在各种家庭关系当中，婆媳之间大概是最不容易相处的了，处于母亲和妻子中间的男人要处理好复杂的婆媳关系，就更加考验其情商和智商。很多男人会经常抱怨，无论自己怎样努力，就是不能协调好母亲与妻子的关系。为了维系双方的关系，男人受过多少夹板气，赔了多少笑脸，编了多少瞎话，男人往往成为这段复杂关系的最受伤害的人。

“养儿一百岁，常忧九十九。”母亲含辛茹苦把儿子带大，希望儿子长有所成，当然也希望他能够对自己有十分的孝顺。儿子成家之前，对母亲关心备至，事无大小都跟母亲商量，这让母亲对儿子的占有欲得到很好的满足，不料就在儿子成家那天，一个年轻女子的出现，一切都改变了，粉碎了母亲美好的愿望。从那天开始，儿子开始疏远母亲，心事总是跟他的妻子倾诉，似乎不把母亲放在眼里了。其实儿子并没有变成不孝子，只是婆媳关系导致了原本和谐母子的关系构筑多了一层障碍。

当我们揭开婆媳关系的谜底，就能理解为什么这层关系影响了儿子变成母亲眼中的“不孝子”。研究者依照弗洛伊德的思路，从婆媳对儿子兼丈夫的情感占有欲及“恋母情结”等角度去解释。婆媳双方常常一方强调真有之情，另一方强调应有之情，结果两方都不满意。社会心理学的研究发现，中国人在对各种人际关系分类时，会采用一个双维度的标准。一个维度是关系中两个人身份角色的距离，一个维度是关系中两个人的真情交换和义务履行的均衡。

在家庭关系中，亲子关系是一种血缘关系，父母儿女以血脉相连，在以父子轴为核心的中国文化里，亲子关系显得尤为重要。而夫妻关系、兄弟姐妹关系相形之下其重要程度都会弱一些。对于每一个人来说，这些关系是与生俱来的，或者是由角色身份固定下来的。因此，我们对这些关系在情感表达上就形成了各自的区别。

这被称为“等差之爱”。意思是说，在亲子之间、夫妻之间、手足之间都有来自角色身份规定的情感。这也就是“应有之情”。不同的关系有不同的伦理规范，也有不同的情感类型。

一般来说，在家庭生活中，由于家庭成员不仅有很近的血缘关系，而且还朝夕相处，同时具有最切近的应有之情和最淳厚的真有之情。

当原本没有亲缘关系，“本不是一家人”的男女由于相爱“走进一家门”的时候，主要是被“真有之情”推动的。婚姻不仅带来了夫妻关系，而且也带来了一大串家庭关系身份，新娘子一下掉进了一张关系网当中，需要四面应付。婆媳关系就是其中比较重要的关系。而对于媳妇来说，婚前与夫家的人交往一般比较少，所以，对丈夫是真有之情，而对公婆和夫家其他成员就只有应有之情。

应有之情只是一种根据角色规定的情感，例如传统伦理中的父慈子孝、兄友弟恭等。这种应有之情由于仅仅是义务，很容易让人言不由衷或敷衍了事。媳妇心里会想，我们之间没有交情，我不是你从小带大的，因为结婚，我就要对你百般照顾，我自己的父母我还没来得及孝敬呢，能做到现在这样我就很不错了。婆婆心里会想，你在我家里出出进进，就是一家人了，你应该像个儿媳妇的样子啊！一方强调真有之情，另一方强调应有之情，因此两方都不满意。

婆婆看到媳妇与自己的儿子结婚，走进自己的家，就会本能地形成一种预期，那就是儿媳妇应该像女儿、儿子那样对待自己。可是往往儿媳妇因为缺乏“真有之情”恰恰无法做到这一点。儿媳婚后改口称婆婆为“妈妈”，也会本能地将婆婆的行为与自己的母亲相比，形成婆婆应该像母亲这种预期。当双方混淆了婆媳关系与母女关系的时候，往往会因为对方无法满足自己的预期而渐生不满。

不满的情绪出现后，婆婆和媳妇又都会出现一种归因偏误，那就是认为婆媳关系就是婆媳关系，永远不会变成母女关系。有的婆婆说：“无论你怎么对她好，她也不会变成你的女儿的。”媳妇就更容易说：“哪个儿媳妇是婆婆养大的？她怎么会对我像对她女儿那么好呢！”她们都不懂得通过对方的母女关系来看对方的情感和人品，来体会对方的真情。如果用真情来换取真情，婆媳关系就一定会与母女关系一样，成为家庭关系的新的情感支柱。

在现实生活中，我们看到两种协调婆媳关系的思路。一种是，如果夫妻感情深厚，妻子会把丈夫的家也当成自己的家，把丈夫的父母当作自己的父母；丈夫也是一样，把岳父岳母当成自己的父母，把妻子的家当成自己的家。另一种是，如果夫妻感情深厚，相互尊重对方对娘家的价值认定，体验对方的父子情深或母子情深，站在对方的立场上考虑问题和处理事情。这两种思路尽管有些不同，却都可以较好地协调因婆媳关系引起的夫妻冲突。当婆媳关系得到很好的解决，那么母亲眼中的“好儿子”就会重现。

为什么婚前新鲜，婚后厌倦

西方有一句谚语说：“我们因为不了解而结婚，因为了解而分离。”还有一位哲学家对年轻夫妻们说过：“你们自以为相互之间在婚前已经十分了解了，其实，你们在结婚以后会发现在枕边睡的是另一个人。”

本以为王子与公主战胜重重困难后终于可以幸福地在一起时，另一扇纠结的生活大门却由此开启。我们身边有太多的例子，曾经热恋的情侣却因为结婚，相互的关系发生了改变，没有了当初的激情和热烈，却多了平淡和乏味，甚至发现了对方婚前隐藏的缺点，心里竟萌生后悔之意，于是婚外情频频发生，爱情已经逝去，婚姻也将被埋葬。

一位在公关行业做得风生水起的成功女人雅丽，活泼可爱，偶尔迷糊，使小性子，希望对方能更多包容自己。她每日忙于应酬新朋旧友，参加各类酒会、艺术沙龙，却拥有一份“十分不现代”的爱情和婚姻。

想当年，还在读大学时，她和麦克网恋，异地保持联系长达十年之久。十年中，她换过几任男友，几番撕心裂肺的短暂昙花恋情让她更多地看到麦克的好：永远淡定，永远守候，永远在网线另一端发来笑脸。于是她主动发出召唤，麦克来到她所在的城市，两人开始一起生活。年龄的压力，家人的推动，各方面的因素促使她与麦克走进了婚姻。婚后两年，装修新房，生小孩，安顿双方父母，各种新的事情让她目不暇接，婚姻本身对于她而言也是一种新的体验。

当这种体验逐渐淡化，婚后生活越来越稳定，她内心却躁动起来。麦克在电脑公司工作，每天上班对着电脑，下班以后，跟妻子一起吃个晚饭，一起干干家务活，玩会儿游戏，看看电视，睡觉，对他而言这就是幸福的一天。但这种一成不变是雅丽无法忍受的，她总想往外跑，起初拉着丈夫出去，后来发现他对此实在没有兴趣，自己也感到扫兴，所以就自己出去玩，玩到很晚才回家。

麦克从不抱怨或阻止，但雅丽无法从麦克那里得到情绪上的共鸣，感到很没劲。日子久了，雅丽感到自己在婚姻里像一条没有水的鱼，无法克制地有了出轨的念头。

婚前，雅丽看到的都是麦克“淡定”“守候”的优点，婚后却变成“无趣”“扫兴”的缺点，显然，他们两人的性格都没有改变，变化的只是雅丽对这段婚姻的态度，归咎到底还是性格跟心理在作怪。雅丽活跃外向、喜欢新鲜、希望对方可以包容自己，也许之前的感情挫折让她对平淡生活产生依恋，一旦满足内心的渴望，原来的性格也就被诱发，她又怎能甘于平淡的婚姻生活？相信其他性格的女性也同样会出现这种困惑，因为爱情与婚姻本身对于人们而言都是一种满足生理和心理需要的环节，只是不同性格的人会有不同的体会。爱情往往就像是春天的花骨朵，美得让人期待与满足，在我们看来，对方的缺点都可以包容，一切都是美好和新鲜的；婚姻则是进入冬天的等待，一切归于平静。

人的一生中经历的苦、辣、酸、甜都是爱情的一部分，人生的经历就是验证爱情的课堂。这里需要特殊强调的是，婚姻由两个人组成，经营婚姻的对象是男女双方，而不是男人或女人单方面付出和努力。

有调查显示，幸福的夫妻与痛苦的夫妻吵架的次数、频率相当，甚至主题也差不多。同样是吵架，为什么有的夫妻会越吵越好，有的夫妻却一次比一次受伤？因为他们的处理方式不同。

我们要懂得做自己的心理医生，认识自己的不足，明智地争吵。盲目使性子争吵，只会使问题变复杂，耗费掉许多不必要的精力和时间。不要对爱情想当然，婚姻关系同样需要彼此的尊敬和理解。最大限度地改变自己而不要试图改变对方。

由于婚姻是建立在双方关系的基础上开展的，所以需要双方共同维持和相互尊重。尊重对方的生活习惯，不要在婚姻中让自己坐在驾驶者的位置，少说多做，忽略生活中的小错误。不要认为对方跟你不一样就是不爱你。

理解和信任也十分重要，而只有通过真诚的沟通才能更好理解与信任对方。不要放弃婚姻中的交流，互相理解对方，常常和对方交流，让对方感觉到自己的爱，这很重要。夫妻双方都要对得起爱人的信任，并感谢爱人的信任，把握好空间的尺度，不能在这个空间里忘乎所以。

此外，我们还要尽力做到爱屋及乌。爱上对方，就要爱对方的一切，更要爱对方的家人和朋友。

与其说婚姻是爱情的坟墓，倒不如把婚姻看作是由爱情构筑成的铁塔，这座铁塔必须由夫妻双方共同搭建而成，缺一不可。这需要双方共同努力，保持良好的沟通、交流，必要的时候需要某一方的包容和谅解，一步一个脚印才能携手到达幸福的塔顶。因为爱情，我们走到一起，结成夫妻，这本来就是一件幸福美满的事情，结婚之后，我们的爱情并没有改变，只是换了另一种更为稳定的形式存在着，少了激情，少了猛烈。当爱情回归平静，我们就容易被动摇，尤其在现代社会，俊男美女，金钱财富，应有尽有，面对眼前种种诱惑，我们都要保持清晰的大脑，坚定初衷，才能拥有一段幸福、稳定的婚姻。

为什么“远亲不如近邻”

请你想一想：在你成长的过程中，谁是你最亲近的朋友。多数情况下，他们可能是和你邻近的孩子们。

相同的现象也常发生在大学生宿舍里。有研究者统计发现，许多大学生总是和最近宿舍里的人最友好，和那些被安排住得最远的人最不友好。更使人吃惊的是，类似的情况发生在更为亲密的关系中，比如婚姻。例如，一个对 20 世纪 30 年代期间一个城市的结婚申请的研究显示，有 1/3 的夫妻由双方住所相隔不超过 5 个街区的人组成，而且随着地理上距离的增大，证书的数量下降。而且这些结果还不包括有 12%的人在婚前就有相同的地址。

上面的这些都说明，空间距离在决定友谊方面有着极大的影响。社会心理学家对住在综合楼房里的已婚大学生的友谊做了仔细、详尽的研究。他们发现了在综合楼中空间的特定结构和友谊发展的关联性。

例如，他们发现友谊和公寓的邻近性有密切联系。住在一门之隔的家庭比住在两门之隔的更可能成为朋友；那些住在两门之隔的家庭比住在三门之隔的更可能成为朋友；以此类推。而且，住得离邮箱和楼梯近的人比住得离这类特色结构远一些的人在整幢楼中有更多的朋友。

也许你会感到疑惑，这个邻近性和吸引相关的事实是否是因为相互喜欢所以选择彼此住近一些。然而，研究发现，邻近性对喜欢有同样的影响。例如，对被根据姓氏字母顺序安排教室座位和房间的受训警察的研究发现：两个受训者的姓氏在字母表上的顺序越接近，他们就越有可能成为朋友。

显然，邻近性为友谊发展提供了机会，尽管它并不确保一定会发展友谊。

为什么邻近性能产生好感？首先，邻近的人，低头不见抬头见，为了拥有一份美好的心情，人们不得不与邻近的人搞好关系。其次，由于邻近，由于熟悉，即使是简单的人际互动也会提高我们对他人的好感。最后，根据交换理论，人们在互动过程中，总是希望以较小的代价换取最大的报酬，而邻近性则满足了这一要求。

西方心理学家简单地解释为“离得近的人比离得远的人更有用”。因为离得近，接触的机会多，刺激频率高，选择朋友就比较容易。一个人和我们住得越近，我们就越能了解他，与他也就越能成为朋友。

但是邻近性是否就一定具有人际吸引力呢？事情并不那么简单。我们知道，自己所喜欢的人往往是邻近的人，而自己所厌恶的人也往往是邻近的人。所以邻近是吸引的必要条件，但不是唯一的条件，只有当邻近的人具备了相互满足需要这一条件，或者说人们对邻近者怀有好感时，邻近性才会产生吸引力。比如，同在一个单位工作的人，有的关系非常融洽，彼此默契配合，工作效率倍增；而有的关系则相当紧张，甚至到了有你无我的程度。这些都是在邻近关系中时常发生的现象。但是，事情也是相对的，离开了具体的情境，离开了满足需要这一人际关系的基础，忽视了其他因素的作用，就会把邻近性孤立起来而犯绝对化的错误。

望子成龙的重复犯错

相信我们都曾经有过这样的经历，自己就像是牵线木偶，被父母安排好一切，参加各种补习班、课外兴趣班，被定下各种目标，考取名牌大学、学习各种才艺。但最后结果往往事与愿违，学有所成的孩子寥寥无几。回想当初，要是能重来，我们一定会选择自己喜欢做的事情，而不是任由父母摆布。

如今，我们身为人父、人母，遗传了望子成龙“基因”，都希望孩子能多才多艺，学习成绩出类拔萃，希望他们长大有所作为，于是，对待自己的孩子，重复着当年父母对自己的那种教育方式，一味地追求高分数，多才艺，却忽略了孩子内心所想，学习效果适得其反。

在一个有关家庭教育的研讨会上，一位母亲刚开口便泪流不止，十分痛苦地讲述了自己教育孩子的失误：她的孩子今年14岁，从小爱好体育，学习成绩一般。但这位“望子成龙”的母亲却非要孩子在学业上不能落后，“将来上个好大学”，于是就不管孩子的能力和感受，每天看着，陪着，甚至逼着孩子读书。

哪想到这番苦心却把孩子逼向了相反的道路。孩子的厌学情绪越来越强烈，最终发展到干脆什么也不学了，后来因为打架受到学校处分。这个孩子如今退学已经一年多了，终日在家玩游戏，能一个星期不出屋，不睡觉，不洗脸，不刷牙，不理发，痴迷地玩着电子游戏。谁也不能管，一说他就暴躁地砸东西，孩子对母亲只剩了仇恨。“现在我们这个家已经没有家的样子了……”无奈之下，这位母亲搬出了这个家。

很多家长希望孩子不要输在起跑线上，望子成龙的愿望在心里像病毒一样滋长。但事与愿违的是，家长不经意间给孩子造成过多的学习压力，最后的结果往往是家长失望，孩子对学习有阴影甚至出现厌学情绪。

对于孩子的教育，除了要注重学习，还需要了解孩子的心理需求。随着经济和社会的发展，家长常常能满足孩子的物质需求，但与孩子沟通太少，因此，导致两代人之间的互不体谅。

教育心理专家指出，应该重视利用社会的力量为家长们送去“真经”，给孩子创造一个知心的世界。要想孩子健康成长需要全方位的教育，不论在哪一个环节出了问题都是教育的失败。

用“强迫症”来描述目前有些家长督促孩子学习过程中的表现一点不为过。有些家长一下班就要看孩子是否在写作业，如果孩子没写，就会说:“还玩儿？作业做完了没有？”“都几点了，还看电视？”“咋还不做作业呢？快做作业去！”只要孩子不动，家长就一遍遍地催、一遍遍地追。有的家长甚至上班时还要打电话督促或询问孩子做作业的情况。

这样的家长，如果看到孩子不及时服从做作业的命令，就会大发雷霆，直到孩子拿起作业本为止；如果孩子很快坐到桌子前，他们又会心情舒展，内心充满希望。

很多家长不了解，这种反复、过度的不良刺激将使孩子形成不良的条件反射，降低学习效率，即父母一张口，孩子最直接的反应就是不想听、心烦，有些还会产生逆反心理。

无论是已为父母，还是将成为父母的年轻人，都必需警惕自己走进望子成龙的误区：只重结果，忽视过程。学习的过程远比结果更重要。比如学习弹琴，手眼耳的协调非常重要，耐性、毅力决定着他是否能坚持下来，而经过自身努力战胜困难后的成就感也使他心情愉悦。贯穿在孩子学习过程中的这些品质，家长可能看不到，却对孩子的未来影响深远。

在学习过程中，一些基本功可能只是其中的一个小环节。比如跳舞，一个舞步要练好长时间，给父母的感觉是孩子几次课什么正经的也没学，但实际上，基本功的训练是为让孩子能完整跳完整个舞蹈而打下的良好基础。基本功如果不扎实，学到一定程度可能就学不下去了。

周末上兴趣班如同赶场，没了亲子时间。孩子在这个年龄段是离不开亲情的，与父母在一起，是使他们心理发展正常的基础，如果忽视幼儿心理及亲情的交流，你会发现孩子变得不听话、爱发脾气。今后容易与子女在心理上产生隔阂，难以沟通。此外，一味地给孩子报各种兴趣班，容易使孩子疲劳、厌倦。今后他可能对什么都知道一点儿，但对哪个都不精。不如只选择一两项重点学，学会了再学其他项目。孩子如果在哪个项目上特别有潜力，就要多花时间重点培养。

把自己的理想强加在孩子身上。有些家长小时候条件不好，没有条件实现自己的理想，而有了孩子后，就把理想寄托在了孩子身上。比如一位家长，学好英语一直是他的梦想，于是就让孩子从小上英语班学习英语，成绩稍有不好就一通批评。

孩子是一个独立的个体，他有自己的想法，知道自己喜欢什么不喜欢什么。如果大人把自己的意愿强加给孩子，孩子的负担就太重了。学习本来就不轻松，因此，应该尊重孩子的兴趣，让他挑选自己感兴趣的东西，对于感兴趣的事，孩子能学得又快又好。而父母自己的理想，还是自己努力去实现吧！

第十篇

世界充满危机，你要内心强大

第一章
环境“污染”：为什么在酒吧更有暧昧氛围

所坐的位置也能影响心绪

刘女士久经职场，当她拜访顾客时，除非主人指定，否则她一定会坐最靠近大门的位子。选择这个位子，显示她不会赖着不走，不会给主人压力。而她跟别人谈生意时，一定会坐在对方的对面，这样可以看到彼此的脸，便于察言观色。生意谈成，要签字的时候，她又会换一个坐位，尽量靠近对方。

有一个评论型电视节目制作人请教一位心理学家，怎样才能把节目办得更好。据他介绍，节目中找来的评论者都是很有社会影响力的。可惜的是，每次评论者之间的辩论都不能引起现场观众的强烈反应，互动效果不佳。心理学家听后，给他建议：“改变座位的配置方式。”也就是说，改变一下每个评论者的坐向，由以往的横排而坐，改成两人相对而坐。 自从接受这个建议后，每次节目的现场气氛都相当热烈，收视率也不断攀升。

为什么会这样呢？与人相对而坐，会产生一种自然的压迫感，不自由感。这是由正面直视的视觉“感受”而造成的。即使不是有意凝视对方，由于彼此正面相对，视线强烈，具有一种直视对方心理的攻击性。这也难怪我们平时在与人争辩时，总是不知不觉地采取正面相对的姿势。这种面对面的坐向，容易造成紧张、对立的关系。也就是说，只要彼此横向而坐或斜线而坐，让彼此的视线斜向交错，减弱视线的对立性，那么就可以避免尖锐的对立状态；反之，就可以造成对立关系。

并排而坐，如果要争辩就必然要扭转头部，使人的头部紧张发酸，时间一长，人的斗志就大大减落了。

办公室心理换位的应用

许多在办公室工作过的人都知道，办公室的主角是工作人员。对工作人员来讲，办公室最大的特点是相对的空间固定、人员固定。无论与你为伍的人性别如何、性格怎样、素质高低，都令你无法选择和逃避。

说办公室里简单，是因为它不过是一种大家都能接受的表面化、公式化的办公模式。说它复杂，它也确实不那么容易：首先，你要保证工作不出错或少出差错，为了能取得更大的成就，平日里还要付出很多努力；其次，你还要搞好与同事的关系，等等。而拥有一个和谐愉快的办公环境，是办公室一族为之向往的，更是需要大家共同努力才能实现的。要想在工作上做出成绩，达到自己理想的目标，办公室的人际关系就可谓是不容忽视的大问题。

从理解和认识人的角度讲，人都是社会的人，每个人除了办公室的同事，还有其他的交往范围。同事之间虽属同样的工作性质，但每个人对工作的理解、把握和重视程度各不相同，加上受教育程度的不同，所以接触他人时，应该对其复杂性有足够的心理准备，这种预期的心理准备可以让我们在与同事交往时，为自己营造出一种能伸展自如的心理空间。与同事交往时不仅应该在工作中相互帮助，平常还应该遵循平等、互利的原则。只有在平等、互利的基础上，相互之间才会少一些矛盾。减少不必要的矛盾，可使人际交往获得双赢的效果。

谁都需要良好的办公环境。当你由于不慎，无意中伤害了他人，破坏了环境的时候，首先，你无须过分自责，而要将心态放平和，然后再努力用真诚、真心去调整。当别人体会到你的诚意时，你也就达到了补偿的目的。同样，你也应当用此心态去理解和宽容别人，这就是所谓的“心理换位”、将心比心。其实，平时大家都可以用“心理换位”来维护办公室的人际关系。如果你的同事中确有个别大家公认的“问题人”，首先应该避免与他个人私下发生冲突。其次，在必要的时候，应该对他的一些长处适当地进行赞美。一般来讲，人际交往问题多的人，大部分是心理及情感上存在某些障碍的人，这样做也是为了缩短与他们的心理及情感上的距离，使其得到心理平衡和精神安慰，更重要的是有助于他们建立对别人的信任。赞美本身不仅能给人带来精神愉悦，还有利于协调人际关系。

随着现代办公环境的改善和人员素质的不断提高，办公室的文明氛围也在进一步增强。但办公环境的现代化并不代表人际关系的理想化，某些社交规则、人员素质还需要不断补充和完善，直到大家都成为真正的现代、文明的办公族。

当心办公室心理污染

今天，人们面临的压力越来越大，办公室人的心理卫生也成了一个不可忽视的问题。当你每天走进办公室时，不知你是否发现有很多因素在影响着每一个人的情绪，进而影响到工作的质量。我们将影响一个人情绪的诸多因素称为“心理污染”。在办公室有不少的现象，诸如：

如果人们走进办公区时的情绪是积极的、稳定的，就会很快进入工作角色，不仅工作效率高，而且质量好；反之，如果情绪低落，则工作效率低，质量差。在办公区内，如果工作人员善于调节与控制自己的情绪，就会生机盎然、充满活力，工作也会卓有成效。

在日常工作中，人际关系是否融洽非常重要。互相之间以微笑的表情体现友好、热情、温暖，以健康的思维方式考虑问题，就能和谐相处。工作人员在言谈举止、衣着打扮、表情动作中，均可体现出健康的心理素质。

在办公室里接听电话，也能表现出工作人员的心理素质与水平。微笑着平心静气地接打电话，会令对方感到温暖亲切，尤其是使用敬语、谦语收到的效果更往往是意想不到的。不要认为对方看不到自己的表情，其实，从打电话的语调中已经传递出你是否友好、礼貌、尊重他人等信息了。

办公室的干净整洁、物品井井有条也会直接影响到员工的情绪。

总之，办公室内如果存在“心理污染”，某种意义上比大气、水质、噪声等污染更为严重，它会涣散人们工作的积极性，乃至影响工作效率和工作质量。

病毒的传染有药可治，并不可怕。但是，情绪的传染打击的则不仅是躯体，还有精神。它会使人丧失自信，失去前进的动力。在生活中，人们总会遇到令人烦恼、悲伤甚至愤恨的事情，因此很容易产生不良情绪，最终导致心身疾病的发生。此时应该学会控制和调节自己的情绪，保持心身健康。下面的方法你不妨一试。

意识调节：人的意识能够控制情绪的发生和强度。一般来说，思想修养水平较高的人，能更有效地调节自己的情绪，因为他们在遇到问题时善于明理和宽容。

语言调节：语言是影响人情绪体验与表现的强有力工具，通过语言可以引起或抑制情绪反应。林则徐在墙上挂着写有“制怒”二字的条幅，就是用语言来控制和调节情绪的例证。

注意力转移：把注意力从自己的消极情绪转移到其他方面。俄国文豪屠格涅夫劝告那些刚愎自用、喜欢争吵的人：在发言之前，应把舌头在嘴里转 10 个圈。这个劝导对于缓和情绪非常有益。

行动转移：这种方法是把愤怒的情绪转化为行动的力量，以从事科学、文化、体育等工作来缓解不良情绪的影响。

释放法：愤怒者把有自己意见的、感觉不公平和义愤的事情坦率地说出来，或者对着沙包、橡皮人猛击几拳，可以达到松弛神经的目的。

自我控制：即按照一套特定的程序，以机体的一些随意反应来改善机体的另一些非随意反应，用心理过程来影响心理过程，从而达到松弛入静的效果，以解除紧张和焦虑等不良情绪。

引入外部竞争机制

挪威人爱吃沙丁鱼，不少渔民都以捕捞沙丁鱼为生。由于沙丁鱼只有活的才鲜嫩可口，所以渔民出海捕捞到的沙丁鱼如果抵港时还活着，卖价要比死鱼高出好多倍。但是沙丁鱼总是还没到达岸边就已经口吐白沫了，渔民们想了无数的办法，想让沙丁鱼活着上岸，但都失败了。

然而，有一条渔船总能带着活鱼上岸，他们带来的活鱼自然比死鱼的价格贵好几倍。

这是为什么呢？这条船又有什么秘密呢？

原来，他们在沙丁鱼槽里放进了鲶鱼。鲶鱼是沙丁鱼的天敌，当鱼槽里同时放有沙丁鱼和鲶鱼时，鲶鱼出于天性会不断地追逐沙丁鱼。在鲶鱼的追逐下，沙丁鱼拼命游动，激发了其内部的活力，从而活了下来。

这就是“鲶鱼效应”的由来。“鲶鱼效应”的道理非常简单，无非就是人们通过引入外界的竞争者来激活内部的活力。

如果一个组织内部缺乏活力，效率低下，那么不妨引入一些“鲶鱼”来，让它搅乱平静的水面，让“沙丁鱼”们都动起来。“鲶鱼效应”在组织人力资源管理上的有效运用，会带来出乎意料的效果。

本田汽车公司的总裁本田宗一郎曾面临这样一个问题：公司里东游西荡的员工太多，人浮于事，严重拖了企业的后腿。可是把他们全开除也不妥当，一方面这样做会受到工会方面的压力，另一方面企业也会蒙受损失，所以他大伤脑筋。他的得力助手、副总裁宫泽知道后，给他讲了沙丁鱼的故事。

本田听完了宫泽的故事，豁然开朗，连声称赞：“这是个好办法！”宫泽最后补充说：“其实人也一样。一个公司如果人员长期固定不变，就会缺乏新鲜感和活力，容易养成惰性，缺乏竞争力；只有外有压力，内有竞争，员工才会有紧迫感，才能激发进取心，企业才有活力。”本田深表赞同，他决定去找一些外来的“鲶鱼”加入公司的员工队伍，以制造一种紧张气氛，发挥出“鲶鱼效应”。

说到做到，本田马上着手进行人事方面的改革。特别是销售部经理的观念离公司的精神相距太远，而且他的守旧思想已经严重影响了他的下属，因此，必须找一条“鲶鱼”来，尽早打破销售部只会维持现状的沉闷气氛，否则公司的发展将会受到严重影响。经过周密的计划和努力，本田终于把松和公司的销售部副经理、年仅35岁的武太郎挖了过来。武太郎接任本田公司销售部经理后，首先制定了本田公司的营销法则，对原有市场进行分类研究，制订了开拓新市场的详细计划和明确的奖惩办法，并把销售部的组织结构进行了调整，使其符合现代市场的要求。武太郎上任一段时间后，凭着自己丰富的市场营销经验和过人的学识，以及惊人的毅力和工作热情，受到了销售部全体员工的好评，员工的工作热情被极大地调动起来，活力大为增强。公司的销售出现了转机，月销售额直线上升，公司在欧美及亚洲市场的知名度不断提高。

本田深为自己有效地利用“鲶鱼效应”而得意。从此，本田公司每年都重点从外部“中途聘用”一些精干利索、思维敏捷的30岁左右的生力军，有时甚至聘请常务董事一级的“大鲶鱼”，这样一来，公司上下的“沙丁鱼”都有了触电式的感觉。

当压力存在时，为了更好地生存发展下去，承受压力的人必然会比其他人更用功，而越用功，跑得就越快。适当的竞争犹如催化剂，可以最大限度地激发人们体内的潜力。

由于缺乏工作经验，大部分企业纷纷对应届毕业生说“不”，只有少数企业对应届毕业生敞开了大门。但就是这少数的几家企业成为了掌握秘密的“渔夫”，因为应届毕业生给这些企业带来了“鲶鱼效应”，增强了整个团队的竞争意识和危机意识，促进了企业的竞争力不断提升。

要想调动现有员工的积极性，提高企业的管理和技术水平，最好的办法就是招聘好动的“鲶鱼”。

人才的引进一方面可以调动机构人员的积极性，另一方面可以带来先进的管理经验和专业技术。

所以，有意识地引入一些“鲶鱼”，通过他们挑战性的工作来打破昔日的平静，不仅可以激活整个团体，还能有效地解决原有员工知识不足的缺陷。因此，现代意义的人力资源管理成为了“鲶鱼效应”的最大受益者。

拉拉队的神奇作用

社会心理学家研究发现，如果是完成同样的任务，单独完成赶不上在别人面前完成的效果，心理学家将这一现象称为“社会助长现象”。与此相反的现象，则称之为“社会干扰现象”，即有人在场或许多人在一起干，反而会抑制个人的活动强度，出现减量减质的现象。

社会助长现象是心理学家特里普利特于 1897 年进行的一项实验研究中得出的结论。他让被试者在 3 种情况下骑自行车完成 25 英里路程：第 1 种是单独骑自行车，第 2 种是有人跑步陪同，第 3 种是与其他骑车人同时骑行。结果表明，单独进行的情境下，被试者的平均时速是 24 英里；有人跑步陪同时，被试者的平均时速为 31 英里；而与其他骑车人同时骑行时，平均时速为 32.5 英里。后来，特里普利特在实验条件下让被试者完成计数和跳跃等活动，也发现了同样的社会助长现象。

为什么会出现这种现象呢？这是因为当作容易的、熟练的工作时，人们的反应正确率较高，他人在场，就会无意中产生竞争意识，兴奋水平就会提高，这样人们就会更加努力地工作以获得好评。此外，多人在一起工作也减少了单调的感觉和由于孤独造成的心理疲劳，这样工作效率也会提高。

但有些场合则会出现社会干扰现象。有实验证明，有时他人在场，工作效率反而会降低。1967年，卡特莱尔等人做了一项试验，他让被试者在独自一人和群体一起两种情景下学习单词配对表。配对单词有两类：一类由同义词组成，学习起来非常容易；一类由无关单词组成，学习起来非常困难。结果表明，被试者在学习比较简单的材料时，有他人在场比单独学习效果更好。但是学习比较复杂的材料时，效果则相反，单独学习的成绩反而优于他人在场的成绩。此时，社会助长变成了社会干扰。

社会干扰现象出现的原因很可能是因为在做复杂的、生疏的工作时，人们的反应正确率较低，他人在场时，因为害怕其他人评价，就会紧张和焦虑，使工作效率降低。

社会助长和社会干扰不仅存在于实验之中，日常生活中也广泛存在并被人加以应用。比如比赛时有拉拉队在场，则会大大鼓励队员，有助于他们发挥更好的水平；与此相反，一旦队员表现不好，场下的观众喝倒彩，就会影响场上队员的发挥。还有，考试时若有人站在旁边，则往往影响考生的正常发挥。

在一个群体中，为什么有时会产生社会助长现象，有时又会产生社会干扰现象呢？这主要与下列因素有关：

与活动的性质有关。活动的性质如果是简单易做的、不需要紧张思维的，那么就易产生社会助长现象。反之，如果是复杂的、需要高度集中注意力并要深入思考的工作，那么就容易产生社会干扰现象。这已由上述的实验所证实。

与活动的情境有关。活动中如有重要人物、熟悉人物在场，就可能产生社会助长或干扰现象。其一，为了保护自尊心，希望有良好的表现给他们看。其二，激发了活动的动机。如果过高，则产生社会干扰现象；如果适中，就会产生社会助长效应。

与活动结果的评价有关。一项活动如果事后要进行评价并与奖惩等紧密结合，那么就十分容易产生社会助长或干扰。这也是竞赛的目的之一。当然，竞赛过强往往易于产生干扰，竞赛适中往往易于产生助长。这主要是因为社会助长效应的实质是别人在场反而使个人感到轻松，有利于个人的活动；而社会干扰的实质是由于别人在场使个人感到拘束，从而使活动受到抑制和干扰。可见，一个人对活动结果评价的意识会直接影响到社会助长或干扰的产生。

与一个人的个人特质有关。有的人喜好安静，在人多时就显得紧张局促，易出现社会干扰；有的人不怕生，“人来疯”，在人多时反而更善于表现自己，就会出现社会助长。

在管理中，也会出现社会助长或干扰现象。因此，管理者在使用社会助长与防止社会干扰时要注意以下几方面：

管理者要意识到共同行事既会产生助长也会产生干扰效应。因此，在组合领导小组等群体时，就要考虑能否产生助长现象，如“男女搭配，干活不累”“志同道合干大事”等，使团队产生最佳效应。

管理者要有意识地开展一些竞赛活动和评价活动，使团队产生增量提质现象。如经常举行辩论赛，能增强团队的凝聚力，激活大家的思维能力等。

我们的不安——陌生环境

我们很容易发现，幼儿园的小朋友总是哭闹不停，这种情况更多地出现在刚进园的小班孩子身上。他们第一次离开最熟悉的父母，来到一个完全陌生的环境，周围都是陌生的脸孔，这一切引起孩子们内心巨大的不安和抗拒。

我们总是很容易理解孩子对陌生环境的害怕，当我们长大后，对陌生环境的接受能力比孩童时代强很多，哪怕心底里还是会对陌生环境产生一定的排斥，但这种不安的情绪总是会被我们理性地掩饰和抑制，我们都希望能尽快融入新的环境，以便更好地表现自己。虽然主观意识促使我们要适应新环境，但对于新环境的负面情绪却一直隐藏在我们内心。每次处于一个完全陌生的环境，虽然我们尽力表现得淡然自若，却很容易感到无所适从。很多人身处陌生的工作环境中，他们就会习惯性地板起一张面孔，或者表现得紧张、焦虑，无法正常处理问题。当然，要排除久经社会磨炼的各类人士，他们阅历丰富，见多识广，即使在陌生环境，也能很快调整心态，驾轻就熟应对陌生的一切。

问题已经出来了，为什么我们对于陌生的环境、陌生的人总是产生一种抗拒和不安？即使我们已经年长了，这种心理暗示仍然挥之不去。

其实，这是一种自我保护。我们都希望能待在一个熟悉舒适的地方，碍于学习、工作的需要，我们不得不去适应新环境，每一次身处一个全新的地方，先把自己“防御”起来，保护自己脆弱的尊严，小心翼翼对待身边的一切，以免受到来自外界的侵犯和伤害。通常我们刚到一个新地方，总不能很好地表现自己，正是这种“防御”心理在作怪。

当我们以新人姿态加入新的环境，努力调整自己适应新地方的人时，对于在这个环境中的旧人来说，也同样需要调整心态，以适应新人的“侵人”。一个非常典型的例子就是职场新人的加入。

对老员工来说，新员工是“陌生人”。尽管没有任何人规定不要和新员工说话，但很多老员工的行为准则却抱着“不要和陌生人说话”的态度。吃饭的时候，老员工在一起吃，不叫上新员工一起吃。开会的时候，老员工坐在一起，不和新员工一起讨论。工作的时候，有事情找自己熟悉的老同事，尽管老同事并不能提供多少帮助。

久而久之，企业里就形成了根据入职时间而形成的人际圈子和两类人：一类是同质的老员工，一类是和他们很不一样的新员工。老员工之间的关系越来越好，新员工的融入越来越难。老员工之间很抱团，但他们几乎不和新员工交流，新员工以及他们可能引入的新思路也因此无法在企业里扎根。新员工来了一批批，又走了一批批。几年下来，尽管外部环境起了非常大的变化，企业的人和做法却基本没有改变。尽管外部环境给了企业非常大的发展机会，企业却因为自己的一成不变而错失良机。

根本原因是新员工无法融入企业，为企业带来新的活力。老员工把新员工的加入心理暗示成“侵入”，老员工对新员工的“防御”造成新员工无法很好融入企业。每个人都不喜欢离开自己的舒适区，不愿意花费力气去认识一个新人。和老同事一起吃饭，一起开会，一起工作很省力，因为大家过去磨合了很久，已经形成了默契。而和新同事无论公事或是私事都需要花时间磨合。新同事必须做这件事，因为自己是新人。而老同事已经有自己的圈子，不必做这件事，自然而然就会给新同事造成老同事不愿意和他们说话，自己无法融入的印象。如果新同事再缺少些主动性，新老同事的融合就几乎是不可能的事情了。

针对这种现象，很多企业都会组织各式各样的“迎新”活动，以便最大程度减少消极情况的出现，也许只是外出就餐，也许只是外送下午茶，总会让新人有一种受欢迎的感觉。类似的“迎新”活动，在学校更为普遍。新同学来到学校，学校总会动员全部师生为新来的同学举行“迎接新生”活动，这在大学体现得尤其明显，盛大且隆重的迎新晚会往往是必不可少的，新人还会为能参加这样的“迎新晚会”感到荣幸。

“迎新”成为我们学习、工作中最为常见的人际关系活动，对于来到陌生环境的新人来说，这是给他们最好的支持和鼓励，让他们感受到环境带来的亲切与舒适，从而尽快适应新环境，调整心态，恢复正常的工作、生活；而对于旧人来说，这种活动也是给他们一种心理暗示，熟悉的环境中来了新人，我们要尽快接纳对方，并且包容对方。

对于现代人来说，环境的改变比过往来得都要猛烈和迅速，我们很多人已经习惯并且能做出及时的调整。要融入一个新环境，就要调整好自己的心态，这样才能更好地发挥自己的才能。

高处你是否能胜寒

现代社会科技、经济日益发达，高层建筑一栋栋拔地而起，在一些城市的经济核心区域，超高层建筑更是星罗棋布。对于寸金尺土的一线城市来说，要展示自己的财富、地位和身份，往往要在建筑物上与别人“竞比高”，除了奢华、时尚、高端的外立面，高度也能体现一栋建筑的价值。所以，每座城市实力的角逐，便成为建筑物高度的比拼，没有最高，只有更高。

一栋栋超高层建筑背后，是设计师、建筑工人历经艰辛的成果，尤其是建筑工人，他们克服恐高的心理，从地面不断往上爬，当中需要多大的勇气和恒心，我们无法想象。因此，高空作业被视为一项艰巨且危险的工作。人们常认为高空作业的职业危害主要是从高处坠落造成伤残、死亡。然而高空作业还会造成精神压力，由此带来的危害也不能忽视。

这是因为，人离地面愈高，愈易产生害怕坠落摔伤、摔死的紧张心理，尤其是当从高处向下看时，心情更加紧张甚至产生恐惧心理，此时更容易发生失误行为。

另外，人们处于紧张状态时，神经系统会发出信号，促使肾上腺素分泌量增加，使心跳加快、血管收缩、暂时性血压增高。当从高处回到地面后，紧张心情得到缓解，脉搏、血压才会逐渐恢复到原有水平。但如长期从事高空作业，尤其是二级以上的高空作业，所引起的精神紧张长期得不到缓解和消除，由紧张引起的血压升高也得不到恢复，因此这种行业的人群中，高血压发病率随工龄增长而明显增高。此外，长期精神紧张还会引起消化不良和身体免疫功能下降，患病毒性上呼吸道感染的机会增多，为对照人群的 3 ~ 5 倍。

长期居住在高层住宅的人们，会对心理造成一定的影响，进而影响到居住环境的整体质量。

一位心理医生指出，住在高层的宝宝更少到户外活动。如果孩子童年常隔着窗子在远处看着事情发生，久而久之就会建立一种强烈的非真实感——世界是遥远而不可接触的，导致他们长大后更愿旁观而不愿参与。他们更习惯以理性冷静的心态思考，但不擅长沟通和动手操作，甚至不愿承担责任，社会交往能力会比那些在低层生活、更多在户外活动的孩子要差。而住低层的孩子一旦发现外面发生什么新鲜事，会尽快跑出去，容易养成活泼好动、好参与的性格。

由于高层住宅的特性，不能很好地满足我们对于居住的心理渴求：住得更亲近自然、同时能方便地与人交往。尤其对于成长中的孩子来说，高层住宅确实存在一定的局限。现代社会，居住性的高层建筑已经成为社会发展的必然产物。恰恰就是城市发展和人们居住需求的影响，许多城市居民，往往只能选择高层住宅，城市孩子们也只能在高层住宅中成长。居住在高层住宅的人们，往往更为理智和独立，很多时候遇到问题他们首先要自己独立解决，久而久之，邻里之间容易产生距离和疏远，更甚者会出现孤独感。但我们也不必因此感到悲观，楼层高低并非决定孩子性格的唯一因素，也不一定导致我们成为孤僻的人，关键是给居住在高层的人们更多的户外活动机会去亲近自然和社会。例如经常参加各种户外活动，这对孩子的健康成长很有帮助。住在高层的孩子和家长最好能经常一同到户外活动，多接触大自然，这样不但可以促进邻里间的交往，也能够促进孩子间的交往。

就居住环境而言，人们希望能达到基本的目标：住得更舒适、更宽敞、更亲近自然、更有私密性、更自由，同时又能方便地与人交往。然而，改善居住条件的期望面临着来自社会大环境的制约，不可再生自然资源的日渐枯竭和大自然脆弱的平衡，使得解决居住问题特别是大城市的居住问题显得困难而复杂。由于日益增长的大城市人口和不可再生的土地资源短缺的矛盾，高层住宅得以应运而生，虽然在与大自然亲近、与邻里更好的交往方面存在一定缺憾，但在保持城市布局紧凑、城市发展需要上，却是理所当然的发展结果。许多一线大城市形成居住区人口高密度、建筑低密度，高层低密度的居住形态，例如香港和新加坡，而这些高层建筑居住区，极好地满足了现代人对于居住的需求，同时缓解了城市土地资源日益减少的问题。

生活在现代社会的我们，对于“高”的接受程度已经比过去要更为广阔，只是我们的心理是否也同样发展到可以适应这些高度？当我们工作、居住在高处的时候，请不要忘记接触大自然、不要忘记多与邻居交往，不要独自居高，否则就会“高处不胜寒”。

为何黑暗容易引起人内心的不安定感

记得这么一个具有情调的电影场景，男主角在黑暗的房间里把相片一张张冲晒出来，黑暗的房间里只有一盏红灯照明，刚冲晒好的照片被悬挂在绳子上，模糊地看到那是一对亲密情侣的合照。

除非专业的摄影工作者，这种黑房冲晒相片的情景已经少之又少，漆黑一片的黑房却给我们很深的印象。一般来说，人们对于黑暗的环境都会存在一定的抗拒，尤其是长期处于伸手不见五指的环境中。人们与生俱来的社会性注定了人天生就是害怕黑暗的群居动物。在早期的子宫生活中，婴儿在羊水中体验的是隐隐绰绰的感觉，有通过皮肤传进去的白色光线，有血管透光的暗红色，还合着心跳和血管的声音。如果在一个完全黑暗的场景下，人们可能连婴儿的情景都不如，很容易产生完全无助的感觉。比如一群人在一个狭促的电梯里遭遇停电，四周一片漆黑寂静，只能听见自己心跳的声音，虽然四周全是人，也好像到了世界末日一样。

长期生活在黑暗中，会导致人患上幽闭恐惧症。它是对封闭空间的一种极端恐惧并伴随的综合征。这被普遍地认为是广场恐惧症的反例，不过这样的论点是过分简化的结果：幽闭恐惧症患者会害怕待在群众当中，而这也是广场恐惧症的特征之一。所以在充满群众的宏大广场中，可能同时引发幽闭恐惧症和广场恐惧症。

理论上来说，每个人都可能患幽闭恐惧症，因为处于社会中的人的通性是一样的。不过后天环境的变化使大部分人患上该症的概率较低，但是一些长期工作、生活在黑暗幽闭的环境中，或是有在幽闭环境中死里逃生的经历的人就很有可能患上幽闭恐惧症。这些人包括：年龄偏小却被要求独睡的小孩、空难或地震后的幸存者、电梯故障的经历者、地铁司机、各种矿工、地下工程的建设者、火葬场员工等。

幽闭恐惧症不仅会在身心上残酷地折磨患者，还会因此导致一系列生产事故。患有幽闭恐惧症的地铁司机就会因为怕隧道随时可能坍塌，变得非常紧张，从而导致操作失误，酿成事故。矿工由于常年不见天日，不仅会导致视力下降，更会因为突发的瓦斯爆炸或透水事故导致幽闭恐惧症的发作，精神紧张，往往在救援人员到来之前由于体力不支而去世。

与黑暗相反，人们的生活更需要阳光。

阳光，更确切地说就是光线，可以抑制我们身体内部使人情绪低落的褪黑素的分泌，这让人们感到精神愉悦，更加富有激情，更愿意去表达自己的情感。对一个普通人来说，白天工作，晚上就寝，褪黑素就会在晚上分泌，大约清晨 3 ~ 4 时会出现一个高峰。当我们的眼睛处于光线充足的环境中时，便可以停止褪黑素产生约 30 分钟，从而精神饱满地展开一天的生活。

褪黑素有一个特别的作用，它调节着我们身体的生物钟。实验表明，每个人的身体机能事实上都是每 25 小时一循环的，褪黑素的分泌能帮助我们按一天 24 小时的时间长度，重新调整身体的节奏。这样的调整对我们身心都起着非常重要的作用，尤其是在恼怒、劳累、忧郁等情绪不安的情况下，或者长途旅行之后。

研究表明，对膝盖后部进行强烈的照射也可以改变我们身体机能的生物钟节奏。之所以选择这个部位，是因为这个部位很容易受到刺激，而同时被测试的人还不易察觉光线强度的变化。因此光线的作用是通过血液系统，而不是视觉系统发生的，它能够让身体机能发生变化，然后把新的信息传递给大脑。因此，哪怕是很简单的动作，仅仅是躺在沙滩上晒日光浴，光线也会对人身体的生物节奏产生重大的影响，同时影响人的精神状态。

就目前的研究来看，我们还不能解释为什么有些人会对光线的变化更为敏感。但我们已经知道的是有些人会因为冬季光线的减弱而罹患季节性抑郁症。当然这种情况下光线对精神状态的影响比对身体机能的影响还大。现在有些科学家已经开始做褪黑素与忧郁症的关系这类研究课题。一般情况，抑郁症患者体内褪黑素的分泌量要比正常人群少。所以有科学家设想，褪黑素可能会有抗抑郁症的效果。虽然目前学术界还没有就此得出最终结论，但如果褪黑素不能起到调节生物钟的功能，那生物钟节奏紊乱的状态必然会导致抑郁症。

另外，光线的强度也是非常重要的。强度越大，光线对身体机能的刺激效果就越明显。只有大强度的光线才能让我们身体内部的节奏更和谐，各个部位的运作更有效，比如在赤道地区。而在两极地区（冬季时，每天光照时间只有 2 ~ 3 小时），我们会发现与之相关的精神状态问题则比较突出。

为什么人在拥挤的环境中情绪容易爆发

对于生活在一线城市的上班族来说，最头痛也最抗拒的事情可能就上下班挤公车。这是一个锻炼人意志与毅力的绝好机会，也许我们当中绝大多数人都有过这样的经历，一早起来，精神抖擞出门，却被车站几十个同路人吓怕，当那辆熟悉的公交车缓缓驶向车站时，却绝望了，车上的人比在车站等候的还要多。

另一个我们经常遇到的拥挤场景就是密集的人流街市。对于商户来说，密集的人流确实利于销售，但对于消费者来说，过度拥挤的环境，只会减弱我们的消费欲，甚至连逛街的兴趣都没有，巴不得赶紧离开这个拥挤的环境。

对于拥挤的抗拒，我们易于理解，因为拥挤而产生的碰撞，导致我们情绪的爆发，这也是经常发生的事情。在拥挤的环境中，我们很容易发生小吵小闹，更甚者发生动手事件。如果我们撤换场景，当在一个舒适、宽敞的购物商城里，被陌生人不小心碰撞了一下，你会感到生气吗？除非当时心情不好，相信不会有谁会因此大动干戈。

这一切从"拥挤"说起，我们就会找到答案。当人口密度达到某种标准，个人空间的需要遭到相当长一段时间的阻碍时，就出现了拥挤感。影响我们是否产生拥挤感的因素包括个体的人格因素、人际关系、各种情境因素及个人过去的经验和容忍性，其中最主要的影响因素是密度，也就是单位空间里存在的人的多少。高密度对人造成的影响可分为直接效应和累积效应，即短期影响和长期影响。直接效应指由于高密度带来的即时负性情感体验，如焦虑；累积效应指高密度对健康的损害。

曾经有这么一个让人匪夷所思的故事：在车水马龙的旧金山，一天下班时间路上出现大堵车，堵的时间很长，突然有个人跳下车来，拿出手枪一路打过去，打死了 12 个无辜的司机。警方迅速抓获疑犯，事后经过调查发现，这个人从前没有任何暴力行为的记录。

这个人过去的行为良好，究竟是什么导致他犯下不可弥补的错？其实他只是工作压力过大，而拥挤的道路不仅使他无法压制内心的烦躁，反而加剧了这种烦躁，最终酿成惨剧。在高密度条件下的人血压偏高，儿茶酚胺含量升高，肾上腺分泌也提高，皮肤的导电系数也明显增加，从而致使个体行为的偏激。这个恰好能说明为什么在拥挤的环境中，我们更容易与别人产生矛盾，更上升至言语对骂或者肢体碰撞。

有趣的是，不同性别所导致的情况也有所不同。在高密度空间，男性体验到的消极情感比女性更强。女性在社会交往中有更高的合群动机，所以在近距离内有更大的亲和力，男性的竞争动机更强，因而和他人距离过近会产生威胁感。不难发现，发生对骂的往往是比较强壮的男子，他们传递出更多的攻击性，而女子，特别是长得娇小可人的，我们通常会比较容易安息内心的负面情绪，避免矛盾的发生。

导致男女有别的另一个原因，就是在高密度条件下人际吸引会降低，男性的反应比女性强烈。由于社会习俗和规范允许女性更接近他人，用以缓解心理压力，导致了高密度下女性较高的人际吸引和合作性；而男性如果这样，则被视为不合理，男性对高密度的负面评价较多。

无论是男性还是女性，我们都可以采取一些积极的心理暗示和行为避免由于拥挤而产生的负面情绪。例如，对于挤公车，提前给自己拥挤提示或警告，这样可以减少应激和其他不利影响。当身处动弹不得的环境中，我们要学会“分隔拥挤”，利用各种屏障或隔断减少人们相互接触和环境信息的输入，减少拥挤感。例如，在拥挤环境中，可以提供一个注意焦点，如视野开阔的窗户、壁画等，转移我们的视线，尽力减少与周围人眼睛的相互接触。值得庆幸的是，我们很容易在公车或者地铁车厢里发现电子屏幕，带来滚动播放的画面，哪怕这是我们平常不会关注的广告或无聊的节目，但在拥挤的车厢里，还是能为我们减轻拥挤引起的不安和焦虑。当然，我们也可以自己准备电子工具，听音乐、看电影，干自己喜欢的事情。

我们还可以通过肌肉放松、认知重建和想象来降低我们的焦虑。认知重建是通过引导被试注意情境中的积极方面，从而提高我们的积极情绪；想象是让被试按主试的指令想象一幅舒适的、田园式的画面，以转移注意力，最好的例子就是回想一下当天的工作、生活，不仅可以分散注意力，还能为接下来的工作做好准备。

家居色彩对人有何影响

色彩对人的精神和身体都有着潜在影响，无论在衣食住行各方面都能给我们正面或者负面的影响，尤其是在家居环境中，色彩对人的影响就更大了。正确选择恰当的色彩搭配，有助于身心健康的保持和正面调节，而错误的色彩选择，可能使不良情绪持续恶化。

在装修时，许多人都喜欢用一些带颜色的亮漆，屋子里摆放五颜六色的家具。但选择颜色时要跟自己的健康、个性及周围环境结合起来。对于在外面特别劳累，性格又外向、比较活跃的人，家里颜色对比不要太强烈，要柔和一些，这样能对身心起到帮助作用。儿童卧室的颜色最好不要太艳，避免影响他们的眼睛发育，而老人房间适宜选择浅色调，能提高睡眠质量。此外，一个房间内的颜色最好不要超过三种，以防对人的视觉神经造成刺激，引起兴奋和失眠。

色彩多种多样，对我们的影响存在着很大不同。颜色的秘密就在于它们在我们的生活、工作中，悄无声息影响着我们的情绪，所以，大概了解每种颜色的特点，能辅助我们营造更好的生活。

以深蓝色为主的家居色调，时间久了，家中会变得阴气沉沉，人们也会变得生性消极。紫色虽然是紫气满室香，可惜紫色中的红色部分，无形中会发出刺眼的色感，易使人有一种无奈的感觉。粉红色一般受到少女或者新婚夫妇的喜爱，尤其对于新婚夫妇，可以调节气氛，显得浪漫温馨。但是，过一段时间后，两人会产生莫名其妙的怒火，容易为芝麻小事发生争吵。其实，粉红色以及红色易使人心情暴躁，易发生口角。所以，我们对于家居颜色的选择，要慎用红色。至于黄色，如果多用，则会使室内的人心情闷忧，烦热不安，产生惊恐、忧虑的感觉，容易使人产生幻觉，神经病患者最忌此色。此外，我们特别需要注意，家中的绿色多，也是会使居家者意志渐渐消沉。事实上，绿色是指大自然之绿色，而非人为之调配绿色，所以，难免会造成室内死气沉沉，没有生气。

当然，色彩当中也有利于家居生活的颜色，如乳白色、象牙色、白色，这三种颜色与人之视觉神经最适合，因为太阳光是白色系列，代表光明。眼也需要光明来调和，而且家中白色系列最好配置家具，白色系列也代表希望。木材原色是最佳的色调，易使人产生亲近感，尤其是书房，应尽量用木材原色。总而言之，各种色调不可过多，以恰到好处为原则。

家居色彩不但能影响我们的日常作息，甚至还能影响我们的食欲。体重的变化取决于人的内心，而颜色是可以让内心发生变化的事物之一。餐桌上的食物也会因为其不同的颜色，或增加我们的食欲，或减少我们的食欲。其实，医学界很早就认为各种不同的颜色都有着各自不同的内涵，而且还将不同的颜色对身体器官所产生的影响按照阴阳五行的原理进行了研究和整理。不仅仅是食物的颜色，购买服饰和厨房用品的时候也可以选择适合自己的颜色。除此之外，这些也适用于很多方面。这样不仅能解决肥胖的问题，而且还有助于健康。

对于想增加食欲的人们，可以适当选择红色、粉红色及橙色，可以使用这些颜色的桌布或者装饰品。其中橙色的刺激程度要比红色更为强烈，它可能会让人感觉不到饱满，从而导致人们过量进食。肥胖人士要尽量避免接触这种颜色。另外，白色会给人一种洁净、新鲜的感觉，但白色的食物会让人感到咸味，而且在白色的背景下，食物的颜色也会反射成原色，从而进一步促进食欲。根据医书的记载，白色不仅会促进肺部的健康，而且大肠也会随之受益。

相反地，如果想减肥的人们，可以采用蓝色、绿色。蓝色一方面给人以欢快的感觉；另一方面又会让人感到苦涩，不仅能抑制食欲，而且还能让食物显得很难吃。如果你经常有过量进食的情况出现，那么不仅可以将厨房用品的颜色换成蓝色，而且最好将身边所有的用品都换成蓝色。它还能让那些性格散漫或者过度疲劳的人得到休息和安定，而且长期失眠的人如果将被子换成蓝色也会对其很有帮助。

绿色总能让人联想到新鲜的蔬菜和水果，一般会给人新鲜爽朗的感觉，但深绿色反倒会让人感到苦涩。如果你想减少食欲，那么最好使用深绿色。

大体上冷色调的颜色有防止肥胖的功效。其中温和感及清凉感参半的紫色更显神秘和独特，在让我们感到苦味的同时，还会让我们对食物感到厌烦，是一种有助于减肥的颜色。当面对紫色的碗碟和餐桌时，我们会慢慢地开始讨厌盛放在上面的食物。

黑色食物会给人苦涩、腐败的感觉，从而遏制人的食欲，有着让人无法正确地辨别食物味道的作用。黑色食物对肾脏功能衰竭或者经常浮肿、运动量大的人也很有帮助。因为过度的运动会伤及肾脏。

高温与焦虑挂钩

每到夏天，炎热的气候使我们变得烦躁不安，情绪不稳定爱发脾气。我们很容易感觉头脑不清晰，无法静下心来思考问题，记忆力差。每一年的高考生想必就深有体会，当知了还在歌唱的时候，他们默默对着书桌埋头苦读，豆粒大的汗滴从头流下，高温闷热的煎熬考验着他们。无论是孩子还是成年人，高温对我们身体的影响都是不可忽视的，更会直接影响我们的心理健康。尤其当气温超过 35℃、日照超过 12 小时、湿度高于 80% 时，气候条件对人体下丘脑的情绪调节中枢的影响明显增强，导致情绪和认知行为的紊乱。我们很多人会感到心烦气躁、思维紊乱，往往为一点儿小事便大动肝火，这就是“心理中暑”，又称“夏季情感障碍”。大量事实证明，气压、温度、湿度、日照、风以及大气电磁场等多种气象因素作用于人体后，都会影响人们的生理功能，引起情绪的变化。比如，气压越高，血液溶解氧气的能力越大；气压越低，人体内血红蛋白结合氧气的能力就越低；如果气压变化过大过快，超过了某个阈值，就会使人出现心跳加快、呼吸急促等缺氧症状。这种生理上的变化，又会引起情绪的紧张和烦躁。

研究表明，许多季节性疾病与天气气候的变化密切相关。一般来说，低温环境有利于形成较佳的心理状态，而高温或在温度回升时，人的精神状态则容易产生波动和异常。精神专家研究发现，当气温较高或有暖流入侵时，精神病人起床徘徊、无法入睡、叫喊骂人、摔打东西的情况显著增加，正常人也会有程度不同的情绪变化。主要是高温天气影响了人体下丘脑的情绪调节中枢，也会因为外界的强烈光线产生一种烦躁情绪。

天热人容易出汗，加上睡眠和食欲不好，使得体内电解质代谢产生障碍，因而影响大脑神经活动，令人发生情绪和行为方面的异常。世界卫生组织的一份资料表明，1982 年至 1983 年的“厄尔尼诺现象”，使得全球大约 10 万人患上了抑郁症，精神病的发病率上升了 8%，交通事故也至少增加了 5000 次。究其原因，是“厄尔尼诺”这种异常气象变化，引起全球范围的气候异常和天气灾难，超越了一部分人的心理承受能力，从而发生坐卧不安、精神迟钝等症状，意志薄弱者还会发出歇斯底里的哭叫声。

1996 年奥运会前夕，美国警方曾委派专家做过细致研究，发现亚特兰大的日犯罪事件总数，是随气温的升高而递增的。其中最热的六七月份，犯罪率最高，偏偏奥运会在这一时段举行。为了减轻人们的恐惧感，奥运会组委会的负责人一度谎称亚特兰大夏季气温不超过 30℃。

知道真相之后，也许我们会质疑奥运会组委会的做法，但对于稳定人心却起到正面的作用。高温并不一定直接导致犯罪，却能诱发犯罪。长期处于高温环境中，大约有 10% 的人会出现情绪、心境和行为异常，高温天气使我们火气大，容易因微不足道的小事与人闹意见，家庭矛盾增多，朋友间的争吵增加，陌生人之间的纠纷更易发生，这些均是犯罪的诱因，从而导致了犯罪率增加。研究结果表明，每年的 2 月份是犯罪率最低的，而随着温度的上升犯罪率开始上升，到 8 月达到最高峰。即温度每上升 2℃，犯罪率会提升一个百分点。其中，对女性的性侵害案件在夏季最多。

对于热带地区，或者夏季较长的城市来说，防止当地犯罪至关重要。当然，我们也不需要为此感到恐慌，现代社会科技为我们解决了很多高温带来的不便和困难，最为常见的就是室内制冷机器的兴起。每到炎热的夏天，一些大型商城总会热闹非凡，凉爽通风的室内就像秋天一样舒服，即使没有购物娱乐的需要，人们总是很乐意来到商城凉爽一番。除了机器的辅助，我们个人也可以通过调整日常作息和饮食来度过漫长的夏天。专家给我们的建议是：充足的睡眠、科学合理的饮食、做好防晒措施、合理饮水等；除此之外，我们还可以做一些自己喜欢的体育运动，尽量保持平静、乐观、豁达的心态。

对于心理的调节，我们还可以遵循环境心理学的原理，室内多应用冷色系，如乳白、淡蓝、浅绿等颜色，少用红色等暖色系，也会起到热中求静的心理作用；多做自我心理调节，心烦意乱的时候听听舒缓轻松的音乐，或者和外界多交流，与家人朋友多聊天，缓解心理压力。

一朝被蛇咬，十年怕井绳——自然灾害后的心理创伤

自然灾害由自然力引起，不受人类控制。自然灾害包括极端的天气，即冷、热、龙卷风、暴风雪、冰雹、暴风、季风等。地震和火山喷发、泥石流以及雪崩也都是自然灾害。灾难包括了很多因素，它们会引起受伤和死亡、巨大的财产损失及相当程度的混乱。一次灾难事件持续时间越长，受害者受到的威胁就越大，事件的影响也就越大。灾难会带给人们不同程度的心理影响，通常包括实质性的创伤和精神障碍。对于一般轻度的灾害，绝大多数的痛苦在灾后一两年内便消失，人们能够自我调整。部分重大灾难，往往能引起慢性精神障碍。而绝大多数灾难，都会扰乱组织、家庭以及个体生活。

人们在不幸经历灾难之后，其心理变化可分为三个时期。第一是麻痹期：灾害发生后数小时至数日间，应激反应强烈，处于麻痹状态。第二是人道期：灾害发生数日后到数周之后，由于救

援者众多，对受灾生活有一定的适应能力。在这一时期，有重建生活的积极姿态，助人行为显著，如帮助积极营救废墟下的幸存者等，所以这一时期是心理救援的最佳时期。第三是幻灭期：灾害发生数月后至一年余，新闻媒体关注度减弱，救援者及救援物资减少，灾民开始感受孤独、无奈、幻灭心中的阴影难以抹去。

一般来说，遭遇灾害而又能幸存下来的人们，往往会遭受不同程度的精神创伤，而精神创伤可以分为两种，一种是暂时性的，是一次性的冲击体验，症状几天至几周内可减轻或消失，康复的可能性大，称之为“应激障碍”；另一种则是慢性的，症状持续一个月甚至更长，称之为“精神创伤后综合征”，也就是地震等重大灾害发生之后，幸存下来的人们容易转化成抑郁症、焦虑症、妄想反应等心理疾患。重大灾难发生之后，约有25%的灾民会从暂时性应激状态转向精神创伤后综合征，人们会产生负面情绪，直接影响日常生活、工作，更甚者出现自残、自杀等极端行为。

因此，灾后对于灾民的心理辅导和救助成为至关重要的环节，这种措施要在灾后及时进行，并需要长期维持。灾后是进行心理救助的合适阶段，此时受害者已经脱离危险，但心理上受到了灾难的强烈冲击。灾难对人们心理的影响是普遍的，但程度因人而异，有的人通过自身的调整，很快恢复到健康的状态，而有的人却可能从此生活在过去的阴影下，需要得到心理上的救助。

采取积极的心理干预能有效辅助灾民的心理问题，如：开通专门的心理咨询热线电话，在报刊上开辟心理咨询专栏，请有关专家做客网站在线解答网民提出的问题等。另外，应充分重视社会力量在心理干预中日益重要的作用，号召民间团体与普通市民在自然灾害的救助过程中发挥自救互助的作用。在非典时期，很多政府部门成员、志愿者乃至普通民众同精神卫生工作者、心理卫生工作者一起纷纷参与危机干预的培训工作。事实表明，充分调动社会资源给予危机者关心和帮助，能大大地减轻危机反应的强度，帮助灾害受难者较顺利地渡过难关，战胜危机。

从另一个角度看来，灾后的重建，尤其是对于灾民的心理干预辅助能为他们带来正面的影响，也能为社会带来积极的影响，增加社会凝聚力。例如汶川大地震发生后，国内群众及海外同胞不约而同自发组织各种捐助、赈灾活动，社会各界得到极好的互动与凝聚，这种不分彼此、为灾区人民献爱心的精神，在当时得到了很好的传播，并且加强了国内外的社会团结氛围。

灾害是人们无法控制和干预的，我们只能通过有限的技术来预防或者预测灾害的发生，当灾害发生以后，应该采取及时、积极、长期的心理干预辅助，才能有效缓解灾害带给灾民的心理影响，并且这将会是一个漫长的过程。

威胁健康的“隐形杀手”——噪声

生活在城市的人们总会有很多机会遭受不同程度的噪声污染，例如车水马龙的道路上车辆发出的噪声、日夜赶工的工厂发出持续的机器运作噪声、修建建筑物、装修时发出的噪声，等等，这些噪声音量大，持续时间长，如果短期接触这些噪声，对我们的影响不会很大，需要十分钟的时间，很快就能恢复正常。相反地，如果长时间遭受这类噪声的影响，我们则会产生强烈的生理应激反应，如血压升高、心跳加快、感到紧张心情不愉快，影响了我们的正常工作和生活。例如在高速公路或在火车站附近居住的人，噪声会降低他们的听力，影响他们的阅读能力。

只要我们细心观察，便很容易发现，噪声很多并且长期存在噪声的地区，犯罪率会比其他地方高，这与噪声对我们的心理影响有着密不可分的关系。噪声不仅造成听觉的损伤、影响人的生理机能和心理健康、干扰操作行为，而且还影响到人们的社会关系，例如人际吸引、利他行为和攻击性。

利用测量人际距离的方法发现，当噪声的强度为 80dB（耳朵听力）时，使人们彼此感到舒服的距离增加。因此噪声使人们要求有更大的个人空间，在存在噪声的居住区，邻里间的交往会比噪声较少的居住区少，也就是噪声降低了人际吸引，人们交往的意欲大大减少。噪声也会增加唤醒水平，增强人们的攻击性，特别是对于具有攻击性倾向的人，当一个人被激怒或情绪不佳时，正好他又受到了高强度的噪声影响，那么则会直接增强他的攻击性，容易对周围的人、物进行攻击性行为，使人有犯罪的倾向。

噪声也会影响我们的利他行为，个体的助人行为在积极情绪状态下比在消极情绪状态下要多。在正常噪声、65dB 噪声和 85dB 噪声三种条件下，帮助捡起掉落书刊的百分比分别为 72%、67% 和 37%。其他一些研究也都得到了相同的结果，噪声使人的注意广度变窄，不能注意到旁人的需求，因此使助人行为减少。

我们往往对这种传统的、明显的噪声避而拒之，随着现代社会的发展，噪声却以另一种“低调”的方式，悄悄侵入到我们的工作、生活中，直接影响我们的健康。

曾几何时，“坐办公室”是多么让人羡慕的工作，风吹不到，雨淋不着，不需要为生计东奔西跑，只要安静坐在电脑前，就能完成当天的工作。可如今，那些曾让人羡慕的“坐办公室”的人却为此付出了健康的代价。一项调查显示，我国知识分子的平均寿命只有 58 岁，而同期我国国民期望寿命将近 75 岁。另一项数据显示，在北京，知识分子平均寿命从 10 年前的 58 ~ 59 岁降至 53 ~ 54 岁，比北京市民平均寿命 78.5 岁低了 20 多岁。由此不难看出，现代年轻上班族的健康状况十分堪忧。

在办公室里工作，有时却不明原因地感到头晕、心烦，注意力不集中。专家认为，出现这些情况往往与办公室噪声有关，现在办公室噪声已成为威胁上班族健康的“隐形杀手”。

办公室噪声主要来源于敲击键盘的声音、电脑主机、传真机、冷气暖气的送风声，此外还有室外交通、室内人员沟通交流等噪声。电脑较多、面积不大的办公场所噪声污染更重，一般的人在 40 分贝左右的声音下可以保持正常的反应和注意力，但在 50 分贝以上的声音环境中工作，时间长了就会出现听力下降、情绪烦躁，甚至会出现神经衰弱现象。

科学家对40名女职员进行了实验，一组被派到真正安静的办公室工作，一组被派到有一些办公室噪声的地方工作。3个小时后，研究人员采集她们的尿液进行分析，结果发现，那些在有低量噪声办公室里工作的人，尿液里包含了较高水平的肾上腺素，而肾上腺素正是一个人在承受压力时分泌的一种荷尔蒙。

也许对于不经常在办公室的人来说，这是难以相信的事实，但这却真实存在着。虽然办办公室里不存在传统意义上的“噪声”，也就是我们一般理解的高分贝、高频率的声音，但存在的低噪声却不可忽视。空调、电脑主机、传真机的嗡嗡声及键盘声等音量并不大，但多种声音组合起来对人体会产生没有规律的刺激，在有噪声办公室里工作的人，体内肾上腺素水平会升高，对心脏是一种刺激，情况较轻的会出现头晕、心烦、注意力不集中的，如果长时间遭受这种办公室的低噪声影响，一定程度会损害心脏的健康。

在条件允许的情况下，室内工作的人们在工作约一小时后，到户外进行休息、活动一下，或者可以选择带上耳机，听下轻音乐减少周围环境的影响，但要注意耳机的音量，不宜过高。

第二章
办公桌关系：为什么职场不能走直线

职场跷跷板互惠原则：互利互惠才能皆大欢喜

玩过跷跷板的朋友都知道，两个人分别坐在跷跷板的两端，你用力一压，对方就翘起来；对方再用力向下压，你就可以翘起来。如果游戏的双方都不肯向下压，那么游戏就不能继续下去。只有当双方都不停地轮流向下压，才能交替地享受游戏的乐趣。人与人之间的交往也是这样的。

会计师乔治认为“人不为己，天诛地灭”才是最实用的格言。他告诉自己，凡事一定要精打细算，绝对不能浪费任何资源，绝不放弃任何机会。他甚至还运用了一些不正当的手段打压自己的同事，以确保自己的地位。

果然，乔治获得了丰厚的收入，占尽了所有的好处，可是他却并不像之前那么快乐了，总觉得周围的人对他十分冷漠，这让他无法忍受，以至得了轻微的忧郁症。

一个朋友介绍他去看了一位心理治疗师，两个礼拜以后，乔治容光焕发，跟变了一个人似的。这中间发生了什么呢？原来治疗师在了解了他的情况后，给他开了一个最简单的药方：“每天去帮助一个人。”虽然乔治觉得莫名其妙，但还是照做了。在帮助人的过程中，乔治觉得：“真是太奇妙了！当我肯牺牲自己的时间、精力去服务他人后，反而会得到一种说不出的快乐。我觉得人生一下子又充满了希望！”

给予别人需要的东西，你也能得到更值得珍惜的东西。生活中任何事情都是相互的，懂得与人分享，才能在漫漫人生路上走得更远。而一个永远不吃亏、不愿让步的人，即便真得到了不少好处，也不会快乐。心理学家认为，互利互惠是人际交往的一个基本原则。一个人的力量总是有限的，最好能够相互合作，借助对方的力量，弥补自身的不足，以达到双赢的局面。

从前，有两个饥肠辘辘的人得到了一位长者的恩赐：一根鱼竿和一篓鱼。其中，一个人要了一篓鱼，另一个人要了一根鱼竿，于是他们分道扬镳了。

得到鱼的人原地就用干柴搭起篝火煮起了鱼，他狼吞虎咽，还没有品出鲜鱼的肉香，转瞬间，连鱼带汤就被他吃了个精光，不久，他便饿死在空空的鱼篓旁。另一个人则提着鱼竿继续忍饥挨饿，步步艰难地向海边走去，但是天高路远，因为一路上没有食物充饥，最终倒在了路上。

几年后，同样两个饥饿的人，他们同样也得到了长者恩赐的一根鱼竿和一篓鱼。只是他们并没有各奔东西，而是商定共同去找寻大海。他俩每次只煮一条鱼，在吃完最后一条鱼的时候，他们看到了蔚蓝色的大海，他们奔跑着来到了海边，用鱼竿钓起了他们的第一条鱼。从此，两人开始了捕鱼为生的日子，过上了幸福安康的生活。

从上面的例子中可知，面对困难，只有联合起来，互惠互利，才能战胜它。如今，早已不是单打独斗、显现个人英雄的时代了，只有懂得合作，才能实现双赢。

初涉职场的心理准备和角色转换

人的一生会处在不同的社会地位，从事不同的职业（或中心任务），这都需要人有相应的个人行为模式，即扮演不同的社会角色。社会角色就是个人在社会关系体系中处于特定的社会地位，并符合社会要求的一套个人行为模式。

心理学上的角色转换理论认为，在新旧角色的转换过程中，无论是由上级到下级、由领导到子女、由学生到老师、由主人到客人还是由学生到职员，都必然伴随着新旧角色的冲突和强烈的心理不适。

陈昊今年24岁，是北京某高校应届毕业生，毕业前找了一家外贸公司做销售。在学校时，他很少参加社会活动。上班第1天，在去往公司的公交车上，他坐在靠窗的一张椅子上。一会儿，已无空座的车里上来了母女2人，母亲30岁左右，小孩大约6岁。陈昊礼貌地让了座。那位母亲非常感激，连忙道谢："谢谢您了！"又对小孩说道："敏，快谢谢叔叔！"小孩望着陈昊说道："谢谢叔叔！"陈昊不由得发窘：自己才刚刚毕业，年纪轻轻的，怎么就成了"叔叔"了？以前人家都叫哥哥的。

下班后，老板请大家吃饭。在餐桌上，大家都热情地相互应酬，陈昊却有些发愣，他感觉自己的心理年龄真的有些小。

陈昊目前就面临一个尴尬的问题：无法适应强烈的角色冲突，对自己由学生变为职员有些发懵。这就需要调节了。其实，角色冲突是普遍存在的，但可以通过角色协调使得角色冲突尽可能地降至最低限度。协调新旧角色冲突的有效方法是角色学习，即通过观念培养和技能训练提高角色扮演能力，使角色得以成功转换。对于即将步入社会的广大大学生来说，实习就是一个很有效的手段。它不同于"勤工俭学"，它的直接目的不是获得报酬，而是大中专院校教学的一个重要环节，是学生步入职场的一个必要的过渡阶段。

实习可以为同学们提供了解和熟悉工作的机会。只有在实际工作中，他们才能知道工作到底是怎么一回事、自己更适合做什么、哪些知识是有用的、应该对自己的知识结构做哪些补充和调整、如何处理工作中的人际关系等，这将有助于他们更全面地认识自己和了解职业，并据此科学地设计自己的职业生涯。

实习是学生从课堂走向社会的第一步。借助实习，学生可以初步完成从理想到现实的心理转换和从学生到职员的角色转换。顺利的心理转换可以减轻学生初入职场将要经历的现实冲击，完整的角色转换能为他们将来尽快适应新的工作岗位打下良好的基础。

当然，实习只是一个手段，对广大的应届毕业生来说，更重要的是进行心理调整，在工作中尽快完成自己的角色转换。

初入职场走好第一步

对应届毕业生来说，从单纯的校园迈入复杂的职场，从象牙塔中的学子蜕变为一个职业人，许多人会因面临角色转换而彷徨不安、不知所措，尤其是不知道该如何面对新的职场生涯。心理学家认为，这是人由一个熟悉的环境进入一个陌生的环境时产生的正常心态，并非什么心理疾病，只要注意适度调节，这种不良的心理状态很快就会被改善的。另外，根据心理学上的理论，初入职场者在职业生涯开始的时候要注意以下 3 个方面：

首先，初入职场，要给人留下良好的第一印象。第一印象所产生的作用称之为首因效应，它主要包括对对方的长相、表情、姿态、身材、年龄、服装等方面的印象。这种印象虽然是初步的相互了解，但在对人的认知中却起着明显作用。如果上班伊始就给人留下不良的第一印象，就会很容易在别人心目中形成一种比较固定的看法，也是一种概括而笼统的看法，即所谓的“社会刻板印象”，从而影响自己以后的发展。

吴静是一家外贸公司的职员。在第一天上班的时候，她早上 6 点就起床了，挑选了衣柜里最贵、最正式的一套职业装，精神抖擞地出了门。

但是意外很快出现了，人力资源部经理把她领到她所在的外联部后，就没再答理过她，部门里也没有一个人抬头看她一眼。

最后，还是部门经理注意到了她，对她说：“饮水机的水要换了，你给送水公司打个电话吧！还有，麻烦你去帮大家交一下手机话费，最近大家都很忙，没工夫去交。你回来时再顺便在楼下的肯德基帮大家买一下午饭吧。”从办公室出来，她很失落，觉得自己像个可有可无的人。

吴静对于自己没有给同事留下好印象而产生自卑感，是不利于个人以后发展的。她应积极调整心态，表现得快乐活泼，努力给别人留下良好的印象。

有关专家指出，初入职场，只要做到下面4点，就能给同事留下良好的第一印象：一是主动交流，在同事心目中树立起容易沟通的印象；二是勤学好问，但不要太过频繁；三是衣着得体，拿不准该穿什么时，就和其他人保持一致；四是少说多听，对工作有充分了解后再发表看法。

其次，要保持积极主动的心态，学会自己解决工作中的问题。心理学认为，工作积极主动会给人一种积极向上的印象，并且可以感染身边的人，从而获得大多数人的认同。

李洋是某广告公司设计部职员。刚开始上班时，他就感觉到了对工作积极主动的重要性，所以经常向同事问一些问题，如：“文件在哪里？”“我们部门有多少人？”但是他发现，有些同事对他的态度特别冷淡，领导也总是说：“你自己琢磨琢磨……”后来他干脆少说话，多办事，领导让他做什么他就做什么，可这样似乎也没有得到领导的关爱。

专家指出，初入职场的人，做事缺乏主动肯定不会被领导青睐，但是过于好问也会惹人烦。企业和学校有很大的不同：在学校，老师的工作就是传道授业解惑，所以学生可以“缠住”老师不放；但是在公司，很多问题都需要在工作中边做边学。职场中，人们总讲究一个悟性，就是说，很多事都需要自己观察、自己体会，因为别人都有自己的工作，不可能总是充当你的老师。

最后，要尽快摒弃“恋旧”心理，保持平常心。

张鸿硕士研究生毕业后，成功地应聘了一家公司的经理助理职位。他很珍惜这个机会，对工作很有激情。但时间不长他就发现，他稍稍做出点成绩，大家就会用异样的态度对待他，甚至在背后对他指指戳戳。他现在很灰心，经常怀念在学校的时光，那时大家不会勾心斗角，也没有形形色色的眼神。

职场不同于学校，它是一个复杂的场所，在这里有着各种利害关系的冲突。你不行，易受气甚至被淘汰；你行，有可能遭嫉恨和排斥。这种现象很正常，关键是自己要保持一颗平常心，不为他人的喜怒而刻意改变自己。在困难面前，更不要产生各种类型的“恋旧”心理，使自己消沉。其实，要想在职场中自立，靠的不仅仅是知识能力，更要有良好的职场心理素质。在面对各种烦恼时，要能理智地分析作为一个新人应正视的问题。

学会做人

要想办好事情，首先就要学会如何做“好”人。“事在人为”十分明显，一来攀不好关系、结不成朋友，很多事情想办好就没有渠道，缺少条件；二来对于所做之事牵涉的人员，若不能把他们的利益考虑周全，破坏了“人情”，日后再做事就有你操心的了。清朝名臣李鸿章就非常注重做人的学问。

攻下无锡之后，李鸿章接下来的目标是进攻常州。这时，曾国荃写信给李鸿章说：“金陵官军，业经合围，城中接济已断，惊扰异常，惟洪逆据阵死守。似忠逆未必能进城，即进城未必能再出窜。”

当时，李鸿章正在无锡，与李鹤章、刘铭传商量进取的方略。西路侦探报告，守常州的陈坤书部下因为苏州、无锡接连失守，军心全无，都认为应该再接再厉地攻下常州。而李鸿章却认为应该“稳扎稳打，步步为营”。

其他人都当面提出了对这一方案的质疑。李鸿章只是搪塞。李鹤章亦不以老兄的见解为然，他私下向李鸿章探探底。

“二哥！”他问，“怎么一下子泄了气？”

“你看我是泄气吗？”

“当然不是。我想，其中总有道理吧？”

“你没有看曾老九的信？金陵是他囊中之物，生怕别人抢他的。”

"啊！"李鹤章恍然大悟，"曾九想独成大功？"

"他这个心愿，立了已非一日了！我们何必跟他去争功？"

"就是这样，亦不妨攻下常州再说。"

"你只知其一，不知其二。好功之心，人皆有之。取常州对我来说易如反掌，我不攻常州是有道理的。"

"这，我实在不明白了。"李鹤章问道。

"朝廷的意向，莫非你一无所知？当初江南、江北两大营为何而设，廷寄为什么一再催我进驻镇江？还不是为了早日克复金陵，剪除洪逆！常州一下，朝廷必有严旨，火速进兵，助曾九攻金陵。那么我怎么办？遵旨则伤感情，分了曾老九独得的大功，顾念私情，则势必违旨。"李鹤章又提出疑问："曾九自己觉得克金陵有把握其实是不愿意他人相救。照我看，攻克金陵不是一年半载的事，那么，我们攻克常州也得拖个一年半载吗？只怕拖不过去吧！"

"常州只能先打算拖两三个月，到时候再看情形。"

"何谓到时候再看情形？"

"不可操之过急。第一，保苏州必以经营浙西为名，在嘉善、嘉兴方面用兵，反正是在打仗，只要能胜，朝廷亦不见得非要我改弦易辙，去攻常州不可。"

李鹤章深深点头："曾老师为了维护他老弟，一定会从中斡旋。"

"正是如此，"李鸿章说，"老师内心也彷徨得很，为公，应该添兵到金陵助攻；为私，又不肯出此。将来总是要看曾九的意思而定。"

李鹤章问："第二个步骤呢？"

"第二，等浙西方面有了结果，那时以休养整补为名，又可以拖一段时间，然后，并力再攻常州。"

"常州一下，如果曾九在金陵还是不顺手呢？"

"攻下常州，自然还要休养整补。到那时候，我就可以不管了。"

"不管什么？"

"不管曾老九的意思了。听命而行。"

李鹤章点头："我们已经仁至义尽，他若再拖不过去，也不能怪我们了。"

"正是这个道理，"李鸿章说，"夹在两派之间，我们应该见机行事。"

所以，在职场中，员工即便做不了领导，也应该多向领导学学做人的道理，处处留心他们为人处世的学问，对员工来说将终生受益。

忠于自己的职业——学会敬业

《圈子圈套》中有这样一段场景：

洪钧从ICE出来之后，并没有想过要完全离开IT销售行业。他知道在北京有名号的公司也就那么几家，看了看每一个公司的人员情况，很明显维尔西是他的理想去处。后来在新加坡遇见维尔西的亚洲区负责人科克的时候，科克问他："你为什么要来维尔西？"

"因为我没有别的去处。"洪钧如实回答。

在维尔西，洪钧做得很好，业绩突出，团队也很有干劲，当然得到了上面的嘉奖。加上维尔西中国区的杰森办事不力，在管理上也没有什么业绩可言，最后，洪钧取而代之。

另外一边，俞威则是在走着下坡路。当初向赵平凡拍着胸脯保证一定可以把他们科曼的软件用到传统的服务器上面，但是很快这个谎言就被现实戳穿了。

"不行不行，根本没用。我问你的工程师了，他说他从来没在Windows的服务器上装过你们的软件，都是在UNIX的机器上装的。他照着你们内部的操作指南装，装是装上了，可出了问题他也不知道能有什么办法。"

赵平凡在兴师问罪的电话里面压住火气说。

"版本不一样，他可能没什么经验。这样吧，我把你们的情况向亚太区和总部说一下，争取让他们派个有经验的过来。"俞威坚持忽悠着。

“那要等到什么时候？！陈总可都生气了，连徐董事长都知道了，问了陈总好几次，陈总要求你们务必马上解决！老俞，当初可是你拍着胸脯告诉我，说你们的软件装在我们这些服务器上肯定没问题，你当初说这话的时候讲没讲科学？还是你瞎说的？”

“老赵，我是这么建议啊，你们出国，也不要太铺张了，只把几个老板安排得好些，下面那帮家伙能去趟美国已经知足了，条件差些都能忍了，就能省下些钱，买几台UNIX的服务器，先别买太好的，配置不用太大，够用就行。反正刚开始的时候软件也不会真正用起来，等将来真要用了，再申请预算换大机器。”说完了，俞威都被自己感动了，他现在已经要去ICE了，还管科曼的客户干吗？果然后来俞威也玩腻了，直接摊牌：“老赵，事到如今，我也尽力了，你们少付款，甚至不付款，都不关我的事了。陈总是和香港的托尼签的合同，你请陈总直接找托尼吧。我这边已经要开会了，咱们再联系吧。”

洪钧人走了，但ICE没有他留下来的烂摊子。

敬业就是敬重自己的工作，要有忠于职守、尽职尽责、认真负责、一丝不苟等基本的职业道德。但在现今社会，跳槽和裁员的情况总是频频发生，“忠诚”这个词已经很难再去盲目地相信了。有人认为真正意义上对公司的忠诚已经不存在了。企业合并、转型、战略调整等都有可能导致裁员。员工现在能够做到的，只能是对自己所从事的职业保持忠诚。

企业不能和职业相提并论，因为对员工来说，企业是一个临时的战场，但职业却是终生的事业。不管你在哪一个公司上班，都是在做这份职业，所以要忠于这个职业。从这个角度来讲，敬业应该是敬“职业”而不是敬“企业”。

弃智绝俗的张良——大智若愚

俗话说，真人不露相，露相非真人，善于隐藏智慧往往是智者的第一选择。才能出众、四处张扬之人并不是真正的智慧之人，有智慧的人往往不显山、不露水，能在纷繁的斗争中把握住进退之道。

西汉的张良是汉高祖刘邦的谋士，他智慧过人，屡出奇计，为西汉的建立立下了不朽的功劳。公元前 201 年刘邦大封功臣时称他“运筹帷幄之中，决胜千里之外，这是子房的功劳”，请他自选齐地三万户，作为封邑。张良推辞不受，最后被封为留侯。

张良的谦逊，很多人颇为不解。刘邦的另一位谋士陈平就曾问张良说：“先生功高盖世，荣宠受之无愧，又何必拒绝呢？我们追随皇上，出生入死，今有幸得偿所愿，先生不该轻言舍弃。”陈平见张良一笑不答，又说：“先生足智多谋，非常人所能测度，莫非先生别有筹划？”

张良敛笑正容，口道：“我家几世辅佐韩国，秦灭韩时，我幸存其身，得报大仇，我愿足矣。我凭三寸不烂之舌，做了帝王的辅佐，贵为列侯，我还有什么悔憾呢？我只求追随仙人遨游四方了。”

张良从此闭门不出，在家潜心修炼神仙之术。跟随张良多年的心腹一次忍不住问张良说：“富贵荣华，这是人人都不愿放弃的，大人何以功成之时，一概不求呢？大人也曾是义气中人，这样销声匿迹，岂不太可惜了吗？请大人三思。”张良随口一叹说：“正因如此，我才有如此抉择啊。”

张良的心腹闻言一怔，茫然不语。张良低声说：“我年轻时，散尽家财，行刺秦王，追随沛公，唯恐义不倾尽，智有所穷，方有今日的虚名。时下大局已定，天下太平，谋略当是无用之物了，我还能彰显其能吗？谋有其时，智有其废，进退应时，方为智者啊。”张良和外人从不袒露心声，好友探望他，他从不议论时事。一次，群臣因刘邦要废掉太子刘盈之事找他相商，他枯坐良久，最后只轻声说：“皇上有此意愿，定有其道理，做臣子的怎能妄加评议呢？我对太子素来敬重，只恨我人微言轻，不能帮太子进言了。”

群臣苦劝，张良只是婉拒。群臣悻悻而去。张良的心腹对张良说：“大人一口回绝，群臣皆有怨色，再说废立太子乃天下大事，大人怎忍置身事外，不闻不问呢？”

张良怅然道：“皇上性情，我是深知的。此事千头万绪，关系甚大，纵使我有心插手，只怕也会惹来一身的麻烦。群臣怪我事小，皇上忌怪于我事大，我又能怎么样呢？”

吕后派吕泽去强求张良，软硬兼施之下，张良无奈给他出了主意，让吕后请出商山四皓辅佐太子。刘邦一直崇敬这四个人，待见他们出山相助太子，大惊失色，自知太子羽翼已成，不得不放弃了废太子的念头。

吕后派人向张良致谢，张良却回绝说：“这都是皇后的高见，与我何干呢？请转奏皇后，此事千万不要再提起了。”吕后听了使者回报，感叹良久。她对自己的妹妹说：“张良不居功是小，弃智绝俗才是大啊。我先前只知道他智谋超群，今日才知他是深不可测，非我等可以窥伺得了的。”

刘邦死后，吕后专权。张良对世事的变故一概不问，求见他的大臣他也一律不见。吕后见他潜心研学道家养生之术，便不以他为患，反而对他愈生钦敬。她派人对张良说：“人的一生，十分短暂，应该及时享乐。听闻你为炼仙术，竟致绝食，何须如此？切不要自寻烦恼了。”在吕后的一再催促下，张良这才勉强用饭。吕后对其他的大臣或杀或贬，却独对张良关爱有加。

一个人的智慧越高却不能为君主所用，他面临的危险就越大。最好的办法就是大智若愚、弃智绝俗，最大限度地隐藏自己的智慧，这样就可以避免君王的猜忌，最大限度地保全自己。

这一点也是职场中人应该注意的，千万不能一心只求进步而忽略了别人的看法。那么，我们应该怎么做呢？方法很简单，大智若愚、明哲保身，在保全自己，不得罪别人的前提下努力进取，才有可能获得成功。否则，自己就会容易遭人猜忌，到头来可能连工作的机会也会失去。

三选二怎么选——团结意识

一家公司招聘员工，最后要从三位应聘人员中选出两个。他们给出的题目是这样的：假如你们三个人一起去沙漠探险，在返回的途中，车子抛锚了。这时，你们只能选择四样东西随身带着。你会选什么？这些东西分别是：镜子、刀、帐篷、水、火柴、绳子、指南针。其中帐篷只能住两个人，只有一瓶矿泉水。

甲男选的是：刀、帐篷、水、火柴。面试经理问他，为什么你第一个就要选刀？甲男说："害人之心不可有，防人之心不可无。这帐篷只够两个人睡，水只有一瓶，万一有人为了争夺生存机会想害我呢？所以，我把刀拿到手，也就等于把主动权抓到了手中。"

乙女和丙男选的四样物品为：水、帐篷、火柴、绳子。乙女解释说："水是必需品，虽然只够两个人喝，但可以省着点，相信也能够使三个人一起坚持到最后；帐篷虽然只能容纳两个人睡，但是可以三个人轮换着来休息；火柴也是路上必不可少的；而绳子可以用来把三个人绑在一起，这样在风沙很大、目不见物的时候，队伍就不会散了。"丙男给出的解释与乙女相同。最后，甲男被淘汰出局。

有位心理学家曾经做过一项十分有意思的实验。他让某一个人分别扮演专制型、放任型与民主型等三种不同角色的领导者，而后调查其他人对这三类领导者的观感。结果发现，采用民主型方式的领导者，他们的团结意识最为强烈。同时研究结果也指出，这些人当中使用"我们"这个名词的次数也最多。

事实上，我们在听演讲时，对方说"我认为……"带给我们的感受，将远不如他采用"我们……"的说法，因为采用"我们"这种说法，可以让人产生团结意识。小孩在做游戏时，常会说"我的""我要"等语，这是自我意识强烈的表现，在小孩子的世界里或许无关紧要，但若长大成人以后仍然如此，就会给人自我意识太强的坏印象，人际关系也会因此受到影响。

人的心理是很奇妙的，同样的事往往会因说话的态度不同，而给人完全不同的感觉。因此善用“我们”来制造彼此间的共同意识，对促进我们的人际关系将会有很大的帮助。“我没有做什么，同事们和我一样战斗在工作第一线，尤其领导更是起了带头作用，为我们做出了榜样。所以今天大家给我的荣誉，我觉得功劳不能归于一人，功劳是大家的。”在一些表彰会上，经常可以听到这样的语言。把“我”说成“我们”，一来显得自己谦虚，二来让领导和同事们听着都很舒服。

中国人有内敛的普遍个性。这种内敛个性成为了我们基本价值判断的一部分。如果一个人过分强调自己，什么事都抢着去干，或者什么功劳都揽到自己头上，什么过错都推给别人，那这个人很可能就要倒霉了，除非你是团队中的头号人物。可是作为职场新人的你一开始根本达不到这样的高度，所以即使你干了很多，苦劳都是你的，也要把功劳分给大家。不要感觉很不公平，生活在这样的人际生态中，这也是一种必须。当你把功劳和大家分享了，你在别人心中的地位就会逐渐提高，时间长了，你会在这些人中间逐渐站稳，并逐渐攀升。

马丁的遭遇——学会忍耐

工作中有怨言，学会忍耐、化解，如果将怨言散播出去，就会影响前途。

马丁大学毕业后被某公司聘用了。他对人诚恳、办事踏实，同事们似乎都很喜欢他，上司对他也十分欣赏。

然而，有一次，马丁由于工作上的失误，被上司狗血淋头地臭骂了一顿，心里很不痛快。下班之后，他就把自己对上司的不满和自己发现上司跟下属女职员有暧昧关系之事都向同事说了。本来平时他从不私下议论上司的，可是这次由于挨骂，便忍不住发泄心中的愤恨。

过了几天之后，上司把他叫到办公室，说他造谣生事，影响公司团结等，说公司的池子小留不住他这条大鱼，要他递交辞职报告，并点明他攻击上司，指责上司私生活一事。他才知道不知道哪位同事出卖了自己，背地里给上司打小报告。他非常气愤，但也无可奈何，只好辞职走人。

马丁被骂后不懂得忍耐，而是选择把怨言散播出去，因此失去了上司的信任，这给我们的启示非常深刻。在办公室生存，没有一帆风顺的。既有风暴，又有暗礁；有高山，也有平川。作为新人的我们随时会面临打击和失意，有时候伤害不期而至，防不胜防。我们不能因此而一蹶不振，丧失斗志，要吃一堑，长一智，在失败中学到经验，磨炼自己。

身在职场，私下议论公司或上司的是非是办公室大忌。往往很多人由于口不择言而使别人有了攻击你的把柄。有的人就是喜欢打小报告，因此成为上司的"心腹"，对这种小人行径尤其要当心。而且，当我们挨骂，受到上级批评时，还需要表现出诚恳的态度。上级最恼火的，就是他的话被你当成了"耳旁风"。而如果你对批评置若罔闻，我行我素，这种效果也许比当面顶撞更糟。因为，你的眼里没有领导。所以，作为新人的你要科学地面对批评，坦诚地面对指责。千万不要表现出你的不服气，那样只会产生负效应，足以拉大你和领导的感情距离，使关系恶化。如果让领导误认为你"批评不起""批评不得"的话，领导就会进一步认为你"用不起""提拔不得"。

此外，为了使上司尽快息怒，在聆听训导时，要表现出心怀悔意、面露愧色的样子。不要显示出一副垂头丧气的表情，更不能与上司嘻嘻哈哈态度不严肃，使上司对你产生一种不好的印象。要以坦率诚恳的语言向上司承认错误、赔礼道歉，并表示尽快改正错误，争取最大努力地弥补损失。

勇于接受上司的批评，是有益而无害的。脸皮厚点不吃亏，更不会受到伤害。关键在于对训斥的原因要认真进行反思，尽快改正错误，使自己不断进步，在"挨骂"中成长。

龚遂与韩信的不同命运——不争风头

龚遂是汉宣帝时代一名贤良能干的官吏。当时渤海一带灾害连年，百姓不堪忍受饥饿，纷纷聚众造反，当地官员镇压无效，束手无策，宣帝派龚遂去任渤海太守。龚遂赴任后，安抚百姓，与民休息，鼓励农民垦田种桑，规定农家每口种一株榆树、一百棵茭白、五十棵葱、一畦韭菜，养两口母猪、五只鸡。对于那些心存戒备、依然带剑的人，他劝说道："干吗不把剑卖了去买头牛？"经过几年治理，渤海一带社会安定，百姓安居乐业，温饱有余，龚遂名声大振。

于是，汉宣帝召他还朝。他有一个属吏王先生，请求随他一同去长安，说："我对你会有好处的。"其他属吏却不同意，说："这个人，一天到晚喝得醉醺醺的，又好说大话，还是别带他去为好！"龚遂说："他想去就让他去吧！"到了长安后，这位王先生还是终日沉溺在醉乡之中，也不见龚遂。可有一天，当他听说皇帝要召见龚遂时，便对看门人说："去将我的主人叫到我的住处来，我有话要对他说！"一副醉汉狂徒的嘴脸。龚遂也不计较，还真来了。王先生问："天子如果问大人如何治理渤海，大人当如何回答？"

龚遂说："我就说任用贤才，使人各尽其能，严格执法，赏罚分明。"王先生连连摆头道："不好，不好！这么说岂不是自夸其功吗？请大人这么回答：'这不是小臣的功劳，而是天子的神灵威武所感化！'"龚遂接受了他的建议，按他的话回答了汉宣帝，宣帝果然十分高兴，便将龚遂留在身边，任以显要而又轻闲的官职。

同样是臣子，而韩信不是这样。刘邦曾经问韩信："你看我能带多少兵？"韩信说："陛下带兵最多也不能超过十万。"刘邦又问："那么你呢？"韩信说："我是多多益善。"这样的回答，刘邦怎能不耿耿于怀！韩信又怎会有好下场呢？

喜好虚荣，爱听奉承话，这是人类天性的弱点，作为一个万人瞩目的帝王更是如此。有功归上，正是迎合这一点，因此是讨好君上、固宠求荣屡试不爽的法宝。而在职场里，我们的领导也是这样的人。再者，每个人都有不安全感，当你在别人面前展现自己、显露才华时常常会激起各式各样的怨恨和忌妒。因此，对于那些居你之上的领导，更应该采取不同的应对方式。如果想要获得成功和领导的赏识，抢夺其风头或许是最严重的错误。因此，永远让位居你之上的人觉得他们比你优越。如果你渴望取悦他们、令他们印象深刻，不要过分展现你的才华，否则，有可能达到相反的效果——激起他们的畏惧和不安。

己不如人是一件令人恼恨的事情，一旦超过老板，就可能引起他们对你的怨恨，这对你是十分不利的。不要总是自以为是，那样只能为你带来更多的麻烦，招惹老板对自己有什么好处呢？让领导在一切重大的事情上做决定吧，除非领导把这种权力赋予了你。

同时，自以为优越总是让人厌烦的，因此，对寻常的优点可以小心加以掩盖，例如，相貌长得太好就不要过分显露和招摇。大多数人对于运气、性格和气质方面被超过并不太在意，但却没有谁喜欢在智力上被人超过，领导尤其如此。当领导的总是要显示出在一切重大的事情上都比他人高明，所以作为下属的我们千万不要跟领导争风头，否则不受领导待见，倒霉的还是自己。

为什么同人不同命——多请教

李亮和陆云是同一所名牌大学的毕业生，他们的成绩都很优秀。两人分配到同一家单位。一年以后，陆云被提升为部门主管，李亮则被调到公司下属的一家机构，职位没有实权，地位明升暗降。为什么呢？

他们分配到该单位后，领导各交给他们一件工作，并交代他们可以全权处理。李亮接到任务后，做了精心的准备，方案也设计得十分到位。他一心投入工作，全然不记得要向领导请示一下。领导是开明的，既然说过让他全权处理，自然也不干涉，但也没有和下面人交代什么。等到李亮把自己的计划付之于实践时，各部门人员见他是新来的，免不了有些怠慢，李亮心直口快，与一个人顶了起来。这可惹了麻烦，因为这人正是公司总经理的亲信。后果可想而知，他的工作处处受阻，最后计划中途“流产”。

陆云接到任务后，经过周密分析调查，提出了若干方案给领导看，又向领导逐条分析利弊，最后向领导请教用哪个方案。这时，领导对他的分析已经信服了，当然采取了他所推荐的那个方案。这时他又问领导如何具体实施，领导说：“你自己放手干吧，年轻人比我们有干劲。”陆云连忙说：“我刚来，一切都不熟悉，还得多听领导的意见。”因为陆云的态度谦恭，意见又到位，领导很满意，当即给几个部门的主管打电话，让他们大力协助陆云的工作。因为有了领导的交代，陆云在实施自己的方案时又时时注意与各部门人员的协调，所以他的工作完成得又快又好。

孔子教导我们要“不耻下问”，但“上问”也是必不可少的。领导也许学历不如你，某些方面的能力也不强，但是他能成为领导自然有他的长处，多向他请教不但能提高自己的能力，有助于做好工作，还能给领导留下良好的印象。

很多刚入职场的年轻人因为害羞而不敢向领导请教，或者因为自傲而不愿向领导请教，又或者害怕向领导请教会显得自己没水平……其实大可不必顾虑这些。多思勤问的人总会得到领导的重视的：一是，你的提问显出你对工作的热情和思考；二是，你的提问显出你的谦虚和诚恳。这样的人谁会不喜欢？

你是不是常常向上司询问有关工作的事？或者是自己的问题，有没有跟上司一起商量呢？如果没有，从今天起，你就应该做出改变，尽量地发问。有心的上司都很希望他的部下来询问，这表示他在工作上有了不明之处，而上司予以回答，就能减少错误。如果假装什么都懂，一切事都不问，上司会觉得“这个人恐怕不是真懂”，会对你的能力表示怀疑。

第三章

决策影响：为什么两个头脑不如一个头脑

华南虎照片引发的骚动——眼见不为实

俗话说“眼见为实”，只有亲眼看到的，自己才相信。现代社会，科技发达，在我们仍然深信“眼见为实”的时候，身边却已经冒出许多造假的设备，把虚构变为真实，误导我们的思考，甚至是决定。

2007年10月12日，陕西省林业厅像展示宝贝一样发布了一组照片——在文彩村神洲湾拍摄到的野生华南虎，这组照片由陕西省华南虎调查队的向导周正龙拍摄到，据说还是四十三年来，陕西省秦巴山区发现华南虎的首次记录。

在这次照片发布会上，目击拍摄者、专家、研究人员脸上无不洋溢着激动的笑容。这组照片的珍贵，在于它不仅有力地证明野生华南虎在中国境内没有灭绝，更说明当地极可能存有一个野生华南虎的繁殖小种群。

事件一公布就引起社会各界热烈关注，其中不乏一片喝倒彩和质疑的声音。一位网友发帖称：“老虎是假的。我今天仔细看我家的一幅挂在墙上的老虎画，除了耳朵不一样，哪里都是一样的，连老虎的纹路都是一样的。”帖子还附上照片。帖子很快引起了其他网友的支持和欢呼，各路高手更是立即将年画老虎与“周老虎”进行了比对，得出了是同一只老虎的结论。打虎阵营一片欢呼。

国家林业局就该事件进行了介入，并且要求陕西省林业厅委托国家专业鉴定机构对周正龙所拍摄的华南虎照片等原始材料依法进行鉴定，并如实公布鉴定结果。

2008年2月4日，陕西省林业厅就鉴定结果向公众发布了《陕西省林业厅向社会公众的致歉信》，承认照片是伪造并对公众发出致歉和检讨。

对于许多普通民众来说，无法判断华南虎物种，更没有专业知识评估这组华南虎照片的真伪，当陕西省林业厅这个权威的政府部门公布这组照片后，相信我们很多人都会轻易相信，因为政府的权威、专业，还有那一组真实得似乎无可挑剔的照片。最后的结果让我们都愕然，当地林业厅的草率处事让我们不得不质疑政府的权威，这件事欺骗了民众的感情，我们不得不开始质疑眼见为实的说法。

有时候看到的，未必真实，在我们没完全知道真相的前提下，我们仍首先相信自己双眼看到的。当谜底没被揭开前，我们为一幕幕神奇的魔术表演叹为观止，空间穿越、从无变成有、从一个变成多个等变化确切发生在眼前，我们不得不相信发生的这一切。当我们知道这些魔术背后的秘诀，不禁赞叹魔术师高超的技术活，还会唏嘘原来看到的并不一定是真实的。有些时候，我们主观意识会绝对性地受到视觉影响，当我们看到自己的爱人与另一个陌生异性有一番亲密举动的时候，醋坛翻滚，任由对方怎样解释都不能接受，因为我们总是相信自己的双眼，认定对方出轨的行为。

我们都见过日落，而事实上，我们都知道太阳是不会“落”的，是地球本身的转动使我们的视角发生了变化，使太阳在地平线上逐渐从视野中消失。就像人在经验中获得的大多数概念一样，我们所见到的“日落”是对于一个外部事件的知觉重组。知觉本身包含着感知者的需要、期望、价值观和信念等主观成分，因此，“眼见为实”未必靠得住。

在一个典型的案例中，一位警官做证说，他看见被告在门廊处向受害者开枪，当时他与被告和受害者之间的距离约40米远。心理学家的实际测量结果显示，在这一距离条件下，门廊上昏暗的灯光比一支蜡烛的光亮还要弱，目击者根本不可能看清谁是谁。现在，心理学研究的结果正在逐步使律师、法官和警官们相信，目击者的证言难免会有错误。

在法庭上，目击者的证言对于证明被告有罪或无罪是很重要的。当目击者说“这是我亲眼所见”时，会对审判者有很大的影响。但是，目击者的证言经常是错的，而审判者则会被那些自信的证人和“肯定性”的证言所误导。事实上，不少案件就是因为目击者的错误而被冤判的。

“眼见为实”这种说法在直觉上是成立的，对于我们肉眼能观察到的事物而言是对的。但是，对于超出人们所熟悉的认知范围和科技局限的事物，人最容易犯的毛病就是自以为是，有很多时候总觉得自己眼睛看到的或自己熟悉的东西才是真的，其实这是十分错误的。因为我们的眼睛所能感知的东西和我们所掌握的知识都是很有限的，不一定是客观的和全面的，而且许多时候的认识和观点都是错的，所以，有时候“眼见不一定为实”。

加碘盐的谣传——为什么三人成虎

俗话说“无风不起浪”，我们很多人都坚信一个道理：当有人开始散布一些荒诞的事情，事情被传播开，渐渐地，这句话就成了真理。经过一番以讹传讹，最终一发不可收拾。甚至有人连最基本的常识都搞不清楚，也不去做任何的调查，直接开始恐慌，于是本来就是无中生有的事情，变得跟真的一样，最终连捏造了这些事情的人都被自己的谎言说服了。

一场地震引发日本福岛核电站核泄漏，不仅为日本带来严重的灾难，竟还引发中国抢购加碘盐的热潮，一轮又一轮关于加碘盐能防止核辐射、国内加碘盐紧缺的谣传在网络上、媒体中不断传播。刚开始民众只是随便关注事件发展，后来发现周围的人都在说这个事情，甚至还去超市抢购食盐，其他人再也按捺不住，纷纷到各大超市、市场抢购食盐。市场加碘盐价格一度被哄抬，从几元上涨至十几元。许多民众深信，加碘盐能防止核辐射，有些竟然认为如果不去“囤货”，食盐将会被抢购一空，国家再也没有食盐供应。

就这件事情，我们似乎无法找到一个发布这个谣言的始作俑者，却感受到一股无形的力量在推动这场谣传的发生，这就是三人成虎的力量。当一个谎言被告知第一次，不会有人相信，当这个谎言被传播数百次，甚至更多，那么就会变成真理，人们再也不会怀疑当初这个谎言了。

促使三人成虎的发生是人们的从众心理，即人们改变自己的观念或行为，使之与群体的标准相一致的一种倾向性。也许有人会质疑，我是个意志坚强的人，不会随便改变自己的观念。但是，当大家众口一辞地反对你时，你还能坚持自己的意见？

社会心理学家所罗门·阿希做过一个比较线条长短的实验。在实验中，有 1 个真的来做实验的大学生，还有 6 个研究者参与实验（大学生并不知道这些人是研究者），大学生总是最后一个发表意见。当线条呈现出来后，大家都做出了一致的反应。之后呈现第二组线条，6 个研究者给出了完全错误的答案（即故意把长的线条说成是短的）。这时，最后一个发言的大学生就十分迷惑，并且怀疑自己的眼睛或其他地方出了问题，虽然他的视力良好。他还是说出了明知是错误的答案。

实验现场形成了与大学生明显对立的意见，基于群体压力的影响，他说出了明知是错误的答案。人们做出从众的事情，一是为了做正确的事情，二是为了被喜欢、肯定。人类是群体性动物，正常情况下，我们都趋向融入群体，避免标新立异，很多时候，为了不被群体排斥，会做出非理性的行为。

在什么条件下人们会从众？一是当群体的人数在一定范围内增多时，人越多人们越容易做出从众行为。“三人成虎”，说的就是这种情况。不过当群体的人数超过 4 人时，从众行为就不会显著增加了。二是群体一致性。当群体中的人们意见一致时，人们的从众行为最多。即使是有一个人的意见不一致时，也不会影响从众行为的发生。三是群体成员的权威性。如果所在的群体里都是著名的教授，那么即使他们说出了明显错误的事情，自己也会好好思考一下；如果所在的群体里是普通人，当他们说出明显是错误的事情时，自己肯定会立刻反驳。四是个人的自我卷入水平。没有预先表达即自我卷入水平最低；事先在纸上写下自己的想法，之后再表达——自我卷入水平中等；公开表达自己的想法表示自我卷入水平高。实验证明，个人的自我卷入水平越高，越拒绝从众。简单说来，从众即是对少数服从多数的最好解释。

面对各种谣言、传闻，总会一定程度影响我们正常的思考和决策，我们又该如何规避这些因素呢？

要因时、因地、因人而异，先做好分析，回到事情的“原点”去思考，千万不能冲动行事。

要学会独立思考。在谣言中站稳脚跟，坚定自己的信念和决心，就需要有独立思考的能力，有自己的主见。因此，你应该对流言进行一番分析，看看其中是不是还有一点合理的东西。但是，如果完全被谣言所左右，就会把自己搞得晕头转向。

我们要对自己有信心，当前发生什么事情，以我们的能力可以做出判断的，就不要从众；如果超出自己的知识、能力范围，就要请教专业人士，不要人云亦云。这也要求我们平时对知识的积累、社会的关注。

谎言本身并不可怕，愚昧地传播谎言，甚至还深信不疑才让事件产生严重的后果，整件事就变成一场闹剧。

舌根下压死人，人言到底有多可畏

“流言在弄堂这种地方，从一扇后门传进另一扇后门，转眼间便全世界皆知了。它们就好像一种无声的电波，在城市的上空交叉穿行；它们还好像是无形的浮云，笼罩着城市，渐渐酿成一场是非的雨。这雨也不是什么倾盆的雨，而是那黄梅天里的雨，虽然不暴烈，却是连空气都湿透的。”女作家王安忆极其细腻的笔下，对“流言蜚语”做出了深刻阐释。

有人的地方就会有流言。相信我们都曾遭受过流言的影响，有些只是无痛无痒的小话题，也许只是人们茶余饭后的闲话，来得快，去得也快。有些流言，则会对我们造成严重的心理伤害，影响我们的生活，容易让我们钻牛角尖，无法自拔。

小波是一位来山区的贫困大学生，着一身极其朴素的衣服，瞅起来比实际年龄成熟得多。最近的他因为同学间散布的流言被压得喘不过气。

原来，小波来大学报到不久，他窘迫的家境就被同学知晓了。一些好心的同学便自告奋勇地组织募捐活动，同系的同学一个个慷慨解囊，共捐款近千元。系领导为其提供了勤工俭学岗位，学校也给他减免一半学费的照顾。师生们的帮助让小波充分感受到学校大家庭的温暖。他牢牢抓住这次难得的圆梦机会，发奋学习，以期望自己成为一个对社会有用的人。

可近来关于他的流言开始四处传播。有的说小波成了“大款”，一顿三个菜，一荤一素一汤，拿着咱们的钱享福，生活得比谁都好；有的说他经常给女生寝室打骚扰电话，还给女生写情书，洋洋洒洒十几张，且满纸都是肉麻的话，真是“癞蛤蟆想吃天鹅肉”……各种流言蜚语似雪花漫天飞舞，炒得沸沸扬扬。同学们像逃避瘟疫一样远远躲着他。经常有人在他背后指指点点，说三道四。小波整天在流言的阴影中、在别人的诋毁声中度过，他显得孤独无助、欲哭无泪，觉得特别压抑、郁闷，不知流言何时才能远离他。

关于小波的流言是谁发出的，为什么同学会散播这样的流言，我们都无从考究。事件已经对小波造成比较严重的困扰，原来是群体里备受重视和关顾的人，现在却成为被质疑、诋毁的“异类”。对小波造成伤害的并不是流言本身，而是因为流言而受到群体的排斥和否认，当一个人不能融入群体的时候，就是自我不被肯定，因而感觉忧郁、无助。

“木秀于林，风必摧之。”由于忌嫉或者偏见乃至各种原因而引发的流言蜚语，从古至今都不是少见的现象。只要有人群的地方，就会有流言蜚语。有时，你可能一不小心就成为“放话”的人；有时，你也可能是别人“攻击”的对象。

流言蜚语通常是指在背地里对他人捕风捉影、不负责任的议论，它反映出制造和传播者不健康的思想意识。“人言可畏”，就是多少年来人们对流言蜚语发出的慨叹。无中生有的议论、耸人听闻的流言以及不负责的嘲讽、奚落、非难和指责，像一柄刺耳锥心的利刃，戳向正直人们的心灵，同时也严重地破坏了正常的人际关系。因此，它是一种非常恶劣的风气。不可否认，现代社会许多潜意识、旧观念和旧思想还远未绝迹，使得一些人滋生出狭隘、阴暗、畸形的心理状态：他们或因固有的习惯和地位受到冲击而愠怒；或因看到别人的成绩而忌妒；或者什么也不为，只是想看到别人摔跟头、出洋相。这些不正常的心理状态所派生出的种种流言蜚语，危害是很大的。

我们应该如何面对流言蜚语？美国罗切斯特理工学院心理学教授尼古拉斯·狄福奥佐在接受《时代》记者采访时指出，要平息那些空穴来风的流言，有三个方法可供参考。

一是迅速回应。由于人类共有的“补空心理”，人们对不确切的事情总是格外关注。所以，要赶上谣言快如闪电的传播速度，就要在第一时间做出回应。

二是不可沉默。不少人在面对不实的指责时，往往抱着“清者自清”的信念，只要有人过问总是采取一种“无可奉告”的态度。有实验证明，沉默不语会增加不确定感，让人们以为当事人试图掩盖什么或“有什么难言之隐”。

三是借助第三方。在有嘴说不清时，一个中立、可靠的第三方站出来帮忙说话，会让我们的反驳如虎添翼。

随着现代科学技术的发展，流言不仅在现实世界中传播，它在网络上的蔓延更是惊人。因为网络的虚拟性，使得它更有让人为所欲为的空间，也便产生了许多在现实世界里可能不会出现的攻击性行为。就算你只是个平民百性，流言也有本事让你一夜成名。比如有分手了的情侣，在网络上编造前任情人的风流韵事；有怀恨在心的人，四处散播对手的莫须有罪名。谎言重复一百遍都能变成真理，何况流言乎？当我们不经意留意这些流言蜚语时，我们很容易就会轻信流言：因为大家都在说。

王安忆说“流言的暗中作祟往往能够得逞，它们其实是一股不可小视的力量，有点‘大风始于青萍之末’的意味。它们是背离传统道德的，却不以反封建的面目，而是一味的伤风败俗，是典型的下三滥”，所以，面对流言，选择忍气吞声或抑郁成疾都只会伤害自己让坏人得逞，勇敢地站出来捍卫自己的尊严与声誉才是正道，如果情节严重，你还可以拿起法律武器保卫自己。作为局外人，也不可以轻信流言蜚语，不要被误导，要有自己独立判断的能力，切记勿人云亦云。

为什么决定受心理弱点影响

我们对某个问题的几个答案进行对比分析，并从中挑出最好的一个，当然是为了拥有更好的结果。就像选工作、选伴侣的时候，我们都是想让自己的利益最大化。但是，如果说，我们很多时候做的决定并不都是最优的，我们会做何感想呢？

周莉莉和她的丈夫在上海居住已经有些年头了，周莉莉是一个事业十分成功的律师，而她的丈夫则是同样优秀的医生。两个人的生活可以说相对比较小康，他们在市中心有一套自己的三居室，地方不是特别大，却足够温馨。住在这里，他们充分享受着便利的交通和生活，同时他们还会在业余时间做一些娱乐休闲。但是，随着房贷的还毕和职务上的升迁，他们认为，一套三居室似乎已经不能再满足自己的身份和生活，他们开始向往那种庭院式的独门独户的生活。

于是，周莉莉夫妻就在郊区买了一套房子，这里有一个可以栽种花草的小庭院，这让他们很满意。但是，相应的问题也来了，他们每天不得不花一个多小时从住处开车到上班的地方，这就意味着夫妻两人每天都要多花近三个小时在路上，他们也不得不放弃自己很喜欢的一些业余活动。

但是，他们似乎对这样的情况还相对满意，因为他们觉得自己回家后可以享受一些栽种花草的乐趣，以后也可以感受夏日庭院乘凉的闲散。

看上去周莉莉夫妻俩的选择似乎很合理，毕竟这个决定是他们权衡利弊后的产物。但是，他们的选择到底是不是正确的呢？他们认为自己虽然要较之以前付出一定的时间和精力，但这些都是“值得的”，在与旧家的相对比较和计算中，他们认为这样的交换是“划得来”的。

然而，客观地讲，像周莉莉夫妻的这种搬家行为，我们不总是如自己想象中的那么善于做出正确的决定。因为，我们在这个决策过程中总会受到自己心理弱点的影响。也就是说，很多时候，我们的这种“值得的”和“划得来”的观点可能会是错误的。而造成这些“错误”的原因，可能是因为很多时候，我们对事物发展结果的预期错误和价值偏差，或是在这个过程中还掺杂了一些可能性因素，同时，我们还可能会过分地肯定这个不确定因素的肯定性。

这就好比，我们家里来了客人，要去市场买菜，可能想着就买一顿的量就可以了。但是，心里却忽然认为，或许客人会很喜欢自己的厨艺，然后要求第二顿呢？或许，客人走后，自己还想再做一顿给自己吃呢？为了方便之后可以不用再多花时间出来买菜，于是，我们买下了可能三四顿的菜量。但是，事情可能并不是我们起初确定的那样，或许客人第二天就有事走了，或许第二天我们又打算出去吃了，或许之后我们都懒得下厨了……总之，因为起初的“可能”的猜想，便可能造成一堆发芽的土豆、洋葱、胡萝卜。

我们在做任何事情的时候，不要一开始就把问题想得太复杂，要适当地调动自己的简单思维。当思考问题时，我们最好先从最简单的层面开始，然后再逐级上升。

同时，我们还要学会培养自己的重点认知观念。即考虑问题要考虑到关键点，不求面面俱到，但求有重点突破。

为什么我们都会以貌取人

爱美之心人皆有之。从古至今，人们都喜好美丽的事物，更喜欢把自己打扮得漂亮，以引起别人的喜欢和肯定；相反，如果长得很一般，甚至不好看，则会引起别人的反感和抗拒。不要不承认自己会以貌取人，生活中大多数人包括你我在内可能都曾经以貌取人过，起码是与陌生人碰面之初。心理学家认为这并不是势利小人才有的习惯，他们发现相貌确实和人的性格之间有某种隐秘的联系。心理学家认为人的相貌不但和品性有一定关联，而且相貌上还存在“光环效应”。长得好看的人不只情人节收到的礼物最多，人们对他们的评价也多是更外向开朗、身体健康等正面用词。

虽然我们常说不要以貌取人，但对大多数人来说，通常在看到一个陌生人的0.1秒内，我们就不由自主地对他的个人品性下了结论，诸如是否有同情心、值不值得信任、是否有进取心、性格是否外向等。所有这些结论，几乎无一例外地依据这个陌生人的外貌而做出。

“一定要整形。”谈起求职，因外形影响而屡屡失败的小李一脸无奈。小李是某重点大学的应届毕业生，成绩优秀，但工作至今没有着落。由于笔试成绩比较高，他得到了不少面试机会，但无一例外，面试都没通过。“理由各式各样，没有一家说是因为外形，但我知道，这起码是比较重要的一个因素。”由于护理不当，青春痘给小李的脸留下了不少坑坑洼洼的印子，同时，由于遗传的原因，刚刚 22 岁的小李头发脱落得很凶，已经有些秃顶了。

以貌取人似乎正在演变成为一条职业潜规则，外貌条件较好的求职者确实更能获得好的职位，而长相一般的求职者，却要比其他人付出更多的努力才能获得肯定。更为现实的情况是，无论在职场上，还是择偶、求学等其他生活范畴，以貌取人已经成为我们评价一个人的基本标准。

那么，是什么原因让我们出现以貌取人的这种心理倾向呢？其实这是人的一种心理本能，在心理学上我们称之为首因效应。它是指当人们第一次与某物或某人相接触时会留下深刻印象，个体在社会认知过程中，通过“第一印象”最先输入的信息对客体以后的认知产生的影响作用。第一印象作用最强，持续的时间也长，比以后得到的信息对于事物整个印象产生的作用更强。

首因效应本质上是一种优先效应，当不同的信息结合在一起的时候，人们总是倾向于重视前面的信息。即使人们同样重视了后面的信息，也会认为后面的信息是非本质的、偶然的，人们习惯于按照前面的信息解释后面的信息，即使后面的信息与前面的信息不一致，也会屈从于前面的信息，以形成整体一致的印象。在快节奏的社会，很少有人会愿意花更多的时间去了解、证实一个留给他不美好第一印象的人。

首因效应的产生与个体的社会经历、社交经验的丰富程度有关。如果个体的社会经历丰富、社会阅历深厚、社会知识充实，则会将首因效应的作用控制在最低限度；另外，通过学习，在理智的层面上认识首因效应，明确首因效应获得的评价，一般都只是在依据对象的一些表面的非本质的特征基础上而做出的评价，这种评价应当在以后的进一步交往认知中不断地予以修正完善，也就是说，第一印象并不是无法改变，并不是难以改变的。

首因效应告诉我们，人们根据最初获得的信息所形成的印象不易改变，甚至会左右对后来获得的新信息的解释。实验证明，第一印象是难以改变的。而第一印象主要是依靠性别、年龄、体态、姿势、谈吐、面部表情、衣着打扮等，判断一个人的内在素养和个性特征。因此在日常交往过程中，尤其是与别人的初次交往时，一定要注意给别人留下美好的印象。要做到这一点，首先，要注重仪表风度，一般情况下，人们都愿意同衣着干净整齐、落落大方的人接触和交往。其次，要注意言谈举止，言辞幽默，侃侃而谈，不卑不亢，举止优雅，定会给人留下难以忘怀的印象。首因效应在人们的交往中起着非常微妙的作用，只要能准确地把握它，定能给自己的事业开创良好的人际关系氛围。

我们是否会因为广告而去消费

观众打开电视机看节目就要接触广告。各种形式的广告为观众带来新鲜感和乐趣，广告本身目的性很强，吸引观众注意，从而促进消费。对于一些出彩的、感染力强的广告，不但会获得观众的留意和追捧，也会直接推动他们消费。对于观众来说，因为一条广告而去消费，是绝对有可能的。

好的广告，能满足消费者的心理需要。应用心理学原理指出，需要是生理的和社会的要求在人脑中的反映。从需要的起源说，有生理需要和社会需要；从需要的对象说，有物质需要和精神需要。物质需要是指对物质文明产品的需要，其中既包括对自然界物质产品的需要，也包括对社会文化产品的需要；既包括生理需要，也包括社会需要。精神需要则是指对交往的需要、认识的需要、美的需要、道德的需要、创造的需要等。正是个体的各种需要推动着人们在各个方面积极活动，使人朝着一定的方向，追求一定的目标，以求得需要的满足。电视广告本身也是一种文化产品。它是介于物质、精神文明产品与人们需要之间的形象化信息。它既可以吸引、引导人们通过消费去满足物质需要，又可以通过潜移默化、影响、陶冶等手段，满足人们的精神需要。人们需要的多样性和市场的规律，决定了电视广告的数量。荧屏上的广告，可以说是琳琅满目，丰富多彩。譬如，服装、食品等，有男女老少之分；电脑、汽车等，有款式之别；手机、化妆品等，有品牌之分。加之还有若干满足人们生活、学习、工作需要的信息广告等，大都较好地担当了产品、信息供应与观众之间的媒介，为满足人们的各种物质需要发挥了应有的作用。同时，各种公益性广告、类公益性广告，也为满足人们的精神需要做出了贡献。这是应该给予充分肯定的，也是观众理解、接受和欢迎的。

然而，心理学的研究证明，需要并不因暂时满足而中止，有一些需要可以重复出现；有一些需要满足后，又会产生新的需要。它永远带有动态和动力的特征。因此，电视广告的不断发展是必然的。摆在电视广告人面前的新目标是：随着社会发展、物质丰富和人们不断产生的需要，电视广告应继续向满足人们物质、精神需要的广度和深度开发，使受人欢迎和赞赏的各类新作品持续不断地大量涌现，并在开辟广告专栏、专题或频道方面做积极探索。其重点是：把满足物质需要与满足精神需要结合起来，全面提高广告水平，让人们在观看广告的过程中，同时获得美的享受。与此同时，还应加大力度，继续开拓和发展更多更好的满足人们精神需要的广告作品，如公益广告、旅游广告等。

广大电视观众对荧屏广告的意见，主要集中在这样几个方面：有的说“多”，主要指电视剧插播的广告多，让人很无奈；有的说“差”，主要指广告的策划、制作水平差；有的说“烦”，主要指不厌其烦地对某一广告反复播放过长的时间，让人难以忍受。对此，按心理学原理来追究原因，就在于该类广告背离了人们的兴趣。

应用心理学原理认为，兴趣是人积极探究某种事物的认识倾向。它是需要的延伸，是人的认识需要的情绪表现。它与认识、情感等心理活动过程有密切关系。它在人的心理与活动中有着重要的作用。将兴趣原理引入电视广告的策划、制作，就应该努力使自己的作品能激发或者能培养人们的兴趣。由此，风格新颖便成为广告人的追求。首先，兴趣是在需要的基础上产生和发展的，激发人的兴趣一定要与其需要相联系，并尽可能以独有的风格引人入胜。其次，成功和效果能增强人的信心，激发人的兴趣。所以，好的广告都以多样的风格围绕成功和效果做文章。如专为儿童设计的娃哈哈酸牛奶的效果，就体现在“智慧超人”与真人儿童“动画互动”的风格中，让人感到有趣。最后，兴趣与人的知识经验、实践活动有着密切的关系。因而，不少好的广告立足于引导人们对某产品的熟悉、理解入手，注意丰富人们的知识，示范人们的实践，形成生活化的知识介绍风格。如格力、小天鹅空调和南孚电池等，就是一些好例子。

当满足需要，又能迎合个人兴趣，配合广告本身的创意与美感，定能吸引观众注意，促进消费。

生气的时候能做出更好的抉择

我们都会生气，当我们内心愤愤不平的时候，旁人总会劝告我们冷静，别冲动，大家固有的意识认为，生气时所做出的行为，都是不理智的。

但美国加利福尼亚大学的心理学家研究证实，生气可以让人的思维更清晰。若处理得当，不但不会扭曲人们的思维，还会在你陷入两难无法抉择时，给予适当帮助。

以前我们常被告知，生气时容易失去理性，从而减弱对事物的判断力，因此千万别在此时做出决定。但研究人员认为，生气会使人们更加注重实际情况，排除不必要的干扰，因而可以帮助人们，尤其是平素缺乏理性思维的人做出更好的抉择。

心理学家设计了三个不同的实验来观察生气后人的判断力都会受到怎样的影响。在第一个实验里，研究人员将受试者随机分为两组，然后激怒其中一组受试者，而另一组不做任何处理。之后，要求两组受试者就一份相同的论证材料进行分析，对论点做出判断。结果发现，生气的受试者对待问题更具识别力，更倾向于强有力的论点。相反，那些不生气的受试者对此却缺乏很好的分析判断能力。接着，研究人员对两组受试者又进行了第二轮实验，要求他们对刚才所给材料的论证机构进行判断。结果表明，生气的受试者在此问题上亦具有更好的分析能力。

经过以上两轮的实验，研究人员挑选出那些不太善于做出理性抉择的受试者，采用不同的论证材料进行了第三次实验。结果再一次证实，生气可以使一个典型的缺乏逻辑判断力的人更具有理性。

研究人员认为，生气更易使人注重事实真相，而忽略那些可能会干扰人们分析的不相关因素，同时也会调动整个机体的力量，激发人们采取正确行动的潜力，从而有效地提高分析判断能力。

相对来说，在生气的心理状态下，我们能做出更好的抉择，但这并不意味着我们要在生气的时候或者故意让自己生气才去做抉择。日常生活中，我们遇到要做出决定的机会很多，从穿什么衣服、吃什么东西，到和谁结婚、从事哪种职业等。一般人都会捍卫自己做选择的权利，不过有时我们会做出坏的决定，让自己不高兴或懊悔不已。幸运的是，心理学家和神经生物学家取得的新发现能帮我们做出更好的选择。以下就是他们提出的建议。

别害怕后果。几乎我们的每个决定都牵涉对将来的预计。每当此时，我们会想象选择的后果会让我们有什么样的感受。通常我们只挑那些我们认为会让自己最快乐的选项。

从理论上来说，这种“影响性预计”不会错。唯一的问题是，我们并不那么擅长这样做。人们常常过高估计决定的后果的影响，既包括坏的也包括好的。一个导致我们做出坏预计的主要因素是“厌恶损失”——认为损失对人的打击要比相对应的收获带来的高兴程度更深。尽管“厌恶损失”会影响人们的选择，当真的遭到损失后，他们发现远远没有原先预计的那么痛苦。

尽量发现那些做出过同样选择或者决定的人，看看他们有过什么样的感受；而不是自己想象某个后果会让你感觉怎么样。记住，不论将来情况如何，对你的伤害或者激励也不可能有你想象的严重。最后，不要总是患得患失。

跟着自己的直觉走。我们很容易这样想：为了最好的决定必须花时间权衡各种不同方案，但有时候不假思索的判断或者出于直觉的选择也一样好，甚至更好。矛盾的是，有时候你拥有的信息越多，也许反而是直觉更能让你的处境好一点。过量的信息在所有情况下都会是一个问题。在这种时候，还是避免有意识的选择，把决定权交给潜意识的大脑吧。

在现实生活中，当人们采购简单的东西时，比如衣服或者厨房用具，如果先前仔细衡量过不同选择，人们总会在之后为自己的最后选择高兴。但是对更复杂的东西，比如家具，那些依靠直觉选择的人才会笑到最后。但在你放弃对比优劣之前，还是小心为妙。如果你面临的选择非常容易导致情绪化，直觉可能不会有好结果。

考虑你的情感因素。你也许以为情感是做决定的天敌，可事实上情感包括在其过程中。情感让我们在生命受威胁的情况下做出快速和下意识的决定。情感的作用还不止于此。

如果你试图在情感的影响下做选择，它会严重影响后果。所有情感都影响我们的思考和动机，所以最好避免在做选择的时候受到它们的影响。奇怪的是，有一种情感可以帮我们做出不错的选择。美国芝加哥的研究者发现，沮丧的人会花时间考虑各种不同的选项，最终能做出最好的选择。实际上，很多研究都显示沮丧的人拥有世上最现实的立场。心理学家为它取了一个名字：沮丧现实主义。

和自己唱反调。你有没有过在和别人争论时，只提出支持自己观点的证据，而习惯忽略不利于自己的证据？这就是普遍存在的“确认偏见”。如果我们相信自己正在理智地做出决定，权衡所有可选方案的优劣，而实际上我们已经有了自己喜欢的选项，我们想做的不过是使其合理化，这种“确认偏见”便会成为一个问题。而且我们倾向于把其他人受“确认偏见”影响的程度估计得过高，却否认自己身上也会出现这样的问题，这就使情况更糟。

盯住眼前的目标。我们的决定和选择有一个奇怪的、使人为难的习惯：它们会和不相关的东西联系到一起。这被称为“抛锚效应”。每当我们只能基于极为有限的信息做选择时，“抛锚效应”便有可能发生。由于信息太少，我们似乎更加容易让无关的东西左右我们的判断。举例说，当我们走进一家商店，看见一件商品在打折的时候，“抛锚效应”就会发生。因为商品的原价成为了和折后价的对比，让我们觉得合算，就算商品本身仍旧很昂贵。

不要为无法补救的事懊悔。当你在一家昂贵的餐馆已经吃得很饱时，尽管你知道自己再也吃不下，可是还会尽量多吃一点。在这个坏决定的背后就是所谓的“沉没成本误区”。早在20世纪70年代，心理学家就发现，人们多么容易受到它的愚弄。

其原因是，我们在一样事物上的投入越多，就越感觉投入其中不能自拔。投入的不一定是金钱。没有人能不受“沉没成本误区”影响。要避免“沉没成本”的影响，你必须一直提醒自己，过去的已经过去了，投入的也已经投入了。我们都痛恨损失，但有时候明智的选择是，停止投入更多去填补“洞眼”。

用另一种方式看问题。一些证据显示，经验和更好的教育可以消除“框架效应”，但就连最容易受其影响的人也可以用一个简单的办法避免：从一个以上的角度看待你面临的选择。

注意社会压力。你可能以为你是一个有主见的人，但事实上没有人能对社会压力免疫。无数实验表明即使最独立的人也会在权威的数字和同伴面前动摇。同伴的压力会导致你做出坏选择。怎么避免社会影响的恶果呢？首先，如果你正在做一个选择，是因为你认为这就是上司想要的，那么请三思。这时候你最有可能做出不负责任的选择。

限制你的选择。你可能觉得更多选择要比更少好。但是更多的选择导致你花费大量时间权衡利弊。另外，更多的选择也增加了你犯错误的可能，因此会感到不满足于自己的选择，害怕错过一个更好的机会。

选择的这种矛盾在每个人身上都有体现，但是它对一些人的影响更大。最糟糕的是那些“最大化”的人，希望在做出决定之前检查所有可能的选项并找到最好的那个。如果你愿意选择第一个能满足自己要求的选项就很好。即使这个选择不一定是最好的，却依然最让你高兴。

为什么要让孩子独立做决定

为人父母，没有谁不疼爱自己的孩子，给自己孩子细致入微的照料，生怕他们受伤害，时刻陪着他们玩耍、吃饭，一些孩子力所能及的事情父母也代做，其中最为突出的就是很多父母不让孩子自己做选择，总是忍不住要替孩子做选择。父母总是担心，孩子还不可以独立做出选择，因为他们幼稚、单纯，无法承担做出错误选择的后果。于是，孩子只能按照父母的决定去做。

面对家长的关怀备至，孩子们往往会出现两种情况：一是孩子获得的资源越来越多，能力也越来越强，但他们的生命激情却会越来越低。他们感受到这一点，于是想对父母说不，但他们又一直被教育听话，所以连“不”也不能说了，只好用被动的方式叛逆进行反抗。二是孩子们永远活在父母的庇护下，限制了他们独立发展的能力，变得没有主见，成为生活、学习甚至日后职场的“应声虫”。

孩子有了自主意识，就不再愿意什么事情都听父母的，有了自己做决定的需求。如果孩子的这种需求长期不被满足，自主意识就会被抑制，自信心会受打击，影响孩子对自己的评价，很可能导致孩子产生消极的自我评价，而这一点可能会深植于他的内心。长大以后，孩子可能会缺乏判断力和选择的能力，缺乏责任感，凡事依赖，缺乏主见。到那时父母再想训练他让他自己做主就很难了。

要改善这一点，最好的方式就是“适当放手”，让孩子自己做决定，即父母给孩子一个基本的底线——认真生活不做坏事，然后放手让孩子去决定自己的人生，只是在非常有必要的时候才去帮孩子。

一个经常为自己的人生做决定的孩子，他的生命力是旺盛的。尽管因为年轻，他会遇到一些挫折，但那些挫折最终和成就一起，让他感觉到自己的生命是丰富多彩的，更重要的是，这是自己的。

有研究表明，总是由父母做决定的孩子，长大后常常缺乏判断力和选择的能力，而且缺乏责任感，甚至不知道如何对自己负责。因此建议父母给孩子一点做决定的机会，让孩子学会如何做决定。

杨晓宁是个乖巧的小女孩，因为父母工作忙，便跟爷爷奶奶一起生活。奶奶每天都会把孩子的吃穿安排好，就连喝牛奶插吸管这样的事，她也不让孩子做，总是自己做或请老师做。

于是，每天早晨杨晓宁来幼儿园后，从不主动去玩玩具或进行户外活动，而是四处游荡，非要等老师指定她去玩什么，她才去；每当老师请她进行选择时，她便犹豫不决，事事都要由别人做决定，自己无法做决定。

父母认为这样可不行，两人商量后，他们把杨晓宁接了回来。父母既不要过多地干涉杨晓宁做什么，也不催促她做什么。当杨晓宁特别想要自己脱衣服或者穿衣服时，父母就应该放手让她自己去穿；杨晓宁洗澡时，父母尽量让杨晓宁有充足的时间在澡盆里玩耍；吃饭时，父母要让杨晓宁自己吃，而且不催促她，吃饱以后就不要再让杨晓宁留在饭桌旁了；到了该睡觉、该外出散步或者该回来的时候，都要让孩子按照父母的要求去做，但是不能惹怒她，而要多说些有趣的事情来引逗她按照父母的话去做。

杨晓宁母亲说：我们的目的既不是把她娇惯成“小公主”，也不是要把她培养成不敢做决定的“小木偶”。一年后，她有了自己的眼光、自己的思维、自己的感受、自己的判断，不再是绝对听话、叫她干什么就干什么的“小木偶”了。

从案例可以看出，奶奶总是事无巨细地替孩子考虑得十分周到，孩子不管干什么，她都事先考虑到，替孩子做好，从不让孩子自己做，更别说让孩子自己做决定了。她的这种做法，就是不给孩子任何自己做事、思考、说话的机会，按自己的意志去左右孩子，捆住其手脚，束缚其思想。殊不知，这样就可能把孩子变成没有主见、胆怯怕事和依赖性很强的人。这样，孩子好不容易萌发出来的自信心和独立性就被摧残了。作为父母，要懂得适当的时候让孩子自己做主，我们不妨参考以下几点：

第一，解放孩子的手、嘴和大脑。了解孩子在生活中的权利和职责，作为家庭中的一员，孩子有不同意父母的意见的权利，在对他们有影响的决定上，有发言权，同时，孩子也有提出有见识的不同意见和发挥自己才能的职责。观念明确了，父母就要解放孩子的手、嘴和大脑，让孩子行使自己的权利，让孩子敢想、敢说、敢做，而不是一味地顺从父母。

第二，给孩子自己做决定的机会。只要不是原则性的问题或危险的事情，父母都可以放手让孩子自己做决定，而且要多提供机会，让孩子自己做决定，父母千万不要左右孩子。要给孩子以单独思考、学习和玩耍的时间和机会，这样，孩子才能成长为一个独立、有主见的人。

第三，尊重孩子的意愿。“孩子是小人，小人也是人。”做父母的应尊重孩子，把他当作家庭中平等的一员来对待，要尊重他在家庭中的地位，任何涉及孩子的事情，应尊重或听取孩子的意见。要尊重孩子的见解，甚至当你不同意时，也要以商量的口吻表示对孩子的尊重。如对话时，不要中断或反驳孩子；不要干涉孩子自己喜欢的方式等。

第四，给孩子自己的小天地。无论你的居住条件如何，都要给孩子一块属于自己的小天地、小角落。在这个角落里，可放置玩具架及小筐、纸盒等容器，每天给孩子一些自由支配的时间，让他自己做决定，自由地带小伙伴玩耍，自己取放玩具，做一些力所能及的劳动。

当孩子开始意识到自己的存在，强烈地要求自主，什么都想自己去做，这种独立性的要求是合理的、积极的，是他们生理和心理发育的需要。

对这时期的孩子，父母要注意倾听和尊重他们的意见，培养孩子独立的精神和自信、勇敢、沉着等好品格。这时候，父母就要放手，让孩子自己做决定。

不听老人言、吃亏在眼前的心理依据

常言道:“不听老人言，吃亏在眼前。”老人家拥有比我们更多的知识和社会经验，他们更懂得处理各种复杂的人际关系，我们总是把老人形容为“智慧老人”，足见老人的权威。

美国一项研究结果证明这句话确有道理。无论是处理人际冲突还是接受生命之无常乃至当下变革，老年人确实更具智慧。一个人的智慧不在于了解多少事实，而在于如何处理人际间分歧，即社会智慧。老年人也许不太了解如何使用电脑或电视遥控器，但智慧会随年龄增加而增长，老年人就往往比年轻人更有智慧，同时，他们在处理社会分歧方面也更得心应手。

此外，研究人员发现，老年人比青年人或中年人更可能发现每个人不同的闪光点，更可能承认生命的无常，接受随时间变化的事物，承认他人的观点。

研究人员从密歇根州征集247人，划分成25岁至40岁、41岁至59岁及60岁以上3个年龄组，每组人数基本相同。考题是有关外国族群冲突的虚拟报道，按要求分析事态发展结果。

例如，一道考题假设，由于塔吉克斯坦经济增长，不少人从吉尔吉斯斯坦迁至这个国家。吉尔吉斯人试图保留原有风俗，塔吉克人则希望吉尔吉斯人放弃原有风俗，彻底同化。

研究人员在不知道答卷人身份的前提下给卷子打分，得分点包括考虑寻求妥协、灵活度、采纳他人观点和寻求冲突解决方案等。

另有一场测试对象为学者、精神治疗师、神职人员和咨询专业人员，共141人。

结果证明与较年轻的人相比，老年人在处理社会分歧方面，拥有非常大的优势。

老年人作为我们的长辈，拥有更多的人生阅历，他们更懂得处理复杂的社会关系，当我们在做决定的时候，不妨听取长辈的建议，当我们还年轻的时候，做选择的时候最好多听听长辈的意见，毕竟我们有时候太冲动，对自己不能把握好，对于职业更没有长远和完整的规划，而长辈们会比我们自己更了解我们的资质和特性，根据个人的特点来选择职业，这是非常重要的。

为什么人会有“即刻满足”和“延后满足”

如果我们是个甜食爱好者，忽然被告之可以免费食用所在城市的所有冰激凌、蛋糕、果脯……恐怕，大多数人都很难控制自己每天都被塞满的嘴。再举另外一种情况，我们如果每月工资两千，却企望在一线城市奋斗出一栋小别墅，那么，可想而知，我们从此以后就有可能过上暗无天日的日子了。

北京某会计公司有两个职员，一个叫作张君，一个叫作杨继红，两人的月薪都是四千左右。同为女性，同一所公司，两个人却有着截然不同的生活方式。张君十分的“小资”，她花在衣服、保养品上的心思和金钱都让同事们咂舌，所以，她几乎是月月光，人送外号“月光女神”。而杨继红却是一个勤俭到有些吝啬的人，她舍不得吃穿，几乎夜夜加班，就连生病都不怎么去医院，因为家境不好的她想为并不出众的自己拼出一份嫁妆来，这样面黄肌瘦的她在背后被人叫作“苦菜花”。

这样的生活，两人一直持续着。“月光女神”因为自己庞大的开销，所以总是出现财政赤字，她把这些问题都归咎于工资太少。于是，她跳了一家又一家公司，却因为能力有限，总是挣不到满足自己需求的工作。而她傍大款的理想也一直没有实现。她觉得人生很苦恼，觉得自己很悲哀，甚至有时候产生过极端的想法。她的入不敷出让每一天的生活都成了噩梦。

而“苦菜花”因为没日没夜地加班加点，过大的压力和疲劳，以及长时间的营养不良，终于使她在一天半夜加班时晕倒了，幸好当时还有一个赶项目的同事，把她送去了医院。当杨继红醒来后，被医生告之她当时已经休克了，如果不是抢救及时，可能就没办法了。听到这儿，她才一阵后怕。

我们的生活中不会缺少像“月光女神”和“苦菜花”这样的人。

我们同情那些抱持享乐主义，最终却一无所有的人。同时，我们也为那些埋头苦干不知道娱乐、休闲为何物的人感到悲哀。但是，再细细想来，为什么会发生这两种极端的状态呢？

其实，我们每一个人都或多或少地在这两种状态中悬浮。社会学上有个概念叫作“社会贴现率”，就是贴现率越高，说明将来发生的经济损益越不重要，只有眼前的损益才是重要的。一个高的社会贴现率，意味着人们对未来的责任感减弱，只追求眼前利益，变得鼠目寸光。

我们可以形象地解释一下，如果有人承诺即刻给我们一百万，还有十年后给我们一千万，我们会选择哪个呢？一般人都会选择及时兑现，因为，我们或许会考虑到，自己在之后十年中遇到的天灾人祸让自己没办法享用一千万，或许我们认为自己有能力让这一百万升值。这就属于一种高贴现率，我们也可以称之为即刻满足。过度的享乐主义就是极端的即刻满足。而有些人可能选择十年后的一千万，但是，他们可能会忽略货币的贬值问题，或者自己的身体状态，这种延后满足似乎也显得有些过分了，因为，那种“明日复明日，明日何其多”的期盼也有可能是种灾难。

我们对自我的满足，需要一个度。也就是要有效地处理即刻满足和延后满足的关系。

我们要学会克制，要学会有计划地行事。在这个计划中，我们尽量将自己的利益最大化和最优化，同时，我们更要培养自己按部就班的毅力和意志。但是，前提是这个计划必须合理、必须在可控制和可接受的范围之内。我们不要为了延后满足而延后，甚至是错过了最佳的实现机会。我们更不能认为拉长奋斗展现就是实现目标的最好方式，因为不合理的过长的目标储备期很容易给人造成疲惫感和厌倦感。